油藏工程基础与方法

崔英怀 高文君 王洪关 著

石油工业出版社

内 容 提 要

本书是作者20多年来从事油气藏工程学习和研究的系统性总结,是油气田开发设计和调整方案中时常涉及的研究内容。全书共10章,覆盖从流体性质、相对渗透率、水驱油理论、产量变化规律、含水上升规律、物质平衡方程、水驱效果评价、井网与采收率以及油气藏现代动态预报等方面的内容,也是对已有油藏工程方法的深化与实践。

本书可供从事油藏工程方向的科研人员、技术人员及石油院校相关专业师生参考阅读。

图书在版编目(CIP)数据

油藏工程基础与方法/崔英怀,高文君,王洪关著.—北京:石油工业出版社,2018.11
ISBN 978 – 7 – 5183 – 3051 – 5

Ⅰ.①油… Ⅱ.①崔… ②高… ③王… Ⅲ.①油藏工程 Ⅳ.①TE34

中国版本图书馆 CIP 数据核字(2018)第 268292 号

出版发行:石油工业出版社
(北京安定门外安华里2区1号　100011)
网　　址:www.petropub.com
编辑部:(010)64523541　图书营销中心:(010)64523633
经　　销:全国新华书店
印　　刷:北京中石油彩色印刷有限责任公司

2018 年 11 月第 1 版　2018 年 11 月第 1 次印刷
787×1092 毫米　开本:1/16　印张:26　插页:2
字数:640 千字
定价:135.00 元
(如出现印装质量问题,我社图书营销中心负责调换)
版权所有,翻印必究

前　言

  20世纪90年代,我们积极响应国家石油"稳定东部,开发西部"的号召,走出高校,来到满眼黄沙与戈壁的鄯善,有幸参加了吐哈油田的会战与建设。20多年来,先后参与了23个油气田113个油藏或区块的开发,累计为国家输送原油约5600×10^4t。狭长的吐哈盆地和三塘湖盆地,复杂多样的地质构造与沉积环境,孕育了吐哈油田丰富多样的油气藏,被誉为中国石油油气藏类型的"博物馆"。从原油黏度比水还小的丘陵油田到黏度成千上万的鲁克沁深层稠油油藏,从鄯勒干气气藏到丘东凝析气藏,再到柯克亚致密气藏,从鄯善层状油藏到红连块状底水油藏,从台北凹陷各类正常压力油气藏到马朗凹陷各类低压、低渗透油气藏,一次次地考验着吐哈石油人的创造与智慧。

  20多年来,我们的开发技术水平随着吐哈油田的发展也逐步得到提高,尤其是在各类开发方案设计和开发调整方案编制中,筛选、创建了许许多多经得起实践检验的油气藏工程方法。2015年,随着吐哈油田开发信息化建设和开发重大专项等课题的开展,我们将吐哈油田历年来油气藏工程研究成果汇集成册,期冀广大油气藏工程人员借鉴与参考,为更好地认识油藏和控制油藏提供有力的技术支持。

  全书共分十章。第一章主要介绍了黄炳光等教授筛选出的油、气、水等物性参数计算方法,这些方法在缺乏相关实验资料的情况下,对编制油田开发方案和确定开发关键指标会非常实用;第二章是相对渗透率及曲线,突出显示进入21世纪以来国内相对渗透率研究新进展,为分析、拟合油水相对渗透率变化规律提供了精度较高的数学模型;第三章是水驱油理论及解析法,主要介绍了传统水驱油理论和经典理论的渗流理论基础,并系统性给出如何从油水相对渗透率实验数据绘制开发上需要的经典开发规律曲线以及相关关键参数的确定;第四章是油井分类及流入动态方程,这些内容属于动态分析的范畴,使得油井分类和IPR曲线优选更具理论支持;第五章是产量变化规律,包含产量递减规律和产量全过程预测,重点给出了Arps递减、Logistic递减、广义反正切微分分布递减等渗流理论基础、衍生方程、方程特性、参数求解以及产量全过程预测模型的分类与求解等;第六章介绍了含水上升规律与水驱特征曲线,包含含水变化规律和含水率预测,分别从不同角度给出了各规律与模型的渗流理论建立过程,探讨了产量递减规律与水驱特征曲线的关系,并给出了3类16种不同水驱特征曲线的求解过程及78种水驱特征曲线反演成含水变化规律后参数之间的传递关系;第七章是累积存水率评价方法,这是近年来在含水变化规律的基础上,利用物质平衡方程和在注采平衡条件下,系统性建立的评价注水开发效果的新方法之一;第八章是物质平衡方程,主要继承了国内外比较成形的理论和分析方法,这些方法在现场应用最为普遍;第九章是注采井网与井网密度,主要介绍了面积注水井网特征和合理注采井数比、合理井网密度的确定以及水驱采收率的计算;第十章是油气藏现代动态预报,这些方法主要为灰色系统理论、神经网络、时变结构以及多层递推算法等在开发指标方面的预估和辨识。以上这些内容是作者20多年来在科研研究、理论创新以及实践应用中所集成的方法和经验,很具实用性,可供油藏工程者参考和借鉴。书中给出了各模型的求解方法和曲线间相互转化条件,并列举了较多的实例予以应用,很容易为油藏工程人员所掌握。

在编写过程中,西南石油大学郭平教授对本书提出了许多宝贵意见和建议,在此深表感谢。

由于作者水平有限,书中难免存在某些不足和错误,恳请读者批评和指正。

目录

第一章 储层流体性质 (1)
  第一节 地层天然气的物性参数 (1)
  第二节 地层原油物性参数 (6)
  第三节 地层水的物性参数 (10)
  第四节 凝析气藏露点压力和气井凝析水产量 (12)
  参考文献 (13)

第二章 相对渗透率及曲线 (15)
  第一节 油水两相相对渗透率 (15)
  第二节 油水两相相对渗透率曲线形态的影响因素 (24)
  第三节 油水相对渗透率比值关系 (27)
  第四节 动力拟相对渗透率 (41)
  第五节 三相相对渗透率 (43)
  第六节 利用毛细管力曲线确定相对渗透率 (46)
  参考文献 (49)

第三章 水驱油理论及解析法 (51)
  第一节 水驱油渗流理论基础 (51)
  第二节 水驱油理论解析法 (60)
  第三节 无因次采液指数变化规律 (75)
  第四节 低渗透水淹层级别划分与潜力评价 (85)
  参考文献 (91)

第四章 油井分类及流入动态方程 (94)
  第一节 水驱油田油井分类新方法及调控对策 (94)
  第二节 油井流入动态方程理论基础 (102)
  第三节 油井流入动态方程的优选 (108)

第四节　压力界限的确定 …………………………………………………… (111)

参考文献 ………………………………………………………………………… (117)

第五章　产量变化规律 ………………………………………………………… (119)

第一节　产量递减规律渗流理论基础 …………………………………………… (119)

第二节　产量递减方程分类及相互转化关系 …………………………………… (135)

第三节　产量递减方程变化特征 ………………………………………………… (141)

第四节　递减期累计产油量方程 ………………………………………………… (151)

第五节　产量递减率多因素分析 ………………………………………………… (160)

第六节　合理储采比下限确定 …………………………………………………… (164)

第七节　Weibull 产量递减方程的修正 …………………………………………… (171)

第八节　产量全过程预测方法 …………………………………………………… (174)

参考文献 ………………………………………………………………………… (207)

第六章　含水上升规律与水驱特征曲线 ………………………………………… (210)

第一节　经典水驱油理论对应含水变化规律 …………………………………… (210)

第二节　水驱特征曲线通用推导方法 …………………………………………… (216)

第三节　广义水驱特征曲线的初步构建 ………………………………………… (238)

第四节　过渡型水驱特征曲线确定 ……………………………………………… (245)

第五节　理想型水驱特征曲线筛选 ……………………………………………… (254)

第六节　产量递减规律与水驱特征曲线关系 …………………………………… (269)

第七节　水驱特征曲线方法系统分类 …………………………………………… (275)

第八节　常用水驱特征曲线求解方法 …………………………………………… (277)

第九节　含水率预测及模型建立 ………………………………………………… (300)

第十节　含水率预测模型拓展 …………………………………………………… (310)

参考文献 ………………………………………………………………………… (316)

第七章　累积存水率评价方法 …………………………………………………… (319)

第一节　累积存水率评价方法改进 ……………………………………………… (319)

第二节　累积存水率评价方法建立 ……………………………………………… (326)

第三节　累积存水率曲线中待定参数确定 ……………………………………… (330)

第四节　累积存水率图版及应用 ………………………………………………… (332)

参考文献 ………………………………………………………………………… (336)

第八章　物质平衡方程 …………………………………………………………… (338)

第一节　油藏物质平衡方程通式 ………………………………………………… (338)

第二节　驱动指数计算 …………………………………………………… (340)
第三节　驱动能力判断 …………………………………………………… (342)
第四节　封闭性油藏的储量计算 ………………………………………… (344)
第五节　天然水侵油藏的储量计算 ……………………………………… (345)
第六节　气藏储量计算 …………………………………………………… (356)
参考文献 ……………………………………………………………………… (358)

第九章　注采井网与井网密度

第一节　井网与注水方式 ………………………………………………… (359)
第二节　注采井网对水驱采收率的影响 ………………………………… (370)
第三节　合理井网密度和合理注采井数比 ……………………………… (376)
参考文献 ……………………………………………………………………… (381)

第十章　油气藏现代动态预报

第一节　灰色系统理论及预测 …………………………………………… (383)
第二节　BP 神经网络及预报 …………………………………………… (388)
第三节　时变结构预测方法 ……………………………………………… (392)
第四节　系统辨识及动态预报 …………………………………………… (399)
参考文献 ……………………………………………………………………… (405)

第一章　储层流体性质

油气藏中存在的主要流体包括:油、气和水。对储层中流体物性的评价是油藏工程研究的首要环节。由于储层流体物性参数是油藏工程的重要参数,因此,在可能的情况下,应当在实验室中进行测定。然而在实际油田开发和生产中不易获得更多的实测值(特别对新开发的油藏),因而采用以最少的、容易收集的资料来较准确地估算储层流体的物性参数显得十分必要[1]。

依据储层流体的物性参数常常是压力、温度、油和气相对密度以及有关气体摩尔组分的相关函数,因此,国内外的许多相关经验公式,可以用来计算储层流体的高压物性参数。

第一节　地层天然气的物性参数

地层天然气主要是指干气气藏气体、凝析气藏气体和煤层气气体,气物性参数主要包括天然气的偏差因子、压缩系数、体积系数和黏度。这些参数的计算方法较多,从众多的计算方法中筛选出部分计算精度较高的方法。

一、天然气的偏差因子

1. 拟临界压力和拟临界温度的计算

由于天然气是以烃类气体为主而含少量非烃类气体的混合气体,因此它没有固定的临界压力和临界温度。它的临界参数均是由"组分分析计算方法"和"相关经验公式计算方法"两大类方法计算而得,故被称为拟临界参数(或视临界参数)。

(1)组分分析计算方法:若能实测出天然气的组成组分数据,可借用表 1-1 中的有关数据计算出天然气的拟临界压力 p_{pc}、拟临界温度 T_{pc} 和视分子量 M_g。即:

$$p_{pc} = \sum N_i p_{ci} \qquad (1-1)$$

$$T_{pc} = \sum N_i T_{ci} \qquad (1-2)$$

$$M_g = \sum N_i M_i \qquad (1-3)$$

式中　N_i——第 i 组分气体的摩尔含量;
　　　p_{ci}——第 i 组分气体的临界压力,MPa;
　　　T_{ci}——第 i 组分气体的临界温度,K;
　　　M_i——第 i 组分气体的分子量,kg/kmol。

表 1-1 烃类及非烃类气体的物性常数表

组分名称	代号	分子式	分子量	沸点(℃)(0.101325MPa)	冰点(℃)(0.101325MPa)	临界压力 p_c (MPa)	临界温度 T_c (K)	在标准条件下的液体密度(g/cm³)
甲烷	C_1	CH_4	16.043	-161.50	-182.48	4.6408	190.67	0.3
乙烷	C_2	C_2H_6	30.070	-88.61	-183.27	4.8835	305.50	0.3564
丙烷	C_3	C_3H_8	44.097	-42.06	-187.69	4.2568	370.00	0.5077
异丁烷	$i-C_4$	$i-C_4H_{10}$	58.124	-11.72	-159.61	3.6480	408.11	0.5631
正丁烷	$n-C_4$	$n-C_4H_{10}$	58.124	-0.50	-138.36	3.7928	425.39	0.5844
异戊烷	$i-C_5$	$i-C_5H_{12}$	72.151	27.83	-159.91	3.3336	460.89	0.6247
正戊烷	$n-C_5$	$n-C_5H_{12}$	72.151	36.06	-129.73	3.3770	470.11	0.6310
正己烷	$n-C_6$	$n-C_6H_{14}$	86.178	68.72	-95.32	3.0344	507.89	0.6640
正庚烷	$n-C_7$	$n-C_7H_{16}$	100.205	98.44	-90.58	2.7296	540.22	0.6882
正辛烷	$n-C_8$	$n-C_8H_{18}$	114.232	125.67	-56.77	2.4973	569.39	0.7068
正壬烷	$n-C_9$	$n-C_9H_{20}$	128.259	150.78	-53.49	2.3028	596.11	0.7217
正癸烷	$n-C_{10}$	$n-C_{10}H_{22}$	142.286	174.11	-29.64	2.1511	619.44	0.7342
空气	Air	N_2O_2	28.964	-194.28	—	3.7714	132.78	0.856
二氧化碳	CO_2	CO_2	44.010	-186.43	—	7.3787	304.17	0.827
氦气	He	He	4.003	-372.52		0.2289	5.278	—
氢气	H_2	H_2	2.016	-459.73	-259.35	1.3031	33.22	0.07
硫化氢气	H_2S	H_2S	34.076	-315.74	-82.93	9.0080	373.56	0.79
氮气	N_2	N_2	28.013	-371.19	-210.01	3.3936	126.11	0.808
氧气	O_2	O_2	31.999	-389.22	-218.79	5.0807	154.78	1.14
水	H_2O	H_2O	18.015	100	0	22.1286	647.33	1.0

(2)相关经验公式计算方法:在缺乏天然气组分分析数据的情况下,可引用 Standing 提供的相关经验公式[2]:

对于干气:

$$p_{pc} = 4.6677 + 0.1034\gamma_g - 0.2586\gamma_g^2 \tag{1-4}$$

$$T_{pc} = 93.3333 + 180.5556\gamma_g - 6.9444\gamma_g^2 \tag{1-5}$$

对于凝析气(湿气):

$$p_{pc} = 4.8677 - 0.3565\gamma_g - 0.07653\gamma_g^2 \tag{1-6}$$

$$T_{pc} = 103.8889 + 183.3333\gamma_g - 39.72222\gamma_g^2 \tag{1-7}$$

式中 γ_g ——天然气的相对密度。

当天然气含有 CO_2 和 H_2S 等非烃类气体时,需作 Wichert 和 Aziz 修正[3]。修正常数 ω 的计算公式为:

$$\omega = 66.67[(N_C + N_H)^{0.9} - (N_C + N_H)^{1.6}] + 8.33(N_H^{0.5} - N_H^{4.0}) \tag{1-8}$$

式中 N_C——CO_2 的摩尔含量;
N_H——H_2S 的摩尔含量。

修正后的拟临界压力和温度公式为:

$$p_{pc}^* = p_{pc}(T_{pc} - \omega)/[T_{pc} + N_H(1 - N_H)\omega] \qquad (1-9)$$

$$T_{pc}^* = T_{pc} - \omega \qquad (1-10)$$

若再考虑 N_2 的影响,可根据 Smith 等人的研究成果,将式(1-9)、式(1-10)改为:

$$p_{pc}^* = p_{pc}(T_{pc} - \omega)/[T_{pc} + N_H(1 - N_H)\omega] - 1.1583N_N \qquad (1-11)$$

$$T_{pc}^* = T_{pc} - \omega - 149.44N_N \qquad (1-12)$$

式中 N_N——N_2 的摩尔含量。

2. 拟对比压力和拟对比温度

$$p_{pr} = \frac{p}{p_{pc}} \qquad (1-13)$$

$$T_{pr} = \frac{T}{T_{pc}} \qquad (1-14)$$

式中 p——气体压力,MPa;
T——气体温度,K。

3. 天然气偏差因子 Z 的计算

天然气偏差因子是指在某一温度和压力条件下,同一质量气体的真实体积与理想体积之比值。Dranchuk 和 Purvis 等通过拟合 Standing – katz 图版得到了如下的相关经验公式[4]:

$$Z = 1 + \left(A_1 - \frac{A_2}{T_{pr}} - \frac{A_3}{T_{pr}^3}\right)\rho_R + \left(A_4 - \frac{A_5}{T_{pr}} + \frac{A_6}{T_{pr}^3}\right)\rho_R^2 \qquad (1-15)$$

$$\rho_R = \frac{0.27 p_{pr}}{Z T_{pr}} \qquad (1-16)$$

式中 $A_1 = 0.3151, A_2 = 1.0467, A_3 = 0.5783, A_4 = 0.5353, A_5 = 0.6123, A_6 = 0.6815$。

在已知 p_{pr} 和 T_{pr} 的情况下,由式(1-15)求解 Z 时,需用迭代方法,即先给定 Z 的一个初值(例如 $Z = 1.0$),由式(1-16)求出 ρ_R 值,再由式(1-15)计算 Z 值。如果给定的 Z 值与由式(1-15)计算出的 Z 值十分接近,或者两者相差某一允许的最小值(通常取 0.00001),则求得 Z 值是正确的数值。否则用新的 Z 值代替旧的 Z 值重复计算,直至满足精度要求为止。

二、天然气的压缩系数

天然气的压缩系数是在恒温条件下,随压力变化的单位体积变化量,即:

$$C_g = -\frac{1}{V}\left(\frac{\partial V}{\partial p}\right)_T \qquad (1-17)$$

由真实气体的状态方程,得:

$$V = \frac{nRTZ}{p} \qquad (1-18)$$

对式(1-18)求导得：

$$\left(\frac{\partial V}{\partial p}\right)_T = nRT \frac{p\frac{\partial Z}{\partial p} - Z}{p^2} \qquad (1-19)$$

将式(1-18)、式(1-19)代入式(1-17)，得：

$$C_g = \frac{1}{p} - \frac{1}{Z}\frac{\partial Z}{\partial p} \qquad (1-20)$$

由前面知道，确定 Z 值的相关经验公式是拟对比压力 p_{pr} 和拟对比温度 T_{pr} 的函数。因此，为便于根据天然气偏差因子 Z 的相关经验公式，推导出计算压缩系数 C_g 的相应公式，下面引出拟对比压缩系数 C_{pr} 的概念，并表示为：

$$C_{pr} = C_g p_{pr} \qquad (1-21)$$

将式(1-20)中的偏导数改写为：

$$\frac{\partial Z}{\partial p} = \left(\frac{\partial Z}{\partial p_{pr}}\right)\left(\frac{\partial p_{pr}}{\partial p}\right) \qquad (1-22)$$

由式(1-13)的拟对比压力对压力求偏导数后得：

$$\frac{\partial p_{pr}}{\partial p} = \frac{1}{p_{pc}} \qquad (1-23)$$

将式(1-23)代入式(1-22)，得：

$$\frac{\partial Z}{\partial p} = \frac{1}{p_{pc}}\left(\frac{\partial Z}{\partial p_{pr}}\right) \qquad (1-24)$$

再将式(1-13)和式(1-24)代入式(1-20)式得：

$$C_g = \frac{1}{p_{pr}p_{pc}} - \frac{1}{Zp_{pc}}\left(\frac{\partial Z}{\partial p_{pr}}\right) \qquad (1-25)$$

因此

$$C_{pr} = C_g p_{pc} = \frac{1}{p_{pr}} - \frac{1}{Z}\left(\frac{\partial Z}{\partial p_{pr}}\right) \qquad (1-26)$$

如果采用式(1-15)、式(1-16)来计算天然气的偏差因子，则可把 Z 写成如下形式：

$$Z = 1 + f_1(T_{pr})\rho_R + f_2(T_{pr})\rho_R^2 \qquad (1-27)$$

$$\rho_R = 0.27 p_{pr}/ZT_{pr} \qquad (1-28)$$

$$f_1(T_{pr}) = A_1 - \frac{A_2}{T_{pr}} - \frac{A_3}{T_{pr}^3} \qquad (1-29)$$

$$f_2(T_{pr}) = A_4 - \frac{A_5}{T_{pr}} + \frac{A_6}{T_{pr}^3} \qquad (1-30)$$

由复合函数求导法则，得：

$$\frac{\partial Z}{\partial p_{pr}} = \frac{\partial Z}{\partial \rho_R}\frac{\partial \rho_R}{\partial p_{pr}} = \frac{\partial Z}{\partial \rho_R}\frac{0.27}{T_{pr}}\frac{Z - p_{pr}\frac{\partial Z}{\partial p_{pr}}}{Z^2} \tag{1-31}$$

由式(1-31)得:

$$\frac{\partial Z}{\partial p_{pr}} = \frac{\frac{0.27}{Z^2 T_{pr}}\frac{\partial Z}{\partial \rho_R}Z}{1 + \frac{0.27}{Z^2 T_{pr}}\frac{\partial Z}{\partial \rho_R}p_{pr}} \tag{1-32}$$

将式(1-28)代入式(1-32)得:

$$\frac{\partial Z}{\partial p_{pr}} = \frac{\frac{0.27}{ZT_{pr}}\frac{\partial Z}{\partial \rho_R}}{1 + \left(\frac{\rho_R}{Z}\right)\frac{\partial Z}{\partial \rho_R}} \tag{1-33}$$

将式(1-33)代入式(1-26)得:

$$C_{pr} = \frac{1}{p_{pr}} - \frac{0.27}{Z^2 T_{pr}}\left[\frac{\frac{\partial Z}{\partial \rho_R}}{1 + \left(\frac{\rho_R}{Z}\right)\frac{\partial Z}{\partial \rho_R}}\right] \tag{1-34}$$

而由式(1-27)得:

$$\frac{\partial Z}{\partial \rho_R} = f_1(T_{pr}) + 2f_2(T_{pr})\rho_R \tag{1-35}$$

将式(1-35)代入式(1-34)得:

$$C_{pr} = C_g p_{pc} = \frac{1}{p_{pr}} - \frac{0.27}{Z^2 T_{pr}}\left\{\frac{f_1(T_{pr}) + 2f_2(T_{pr})\rho_R}{1 + (\rho_R/Z)[f_1(T_{pr}) + 2f_2(T_{pr})\rho_R]}\right\} \tag{1-36}$$

求出拟对比压缩系数后,就可求出压缩系数 C_g。

三、天然气体积系数

天然气的体积系数,是指在地层条件下,某一摩尔量气体占有的实际体积,除以在地面标准条件下同样摩尔量气体占有的体积,表示为:

$$B_g = \frac{V_R}{V_{sc}} = \frac{p_{sc}ZT}{pZ_{sc}T_{sc}} \tag{1-37}$$

式中 B_g——天然气体积系数;

V_R——天然气的地下体积量,m³;

V_{sc}——在地面标准条件下天然气体积量,m³;

p_{sc}——地面标准压力,MPa;

T_{sc}——地面标准温度,K;

T——地层温度,K;

p——地层压力，MPa；

Z_{sc}——地面标准条件下气体偏差因子。

在实际计算时，通常取 $Z_{sc}=1.0$，而当 $p_{sc}=0.101$ MPa，$T_{sc}=293$ K 时，由式(1-37)得：

$$B_g = 3.447 \times 10^{-4} \frac{ZT}{p} \tag{1-38}$$

四、天然气黏度

Lee 和 Gonzalez 等人根据 4 个石油公司提供的 8 个天然气样品，在温度为 37.8~171.2℃ 和压力为 0.101~55.16MPa 的条件下，进行黏度和密度的实验测定，利用测定的结果得到了如下相关经验公式[5,6]：

$$\mu_g = 10^{-4} K \exp(X \rho_g^Y) \tag{1-39}$$

$$K = \frac{2.6832 \times 10^{-2}(470+M_g)T^{1.5}}{116.111+10.5556M_g+T} \tag{1-40}$$

$$X = 0.01\left(350+\frac{54777.78}{T}\right)+M_g \tag{1-41}$$

$$Y = 0.2(12-X) \tag{1-42}$$

$$\rho_g = \frac{10^{-3}M_{air}\gamma_g p}{ZRT} \tag{1-43}$$

式中　μ_g——地层天然气的黏度，mPa·s；

ρ_g——地层天然气的密度，g/cm³；

M_g——天然气的视分子量，kg/kmol；

M_{air}——空气的分子量，kg/kmol；

T——地层温度，K；

γ_g——天然气的相对密度，$\gamma_{air}=1.0$；

p——地层压力，MPa；

R——气体常数，MPa·m³/(kmol·K)。

当 $M_{air}=28.97$ 和 $R=0.008315$ MPa·m³/(kmol·K) 时：

$$\rho_g = \frac{3.4841\gamma_g p}{ZT} \tag{1-44}$$

而

$$M_g = 28.97\gamma_g \tag{1-45}$$

应用该公式计算实验数据的标准差为 ±2.7%。

第二节　地层原油物性参数

地层原油物性参数主要包括原油饱和压力、溶解气油比、压缩系数、地层体积系数和黏度等特性参数,这些参数均属油藏工程的重要参数。

一、饱和压力

饱和压力表示在地层条件下,原油中的溶解气开始分离出来时的压力。Glaso 于 1980 年根据北海 6 个油藏的 26 个流体的 PVT 分析样品,以及中东、阿尔及利亚和美国的 19 个流体的 PVT 分析样品,按照 Standing 的研究方法,经回归分析得到如下的相关经验公式[7]:

$$\lg p_b = 1.7447 \lg p_b^* - 0.3022 (\lg p_b^*)^2 - 0.3946 \quad (1-46)$$

$$p_b^* = 4.0876 \left(\frac{R_S}{\gamma_g}\right)^{0.816} \frac{1.8213 (5.625 \times 10^{-2} T + 1)^{0.173}}{124.6285 \left(\frac{1.076}{\gamma_o} - 1\right)^{0.989}} \quad (1-47)$$

式中　p_b——原油的饱和压力,MPa;
　　　p_b^*——饱和压力的相关因数;
　　　γ_g——闪蒸分离气体的相对密度;
　　　γ_o——闪蒸分离的地面原油相对密度;
　　　R_S——闪蒸分离的总生产气油比,m^3/m^3;
　　　T——地层温度,℃。

由实验值使用式(1-46)确定的饱和压力,在 1.034~48.263MPa 压力范围内的标准差为 6.98%,而在 13.798~48.263MPa 压力范围内的标准差为 3.84%。

二、溶解气油比

在地层条件下的原油溶解有天然气,单位体积原油中天然气溶解量称为天然气溶解度,也称为溶解气油比。Beggs 给出了一种根据油藏压力、油藏温度、脱气原油相对密度和采出气的相对密度来计算溶解气油比的相关经验公式[8]。

1. 当 $p \leq p_b$ 时

$$R_S = C_1 \gamma_{gS} p^{C_2} \exp\left[C_3 \left(\frac{1.076}{\gamma_o} - 1\right) / (3.6585 \times 10^{-3} T + 1)\right] \quad (1-48)$$

$$\gamma_{gS} = \gamma_{gp} \left[1 + 0.2488 \left(\frac{1.076}{\gamma_o} - 1\right) (5.625 \times 10^{-2} T_{Sp} + 1) (\lg p_{Sp} + 0.1019)\right] \quad (1-49)$$

2. 当 $p > p_b$ 时

$$R_S = R_{Sb} \quad (1-50)$$

式中　R_S——溶解气油比,m^3/m^3(标况下);
　　　T——地层温度,℃;
　　　R_{Sb}——饱和压力下的溶解气油比,m^3/m^3(标况下);
　　　γ_{gS}——分离器压力为 0.689MPa 下的气体相对密度;
　　　γ_{gp}——实际分离器条件下的气体相对密度;
　　　p_{Sp}——分离器压力,MPa;

T_{Sp}——分离器温度,℃。

C_1、C_2、C_3——常数,查表1-2;其余符号的含义同前。

表1-2 式(1-48)中常数表

常 数	$\gamma_o \geq 0.876$	$\gamma_o < 0.876$
C_1	2.3716	1.1661
C_2	1.0937	1.1870
C_3	6.8760	6.3967

三、原油压缩系数

原油压缩系数是油藏弹性能量的一个量度。它定义为在地层条件下每变化1MPa压力,单位体积原油的体积变化率。

Vaquez和Beggs提出了一种用于估算泡点压力以上压力条件下的原油压缩系数的相关经验公式[7]:

$$C_o = (28.075R_{Sb} + 30.96T - 1180\gamma_g + \frac{1784.315}{\gamma_o} - 2540.815)/(p \times 10^5) \quad (1-51)$$

Villena-Lanzi给出了一种估算重质油的压缩系数的方法,这一关系式在压力低于泡点压力时的精度较高。

$$\ln C_o = -2.4615 - 1.43\ln p - 0.395\ln p_b + 0.39\ln(T + 17.78) + $$
$$0.455\ln R_{Sb} + 0.262\ln(1/\gamma_o - 0.929) \quad (1-52)$$

式中 T——地层温度,℃;

p——地层压力,MPa;

C_o——原油压缩系数,1/MPa;

p_b——饱和压力,MPa;

R_{Sb}——饱和压力下的溶解气油比,m^3/m^3(标况下)。

四、原油地层体积系数

原油体积系数定义为采出地面条件下$1m^3$的脱气原油体积所占有的地层原油体积量,即

$$B_o = \frac{V}{V_S} \quad (1-53)$$

式中 B_o——原油体积系数;

V——地层原油体积,m^3;

V_S——地面脱气原油体积,m^3。

(1)Standing给出了一种根据溶解气油比、溶解气的相对密度、脱气原油的相对密度以及油藏温度等估算单相原油地层体积系数的关系式。Beggs以方程的形式给出了Standing估算原油地层体积系数的计算公式。

① 当$p < p_b$时[9]:

$$B_o = 1 + C_1 R_S + (C_2 + C_3 R_S)(6.4286 \times 10^{-2} T - 1)\left(\frac{1.076}{\gamma_o} - 1\right)/\gamma_{gS} \quad (1-54)$$

其中系数 C_1、C_2、C_3 的值按表 1-3 取值。

表 1-3 式(1-54)中参数值

常 数	$\gamma_o \geqslant 0.876$	$\gamma_o < 0.876$
C_1	2.6261×10^{-3}	2.6222×10^{-3}
C_2	0.06447	0.04050
C_3	-3.7441×10^{-4}	2.7642×10^{-5}

② 当 $p = p_b$ 时[9]：

$$B_{ob} = 0.972 + 1.1213 \times 10^{-2} F^{1.175} \quad (1-55)$$

$$F = 0.1404 R_S \left(\frac{\gamma_g}{\gamma_o}\right)^{0.5} + (5.625 \times 10^{-2} T + 1) \quad (1-56)$$

式中 T——地层温度，℃；其余符号的含义同前。计算结果的平均误差为 1.17%。

③ 当 $p > p_b$ 时：

$$B_o = B_{ob}[1 - C_o(p - p_b)] \quad (1-57)$$

式中 B_{ob}——泡点压力下原油的地层体积系数；
C_o——原油压缩系数，1/MPa。

(2) 总体积系数：

$$B_t = B_o + B_g(R_{Sb} - R_S) \quad (1-58)$$

式中 B_t——总体积系数（又称两相体积系数）；
B_o——在 p 压力下的原油体积系数；
B_g——在 p 压力下的天然气体积系数；
R_{Sb}——在 p_b 压力下的溶解气油比，m³/m³（标况下）；
R_S——在 p 压力下的溶解气油比，m³/m³（标况下）。

Glaso 利用北海油田和其他地区的 PVT 分析资料，回归分析得到相关经验公式为[7]

$$\lg B_t = 0.080135 + 0.4726 \lg B_t^* + 0.1735 (\lg B_t^*)^2 \quad (1-59)$$

$$B_t^* = \frac{0.1274 R_S (0.05625 T + 1)^{0.5} \gamma_o^{2.9 \times 10^{-0.0015161 R_S}}}{\gamma_g^{0.3} p^{1.1089}} \quad (1-60)$$

式中 R_S——闪蒸分离的总生产气油比，m³/m³（标况下）。

五、原油黏度的计算

(1) Egbogah 给出了计算压力小于或等于饱和压力的脱气原油（deal oil）的黏度公式：

$$\lg[\lg(\mu_{od} + 1)] = 5.02 - \frac{3.5497}{\gamma_o} - 0.5644 \lg(T + 17.78) \quad (1-61)$$

式中 μ_{od}——脱气原油黏度，$mPa \cdot s$；
T——温度，℃。

（2）Beggs 和 Robinson 给出了含溶解气的原油（live oil）与脱气原油黏度之间的关系[10]：

$$\mu_o = A\mu_{od}^B \tag{1-62}$$

$$A = 4.408(R_S + 17.825)^{-0.515} \tag{1-63}$$

$$B = 3.037(R_S + 26.738)^{-0.338} \tag{1-64}$$

根据对 2073 个油样分析的结果表明：计算的平均绝对误差为 1.83%。

（3）当压力高于泡点压力时，Vazques 和 Beggs 给出了式（1-65）、式（1-66）[8]：

$$\mu_o = \mu_{ob}(p/p_b)^m \tag{1-65}$$

$$m = 956.429 p^{1.187} \exp(-11.513 - 0.013024p) \tag{1-66}$$

式中 μ_{ob}——泡点压力下原油的黏度，$mPa \cdot s$。

根据对 3143 个样品的分析表明：式（1-66）的平均绝对误差为 7.54%。

第三节　地层水的物性参数

在油气藏中，至少存在着束缚水，有的油气藏还存在着边水或底水，均称为地层水。在油藏工程的有关计算中，常涉及地层水的物性参数，它主要包括溶解气水比、等温压缩系数、体积系数、黏度和密度。若不具备取样和实验测定的条件，可采用本节介绍的相关经验公式计算。

一、溶解气水比

McCain 提出了一个估算溶解气水比的关系式：

$$\frac{R_{Sw}}{R_{Swp}} = 10^{-0.0710636 \times S \times (T+17.78)^{-0.285854}} \tag{1-67}$$

$$R_{Swp} = 0.17825(A + Bp + Cp^2) \tag{1-68}$$

$$A = 8.0488 - 6.12265 \times 10^{-2}(T+17.78) + 1.91663 \times$$
$$10^{-4}(T+17.78)^2 - 2.1654 \times 10^{-7}(T+17.78)^3 \tag{1-69}$$

$$B = 9.969124 \times 10^{-3} - 7.44241 \times 10^{-5}(T+17.78) + 3.05553 \times$$
$$10^{-7}(T+17.78)^2 - 2.94883 \times 10^{-10}(T+17.78)^3 \tag{1-70}$$

$$C = -10^{-7}[8.79337 - 0.130237(T+17.78) + 8.53425 \times 10^{-4}(T+17.78)^2 -$$
$$2.34122 \times 10^{-6}(T+17.78)^3 + 2.37049 \times 10^{-9}(T+17.78)^4] \tag{1-71}$$

式中 S——盐度，%（质量百分数）；
T——温度，℃；
R_{Sw}——溶解气水比，m^3/m^3（标况下）；

R_{Swp} ——溶解气与纯水比,m^3/m^3(标况下)。

式(1-68)的精度为95%,式(1-67)的精度为97%。

二、地层水的等温压缩系数

地层水的压缩系数取决于压力、温度、天然气在地层水中的溶解度以及地层水的矿化度。

当已知油气藏的地层压力、地层温度和天然气在地层水中的溶解度之后,可由如下的相关经验公式计算地层水的压缩系数[11]:

$$C_w = 1.4504 \times 10^{-4} [A + B(1.8T + 32) + C(1.8T + 32)^2](1.0 + 0.049974 R_{Sw}) \tag{1-72}$$

$$A = 3.8546 - 1.9435 \times 10^{-2} p \tag{1-73}$$

$$B = -1.052 \times 10^{-2} + 6.9183 \times 10^{-5} p \tag{1-74}$$

$$C = 3.9267 \times 10^{-5} - 1.2763 \times 10^{-7} p \tag{1-75}$$

式中 C_w ——地层水压缩系数,1/MPa;

T ——地层温度,℃;

p ——地层压力,MPa;

R_{Sw} ——天然气在水中的溶解度,m^3/m^3(标况下)。

三、地层水的体积系数

McCain 给出了估算地层水体积系数的下列关系式:

$$B_w = (1 + \Delta V_{wt})(1 + \Delta V_{wp}) \tag{1-76}$$

$$\Delta V_{wt} = -5.7325 \times 10^{-3} + 2.40104 \times 10^{-4} T + 1.78412 \times 10^{-6} (T + 17.78)^2 \tag{1-77}$$

$$\Delta V_{wp} = -5.0987 \times 10^{-7} p(T + 17.78) - 6.54435 \times 10^{-9} p^2 (T + 17.78)$$
$$- 5.20574 \times 10^{-5} p - 4.74029 \times 10^{-6} p^2 \tag{1-78}$$

式中 p ——地层压力,MPa;

T ——地层温度,℃。

四、地层水的黏度

(1)McCain 提出了计算大气压和油藏温度下水的黏度的关系式:

$$\mu_{wi} = A(1.8T + 32)^B \tag{1-79}$$

$$A = 109.574 - 8.405664 S + 0.313314 S^2 + 8.72213 \times 10^{-3} S^3 \tag{1-80}$$

$$B = -1.12166 + 2.63951 \times 10^{-2} S - 6.79461 \times 10^{-4} S^2 -$$
$$5.47119 \times 10^{-5} S^3 + 1.55586 \times 10^{-6} S^4 \tag{1-81}$$

式中　T——温度,℃;
　　　S——盐度,%。

式(1-81)的精度为95%。

(2)在油藏压力下的地层水的黏度 μ_w:

$$\frac{\mu_w}{\mu_{wi}} = 0.9994 + 5.8443 \times 10^{-3} p + 6.5342 \times 10^{-5} p^2 \tag{1-82}$$

当地层压力小于68.95MPa时,式(1-82)的精度为96%。当然,在忽略矿化度影响的情况下,利用下式直接计算地层水黏度:

$$\mu_w = \exp[1.003 - 0.4733(0.05625T + 1) + 0.020296(0.05625T + 1)^2] \tag{1-83}$$

如丘陵油田三间房油藏温度为81℃,直接计算地层水黏度为0.3678mPa·s。

五、地层水的密度

在地层条件下,确定纯水密度的相关经验公式为:

$$\rho_{wp} = 0.996732 - 4.61464 \times 10^{-5} T - 3.06254 \times 10^{-6} T^2 \tag{1-84}$$

若考虑矿化度的影响,则得到:

$$\rho_w = 1.08388 - 5.10546 \times 10^{-4} T - 3.06254 \times 10^{-6} T^2 \tag{1-85}$$

式中　T——地层温度,℃;
　　　ρ_{wp}——地层条件下纯水的密度,g/cm³;
　　　ρ_w——地层水的密度,g/cm³。

第四节　凝析气藏露点压力和气井凝析水产量

一、凝析气藏露点压力

在原始条件下,确定凝析气藏露点压力的大小,是一项重要的工作。它可以通过井下高压物性取样和PVT分析确定,也可以利用Nemeth和Kennedy提供的如下相关经验公式确定[12]:

$$p_d = 6.895 \times 10^{-3} \exp\{A_1[0.2N_N + N_C + N_H + 0.4C_1 + C_2 +$$
$$2(C_3 + C_4) + C_5 + C_6] + A_2 \rho C_{7+} + A_3[C_1/(C_{7+} + 0.00002)] +$$
$$A_4 T + A_5 L + A_6 L^2 + A_7 L^3 + A_8 M + A_9 M^2 + A_{10} M^3 + A_{11}\} \tag{1-86}$$

$$L = C_{7+} \times M_{C_{7+}} \tag{1-87}$$

$$M = M_{C_{7+}}/(\rho C_{7+} + 0.0001) \tag{1-88}$$

式中　N_N——氮气的摩尔分数;
　　　N_C——二氧化碳的摩尔分数;
　　　N_H——硫化氢的摩尔分数;

C_1——甲烷的摩尔分数；

C_2——乙烷的摩尔分数；

C_3——丙烷的摩尔分数；

C_4——丁烷的摩尔分数；

C_5——戊烷的摩尔分数；

C_6——己烷的摩尔分数；

C_{7+}——庚烷以上的摩尔分数；

ρC_{7+}——庚烷以上的摩尔组分的地面密度，g/cm³；

$M_{C_{7+}}$——庚烷以上的摩尔组分的分子量；

T——气藏的地层温度，K；

p_d——露点压力，MPa。

$A_1 = -2.0623$；$A_2 = 6.6260$；$A_3 = -4.4671 \times 10^{-3}$；$A_4 = 1.8807 \times 10^{-4}$；$A_5 = 3.2674 \times 10^{-2}$；$A_6 = -3.6453 \times 10^{-3}$；$A_7 = -7.43 \times 10^{-5}$；$A_8 = -0.1138$；$A_9 = 6.2476 \times 10^{-4}$；$A_{10} = -1.0717 \times 10^{-6}$；$A_{11} = 10.7466$。

计算结果的平均偏差为 7.4%。

二、气井的水气比

气井凝析水的产量可由如下的相关公式计算：

$$q_w = q_g \times WGR \tag{1-89}$$

$$WGR = 1.6019 \times 10^{-4} A [0.32(0.05625T + 1)]^B C \tag{1-90}$$

$$A = 3.4 + \frac{418.0278}{p} \tag{1-91}$$

$$B = 3.2147 + 3.8537 \times 10^{-2} p - 4.7752 \times 10^{-4} p^2 \tag{1-92}$$

$$C = 1 - 0.4893S - 1.757S^2 \tag{1-93}$$

式中 q_w——气井凝析水的产量，m³/d；

q_g——气井的产气量，10⁴m³/d；

WGR——水气比，m³/10⁴m³；

T——气藏的地层温度，℃；

p——气藏的地层压力，MPa；

S——氯化钠（NaCl）含量；

C——矿化度校正系数。

参 考 文 献

[1] 黄炳光，刘蜀知. 实用油藏工程与动态分析方法[M]. 北京：石油工业出版社，1998：1-16.

[2] Golan M, Whison C H. Well Performance, 1986.

[3] Energy Resources Conservation Board, Theory and Practice of the Testing of Gas Wells, Third Edition, 1975.

[4] Hollo R, Fiadrara H. TI – 59, Reservoir Engineering Manual, 1980.

[5] Lee A L, Gonzalez M H, Eakin B E. The Viscosity of Natural Gases[J]. Trans. AIME, 1966, 18(8):997 – 1000.

[6] Gonzalez M H, Eakin B H, Lee A L. Viscosity of Natural Gases, Monograph on API Research Project 65, 1970.

[7] Glaso O. Generalized Pressure – Volume – Temperature Correlations[J]. JPT, 1980, 32(5):785 – 795.

[8] Vazques M, Beggs H D. Correlations for Fluid Physical Property Prediction[J]. JPT, 1980, 32(6):968 – 970.

[9] Standing M B. A Pressure – Volume – Temperature Correlation for Mixtures of califomia Oils and Gases, Drill. and Prod. Pract. API(1974)275.

[10] Beggs H D, Robinson J F. Easimating the Viscosity of Grude Oil Systems [J]. JPT, 1975, 1140 – 1141.

[11] Continuous Tables, S Correlation for Water Compressibility[J]. PE, 1980, 125 – 126.

[12] Nemeth L K, Kennedy H T. A Correlation of Downpoint Pressure With Fluid Composition and Temperature[J]. SPE, 1967, 72(2):99 – 104.

第二章 相对渗透率及曲线

油藏流体的有效渗透率是油藏流体饱和度和地层润湿性的函数,通常用岩心实验直接测量得到,是油气藏开发中最重要的基础数据之一。由于储层中可能存在多种饱和度组合,因此,为了方便对比各种流体的流动能力,提出了相对渗透率的概念,即相对渗透率是指某一种流体的有效渗透率与某些作为基数的渗透率的比值。理论上作为基数的渗透率有三种:(1)空气的绝对渗透率;(2)水的绝对渗透率;(3)束缚水饱和度下油的渗透率。油藏工程上常用束缚水饱和度下油的渗透率作为基数,即在束缚水饱和度下油相相对渗透率为1,不同流体的相对渗透率计算式为:

$$\text{油相相对渗透率:} K_{ro} = \frac{K_o}{K_o(S_{wi})} \quad (2-1)$$

$$\text{气相相对渗透率:} K_{rg} = \frac{K_g}{K_o(S_{wi})} \quad (2-2)$$

$$\text{水相相对渗透率:} K_{rw} = \frac{K_w}{K_o(S_{wi})} \quad (2-3)$$

式中 K_o,K_g,K_w——给定油、气、水饱和度下油、气、水有效渗透率,mD;

$K_o(S_{wi})$——束缚水饱和度下油相渗透率,mD;

K_{ro},K_{rg},K_{rw}——油、气、水相对渗透率($0 \leq K_{ro}$,K_{rg},$K_{rw} \leq 1$)。

第一节 油水两相相对渗透率

油水两相相对渗透率资料是研究油水两相渗流的基础,是油田开发参数设计、动态分析、水淹层级别划分、储层剩余油评价以及油藏数值模拟研究最重要的数据。目前测定油水相对渗透率的实验方法常采用非稳态法,其优点是能较好地模拟油藏开发动态、且测定简单,用时较短,但计算油水相对渗透率过程比较复杂[1]。按照数据处理特点,可将油水相对渗透率计算方法分为直接法和间接法。直接法求解过程繁琐,即对实验记录的累计注水、累计产油、驱替压差等数据,通过复杂的差分或图解法计算得到油水相对渗透率与出口端含水饱和度离散数据点;而间接法是通过引入岩石平均含水饱和度和两相总阻力与单相阻力的比值分别与注入孔隙体积倍数关系式进行实验记录数据拟合,得到油水相对渗透率与出口端含水饱和度离散数据点[2-4],或者是直接依据储层、流体物性,利用确定的油水相对渗透率与出口端含水饱和度相关经验公式计算出不同含水饱和度下油水相对渗透率(前者简称曲线拟合法,后者简称相关经验法)[5-10]。后来,国内外众多研究者相继通过对实验相对渗透率数据与经验公式计算结果进行对比,发现两者差异较大,并提出将间接法中的曲线拟合法与相关经验法进行有机结合,给出了一些相对渗透率曲线模型。这些模型中待定参数可通过拟合相对渗透率离散数据点来进行确定,这样离散的数据点不仅处理成连续性数据曲线,而且也得到了能反映油田特征的油水相对渗透率与出口端含水饱和度的函数关系式。在众多模型中,矿场较多采用 Willhite 模型,其优点是该模型很好地处理了残余油端和束缚水端油、水相对渗透率分别为 0 的问题,且油水两相相对渗透率变化特征主要受油相、水相指数大小的影响,这对快速对比不同储层或油藏渗透率变化特征就显得十分简单、方便。

一、油水相对渗透率计算理论基础

1959 年,Johnson、Bossler 和 Navmann 在处理非稳态法试验数据时,利用 Buckley – Leverett 方程推导出一种计算油水两相相对渗透率计算公式,后经 Jones 和 Roszelle 在 1978 年完善,得到目前国内外常用的 JBN 法[1]:

$$K_{ro} = \frac{-H d\bar{S}_w/dH}{(\mu_{app}/\mu_o)} \tag{2-4}$$

$$K_{rw} = \frac{\mu_w}{\mu_o} \frac{1 + H^2 d\bar{S}_w/dH}{(\mu_{app}/\mu_o)} \tag{2-5}$$

式中 μ_{app} ——视黏度,且 $\mu_{app} = \left(\frac{K_{ro}}{\mu_o} + \frac{K_{rw}}{\mu_w}\right)^{-1}$;

$\frac{\mu_{app}}{\mu_o}$ ——两相阻力系数,且 $\frac{\mu_{app}}{\mu_o} = Q + H \frac{dQ}{dH}$;

μ_o ——原油黏度,mPa·s;

μ_w ——地层水黏度,mPa·s;

Q ——两相总阻力与单相阻力的比值;

$\bar{S}_w$ ——岩心平均含水饱和度;

H ——注入孔隙体积倍数的倒数。

由于该方法计算烦琐,且微分被差分代替或利用图解法作曲线的切线不易求准,往往产生较大误差,因此,应用时常采用曲线拟合的方法,利用合适的公式来代替微分计算。如 1982 年桓冠仁等曾采用 3 次多项式拟合平均含水饱和度和两相总阻力与单相阻力的比值得到一种近似计算油水两相相对渗透率计算方法[2];1994 年李克文等采用累计产油量与时间呈指数函数计算平均含水饱和度也得到一种计算公式[3];2008 年侯晓春等采用 Tao 和 Waston 的回归公式给出了油水两相相对渗透率另一种表达形式[4](表 2 – 1)。这些计算方法不同程度地将图解法转化为数据自动拟合求解,极大地方便了岩心测试数据转化为矿场需要的油水两相相对渗透率数据。

表 2 – 1　国内 JBN 法改进及相关相对渗透率计算公式

改进者	中间变量假设关系式	油水相对渗透率计算式
桓冠仁等	$\bar{S}_w = a_0 + a_1 H + a_2 H^2 + a_3 H^3$ $Q = b_0 + b_1 H + b_2 H^2 + b_3 H^3$	$K_{ro} = \frac{-a_1 H^2 - 2a_2 H^3 - 3a_3 H^4}{b_0 + 2b_1 H + 3b_2 H^2 + 4b_3 H^3}$ $K_{rw} = \frac{\mu_w}{\mu_o} \frac{1 + a_1 H^2 + 2a_2 H^3 + 3a_3 H^4}{b_0 + 2b_1 H + 3b_2 H^2 + 4b_3 H^3}$

续表

改进者	中间变量假设关系式	油水相对渗透率计算式
李克文等	$E = A_1 \exp(-B_1/H)$ $\overline{\lambda} = A_2 \exp(-B_2/H)$	$K_{ro} = \dfrac{\mu_o A_1 B_1 H}{A_2(B_2 + 1/H)} \exp[-(B_1 + B_2)H]$ $K_{rw} = \dfrac{\mu_w[1 - A_1 B_1 H^2 \exp(-B_1 H)]}{A_2(1 + B_2 H)\exp(B_2 H)}$
侯晓春等	$\overline{S}_w = A_0 + A_1 H + A_2 \exp(-H)$ $Q = B_0 + B_1 H + B_2 \exp(-H)$	$K_{ro} = \dfrac{-A_1 H^2 - A_2 H^2 \exp(-H)}{B_0 + 2B_1 H + B_2(1-H)\exp(-H)}$ $K_{rw} = \dfrac{\mu_w}{\mu_o} \dfrac{-A_1 H^2 - A_2 H^2 \exp(-H)}{B_0 + 2B_1 H + B_2(1-H)\exp(-H)}$

注:E——无因次累计产油量;
$\overline{\lambda}$——平均有效黏度的倒数,$1/(\text{mPa}\cdot\text{s})$;
a_0、a_1、a_2、a_3、b_0、b_1、b_2、b_3、A_0、A_1、A_2、B_0、B_1、B_2——待定系数。

然而,实验提供的油水两相相对渗透率数据一般是以离散的表格形式给出,油藏工作者需要大量连续的相对渗透率数据,最好是给出相对渗透率与含水饱和度公式。因此,国内外学者又相继依据大量油水两相相对渗透率数据回归分析,按油水流动过程得到众多数学模型[5-10](表2-2)。在这些模型中,驱排过程反映了油藏形成过程中油水渗透率变化,渗吸过程反映了油田开发过程中油水相对渗透率变化,矿场油田开发主要应用渗吸模型。渗吸模型中部分模型可以直接计算出不同含水饱和度时油、水两相对渗透率数值,如 Pirson 模型、陈元千模型等;另外一些模型需利用较少的相对渗透率数据点,进行回归分析,确定出油水相对渗透率模型中特征参数,然后再计算出油水两相相对渗透率数值,如 Willhite 模型、李克文模型等。

表2-2 几种常用的油水相对渗透率模型

提出时间	提出者	相对渗透率计算模型		流动过程
		油相 K_{ro}	水相 K_{rw}	
1946	Jones	$(0.9 - S_{we})^2/(0.9 - S_{wi})^2$	S_{wd}^3	驱排
1954	Corey	$K_o(S_{wi})(1 - S_{wd})^n$	S_{wd}^m	驱排
1958	Pirson	$(1 - S_{wd})^2$	$\dfrac{(S_{we} - S_{wi})^2 S_{we}^4}{(1 - S_{wi})^2}$	渗吸
1962	Wyllie	分选性好的非胶结砂岩: $(1 - S_{wd})^3$	S_{wd}^3	驱排
		分选性差的非胶结砂岩: $(1 - S_{wd})^2(1 - S_{wd}^{1.5})$	$S_{wd}^{3.5}$	驱排
		胶结砂岩,鲕状灰岩和鲕状灰岩: $(1 - S_{wd})^2(1 - S_{wd}^2)$	S_{wd}^4	驱排
1966	Brooks-Corey	$(1 - S_{wd})^2[1 - S_{wd}^{(2+\lambda)/\lambda}]$	$S_{wd}^{(2+3\lambda)/\lambda}$	渗吸

续表

提出时间	提出者	相对渗透率计算模型		流动过程
		油相 K_{ro}	水相 K_{rw}	
1984	Chierici	$K_o(S_{wi})\exp(-aS_{wd}^b)$	$\exp(-cS_{wd}^d)$	驱排
1984	陈元千	$(1-S_{wd})^3$	$K_w(S_{or})S_{wd}^3$	渗吸
1986	Willhite	$K_o(S_{wi})(1-S_{wd})^n$	$K_w(S_{or})S_{wd}^m$	渗吸
1987	Paker	$(1-S_{wd})^{0.5}(1-S_{wd}^{1/m})^{2m}$	$S_{wd}^{0.5}[1-(1-S_{wd}^{1/m})^m]^2$	驱排
1989	李克文	$K_o(S_{wi})\dfrac{(1-S_{wd})^n+a(1-S_{wd})}{1+a}$	$K_w(S_{or})\dfrac{S_{wd}^m+bS_{wd}}{1+b}$	渗吸
2007	张继成	$10^{aS_{we}+b}-C_o$	$10^{cS_{we}+d}-C_w$	渗吸

注：a、b、c、d、m、n、λ —待定系数；C_o—油相校正系数；C_w—水相校正系数；$K_o(S_{wi})$—束缚水下油相渗透率，mD；$K_w(S_{or})$—残余油下水相渗透率，mD；S_{wi}—束缚水饱和度；S_{or}—残余油饱和度；S_{we}—出口端含水饱和度；S_{wd}—归一化含水饱和度(若为驱排过程 $S_{wd}=\dfrac{S_{we}-S_{wi}}{1-S_{wi}}$；若为渗吸过程 $S_{wd}=\dfrac{S_{we}-S_{wi}}{1-S_{wi}-S_{or}}$)。

目前，一般多应用 Willhite 模型：

$$K_{ro} = K_o(S_{wi})(1-S_{wd})^n \tag{2-6}$$

$$K_{rw} = K_w(S_{or})S_{wd}^m \tag{2-7}$$

$$S_{wd} = \frac{S_{we}-S_{wi}}{1-S_{wi}-S_{or}} \tag{2-8}$$

式中　n，m——分别为油相指数和水相指数，与岩石、流体性质和润湿性有关。

上述模型最大的特点是束缚水端油相相对渗透率为 $K_o(S_{wi})$、水相相对渗透率为 0；残余油端油相相对渗透率为 0、水相相对渗透率为 $K_w(S_{or})$，这样很好地解决了两个端点油水相对渗透率问题。同时，油水相对渗透率曲线变化主要与油相、水相指数大小相关，指数越大，曲线越陡，相对渗透率随含水饱和度变化越快。

二、对 Willhite 模型的改进

在实际应用 Willhite 模型时，总是出现单独拟合油相、水相数据与实验数据相差较大的现象(表2-3)，尤其是含水饱和度越低，拟合油相数据点误差越大，而水相整体虽然误差相对较小但也出现含水饱和度越大，拟合数据点误差越大的现象。这些现象表明，油相、水相指数并不是常数，一定与含水饱和度相关(图2-1)。因此，需对 Willhite 模型中油相指数和水相指数进行改进。后经反复拟合试算，提出了如下精度较高的模型(表2-4，图2-2)：

$$K_{ro} = K_o(S_{wi})(1-S_{wd})^{n+bS_{wd}^k} \tag{2-9}$$

$$K_{rw} = K_w(S_{or})S_{wd}^{m+cS_{wd}^d} \tag{2-10}$$

按改进模型进行拟合,拟合精度明显提高(表2-5),相关系数几乎接近1,各拟合数据点偏差很小,尤其在低渗透油田,在实验测试数据相对集中于高含水饱和度处,可以有效计算出从束缚水饱和度到中含水饱和度时各个点所对应的油水相对渗透率值。

表2-3 利用Willhite模型拟合陵13-211-2号岩心相对渗透率实验数据结果

含水饱和度	油相相对渗透率			水相相对渗透率		
	实验	式(2-6)	相对误差(%)	实验	式(2-7)	相对误差(%)
0.3680	1	1	0	0	0	—
0.6557	0.0276	0.0687	-148.73	0.1066	0.1077	-1.01
0.6610	0.0247	0.0627	-153.67	0.1157	0.1121	3.1
0.6764	0.0219	0.0470	-114.80	0.1250	0.1256	-0.48
0.6867	0.0192	0.0380	-98.12	0.1346	0.1351	-0.36
0.6970	0.0166	0.0302	-81.60	0.1445	0.1450	-0.32
0.7073	0.0141	0.0233	-65.33	0.1546	0.1552	-0.39
0.7176	0.0117	0.0175	-49.49	0.1652	0.1658	-0.39
0.7280	0.0095	0.0126	-32.49	0.1760	0.1770	-0.56
0.7383	0.0075	0.0086	-15.19	0.1874	0.1884	-0.53
0.7486	0.0056	0.0055	1.14	0.1992	0.2002	-0.51
0.7589	0.0039	0.0032	17.64	0.2116	0.2124	-0.39
0.7692	0.0025	0.0016	36.29	0.2246	0.2250	-0.19
0.7795	0.0013	0.0006	54.35	0.2384	0.2380	0.15
0.7899	0.0005	0.0001	78.46	0.2530	0.2516	0.56
0.8002	0	0	—	0.2687	0.2654	1.23

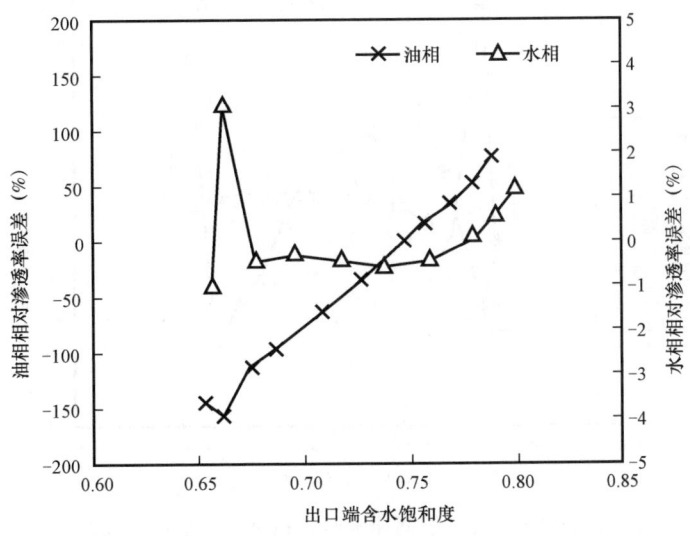

图2-1 Willhite模型油水两相相对渗透率拟合误差曲线

表 2-4 利用 Willhite 改进模型拟合陵 13-211-2 号岩心相对渗透率实验数据结果

含水饱和度	油相相对渗透率			水相相对渗透率		
	实验	式(2-9)	相对误差(%)	实验	式(2-10)	相对误差(%)
0.3680	1	0.9901	0.99	0	0.0000	—
0.6557	0.0276	0.0284	-2.91	0.1066	0.1084	-1.70
0.6610	0.0247	0.0265	-7.29	0.1157	0.1127	2.56
0.6764	0.0219	0.0215	1.72	0.1250	0.1259	-0.68
0.6867	0.0192	0.0186	3.15	0.1346	0.1351	-0.35
0.6970	0.0166	0.0159	3.98	0.1445	0.1447	-0.11
0.7073	0.0141	0.0135	4.11	0.1546	0.1546	-0.02
0.7176	0.0117	0.0113	3.33	0.1652	0.1650	0.11
0.7280	0.0095	0.0093	2.50	0.1760	0.1760	0.03
0.7383	0.0075	0.0074	1.38	0.1874	0.1873	0.07
0.7486	0.0056	0.0057	-1.38	0.1992	0.1991	0.05
0.7589	0.0039	0.0041	-5.10	0.2116	0.2115	0.03
0.7692	0.0025	0.0027	-6.81	0.2246	0.2246	0.00
0.7795	0.0013	0.0014	-9.72	0.2384	0.2384	0.01
0.7899	0.0005	0.0005	10.08	0.2530	0.2531	-0.05
0.8002	0	0.0000	—	0.2687	0.2687	0.00

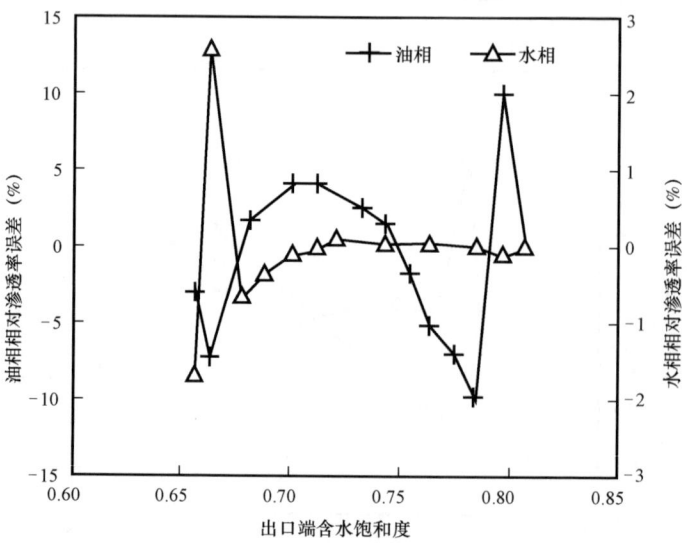

图 2-2 Willhite 改进模型油水两相相对渗透率拟合误差曲线

三、改进 Willhite 模型的求解

一般情况下,油相相对渗透率是指某一含水饱和度下油的有效渗透率与束缚水条件下油的有效渗透率的比值,因此按式(2-1),应该 $K_o(S_{wi}) = 1$,但许多相对渗透率实验结果只是提供岩石空气渗透率,实验数据中油水两相相对渗透率其实是相渗透率与空气有效渗透率的比值,这样给出的相对渗透率数值在束缚水条件下并不为 1,即 $K_o(S_{wi}) \neq 1$。因此,判断 $K_o(S_{wi})$ 是否为 1,改进的油相相对渗透率模型将采用不同的算法进行拟合求解。

表 2-5 两种模型拟合结果对比

参数	式(2-6)	式(2-9)	参数	式(2-7)	式(2-10)
束缚水时油相渗透率	1.00000	0.99009	残余油时水相渗透率	0.26539	0.26870
n	2.44497	5.48269	m	0.32039	2.19021
b	—	−3.51534	c	—	0.32039
k	—	1.10590	d	—	5.10673
复相关系数	0.99738	0.99903	复相关系数	0.99915	0.99915

1. 当 $K_o(S_{wi}) = 1$ 时

对式(2-9)两边取对数,得:

$$\ln(K_{ro})/\ln(1 - S_{wd}) = n + bS_{wd}^k \tag{2-11}$$

令式(2-11) $y = \ln(K_{ro})/\ln(1 - S_{wd})$,$x = S_{wd}^k$,$a_0 = n$,$a_1 = b$ 则式(2-11)转化为带有单变量为 k 的线形方程组 $y_i = a_0 + a_1 x_i$ 求解,其中 $i = 1,2,3,\cdots,l$(l 为拟合实验离散数据组数,一般两端点数组不能参与)。

对式(2-10)两边取对数,得:

$$\ln(K_{rw}) = \ln[K_w(S_{or})] + m\ln(S_{wd}) + cS_{wd}^d\ln(S_{wd}) \tag{2-12}$$

令式(2-12) $y = \ln(K_{rw})$,$a_0 = \ln[K_w(S_{or})]$,$a_1 = m$,$a_2 = c$,$x_1 = \ln(S_{wd})$,$x_2 = S_{wd}^d\ln(S_{wd})$,则式(2-12)转化为带单变量是 d 的多元线形方程组 $y_i = a_0 + a_1 x_{1i} + a_2 x_{2i}$ 求解,其中 $i = 1,2,3,\cdots,l$(l 为拟合实验离散数据组数)。

2. 当 $K_o(S_{wi}) \neq 1$ 时

若油相相对渗透率测试数据 $K_o(S_{wi}) \neq 1$,那么按照式(2-9)与式(2-10)函数结构相似这一特点,油相相对渗透曲线参数求解方法将与前文水相相对渗透率求解过程一致,只是构成自变量形式略有差异,即令 $y = \ln(K_{ro})$,$a_0 = \ln[K_o(S_{wi})]$,$a_1 = n$,$a_2 = b$,$x_1 = \ln(1 - S_{wd})$,$x_2 = S_{wd}^k\ln(1 - S_{wd})$,则式(2-9)转化为带单变量是 k 的多元线形方程组 $y_i = a_0 + a_1 x_{1i} + a_2 x_{2i}$ 求解,其中 $i = 1,2,3,\cdots,l$(l 为拟合实验离散数据组数)。

利用上述方法对鄯善油田 4 块岩心实验数据进行了拟合,结果表明,利用 Willhite 改进模型,油水相对渗透率拟合程度非常高,复相关系数几乎都接近 1(表 2-6)。

表2-6　鄯善油田4岩心油水相对渗透率数据拟合结果

参数\样本号	岩-1	岩-2	岩-3	岩-4
K	1.46	1.71	8.03	2.46
$K_o(S_{wi})$	0.9794	0.9895	0.9927	0.9918
n	36.6502	14.2142	5.6007	10.5370
b	-34.5714	-12.0788	-3.6368	-8.4758
k	0.0920	0.3463	0.7307	0.3749
油相拟合复相关系数	0.9988	0.9991	0.9994	0.9995
S_{wi}	0.3944	0.375	0.3565	0.3769
S_{or}	0.2963	0.2425	0.2809	0.2655
$K_w(S_{or})$	0.2508	0.1431	0.2512	0.2443
m	1.0257	1.8040	1.4621	1.4972
c	-0.5580	0.0626	-1.1366	-0.3536
d	6.2162	8.2351	9.7730	1.2753
水相拟合复相关系数	0.9982	0.9999	0.9951	1.0000

四、油水相对渗透率曲线标准化

Willhite改进模型拟合精度的提高,不仅实现了每条拟合岩心数据的不失真,而且也为获得油田平均油水相对渗透率曲线提供了可靠的技术保障。一般油田在开发初期或开发过程中,都要做若干不同岩心的油水相对渗透率实验,这些相对渗透率数据需处理成一条或几条能反映油田或不同储层的标准油水相对渗透率曲线。目前,处理相对渗透率方法有指数法、改进指数法和多条曲线平均法,矿场多采用后者[11-16],具体过程如下:

1. 相对渗透率数据一致性分析

相对渗透率数据一致性分析主要是做空气渗透率与束缚水饱和度或残余油饱和度的线性关系,剔除个别相对渗透率与大多数相对渗透率不一致的实验数据(图2-3)。一般情况下,束缚水饱和度、残余油饱和度随岩心渗透率的增大而减小,但在进行多个岩心相对渗透率实验时,总是出现个别岩心测试数据违背这一现象,通常的做法就是该组相对渗透率不参与下面的归一化数据处理。

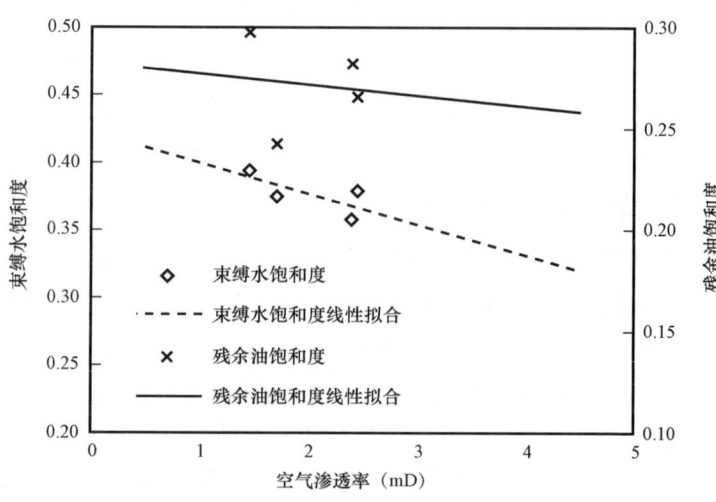

图2-3　鄯善油田油水相对渗透率一致性分析结果

2. 相对渗透率数据归一化处理

利用式(2-9)和式(2-10)，分别计算有效的岩心实验数据所对应的 $K_o(S_{wi})$、n、a、b、$K_r(S_{or})$、m、c、d（表2-6），并将 S_{wd} 从0到1划分为若干等份，求出每条岩心对应的 K_{ro}、K_{rw}，最后，求取同一 S_{wd} 条件下 K_{ro}、K_{rw} 的平均值（表2-7）。

表2-7 鄯善油田油水两相平均相对渗透率计算

S_{wd}	S_{we}	油相相对渗透率					水相相对渗透率				
		岩-1	岩-2	岩-3	岩-4	平均	岩-1	岩-2	岩-3	岩-4	平均
0.00	0.3665	0.9794	0.9895	0.9927	0.9918	0.9883	0.0000	0.0000	0.0000	0.0000	0.0000
0.05	0.3845	0.5743	0.5945	0.7605	0.6654	0.6487	0.0116	0.0006	0.0031	0.0028	0.0046
0.10	0.4024	0.3926	0.3927	0.5908	0.4763	0.4631	0.0236	0.0022	0.0087	0.0081	0.0107
0.15	0.4203	0.2842	0.2717	0.4631	0.3519	0.3427	0.0358	0.0047	0.0157	0.0151	0.0178
0.20	0.4382	0.2131	0.1942	0.3654	0.2658	0.2596	0.0481	0.0078	0.0239	0.0236	0.0259
0.25	0.4562	0.1638	0.1423	0.2898	0.2040	0.2000	0.0605	0.0117	0.0331	0.0333	0.0347
0.30	0.4741	0.1281	0.1063	0.2307	0.1586	0.1559	0.0730	0.0163	0.0432	0.0441	0.0442
0.35	0.4920	0.1016	0.0807	0.1840	0.1244	0.1227	0.0855	0.0215	0.0541	0.0559	0.0543
0.40	0.5099	0.0813	0.0621	0.1470	0.0983	0.0972	0.0982	0.0274	0.0658	0.0685	0.0650
0.45	0.5279	0.0654	0.0482	0.1174	0.0780	0.0772	0.1109	0.0339	0.0782	0.0818	0.0762
0.50	0.5458	0.0528	0.0377	0.0934	0.0620	0.0615	0.1238	0.0410	0.0913	0.0958	0.0880
0.55	0.5637	0.0425	0.0296	0.0740	0.0491	0.0488	0.1369	0.0487	0.1050	0.1102	0.1002
0.60	0.5816	0.0341	0.0232	0.0581	0.0388	0.0386	0.1503	0.0569	0.1195	0.1249	0.1129
0.65	0.5996	0.0270	0.0181	0.0450	0.0302	0.0301	0.1639	0.0657	0.1348	0.1400	0.1261
0.70	0.6175	0.0209	0.0140	0.0342	0.0231	0.0230	0.1778	0.0751	0.1510	0.1551	0.1398
0.75	0.6354	0.0157	0.0105	0.0251	0.0171	0.0171	0.1918	0.0850	0.1682	0.1704	0.1539
0.80	0.6533	0.0111	0.0075	0.0174	0.0120	0.0120	0.2058	0.0955	0.1865	0.1856	0.1684
0.85	0.6713	0.0072	0.0049	0.0110	0.0077	0.0077	0.2194	0.1065	0.2057	0.2007	0.1831
0.90	0.6892	0.0038	0.0027	0.0058	0.0040	0.0041	0.2321	0.1180	0.2247	0.2156	0.1976
0.95	0.7071	0.0012	0.0009	0.0019	0.0013	0.0013	0.2429	0.1302	0.2414	0.2301	0.2112
1.00	0.7250	0.0000	0.0000	0.0000	0.0000	0.0000	0.2508	0.1431	0.2512	0.2443	0.2224

3. 确定油水共渗起始饱和度

计算实验岩心平均束缚水饱和度和残余油饱和度（算数平均或几何平均或空气渗透率加权平均）。本次鄯善油田采用空气渗透率加权平均，确定出平均束缚水饱和度为0.3665，平均残余油饱和度为0.7250。上述这种确定平均束缚水饱和度和残余油饱和度的方法，是在岩心平均渗透率与地质研究确定的油藏或油田平均渗透率比较接近的情况下才适用，如果实验选用的岩心在各级渗透率情况下分布不均或很少，确定的岩心平均渗透率与地质上确定的油藏平均渗透率差异很大，这时建议采用电测资料求得的油田平均束缚水饱和度和残余油饱和度，作为标准油水相对渗透率曲线的两个端点。

4. 绘制标准油水两相相对渗透率曲线

利用式(2-8)反算出含水饱和度,并结合平均值 K_{ro}、K_{rw},可以绘制出标准油水两相相对渗透率曲线(图2-4)。当然,还可利用空气渗透率与相对渗透率曲线的束缚水饱和度和残余油饱和度的关系,以及空气渗透率与 $K_o(S_{wi})$、n、b、$K_r(S_{or})$、m、c、d 等参数的变化关系,来制作不同空气渗透率下的油水相对渗透率曲线[17]。

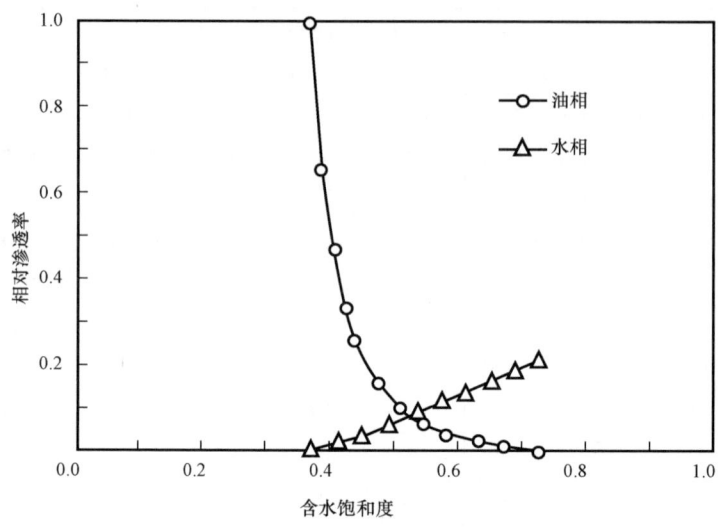

图2-4　鄯善油田标准油水相对渗透率曲线

第二节　油水两相相对渗透率曲线形态的影响因素

油水两相相对渗透率曲线是各种影响水驱油机理诸因素的综合参数,它不仅是饱和度的函数,而且还与油层的润湿性、油水黏度以及岩石物性等因素有关[18]。

一、储层物性的影响

丘陵油田三类储层的油水两相相对渗透率曲线显示,随着渗透率的增加,储层束缚水饱和度、残余油饱和度均逐渐减小(图2-5),油水共渗点逐渐向左偏移,且数值逐渐增加,反映出物性越好,两相渗流区间逐渐增大,油层亲水性逐渐减弱的特征(图2-6)。从油、水相对渗透率曲线变化分析,油相相对渗透率曲线随物性变好,曲线逐渐向左偏移,曲线随含水饱和度的增加,递减幅度减缓;同时,水相相对渗透率曲线也随物性变好,曲线向上抬起,但曲线随含水饱和度递增幅度变化不明显。这些现象表明,油层物性越好,岩石小孔隙较少,束缚水饱和度越小,油、水流动通道越通畅,渗流能力越强;随着含水饱和度的增加,物性好的层,即使原油失去连续性或呈滴状,水相也容易在孔隙中流动。

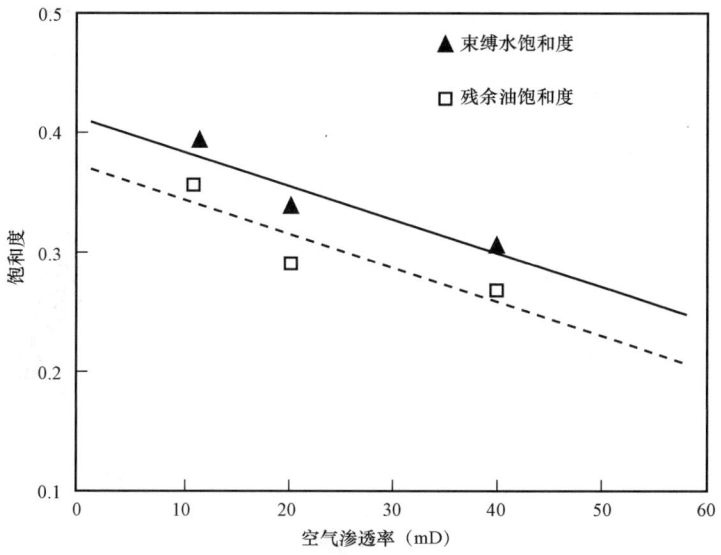

图2-5 储层物性对相渗端点值的影响

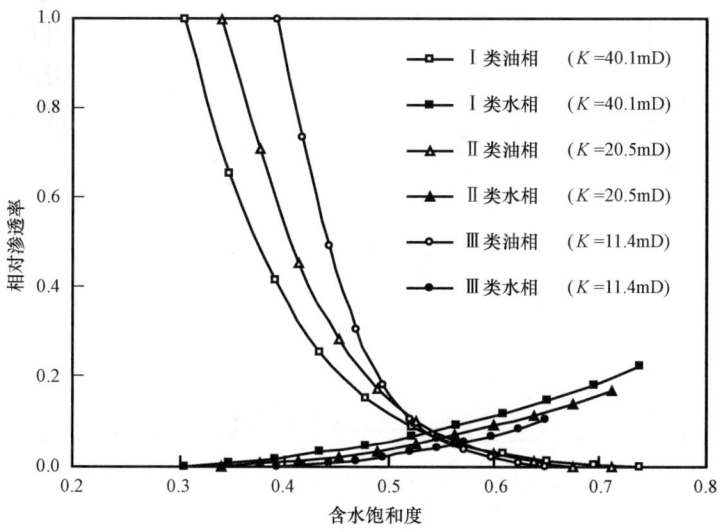

图2-6 丘陵油田分类油层油水两相相对渗透率曲线

二、实验温度的影响

西峡沟油藏属低温低压低渗透浅层油藏,在开发方式、方法优选初期,曾进行了不同温度下油水两相渗流特征的研究。实验温度分别选用40℃、120℃、200℃,测试结果显示,随实验温度的增加,束缚水饱和度逐渐增大,而残余油饱和度逐渐减小(图2-7)。从温度对油水相对渗透率曲线影响来看,随温度升高,油、水相相对渗透率曲线向右平移,油水共渗点也向右移动,且共渗点数值增大,反映出水湿性增强(图2-8)。

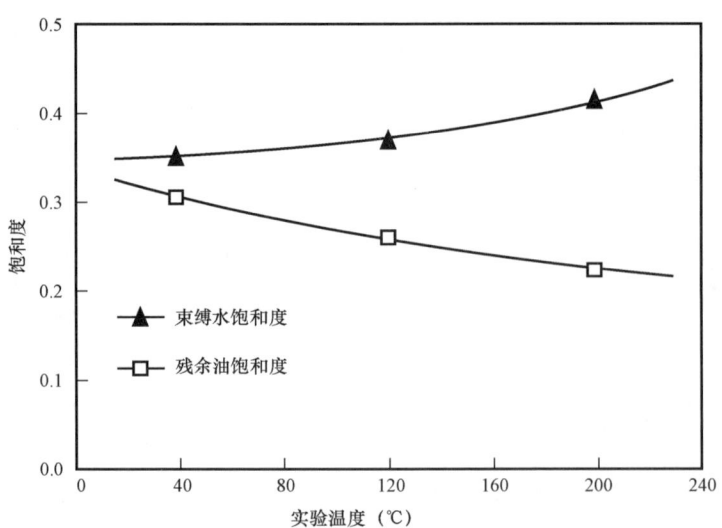

图 2-7　实验温度对相对渗透率端点值的影响

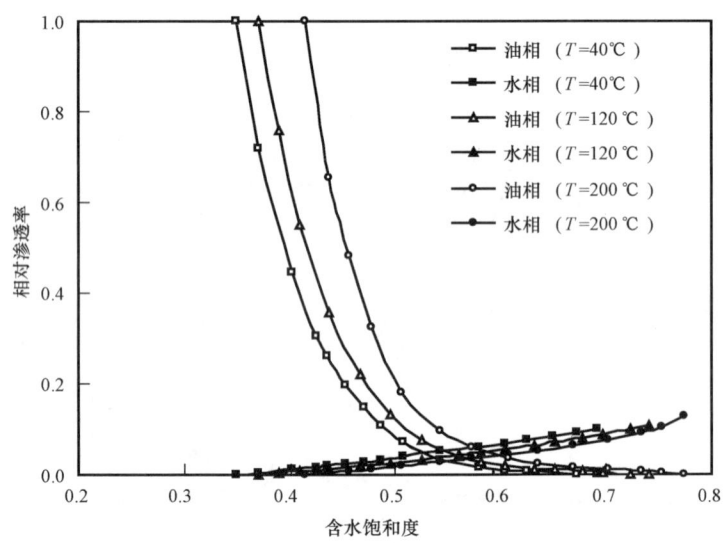

图 2-8　西峡沟油层油水相对渗透率曲线

（1）分析束缚水饱和度随温度升高呈增大趋势的原因主要是：一方面随温度升高，岩石表面吸附的极性物质在高温下解吸，孔隙中自由水转而吸附于岩石表面；另一方面，温度升高会使岩石骨架和颗粒膨胀，容易堵塞细小的流动通道，从而使无效孔隙增多，束缚水饱和度增加。

（2）残余油饱和度随温度升高而降低的原因是：一方面温度的升高使原油黏度不断降低，原油的流动能力得到改善，从而使水驱油效率增加，残余油饱和度降低；另一方面，温度的升高改变了岩石的润湿性，岩石水湿性增强，毛细管力指向非润湿相（油），更利于驱油，从而使残余油饱和度降低。

三、黏土矿物的影响

在很多低渗透油田中,水相相对渗透率曲线常常以凹型(含直线型)、凸型两种形态出现,且物性越差、储层黏土矿物中蒙脱石(伊蒙混层)、高岭石含量高,水敏或速敏性强,水相渗透率越容易出现凸型(弓背式)形态。如红台23块43号岩样,空气渗透率仅为1.73mD,孔隙度为8.9%,有效渗透率仅为0.412mD,储层矿物中伊蒙混层含量为24.8%,高岭石含量为35.2%,测试得到的水相渗透率曲线呈凸型形态(图2-9)。

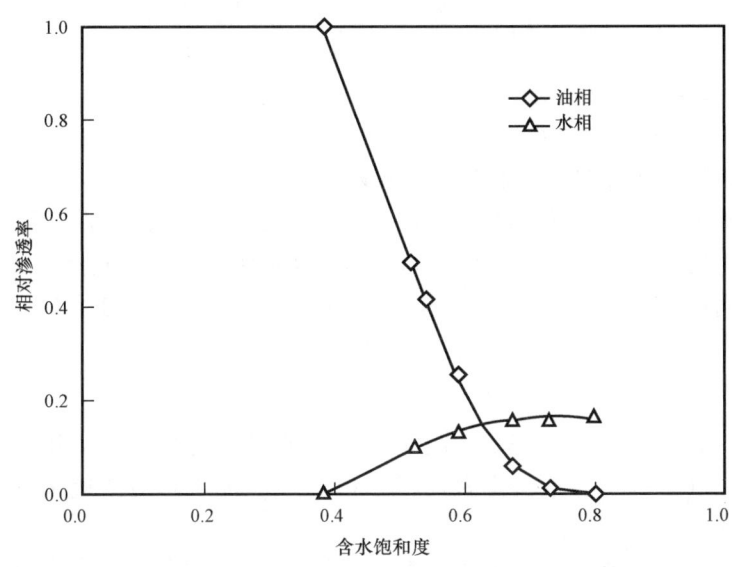

图2-9　红台2301井43岩样油水相对渗透率曲线

进一步分析,一般产生水相下凹型相对渗透率曲线的原因是岩石孔隙度较大,因而束缚水饱和度小,随着水的注入,在岩石表面吸附的水膜越来越厚,水相的相对渗透率增加较慢,油水共渗范围较大,有利于水驱开发的进行;而水相上凸型相对渗透率曲线的岩石则不同,由于孔隙度较小,地层水更易占据岩石孔隙,从而导致束缚水饱和度较大,有利于水相对渗透率的增加,加之黏土矿物的膨胀作用或黏土颗粒运移堵塞孔喉,造成油相相对渗透率的快速下降,油水共渗点降低,即共渗范围较小。

第三节　油水相对渗透率比值关系

油水相对渗透率比值与出口端含水饱和度关系是研究含水上升规律、确定水驱前缘含水饱和度和预测水驱采收率的理论基础[19-20]。近年来,国内油藏工程者从不同的角度对其进行了研究,方法越来越丰富[21-27]。

一、油水相渗比值关系式的演化及分类

长期以来,国内外学者主要从数学应用角度提出了许多模型,来尽可能刻画油水相对渗透

率比值随含水饱和度变化全过程。由于模型众多,形成条件各异,相互间关系不明确,给现场科研人员进一步应用带来一些困惑。

1. 油水相对渗透率比值关系式研究成果回顾

1982年,俞启泰教授首次将油水相对渗透率比值关系式划分为两类[24]:

指数式:
$$\frac{K_{ro}}{K_{rw}} = a\exp(-bS_{we}) \qquad (2-13)$$

方次式:
$$\frac{K_{ro}}{K_{rw}} = a\left(\frac{1-S_{or}-S_{we}}{S_{we}-S_{wi}}\right)^n = a\left(\frac{1-S_{wd}}{S_{wd}}\right)^n \qquad (2-14)$$

其中,$S_{wd} = \dfrac{S_{we}-S_{wi}}{1-S_{wi}-S_{or}}$,$a = \dfrac{K_o(S_{wi})}{K_w(S_{or})}$。

1986年,Willhite提出了油水两相渗透率模型为式(2-6)和式(2-7)[1]。该模型最大的优点是很好地处理了残余油端和束缚水端油、水相对渗透率分别为0的问题,且油水两相相对渗透率变化特征主要受油相、水相指数大小的影响,这对快速对比不同储层或油藏渗透率变化特征就显得十分简单、方便。与此同时,也形成了Willhite油水相对渗透率比值关系式为:

Willhite式:
$$\frac{K_{ro}}{K_{rw}} = a\frac{(1-S_{wd})^n}{S_{wd}^m} \qquad (2-15)$$

对比式(2-14)和式(2-15),只是式(2-15)中油相指数不等于水相指数,若当油相指数等于水相指数,即式(2-15)直接转化为式(2-14),反映油水相对渗透率比值关系式开始由简单向复杂逐渐演变。

2011年至2013年,随着国内油田相继进入高含水期,国内众多学者发现高含水期油水相对渗透率比值与含水饱和度不符合指数式,并对其进行改进,分别提出了高含水期油水相对渗透率比值关系式[25-27]。

Liu式:
$$\frac{K_{ro}}{K_{rw}} = a\exp(-bc^{S_{we}}) \qquad (2-16)$$

Bing式:
$$\frac{K_{ro}}{K_{rw}} = a(1-S_{we})^b\exp(-cS_{we}^2) \qquad (2-17)$$

Song式:
$$\frac{K_{ro}}{K_{rw}} = a\exp(-bS_{we}-cS_{we}^2) \qquad (2-18)$$

由于上述关系式形成思想是将油水相对渗透率比值与含水饱和度变化过程处理成两个相互独立的分段函数,即中高含水期符合指数式、高含水期采用改进型油水相对渗透率比值关系式。然而,水驱油过程是一个连续变化的过程,其油水渗流特征不可能在某个"点"的前后表现出不同的规律,这样处理容易造成人为割裂了渗流过程的整体性。文献[28]在实践中也发现Bing式和Song式在描述少部分油水相对渗透率比值与含水饱和度变化全过程时出现明显异常,即油水相对渗透率比值并不随出口端含水饱和度的增大而减小,而是出现1个或2个峰值的现象。

2014年,文献[17]在分别拟合油、水相对渗透率时,分析了Willhite油水两相渗透率模型在低含水饱和度和高含水饱和度拟合误差较大原因是油相指数、水相指数不是常数,而是与含水饱和度相关。经反复试算,给出了拟合精度较高的油水相对渗透率模型式(2-9)、式(2-10)。2015年,文献[28]提出了油水相对渗透率比值关系式——Gao式,并考虑直接利用Gao式求解比较困难,正交优化出Gao-J式(具体过程见本节文后)。

Gao式:
$$\frac{K_{ro}}{K_{rw}} = a\frac{(1-S_{wd})^{n+bS_{wd}^k}}{S_{wd}^{m+cS_{wd}^d}} \quad (2-19)$$

Gao-J式:
$$\frac{K_{ro}}{K_{rw}} = a\frac{(1-S_{wd})^{n+bS_{wd}}}{S_{wd}^{m+cS_{wd}^3}} \quad (2-20)$$

2017年年初,文献[29]基于油水两相渗流过程的对称性,在指数式的基础上提出了利用三次函数描述油水两相渗流过程,并直接给出了如下油水相对渗透率关系式:

Huang式:
$$\frac{K_{ro}}{K_{rw}} = a\exp(-bS_{we} - cS_{we}^2 - dS_{we}^3) \quad (2-21)$$

2017年6月,文献[30]同样沿用文献[17]的研究思路,提出了利用二项式表征油相指数、水相指数与含水饱和度的关系,给出了如下油水相对渗透率关系式:

$$K_{ro} = K_o(S_{wi})(1-S_{wd})^{aS_{wd}^2+bS_{wd}+n} \quad (2-22)$$

$$K_{rw} = K_w(S_{or})S_{wd}^{cS_{wd}^2+dS_{wd}+m} \quad (2-23)$$

由式(2-22)和式(2-23),可得油水相对渗透率比值关系式:

Wang式(二次项式):
$$\frac{K_{ro}}{K_{rw}} = a\frac{(1-S_{wd})^{n+bS_{wd}+cS_{wd}^2}}{S_{wd}^{m+kS_{wd}+fS_{wd}^2}} \quad (2-24)$$

上述式(2-22)、式(2-23)、式(2-24)最大的优点是均可转化为多元线性回归确定出待定参数,求解比较简便。后对其进行了应用,发现油相相对渗透率关系式拟合部分实际油相实验数据时,容易出现异常,并从数学角度给出了导致出现异常的原因是二项式表征了油相指数与含水饱和度的关系。具体过程为:

对式(2-22)求导,得:

$$K_{ro}' = K_o(S_{wi})\left[\ln(1-S_{wd})(2aS_{wd}+b) - \frac{aS_{wd}^2+bS_{wd}+m}{1-S_{wd}}\right](1-S_{wd})^{aS_{wd}^2+bS_{wd}+m}$$

$$(2-25)$$

上式中,当 $\ln(1-S_{wd})(2aS_{wd}+b)(1-S_{wd}) = aS_{wd}^2+bS_{wd}+m$ 时,$K_{ro}'=0$,表明 K_{ro} 存在极值,即 K_{ro} 曲线在两相流动区间表现出随含水饱和度的增大而不单调递减的现象。如吴421-4岩心油相相对渗透率数据(表2-8),利用式(2-22)拟合,油相相对渗透率曲线关系式为:

$$K_{ro} = (1-S_{wd})^{-19.8299S_{wd}^2+34.1824S_{wd}-13.2144} \quad (2-26)$$

相关系数为0.8367。求解 $\ln(1-S_{wd})(34.1824-39.6598S_{wd})(1-S_{wd}) = 34.1824S_{wd} - 19.8299S_{wd}^2 - 13.2144$ 得,$S_{wd} = 0.2712$。这表明式(2-26)在 $S_{wd} = 0.2712$ 时,K_{ro} 存在最大值5.5243,即在两相流动区间,K_{ro} 值随含水饱和度由0逐渐增加到0.2712,先从1增大到

5.5243,然后再随含水饱和度的增大而单调递减。出现这种现象的根本原因就是采用了二项式表征油相指数与含水饱和度之间关系(图2-10)。

表2-8 吴421-4岩心油水两相相对渗透率数据拟合结果

出口端含水饱和度	归一化含水饱和度	实验		拟合		误差(%)	
		油相	水相	油相	水相	油相	水相
0.3367	0.0000	1.0000	0.0000	1.0000	0.0000	0.00	0.00
0.5993	0.7583	0.1451	0.0328	0.1571	0.0322	-8.25	1.69
0.6231	0.8270	0.0841	0.0561	0.0729	0.0576	13.28	-2.72
0.6401	0.8761	0.0493	0.0838	0.0425	0.0843	13.79	-0.60
0.6506	0.9064	0.0319	0.1059	0.0302	0.1053	5.24	0.53
0.6615	0.9379	0.0177	0.1328	0.0203	0.1316	-14.87	0.91
0.6692	0.9602	0.0102	0.1543	0.0140	0.1532	-37.16	0.68
0.6738	0.9734	0.0066	0.1681	0.0100	0.1675	-51.39	0.33
0.6772	0.9833	0.0045	0.1788	0.0067	0.1788	-48.79	0.00
0.6802	0.9919	0.0030	0.1888	0.0034	0.1893	-12.68	-0.25
0.6806	0.9931	0.0028	0.1900	0.0029	0.1907	-3.68	-0.37
0.6823	0.9980	0.0022	0.1957	0.0008	0.1969	63.55	-0.61
0.6827	0.9990	0.0008	0.1989	0.0004	0.1982	53.06	0.35
0.6830	1.0000	0.0000	0.1995	0.0000	0.1995	0.00	0.00

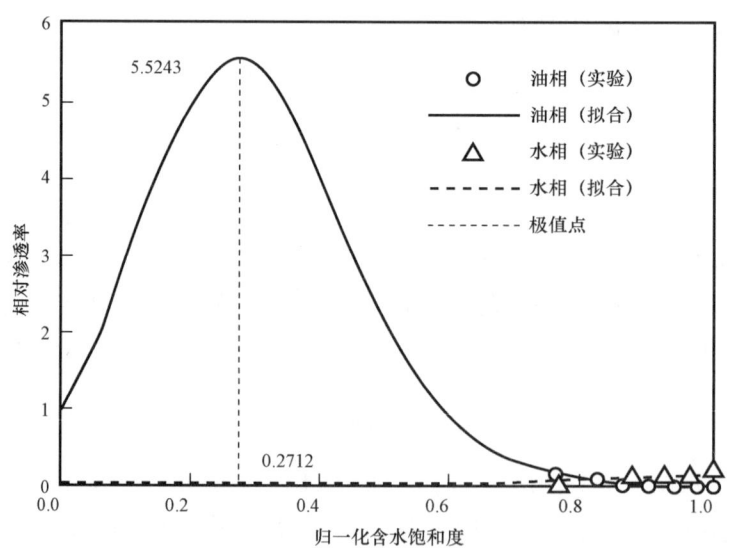

图2-10 吴421-4岩心油水相对渗透率曲线

同样,水相渗透率曲线可能存在某一含水饱和度时,水相渗透率达到极值点,此后随含水饱和度的增加,水相渗透率逐渐下降。出现这种现象正好可以有效描述水相相对渗透率曲线为"弓背式"时的渗流规律。综合以上分析,提出了如下新的油水两相相对渗透率关系式:

$$K_{ro} = K_o(S_{wi})(1 - S_{wd})^{n+aS_{wd}} \tag{2-27}$$

$$K_{rw} = K_w(S_{or})S_{wd}^{m+bS_{wd}+cS_{wd}^2} \tag{2-28}$$

上述新的油水两相相对渗透率关系式具有三个特点:

(1)继承了 Willhite 模型在残余油端和束缚水端,油、水相对渗透率分别为 0;

(2)确保油相相对渗透率关系式随含水饱和度的增大而单调递减(图 2-11),水相相对渗透率关系式可以有效拟合"弓背式"渗流曲线;

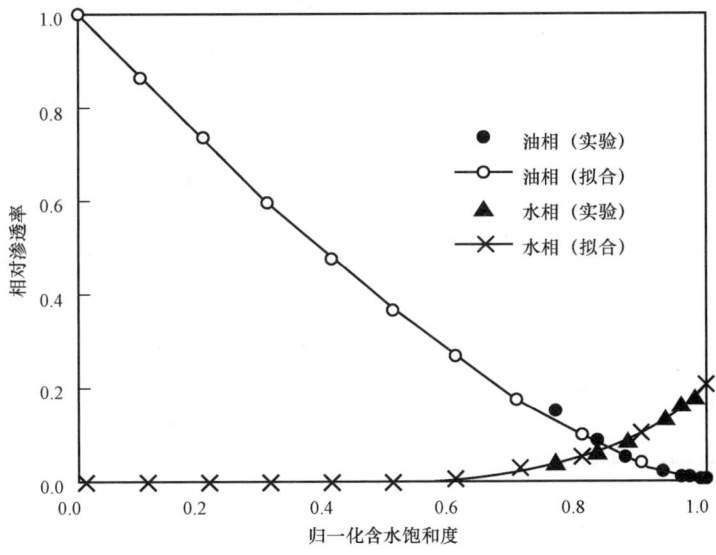

图 2-11 吴 421-4 岩心油水相对渗透率曲线

(3)无论是油相、水相,还是油水相对渗透率比值关系式的确定,都能直接从相对渗透率实验数据拟合得到,其对应油水相对渗透率比值关系式为:

修正 Wang 式:
$$\frac{K_{ro}}{K_{rw}} = a\frac{(1-S_{wd})^{n+bS_{wd}}}{S_{wd}^{m+kS_{wd}+fS_{wd}^2}} \tag{2-29}$$

从以上油水相对渗透率比值关系式研究过程表明,从方次式到 Willhite 式,再到 Gao 式、Gao-J 式、二次项式、修正式,反映出了油藏工程者对于油相指数和水相指数的认知由相等变不等、由常量变变量的过程,也符合人们对客观事物由简单向复杂的认知规律。因此,寻求油相指数和水相指数与含水饱和度的关系,提高油水相对渗透率比值全过程拟合精度,方便油水相对渗透率比值关系式中参数求解,将成为今后油水渗流领域的研究工作重点。当然,在此过程中,过分利用多项式去改进油相指数和水相指数,虽然对实验数据拟合精度有所提高,但可能反映出整个渗流过程会出现异常。

2. 油水相对渗透率比值关系式演化结构图编制

目前,油水相对渗透率比值关系式较多,为了更好地展示其研究发展变化过程以及各关系式之间的关系,并为后续研究确定方向,有必要编制油水相对渗透率比值关系式演化结构图(图2-12),方便科技工作者的应用与方法汇集、查询。

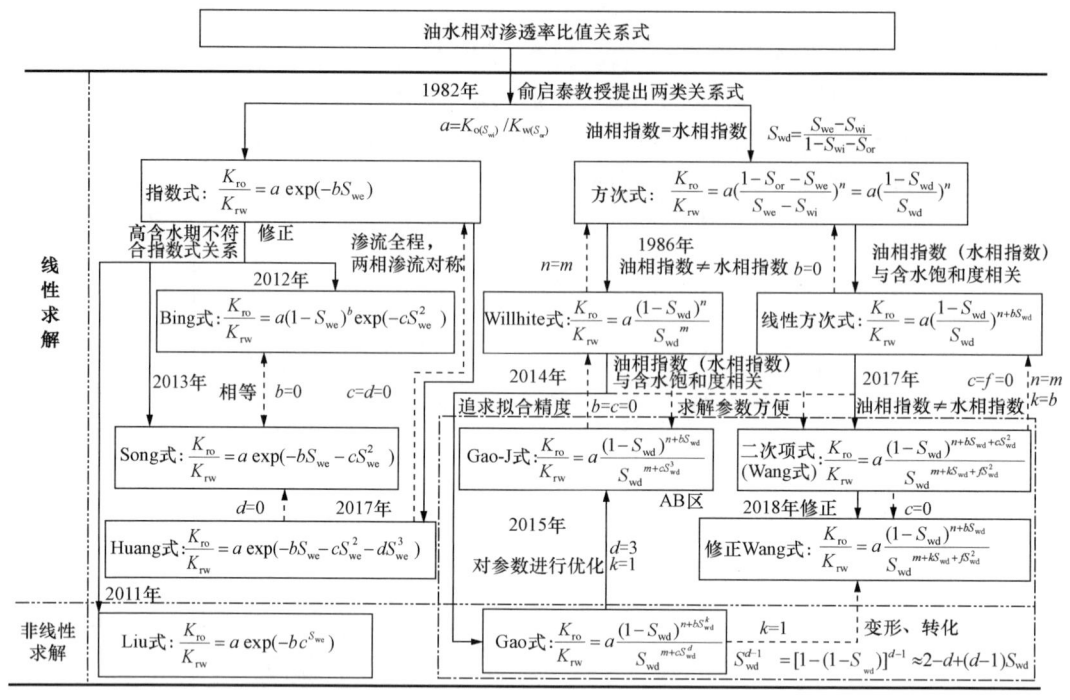

图2-12 油水相对渗透率比值关系式演化结构图

1) 编制原则

(1) 按照油水相对渗透率比值关系式基本函数结构,将已有的油水相对渗透率比值关系式划分为两大类,即指数系列和方次系列;

(2) 在各系列中,尽量按照函数结构由简单到复杂或建立时间先后次序依次罗列;

(3) 在纵向上,额外划分为线性求解部分和非线性求解两个部分,将各油水相对渗透率比值关系式按求解方法差异进行纵向归类,方便现场应用;

(4) 充分考虑油水相对渗透率比值关系式建立时的构建条件,将构建条件由单一向多个逐级划分,便于反映油水相对渗透率比值关系式由简单向复杂的认知规律;

(5) 尽可能标注同类关系式之间的转化条件,为后续建立广义性关系式储备数学逻辑依据。

2) 编制图件

按照编制原则,将已有的油水相对渗透率比值关系式研究成果进行了编制。在编制方次系列过程中,发现关系式由于构建条件A(油相指数不等于水相指数)和构建条件B(油、水相指数与含水饱和度相关)的先后次序不同,结构图中缺少"油相指数等于水相指数,且与含水饱和度为线性关系"的最简单的关系式——线性方次式,并给予及时补充。

线性方次式: $\dfrac{K_{ro}}{K_{rw}} = a\left(\dfrac{1-S_{wd}}{S_{wd}}\right)^{n+bS_{wd}}$ (2-30)

在结构图中,油水相对渗透率比值关系式的新建模型主要集中在考虑两个构建条件 A、B 区,已有的 Gao 式、Gao-J 式、二次项式、修正式均是该双重构建条件下的一种特例。因此,今后油水相对渗透率比值关系式主要集中在 A、B 区内,即重点攻克、优化油相指数(或水相指数)与含水饱和度关系式,提高油水相对渗透率比值关系式对油水相对渗透率试验数据的全程拟合精度,并利用渗流理论基础方程,建立与其相一致的水驱特征曲线和含水上升规律,为科学评价水驱油田开发效果和合理制订控水界限,提供更加全面、系统的开发技术系列。

3)结构图中特殊信息的标注

为了方便区分油水相对渗透率比值关系式,结构图中标注了各关系式的名称、创建时间、构建条件以及关系式之间相互转化条件等。

3. 结构图对油水相对渗透率比值关系式的拓展

在结构图中,除了目前热点 A、B 区外,也可在单一构建条件"油相指数等于水相指数,且与含水饱和度为线性关系"下补充完善新的油水相对渗透率比值关系式,如上文从方次式的基础上补充了一种最简单的关系式——线性方次式,按此思路,也可补充二次项方次式,甚至三次项方次式等。当然,这些方法最终能否成功描述油水相对渗透率比值与含水饱和度的全程变化规律,还需进行实例验证。

二次项方次式: $\dfrac{K_{ro}}{K_{rw}} = a\left(\dfrac{1-S_{wd}}{S_{wd}}\right)^{n+bS_{wd}+cS_{wd}^2}$ (2-31)

三次项方次式: $\dfrac{K_{ro}}{K_{rw}} = a\left(\dfrac{1-S_{wd}}{S_{wd}}\right)^{n+bS_{wd}+cS_{wd}^2+dS_{wd}^3}$ (2-32)

1)求解方法

对于上述 3 个新建模型,由于其结构特征相似,因此,可以建立其求解通式。即令 $y = \ln(K_{ro}/K_{rw})$, $x_i = S_{wd}^{i-1}\ln\left(\dfrac{1-S_{wd}}{S_{wd}}\right)$ ($i=1,2,\cdots,j+1$),其中 j 为油(水)相指数与含水饱和度关系式的次数, $a_0 = \ln a$, $a_1 = n$, $a_2 = b$, $a_3 = c$, $a_4 = d$,则

$$y = a_0 + \sum_{i=1}^{j+1} a_i x_i$$ (2-33)

式(2-33)可直接利用多元线性方程组确定出 a, b, c, d, n 等待定参数值。

2)实例应用

利用文献[30]中提供的大庆油田 3 类主要油水相对渗透率曲线进行应用,其中 I 型油相相对渗透率缓慢下降,水相呈上凹型;II 型油相相对渗透率快速下降,水相呈上凹型;III 型油相相对渗透率快速下降,水相呈下凹型(或弓背式)(图2-13)。

分别利用方次式、式(2-30)、式(2-31)、式(2-32)对大庆油田 3 类油水相对渗透率比值变化规律进行全程拟合,结果显示,油(水)相指数与含水饱和度呈多项式关系时,其次数越大,拟合精度越高,误差越小(表2-9至表2-11)。

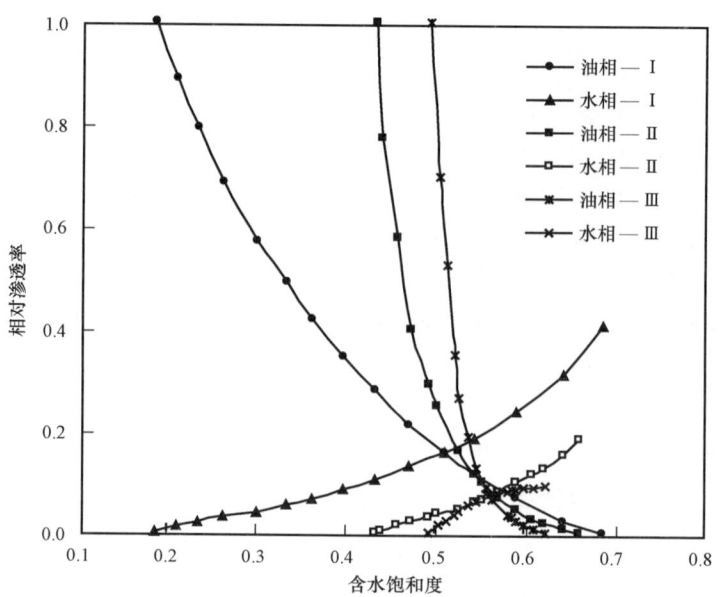

图 2-13 大庆油田三类主要油水相对渗透率变化曲线

表 2-9 大庆油田 I 类油水相对渗透率比值拟合结果对比

归一化含水饱和度	实际值	拟合相对误差（%）			
		方次式	线性方次式	二次项方次式	三次项方次式
0.0457	68.3846	-80.25	-25.46	-7.85	-3.29
0.0954	41.6842	-4.16	11.10	10.59	8.04
0.1531	22.8333	6.70	8.70	-0.15	-5.03
0.2286	14.2750	22.39	15.14	3.59	0.63
0.2942	9.0926	22.40	9.94	-1.05	-1.29
0.3519	6.2537	20.43	4.66	-3.66	-1.56
0.4195	4.1190	17.22	-0.89	-4.26	-0.37
0.4911	2.7184	14.42	-3.91	-1.10	2.97
0.5686	1.6357	5.83	-11.07	-1.69	0.86
0.6441	0.9936	-1.91	-13.75	0.11	-0.33
0.7117	0.6162	-9.00	-12.80	1.96	-1.48
0.8052	0.2911	-16.75	-2.86	5.40	0.04
0.9085	0.0774	-37.67	12.31	-3.26	0.22
1.0000	0.0000	0.00	0.00	0.00	0.00

表 2-10　大庆油田 II 类油水相对渗透率比值拟合结果对比

归一化含水饱和度	实际值	拟合相对误差（%）			
		方次式	线性方次式	二次项方次式	三次项方次式
0.0324	154.8000	-48.48	-24.68	-0.33	-1.24
0.1092	36.2500	5.28	9.21	1.59	2.65
0.1761	18.1818	16.23	15.18	-0.34	0.74
0.2580	9.6638	22.70	18.50	2.62	2.97
0.2959	6.6009	14.26	8.50	-7.39	-7.42
0.4006	3.4500	16.84	9.62	3.30	2.47
0.4781	1.8833	3.96	-4.46	-2.43	-3.49
0.5179	1.4708	2.63	-5.54	1.04	0.10
0.5991	0.8212	-7.63	-14.84	0.48	0.03
0.6879	0.4700	-6.41	-9.97	9.02	9.39
0.7659	0.2202	-27.36	-25.92	-6.39	-5.25
0.8212	0.1395	-22.46	-15.79	-4.99	-3.78
0.9205	0.0478	7.83	23.89	2.63	1.69
1.0000	0.0000	0.00	0.00	0.00	0.00

表 2-11　大庆油田 III 类油水相对渗透率比值拟合结果对比

归一化含水饱和度	实际值	拟合相对误差（%）			
		方次式	线性方次式	二次项方次式	三次项方次式
0.0944	46.4000	14.48	-17.28	-5.33	-0.91
0.1512	21.9071	17.79	5.63	4.99	1.84
0.2269	9.9473	13.31	14.31	7.86	3.81
0.2648	6.3034	-1.19	5.08	-3.11	-6.30
0.3399	3.4182	-10.15	3.91	-3.50	-3.02
0.4150	2.0791	-12.90	5.29	1.24	4.58
0.4974	1.1711	-22.64	-1.86	-1.29	3.24
0.5409	0.8421	-31.87	-10.41	-7.06	-2.77
0.6669	0.4321	-17.61	-6.45	1.72	1.10
0.7032	0.3412	-16.17	-9.41	-0.88	-3.22
0.7396	0.2824	-7.49	-6.34	1.18	-2.50
0.8162	0.1932	18.72	7.17	8.54	5.13
0.8849	0.1034	32.46	5.60	-5.91	-1.74
1.0000	0.0000	0.00	0.00	0.00	0.00

以上研究表明,利用油水相对渗透率比值关系式演化结构图,可以发现新的油水相对渗透率比值关系式,这些新建的关系式至少对大庆油田3类主要油水相对渗透率曲线的描述是成功的,其相关系数都很高(表2-12)。因此,油水相对渗透率比值关系式演化结构图的绘制,不仅是对已有方法成果的系统总结,而且也是有效弥补油水相对渗透率比值关系式历史建立过程中因构建条件次序不同而可能造成某些遗漏的模型。

表 2-12 大庆油田 3 类油水相对渗透率比值关系式拟合结果

待定参数	方次式			线性方次式		
	Ⅰ类	Ⅱ类	Ⅲ类	Ⅰ类	Ⅱ类	Ⅲ类
a	2.2190	1.5908	1.4145	2.6888	1.7275	1.1751
b				0.5361	0.2111	-0.6030
n	1.3222	1.4639	1.4746	1.1152	1.3814	1.7532
复相关系数	0.9847	0.9934	0.9891	0.9963	0.9950	0.9978
待定参数	二次项方次式			三次项方次式		
	Ⅰ类	Ⅱ类	Ⅲ类	Ⅰ类	Ⅱ类	Ⅲ类
a	2.5965	1.6523	1.1667	2.4942	1.6689	1.1146
b	1.8779	1.9121	0.6356	2.9172	1.7020	2.4169
c	-1.4646	-1.8653	-1.2848	-4.6118	-1.2111	-5.9736
d				2.2578	-0.4701	3.2043
n	1.0186	1.2774	1.6033	0.9765	1.2832	1.4755
复相关系数	0.9994	0.9996	0.9993	0.9997	0.9997	0.9996

二、油水相对渗透率比值关系式优选

2015 年以前,油水相对渗透率比值关系式可以转化为线性(或含单变量线性)求解的有指数式、方次式、Willhite 式、Bing 式、Song 式、Liu 式[24~27]。在这些关系式中,常采用指数式来进行水驱规律研究和应用[22]。从吐哈油区(包括丘陵、鄯善、温米、红连、雁木西、吐玉克、牛圈湖、牛东、西峡沟等油藏及区块)以及国内其他油田和国外两个油藏(贝尔、榆树林、姬塬、西峰、港西、魏岗、虎头崖、Kyzylkia、Maybulak 等油藏及区块)的 191 组油水相对渗透率实验数据应用效果来看,Willhite 式拟合程度较好,达到 81.15%,其次是 Bing 式(7.85%)、Song 式(7.33%)和 Liu 式(3.67%),而指数式和方次式拟合相关系数均较低(图 2-14)。

进一步对 191 组油水相对渗透率比值关系式拟合结果进行分析,方次系列拟合结果总体上要好于指数系列(图 2-15)。在指数系列中 Liu 式整体拟合效果要好于 Song 式和 Bing 式,指数式拟合程度最低。但利用 Bing 式和 Song 式拟合时,发现少部分拟合曲线如果绘制到整个流体流动区间会明显出现异常,即油水相对渗透率比值并不随出口端含水饱和度的增

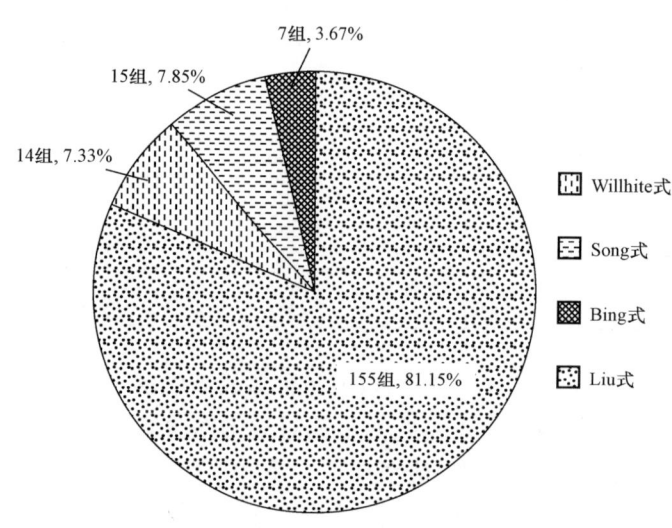

图 2-14 不同方法拟合油水相对渗透率比值最优结果统计

大而减小,而是出现一个或两个峰值的现象(图2-16)。统计191组实验数据,Bing式出现异常为鄠11-8-1、吴421-4、Kyzylkia-1、Kyzylkia-2等4组,Song式出现异常为红南222-1、红南222-3、旗26-30-3、旗26-30-4等4组,这表明Bing式和Song式存在一定程度的缺陷,还不能很好地描述低含水饱和度时油水相对渗透率比值关系,毕竟这两个关系式是针对高含水饱和度下局部油水相对渗透率特征提出的;在方次系列中,方次式、Willhite式拟合程度依次提高,且拟合曲线绘制到整个流体流动区间无异常出现。然而Gao式由于不能转化为线性函数直接求解,因而在矿场应用方面将受到一定程度的限制。

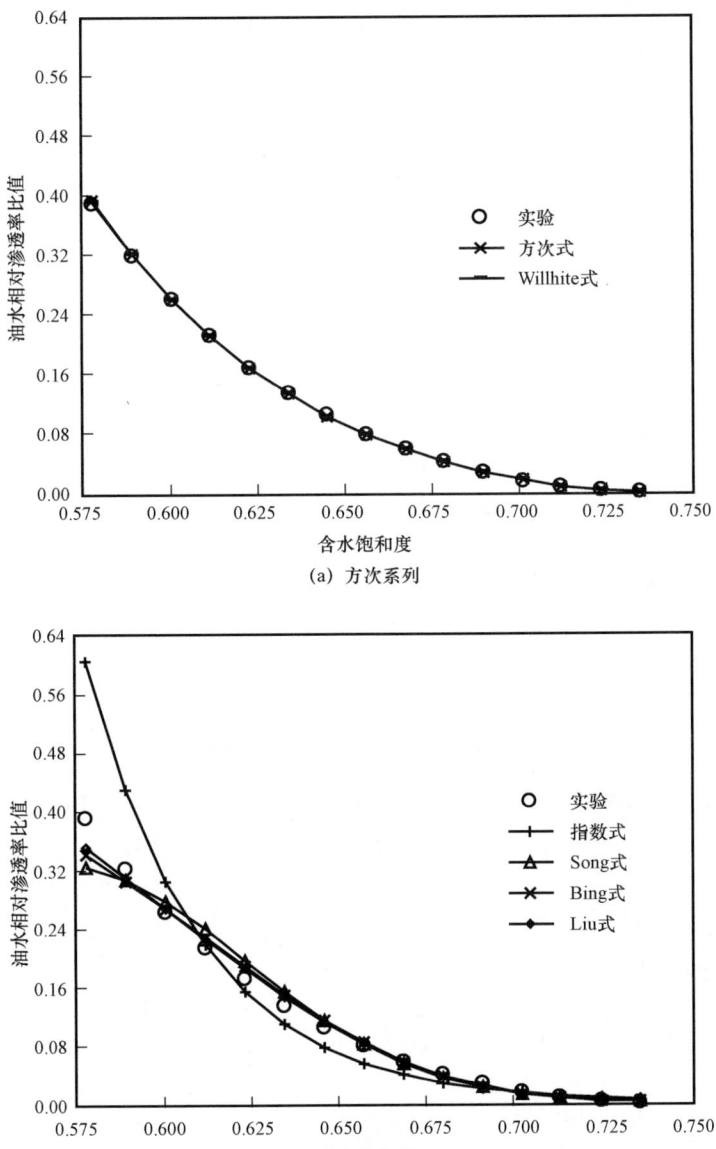

图2-15 鄠10-131-4岩心油水相对渗透率比值曲线

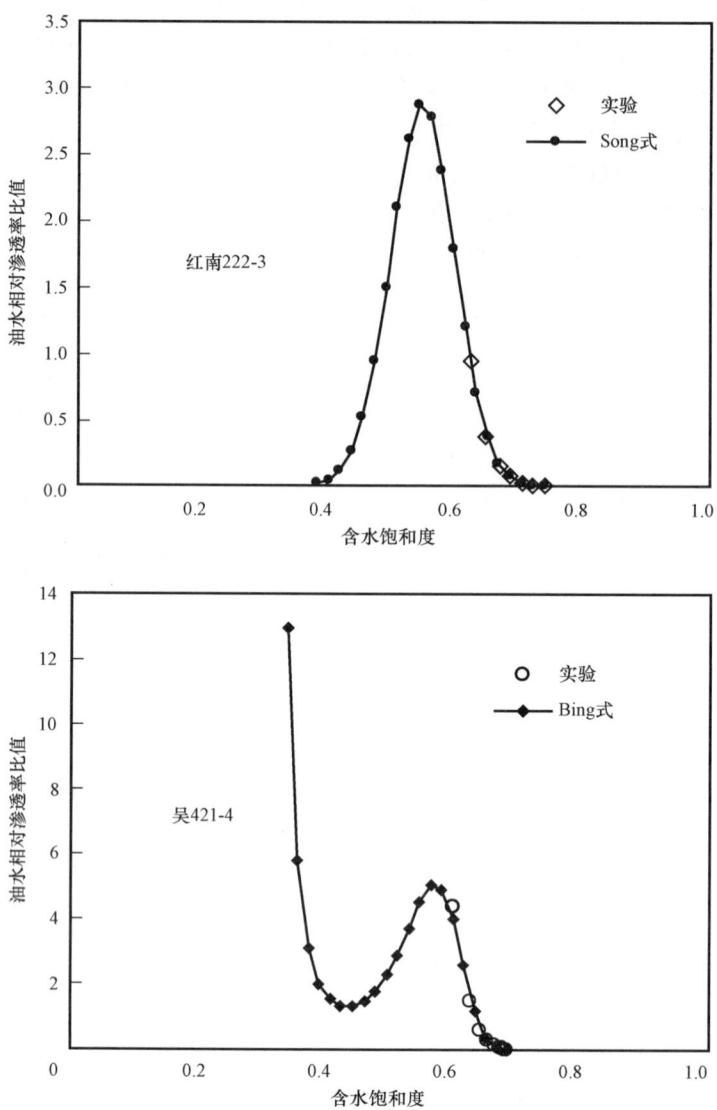

图 2-16 油水相对渗透率比值倒推异常曲线

1. Gao 式模型参数优化

对式(2-19)两边取对数,得:

$$\ln \frac{K_{ro}}{K_{rw}} = \ln a + n\ln(1 - S_{wd}) + bS_{wd}^{k}\ln(1 - S_{wd}) - m\ln S_{wd} - cS_{wd}^{d}\ln S_{wd} \quad (2-34)$$

令 $y = \ln K_{ro}/K_{rw}$,$x_1 = \ln(1 - S_{wd})$,$x_2 = S_{wd}^{k}\ln(1 - S_{wd})$,$x_3 = \ln S_{wd}$,$x_4 = S_{wd}^{d}\ln S_{wd}$,$A_0 = \ln a$,$A_1 = n$,$A_2 = b$,$A_3 = -m$,$A_4 = -c$,则

$$y = A_0 + A_1 x_1 + A_2 x_2 + A_3 x_3 + A_4 x_4 \quad (2-35)$$

很显然,Gao 式无法转化为线性方程或带单变量的线性方程求解,但从纯数学角度考

虑,若先将参数 d、k 之一给以固定值,式(2-34)即为带单变量的线性方程;或者参数 d、k 均取定值,转化为线性方程,其求解就变得很容易。依据文献[13]对相对渗透率研究,利用式(2-9)和式(2-10)单独拟合油相和水相数据时,k 值对油相相对渗透率数据拟合精度影响最敏感。因此,设计了如下方案并利用正交分析法对其参数 d、k 进行了优选,参加拟合的数据为前文提到的191组相对渗透率数据,设置的优选目标为13个方案中拟合相关系数累计最大组数(表2-13)。

表2-13 参数 k、d 正交优化方案设计

优选 k	d	k											
	0	0	1	2	3	4	5	6	7	8	9	10	11	12
优选 d	k	d											
	1	0	1	2	3	4	5	6	7	8	9	10	11	12

正交法优选的结果为 $k=1$,$d=3$ 时最优(图2-17和图2-18)。因此,Gao 式可简化为如下形式:

Gao-J 式:
$$\frac{K_{ro}}{K_{rw}} = a \frac{(1-S_{wd})^{n+bS_{wd}}}{S_{wd}^{m+cS_{wd}^3}} \tag{2-36}$$

进一步可转化为如下线形方程求解:

$$\ln\frac{K_{ro}}{K_{rw}} = \ln a + n\ln(1-S_{wd}) + bS_{wd}\ln(1-S_{wd}) + m\ln S_{wd} + cS_{wd}^3\ln S_{wd} \tag{2-37}$$

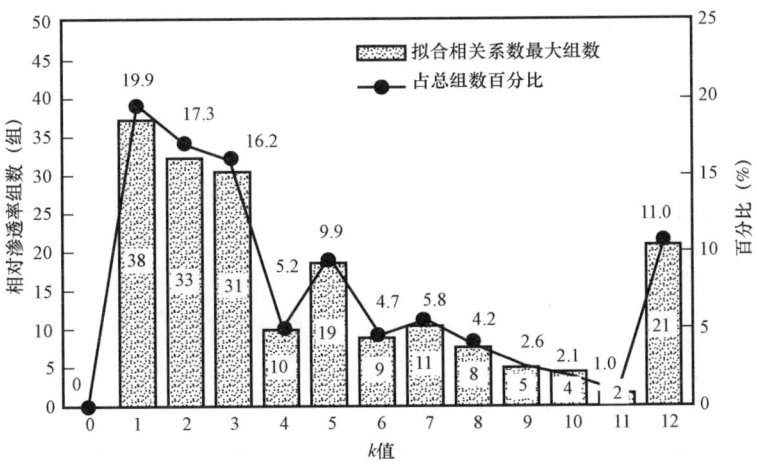

图2-17 $d=0$ 时最优 k 值优选结果图

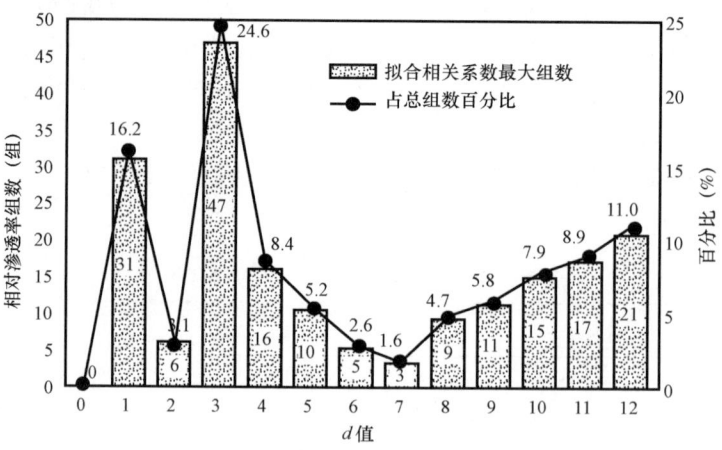

图 2-18　$k=1$ 时最优 d 值优选结果图

2. Gao-J 式与 Willhite 式应用效果对比

利用式(2-36)对 191 组相对渗透率进行回归,并与 Willhite 式结果相比较,其拟合程度明显提高(图 2-19)。同时,将其结果与指数式、方次式、Willhite 式、Bing 式、Song 式、Liu 式的符合程度进行整体对比,发现利用 Gao-J 式进行拟合,每组相对渗透率都能获得最大相关系数,符合程度达到 100%,这表明式(2-36)更适应描述油水相对渗透率比值变化规律,同时,191 组相对渗透率曲线拟合过程中,油水相对渗透率比值曲线未见异常,显示出很好的适应性。

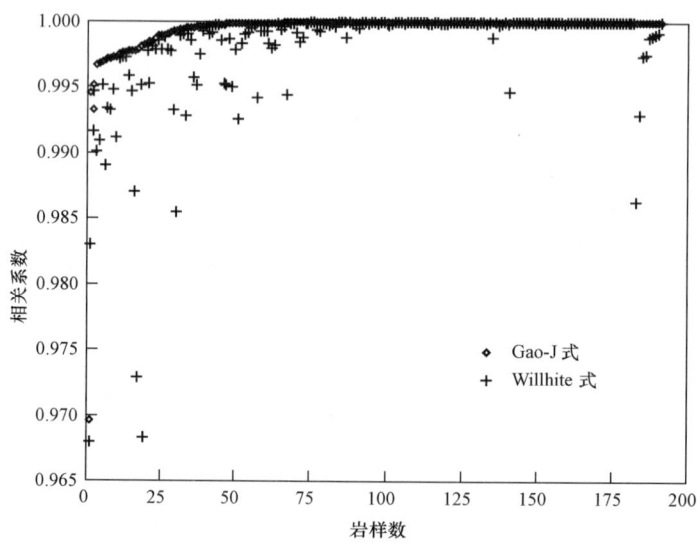

图 2-19　Gao-J 式与 Willhite 式拟合结果对比

从各相对渗透率数据拟合数据与实验数据对比分析,式(2-36)误差很小。如利用式(2-36)拟合陵 13-211-4 岩心相对渗透率数据,$a=0.5541$、$b=-4.4255$、$c=9.2026$、

$n=5.9852$、$m=2.4802$,相关系数达到 0.99999;利用 Willhite 式拟合,$a=0.4461$,$n=1.5581$、$m=1.7290$,相关系数达到 0.99996。反映到拟合点数据上,Gao – J 式相比 Willhite 式更接近实验值(表2 – 14)。

表2 – 14 两种方法拟合陵13 – 211 – 4相对渗透率实验数据结果对比

含水饱和度	归一化含水饱和度	油水相对渗透率比值			相对误差(%)	
		实验	Willhite 式	Gao – J 式	Willhite 式	Gao – J 式
0.5971	0.5664	0.3209	0.3243	0.3209	-1.0556	0.0054
0.6090	0.5972	0.2622	0.2638	0.2617	-0.6005	0.2040
0.6210	0.6283	0.2125	0.2132	0.2125	-0.2967	0.0009
0.6329	0.6591	0.1716	0.1714	0.1720	0.1129	-0.1893
0.6449	0.6903	0.1378	0.1364	0.1376	1.0032	0.1453
0.6568	0.7211	0.1082	0.1074	0.1087	0.7245	-0.5248
0.6688	0.7522	0.0842	0.0830	0.0842	1.3793	0.0212
0.6807	0.7830	0.0635	0.0630	0.0637	0.9268	-0.2107
0.6927	0.8142	0.0469	0.0462	0.0465	1.3728	0.8313
0.7046	0.8450	0.0326	0.0327	0.0326	-0.4180	-0.0682
0.7166	0.8761	0.0212	0.0217	0.0214	-2.0615	-0.6654
0.7285	0.9069	0.0129	0.0131	0.0128	-0.9524	1.1524
0.7405	0.9381	0.0064	0.0065	0.0064	-2.6179	-0.9396
0.7524	0.9689	0.0022	0.0021	0.0022	2.3560	0.2183
0.7644	1.0000	0.0000	0.0000	0.0000	—	—

第四节 动力拟相对渗透率

对于多层油藏,每一层都有一组相对渗透率曲线。通过采用加权平均孔隙度、绝对渗透率和一组动力拟相对渗透率曲线以后,可以将多层油藏描述为单层油藏[18]。

一、平均特性参数计算

平均孔隙度:

$$\phi_{avg} = \frac{\sum_{i=1}^{N} \phi_i h_i}{\sum_{i=1}^{N} h_i} \tag{2-38}$$

平均渗透率：
$$K_{\text{avg}} = \frac{\sum_{i=1}^{N} K_i h_i}{\sum_{i=1}^{N} h_i} \quad (2-39)$$

平均含油饱和度：
$$S_{\text{oi}}^{\text{avg}} = \frac{\sum_{i=1}^{N} (\phi_i h_i)(S_{\text{oi}})_i}{\sum_{i=1}^{N} (\phi_i h_i)} \quad (2-40)$$

平均含水饱和度：
$$S_{\text{wi}}^{\text{avg}} = \frac{\sum_{i=1}^{N} (\phi_i h_i)(S_{\text{wi}})_i}{\sum_{i=1}^{N} (\phi_i h_i)} \quad (2-41)$$

平均残余油饱和度：
$$S_{\text{or}}^{\text{avg}} = \frac{\sum_{i=1}^{N} (\phi_i h_i)(S_{\text{or}})_i}{\sum_{i=1}^{N} (\phi_i h_i)} \quad (2-42)$$

式中　N——产层总数；
　　　h_i——产层 i 厚度，m；
　　　K_i——产层 i 渗透率，mD；
　　　ϕ_i——产层 i 孔隙度；
　　　$(S_{\text{or}})_i$——产层 i 残余油饱和度；
　　　$(S_{\text{wi}})_i$——产层 i 束缚水饱和度。

二、平均拟相对渗透率

首先，对每一层油水相对渗透率进行归一化处理，然后将归一化含水饱和度从 0 到 1 划分若干等份，分别读取油相、水相相对渗透率。

其次，利用下式计算平均油相、水相拟相对渗透率。

平均油相相对渗透率：
$$K_{\text{ro}}^{\text{avg}} = \frac{\sum_{i=1}^{N} (K_i h_i)(K_{\text{ro}})_i}{\sum_{i=1}^{N} (K_i h_i)} \quad (2-43)$$

平均水相相对渗透率：
$$K_{\text{rw}}^{\text{avg}} = \frac{\sum_{i=1}^{N} (K_i h_i)(K_{\text{rw}})_i}{\sum_{i=1}^{N} (K_i h_i)} \quad (2-44)$$

最后，利用 $S_{\text{wd}} = \dfrac{S_{\text{w}}^{\text{avg}} - S_{\text{wi}}^{\text{avg}}}{1 - S_{\text{wi}}^{\text{avg}} - S_{\text{or}}^{\text{avg}}}$ 反算油藏含水饱和度 $S_{\text{w}}^{\text{avg}}$，这样就得到油藏动力拟相对渗透率曲线，其过程与前文油水相对渗透率曲线标准化一致。

第五节 三相相对渗透率

对于三相系统,用实验直接测定油、气、水三相相对渗透率是极其困难的,因为必须具备相当复杂的工艺来确定岩心长度的流体饱和度分布。因此,通常在实验室只测定两相相对渗透率(油水两相和油气两相)。在三相系统中,人们发现水相相对渗透率仅由含水饱和度决定。由于水只在岩石中相互连通的最小的孔隙中流动,并且可以调节自身的体积流量,因此水的流动与占据其他孔隙的流体的特性无关。同理,气相相对渗透率也只依赖于气相饱和度,其流动也被限定在特定的孔隙范围内,也不受流体的特性和占据剩余孔隙的其他流体的特性影响。而油相流动的孔隙是那些尺寸大于仅能让水流动的孔隙,并小于仅让气流动的孔隙。被油相占据的孔隙数量,取决于三相共存时岩石孔隙大小和分布特征以及油相本身的饱和度大小[18]。

一、Wyllie 三相相对渗透率模型

1961 年,Wyllie 提出了对于水湿系统的三相相对渗透率方程。

1. 胶结砂岩、缝洞岩石或鲕状灰岩

$$K_{rg} = \frac{S_g^2 [(1-S_{wi})^2 - (S_w + S_o - S_{wi})^2]}{(1-S_{wi})^4} \qquad (2-45)$$

$$K_{ro} = \frac{S_g^3 (2S_w + S_o - 2S_{wi})}{(1-S_{wi})^4} \qquad (2-46)$$

$$K_{rw} = \left(\frac{S_w - S_{wi}}{1-S_{wi}}\right)^4 \qquad (2-47)$$

2. 未胶结、分选好的砂岩

$$K_{rg} = \frac{S_o^3 (2S_w + S_o - 2S_{wi})}{(1-S_{wi})^4} \qquad (2-48)$$

$$K_{ro} = \left(\frac{S_o}{1-S_{wi}}\right)^3 \qquad (2-49)$$

$$K_{rw} = \left(\frac{S_w - S_{wi}}{1-S_{wi}}\right)^3 \qquad (2-50)$$

式中　S_o——含油饱和度;
　　　S_w——含水饱和度;
　　　S_g——含气饱和度。

二、Stone 模型 I

1970 年,Stone 提出了一种从实验测试的两相数据来估算三相相对渗透率数据的概率模

型。该模型将多孔介质的孔道流动理论和概率方法结合起来,导出了当水和气都存在时确定油相相对渗透率的简单算法,并解释了两组数据中当含气饱和度和含水饱和度沿同一方向改变时的滞后效应。孔道流动理论的应用,意味着三相系统中水相相对渗透率和油水毛细管压力只是含水饱和度的函数,与含油饱和度和含气饱和度无关;气相相对渗透率和气油毛细管压力也只是含气饱和度的函数,与含油饱和度和含水饱和度无关。

Stone 提出当气和水同时驱替油时存在一个非零残余油饱和度 S_{om},这个最小残余油饱和度 S_{om} 与油水系统的残余油饱和度 S_{orw} 及油气系统中残余油饱和度 S_{org} 是不同的,其三相相对渗透率计算模型为:

$$K_{ro} = \frac{S_o^* K_{row} K_{rog}}{(1-S_w^*)(1-S_g^*)} \quad (2-51)$$

$$K_{rg} = K_{rgo} \quad (2-52)$$

$$K_{rw} = K_{rwo} \quad (2-53)$$

$$S_o^* = \frac{S_o - S_{om}}{1 - S_{wi} - S_{om}}, \text{对于} S_o \geqslant S_{om} \quad (2-54)$$

$$S_w^* = \frac{S_w - S_{wi}}{1 - S_{wi} - S_{om}}, \text{对于} S_w \geqslant S_{wc} \quad (2-55)$$

$$S_g^* = \frac{S_g}{1 - S_{wi} - S_{om}} \quad (2-56)$$

$$S_{om} = aS_{orw} + (1-a)S_{org} \quad (2-57)$$

$$a = 1 - \frac{S_g}{1 - S_{wi} - S_{org}} \quad (2-58)$$

式中　S_{orw}——油水系统中残余油饱和度;
　　　S_{org}——油气系统中残余油饱和度;
　　　S_{om}——油水同驱时最小残余油饱和度;
　　　K_{row}——油水系统中 S_w 下油相相对渗透率;
　　　K_{rog}——油气系统中 S_g 下油相相对渗透率。

1979 年,Aziz 和 Sattari 指出 Stone I 模型给出的油相相对渗透率值可能大于 1,并建议采用下式计算:

$$K_{ro} = \frac{S_o^* K_{row} K_{rog}}{(1-S_w^*)(1-S_g^*) K_{ro}(S_{wi})} \quad (2-59)$$

式中　$K_{ro}(S_{wi})$——油水系统中束缚水饱和度下油的相对渗透率。

三、Stone 模型 II

由于确定 S_{om} 存在困难,1973 年,Stone 提出了如下模型,来确定油相相对渗透率:

$$K_{ro} = K_{ro}(S_{wi})\left\{\left[\frac{K_{row}}{K_{ro}(S_{wi})} + K_{rw}\right]\left[\frac{K_{rog}}{K_{ro}(S_{wi})} + K_{rg}\right] - (K_{rw} + K_{rg})\right\} \quad (2-60)$$

四、Hustad – Holt 模型

1992 年，Hustad 和 Holt 通过在标准化饱和度中引入指数项 n 来修正 Stone I 模型：

$$K_{ro} = \frac{K_{row}K_{rog}}{K_{ro}(S_{wi})}\beta^n \qquad (2-61)$$

其中：

$$\beta = \frac{S_o^*}{(1-S_w^*)(1-S_g^*)} \qquad (2-62)$$

$$S_o^* = \frac{S_o - S_{om}}{1 - S_{wi} - S_{gi} - S_{om}} \qquad (2-63)$$

$$S_g^* = \frac{S_g - S_{gi}}{1 - S_{wi} - S_{gi} - S_{om}} \qquad (2-64)$$

$$S_w^* = \frac{S_w - S_{wi}}{1 - S_{wi} - S_{gi} - S_{om}} \qquad (2-65)$$

式中　S_{gi}——油气系统中临界气饱和度；

S_o^*，S_g^*，S_w^*——油、气、水有效饱和度。

同样，对于 Hustad – Holt 模型，也存在确定 S_{om} 困难。

五、三相相对渗透率实例计算

葡 20 井 A18 – 3 岩样分别做了油水、油气两相相对渗透率实验（图 2 – 20、图 2 – 21），测得 $S_{wi} = 0.2600$，$S_{orw} = 0.2390$，$S_{gi} = 0.0210$，$S_{org} = 0.3870$，$K_{ro}(S_{wi}) = 1$。

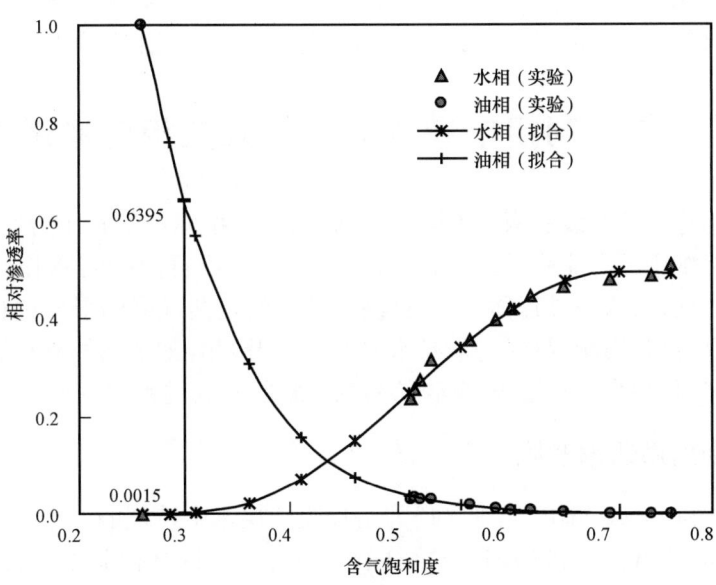

图 2 – 20　葡 20 井 A18 – 3 岩样油水两相相对渗透率曲线

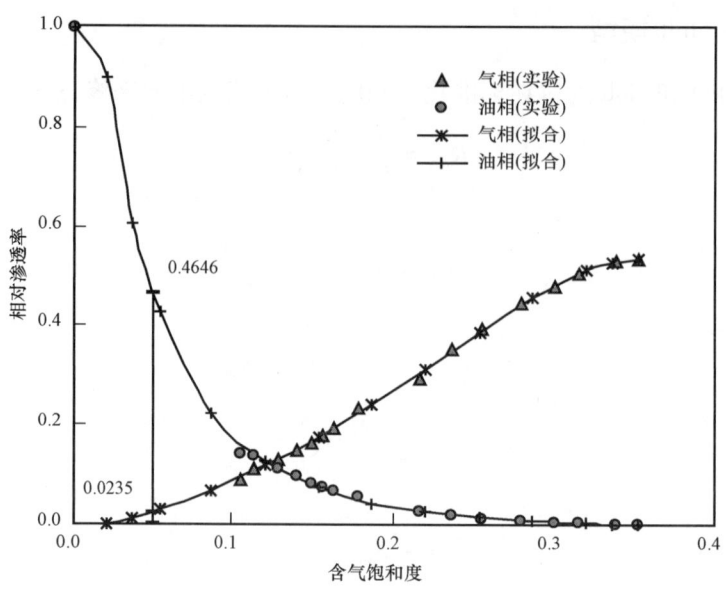

图 2-21 葡 20 井 A18-3 岩样油气两相相对渗透率曲线

当 $S_o = 0.65$，$S_g = 0.05$，$S_w = 0.30$ 时，从曲线上读得两相相对渗透率为：

$$K_{row} = 0.6395 \qquad K_{rw} = 0.0015$$
$$K_{rog} = 0.4646 \qquad K_{rg} = 0.0235$$

分别用 Stone 模型 I 和 Stone 模型 II 计算油的三相相对渗透率分别为 0.2940 和 0.2879。特别注意，若取 $S_o = 0.40$，$S_g = 0.15$，$S_w = 0.45$ 时，Stone 模型 I 计算油的三相相对渗透率为 0.0041，但 Stone 模型 II 计算油的三相相对渗透率为 -0.2464，表明 Stone II 模型在估算较高含水饱和度或含气饱和度时，计算油的三相相对渗透率可能会出现异常。

第六节 利用毛细管力曲线确定相对渗透率

毛细管压力与饱和度曲线有两种不同性质的曲线，即排驱毛细管压力曲线和自吸毛细管压力曲线。排驱毛细管压力曲线是用非润湿相（如天然气或石油）驱替润湿相（一般指水）而得到的毛细管压力曲线，这一过程称为排驱过程，反映的是油气藏的形成过程；而自吸毛细管压力曲线正好相反，它是用润湿相（一般指水）驱替非润湿相（如天然气或石油）而得到的毛细管压力曲线，这一过程称为自吸过程，反映的是油气藏的开发过程[18]。

一、排驱型相对渗透率曲线

1949 年，Rose 和 Bruce 指出，毛细管压力是反映地层基本特征的一个参数，可以用来计算相对渗透率。1958 年，Wyllie 和 Gardner 导出了毛细管压力计算排驱油水相对渗透率的数学表达式：

$$K_{ro} = \left(\frac{1-S_w}{1-S_{wi}}\right)^2 \frac{\int_{S_w}^{1} dS_w/p_c^2}{\int_{S_{wi}}^{1} dS_w/p_c^2} \quad (2-66)$$

$$K_{rw} = \left(\frac{S_w - S_{wi}}{1 - S_{wi}}\right)^2 \frac{\int_{S_{wi}}^{S_w} dS_w/p_c^2}{\int_{S_{wi}}^{1} dS_w/p_c^2} \quad (2-67)$$

同时,在存在原生水(束缚水)饱和度下计算油气相对渗透率的数学表达式为:

$$K_{ro} = \left(\frac{S_o - S_{or}}{1 - S_{or}}\right)^2 \frac{\int_{0}^{S_o} dS_o/p_c^2}{\int_{0}^{1} dS_o/p_c^2} \quad (2-68)$$

$$K_{rg} = \left(1 - \frac{S_o - S_{or}}{S_g - S_{gi}}\right)^2 \frac{\int_{S_o}^{1} dS_o/p_c^2}{\int_{0}^{1} dS_o/p_c^2} \quad (2-69)$$

葡北油田葡20井17-3A岩样测试了油驱水毛细管压力与含水饱和度曲线(图2-22)。通过对其数据进行分析,发现毛细管压力与含水饱和度符合式(2-70):

$$p_c = 3769.6805\exp(-15.1038 S_w^{0.6078}) \quad (相关系数:0.9953) \quad (2-70)$$

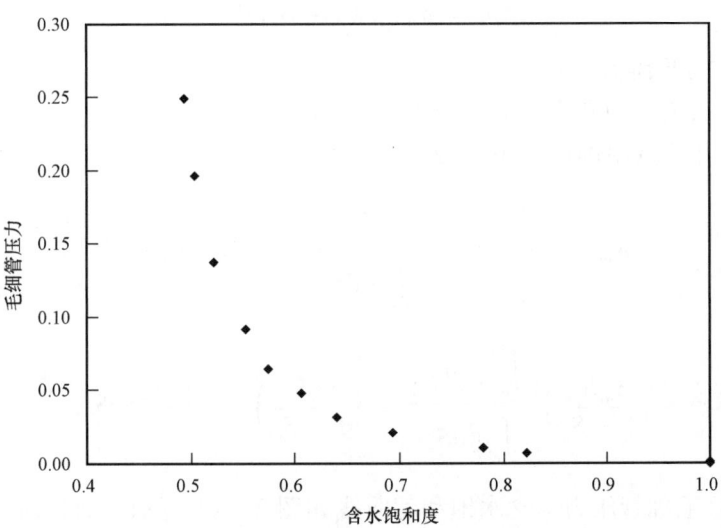

图2-22 离心法测试葡20井17-3A岩样毛细管压力曲线

将式(2-70)代入式(2-66)和式(2-67),采用差分积分的方式得到油水两相相对渗透率曲线(图2-23):

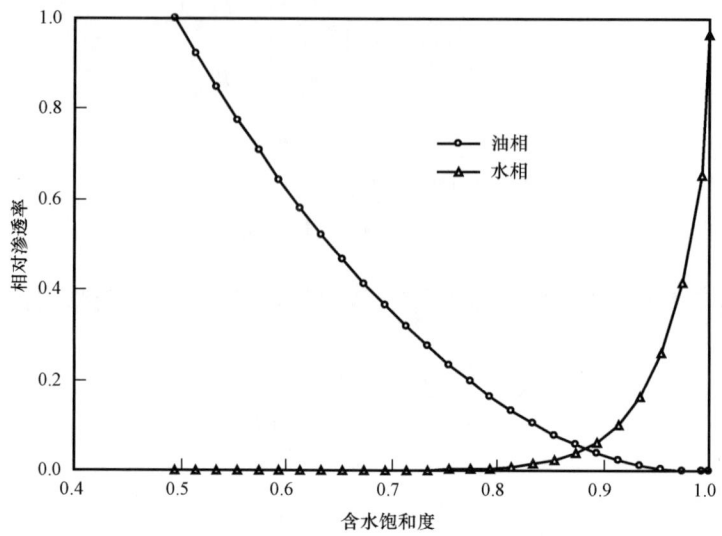

图 2-23 葡北 17-3A 岩样油水两相驱排相对渗透率曲线

二、渗吸型相对渗透率曲线

在水驱油自吸毛细管压力曲线上,不仅可以确定束缚水饱和度端点值,而且也可以确定残余油饱和度值,因此,若毛细管压力符合式(2-71):

$$p_c = p_{c(S_{wi})}(1 - S_{wd})^k \tag{2-71}$$

式中 k——孔隙分形维数;

$p_{c(S_{wi})}$——束缚水饱和度下毛细管压力,MPa。

那么,油水两相渗透率即可利用式(2-72)估算:

$$K_{ro} = (1 - S_{wd})^2 \frac{\int_{S_{wd}}^{1} p_c^2 dS_{wd}}{\int_0^1 p_c^2 dS_{wd}} = (1 - S_{wd})^{2k+3} \tag{2-72}$$

$$K_{rw} = \left(\frac{S_{wi}S_{wd}}{1 - S_{or}}\right)^2 \frac{\int_0^{S_{wd}} p_c^2 dS_{wd}}{\int_0^1 p_c^2 dS_{wd}} = \left(\frac{S_{wi}S_{wd}}{1 - S_{or}}\right)^2 [1 - (1 - S_{wd})^{2k+1}] \tag{2-73}$$

丘陵油田自吸毛细管压力与含水饱和度曲线如图 2-24 所示。通过对其数据进行分析,发现毛细管压力与含水饱和度符合:

$$p_c = 0.9051(1 - S_{wd})^{1.4821} \quad (\text{相关系数}:0.9996) \tag{2-74}$$

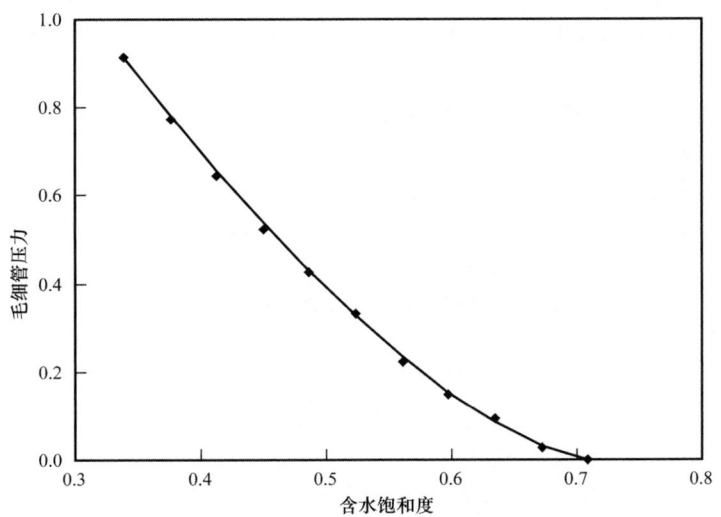

图2-24 丘陵Ⅱ类储层自吸毛细管压力曲线

利用式(2-72)和式(2-73),求得丘陵Ⅱ类储层油水两相渗吸相对渗透率曲线(图2-25)。进一步对比两种方法得到的油水相对渗透率曲线,明显看出油相渗吸相对渗透率曲线值低于相对渗透率实验测试值,而当含水饱和度较高时水相渗吸相对渗透率曲线值高于相对渗透率实验测试值,且共渗点明显向左偏移,水湿性减弱,但相对渗透率形态基本一致。

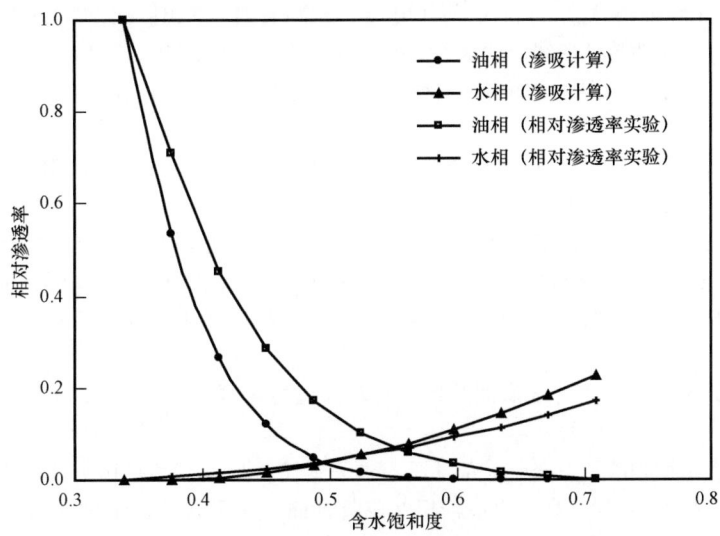

图2-25 丘陵Ⅱ类储层油水两相渗吸相对渗透率曲线

参 考 文 献

[1] Honarpor M,Koederitz L,Harvey A H. 油藏相对渗透率[M]. 马志远,高雅文,译. 北京:石油工业出版社,1989:55-130.

[2] 桓冠仁,沈平平. 一种非稳态油水相对渗透率曲线计算方法[J]. 石油勘探与开发,1982,9(2),54-58.
[3] 李克文,罗蔓莉,王建新. JBN方法的改进及相应的计算与绘图软件[J]. 石油勘探与开发,1994,21(3):99-104.
[4] 侯晓春,王雅茹,杨清彦. 一种新的非稳态油水相对渗透率曲线计算方法[J]. 大庆石油地质与开发,2008,27(4):54-56.
[5] 陈元千,李璗. 现代油藏工程[M]. 北京:石油工业出版社,2001:43-51.
[6] 张继成,宋考平. 相对渗透率特征曲线及其应用[J]. 石油学报,2007,28(4):104-107.
[7] 杨小平. 精确计算相对渗透率的方法[J]. 石油勘探与开发,1998,25(6):63-66.
[8] 李克文. 根据动态驱替实验数据计算油水相对渗透率曲线的最优化方法[J]. 江汉石油学院学报,1989,11(3):45-53.
[9] 陈忠,殷宜平,陈浩. 非稳态法计算油水相对渗透率的方法探讨[J]. 断块油气田,2005,12(1):41-43.
[10] 王玉斗,李茂辉. 基于集合卡尔曼滤波的非稳态油水相对渗透率曲线计算方法[J]. 中国石油大学学报:自然科学版,2012,36(4):123-128.
[11] 陈元千. 相对渗透率曲线和毛管压力曲线的标准化方法[J]. 石油实验地质,1990,12(1):64-70.
[12] 陈元千. 平均相对渗透率曲线的标准化方法[J]. 石油工业标准与计量,1990,6(3):6-9.
[13] 张风久. 改进的平均相对渗透率曲线的标准化方法:兼与陈元千先生商榷[J]. 石油工业标准与计量,1991,7(1):50-53.
[14] 王曙光,赵国忠,余碧君. 大庆油田油水相对渗透率统计规律及其应用[J]. 石油学报,2005,26(3):78-85.
[15] 俞启泰. 一种处理油水相对渗透率曲线的新方法[J]. 新疆石油地质,1994,15(4):361-365.
[16] 缪飞飞,刘小鸿,张宏友,等. 相对渗透率曲线标准化方法评价[J]. 断块油气田,2013,20(6):759-762.
[17] 高文君,姚江荣,公学成,等. 水驱油田油水相对渗透率曲线研究[J]. 新疆石油地质,2014,35(5):552-557.
[18] 艾哈迈德. 油藏工程手册[M]. 何江川译. 北京:石油工业出版社,2002:179-203.
[19] 俞启泰. 几种重要水驱特征曲线的油水渗流特征[J]. 石油学报,1999,20(1):56-60.
[20] 高文君,彭长水,李正科. 推导水驱特征曲线的渗流理论基础和通用方法[J]. 石油勘探与开发,2000,27(5):56-60.
[21] 魏洪涛,林玉保,石京平,等. 长垣油藏开采过程中油水渗流规律研究[J]. 西南石油大学学报(自然科学版),2013,35(6):109-114.
[22] 王曙光,赵国忠,余碧君. 大庆油田油水相对渗透率统计规律及其应用[J]. 石油学报,2005,26(3):78-85.
[23] 杨宇,周文,邱坤泰,等. 计算相对渗透率曲线的新方法[J]. 油气地质与采收率,2010,17(2):105-107.
[24] 俞启泰. 油水相对渗透率曲线与水驱油藏含水率随采出程度变化的两种类型[J]. 石油学报,1982,3(4).
[25] 刘世华,谷建伟,杨仁锋. 高含水期油藏特有水驱渗流规律研究[J]. 水动力学研究与进展,2011,26(6):660-666.
[26] 邴绍献. 特高含水期相渗关系表征研究[J]. 石油天然气学报,2012,34(10):118-120.
[27] 宋兆杰,李治平,赖枫鹏,等. 高含水期油田水驱特征曲线关系式的理论推导[J]. 石油勘探与开发,2013,40(2):201-208.
[28] 高文君,任波,刘琦,等. 油水相对渗透率比值变化规律及优选[J]. 特种油气藏,2015,22(4):91-93.
[29] 黄和钰,鞠斌山. 基于对称变换的水驱特征曲线趋势分析方法[J]. 断块油气田,2017,24(1):35-39.
[30] 王东琪,殷代印. 水驱油藏相对渗透率曲线经验公式研究[J]. 岩性油气藏,2017,29(3):161-164.

第三章 水驱油理论及解析法

目前及今后一个时期,注水仍是开发砂岩油田的主要做法。因此,深化水驱油机理及其理论研究,是注水油田开发参数计算、动态分析及预测方法、数值模拟、后续开发方案制订及调整的基础[1-4]。在经典水驱油理论中,含水率是以莱文莱特函数式来确定[5]。20世纪90年代中后期,国内统计大多数油田在中高含水期油水相对渗透率比值变化规律比较符合指数式后,莱文莱特函数式便转化为以含水饱和度为自变量的Logistic解析方程式,该方程式(也称"S"含水饱和度曲线)成为建立各种水驱计算方法的理论基础[6]。但在实践中,高含水期油水相对渗透率比值与含水饱和度在半对数坐标图上并不为直线,这反映出指数式不适应于描述高含水期油水相对渗透率比值变化规律,需重新构建新的油水相对渗透率比值关系和莱文莱特的解析式,来满足高含水期水驱开发指标的计算和注水效果的评价。然而,近十几年来,国内外学者相继提出了一些油水相对渗透率模型或油水相对渗透率比值关系式,但应用效果都不理想[7-10]。为此,本章在这方面进行了深入系统性研究,并给出详细解决方法。

第一节 水驱油渗流理论基础

在水驱油过程中,从水区到油区,含水饱和度由1逐渐过渡到束缚水饱和度;在油水两相区,含水饱和度的分布并不连续,在水驱前缘处含水饱和度发生"跃变"。随着注入水继续渗入油区驱油,两相区不断扩大,油水前缘基本保持常数继续向前推进,原先的两相区油水前缘处的含水饱和度比先前的升高。但由于存在油水重力差和毛细管压力的影响,两相区中含水饱和度的前缘并非显现出明显的突变,前缘形态略有缓慢变化(图3-1)。

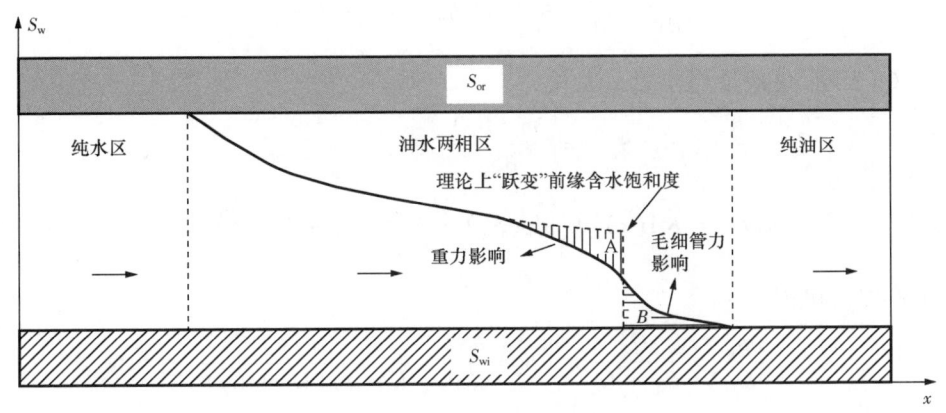

图3-1 水驱油层内非活塞式驱示意图

一、油水两相渗流方程

1. 考虑毛细管压力的油水两相渗流方程[11]

1）运动方程

$$\text{油相：} q_o = -\frac{KK_{ro}}{\mu_o}\frac{\partial p_o}{\partial x}A(x) \tag{3-1}$$

$$\text{水相：} q_w = -\frac{KK_{rw}}{\mu_w}\frac{\partial p_w}{\partial x}A(x) \tag{3-2}$$

式中 p_o、p_w——分别指油相、水相毛细管压力；

$A(x)$——渗流断面面积；

K——岩石绝对渗透率；

μ_o、μ_w——分别指油、水黏度。

2）连续性方程

$$\text{油相：} \frac{\partial q_o}{\partial x} = \phi A(x)\frac{\partial S_w}{\partial t} \tag{3-3}$$

$$\text{水相：} \frac{\partial q_w}{\partial x} = -\phi A(x)\frac{\partial S_w}{\partial t} \tag{3-4}$$

式中 ϕ——油层孔隙度；

S_w——含水饱和度。

3）计算毛细管压力的拉普拉斯方程（辅助方程）

$$p_w - p_o = p_c(S_w) \tag{3-5}$$

由式（3-3）和式（3-4），得：

$$\frac{\partial q_o}{\partial x} + \frac{\partial q_w}{\partial x} = 0，即 q_o + q_w = q(t) \tag{3-6}$$

式（3-6）表明，总液量与位置 x 无关。

令 $C_1 = \frac{K_{rw}}{\mu_w}$，$C_2 = \frac{K_{ro}}{\mu_o}$，$p'_c(S_w) = \frac{\partial p_c(S_w)}{\partial S_w}$，则：

$$q(t) = KA(x)\left[C_2 p'_c(S_w)\frac{\partial S_w}{\partial x} - (C_1 + C_2)\frac{\partial p_w}{\partial x}\right] \tag{3-7}$$

由式（3-7），可得：

$$\frac{\partial p_w}{\partial x} = \frac{C_2}{C_1 + C_2}p'_c(S_w)\frac{\partial S_w}{\partial x} - \frac{q(t)}{KA(x)(C_1 + C_2)} \tag{3-8}$$

将式（3-8）代入式（3-2），得：

$$q_w = \frac{C_1 q(t)}{C_1 + C_2} - \frac{C_1 C_2 KA(x)}{C_1 + C_2}p'_c(S_w)\frac{\partial S_w}{\partial x} \tag{3-9}$$

将式(3-9)代入式(3-4),得:

$$\frac{\partial q_w}{\partial x} = q(t)\frac{\mathrm{d}}{\mathrm{d}S_w}\left(\frac{C_1}{C_1+C_2}\right)\frac{\partial S_w}{\partial x} - \frac{\partial}{\partial x}\left[\frac{C_1 C_2 KA(x)}{C_1+C_2}p'_c(S_w)\frac{\partial S_w}{\partial x}\right] \qquad (3-10)$$

将式(3-10)代入式(3-4),得:

$$q(t)\frac{\mathrm{d}}{\mathrm{d}S_w}\left(\frac{C_1}{C_1+C_2}\right)\frac{\partial S_w}{\partial x} - \frac{\partial}{\partial x}\left[\frac{C_1 C_2 KA(x)}{C_1+C_2}p'_c(S_w)\frac{\partial S_w}{\partial x}\right] = -\phi A(x)\frac{\partial S_w}{\partial t} \qquad (3-11)$$

式(3-11)即为描述考虑毛细管力作用时油水两相单向渗流的数学方程,它是一个复杂的二阶非线性偏微分方程,只在某些简单情况下才有精确解。

2. 不考虑毛细管压力的油水两相渗流方程[11]

1) 运动方程

$$油相:v_o = -\frac{KK_{ro}}{\mu_o}\mathrm{grad}p \qquad (3-12)$$

$$水相:v_w = -\frac{KK_{rw}}{\mu_w}\mathrm{grad}p \qquad (3-13)$$

式中 v_o,v_w——分别指油相、水相渗流速度;

$\mathrm{grad}p$——压力梯度,$\mathrm{grad}p = \frac{\mathrm{d}p}{\mathrm{d}x}$。

2) 质量守恒方程

$$\begin{cases} -\left(\dfrac{\partial v_{ox}}{\partial x}+\dfrac{\partial v_{oy}}{\partial y}+\dfrac{\partial v_{oz}}{\partial z}\right) = \phi\dfrac{\partial S_o}{\partial t} \\ -\left(\dfrac{\partial v_{wx}}{\partial x}+\dfrac{\partial v_{wy}}{\partial y}+\dfrac{\partial v_{wz}}{\partial z}\right) = \phi\dfrac{\partial S_w}{\partial t} \end{cases} \qquad (3-14)$$

式中 v_{ox},v_{oy},v_{oz}——分别指 x,y,z 方向上油相渗流速度;

v_{wx},v_{wy},v_{wz}——分别指 x,y,z 方向上水相渗流速度;

S_o——含油饱和度。

将式(3-12)、式(3-13)分别代入式(3-14),得:

$$\begin{cases} \dfrac{\partial}{\partial x}\left(\dfrac{KK_{ro}}{\mu_o}\dfrac{\partial p}{\partial x}\right)+\dfrac{\partial}{\partial y}\left(\dfrac{KK_{ro}}{\mu_o}\dfrac{\partial p}{\partial y}\right)+\dfrac{\partial}{\partial z}\left(\dfrac{KK_{ro}}{\mu_o}\dfrac{\partial p}{\partial z}\right) = \phi\dfrac{\partial S_o}{\partial t} \\ \dfrac{\partial}{\partial x}\left(\dfrac{KK_{rw}}{\mu_w}\dfrac{\partial p}{\partial x}\right)+\dfrac{\partial}{\partial y}\left(\dfrac{KK_{rw}}{\mu_w}\dfrac{\partial p}{\partial y}\right)+\dfrac{\partial}{\partial z}\left(\dfrac{KK_{rw}}{\mu_w}\dfrac{\partial p}{\partial z}\right) = \phi\dfrac{\partial S_w}{\partial t} \end{cases} \qquad (3-15)$$

由 $\nabla = \dfrac{\partial}{\partial x}+\dfrac{\partial}{\partial y}+\dfrac{\partial}{\partial z}$,则式(3-15)可写成:

$$\begin{cases} \nabla\left(\dfrac{KK_{ro}}{\mu_o}\nabla p\right) = \phi\dfrac{\partial S_o}{\partial t} \\ \nabla\left(\dfrac{KK_{rw}}{\mu_w}\nabla p\right) = \phi\dfrac{\partial S_w}{\partial t} \end{cases} \qquad (3-16)$$

3）饱和度方程（辅助方程）

$$S_o + S_w = 1 \tag{3-17}$$

式(3-16)就是不考虑毛细管力作用时油水两相渗流的数学模型，其使用条件为：(1)彼此不互溶、不起化学反应的油水两相同时流动；(2)岩石和流体均不可压缩、服从线性达西渗流定律。如果油、水饱和度不随时间变化，则上式即可转化为油水两相稳定渗流的数学模型：

$$\begin{cases} \nabla \left(\dfrac{KK_{ro}}{\mu_o} \nabla p \right) = 0 \\ \nabla \left(\dfrac{KK_{rw}}{\mu_w} \nabla p \right) = 0 \end{cases} \tag{3-18}$$

3. 考虑重力作用的油水两相渗流方程[11]

在没有毛细管力作用下，只考虑重力作用的一维油水两相渗流（图3-2）的运动方程为：

$$q_o = -\dfrac{KK_{ro}}{\mu_o}\left(\dfrac{\partial p}{\partial x} + \rho_o g \sin a\right) A(x) \tag{3-19}$$

$$q_w = -\dfrac{KK_{rw}}{\mu_w}\left(\dfrac{\partial p}{\partial x} + \rho_w g \sin a\right) A(x) \tag{3-20}$$

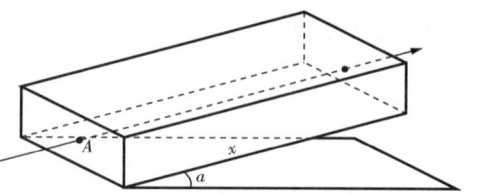

图3-2 倾斜油藏一维注水模型

式中 ρ_o, ρ_w——分别指油、水密度；
g——重力加速度；
a——地层倾角。

考虑液体不可压缩，其一维油水两相渗流的连续性方程为：

$$\text{油相：} \dfrac{\partial q_o}{\partial x} = \phi A(x) \dfrac{\partial S_w}{\partial t} \tag{3-21}$$

$$\text{水相：} \dfrac{\partial q_w}{\partial x} = -\phi A(x) \dfrac{\partial S_w}{\partial t} \tag{3-22}$$

同样，可得到总液量与位置 x 无关。

$$\dfrac{\partial q_o}{\partial x} + \dfrac{\partial q_w}{\partial x} = 0，即 q_o + q_w = q(t) \tag{3-23}$$

将式(3-19)、式(3-20)代入式(3-23)，得：

$$q(t) = -KA(x)\left[\left(\dfrac{K_{ro}}{\mu_o} + \dfrac{K_{rw}}{\mu_w}\right)\dfrac{\partial p}{\partial x} + \left(\dfrac{\rho_o K_{ro}}{\mu_o} + \dfrac{\rho_w K_{rw}}{\mu_w}\right) g \sin a\right] \tag{3-24}$$

令 $C_1 = \dfrac{K_{rw}}{\mu_w}, C_2 = \dfrac{K_{ro}}{\mu_o}$，则：

$$\dfrac{\partial p}{\partial x} = -\dfrac{q(t) + (C_1 \rho_w + C_2 \rho_o) g \sin a KA(x)}{(C_1 + C_2) KA(x)} \tag{3-25}$$

由式(3-25)代入式(3-20)，得：

$$q_w = f(S_w)q(t) + f_1(S_w)vA(x) \qquad (3-26)$$

式中 $f(S_w) = \dfrac{C_1}{C_1 + C_2}$；

$f_1(S_w) = \dfrac{\mu_w C_1 C_2}{C_1 + C_2}$；

$\Delta\rho = \rho_w - \rho_o$；

$v = \dfrac{\Delta\rho g K\sin a}{\mu_w}$，具有速度因次。

将式(3-26)代入式(3-22)，得：

$$\phi A(x)\frac{\partial S_w}{\partial t} + [q(t)f'(S_w) + vA(x)f'_1(S_w)]\frac{\partial S_w}{\partial x} + vA'(x)f_1(S_w) = 0 \qquad (3-27)$$

当 $A(x)$ 为常数时，式(3-27)得特征方程为：

$$\frac{\mathrm{d}t}{\phi A} = \frac{\mathrm{d}x}{q(t)f'(S_w) + vAf'_1(S_w)} = \frac{\mathrm{d}S_w}{0} \qquad (3-28)$$

其通解为：

$$F\left\{S_w, x - \frac{1}{\phi A}\left[f'(S_w)\int q(t)\mathrm{d}t + vAf'_1(S_w)t\right]\right\} = 0 \qquad (3-29)$$

$$f'(S_w) = \frac{\partial f(S_w)}{\partial S_w}$$

$$f'_1(S_w) = \frac{\partial f_1(S_w)}{\partial S_w}$$

式中 F ——函数代号。

式(3-29)即为只考虑重力作用的一维油水两相渗流不同位置含水饱和度变化方程，但求其微分解也很复杂。

二、分流量方程

依据达西定律，任意一断面上一维油水两相的渗流速度可以写为：

$$\text{油相} \qquad v_o = \frac{q_o}{A} = -\frac{KK_{ro}}{\mu_o}\left(\frac{\partial p_o}{\partial x} + \rho_o g\sin a\right) \qquad (3-30)$$

$$\text{水相} \qquad v_w = \frac{q_w}{A} = -\frac{KK_{rw}}{\mu_w}\left(\frac{\partial p_w}{\partial x} + \rho_w g\sin a\right) \qquad (3-31)$$

令 $q_o = q(t) - q_w$，则得含水分流量方程为：

$$f_w(S_w) = \frac{1 + \dfrac{AKK_{ro}}{q(t)\mu_o}\left[\dfrac{\partial p_c(S_w)}{\partial x} - \Delta\rho g\sin a\right]}{1 + \dfrac{\mu_w}{\mu_o}\dfrac{K_{ro}}{K_{rw}}} \qquad (3-32)$$

从上式含水率公式可以明显看出，对于已知水驱油藏，其流体性质、地层倾角均为定值，发生变化的主要是 K_{ro}、K_{rw} 以及 $\dfrac{\partial p_c(S_w)}{\partial x}$。若不考虑重力和毛细管力的影响，则可得到莱文莱特函数[12]：

$$f_w(S_w) = \frac{\mu_r K_{rw}}{K_{ro} + \mu_r K_{rw}} = \left(1 + \frac{1}{\mu_r}\frac{K_{ro}}{K_{rw}}\right)^{-1} \tag{3-33}$$

式中　μ_r——油水黏度比，$\mu_r = \dfrac{\mu_o}{\mu_w}$。

三、饱和度推进方程

在不考虑毛细管力和重力作用的情况下，由式(3-12)和式(3-13)可得一维油水两相运动方程为：

$$\text{油相} \qquad v_o = -\frac{KK_{ro}}{\mu_o}\frac{\partial p}{\partial x} \tag{3-34}$$

$$\text{水相} \qquad v_w = -\frac{KK_{rw}}{\mu_w}\frac{\partial p}{\partial x} \tag{3-35}$$

同理，由式(3-16)可得在不考虑毛细管力和重力作用的情况下一维油水两相连续性方程为：

$$\text{油相} \qquad \frac{\partial v_o}{\partial x} = \phi \frac{\partial S_w}{\partial t} \tag{3-36}$$

$$\text{水相} \qquad \frac{\partial v_w}{\partial x} = -\phi \frac{\partial S_w}{\partial t} \tag{3-37}$$

很明显，由式(3-36)和式(3-37)，可直接得到总液量渗流速度与位置无关，即

$$v(t) = v_o + v_w \tag{3-38}$$

将式(3-34)和式(3-35)直接代入式(3-33)，得：

$$v_w = v(t)f_w(S_w) \tag{3-39}$$

将式(3-39)对 x 求导：

$$\frac{\partial v_w}{\partial x} = v(t)\frac{f_w(S_w)}{\partial x} = v(t)\frac{\partial f_w(S_w)}{\partial S_w}\frac{\partial S_w}{\partial x} \tag{3-40}$$

将式(3-40)代入式(3-37)，得：

$$v(t)f'_w(S_w)\frac{\partial S_w}{\partial x} + \phi \frac{\partial S_w}{\partial t} = 0 \tag{3-41}$$

式(3-41)即为一个一阶的拟线性微分方程，其相应的特征方程为：

$$\frac{\mathrm{d}x}{v(t)f'_w(S_w)} = \frac{\mathrm{d}t}{\phi} = \frac{\mathrm{d}S_w}{0} \tag{3-42}$$

当 $v(t)$ 为常数时,式(3-42)的特征解为:

$$x = x(S_w, 0) + \frac{vt}{\phi} f'_w(S_w) \tag{3-43}$$

式中 $x(S_w, 0)$ ——当 $t = 0$ 时含水饱和度 S_w 的位置。

因此,若知道某个含水饱和度的点在 $t = 0$ 时的位置,可由式(3-43)求得任意时刻 t 时该含水饱和度 S_w 的位置。

四、非活塞驱替理论

1. 驱替方程

取特征方程式(3-42)左端等式,并用 $v(t) = q(t)/A$ 取代,可得某含水饱和度 S_w 在地层中的传播速度:

$$\frac{dx}{dt} = \frac{q(t)}{\phi A} f'_w(S_w) \tag{3-44}$$

对式(3-44)定积分,得

$$x - x_0 = \int_{x_0}^{x} dx = \frac{f'_w(S_w)}{\phi A} \int_0^t q(t) dt \tag{3-45}$$

式中 $\int_0^t q(t) dt$ ——渗入总液量;

x_0 ——初始坐标位置。

若初始坐标位置为 0,渗入总液量取累计注水量,则式(3-45)改写为:

$$x = \frac{W_i}{A\phi} f'_w(S_w) = \frac{W_i}{A\phi} \left(\frac{df_w}{dS_w} \right)_{S_{we}} \tag{3-46}$$

式中 W_i ——为累计注入量;

$\left(\frac{df_w}{dS_w} \right)_{S_{we}}$ ——含水率导数,$f'_w(S_w) = \left(\frac{df_w}{dS_w} \right)_{S_{we}}$,下标采用 S_{we},方便与相渗实验出口端含水饱和度保持一致。

式(3-46)即为 1942 年 Buckley-Leverett 提出了水驱油为非活塞条件下,油井见水前一维线性驱替方程[13]。

2. Welge 方程

由物质平衡方程可知,储层中累计注水量应等于含水饱和度的增量,即:

$$\int_0^t q(t) dt = \int_{x_0}^{x} \phi A [S_w(x,t) - S_{wi}] dx \tag{3-47}$$

式中 $S_w(x,t)$ —— x 位置 t 时刻含水饱和度。

将式(3-46)对 S_w 求导:

$$dx = \frac{\int_0^t q(t) dt}{\phi A} f''_w(S_w) dS_w \tag{3-48}$$

将式(3-48)代入到式(3-47),得:

$$1 = \int_{1-S_{or}}^{S_w(x,t)} [S_w(x,t) - S_{wi}] f''_w(S_w) dS_w \qquad (3-49)$$

那么,在含水饱和度为前缘饱含水饱和度时,式(3-49)即为:

$$1 = \int_{1-S_{or}}^{S_{wf}} [S_w(x,t) - S_{wi}] f''_w(S_w) dS_w \qquad (3-50)$$

定积分得到:

$$1 = [S_w(x,t) - S_{wi}] f'_w(S_w) - f_w(S_w) \big|_{1-S_{or}}^{S_{wf}} \qquad (3-51)$$

很明显,当 $S_w(x,t) = 1 - S_{or}$ 时,$f_w(1-S_{or}) = 1$,$f'_w(1-S_{or}) = 0$,那么式(3-51)即为水驱前缘饱和度方程:

$$f'_w(S_{wf}) = \frac{f_w(S_{wf})}{S_{wf} - S_{wi}} \qquad (3-52)$$

式中 S_{wf} ——前缘含水饱和度;

$f_w(S_{wf})$ ——前缘含水率;

$f'_w(S_{wf})$ ——前缘含水率导数,$f'_w(S_{wf}) = \left(\dfrac{df_w}{dS_w}\right)_{S_{wf}}$。

由质量守恒定律可知,前缘后平均含水饱和度 $\bar{S}_{wbt}$:

$$\bar{S}_{wbt} = \frac{\int_0^t q(t) dt}{\phi A (x_f - x_0)} \qquad (3-53)$$

再由式(3-45),可知:

$$x_f - x_0 = \frac{f'_w(S_{wf})}{\phi A} \int_0^t q(t) dt \qquad (3-54)$$

将式(3-54)代入式(3-53),得

$$\bar{S}_{wbt} = \frac{1}{f'_w(S_{wf})} \qquad (3-55)$$

油井见水之后,油层平均含水饱和度为 $\bar{S}_w$,对应相同含水饱和度大小的位置为 x_M,此时油井端含水饱和度为 S_{we},含水率为 f_{we},由积分中值定理和面积填补法(图3-3),可知:

$$\int_{\bar{S}_w}^{1-S_{or}} A\phi x_M dS_w = \int_{S_{we}}^{\bar{S}_w} A\phi(x - x_M) dS_w \qquad (3-56)$$

结合式(3-46),可改写为:

$$\int_{\bar{S}_w}^{1-S_{or}} f'_w(S_w) dS_w = \int_{S_{we}}^{\bar{S}_w} [f'_{we}(S_{we}) - f'_w(S_w)] dS_w$$

积分,得:

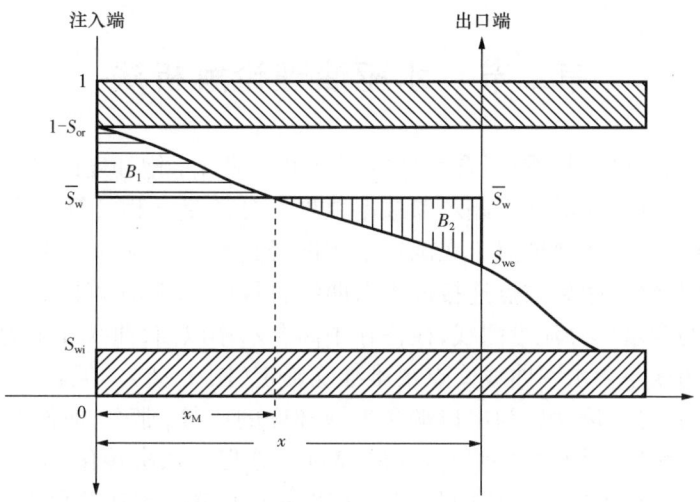

图 3-3 前缘突破后含水饱和度分布示意图

$$\overline{S}_w = S_{we} + (1 - f_{we}) / \frac{df_{we}}{dS_{we}} \tag{3-57}$$

以上式(3-52)、式(3-55)、式(3-57)即为1952年Welge给出了水驱前缘饱和度方程、前缘后平均含水饱和度方程和油井见水之后油层平均饱和度方程(也称Welge方程)[13]。这些理论方程,成为目前水驱油理论研究的经典。随后又给出一种简单的求解方法(图解法),即在含水率与含水饱和度曲线上,从束缚水饱和度做含水率曲线的切线,切点含水饱和度即为前缘含水饱和度,对应含水率为前缘含水率;延伸切线与含水率为1的直线相交,其对应含水饱和度为前缘后平均含水饱和度(图3-4)。

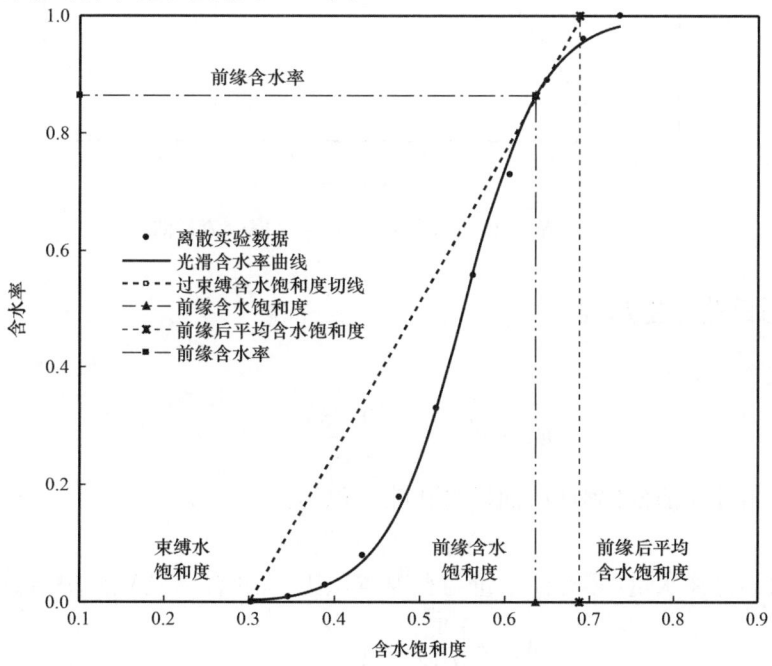

图 3-4 含水率分流量曲线

第二节 水驱油理论解析法

从前面的水驱油理论容易看出,含水率方程是出口端含水饱和度的隐函数,其数值是通过某点出口端含水饱和度对应的油水相对渗透率数据经分流量方程计算得到,这样会得到一组出口端含水饱和度与含水率离散点。在确定水驱前缘饱和度和前缘后平均含水饱和度时,先手动将含水饱和度与含水率离散点连接成光滑曲线,再进行图解法确定,过程非常繁琐、原始。另外,像大庆油田的含水率分流量曲线,往往在中高含水率以前,曲线几乎为直线,过束缚含水饱和度点做切线,切线与含水率曲线交点很难准确确定(图3-5)。但若将离散的相对渗透率数据点处理为油水相对渗透率比为出口端含水饱和度的函数,那么,前面的分流量方程、水驱前缘饱和度方程、前缘后平均含水饱和度方程、Welge方程均依次转化成以出口端含水饱和度为自变量的函数,这样原水驱油理论中利用图解法确定关键参数就转化为利用数值分析法来确定,这样求解更准确、更易被油藏工程人员掌握和接受。

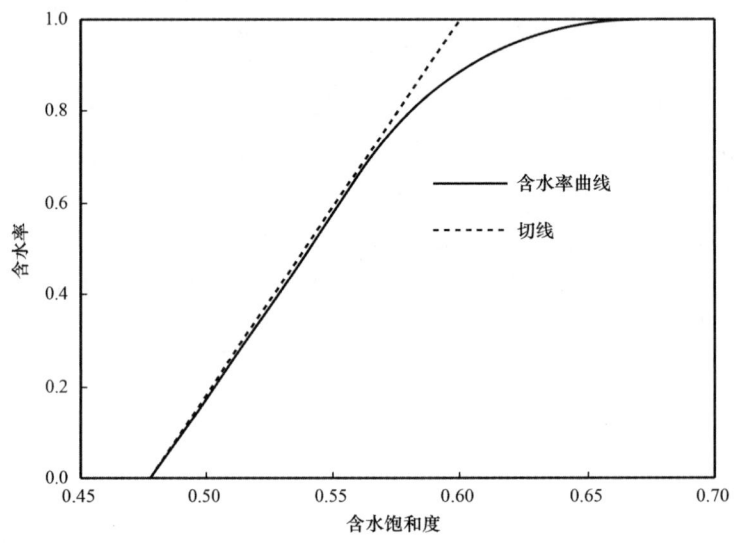

图3-5 榆树林油田东14区块含水率分流量曲线

一、见水后其他衍生方程

(1)驱油效率。

$$E_d = \frac{\overline{S}_w(f_w = 0.98) - S_{wi}}{1 - S_{wi}} \qquad (3-58)$$

(2)无因次累计采油量(累计产油量与孔隙体积比)。

$$N_{pd} = \overline{S}_w - S_{wi} \qquad (3-59)$$

(3)无因次累计注水量(累计注水量与孔隙体积比,也称注入孔隙体积倍数)。

$$W_{id} = \frac{W_i}{LA\phi} = \left(\frac{df_w}{dS_w}\right)_{S_{we}}^{-1} \qquad (3-60)$$

式中 ϕ——孔隙度；

A——岩石渗流横截面积，km^2；

L——注采井距，m；

W_i——累计注水量，m^3；

E_d——驱油效率；

W_{id}——无因次累计注水量(累计注水量与孔隙体积比，也称注入孔隙体积倍数)；

N_{pd}——无因次累计采油量(累计产油量与孔隙体积比)；

$\bar{S}_w$——见水后油层平均含水饱和度；

$\bar{S}_w(f_w=0.98)$——含水率为0.98时油层平均含水饱和度。

二、几种主要相对渗透率比值关系式

目前，具有代表性的油水相对渗透率比值关系式主要有下列公式[14-16]

$$指数式：\frac{K_{ro}}{K_{rw}} = a\exp(-bS_{we}) \qquad (3-61)$$

$$方次式：\frac{K_{ro}}{K_{rw}} = a\left(\frac{1-S_{wd}}{S_{wd}}\right)^n \qquad (3-62)$$

$$\text{Willhite 式：} \frac{K_{ro}}{K_{rw}} = a\frac{(1-S_{wd})^n}{S_{wd}^m}, (n \neq m) \qquad (3-63)$$

$$\text{Gao 简化式：} \frac{K_{ro}}{K_{rw}} = a\frac{(1-S_{wd})^{n+bS_{wd}}}{S_{wd}^{m+cS_{wd}}} \qquad (3-64)$$

$$\text{Gao 式：} \frac{K_{ro}}{K_{rw}} = a\frac{(1-S_{wd})^{n+bS_{wd}^k}}{S_{wd}^{m+cS_{wd}^d}} \qquad (3-65)$$

其中，$S_{wd} = \dfrac{S_{we} - S_{wi}}{1 - S_{wi} - S_{or}}$。

三、水驱油理论解析法

有了上述油水相对渗透率比值与含水饱和度关系式，那么莱文莱特函数式就可以转化为含水率与出口端含水饱和度的函数式，再结合 Welge 方程，可以导出水驱前缘饱和度、前缘后平均含水饱和度、见水后平均含水饱和度、驱油效率等方程的解析式。这些解析方程式便于注水开发指标的计算和经典图形的自动绘制。考虑 Gao 式在一定的条件下可转化为方次式、Willhite 式、Gao 简化式，因此，下文先对油水相对渗透率比值为 Gao 式进行详细推导，其他相对渗透率比值关系式下的各种水驱油理论解析方程同理可得到。

1. Gao 式

(1) 分流量方程。

将式(3-65)代入式(3-33)，得分流量解析式：

$$f_w = \left[1 + \frac{a}{\mu_r}\frac{(1-S_{wd})^{n+bS_{wd}^k}}{S_{wd}^{m+cS_{wd}^d}}\right]^{-1} \qquad (3-66)$$

(2)饱和度分布函数、前缘饱和度方程及前缘饱和度、前缘后平均含水饱和度解析式。

令 $G = \dfrac{n + bS_{wd}^k}{1 - S_{wd}} + \dfrac{m + cS_{wd}^d}{S_{wd}} + cdS_{wd}^{d-1}\ln S_{wd} - bkS_{wd}^{k-1}\ln(1 - S_{wd})$,并对式(3-66)两边含水饱和度求导,整理得到饱和度分布函数解析式(或称含水率导数曲线):

$$f_w'(S_{we}) = \dfrac{Gf_w(1 - f_w)}{1 - S_{wi} - S_{or}} \tag{3-67}$$

由式(3-66)可知,当 $S_{wfd} = \dfrac{S_{wf} - S_{wi}}{1 - S_{wi} - S_{or}}$, $f_w(S_{wf}) = \left[1 + \dfrac{a}{\mu_r}\dfrac{(1 - S_{wfd})^{n+bS_{wfd}^k}}{S_{wfd}^{m+cS_{wfd}^d}}\right]^{-1}$,

$G_f = \dfrac{n + bS_{wfd}^k}{1 - S_{wfd}} + \dfrac{m + cS_{wfd}^d}{S_{wfd}} + cdS_{wfd}^{d-1}\ln S_{wfd} - bkS_{wfd}^{k-1}\ln(1 - S_{wfd})$ 时,前缘饱和度方程即为:

$$f_w'(S_{wf}) = \dfrac{G_f f_w(S_{wf})[1 - f_w(S_{wf})]}{1 - S_{wi} - S_{or}} \tag{3-68}$$

由式(3-52)和式(3-68)相等,得:

$$\dfrac{1}{S_{wf} - S_{wi}} - \dfrac{1 - f_w(S_{wf})}{1 - S_{wi} - S_{or}}G_f = 0 \tag{3-69}$$

显然,式(3-69)转化成为关于 S_{wf} 函数求解问题。对于这个复杂函数式可以采用数值分析中的二分法、梯度法、迭代法或利用 Excel 中的单变量求解法直接确定。

确定关键参数 S_{wf} 后,前缘后平均含水饱和度的解析式即为:

$$\overline{S}_{wbt} = \dfrac{1 - S_{wi} - S_{or}}{G_f f_w(S_{wf})[1 - f_w(S_{wf})]} + S_{wi} \tag{3-70}$$

(3)见水之后油层平均饱和度、无因次累计采油量以及无因次累计注水量方程。

利用式(3-57)和式(3-67),可得到油井见水之后油层平均饱和度解析式:

$$\overline{S}_w = S_{we} + \dfrac{1 - S_{wi} - S_{or}}{Gf_w} \tag{3-71}$$

将式(3-71)依次代入到驱油效率 $E_d = \dfrac{\overline{S}_w - S_{wi}}{1 - S_{wi}}$、无因次累计采油量(累计产油量与孔隙体积比)$N_{pd} = \overline{S}_w - S_{wi}$、无因次累计注水量(累计注水量与孔隙体积比,也称注入孔隙体积倍数)$W_{id} = 1/f_w'(S_{we})$ 等定义式中,可得到驱油效率、无因次累计采油量和无因次累计注水量等解析方程。

(4)驱油效率解析式。

$$E_d = \dfrac{S_{we} - S_{wi}}{1 - S_{wi}} + \dfrac{1 - S_{wi} - S_{or}}{Gf_w(1 - S_{wi})} \tag{3-72}$$

(5)无因次累计采油量解析式。

$$N_{pd} = S_{we} - S_{wi} + \dfrac{1 - S_{wi} - S_{or}}{Gf_w} \tag{3-73}$$

(6)无因次累计注水量解析式。

$$W_{id} = \frac{1 - S_{wi} - S_{or}}{Gf_w(1 - f_w)} \quad (3-74)$$

以上研究表明,若将离散的相对渗透率数据点处理为油水相对渗透率比为出口端含水饱和度的函数,那么,分流量方程、水驱前缘饱和度方程、前缘后平均含水饱和度方程、Welge 方程均依次转化成以出口端含水饱和度为自变量的函数,这样经典水驱油理论中利用图解法确定关键指标及参数就转化为数值分析法来确定。

2. Gao 简化式

(1)分流量方程。

将式(3-64)代入式(3-33),得:

$$f_w = \left[1 + \frac{a}{\mu_r} \frac{(1 - S_{wd})^{n+bS_{wd}}}{S_{wd}^{m+cS_{wd}}}\right]^{-1} \quad (3-75)$$

(2)饱和度分布函数、前缘饱和度方程及前缘饱和度、前缘后平均含水饱和度解析式。

对式(3-75)两边进行含水饱和度求导,得到饱和度分布函数(或称含水率导数曲线)为:

$$f_w{}'(S_{we}) = \frac{df_w(S_{we})}{dS_{we}} = \frac{f_w(1 - f_w)}{1 - S_{wi} - S_{or}}\left[\frac{n + bS_{wd}}{1 - S_{wd}} + \frac{m + cS_{wd}}{S_{wd}} + c\ln S_{wd} - b\ln(1 - S_{wd})\right]$$

$$(3-76)$$

由式(3-76)可知,前缘饱和度方程即为:

$$f_w{}'(S_{wf}) = \frac{f_w(S_{wf})[1 - f_w(S_{wf})]}{1 - S_{wi} - S_{or}}\left[\frac{n + bS_{wfd}}{1 - S_{wfd}} + \frac{m + cS_{wfd}}{S_{wfd}} + c\ln S_{wfd} - b\ln(1 - S_{wfd})\right]$$

$$(3-77)$$

式中 $f_w(S_{wf}) = \left[1 + \dfrac{a}{\mu_r}\dfrac{(1 - S_{wfd})^{n+bS_{wfd}}}{S_{wfd}^{m+cS_{wfd}}}\right]^{-1}$, $S_{wfd} = \dfrac{S_{wf} - S_{wi}}{1 - S_{wi} - S_{or}}$。

由式(3-52)和式(3-77)相等,整理,得:

$$\frac{1}{S_{wf} - S_{wi}} - \frac{1 - f_w(S_{wf})}{1 - S_{wi} - S_{or}}\left[\frac{n + bS_{wfd}}{1 - S_{wfd}} + \frac{m + cS_{wfd}}{S_{wfd}} + c\ln S_{wfd} - b\ln(1 - S_{wfd})\right] = 0 \quad (3-78)$$

很显然,式(3-78)转化成为关于 S_{wf} 函数求解问题。对于这个复杂函数式也可以采用数值分析中的二分法、梯度法、迭代法或利用 Excel 中的单变量求解法确定。

确定了关键参数 S_{wf} 后,前缘后平均含水饱和度的解析式为:

$$\overline{S}_{wbt} = \frac{1 - S_{wi} - S_{or}}{f_w(S_{wf})[1 - f_w(S_{wf})]}\left[\frac{n + bS_{wfd}}{1 - S_{wfd}} + \frac{m + cS_{wfd}}{S_{wfd}} + c\ln S_{wfd} - b\ln(1 - S_{wfd})\right]^{-1} \quad (3-79)$$

(3)见水之后油层平均饱和度、无因次累计采油量以及无因次累计注水量方程。

同理,可以依次直接确定油井见水之后油层平均饱和度、无因次累计采油量和无因次累计注水量等方程。

$$\overline{S}_w = S_{we} + \frac{1-S_{wi}-S_{or}}{f_w}\left[\frac{n+bS_{wd}}{1-S_{wd}} + \frac{m+cS_{wd}}{S_{wd}} + c\ln S_{wd} - b\ln(1-S_{wd})\right]^{-1} \quad (3-80)$$

$$N_{pd} = S_{we} - S_{wi} + \frac{1-S_{wi}-S_{or}}{f_w}\left[\frac{n+bS_{wd}}{1-S_{wd}} + \frac{m+cS_{wd}}{S_{wd}} + c\ln S_{wd} - b\ln(1-S_{wd})\right]^{-1}$$

$$(3-81)$$

$$W_{id} = \frac{1-S_{wi}-S_{or}}{f_w(1-f_w)}\left[\frac{n+bS_{wd}}{1-S_{wd}} + \frac{m+cS_{wd}}{S_{wd}} + c\ln S_{wd} - b\ln(1-S_{wd})\right]^{-1} \quad (3-82)$$

(4) 驱油效率解析式。

确定驱油效率前，先利用式 (3-75) 计算含水率为 0.98 时含水饱和度 $S_{we0.98}$（对应归一化含水饱和度 $S_{wd0.98}$），然后代入式 (3-80)，确定 $\overline{S}_w(f_w = 0.98)$，再代入式 (3-58) 计算得到：

$$E_d = \frac{S_{we0.98} - S_{wi}}{1-S_{wi}} + \frac{1-S_{wi}-S_{or}}{0.98(1-S_{wi})}\left[\frac{n+bS_{wd0.98}}{1-S_{wd0.98}} + \frac{m+cS_{wd0.98}}{S_{wd0.98}} + c\ln S_{wd0.98} - b\ln(1-S_{wd0.98})\right]^{-1} \quad (3-83)$$

3. 指数式[17]

(1) 分流量方程。

$$f_w = \left[1 + \frac{a}{\mu_r}\exp(-bS_{we})\right]^{-1} \quad (3-84)$$

(2) 饱和度分布函数、前缘饱和度方程及前缘饱和度、前缘后平均含水饱和度解析式。

$$f_w'(S_{we}) = \frac{df_w(S_{we})}{dS_{we}} = bf_w(1-f_w) \quad (3-85)$$

$$f_w'(S_{wf}) = bf_w(S_{wf})[1-f_w(S_{wf})] \quad (3-86)$$

式中 $f_w(S_{wf}) = \left[1 + \frac{a}{\mu_r}\exp(-bS_{wf})\right]^{-1}$。

$$\frac{1}{S_{wf}-S_{wi}} - b[1-f_w(S_{wf})] = 0 \quad (3-87)$$

$$\overline{S}_{wbt} = \frac{1}{bf_w(S_{wf})[1-f_w(S_{wf})]} \quad (3-88)$$

(3) 见水之后油层平均饱和度、无因次累计采油量以及无因次累计注水量方程。

$$\overline{S}_w = S_{we} + \frac{1}{bf_w} \quad (3-89)$$

$$N_{pd} = S_{we} - S_{wi} + \frac{1}{bf_w} \qquad (3-90)$$

$$W_{id} = \frac{1}{bf_w(1-f_w)} \qquad (3-91)$$

(4)驱油效率解析式。

$$E_d = \frac{S_{we0.98} - S_{wi}}{1 - S_{wi}} + \frac{1}{0.98b(1-S_{wi})} \qquad (3-92)$$

4. 方次式

(1)分流量方程。

$$f_w = \left[1 + \frac{a}{\mu_r}\left(\frac{1-S_{wd}}{S_{wd}}\right)^n\right]^{-1} \qquad (3-93)$$

(2)饱和度分布函数、前缘饱和度方程及前缘饱和度、前缘后平均含水饱和度解析式。

$$f_w'(S_{we}) = \frac{df_w(S_{we})}{dS_{we}} = \frac{nf_w(1-f_w)}{(1-S_{wi}-S_{or})S_{wd}(1-S_{wd})} \qquad (3-94)$$

$$f_w'(S_{wf}) = \frac{df_w(S_{wf})}{dS_{wf}} = \frac{nf_w(S_{wf})[1-f_w(S_{wf})]}{(1-S_{wi}-S_{or})S_{wfd}(1-S_{wfd})} \qquad (3-95)$$

其中,$f_w(S_{wf}) = \left[1 + \frac{a}{\mu_r}\left(\frac{1-S_{wfd}}{S_{wfd}}\right)^n\right]^{-1}$,$S_{wfd} = \frac{S_{wf} - S_{wi}}{1 - S_{wi} - S_{or}}$。

$$\frac{1}{S_{wf} - S_{wi}} - n\frac{1-f_w(S_{wf})}{(1-S_{wi}-S_{or})S_{wfd}(1-S_{wfd})} = 0 \qquad (3-96)$$

$$\overline{S}_{wbt} = \frac{(1-S_{wi}-S_{or})S_{wfd}(1-S_{wfd})}{nf_w(S_{wf})[1-f_w(S_{wf})]} \qquad (3-97)$$

(3)见水之后油层平均饱和度、无因次累计采油量以及无因次累计注水量方程。

$$\overline{S}_w = S_{we} + \frac{(1-S_{wi}-S_{or})S_{wd}(1-S_{wd})}{nf_w} \qquad (3-98)$$

$$N_{pd} = S_{we} - S_{wi} + \frac{(1-S_{wi}-S_{or})S_{wd}(1-S_{wd})}{nf_w} \qquad (3-99)$$

$$W_{id} = \frac{(1-S_{wi}-S_{or})S_{wd}(1-S_{wd})}{nf_w(1-f_w)} \qquad (3-100)$$

(4)驱油效率解析式。

$$E_d = \frac{S_{we0.98} - S_{wi}}{1 - S_{wi}} + \frac{(1-S_{wi}-S_{or})S_{wd0.98}(1-S_{wd0.98})}{0.98n(1-S_{wi})} \qquad (3-101)$$

5. Willhite 式

（1）分流量方程解析式。

$$f_w = \left[1 + \frac{a}{\mu_r}\frac{(1-S_{wd})^n}{S_{wd}^m}\right]^{-1} \qquad (3-102)$$

（2）饱和度分布函数、前缘饱和度方程及前缘饱和度、前缘后平均含水饱和度解析式。

$$f_w'(S_{we}) = \frac{df_w(S_{we})}{dS_{we}} = \frac{f_w(1-f_w)}{1-S_{wi}-S_{or}}\left(\frac{n}{1-S_{wd}} + \frac{m}{S_{wd}}\right) \qquad (3-103)$$

$$f_w'(S_{wf}) = \frac{f_w(S_w)[1-f_w(S_{wf})]}{1-S_{wi}-S_{or}}\left(\frac{n}{1-S_{wfd}} + \frac{m}{S_{wfd}}\right) \qquad (3-104)$$

其中，$f_w(S_{wf}) = \left[1 + \frac{a}{\mu_r}\frac{(1-S_{wfd})^n}{S_{wfd}^m}\right]^{-1}$，$S_{wfd} = \frac{S_{wf}-S_{wi}}{1-S_{wi}-S_{or}}$。

$$\frac{1}{S_{wf}-S_{wi}} - \frac{1-f_w(S_{wf})}{1-S_{wi}-S_{or}}\left(\frac{n}{1-S_{wfd}} + \frac{m}{S_{wfd}}\right) = 0 \qquad (3-105)$$

$$\overline{S}_{wbt} = \frac{1-S_{wi}-S_{or}}{f_w(S_{wf})[1-f_w(S_{wf})]}\left(\frac{n}{1-S_{wfd}} + \frac{m}{S_{wfd}}\right)^{-1} \qquad (3-106)$$

（3）见水之后油层平均饱和度、无因次累计采油量以及无因次累计注水量解析式。

$$\overline{S}_w = S_{we} + \frac{1-S_{wi}-S_{or}}{f_w}\left(\frac{n}{1-S_{wd}} + \frac{m}{S_{wd}}\right)^{-1} \qquad (3-107)$$

$$N_{pd} = S_{we} - S_{wi} + \frac{1-S_{wi}-S_{or}}{f_w}\left(\frac{n}{1-S_{wd}} + \frac{m}{S_{wd}}\right)^{-1} \qquad (3-108)$$

$$W_{id} = \frac{1-S_{wi}-S_{or}}{f_w(1-f_w)}\left(\frac{n}{1-S_{wd}} + \frac{m}{S_{wd}}\right)^{-1} \qquad (3-109)$$

（4）驱油效率解析式。

$$E_d = \frac{S_{we0.98}-S_{wi}}{1-S_{wi}} + \frac{1-S_{wi}-S_{or}}{0.98(1-S_{wi})}\left(\frac{n}{1-S_{wd0.98}} + \frac{m}{S_{wd0.98}}\right)^{-1} \qquad (3-110)$$

式中　　$f_w(S_{wf})$——前缘含水饱和度时含水率；

　　　　$f_w'(S_{wf})$——前缘含水饱和度时含水率的导数；

　　　　S_{wf}——前缘含水饱和度；

　　　　S_{wfd}——归一化前缘含水饱和度。

四、解析法在矿场中应用

文献[18]和文献[19]分别就上述水驱油解析法进行了应用。

1. Gao 式应用

丘陵油田地层原油黏度 0.2636mPa·s,地层水黏度 0.3678mPa·s,属低黏低渗透油田,其Ⅱ类层标准油水相对渗透率见图 3-6。

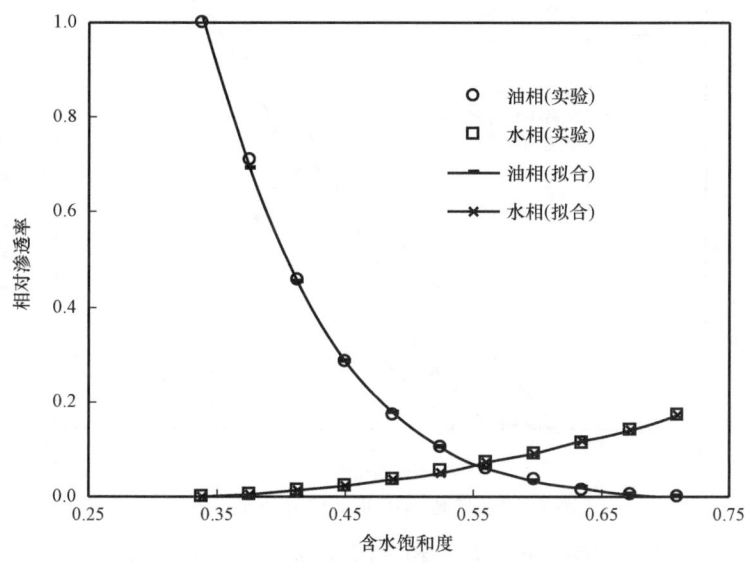

图 3-6　丘陵油田Ⅱ类层油水相对渗透率曲线

首先,利用式(2-9)和式(2-10)确定出油水相对渗透率比值关系式中 b、c、d、k、m、n 等待定参数(表 3-1)。

其次,将确定的油水相对渗透率比值关系式代入到分流量方程,得到含水率与含水饱和度方程,并利用各自对应的解析式,计算前缘含水饱和度、前缘平均含水饱和度、前缘含水率和驱油效率等(表 3-2)。从计算结果来看,确定的前缘含水饱和度为 0.6567,与图解法确定的 0.6282 基本一致。

表 3-1　丘陵油田Ⅱ类储层油水相对渗透率特征参数拟合结果

	$K_o(S_{wi})$	b	k	n	相关系数	a
式(2-9)	1.01351	-1.83175	2.46411	3.63000	0.99971	
	$K_w(S_{or})$	c	d	m	相关系数	5.89695
式(2-10)	0.17187	-0.19128	-0.47891	1.99586	0.99972	

表 3-2　不同方法确定丘陵油田Ⅱ类储层注水开发指标结果

方法	水驱前缘饱和度	水驱前缘含水率	前缘后平均含水饱和度	含水率 0.98 时水淹区平均含水饱和度	含水率 0.98 时驱油效率
图解法*	0.6282	—	0.6694	—	0.56
解析法	0.6567	0.9015	0.6915	0.7061	0.5555

注:* 数据来源于 1993 年谢兴礼等主编《丘陵油田油藏工程研究》,第 80~82 页。

最后,绘制各种经典水驱开发规律曲线:

(1)含水率与含水饱和度曲线:利用分流量方程直接作含水率与含水饱和度关系曲线,并标注切线、含水率导数曲线(图3-7)。

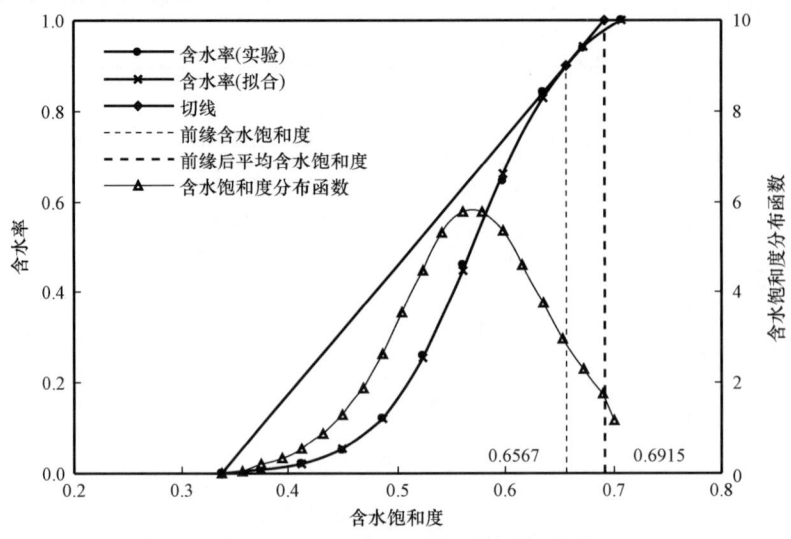

图3-7　丘陵油田Ⅱ类层分流量曲线

(2)水驱油效率曲线:利用分流量方程和无因次累计注水量解析式,可作出含水率与注水孔隙体积倍数的曲线;利用驱油效率和无因次累计注水量解析式,也可作出驱油效率与注水孔隙体积倍数的曲线(图3-8)。通过这两条曲线,确定注入孔隙体积倍数为0.8457时,最终驱油效率为0.5555,这与水驱油实验得到最终驱油效率0.56相近。

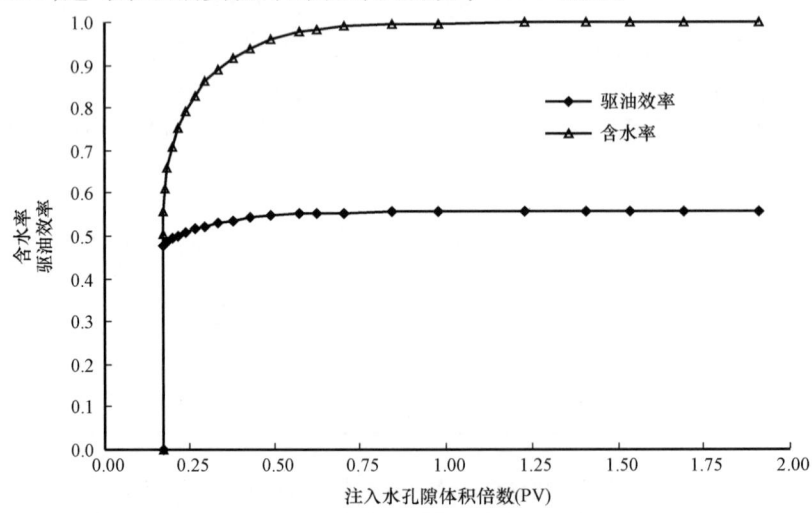

图3-8　丘陵油田Ⅱ类储层水驱油效率曲线

(3)无因次采出(注入)曲线:无因次采出曲线为 $\ln\left(\dfrac{W_p}{N_p}\right) = a_1 + b_1 R$,无因次注入曲线为 $\ln\left(\dfrac{W_i}{N_p}\right) = a_2 + b_2 R$。由概念可知,在油层保持地层压力的条件下,有 $\dfrac{W_p}{N_p} = \dfrac{W_{id} - N_{pd}}{N_{pd}}$,$\dfrac{W_i}{N_p} =$

$\dfrac{W_{id}}{N_{pd}}$。因此,将式(3-72)、式(3-73)、式(3-74)分别代入无因次采出(注入)曲线中,可得到油田水驱波及体积为1时的无因次采出(注入)曲线(图3-9)。

(4)标定采出程度与含水率曲线:绘制采出程度与含水率曲线前需在含水率导数右半部利用式(3-71)计算一组含水饱和度与平均含水饱和度数据点,然后利用线性函数或 Logistic 函数式拟合出含水饱和度与平均含水饱的关系式,并反推出含水率导数左半部含水饱和度对应的平均含水饱(图3-10)。再联立分流量方程和驱油效率式,可绘制出水驱波及体积为1时地质储量采出程度与含水率关系曲线。以水驱波及体积为1时采出程度与含水率关系曲线为基线,取开发井网、油层非均质系数与试注资料确定的水驱波及体积值与水驱波及体积为1时采出程度相乘,作为油田标定采出程度与含水率曲线(图3-11)。

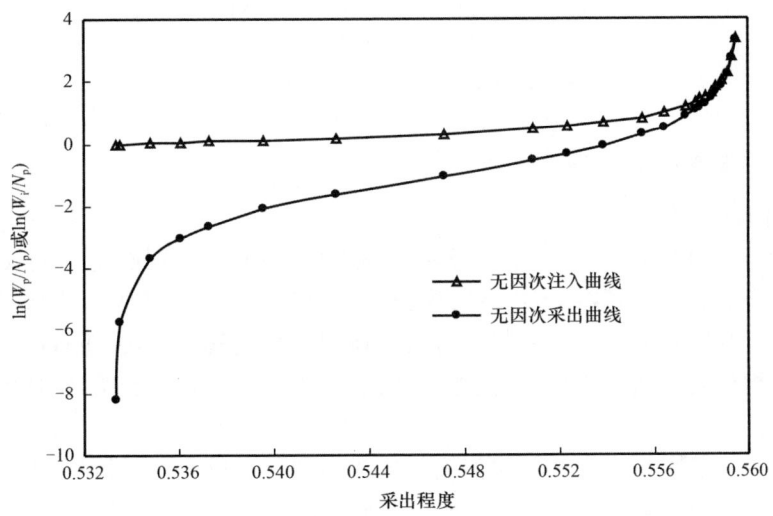

图3-9　丘陵油田Ⅱ类层无因次采出(注入)曲线

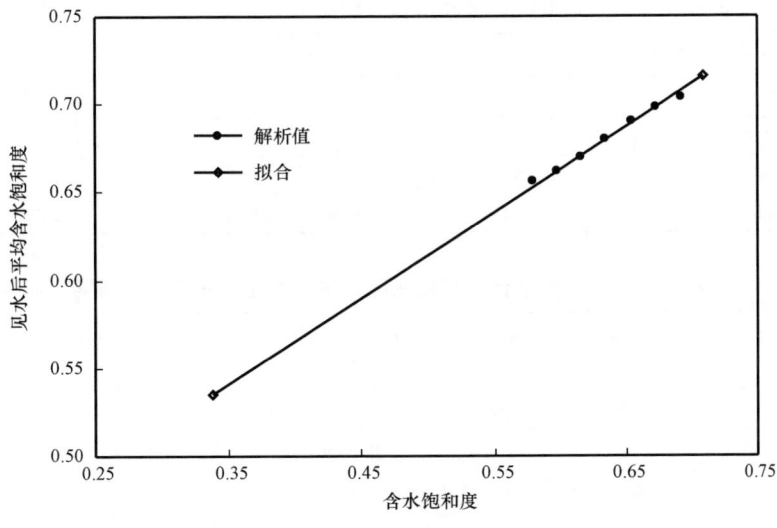

图3-10　丘陵油田Ⅱ类层平均含水饱和度与出口端饱和度曲线

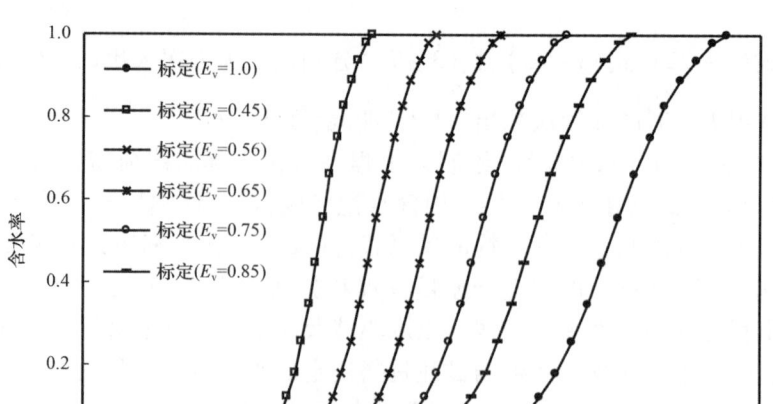

图 3-11 丘陵油田 II 类层采出程度与含水率曲线

2. 其他水驱油解析式的应用

(1)丘陵油田 II 类储层。

首先,按式(3-61)、式(3-62)、式(3-63)和式(3-64)分别确定不同模型下油水相对渗透率比值关系式的待定参数(表3-3),这类油水相对渗透率比值关系式与Gao式最大的区别是,可以利用含水饱和度与含水率数据直接进行拟合得到其解析式,而Gao式需要先对油相相对渗透率、水相相对渗透率进行拟合,然后再代入分流量方程,得到含水饱和度与含水率解析式。

其次,将确定的油水相对渗透率比值关系式代入到分流量方程,得到含水率与含水饱和度方程,并利用各自对应的解析式,计算前缘含水饱和度、前缘平均含水饱和度、前缘含水率和驱油效率等(表3-4)。

表3-3 丘陵油田 II 类储层油水相对渗透率比值关系式待定参数确定

油水相对渗透率比值关系式	a	b	c	m	n	相关系数
指数式	1334357.86607	25.52378				0.99903
方次式	1.98590				1.93249	0.99794
Willhite 式	1.80623			1.95105	1.78817	0.99764
Gao 简化式	4.66935	-5.51250	3.88993	1.28409	7.20975	0.99986

表3-4 不同方法计算丘陵油田 II 类储层注水开发指标结果

油水相对渗透率比值关系式	水驱前缘饱和度	水驱前缘含水率	前缘后平均含水饱和度	含水率0.98时水淹区平均含水饱和度	含水率0.98时驱油效率
指数式	0.6425	0.8710	0.6875	0.7602	0.6373
方次式	0.6619	0.9344	0.6846	0.6954	0.5393
Willhite 式	0.6678	0.9387	0.6893	0.6982	0.5436
Gao 简化式	0.6547	0.8963	0.6912	0.7043	0.5528

最后,绘制含水率与含水饱和度曲线,标注切线、含水率导数曲线(图3-12至图3-15)。从所作的含水率与含水饱和度关系曲线特点来看,前缘含水饱和度并不位于含水饱和度分布函数的极值点处,而是大于该极值点所对应的含水饱和度。其原因是含水饱和度分布函数反应含水率随含水饱和度变化快慢的物理量,而前缘含水饱和度反映的是含水饱和度突变的点,突变点虽然含水率变化很大,但相比含水饱和度变化就显得很小,即含水率的导数就小。而在注入水"前缘"还未达到油井端时,由于毛细管力和重力的作用,油层底部提前见水,这时含水率增幅相比含水饱和度增幅较大,含水率导数易出现极值点。当油井端含水率超过极值点之后,油层进入全面水动力驱动阶段。因此,油藏水动力学只研究饱和度分布函数曲线的右半部分。同时,利用分流量方程和无因次累计注水量解析式,可以作出含水率与注水孔隙体积倍数的曲线;利用驱油效率和无因次累计注水量解析式,也可作出驱油效率与注水孔隙体积倍数的曲线。

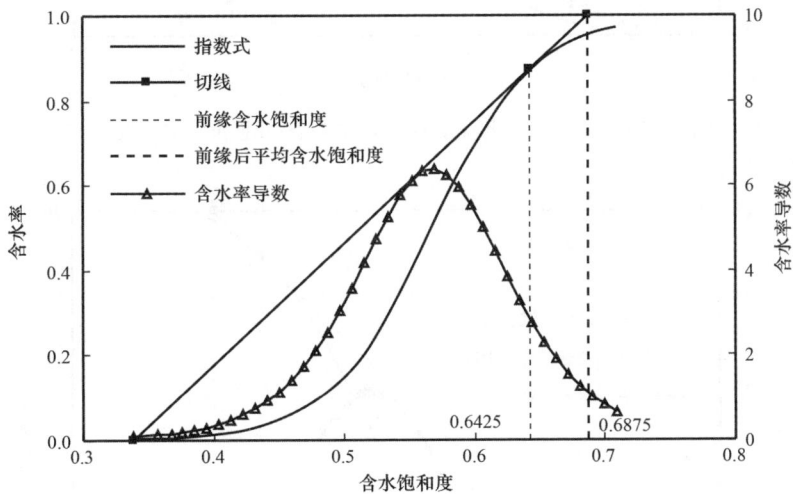

图3-12 丘陵油田Ⅱ类储层含水率与含水饱和度关系曲线

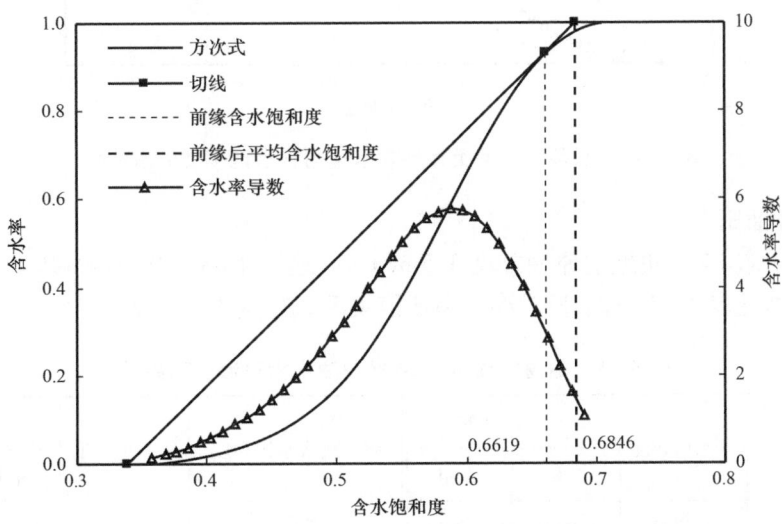

图3-13 丘陵油田Ⅱ类储层含水率与含水饱和度关系曲线

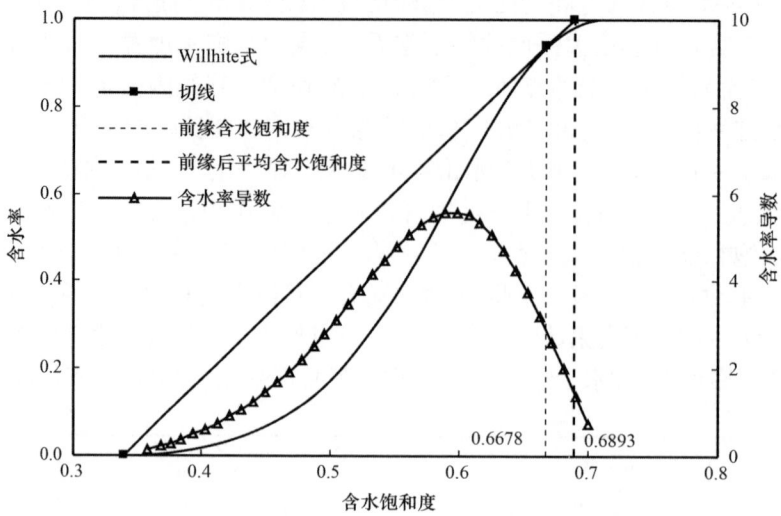

图 3-14 丘陵油田 Ⅱ 类储层含水率与含水饱和度关系曲线

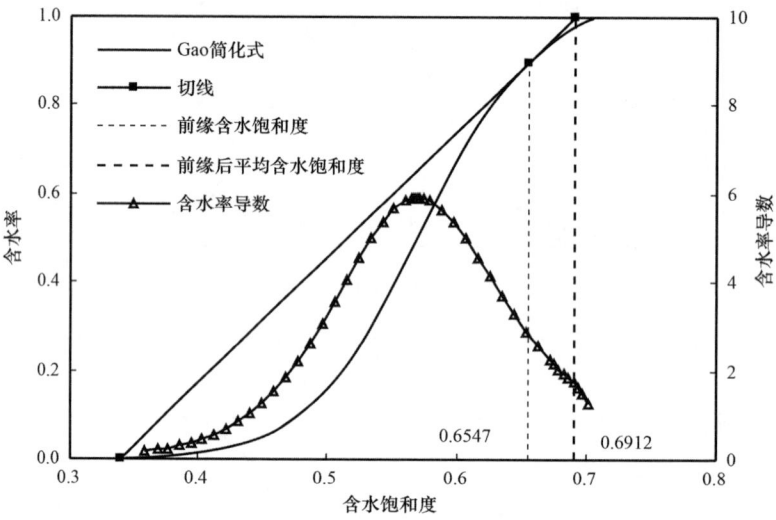

图 3-15 丘陵油田 Ⅱ 类储层含水率与含水饱和度关系曲线

(2) 榆树林油田[9]。

榆树林油田东 14 区块地层原油黏度 3.5mPa·s，地层水黏度 0.2646mPa·s，其标准油水相对渗透率数据见表 3-5，油水相对渗透率比值关系式待定参数见表 3-6。

表 3-5 榆树林油田东 14 区块油水相对渗透率数据

归一化含水饱和度	含水饱和度	相对渗透率		归一化含水饱和度	含水饱和度	相对渗透率	
		油相	水相			油相	水相
0.00	0.4779	1.0000	0.0000	0.05	0.4886	0.8624	0.0059

续表

归一化含水饱和度	含水饱和度	相对渗透率		归一化含水饱和度	含水饱和度	相对渗透率	
		油相	水相			油相	水相
0.10	0.4994	0.7378	0.0109	0.60	0.6067	0.0710	0.0552
0.15	0.5101	0.6256	0.0159	0.65	0.6174	0.0483	0.0593
0.20	0.5208	0.5252	0.0205	0.70	0.6281	0.0310	0.0634
0.25	0.5316	0.4359	0.0250	0.75	0.6389	0.0183	0.0675
0.30	0.5423	0.3572	0.0295	0.80	0.6496	0.0096	0.0715
0.35	0.5530	0.2884	0.0339	0.85	0.6603	0.0042	0.0756
0.40	0.5637	0.2289	0.0383	0.90	0.6710	0.0013	0.0796
0.45	0.5745	0.1781	0.0426	0.95	0.6818	0.0002	0.0835
0.50	0.5852	0.1353	0.0468	1.00	0.6925	0.0000	0.0875
0.55	0.5959	0.0998	0.0510				

表3-6 榆树林油田东14区块油水相对渗透率比值关系式待定参数确定

油水相对渗透率比值关系式	a	b	c	m	n	相关系数
指数式	1668816613211.39000	47.05330				0.97305
方次式	1.83592				1.88423	0.98456
Willhite式	10.88743			0.92229	2.84612	0.99997
Gao简化式	6.93168	0.12620	0.70210	1.03023	2.57429	0.99999

前缘含水饱和度、前缘平均含水饱和度、前缘含水率和驱油效率值等见表3-7;并且绘制含水率与含水饱和度曲线(图3-16至图3-19)。

表3-7 不同方法计算榆树林油田东14区块注水开发指标结果

油水相对渗透率比值关系式	水驱前缘饱和度	水驱前缘含水率	前缘后平均含水饱和度	含水率0.98时水淹区平均含水饱和度	含水率0.98时驱油效率
指数式	0.5683	0.7649	0.5961	0.6476	0.3251
方次式	0.5471	0.6405	0.5860	0.6582	0.3453
Willhite式	0.5457	0.5527	0.6005	0.6564	0.3419
Gao简化式	0.5459	0.5505	0.6014	0.6560	0.3411

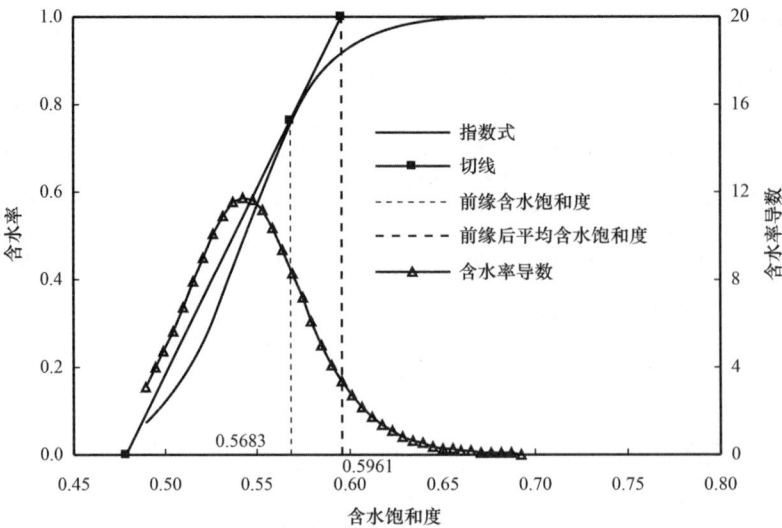

图3-16 榆树林油田东14区块含水率与含水饱和度关系曲线

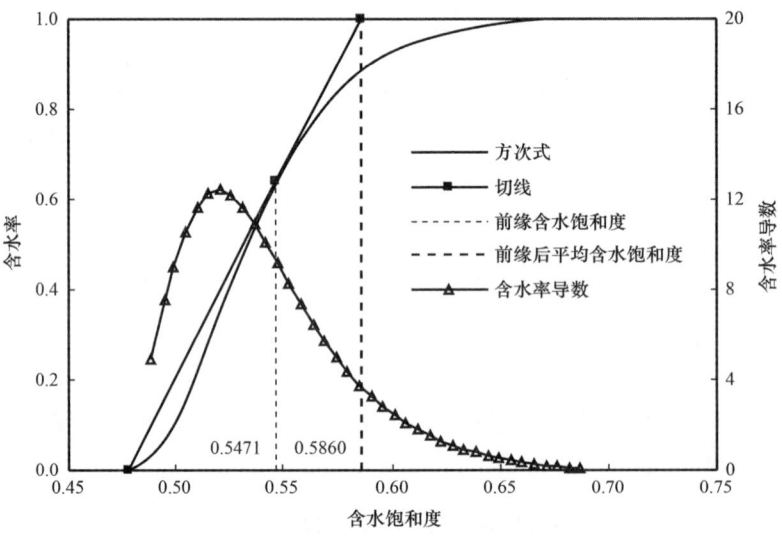

图3-17 榆树林油田东14区块含水率与含水饱和度关系曲线

计算结果表明,采用不同方法计算得到的水驱前缘含水饱和度和前缘后平均含水饱和度差别不大,但水驱前缘含水率值差别比较明显,说明采用不同的油水相对渗透率比值关系式,对确定水驱开发指标影响较大。因此,选择拟合相关性最大的油水相对渗透率比值关系式,是准确确定水驱开发关键指标的技术保障。对于榆树林油田东14区块,选用Gao简化式进行分析,在含水率为0.98时,驱油效率仅为0.3411,远低于全国油田的平均水平(0.52),说明该油田若采用注水开发,效果将会较差。

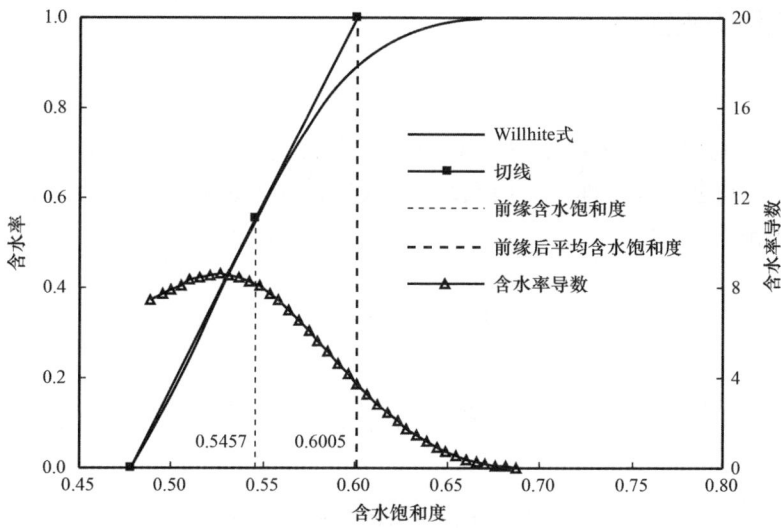

图 3-18　榆树林油田东 14 区块含水率与含水饱和度关系曲线

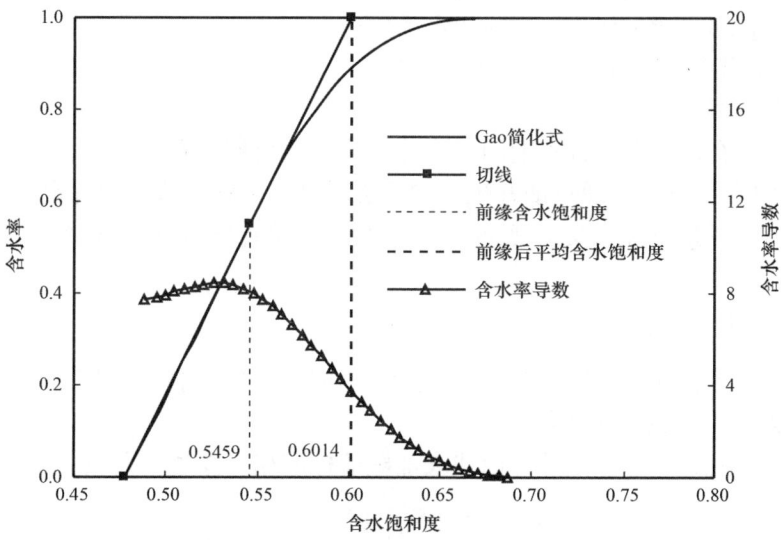

图 3-19　榆树林油田东 14 区块含水率与含水饱和度关系曲线

第三节　无因次采液指数变化规律

无因次采液指数为某一含水率下的采液指数与含水率为零时的采液指数（即采油指数）之比，是评价不同含水率条件下采液能力的相对指标，它与储层类型和油藏流体性质有关，不同油藏无因次采液指数随含水率变化规律不同。因此，准确认识油田无因次采液指数变化规律，为油田产能预测、提液时机优选以及油田合理开发提供主要依据，一直是油藏工程者长期研究的课题。

一、研究成果历史回顾

1. 矿场统计法

该方法主要是利用压力恢复、产液剖面等测试资料,统计出不同含水率下油井的采液指数(或米采液指数),并进一步处理成无因次采液指数,然后建立 J_{LD} 与含水 f_w 关系式。这些关系式时常采用如下形式[20-22]:

(1) 指数式。

$$J_{LD} = \exp(Af_w) \qquad (3-111)$$

(2) 双曲式。

$$J_{LD} = \frac{1}{1 + Af_w} \qquad (3-112)$$

(3) 多项式。

$$J_{LD} = 1 + A_1 f_w + A_2 f_w^2 + A_3 f_w^3 + \cdots \qquad (3-113)$$

(4) 复杂式。

$$J_{LD} = A\exp(Bf_w) + (1-A)\exp(-Df_w) \qquad (3-114)$$

式中　A、A_1、A_2、A_3、B、D——均为待定系数;

　　　J_{LD}——无因次采液指数;

　　　f_w——含水率。

上述方法主要在油田中高含水期因见水井增多、压力恢复资料充分和单井产液剖面测试资料连续而得到广泛应用,即通过油井生产测试资料确定出各方法中的待定参数,来描述实际油田的无因次产液指数与含水变化规律,因而这些经验统计法属油田等效无因次产液指数与含水率变化规律。

2. 相对渗透率曲线法

该方法是目前各类开发方案编制、动态分析、不同含水阶段技术界限制订、提液潜力评价中最常用的方法[23,24]。具体过程如下:

首先,利用实验数据,归一法计算出代表油藏的标准相对渗透率曲线:

$$K_{ro} = K_o(S_{wi})(1 - S_{wd})^n \qquad (3-115)$$

$$K_{rw} = K_w(S_{or})S_{wd}^m \qquad (3-116)$$

$$S_{wd} = \frac{S_{we} - S_{wi}}{1 - S_{wi} - S_{or}} \qquad (3-117)$$

式中　$K_o(S_{wi})$——束缚水时油相渗透率;

　　　$K_w(S_{or})$——残余油时水相渗透率;

　　　K_{ro}——油相相对渗透率(通常油相相对渗透率一般为油相渗透率与束缚水时油相渗透率的比值,水油相相对渗透率也为水相渗透率与束缚水时油相渗透率的比值);

　　　K_{rw}——水相相对渗透率;

S_{wd}——归一化含水饱和度;

S_{we}——出口端含水饱和度;

S_{wi}——束缚水饱和度;

S_{or}——残余油饱和度;

n、m——分别为油相指数和水相指数,与储层岩石结构和润湿性有关,依照一般经验为 2~4。

其次,利用分流量公式计算出含水率:

$$f_w = \frac{1}{1+\dfrac{\mu_w}{\mu_o}\dfrac{K_{ro}}{K_{rw}}} \quad (3-118)$$

式中 μ_o——地层原油黏度,mPa·s;

μ_w——地层水黏度,mPa·s。

最后,利用生产压差保持不变,计算出无因次采液指数:

$$J_{LD} = \left(K_{ro} + \frac{\mu_o}{\mu_w}K_{rw}\right)/K_o(S_{wi}) \quad (3-119)$$

该方法不能直接确定出无因次采液指数与含水的关系式,需借助相对渗透率实验数据间接确定出无因次采液指数与含水率对应点,然后借用矿场统计法确定两者的关系。同时,文献[25]在式(3-119)的基础上考虑了脱气半径的影响,并给出了不同含水率时实际无因次采液指数和理论无因次采液指数的比 $F(r_b)$ 和脱气半径 r_b 的数值关系式:

$$F(r_b) = 1 - 0.0395\ln\left(\frac{r_b}{r_w}\right) \quad (3-120)$$

式中 $F(r_b)$——实际无因次采液指数和理论无因次采液指数的比;

r_w——井筒半径,m;

r_b——脱气半径,m。

3. 数值模拟法

根据建立的河流相(或三角洲相)储层渗透率平面非均质抽象模型及其典型参数(即油水黏度比、平面渗透率对数正态分布变异系数、对数正态分布概率 50% 处渗透率、含水率等因素),通过数值回归,得出含水率为 1 时无因次采液指数的回归公式以及无因次采液指数与含水率关系的典型通用公式。

(1)河流相[26]。

$$J_{LD} = [1 + 0.4991(1-f_w)\lg(1-f_w)]J_{LD1.0}^{\frac{m}{m+2.2336}} \quad (3-121)$$

式中 $J_{LD1.0} = 0.705938\lg\mu_r + 0.242679\lg K_{50} + 0.504616\lg V_K - 0.791405$;

$m = \left(\dfrac{f_w}{1-f_w}\right)^{0.7344}$。

(2) 三角洲相[27]。

$$J_{LD} = [1 - 0.5367f_w(1 - f_w)]J_{LD1.0}^{\frac{m}{m+2.5728}} \quad (3-122)$$

式中 $J_{LD1.0}$——含水率等于 1.0 时的无因次采液指数，$J_{LD1.0} = 0.706475\lg\mu_r + 0.141935\lg K_{50} + 0.377581\lg V_K - 0.556205$；

$m = \left(\dfrac{f_w}{1-f_w}\right)^{0.726}$；

K_{50}——对数正态分布概率 50% 处渗透率；

V_K——对数正态分布渗透率变异系数。

以上研究成果充分表明无因次采液指数与含水率关系比较复杂，不仅受油藏流体性质影响，而且也受储层物性的影响。从矿场应用情况来看，目前应用最多的还是相对渗透率曲线法，但由于该方法不能直接确定出无因次采液指数与含水率的关系式，所以一直是油藏工作者设法去解决的问题。

二、两类新模型的建立

1. 理论依据

若水驱油为非活塞式，油水两相渗流特征符合 Buckley – Leverett 的线性驱替理论，即式(3 – 118)，那么，无因次采液指数即为相对渗透率曲线法所确定的式(3 – 119)。进一步借助式(3 – 118)对式(3 – 119)进行恒等变形，则有

$$J_{LD} = \dfrac{K_{ro}}{K_o(S_{wi})(1-f_w)} \quad (3-123)$$

很明显，只需确定出油相相对渗透率与含水率的关系曲线，就可将式(3 – 123)转化成无因次采液指数与含水率的曲线。文献[10]曾统计了国内外水驱油藏 10 组油水相对渗透率的实验曲线后发现，尽管油、水相渗透率曲线的表达式多种多样，但是油水相对渗透率比值曲线的表达式基本上可概括为两种类型，一种是指数关系，另一种是方次关系，即

$$指数式: \dfrac{K_{ro}}{K_{rw}} = a\exp(-bS_{we}) \quad (3-124)$$

$$方次式: \dfrac{K_{ro}}{K_{rw}} = C\left(\dfrac{1-S_{or}-S_{we}}{S_{we}-S_{wi}}\right)^d \quad (3-125)$$

上述两种油水相对渗透率比值关系式最大的优点就是与分流量关系式结合，可直接确定出含水率与出口端含水饱和度的关系式。进一步将含水率与出口端含水饱和度的关系式代入式(3 – 123)中油相相对渗透率中，即可建立无因次采液指数与含水关系式。因此，确定油相相对渗透率与出口端含水饱和度关系式，就成为该问题成功解决的关键。目前，普遍认为油相相对渗透率关系式比较符合式(3 – 115)[28]，但实际应用时总是出现单独拟合油相数据与实验数据相差较大的现象，尤其是含水饱和度越低，拟合油相数据点误差越大。这些现象表明，油相指数并不是常数，可能与含水饱和度相关。因此，提出了如下拟合效果较好的 Gao

模型[1]:

$$K_{ro} = K_o(S_{wi})(1-S_{wD})^{n+cS_{wD}^k} \tag{3-126}$$

2. 两种关系式的推导

(1)第Ⅰ种无因次采液指数与含水率关系式。

将式(3-124)代入式(3-118),可确定出:

$$S_{we} = -\frac{1}{b}\ln\left(\frac{\mu_o}{a\mu_w}\frac{1-f_w}{f_w}\right) \tag{3-127}$$

将式(3-127)代入式(3-126),即可确定出油相相对渗透率与含水率的关系:

$$K_{ro} = K_o(S_{wi})\left[A - B\ln\left(\frac{f_w}{1-f_w}\right)\right]^E \tag{3-128}$$

式中 $E = n + c\left[1 - A + B\ln\left(\frac{f_w}{1-f_w}\right)\right]^k$;

$A = \frac{1-S_{or}}{1-S_{wi}-S_{or}} + B\ln\left(\frac{\mu_o}{a\mu_w}\right)$;

$B = \frac{1}{b(1-S_{wi}-S_{or})}$。

将式(3-128)代入式(3-123),得:

$$J_{LD} = \frac{1}{1-f_w}\left[A - B\ln\left(\frac{f_w}{1-f_w}\right)\right]^E \tag{3-129}$$

那么,对应无因次采油指数与含水关系为:

$$J_{OD} = \left[A - B\ln\left(\frac{f_w}{1-f_w}\right)\right]^E \tag{3-130}$$

(2)第Ⅱ种无因次采液指数与含水率关系式。

同理,将式(3-125)代入式(3-124),可确定出 S_{we} 及第Ⅱ种无因次采液(油)指数与含水关系为:

$$S_{we} = 1 - S_{or} - \frac{(1-S_{wi}-S_{or})\left(\frac{\mu_o}{C\mu_w}\frac{1-f_w}{f_w}\right)^B}{1 + \left(\frac{\mu_o}{C\mu_w}\frac{1-f_w}{f_w}\right)^B} \tag{3-131}$$

$$J_{LD} = \frac{1}{1-f_w}\left[\frac{(1-f_w)^B}{(1-f_w)^B + (Af_w)^B}\right]^F \tag{3-132}$$

$$J_{OD} = \left[\frac{(1-f_w)^B}{(1-f_w)^B + (Af_w)^B}\right]^F \tag{3-133}$$

式中 $F = n + c\left[\dfrac{(Af_w)^B}{(1-f_w)^B + (Af_w)^B}\right]^k$；

  $A = \dfrac{C\mu_w}{\mu_o}$；

  $B = \dfrac{1}{d}$。

三、油水黏度比的影响

以鄯善油田相对渗透率数据为基础，取油水黏度比为 0.5,1,5,10,25,100，分别做两类无因次采液指数与含水率关系曲线（图 3-20、图 3-21）。结果表明：无论是 I 类模型还是 II 类模型，若油水黏度比较低，在低含水期无因次采液指数随含水率增大而下降，中高含水期无因次采液指数基本稳定，只是在特高含水期表现出略微增大（$\mu_r > 1$）或减小（$\mu_r \leqslant 1$）的现象；若油水黏度比较大，在低含水期无因次采液指数随含水率增大变化较小，而在中高含水期无因次采液指数随含水率增大而迅速增大。

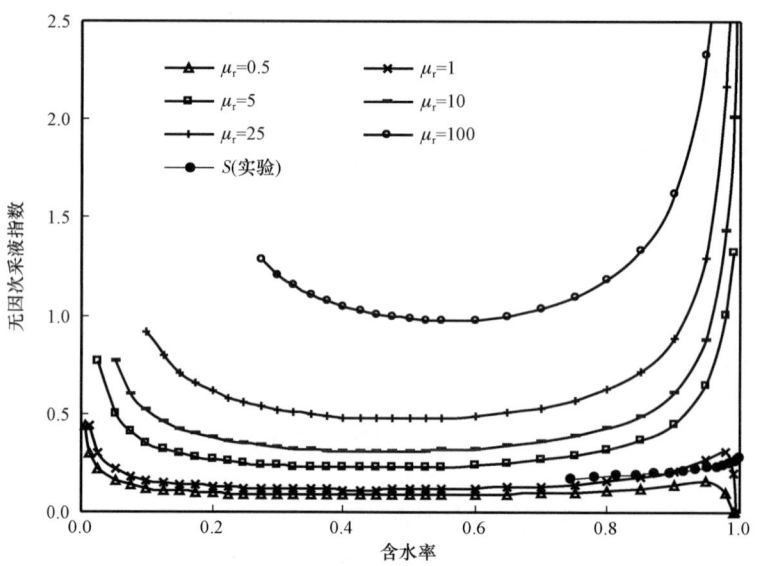

图 3-20　不同油水黏度比下 I 类无因次采液指数变化曲线

总之，无因次采液指数与含水率关系曲线整体表现出随油水黏度比的增大逐渐向上移动、曲线形态前段下降减缓、中高含水期迅速抬升。同时，对比两类模型在同等相对渗透率条件下所绘制的曲线，I 类模型相比 II 类模型，效果明显不如 II 类模型，其主要原因：一是在含水率较低时，模型 I 无法计算出无因次采液指数，不能反映含水率全程变化过程，二是在建立 I 类模型模型过程中引用的指数关系明显比 II 类模型的方次关系要差（图 3-22）。

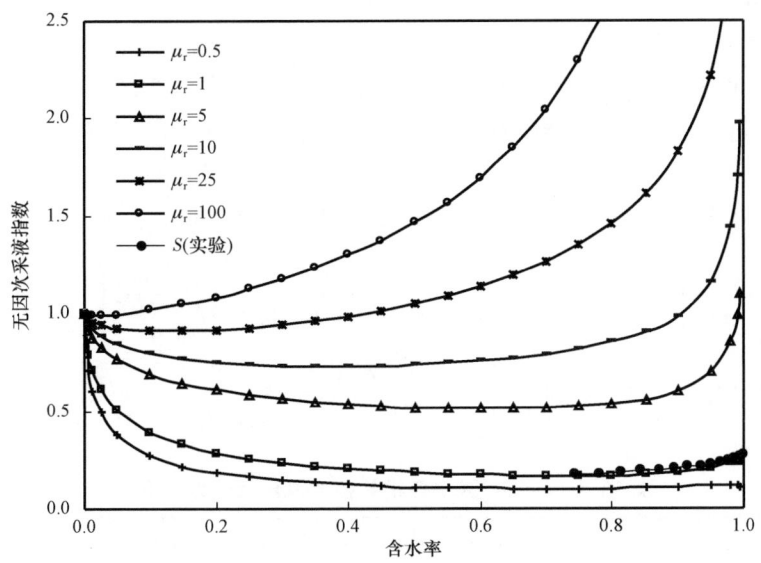

图 3-21 不同油水黏度比下 Ⅱ 类无因次采液指数变化曲线

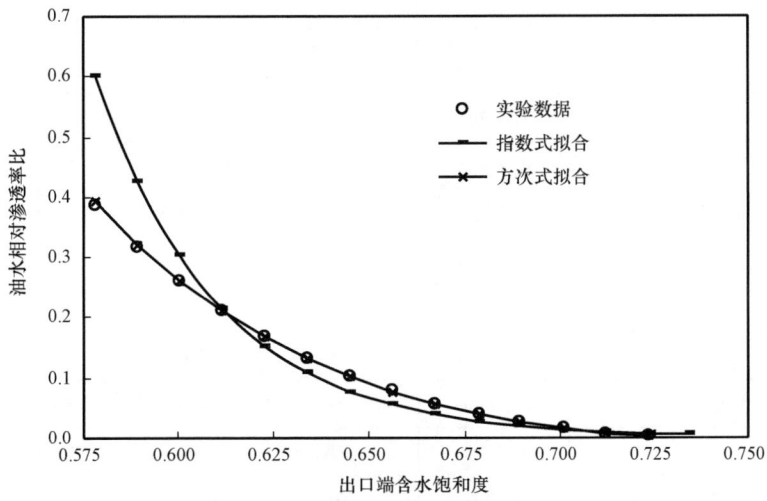

图 3-22 鄯善油田油水相对渗透率比与出口端含水饱和度关系曲线

四、实际应用与步骤

下面以低黏特低渗透鄯善油田、低黏低渗透丘陵油田、低黏中渗透油藏温五区块、中黏低渗透油藏牛圈湖区块、高黏高渗透稠油油藏鲁2区块岩心实验数据为例进行应用[29]。具体步骤如下。

首先,利用油相相对渗透率与归一化含水饱和度关系式,即式(3-126)确定出 $K_o(S_{wi})$、n、c、k;

其次,利用油水两相相对渗透率比值与出口端含水饱和度关系式(指数式和方次式)分别

确定关系式 a、b 和 C、d；

最后，利用参数之间传递关系，确定 A 和 B，并依据相对渗透率实验点与两类无因次采液指数曲线进行对比，选择符合程度较高的模型作为油田无因次采液指数与含水率关系曲线。

按以上步骤进行研究，最终确定丘陵油田、鄯善油田、温五区块、牛圈湖区块和鲁2区块无因次采液指数与含水率基本遵循第Ⅱ类模型（图3-23至图3-27），如丘陵油田第Ⅱ类无因次采液指数与含水关系式为（其他油田模型待定参数见表3-8）：

$$J_{\mathrm{LD}} = \frac{1}{1-f_{\mathrm{w}}}\left[\frac{(1-f_{\mathrm{w}})^{0.61462}}{(1-f_{\mathrm{w}})^{0.61462}+(1.04187f_{\mathrm{w}})^{0.61462}}\right]^{F} \quad (3-134)$$

其中 $F = 5.48269 - 3.51534\left[\dfrac{(1.04187f_{\mathrm{w}})^{0.61462}}{(1-f_{\mathrm{w}})^{0.61462}+(1.04187f_{\mathrm{w}})^{0.61462}}\right]^{1.10590}$

表3-8 油田或区块各相关参数拟合及计算结果表

	参数	丘陵油田	温五区块	鄯善油田	牛圈湖区块	鲁2区块
指数式	$a\,(10^6)$	510.19952	73657.45948	30.10527	174.07588	1.63193
	b	32.04775	42.54951	30.66187	32.15352	23.16618
	复相关系数 R^2	0.92725	0.92302	0.92852	0.93784	0.99778
方次式	C	0.74670	0.78606	0.58752	13.13139	21.98653
	d	1.62701	1.64892	1.58828	1.53023	1.69519
	复相关系数 R^2	0.99903	0.99951	0.99995	0.99987	0.99487
式(3-126)	$K_{\mathrm{o}}(S_{\mathrm{wi}})$	0.99009	0.99243	0.99178	0.99987	0.99999
	n	5.48269	3.88348	10.53697	48.01005	2.36648
	c	-3.51534	-1.89378	-8.47580	-46.69999	-1.09521
	k	1.10590	1.88814	0.37488	0.02392	2.47218
	复相关系数 R^2	0.99903	0.99935	0.99945	0.99954	0.99982
	S_{wi}	0.3680	0.3641	0.3769	0.3613	0.3204
	S_{or}	0.1998	0.2761	0.2655	0.3563	0.3500
	μ_{o}	0.2636	0.3500	0.3879	13.8600	529.0000
	μ_{w}	0.3678	0.4300	0.3426	0.6026	0.4527
式(3-130)	A	0.37984	0.36403	0.49478	0.53498	1.02366
	B	0.07220	0.06532	0.09120	0.11013	0.13097
式(3-133)	A	1.04187	0.96573	0.51891	0.57092	0.01882
	B	0.61462	0.60646	0.62961	0.65350	0.58991

同时，在拟合稠油油藏鲁2区块油水两相相对渗透率比值与出口端含水饱和度关系时，虽然指数式与方次式相比，复相关系数相差不大，但指数式对应第Ⅰ类无因次采液指数关系式，

其含水率的定义域需满足 $\frac{A-1}{B} < \ln\left(\frac{f_w}{1-f_w}\right)$，否则，无法确定无因次采液指数（如鲁 2 区块，含水率需大于 0.5450），而第 Ⅱ 类无因次采液指数与含水关系式基本能够确定不同含水率下的无因次采液指数（图 3-27），因此，在复相关系数相差不大时，选择第 Ⅱ 类模型反映含水率全程无因次采液指数的变化规律也是一个很好的选择。

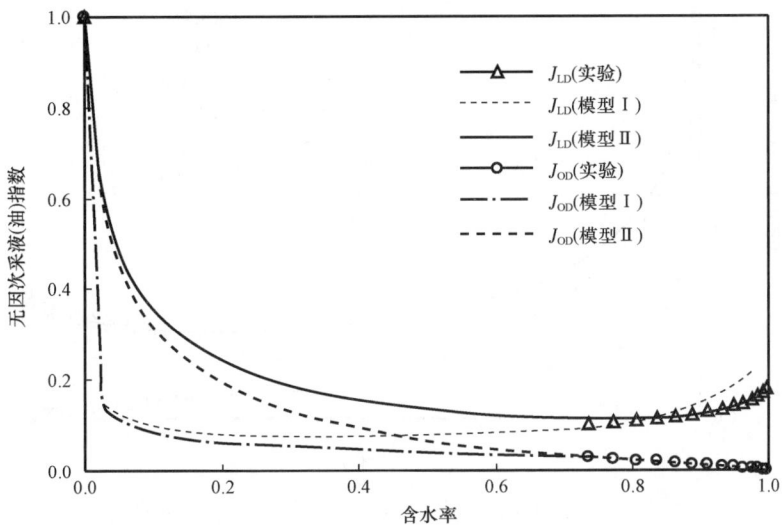

图 3-23　丘陵油田无因次采液指数与含水率关系曲线

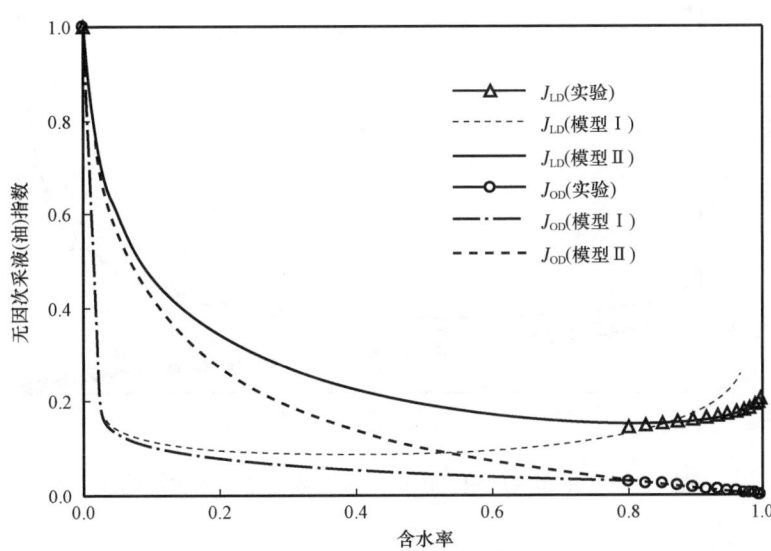

图 3-24　温五区块无因次采液指数与含水率关系曲线

从实例应用效果来看,鄯善油田、丘陵油田和温五区块无因次采液指数的变化规律明显属于同一类,反映出低黏低渗透油田无因次采液指数的变化特征,牛圈湖区块反映出中黏油田无因次采液指数的变化特征,而鲁 2 区块反映出高黏油田无因次采液指数的变化特征。

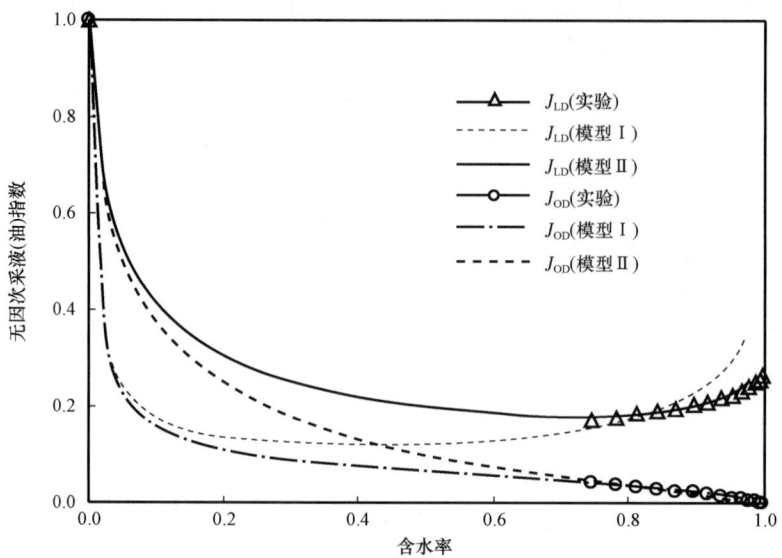

图 3-25　鄯善油田无因次采液指数与含水率关系曲线

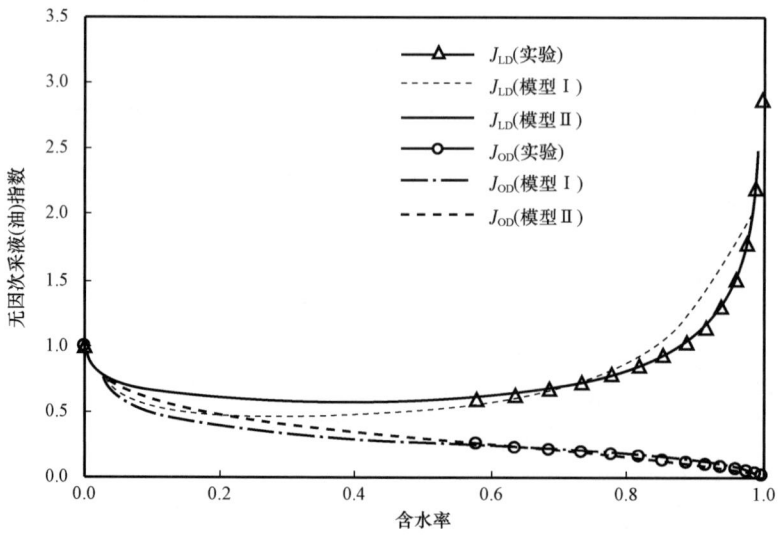

图 3-26　牛圈湖区块无因次采液指数与含水率关系曲线

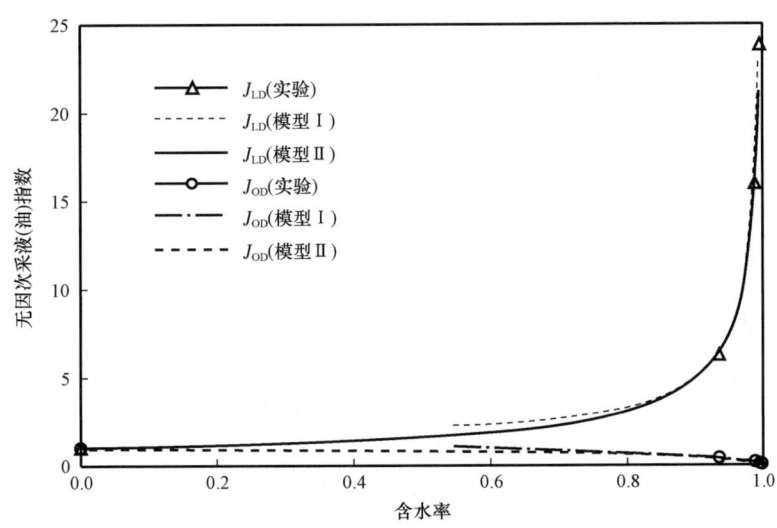

图 3-27 鲁 2 区块无因次采液指数与含水率关系曲线

第四节 低渗透水淹层级别划分与潜力评价

注水开发油田进入加密调整阶段后,如何准确解释新钻井水淹层是开发工作者面临的主要问题之一,其解释精度关系到储层射孔方案的制订及投产效果。譬如,吐哈低渗透主体油田目前已进入高含水期低速稳产开采阶段,剩余油高度分散,常规措施效果差,老井递减产量基本依靠调整井来弥补;而调整井中分类储层水淹状况差异很大,且对水淹层界定标准一直沿用大庆油田水淹层的划分标准,造成解释的弱水淹层往往投产后产油量很低,强水淹层几乎无产油量,这与大庆油田水淹级别所表现的产量特征有明显的差异。因此,建立低渗透油田不同储层水淹层划分标准,准确刻化不同水淹级别储层产能及潜力,是优化射孔方案、优选驱替介质、制订挖潜措施以及确保调整井获得最大产能的技术基础。

一、存在问题

水淹层定性或定量确定水淹级别常采用驱油效率法和含水率法[30]。国内水淹层划分标准采用大庆油田的含水率划分标准,即油层:$f_w \leq 10\%$;弱水淹:$10\% < f_w \leq 40\%$;中水淹:$40\% < f_w \leq 80\%$;强水淹:$f_w > 80\%$。据调查,大庆油田喇嘛甸油藏渗透率为200mD,属典型高渗透油田,吐哈丘陵油田三间房油藏渗透率为14.1mD,属低渗透油田,这两类油藏无因次产油指数曲线表现出明显的差异(图3-28)。

按国内划分水淹层标准,$f_w \leq 10\%$ 时,低渗透油田产油指数下降幅度很大,产能相对下降也很快,而高渗透油田产油指数下降幅度较小,产能相对下降较慢;在特高含水期($f_w > 90\%$),高渗透油田产油指数下降幅度增大,产能相对下降较快,而低渗透油田产油指数非常小,产能相对下降较慢。因此,将大庆油田的水淹层划分标准沿用到低渗透油田,不同级别水淹层所表现出来的产能变化规律与高渗透油田存在明显差异。

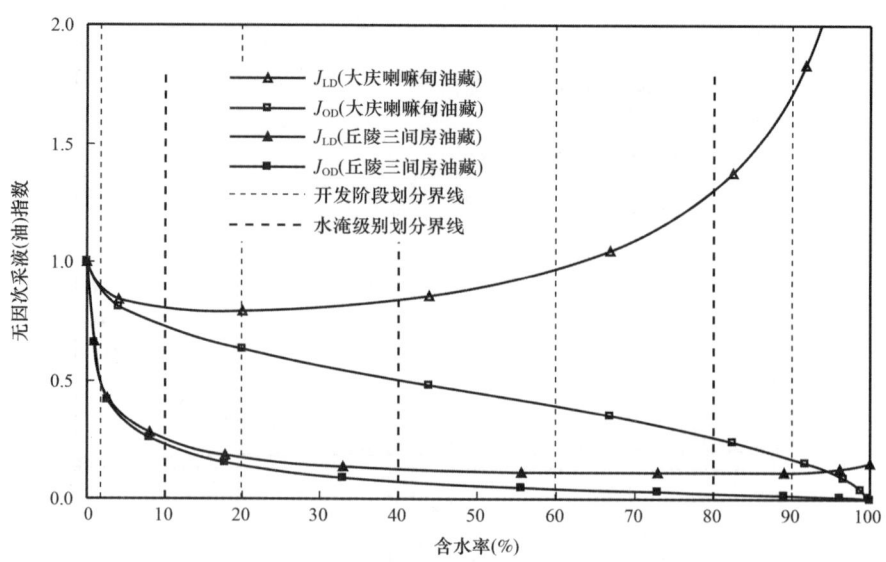

图 3-28 两种油藏无因次采液指数与含水率变化关系曲线

中原油田曾提出视驱油效率法对水淹层进行分级划分[31],即 1 级水淹层:$E_{ds} > 38\%$;2 级水淹层:$30\% < E_{ds} \leq 38\%$;3 级水淹层:$22\% < E_{ds} \leq 30\%$;4 级水淹层:$15\% < E_{ds} \leq 22\%$;油层:$E_{ds} \leq 15\%$。该划分标准是水淹级别越高,视驱油效率越低,量化确定方法主要利用测井解释含水饱和度直接代入驱油效率公式计算,但因未能表明分级含水率大小而一直未得到广泛应用。

二、水淹层划分标准改进

在注水油田开发中,国内用含水率将注水开发油田划分为不同开发阶段(图 3-29),即无水期:$f_w \leq 2\%$;低含水期:$2\% < f_w \leq 20\%$;中含水期:$20\% < f_w \leq 60\%$;中高含水期:$60\% < f_w \leq 80\%$;高含水期:$80\% < f_w \leq 90\%$;特高含水期 $f_w > 90\%$。这一划分方法最大优点是:无论哪类油田,产能下降幅度最大通常在油田刚刚开始见水之时,含水率一般很低;进入低含水期产能下降幅度明显减缓;中含水期、中高含水期产能呈线性下降,下降幅度较小;在高含水期和特高含水期,产能下降幅度再次出现较大幅度下降,产液能力迅速增大。

若将开发含水阶段划分标准移植到水淹层划分标准上,既能反映不同级别水淹层产能大小及变化规律,又能减少开发概念间划分界限相互交错。因此,按含水阶段可将水淹层对应划分为:未水淹层:$f_w \leq 2\%$;弱水淹层:$2\% < f_w \leq 20\%$;中低水淹层:$20\% < f_w \leq 60\%$;中水淹层:$60\% < f_w \leq 80\%$;中强水淹层:$80\% < f_w \leq 90\%$;强水淹层:$f_w > 90\%$(图 3-28)。很明显,新划分标准与原划分标准相比,新划分标准未水淹层、弱水淹层界限与原划分标准相比,含水率界限值明显减小;原划分标准的中水淹层在新划分标准中细划为中低水淹层和中水淹层;原划分标准的强水淹层在新划分标准中细划为中强水淹层和强水淹层。总之,原划分标准只有 4 级,划分界限区间较大;新划分标准将水淹层划分为 6 级,划分界限区间较小,有利于水淹层细化分析研究。

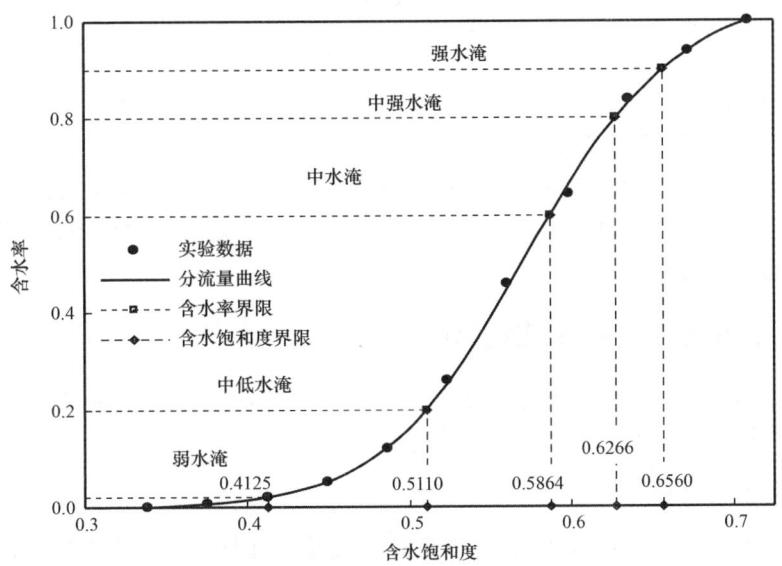

图 3-29　丘陵油田Ⅱ类储层含水率与含水饱和度曲线

三、水淹层识别界限确定

1. 含水饱和度识别

矿场上对于水淹层级别识别并非利用含水率(或产水率)来直接确定,而是利用各种测井解释数据组合进行解释或是单独数据进行预估,其中含水饱和度法比较常见[32-34]。具体过程是将含油(水)饱和度通过某种特定方式转化为含水率,再按照水淹层划分标准,确定水淹级别。在将含油(水)饱和度转化为含水率时,以往常常采用油水相对渗透率比值为指数式进行,但该方法拟合时在低含水饱和度或高含水饱和度偏差较大[7]。若将文献[1]油、水相对渗透率模型中油、水相对渗透率指数均取为 S_{wd} 的一次线性函数,可得到一种精度较高的油水相对渗透率比值关系式:

$$\frac{K_{ro}}{K_{rw}} = a \frac{(1-S_{wd})^{n+bS_{wd}}}{S_{wd}^{m+cS_{wd}}} \quad (3-135)$$

将式(3-135)代入分流量方程,得:

$$f_w = \left[1 + \frac{a}{\mu_r} \frac{(1-S_{wd})^{n+bS_{wd}}}{S_{wd}^{m+cS_{wd}}}\right]^{-1} \quad (3-136)$$

利用上式,可以预测储层投产初期的含水率大小。当然也可将水淹层划定的含水率界限转化为含水饱和度界限,与测井解释含水饱和度进行对比,直接识别出水淹级别(图3-28)。

2. 视驱油效率识别

视驱油效率其实质也是含水饱和度识别的另一种表现形式,即用测井解释含水饱和度代替驱油效率定义式中的油层平均含水饱和度计算得到:

$$E_{ds} = \frac{S_{we} - S_{wi}}{1 - S_{wi}} \quad (3-137)$$

式中 E_{ds}——视驱油效率；

S_{we}——（出口端）含水饱和度。

该式最大的特点是视驱油效率界限相比含水饱和度界限，数值区间放大，易于识别，其不同水淹级别界限的确定仍需通过相对渗透率曲线计算，否则无法与含水率建立联系，显示出划分标准较随意而缺乏理论支持。

四、水淹层产能预测与剩余油量化评估

水淹层分级确定后，矿场上要进行新钻井射孔优化方案编制，这时需要提供各层的产能预测及剩余油潜力评价，以便于油藏工程人员进行选择。

1. 产油（液）指数预测

一般油田产油（液）指数评估采用相对渗透率曲线法，即先利用相对渗透率建立无因次采油指数与含水饱和度对应关系：

$$J_{OD} = (1 - S_{wd})^{n + bS_{wd}} \quad (3-138)$$

再结合分流量方程式(3-136)，以含水饱和度作为中间变量，从而建立无因次采油指数与含水率的对应关系[29]。

2. 驱油效率预估

储层水淹后量化潜力评价，即剩余油大小刻画，在油藏上采用驱油效率法表示。该方法利用 Welge 方程先确定油井见水之后油层平均含水饱和度[6,13]：

$$\overline{S}_w = S_{we} + (1 - f_w)/f_w'(S_{we}) \quad (3-139)$$

再由驱油效率定义式确定不同水淹级别驱油效率：

$$E_d = \frac{\overline{S}_w - S_{wi}}{1 - S_{wi}} \quad (3-140)$$

对式(3-136)求导，并结合式(3-139)和式(3-140)，可得驱油效率与含水饱和度的解析式：

$$E_d = \frac{S_{we} - S_{wi}}{1 - S_{wi}} + \frac{1 - S_{wi} - S_{or}}{f_w(1 - S_{wi})} \left[\frac{n + bS_{wd}}{1 - S_{wd}} + \frac{m + cS_{wd}}{S_{wd}} + c\ln S_{wd} - b\ln(1 - S_{wd}) \right]^{-1}$$

$$(3-141)$$

对比式(3-140)与式(3-137)，最大的差别在于式(3-140)为计算油层见水后整个储层的平均驱油效率，而式(3-137)计算的驱油效率只是油井出口端的驱油效率，其值往往低于前者。然而，由于饱和度分布函数（或称含水率导数）不是含水饱和度的单调函数，利用式(3-140)得解析式，即式(3-141)，只能计算出高含水饱和度下的驱油效率（或饱和度分布函

数右半部分),因此,还需对高含水饱和度下驱油效率数据进行线性或 Logistic 函数回归[3](表 3 - 9),再计算出低含水饱和度下驱油效率(图 3 - 30)。

表 3 - 9　丘陵油田分类油层见水后油层平均含水率与出口端含水饱和度关系拟合结果

关系式	Logistic: $\bar{S}_w = [1 + a\exp(-bS_{we})]^{-1}$			线性: $\bar{S}_w = a + bS_{we}$		
待定参数	a	b	相关系数	a	b	相关系数
油层分类 Ⅰ	5.7182	3.0896	0.9993	0.0698	0.7627	0.9994
油层分类 Ⅱ	4.6467	2.5334	0.9915	0.1166	0.6322	0.9915
油层分类 Ⅲ	2.0951	0.5594	1.0000	0.3197	0.1344	1.0000

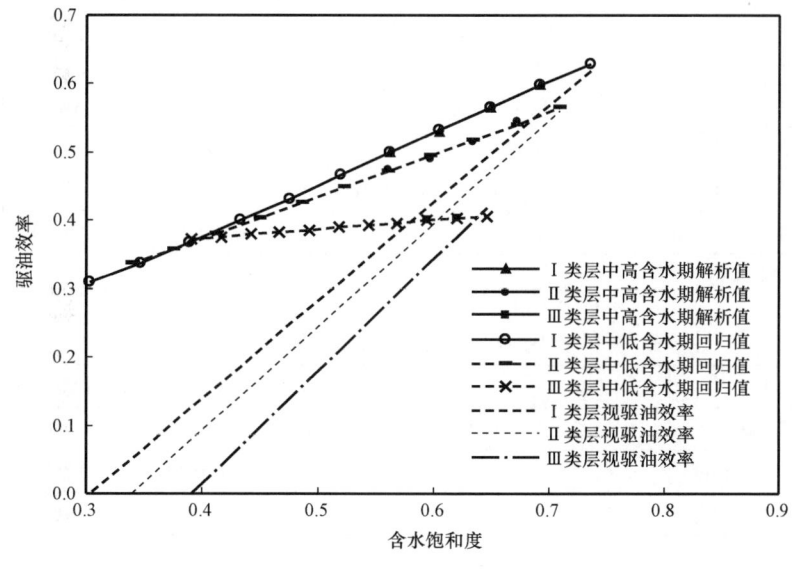

图 3 - 30　丘陵油田分类储层驱油效率与含水饱和度关系曲线

利用以上方法,建立了丘陵油田分类储层水淹级别的识别、产能预测和潜力评价标准(表 3 - 10)。从结果来看,Ⅰ类和Ⅱ类储层进入中水淹后,含水饱和度识别界限基本相近;中水淹前,两者识别界限出现差别,而视驱油效率识别与含水饱和度识别情况正好相反,很好地扩大了中水淹后各水淹级别界限间的差别;Ⅲ类储层识别界限与Ⅰ类和Ⅱ类储层差别较明显。但从不同水淹阶段采出可采储量指标对比(表 3 - 11),Ⅰ类储层无水期可采储量采出程度为 57.27%,次主要采油期为弱水淹阶段和中低水淹阶段,阶段采出可采储量采出程度分别为 13.61% 和 10.82%,油层进入较高水淹阶段后,可采储量采出程度相对较低,若继续开采,需要考虑经济成本和采油速度,因为在此阶段,无因次采油指数已降到油层开发初期的 4.90%以下,商业性开发已很困难;Ⅱ类储层无水期可采储量采出程度可达 67.44%,次要采油期也为弱水淹阶段和中低水淹阶段,阶段采出可采储量采出程度分别为 11.13% 和 8.51%,油层继续注水进入水淹级别较高阶段后,同样面临与Ⅰ类储层更加严峻的问题;Ⅲ类储层无水期可采储量采出程度很高,达到 91.15%,油层进入水淹级别较高阶段后,阶段可采储量采出程度很小,因此,Ⅲ类油层一旦见水,需寻求其他驱替方式采油。

表3-10 丘陵油田三间房油藏分类储层水淹级别识别标准

含水率划分界限		≤0.02	(0.02,0.2]	(0.2,0.6]	(0.6,0.8]	(0.8,0.9]	>0.9
开发阶段划分		无水期	低含水期	中含水期	中高含水期	高含水期	特高含水期
水淹层划分		未水淹	弱水淹	中低水淹	中水淹	中强水淹	强水淹
S_{we} 识别界限	Ⅰ	≤0.3741	(*,0.4848]	(*,0.5728]	(*,0.6208]	(*,0.6569]	>0.6569
	Ⅱ	≤0.4125	(*,0.5110]	(*,0.5864]	(*,0.6266]	(*,0.6560]	>0.6560
	Ⅲ	≤0.4574	(*,0.5249]	(*,0.5824]	(*,0.6086]	(*,0.6224]	>0.6224
E_{ds} 识别界限	Ⅰ	≤0.1012	(*,0.2602]	(*,0.3866]	(*,0.4554]	(*,0.5074]	>0.5074
	Ⅱ	≤0.1115	(*,0.2604]	(*,0.3744]	(*,0.4353]	(*,0.4797]	>0.4797
	Ⅲ	≤0.1087	(*,0.2196]	(*,0.3141]	(*,0.3572]	(*,0.3798]	>0.3798
E_d 评估数值区间	Ⅰ	≤0.3551	(*,0.4395]	(*,0.5066]	(*,0.5432]	(*,0.5708]	>0.5708
	Ⅱ	≤0.3774	(*,0.4397]	(*,0.4873]	(*,0.5128]	(*,0.5314]	>0.5314
	Ⅲ	≤0.3812	(*,0.3903]	(*,0.3980]	(*,0.4015]	(*,0.4034]	>0.4034
J_{OD} 评估数值区间	Ⅰ	[1,0.4844]	(*,0.1473]	(*,0.0490]	(*,0.0228]	(*,0.0105]	(0.0105,0]
	Ⅱ	[1,0.4575]	(*,0.1406]	(*,0.0434]	(*,0.0178]	(*,0.0068]	(0.0068,0]
	Ⅲ	[1,0.3825]	(*,0.1163]	(*,0.0258]	(*,0.0080]	(*,0.0029]	(0.0029,0]

注:* 同前一个界限末值。

表3-11 不同水淹阶段可采储量采出程度对比表

分项	未水淹	弱水淹	中低水淹	中水淹	中强水淹	强水淹
Ⅰ类储层可采储量采出程度	0.5727	0.1361	0.1082	0.0590	0.0445	0.0964
Ⅱ类储层可采储量采出程度	0.6744	0.1113	0.0851	0.0456	0.0332	0.0595
Ⅲ类储层可采储量采出程度	0.9115	0.0218	0.0184	0.0084	0.0045	0.0074

五、实例应用分析

陵检13-211井是丘陵油田2001年6月中旬完钻的一口水洗检查井,2001年6月29日到9月28日依次对6层进行试油(表3-12)。试油结束后,单采S_2^{3-2}小层,投产初期日产液13.12m³,地面含水率0.15,折算地层产水率0.0897。利用测井资料含水饱和度和文中的计算方法确定出分层产水率,并与试油结果对比,S_3^{4-2}、S_3^2、S_2^{4-2}、S_2^{3-3}、S_2^{3-2}等5个小层计算值与实际值基本一致,而S_4^{1-2}小层计算值与实际值差异较大,但仍在低水淹级别范围之内。分析其产生的原因,原来S_4^{1-2}小层试油时,只射单砂层底部物性较好部位,该段水淹状况相比上部严重,而测井提供数据为整个单砂层平均含水饱和度,数值低于下部射孔段含水饱和度,从而导致试油结论值略高于理论计算值(图3-31)。

进一步对6个单砂层的产能(表3-12)进行比较,S_2^{3-2} > S_4^{1-2} > S_2^{4-2} > S_3^2 > S_3^{4-2} > S_2^{3-3},但都远低于无水期产能;从剩余油潜力分析,Ⅰ类层潜力S_2^{3-2} > S_3^2 > S_2^{3-3},驱油效率分别达到Ⅰ类储层最终驱油效率(0.62)的69.81%、88.74%和94.94%;Ⅱ类储层潜力S_4^{1-2} > S_2^{4-2} > S_3^{4-2},驱油效率分别达到Ⅱ类储层最终驱油效率(0.56)的81.45%、84.1%和

94.90%。在6个单砂层中,S_2^{3-3}、S_3^{4-2}层驱油效率已接近最终驱油效率,需寻求其他驱替方式提高采收率;S_2^{4-2}、S_3^2、S_4^{1-2}层仍具有一定剩余油潜力,但产油能力很低;S_2^{3-2}层剩余油潜力较大,具有较好产油能力,需加强对周围注水井对应层注水量调控,减缓含水上升速度,最大限度采出弱水淹阶段可采储量[35]。

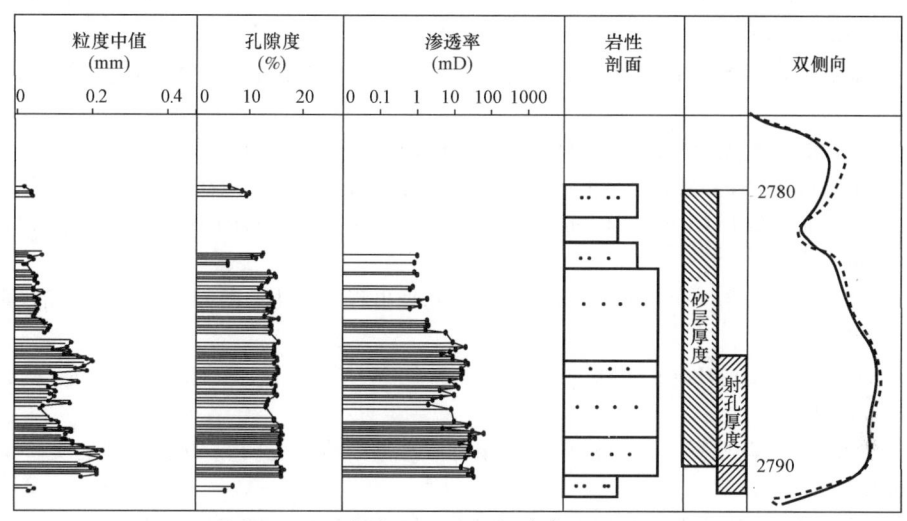

图3-31 陵检13-211井 S_4^{1-2} 油层剖面图

表3-12 陵检13-211井试油结果与测井资料识别结果对比

小层	油层分类	岩心分析及测井解释结果			试油结果			视驱油效率计算	地层产水率预测	水淹级别确定	驱油效率评估	无因次产油指数预测
		孔隙度	渗透率（mD）	含油饱和度	液量（m³/d）	油量（m³/d）	地层含水率					
S_4^{1-2}	II	0.140	8.6	0.537	2.11	0.84	0.4579	0.2998	0.3178	中低	0.4561	0.0978
S_3^{4-2}	II	0.144	10.2	0.649	2.74	0.30	0.8192	0.4691	0.8796	中强	0.5269	0.0089
S_3^2	I	0.162	30.0	0.630	9.51	0.77	0.8638	0.4687	0.8297	中强	0.5502	0.0191
S_2^{4-2}	II	0.137	7.2	0.571	6.40	2.15	0.5252	0.3355	0.5103	中低	0.4776	0.0572
S_2^{3-3}	I	0.157	20.9	0.680	26.23	0.00	1.0000	0.5405	0.9437	强	0.5884	0.0052
S_2^{3-2}	I	0.157	20.9	0.476	24.30	16.90	0.1965	0.2476	0.1722	弱	0.4328	0.1626

参 考 文 献

[1] 高文君,姚江荣,公学成,等. 水驱油田油水相对渗透率曲线研究[J]. 新疆石油地质,2014,31(6):629-631.

[2] 黄炳光,刘蜀知. 实用油藏工程与动态分析方法[M]. 北京:石油工业出版社,1998:125-130.

[3] 高文君,徐君. 常用水驱特征曲线理论研究[J]. 石油学报,2007,34(3):89-92.

[4] 高文君,宋成元,付春苗,等. 经典水驱油理论对应水驱特征曲线研究[J]. 新疆石油地质,2014,35(3):307-310.

[5] Buckly S E, Leverett M C. Mechanism of Fluid Displacements in Sands[J]. Trans., AIME(1942)146:107-116.

[6] 陈元千. 水驱曲线关系式的推导[J]. 石油学报,1985,6(2):69-78.

[7] 刘世华,谷建伟,杨仁锋. 高含水期油藏特有水驱渗流规律研究[J]. 水动力学研究与进展,2011,26(6):660-666.

[8] 郏绍献. 特高含水期相渗关系表征研究[J]. 石油天然气学报,2012,34(10):118-120.

[9] 宋兆杰,李治平,赖枫鹏,等. 高含水期油田水驱特征曲线关系式的理论推导[J]. 石油勘探与开发,2013,40(2):201-208.

[10] 俞启泰. 油水相对渗透率曲线与水驱油藏含水率随采出程度变化的两种类型[J]. 石油学报,1982,3(4):29-37.

[11] 葛家理. 现代油藏渗流力学原理:上[M]. 北京:石油工业出版社,2003:173-190.

[12] 刘宝和. 中国石油勘探开发百科全书:开发卷[M]. 北京:石油工业出版社,2008:308-313.

[13] Welge H J. A Simplified Method for Computing Oil Recovery by Gas or Water Drive[J]. Trans.,AIME(1952)195:91-98.

[14] 俞启泰. 油水相对渗透率曲线与水驱油藏含水率随采出程度变化的两种类型[J]. 石油学报,1982,3(4):29-37.

[15] Honarpor M,Koederitz L,Harvey A H. 油藏相对渗透率[M]. 马志远,高雅文,译. 北京:石油工业出版社,1989:55-130.

[16] 高文君,姚江荣,公学成,等. 水驱油田油水相对渗透率曲线研究[J]. 新疆石油地质,2014,31(6):629-631.

[17] 王俊魁. 前沿推进理论的研究及应用[J]. 大庆石油地质与开发,2008,27(2):1-55.

[18] 高文君,付焱鑫,潘有军,等. 水驱油理论解析法[J]. 新疆石油地质,2016,37(1):51-55.

[19] 高文君,左毅,蔡喜东,等. 新型水驱前缘解析法研究及应用[J]. 断块油气田,2015,22(6):795-789.

[20] 俞启泰. 一种处理油水相对渗透率曲线的新方法[J]. 新疆石油地质,1994;15(4):361-364.

[21] 李金东,马志强,文华,等. 大庆外围低渗透油藏油水渗流规律研究[J]. 石油天然气学报:江汉石油学院学报,2008,30(1):285-288.

[22] 王陶,朱卫红,杨胜来,等. 用相对渗透率曲线建立水平井采液、吸水指数经验公式[J]. 新疆石油地质,2009;30(2):235-237.

[23] 林江,李志芬,张琪. 不同含水条件下采液指数的预测方法研究[J]. 石油钻探技术,2003,31(4):43-45.

[24] 杨超,李彦兰,徐兵祥,等. 油水相对渗透率曲线非线性优化校正新方法及其应用[J]. 石油与天然气地质,2013,34(3):394-398.

[25] 张承丽,魏明国,宋国亮,等. 低渗透油田无因次采液指数归一化处理及应用[J]. 科学技术与工程,2011,11(11):2582-2584.

[26] 俞启泰,罗洪,陈素珍. 河流相储层油藏无因次采液指数计算的典型通用公式[J]. 断块油气田,1998,5(6):27-29.

[27] 俞启泰,罗洪,陈素珍,等. 三角洲相储层油藏无因次采液指数计算的典型通用公式[J]. 中国海上油气(地质),2000,14(4):270-273.

[28] 陈元千,李璩. 现代油藏工程[M]. 北京:石油工业出版社,2001:43-51.

[29] 高文君,李宁,侯程程,等. 2种无因次采液指数与含水率关系式的建立及优选[J]. 新疆石油地质,2015,36(1):70-74.

[30] 刘吉余,徐浩,刘曼玉. 根据相渗曲线研究不同砂体水淹层解释标准方法[J]. 西部探矿工程,2010,22(2):64-65.

[31] 刘志远,郭惠霞,李风铃,等. 利用饱和度图版定量评价水淹层[J]. 测井技术,2006,30(2):142-143.

[32] 刘萍,郝以岭,唐荣,等. 岔河集砂岩油田水淹层剩余油饱和度计算方法研究[J]. 测井技术,2006,30(4):306-309.

[33] 丁一,张占松,袁伟,等. M地区水淹层含水饱和度的计算[J]. 山东理工大学学报:自然科学版,2014,28(2):44-48.

[34] 王庚阳,刘明新,宋振宇,等. 利用常规测井确定油田开发期储层剩余油分布[J]. 石油学报,1992,13(4):60-66.

[35] 高文君,韩继凡,葛新超,等. 利用相渗曲线判断低渗油田水淹级别——以丘陵油田三间房组油藏为例[J]. 新疆石油地质,2015,36(5):592-596.

第四章 油井分类及流入动态方程

本章主要介绍了水驱油田油井分类新方法及调控对策和油井流入动态方程理论基础及其最小流动压力的确定。其中,油井分类是油水井动态分析的基础研究内容之一[1,2],如何有效地利用某种油井分类方法,既能直观反映每口井调整效果变化过程和定量反映油井产液、产油偏离程度,又能迅速地区分油井生产特征和及时确定出油田的主要调控对策,一直困扰着油田动态分析和油藏开发研究者[3-5]。而流入动态方程是指在一定的地层压力条件下,油井产量与井底流动压力之间的关系,它不仅是分析、预测油井生产动态的基础,也是确定油井合理工作制度的依据,如放大压差、气举和下电动潜油泵及抽油机调参等。

第一节 水驱油田油井分类新方法及调控对策

长期以来,在油田开发动态分析中,油井分类常按单一因素进行分类,主要形成了油井产能分类法、含水分类法、见效特征分类法、见水性质与特征分类法以及经典老井产量变化表格分类法等[6-14]。这些分类法最突出的特点是对设置条件两个时间点数据进行差值对比,不能连续性地展现油井动态变化过程,尤其在油田注水开发中后期,随着含水率和压力双重因素的影响,若油井分类工作仍延续按单因素进行划分,会使后续调整措施的制订还需对多种方法进行综合考虑,导致动态分析研究工作常陷入非常繁琐的各种生产数据厘清之中。为此,本节以油田单井平均值为参考值,引入灰色理论中累加生成可以将生产数据中蕴含的积分特性或规律性清晰地呈现出来[15,16],以及结合注水开发油田水驱前缘越均匀,层间、井间开采差异小,水驱采收率越高的特点[17],提出了新的油井分类方法。

一、传统方法梳理

目前,在油水井动态分析中,已形成5种油井分类划分方法,即产能分类法、含水分类法、注水见效分类法、见水分类法及老井表格分类法等,其具体方法如下。

1. 产能分类法

按产油量大小将油井划分为高产井、常规井和低产井,是动态分析中比较常见的一种分类方法[1],该分类方法主要是监控某一时间点高产井和低产井的井数及产量在整个油田所占比例,如果高产井井数少,而产量所占比重较大,这就提醒油藏管理者加强高产井的维护和增加其他类型井产量的比重,防止油田产量出现大的递减。

2. 含水分类法

含水分类一般按含水率级别将油井划分为未含水井($f_w \leq 2\%$),低含水井($2\% < f_w \leq 20\%$),中含水井($20\% < f_w \leq 60\%$),高含水井($60\% < f_w \leq 90\%$),特高含水井($f_w > 90\%$)。这类分类方法主要分析某个时间点大部分油井所处含水级别和监控特高含水期油井井数及产量比重,若特高含水期油井井数比例高,产量比重小,油田需进行增油控水调整[7,8]。

3. 注水见效分类法

文献[17]依据油田注水后油井生产变化特征将油井划分为5种,即(1)过猛型:注水后,油井在过短的时间内,压力、产量猛升,这种井往往是裂缝水串或注入水沿很窄的高渗透条带串流的表现;(2)明显型:注水后油井在不长的时间内,压力、产量明显上升;(3)平稳型:注水后油井在不长的时间内,油井的压力、产量由下降转为稳定;(4)微弱型:注水后经过较长的时间,油井的压力、产量下降速度减缓;(5)无效型:注水后相当长的时间内,油井的压力、产量继续下降。该分类法在注水开发初期能够定性反映出注水开发部署方案是否合理,注采井网是否适应于油田地下油层分布情况。在此基础上,结合见效层数和见效方向数,对见效井分类进行进一步细化,划分为9类,如单层单向型、双层单向型等,这类划分方法主要应用于中低含水期开发阶段的注水效果评价,以期寻找油田注水调整方向(表4-1)。

表4-1 油井见效细化分类名称

分项	单向	双向	多向
单层	+	+	+
双层	+	+	+
多层	+	+	+

4. 见水分类法

油井见水分类法也有两种划分方法[10-13],一个是在油田开发初期按见水性质划分为见注入水井和见地层水(边底水),另一个是随着开采程度的加深,油层见注入水层数及方向增多,划分方法也更加细化,其分类与油井见效细化分类方法相同,也是评价注水油田水驱效果,为注水调整提供方向。

5. 老井表格分类法

这类分类方法先是按产液量变化对油井进行三分类(液量上升、液量稳定、液量下降),然后在每类中再按油量变化划分为3类(油量上升、油量稳定、油量下降),这种方法主要是对不同的两个时间节点产状进行对比,来评价含水与压力对油井产量的影响(表4-2)。

表4-2 国内油田某区块2010年与2011年老井产状对比

分类		井数(口)	2010年12月			2011年8月			差值		
			产液(m^3/d)	产油(t/d)	含水(%)	产液(m^3/d)	产油(t/d)	含水(%)	产液(m^3/d)	产油(t/d)	含水(%)
液量上升	油量上升	260	832	651	8	1205	932	9	372	281	1
	油量稳定	12	59	20	59	72	21	66	13	0	7
	油量下降	18	69	43	26	101	20	76	32	-23	50
	小计	290	960	714	12	1377	972	17	417	258	4

续表

分类		井数（口）	2010年12月			2011年8月			差值		
			产液（m³/d）	产油（t/d）	含水（%）	产液（m³/d）	产油（t/d）	含水（%）	产液（m³/d）	产油（t/d）	含水（%）
液量稳定	油量上升	8	29	18	29	31	23	12	1	5	-17
	油量稳定	130	327	249	10	325	249	10	-1	0	0
	油量下降	15	53	39	13	52	33	26	-1	-7	13
	小计	153	409	306	12	408	304	12	-1	-1	0
液量下降	油量上升	11	55	20	58	46	27	31	-9	7	-27
	油量稳定	11	31	13	51	25	12	41	-6	-1	-10
	油量下降	243	1024	790	9	739	569	9	-286	-221	0
	小计	265	1110	822	13	809	608	11	-301	-214	-1
油量上升		279	917	688	11	1281	981	10	364	293	-2
油量稳定		153	416	282	20	422	282	21	5	0	1
油量下降		276	1147	872	10	892	622	18	-255	-250	7
合计		708	2480	1842	12	2595	1885	14	115	43	2

以上油井分类方法基本上是对某一时间点或两个时间节点油井产状进行分析，不能反映油井连续时间段内产状的变化过程，基本上属于单因素划分方法。

二、油井分类划分新方法

1. 均质性油田油井分类——累计偏差系数法

依据均质性油田油井间开采差异越小，水驱开发效果越好的特点[17]，简单地利用单井生产数据与油田平均数据进行差值分析，就能反映出单井生产状况相比油田油井平均生产状况是变差还是变好。若再考虑到油井生产时间的连续性和油井见水后产液量主要由油和水组成，即可以利用产油量累计偏差和产水量累计偏差双重因素进行油井分类与评价，也可以利用产液量累计偏差和含水率累计偏差双重因素进行油井分类与评价[15,16]。具体为：设油井 n 口，连续对比 m 月（一般取12个月），那么，单井产油量与产水量累计偏离油井平均值分别为：

$$F_{o(i,k)} = \sum_{j=1}^{k} \left(\frac{q_{o(i,j)}}{q_{o(j)}} - 1 \right) \quad (k = 1,2,3,\cdots,m) \tag{4-1}$$

$$F_{w(i,k)} = \sum_{j=1}^{k} \left(\frac{q_{w(i,j)}}{q_{w(j)}} - 1 \right) \quad (k = 1,2,3,\cdots,m) \tag{4-2}$$

式中　m——油井连续对比时间（一般取12个月），mon；
　　　i——油井序列号（$i = 1,2,3,\cdots,n$）；

n ——油井开井数,口;

k ——累计时间变量($k = 1,2,3,\cdots,m$),mon;

j ——油井生产时间($j = 1,2,3,\cdots,k$),mon;

$q_{o(i,j)}$ ——第i口井第j月日产油量,t/d;

$q_{w(i,j)}$ ——第i口井第j月日产油量,m³/d;

$\bar{q}_{o(j)}$ ——第j月油田平均单井日产油量,$\bar{q}_{o(j)} = \dfrac{1}{n}\sum\limits_{i=1}^{n} q_{o(i,j)}$,t/d;

$\bar{q}_{w(j)}$ ——第j月油田平均单井日产水量,$\bar{q}_{w(j)} = \dfrac{1}{n}\sum\limits_{i=1}^{n} q_{w(i,j)}$,m³/d;

$F_{o(i,k)}$ ——第i口井k个月产油累计偏差(或非均质)系数;

$F_{w(i,k)}$ ——第i口井k个月产水累计偏差(或非均质)系数。

若利用产液量和含水率进行分类,则单井产液量与含水率累计偏离油井平均值分别为:

$$F_{l(i,k)} = \sum_{j=1}^{k}\left(\dfrac{q_{l(i,j)}}{\bar{q}_{l(j)}} - 1\right) \quad (k = 1,2,3,\cdots,m) \tag{4-3}$$

$$F_{f(i,k)} = \sum_{j=1}^{k}\left(\dfrac{f_{w(i,j)}}{\bar{f}_{w(j)}} - 1\right) \quad (k = 1,2,3,\cdots,m) \tag{4-4}$$

式中 $f_{w(i,j)}$ ——第i口井第j月含水率;

$\bar{f}_{w(j)}$ ——第j月油田平均单井含水率,$\bar{f}_{w(j)} = \dfrac{1}{n}\sum\limits_{i=1}^{n} f_{w(i,j)}$;

$q_{l(i,j)}$ ——第i口井第j月日产液量,m³/d;

$\bar{q}_{l(j)}$ ——第j月油田平均单井日产液量,$\bar{q}_{l(j)} = \dfrac{1}{n}\sum\limits_{i=1}^{n} q_{l(i,j)}$,m³/d;

$F_{l(i,k)}$ ——第i口井k个月产液累计偏差(或非均质)系数;

$F_{f(i,k)}$ ——第i口井k个月含水率累计偏差(或非均质)系数。

选用上述任意一组方法,可计算出每口油井连续m组坐标[$F_{o(i,k)}$,$F_{w(i,k)}$],将这些坐标标在直角坐标系中,可得到每口井偏离油田平均值的连续曲线,能够反映出单井生产状况偏离油田平均值的过程,克服了以往油井分类方法要么因素单一,要么无单井连续变化过程的缺陷。在4个象限中,各象限分别对应着不同的油井类别,第Ⅰ象限为高产油高产水井(或高产液高含水井),这类井产油量、产水量(或产液量、含水率)均高于油田平均值;第Ⅱ象限为低产油高产水井(或低产液高含水井),这类井产油量(或产液量)低于油田平均值,而产水量(或含水率)高于油田平均值;第Ⅲ象限为低产油低产水井(或低产液低含水井),这类井产油量、产水量(或产液量、含水率)均低于油田平均值;第Ⅳ象限为高产油低产水井(或高产液低含水井),这类井产油量(或产液量)高于油田平均值,而产水量(或含水率)低于油田平均值(图4-1)。

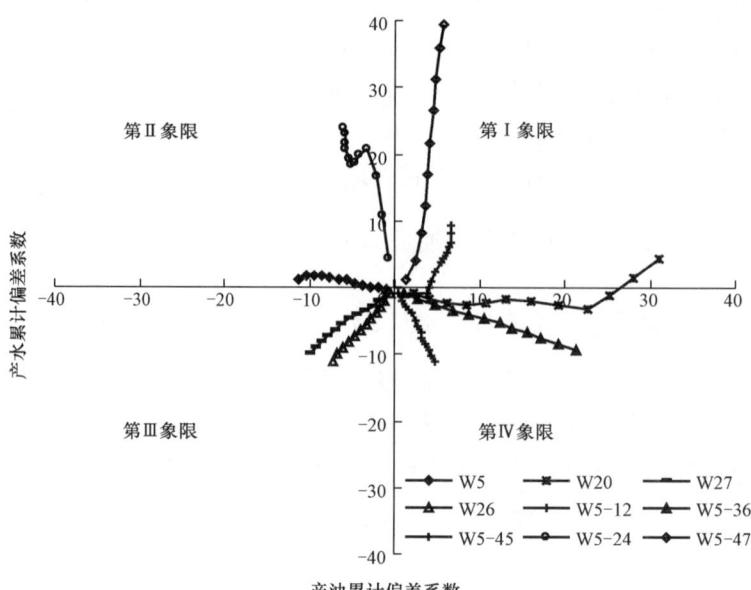

图 4-1 温五区块井网调整前典型井累计偏差系数变化曲线

2. 非均质性油田油井分类——累计非均质系数法

然而,国内大部分油田非均质性比较强[17],油井间地层系数差异较大,产能差异也大。为了防止物性较差部位的油井,分类后过度划归到低产液低含水类型,不能真实反映油井水驱状况,需在累计偏差系数基础上进行地层系数校正,具体为:

$$F_{o(i,k)} = \sum_{j=1}^{k} \left(\frac{q_{o(i,j)} \overline{K}\overline{h}_{(j)}}{q_{o(j)} Kh_{(i,j)}} - 1 \right) \ (k = 1,2,3,\cdots,m) \tag{4-5}$$

$$F_{w(i,k)} = \sum_{j=1}^{k} \left(\frac{q_{w(i,j)} \overline{K}\overline{h}_{(j)}}{q_{w(j)} Kh_{(i,j)}} - 1 \right) \ (k = 1,2,3,\cdots,m) \tag{4-6}$$

式中　$Kh_{(i,j)}$——第 i 口井第 j 月射孔层地层系数,mD·m;

$\overline{K}\overline{h}_{(j)}$——油田第 j 月平均单井射孔层地层系数,$\overline{K}\overline{h}_{(j)} = \frac{1}{n}\sum_{i=1}^{n} Kh_{(i,j)}$,mD·m。

式(4-5)和式(4-6)即为累计非均质系数法,其最大的特点是尽可能反映不同物性下油井的水驱状况,防止了将产能较低、但水驱状况比较完善的井划归到低产油类型中。

3. 新的油井分类方法可延伸到配产和老井产量的跟踪评价

在这些新的油井分类方法中,若对比指标为油井单井配产指标,油井可划分为超产高含水井、欠产高含水井、欠产低含水井、超产低含水井,这样可进行油井配产实施效果跟踪评价和及时调整,确保配产配注方案实施效果,具体计算方法如下:

$$F_{o(i,k)} = \sum_{j=1}^{k} \left(\frac{q_{o(i,j)}}{q'_{o(i,j)}} - 1 \right) \ (k = 1,2,3,\cdots,m) \tag{4-7}$$

$$F_{\mathrm{f}(i,k)} = \sum_{j=1}^{k}\left(\frac{f_{\mathrm{w}(i,j)}}{f'_{\mathrm{w}(i,j)}} - 1\right) \quad (k = 1,2,3,\cdots,m) \qquad (4-8)$$

式中　$f'_{\mathrm{w}(i,j)}$——第 i 口井第 j 月单井配产含水率；

　　　$q'_{\mathrm{o}(i,j)}$——第 i 口井第 j 月单井配产产油量，t/d。

若以上年年底油井产量作为对比指标，可将油井划分为产量递减慢高含水井、产量递减快高含水井、产量递减快低含水井、产量递减慢低含水井 4 类老井生产类型，具体为：

$$F_{\mathrm{o}(i,k)} = \sum_{j=1}^{k}\left(\frac{q_{\mathrm{o}(i,j)}}{q'_{\mathrm{o-1},i}} - 1\right) \quad (k = 1,2,3,\cdots,m) \qquad (4-9)$$

$$F_{\mathrm{f}(i,k)} = \sum_{j=1}^{k}\left(\frac{f_{\mathrm{w}(i,j)}}{f'_{\mathrm{w-1},i}} - 1\right) \quad (k = 1,2,3,\cdots,m) \qquad (4-10)$$

式中　$f'_{\mathrm{w-1},i}$——第 i 口井上年年末单井含水率；

　　　$q'_{\mathrm{o-1},i}$——第 i 口井上年年末单井产油量，t/d。

三、油井分类调控对策

依据 4 类井的生产特征相比油田平均值存在的差异，可针对性地制订相应调控对策和调整措施。

1. 高产油高产水井

这类井由于产油量、产水量均高于油田平均值，其对应调控对策明显地为稳油控水，采取的常用措施主要有采油井堵水、注水井分注调控以及化学调剖等，来降低油井产水量。

2. 低产油高产水井

这类井由于产油量低于油田平均值，而产水量高于油田平均值，其对应调控对策为增油控水，采取的常用措施主要有层系调整、改变液流方向以及深部调驱扩大注水波及体积等。

3. 低产油低产水井

这类井由于产油量、产水量均低于油田平均值，其对应调控对策为增油稳水，采取的常用措施主要有储层（压裂酸化）改造、深穿孔补层、提高注采强度（放大生产压差或增注）和井网加密综合调整等。

4. 高产油低产水井

这类井由于产油量高于油田平均值，而产水量低于油田平均值，其对应调控对策为维持现状，即油井维持正常生产，油田不做大的调整。

显然，从油田整体角度分析，哪种类型井所占油井比例高，其油田调整政策则以哪类井调控对策为主。总之，通过调整政策的逐年实施，单井生产动态与油田平均值差异逐步减小，有利于实现均衡开采和获得最大采收率。

四、实例应用分析

玉果油田位于玉果构造南翼，含油面积较小，不同断块存在独立的油水界面，主力油层为侏罗系中统三间房组，油层厚度由南向北逐渐减薄、尖灭，物性受岩性控制，南好北差，油层非均质性较强。油田平均孔隙度为15.7%,平均渗透率为20.8mD,属中孔低渗透油藏,于2012年进入全面注水开发阶段。采用累计非均质系数法对2015年玉果油田三间房组油藏33口油井进行了分类(表4-3、图4-2),其中,高产油低产水井占油井总井数的42.4%,主要分布在各区块北部,距砂体边部较近,水驱井网相对完善或是投产时间较晚,油井基本不含水;低产油低产水井占油井总井数的33.3%,主要分布在果7、果8区块断层附近,由于断层封闭,造成注采井网不完善,油井地层压力较低,产油量低;低产油高产水井6口,占油井总井数的18.2%,主要分布在果4、果7和果9区块靠近油水边界处,这类井受西南方向物性较好区域边底水水驱影响较大,油井产液能力较强,但含水上升快;高产油高产水井较少,仅2口,分布在果9区块物性较差的西北角,由于底水突进,加上果9-21井和果9-33井注水受效,油井产能相比同等物性的油井,产能较高。总之,油井分类特点表明玉果油田处于边滚动、边建产、边调整期,区块、井间开采差异大,属断层和边底水影响较大的复杂断块油气田。

表4-3 玉果油田三间房油藏油井分类结果

油井分类	高产油高产水	低产油高产水	低产油低产水	高产油低产水
井数(口)	2	6	11	14
占总井数百分比	6.1	18.2	33.3	42.4

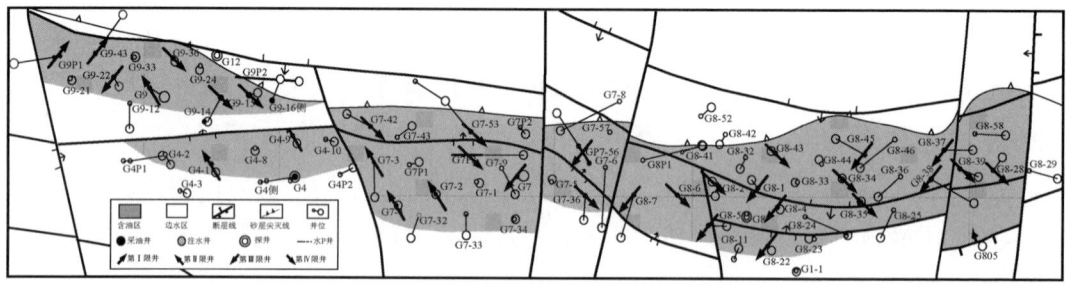

图4-2 玉果油田三间房油藏分类油井分布

从4个分区块情况分析,果4区块发现时间较早,于2006年正式投入开发,由于含油面积很小,构造陡,边底水能量强,油藏中下部油层已水淹,上部油层厚度薄且物性差,油井已进入低产油高含水阶段,下步应充分利用注采井网相对完善和边底水能量较强等有利条件,对区块注水井实施精细分层注水,加强上部油层注水,控制下部油层注水,减少生产井因主力层高含水而产生的层间干扰,进而达到增油控水的目的。果7块注水开发时间较晚,目前还没有高产油高产水井,只是西南角3口井(果7-2井、果7-3井和果7-4井)因边底水侵入影响,油层过早见水;2015年年初,通过对果7平3井、果7-36井、果7-42井和果7-53井周围对应注水井(果7-1井、果7-5井、果7-42井和果7平2井)采取增注措施(酸化、提高注入压力或冲检),油井见到明显的措施调整效果,产量上升明显(图4-3),下步该区块重点加强注水井果7平1井、果7-34井的增注和果平7-56井注采井网完善工作,同时开展西南角3口高含水井的控水综合治理[18]。

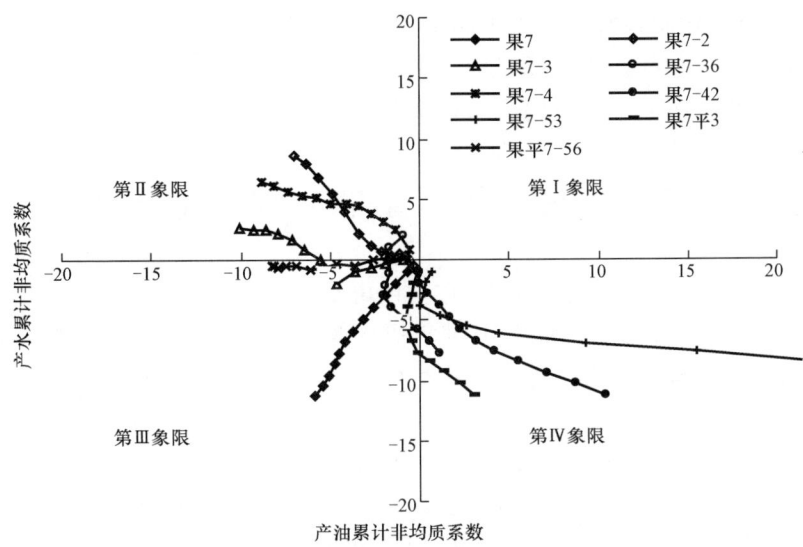

图 4-3　玉果油田果 7 区块 2015 年油井分类

果 8 区块是玉果油田主力区块,目前处于滚动扩边建产和内部井网完善阶段,高产井主要为注采井网完善区油井和新近投产井,而低产井主要分布在断层附近、注采井网不完善区域,下步应进一步加快低产井区注采井网调整工作,适当增加注水井点,从而达到增油稳水的目的。

果 9 区块距沉积物源较近,储层非均质性强,加上油井离边底水较近,容易水锥、水淹,目前果 9 井下油层已水淹,果 9 平 1 井和果 9-43 井为底水锥进,下步应进行卡封水措施;低产井果 9-22 井目前为单层生产(下层见边水已封),应加强对应注水井果 9-33 井增注工作,促使油井见效。当然,也要加强日常油井管理工作,例如 9-36 井,2015 年年初通过检泵,油井产量明显回升(图 4-4)。因此,果 9 区块今后一个时期工作重点是减缓边水的侵入和底水的锥进,防止油井过快见水而影响产能。

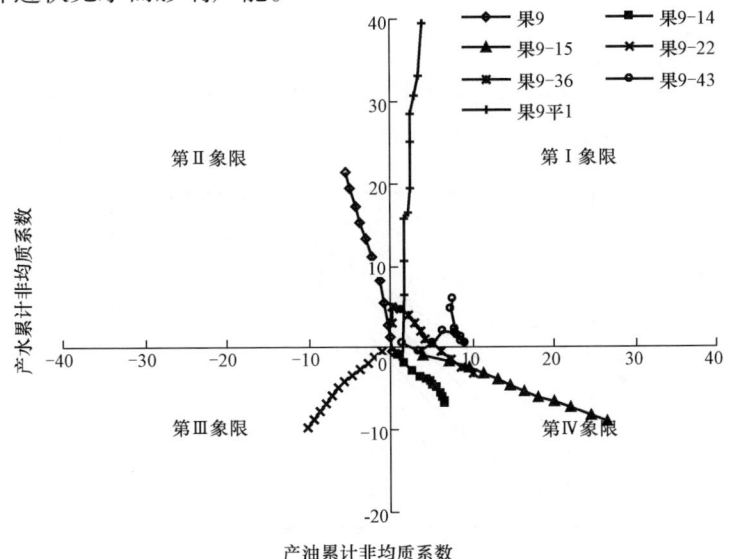

图 4-4　玉果油田果 9 区块 2015 年油井分类

总之,通过累计非均质系数法对玉果油田三间房组油藏的油井进行分类,可以有效反映出大部分油井的生产特征和存在的问题,易于形成油藏主要调整对策[19]。具体到单井,可根据非均质系数变化曲线及所处象限位置和注采状况进行相应治理。

第二节 油井流入动态方程理论基础

目前,从流入动态方程使用范围来讲,它不仅可适用于溶解气驱油藏(或饱和油藏)的油井,而且也适用于地层压力高于饱和压力、流动压力低于饱和压力的水驱或弹性驱未饱和油藏的油井。正是由于油井流入动态方程具有这些特性,因而,在国内外油田开发中得到了较为广泛的重视与应用。

国内外学者先后对流入动态方程理论基础进行了多方面的研究,其中最为典型的是 Fetkovich 提出的在 p_r 小于 p_b 时,$K_{ro}/B_o\mu_o$ 与压力之间的函数关系式近似为直线关系式后(见图4-5中的直线1),可以直接推导出 Vogel 方程的推广式[20]。

$$\frac{q_o}{q_{tm}} = 1 - V\left(\frac{p_{wf}}{p_r}\right) - (1-V)\left(\frac{p_{wf}}{p_r}\right)^2 \qquad (4-11)$$

式中 K_{ro}——油相相对渗透率;
p_r——地层压力,MPa;
p_{wf}——流动压力,MPa;
q_o——流动压力下产油量,10^4t/a 或 t/d;
q_{tm}——最大无阻产油量,10^4t/a 或 t/d;
B_o——压力为 p 时原油体积系数,m^3/m^3;
μ_o——压力为 p 时原油黏度,mPa·s;
V——待定沃格尔系数。

但是,实际油田在 p_r 小于 p_b 时,$K_{ro}/B_o\mu_o$ 与压力之间的函数关系往往并非近似为直线,而是一条或凸或凹的曲线(见图4-5中的曲线2和曲线3)。这表明式(4-11)还不是一般意义上的油井流入动态方程。为此,文献[21]通过进一步研究,建立了更具理论性和普遍适用性的油井流入动态方程。

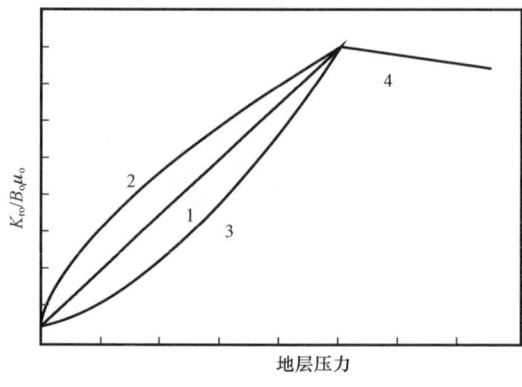

图4-5 地层压力与 $K_{ro}/B_o\mu_o$ 关系曲线

一、Klins – Majcher 方程

1. 饱和油藏油井流入动态方程的理论基础

当油藏压力低于饱和压力时,油藏孔隙中存在油、气、水三相。其中油气两相参与流动,而水相以束缚水的形式存在。那么,在拟稳态条件下油相产量的一般式为[20]:

$$q_\text{o} = \frac{2\pi Kh}{\ln(r_\text{e}/r_\text{w}) - 0.75} \int_{p_\text{wf}}^{p_\text{r}} K_\text{ro}/B_\text{o}\mu_\text{o} \mathrm{d}p \qquad (4-12)$$

式中　h——油层厚度,m;
　　　K——油层有效渗透率,D 或 mD;
　　　p——压力,MPa;
　　　r_w——井筒半径,m;
　　　r_e——泄油半径,m。

设 $K_\text{ro}/B_\text{o}\mu_\text{o}$ 与压力之间的函数关系为:

$$K_\text{ro}/B_\text{o}\mu_\text{o} = f(p) = a_1 + b_1 p^m \qquad (4-13)$$

式中　m——压力指数。

将式(4-13)代入式(4-12),得:

$$q_\text{o} = \frac{2\pi Kh}{\ln(r_\text{e}/r_\text{w}) - 0.75}\left[a_1(p_\text{r} - p_\text{wf}) + \frac{b_1}{m+1}(p_\text{r}^{m+1} - p_\text{wf}^{m+1})\right] \qquad (4-14)$$

由上式可知,当 $p_\text{wf} = 0$ 时,油井最大无阻产油量为:

$$q_\text{tm} = \frac{2\pi Kh}{\ln(r_\text{e}/r_\text{w}) - 0.75}\left(a_1 p_\text{r} + \frac{b_1}{m+1} p_\text{r}^{m+1}\right) \qquad (4-15)$$

将式(4-14)除以式(4-15),并令 $V_1 = \left[1 + \frac{b_1}{a_1(m+1)} p_\text{r}^m\right]^{-1}$,$n = m + 1$,则有:

$$\frac{q_\text{o}}{q_\text{tm}} = 1 - V_1\left(\frac{p_\text{wf}}{p_\text{r}}\right) - (1 - V_1)\left(\frac{p_\text{wf}}{p_\text{r}}\right)^n \qquad (4-16)$$

显然,(1) 当 $V_1 = 0.2$,$n = 2$ 时,上式即为经典的 Vogel 方程;

(2) 当 $V_1 = 0$,$n = 2$ 时,上式即为 Fetkovich 方程;

(3) 当 $n = 2$ 时,上式即为推广的 Vogel 方程;

(4) 当 $V_1 = 0.295$,上式即为文献[20]的 Vogel 方程。

因此,式(4-16)包含了已有的经典油井流入动态方程的特性。同时,V_1 值与地层压力的关系可以明显反映出,对于均质地层,随地层压力的下降,饱和油藏油井流入动态方程中的 V_1 值将进一步增大(图4-6)。

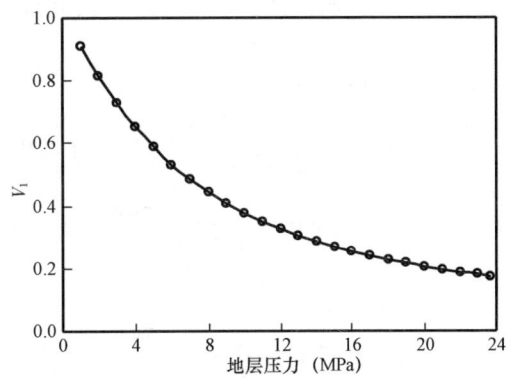

图4-6　丘陵油田地层压力与 V_1 值关系曲线

2. 未饱和油藏油井流入动态方程

1) 流动压力高于饱和压力

当油藏压力、流动压力高于饱和压力,水相以束缚水的形式存在时,油层只存在原油单向流动。一般在此条件下,$K_{ro}/B_o\mu_o$ 与压力之间的函数关系为:

$$K_{ro}/B_o\mu_o = f(p) = a_2 + b_2 p \tag{4-17}$$

那么,油相产量为:

$$q_o = \frac{2\pi Kh}{\ln(r_e/r_w) - 0.75} \int_{p_{wf}}^{p_r} (a_2 + b_2 p) \mathrm{d}p$$

$$= \frac{2\pi Kh}{\ln(r_e/r_w) - 0.75} [a_2(p_r - p_{wf}) + 0.5 b_2(p_r^2 - p_{wf}^2)] \tag{4-18}$$

式(4-18)与达西公式相比,多了 $(p_r^2 - p_{wf}^2)$ 一项。究其原因是:符合达西公式的流体为牛顿流体,而实际流体是可压缩的、黏度也并非为一常数。但由于 b_2 值很小,因此在实际油田运用中常常将上述产量方程近似简化为达西公式:

$$q_o \approx J_o(p_r - p_{wf}) \tag{4-19}$$

式中 J_o——采油指数,$J_o = \dfrac{2\pi Kha_2}{\ln(r_e/r_w) - 0.75}$,t/(MPa·d)。

对式(4-18)两边同除以 q_s,$= \dfrac{2\pi Kh(a_2 p_r + 0.5 b_2 p_r^2)}{\ln(r_e/r_w) - 0.75}$,并令 $V_2 = \left(1 + \dfrac{b_2}{2a_2} p_r\right)^{-1}$,得:

$$\frac{q_o}{q_s} = 1 - V_2 \left(\frac{p_{wf}}{p_r}\right) - (1 - V_2)\left(\frac{p_{wf}}{p_r}\right)^2 \tag{4-20}$$

2) 流动压力低于饱和压力

当油藏压力高于饱和压力,流动压力低于饱和压力时,油井附近存在油、气、水三相。其中油、气两相参与流动,而水相以束缚水的形式存在。并设 $K_{ro}/B_o\mu_o$ 与压力之间的函数关系为:

$$K_{ro}/B_o\mu_o = f(p) = \begin{cases} a_1 + b_1 p^m & (p \leq p_b) \\ a_2 + b_2 p & (p > p_b) \end{cases} \tag{4-21}$$

式中 p_b——饱和压力(泡点压力),MPa。

令 $q_c = \dfrac{2\pi Kh}{\ln(r_e/r_w) - 0.75}[a_2(p_r - p_b) - 0.5 b_2(p_r^2 - p_b^2)]$,那么,在此情况下油相产量为:

$$q_o = \frac{2\pi Kh}{\ln(r_e/r_w) - 0.75}\left[\int_{p_b}^{p_r}(a_2 + b_2 p)\mathrm{d}p + \int_{p_{wf}}^{p_b}(a_1 + b_1 p^m)\mathrm{d}p\right]$$

$$= q_c + \frac{2\pi Kh}{\ln(r_e/r_w) - 0.75}\left[a_1(p_b - p_{wf}) + \frac{b_1}{m+1}(p_b^{m+1} - p_{wf}^{m+1})\right] \tag{4-22}$$

即

$$q_o - q_c = \frac{2\pi Kh}{\ln(r_e/r_w) - 0.75}\left[a_1(p_b - p_{wf}) + \frac{b_1}{m+1}(p_b^{m+1} - p_{wf}^{m+1})\right] \tag{4-23}$$

取 $p_{wf} = 0$,代入式(4-23),得:

$$q_{tm} - q_c = \frac{2\pi Kh}{\ln(r_e/r_w) - 0.75}\left(a_1 p_b + \frac{b_1}{m+1} p_b^{m+1}\right) \quad (4-24)$$

将式(4-23)除以式(4-24)，并令 $V_3 = \left[1 + \dfrac{b_1}{a_1(m+1)} p_b^m\right]^{-1}$，$n = m+1$。则有：

$$\frac{q_o - q_c}{q_{tm} - q_c} = 1 - V_3\left(\frac{p_{wf}}{p_b}\right) - (1 - V_3)\left(\frac{p_{wf}}{p_b}\right)^n \quad (4-25)$$

若把 $p_{wf} > p_b$ 情况下的产量近似处理为达西公式，则式(4-25)可改写为：

$$\frac{q_o - q_b}{q_{tm} - q_b} = 1 - V_3\left(\frac{p_{wf}}{p_b}\right) - (1 - V_3)\left(\frac{p_{wf}}{p_b}\right)^n \quad (4-26)$$

其中 $q_b = J_o(p_r - p_b)$。

显然，如果 $n = 2$，那么式(4-26)即可转化为文献[22]中提出的 $p_r > p_b$ 时的油井流入动态方程：

$$\frac{q_o - q_b}{q_{tm} - q_b} = 1 - V_3\left(\frac{p_{wf}}{p_b}\right) - (1 - V_3)\left(\frac{p_{wf}}{p_b}\right)^2 \quad (4-27)$$

3）Klins – Majcher 油井流入动态方程通式

将上述导出的饱和油藏和未饱和油藏油井不同流压范围下的流入动态方程，即式(4-16)、式(4-20)和式(4-25)，写成通式，即为：

$$\frac{q_o - q_c}{q_{tm} - q_c} = 1 - V\left(\frac{p_{wf}}{p}\right) - (1 - V)\left(\frac{p_{wf}}{p}\right)^n \quad (4-28)$$

其中　当 $p_b \geq p_r > p_{wf}$ 时，$q_c = 0$，$p = p_r$；
当 $p_r > p_{wf} \geq p_b$ 时，$q_c = 0$，$n = 2$，$p = p_r$；
当 $p_r > p_b > p_{wf}$ 时，$q_c = q_b$，$p = p_b$。

4）实例应用及分析

丘陵油田 L2 井、L3 井、L5 井、L24 井分别做了原油 PVT 和相对渗透率分析。通过对其实验数据进行分析，发现其 $K_{ro}/B_o\mu_o$ 与压力的关系式符合式(4-21)，结果见表4-4。从计算的结果分析，在流压小于饱和压力、地层压力大于饱和压力的前提下，丘陵油田 J_2s 组的 n 值要小于 J_2x 组，V 值要大于 J_2x 组。分析其原因，主要是在原油物性基本相近的条件下，J_2x 组的地层压力、饱和压力要高于 J_2s 组。另外，通过对丘陵油田陵5井的实际试采资料应用(图4-7)，其产量与流动压力的关系式也符合式(4-28)，只是 V 值、n 值与实验分析得到的数值相差较大。究其原因，主要是射开油层层数多，储层层间、层内非均质性强以及存在启动压力等因素所造成的。

表4-4　丘陵油田4口井特征参数数据

井号	油层组	p_r	p_b	$p > p_b$		
				b_2	a_2	相关系数
L2 井	J_2s	26.08	24.81	-0.0097	2.2789	0.9389
L5 井	J_2s	27.03	22.17	-0.0156	2.2431	0.9947

续表

井号	油层组	p_r	p_b	$p > p_b$		
				b_2	a_2	相关系数
L3 井	J_2s	24.62	22.55	−0.0150	2.4076	0.9993
L24 井	J_2x	27.84	23.70	−0.0143	2.3881	0.9997

井号	$p \leqslant p_b$					
	m	b_1	a_1	相关系数	V	n
L2 井	1.2560	0.0329	0.1327	0.9990	0.1387	2.2560
L5 井	1.2050	0.0411	0.1375	0.9996	0.1499	2.2050
L3 井	1.2226	0.0394	0.2511	0.9996	0.2388	2.2226
L24 井	1.9121	0.0041	0.2589	0.9995	0.2996	2.9121

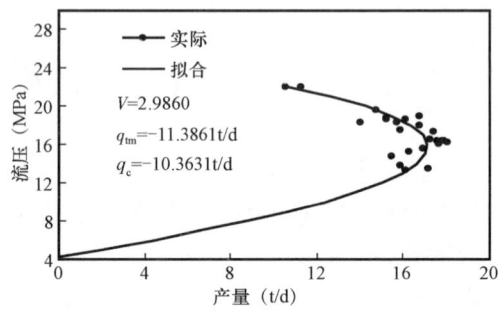

图 4-7　丘陵油田陵 5 井流入动态曲线

二、Vogel 方程

设饱和油藏 $K_{ro}/B_o\mu_o$ 与压力之间的函数关系为[23]：

$$K_{ro}/B_o\mu_o = f(p) = a_1 + b_1 p \quad (4-29)$$

同理可得下列方程。

(1) Vogel 饱和油藏油井流入动态方程：

$$\frac{q_o}{q_{tm}} = 1 - V_1\left(\frac{p_{wf}}{p_r}\right) - (1 - V_1)\left(\frac{p_{wf}}{p_r}\right)^2 \quad (4-30)$$

式中　$V_1 = \left(1 + \dfrac{b_1}{2a_1}p_r^m\right)^{-1}$。

(2) 未饱和油藏流动压力高于饱和压力时油井流入动态方程见式(4-20)。

(3) 未饱和油藏流动压力低于饱和压力时油井流入动态方程：

$$\frac{q_o - q_b}{q_{tm} - q_b} = 1 - V_3\left(\frac{p_{wf}}{p_b}\right) - (1 - V_3)\left(\frac{p_{wf}}{p_b}\right)^2 \quad (4-31)$$

式中　$V_3 = \left(1 + \dfrac{b_1}{2a_1}p_b\right)^{-1}$。

(4) Vogel 油井流入动态方程通式：

$$\frac{q_o - q_c}{q_{tm} - q_c} = 1 - V\left(\frac{p_{wf}}{p}\right) - (1-V)\left(\frac{p_{wf}}{p}\right)^2 \tag{4-32}$$

式中 $q_{tm} = \dfrac{2\pi Kh}{\ln(r_e/r_w) - 0.75}(a_1 p_b + 0.5 b_1 p_b^2) + q_c$。

其中，当 $p_b \geqslant p_r > p_{wf}$ 时，$q_c = 0$，$p = p_r$；当 $p_r > p_{wf} \geqslant p_b$ 时，$q_c = 0$，$n = 2$，$p = p_r$；当 $p_r > p_b > p_{wf}$ 时，$q_c = q_b$，$p = p_b$。

三、Fetkovich 方程

设饱和油藏 $K_{ro}/B_o\mu_o$ 与压力之间的函数关系为：

$$K_{ro}/B_o\mu_o = f(p) = b_1 p \tag{4-33}$$

同理，先可得 Fetkovich 饱和油藏油井流入动态方程[24]：

$$\frac{q_o}{q_{tm}} = 1 - \left(\frac{p_{wf}}{p_r}\right)^2 \tag{4-34}$$

式中 $q_{tm} = \dfrac{\pi Kh b_1}{\ln(r_e/r_w) - 0.75} p_r^2$。

再考虑到非达西流（紊流）的可能性，在方程中引入流态指数 n 得到：

$$\frac{q_o}{q_{tm}} = \left[1 - \left(\frac{p_{wf}}{p_r}\right)^2\right]^n \tag{4-35}$$

式中 n 值在 $1\sim 0.5$ 之间变化，完全层流时为 1，高度紊流时为 0.5。

四、Bendakhlia – Aziz 方程

Bendakhlia 和 Aziz 将前面提到的 Vogel 方程和 Fetkovich 方程合并得到如下 Bendakhlia – Aziz 流入动态方程[25]：

$$\frac{q_o}{q_{tm}} = \left[1 - V\left(\frac{p_{wf}}{p_r}\right) - (1-V)\left(\frac{p_{wf}}{p_r}\right)^2\right]^n \tag{4-36}$$

五、Winggins – Russell – Jennings 方程

设饱和油藏 $K_{ro}/B_o\mu_o$ 与压力之间的函数关系为：

$$K_{ro}/B_o\mu_o = a_0 + a_1 p + a_2 p^2 + a_3 p^3 \tag{4-37}$$

同理，可得 Winggins – Russell – Jennings 流入动态方程[26]：

$$\frac{q_o}{q_{tm}} = 1 - V_1\left(\frac{p_{wf}}{p_r}\right) - V_2\left(\frac{p_{wf}}{p_r}\right)^2 - V_3\left(\frac{p_{wf}}{p_r}\right)^3 - V_4\left(\frac{p_{wf}}{p_r}\right)^4 \tag{4-38}$$

其中，$q_{tm} = \dfrac{2\pi Kh}{\ln(r_e/r_w) - 0.75}(a_0 p_r + a_1 p_r^2/2 + a_2 p_r^3/3 + a_3 p_r^4/4)$

$V_1 = a_0/(a_0 + a_1 p_r/2 + a_2 p_r^2/3 + a_3 p_r^3/4)$

$$V_2 = a_1 p_r / (2a_0 + a_1 p_r + 2a_2 p_r^2/3 + a_3 p_r^3/2)$$

$$V_3 = a_2 p_r^2 / (3a_0 + 3a_1 p_r/2 + a_2 p_r^2 + 3a_3 p_r^3/4)$$

$$V_4 = a_3 p_r^3 / (4a_0 + 2a_1 p_r + 4a_2 p_r^2/3 + a_3 p_r^3)$$

$$V_1 + V_2 + V_3 + V_4 = 1$$

六、Harrison 方程

设饱和油藏 $K_{ro}/B_o\mu_o$ 与压力之间的函数关系为:

$$K_{ro}/B_o\mu_o = \exp[b(p - p_r)] \tag{4-39}$$

同理,可得 Harrison 流入动态方程[26]:

$$\frac{q_o}{q_{tm}} = (1 + V) - V\exp\left(C\frac{p_{wf}}{p_r}\right) \tag{4-40}$$

其中,$V = 1/[\exp(-bp_r) - 1]$

$$C = bp_r$$

$$q_{tm} = \frac{2\pi Kh}{b[\ln(r_e/r_w) - 0.75]}[1 - \exp(-bp_r)]$$

第三节 油井流入动态方程的优选

目前,在进行斜井和水平井产能分析、合理工作制度确定和举升工艺设计时[27],主要依据 Cheng[28]在油藏数值模拟基础上提出不同井斜角下的一系列 Vogel 型 IPR 方程[29]。在此前后,也有一些研究工作者曾提出了许多其他类型的 IPR 方程,如上一节提到的 1989 年的 Klins - Clark 方程和 Bendakhlia - Aziz 方程,1992 年的 Winggins - Russell - Jennings 方程等[22-26]。那么,对于这些 IPR 方程是否也适用于斜井或水平井,在油藏工程界还一直没有明确的论述。

一、流入动态无量纲方程

令 $q_D = q_o/q_{tm}$、$p_D = p_{wf}/p_r$,可将式(4-16)、式(4-30)、式(4-35)、式(4-36)、式(4-38)和式(4-40)简化为[30]下列方程。

1. Vogel 方程(简称 Type 1)

$$q_D = 1 - Vp_D - (1 - V)p_D^2 \tag{4-41}$$

2. Klins - Majcher 方程(简称 Type 2)

$$q_D = 1 - Vp_D - (1 - V)p_D^n \tag{4-42}$$

3. Fetkovich 方程(简称 Type 3)

$$q_D = (1 - p_D^2)^n \tag{4-43}$$

4. Bendakhlia – Aziz 方程(简称 Type 4)

$$q_D = [1 - Vp_D - (1 - V)p_D^2]^n \tag{4-44}$$

5. Winggins – Russell – Jennings 方程(简称 Type 5)

$$q_D = 1 - V_1 p_D - V_2 p_D^2 - V_3 p_D^3 - V_4 p_D^4 \tag{4-45}$$

6. Harrison 方程[11](简称 Type 6)

$$q_D = (1 + V) - V\exp(Cp_D) \tag{4-46}$$

二、方程优选及分析

选取的数据是文献[28]提供的 IPR 标准化数据(表 4-5)。这些数据是 16 种油藏条件的平均值,具有很强的置信度,是油藏工程研究和分析的经典基础数据。

表 4-5 不同井斜角的平均标准化 q_D 值

p_D	井斜角								
	0°	15°	30°	45°	60°	75°	85°	88.56°	90°
0.0	1.000	1.000	1.000	1.000	1.000	1.000	1.000	1.000	1.000
0.1	0.972	0.970	0.975	0.982	0.986	0.989	0.990	0.990	0.995
0.2	0.927	0.924	0.935	0.947	0.957	0.962	0.964	0.964	0.974
0.3	0.868	0.864	0.879	0.897	0.910	0.918	0.921	0.921	0.935
0.4	0.791	0.786	0.806	0.828	0.844	0.854	0.856	0.857	0.875
0.5	0.700	0.695	0.717	0.742	0.760	0.771	0.774	0.775	0.796
0.6	0.592	0.587	0.611	0.636	0.655	0.666	0.669	0.669	0.692
0.7	0.468	0.464	0.486	0.510	0.527	0.537	0.540	0.540	0.562
0.8	0.328	0.325	0.343	0.362	0.377	0.385	0.387	0.387	0.405
0.9	0.172	0.171	0.182	0.194	0.202	0.207	0.209	0.209	0.219
1.0	0.000	0.000	0.000	0.000	0.000	0.000	0.000	0.000	0.000

利用上述 6 种模型对表 4-5 中的数据逐一进行回归分析(表 4-6):

(1)不同 IPR 方程对各井斜角数据整体拟合程度:Winggins – Russell – Jennings 方程(Type 5)、Klins – Majcher 方程(Type 2)等方程复相关系数几乎均接近于 1,表现出对于不同角度的斜井具有较强的适应性;Vogel 方程(Type 1)次之,Fetkovich 方程、Bendakhlia – Aziz 方程和 Harrison 方程(Type 3、Type 4 和 Type 6)相对较差。

表 4–6 不同类型不同斜井流入动态方程待 Vogel 参数确定

类型	参数	井斜角								
		0°	15°	30°	45°	60°	75°	85°	88.56°	90°
Type 1	方程	$q_D = V_0 - V_1 p_D - V_2 p_D^2$								
	V_0	0.99981	0.99980	0.99691	0.99455	0.99257	0.99152	0.99151	0.99141	0.98845
	V_1	0.20080	0.22095	0.12536	0.02214	-0.05487	-0.10023	-0.11199	-0.11411	-0.20545
	V_2	0.79883	0.77832	0.86818	0.96632	1.03951	1.08287	1.09417	1.09639	1.18182
	R^2	1.00000	1.00000	0.99996	0.99986	0.99976	0.99970	0.99969	0.99970	0.99943
Type 2	方程	$q_D = V_0 - V_1 p_D - V_2 p_D^n$								
	V_0	0.99998	1.00006	1.00040	1.00079	1.00087	1.00084	1.00095	1.00086	1.00136
	V_1	0.20447	0.22677	0.19835	0.14755	0.10807	0.08101	0.07164	0.06974	0.03726
	V_2	0.79546	0.77296	0.80146	0.85221	0.89170	0.91867	0.92781	0.92983	0.96297
	n	2.00612	2.01001	2.12511	2.20695	2.26093	2.28354	2.28453	2.28418	2.37119
	R^2	1.00000	1.00000	1.00000	0.99999	0.99999	0.99999	0.99999	0.99999	0.99999
Type 3	方程	$q_D = V_0 (1 - p_D^2)^n$								
	V_0	0.97383	0.97125	0.97901	0.98918	0.99729	1.00252	1.00412	1.00440	1.01443
	n	1.07623	1.08297	1.03468	0.98651	0.95291	0.93416	0.92877	0.92869	0.88890
	R^2	0.99873	0.99845	0.99926	0.99983	0.99996	0.99989	0.99986	0.99984	0.99928
Type 4	方程	$q_D = (V_0 - V_1 p_D - V_2 p_D^2)^n$								
	V_0	0.99983	1.00005	0.99893	0.99812	0.99722	0.99668	0.99719	0.99727	0.99537
	V_1	0.20105	0.22471	0.15410	0.06921	0.00311	-0.03811	-0.04439	-0.04432	-0.12852
	V_2	0.79864	0.77528	0.84536	0.92983	0.99547	1.03633	1.04371	1.04430	1.12610
	n	1.00021	1.00311	1.02495	1.04322	1.05571	1.06141	1.06741	1.06974	1.08173
	R^2	1.00000	1.00000	0.99999	0.99998	0.99996	0.99995	0.99995	0.99995	0.99990
Type 5	方程	$q_D = V_0 - V_1 p_D - V_2 p_D^2 - V_3 p_D^3 - V_4 p_D^4$								
	V_0	1.00010	0.99997	0.99994	1.00005	0.99986	0.99990	0.99982	0.99983	1.00001
	V_1	0.20626	0.22125	0.17161	0.10591	0.05577	0.03011	0.01329	0.01690	-0.02625
	V_2	0.78106	0.78794	0.75557	0.76221	0.77188	0.75318	0.79508	0.76495	0.73091
	V_3	0.01865	-0.02681	0.05808	0.10548	0.13423	0.19600	0.14161	0.19716	0.26321
	V_4	-0.00583	0.01748	0.01457	0.02622	0.03788	0.02040	0.04953	0.02040	0.03205
	R^2	1.00000	1.00000	1.00000	1.00000	1.00000	1.00000	1.00000	1.00000	1.00000
Type 6	方程	$q_D = V_0 - V_1 \exp(C p_D)$								
	V_0	1.28731	1.29955	1.25344	1.19596	1.17106	1.15712	1.15336	1.13851	1.13049
	V_1	0.26947	0.28265	0.23318	0.17532	0.14796	0.13282	0.12868	0.11810	0.10358
	C	1.57272	1.53367	1.68847	1.92981	2.07920	2.17630	2.20507	2.28252	2.40374
	R^2	0.99911	0.99920	0.99909	0.99888	0.99864	0.99844	0.99838	0.99824	0.99806

(2) 不同井斜角度下各数据点误差分析: Winggins – Russell – Jennings 方程拟合精度最好, 最大相对误差不超过 ± 0.8%; Klins – Majcher 方程次之, 最大相对误差不超过 ± 1.0%; Vogel 方程较差, 最大相对误差不超过 ± 2.0%; Harrison 方程最大相对误差不超过 ± 5.0%; 而 Bendakhlia – Aziz 方程和 Fetkovich 方程最差, 最大相对误差接近 ± 18%, 且误差的特点为: Bendakhlia – Aziz 方程表现为随倾斜角度或无量纲压力的增大, 相对误差增大, 而 Fetkovich 方程与之相反。

进一步分析其原因, 主要是因为 $K_{ro}/B_o\mu_o$ 函数关系式。换句话说, 理想的直线或指数型 $K_{ro}/B_o\mu_o$ 函数关系, 并不能完全反映实际油田的 $K_{ro}/B_o\mu_o$ 与压力之间的关系。原因是 K_{ro}、B_o、μ_o 一般均是压力的非线性函数, 组合成复合函数 $K_{ro}/B_o\mu_o$ 的关系式相当复杂、多变。因此, 从 $K_{ro}/B_o\mu_o$ 为直线关系或指数关系得到的(或者组合的)IPR 方程, 也就不能完全、真实地反映油井的流入动态特征。另外, 从纯数学角度讲, 对于一个复杂的单变量(压力)函数, 一般可以转化为等效的多次多项式或者是幂函数来代替, 这也是工程研究上常采用的处理方法之一。如 $K_{ro}/B_o\mu_o$ 取 5 次多项式, 其对应的次方 IPR 方程为:

$$q_D = 1 - V_1 p_D - V_2 p_D^2 - V_3 p_D^3 - V_4 p_D^4 - V_5 p_D^5 - V_6 p_D^6 \quad (4-47)$$

利用式(4-47)对表 4-5 数据进行拟合, 精度非常高, 其最大误差小于 ± 0.2% (表 4-7)。这也进一步说明 Winggins – Russell – Jennings 方程比 Vogel 方程拟合精度较高的原因。当然, 多项式次数并不是越高越好, 在对实际数据进行拟合时, 也要考虑数据的组数, 即待定参数的个数必须小于或等于测试数据的组数, 否则将无法确定出待定参数的值。

表 4-7　不同角度 6 次方流入动态方程相对误差数据

p_D	井斜角								
	0°	15°	30°	45°	60°	75°	85°	88.56°	90°
0.0	0.00245	0.00027	-0.00415	-0.00043	-0.00549	-0.00234	-0.00582	-0.00438	-0.00564
0.1	-0.01662	-0.00672	0.01722	-0.00336	0.02506	0.00851	0.02058	0.01692	0.02368
0.2	0.04813	0.03535	-0.01582	0.02725	-0.03272	-0.00100	-0.00091	-0.00784	-0.02222
0.3	-0.07557	-0.08246	-0.02646	-0.06399	-0.01633	-0.03706	-0.09110	-0.05758	-0.04274
0.4	0.06684	0.09635	0.04837	0.05717	0.06967	0.05968	0.14350	0.11229	0.10313
0.5	-0.02797	-0.04765	0.01968	0.00155	-0.02122	-0.00822	-0.03385	-0.05982	-0.04847
0.6	-0.00165	0.00392	-0.08040	-0.01023	-0.07465	-0.06312	-0.08712	0.02445	-0.04644
0.7	0.00628	-0.02695	0.01258	-0.07690	0.07265	0.05906	0.02075	0.00539	0.03093
0.8	-0.00149	0.07145	0.10367	0.15533	0.01153	0.00021	0.13054	0.07533	0.05793
0.9	-0.00041	-0.07902	-0.14212	-0.15040	-0.06464	-0.03706	-0.18357	-0.10725	-0.09998
平均	0.00000	-0.00035	-0.00067	-0.00064	-0.00036	-0.00021	-0.00087	-0.00051	-0.00050

第四节　压力界限的确定

试井资料证实, 注水保持压力开发的油田, 当井底流动压力低于饱和压力以后, 由于井底附近油层中渗流条件发生了变化, 指示曲线向压力轴偏转, 并出现最大产量点(图 4-7)。最大产量点对应的压力可称为油井最低允许流动压力,流动压力低于该点以后,产量开始降低。另外,在相同的含水、不同地层压力保持水平情况下,其合理地层压差也存在差异。为此,本节以三相流入动态方程为基础,结合注采井数比和试注资料,给出了最低流动压力下限和合理地层压力保持水平的确定方法。

一、三相流入动态方程

王俊魁等在研究井底附近油层中油、气、水三相流动以后,得到井底附近油层中油的相对流动能力为[31]:

$$k_o = \frac{V_o}{V_m} \tag{4-48}$$

当地面采出1t原油时,井底条件下的油、气、水体积流量分别用下列各式进行计算:

$$V_o = B_b - \beta(p_b - p_{wf}) \tag{4-49}$$

$$V_g = \frac{0.1033ZT\alpha}{293\rho_o p_{wf}}(p_b - p_{wf}) \tag{4-50}$$

$$V_w = \frac{f_w}{1 + (1 - f_w)R} \tag{4-51}$$

$$R = \frac{V_g}{V_o} = \frac{0.1033ZT\alpha}{293\rho_o p_{wf}}(p_b - p_{wf})/[B_b - \beta(p_b - p_{wf})] \tag{4-52}$$

$$V_m = V_o + V_w + V_g \tag{4-53}$$

式中 V_o,V_g,V_w——油层出口端油、气、水的体积流量,m^3/d;

R——井底附近油层出口端气油比,m^3/m^3;

f_w——油井体积含水率;

B_b——饱和压力下原油体积换算系数,m^3/t;

β——原油体积换算系数变化率,$m^3/(MPa \cdot t)$;

p_b——饱和压力,MPa;

p_{wf}——流动压力,MPa;

Z——气体偏差系数;

T——井底油层温度,K;

α——天然气溶解系数,$m^3/(m^3 \cdot MPa)$;

ρ_o——地面油密度,t/m^3。

整理得到在井底三相流动中,油相的相对流动能力为:

$$k_o = \frac{1 - f_w}{1 + (1 - f_w)R} \tag{4-54}$$

液相(油和水)的相对流动能力为:

$$k_L = \frac{1}{1 + (1 - f_w)R} \tag{4-55}$$

很明显,如果井底压力大于饱和压力,则 $R=0$;当井底压力大于饱和压力,且含水率为零时,油的相对流动能力为1;当井底压力大于饱和压力,且为油水两相流时,液相的相对流动能力也为1;当井底压力低于饱和压力,且含水率为零时,油的相对流动能力为 $k_o = \dfrac{1}{1+R}$,即随着井底气油比增加,液相、油的相对流动能力下降;当含水率上升时,液相相对流动能力增加,而油相相对流动能力下降。

由达西定律,可知:

$$q_o = J_o(p_r - p_{wf}) \quad (4-56)$$

那么油的流入动态方程为:

$$q_o = \dfrac{J_o(1-f_w)}{1+(1-f_w)R}(p_r - p_{wf}) \quad (4-57)$$

而液相的流入动态方程则为:

$$q_L = \dfrac{J_o}{1+(1-f_w)R}(p_r - p_{wf}) \quad (4-58)$$

式中　J_o——采油指数($f_w=0$, $p_{wf} \geq p_b$),$m^3/(MPa \cdot d)$;

p_r——地层压力,MPa。

上述方程既适用于井底压力低于饱和压力的计算,也适用于井底压力高于饱和压力的计算,绘制的油井流入动态曲线分为直线段和曲线段两个部分(图4-8、图4-9)。其中,在直线段,采油指数稳定不变,流动符合达西公式;在流入曲线段,有两个特征点,第一点是直线弯曲的始点,该点处的流动压力等于饱和压力,流动压力低于该点以后,采油指数降低,产量增长速度减慢;第二个特征点为最大产量点,该点对应的压力可称为油井最低允许流动压力,流动压力低于该点以后,产量开始降低,显然油井以这种压力生产将严重浪费能量。进一步分析其产生最大产量点的主要原因为:流动压力下降到一定程度以后,井底附近出现油气两相流动,使油相的流动能力急剧下降,这时生产压差对产量的贡献已小于采油指数下降对产量所产生的影响。

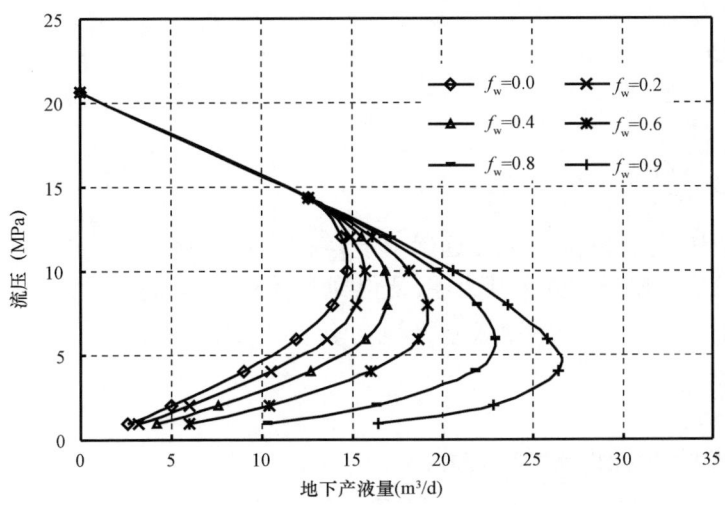

图4-8　红湖区块原始地层压力下油井流入动态曲线

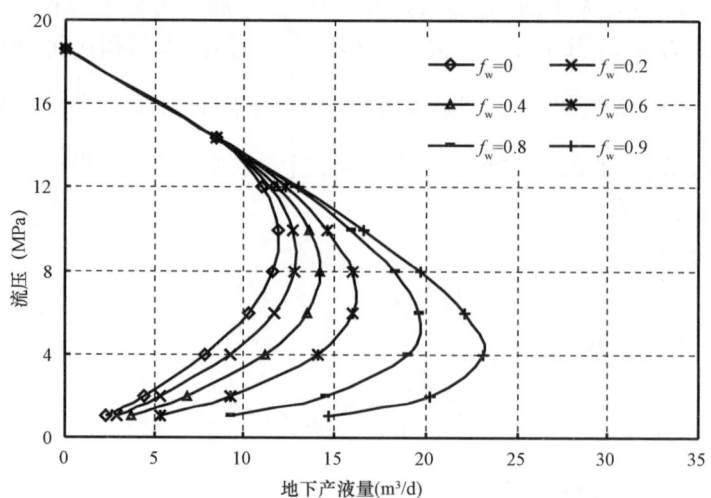

图 4-9　红湖区块地层压力为 18.6MPa 时油井流入动态曲线

二、最低允许流动压力确定

流入动态曲线上最大产量点所对应的流动压力,可以用作图法得到,也可以用数学解析法确定。

对式(4-58)求一阶导数并令其为零,便得到最低允许流动压力方程:

$$Lp_{\text{wf+min}}^4 + Mp_{\text{wf+min}}^3 + Np_{\text{wf+min}}^2 + Qp_{\text{wf+min}} + W = 0 \tag{4-59}$$

式中　$L = \beta^2 J_o/(1-f_w)$;

$M = 2(a - c + cf_w)\beta J_o/(1-f_w)$;

$N = (3b - 3bf_w + ap_r)\beta J_o/(1-f_w) + (a - c + cf_w)(a - \beta p_r)J_o/(1-f_w)$;

$Q = 2b(a - \beta p_r)J_o$;

$W = -abp_r J_o$;

$a = B_b - \beta p_b$;

$b = 0.1033\dfrac{\alpha ZT}{293\rho_o}p_b$;

$c = 0.1033\dfrac{\alpha ZT}{293\rho_o}$。

在式(4-49)中,由于 $\beta(p_b - p_{\text{wf}})$ 远远小于 B_b,因此可以略去 $\beta(p_b - p_{\text{wf}})$ 项。并对液相的流入动态方程式求一阶导数并令其为零,便得到式(4-59)的简化式:

$$(1-n)p_{\text{wf+min}}^3 + 2np_b p_{\text{wf+min}} - np_b p_r = 0 \tag{4-60}$$

式中　$n = \dfrac{0.1033\alpha ZT}{293 B_b}(1-f_w)$。

解得式(4-60)最低允许流动压力为:

$$p_{\text{wf-min}} = \dfrac{1}{1-n}[\sqrt{n^2 p_b^2 + (1-n)np_b p_r} - np_b] \tag{4-61}$$

图 4-10 为根据红胡区块基础资料所做的油井最低允许流动压力曲线。可以看出,在饱和压力一定的条件下,随着地层压力的上升,油井最低允许流压亦随之升高;油井见水后,随着含水率上升,最低允许流压下降,地层压力越高,其下降幅度也越大。油井进入中含水期后,与无水期比较,最低允许流动压力下降 2MPa 左右,主要是由于含水率上升,脱气影响相对减小的结果。这表明随着含水率上升,应当不失时机地调整油井工作制度,以减缓油井产量的递减速度。

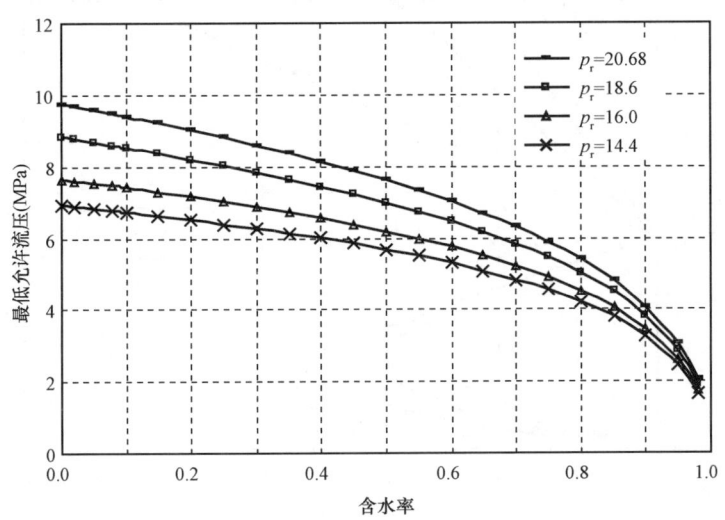

图 4-10　红胡区块最低允许流动压力与含水率关系曲线

三、合理地层压力保持水平确定

前面主要讨论了最低流动压力下限的确定,但对于具体注水开发油田,还需确定合理地层压力保持水平。目前,矿场上主要利用注采压力系统评价图来确定合理地层压力保持水平。在注采压力系统评价图中,不仅包含了不同地层压力、不同含水率下流入动态曲线的绘制,也包含利用测试资料确定注水井的吸水指数、破裂压力,还有采用不同面积注水(注采井数比)条件下注入曲线的绘制,而其最核心技术是流入动态曲线的绘制。

从红胡区块注采系统图上可以看出(图 4-11 和图 4-12),按试注情况来看,无论在原始地层压力,还是地层压力保持在原始地层压力的 90%,即地层压力为 18.6MPa,都可以满足注采井数比为 1:1 的注采平衡的需要。进一步分析,在红胡区块原始地层压力系统评价图中,若采用反九点面积注采井网,在不超破裂压力注水的条件下,油井维持最大产出量时,注水井注入能力难以满足各个开发期注采平衡的需要,而若采用四点法面积注采井网,可以满足中低含水期及之前注采平衡的需要。由于红胡区块地层非均质性强、断层发育、断块小、油水界面不统一,一次性部署注采井网风险大,应为后续调整留有余地,需适当降低地层压力保持水平开发。降低地层压力,一方面可以满足小断块注水井井点少时的注采平衡,保障中高含水期以前油田注采井网整体不需做大的调整;另一方面,有利于提高注水井注入能力和降低注水压力系统级别,也为大多数注水井吸水能力下降而留足调整空间

（主要指增大注入压力）。由于红胡区块地饱压差较小、地层压力小，地层压力分别按降低5%、10%、15%三个级别进行评价，最终确定合理地层压力保持水平为16.8MPa时，即可保障较高的采油速度，又可保障在不超破裂压力注水的条件下，采用四点法面积注采井网，可以保障高含水期以前满足注采平衡。

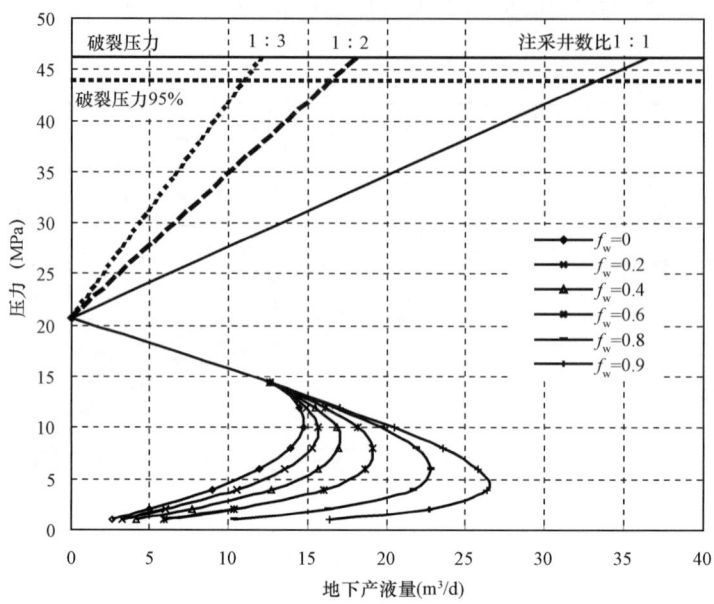

图4-11 红胡区块原始地层压力注采系统评价

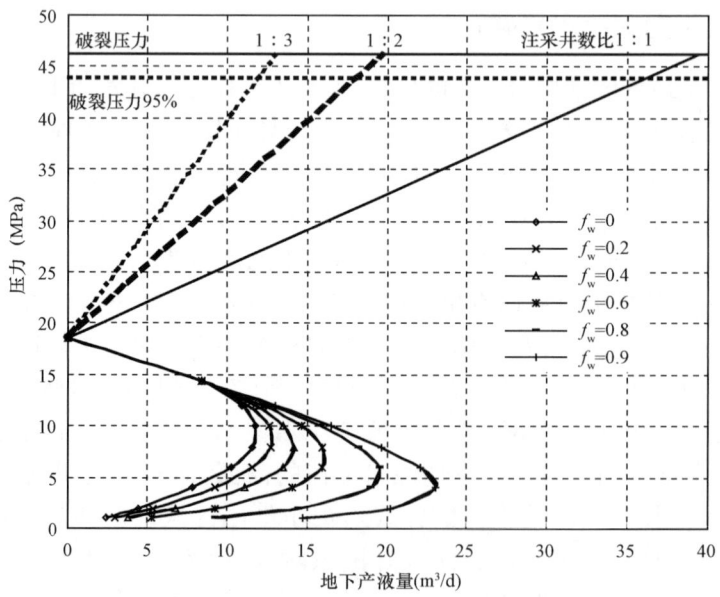

图4-12 红胡区块地层压力18.5MPa下注采压力评价

参 考 文 献

[1] 黄炳光,刘蜀知. 实用油藏工程与动态分析方法[M]. 北京:石油工业出版社,1998:61-70.
[2] 姜汉桥,姚军,姜瑞忠. 油藏工程原理与方法[M]. 东营:中国石油大学出版社,2006:200-234.
[3] 王代刚,李勇,胡永乐,等. 缝洞型碳酸盐岩油藏衰竭开采特征综合聚类评价[J]. 新疆石油地质,2016, 37(2):192-197.
[4] 王仪,王波,穆丽娜. 油井综合生产分析及优化设计方法研究[J]. 石油规划设计,2012,23(2):23-26.
[5] 王治国,张继成,宋考平,等. 应用速率关联度分析井间连通情况[J]. 特种油气藏,2011,18(3):91-93.
[6] 严科. 油藏开发单井产能非均质性定量表征[J]. 特种油气藏,2013,20(1):80-82.
[7] 李联五. 双河油田砂砾岩油藏[M]. 北京:石油工业出版社,1997:56-60.
[8] 张方礼,高金玉. 静安堡高凝油油藏[M]. 北京:石油工业出版社,1997:64-71.
[9] 张志伟,赵秀娟,廖新武,等. 窄河道型油田注水见效时间与见效类型研究[J]. 科学技术与工程,2012, 12(17):4285-4287.
[10] 张磊,文志刚,孙钰杰,等. 鄂尔多斯盆地合水地区庄36井区油井见水特征分析及治理措施[J]. 重庆科技学院学报:自然科学版,2012,14(3):27-30.
[11] 姬伟,梁冬,黄战卫,等. 安塞油田见水特征分析及中高含水井增产工艺[J]. 石油钻采工艺,2014,36 (6):86-89.
[12] 彭成勇,品欣润,马新仿,等. 海上低渗气田综合多因素压裂选井选层方法[J]. 断块油气田,2015,22 (4):508-513.
[13] 朱圣举,刘萍,柳良仁. 低渗透油藏正方形反九点井网见效见水关系研究[J]. 特种油气藏,2013,20 (3):79-81.
[14] 李小波,荣元帅,龙喜彬,等. 缝洞型油藏强边、底水窜进油井特征及机理研究[J]. 西南石油大学学报:自然科学版,2015,37(1):135-140.
[15] 易德生,郭萍. 灰色理论与方法[M]. 北京:石油工业出版社,1992:69-110.
[16] 刘思峰,杨英杰,吴利丰. 灰色系统理论及其应用[M]. 北京:科学出版社,2014:55-62.
[17] 陈永生. 油田非均质对策论[M]. 北京:石油工业出版社,1993:48-82.
[18] 郑小杰,钟伟,段洪泽,等. 强底水油藏注水开发可行性研究[J]. 断块油气田,2015,22(2):234-236,250.
[19] 高文君,张新,李东东,等. 水驱油田油井分类新方法及分类油井调控对策[J]. 断块油气田,2017,24 (2):209-213.
[20] Klins M A, Majcher M W. Inflow Performance Relationships for Damaged or Improved Wells Producing Under Solution-Gas Drive[C]//. SPE 19852,1989.
[21] 高文君,尹永光,胡仁权,等. 油井流入动态方程理论研究及应用[J]. 新疆石油地质,2005,26(1): 87-89.
[22] 宁德 T E W. 油气藏和油气井的动态特征[M]. 万龙贵,崔天荣译,哈尔滨:黑龙江科学技术出版社, 1992,277-317.
[23] 王宏伟,桑广森,姜喜庆,等. 油气藏动态预测方法[M]. 北京:石油工业出版社,2001,1-8.
[24] Fetkovich M J. The Isochronal Testing of Oil Wells[C]//. SPE 4529,1973.
[25] Bendakhlia H, Aziz K. IPR for Solution-Gas Drive Horizontal Wells[C]//. SPE 19823,1989.
[26] Wiggins M L, Russell J E, Jennings J W. Analytical Development of Vogel-Type Inflow Performance Relationships[C]//. SPE 23580,1992.

[27] 布朗 K E. 升举法采油工艺:卷四[M]. 北京:石油工业出版社,1990,110 – 135.
[28] Cheng A M. Inflow Performance Relationships for Solution – gas – Drive Slanted/Horizontal Wells[C] //. SPE 20720,1990.
[29] Vogel J V. Inflow Performance Relationships for Solution – gas Drive Wells[J]. JPT,1986,20(1):83 – 92.
[30] 刘成,高文君,宋文礼,等. 斜井、水平井 IPR 方程的最优选择[J]. 新疆石油地质,2006,27(2):208 – 209.
[31] 王俊魁,李艳华,赵贵仁. 油井流入动态曲线与合理井底压力的确定[J]. 新疆石油地质,1999,20(5):414 – 417.

第五章 产量变化规律

油气田产量变化的一般规律是:在开发初期要经历一个逐步建设投产和形成生产规模的时期。这一时期中,油气田的产量逐步上升并趋于稳定,达到设计的生产能力。因此,这一时期是油气田生产的产量上升时期或产量上升阶段。此后,油气井往往都按配产指标进行有效调控,加上注水及其他增产、稳产措施,油气田生产就进入一个产量相对稳定的生产阶段。再后,由于地下剩余储量的不断减少及单位产量能耗的增加或工艺增产效果达到经济极限,油气田将进入后期的产量递减阶段。为此,本章将产量变化规律研究内容划分为两个部分:一个是产量递减规律,另一个是产量变化全过程。

第一节 产量递减规律渗流理论基础

一个油田经过产量的上升和稳定开发阶段后,必然要进入产量递减阶段。在此阶段,由于油田地质条件和开发情况的差异,其递减规律、递减幅度大小以及对最终采收率的影响也千差万别。因此,研究油气田产量递减规律,将使人们能够更好地预测今后产量的变化及可采储量的大小,及时对油田开发技术水平进行调整或寻求新的技术突破,最大限度地减缓产量递减幅度。

然而,不同储层及其驱动类型的油田有其不同的渗流机理,投入开发后产量递减类型也不一样。长期以来,油藏工程者将产量递减方程(主要指 Arps 递减方程)划归为常规油藏动态分析中的经验方法行列,主要原因是产量递减方程渗流理论基础缺乏[1]。进入 20 世纪后,随着油田生产数据和水驱油实验数据的不断丰富,产量递减方程渗流理论逐步才得以形成与完善[2-4]。

一、弹性驱油田产量递减方程

1. 理论基础

先对物质平衡方程 $N_p B_o = C_e N B_{oi}(p_i - p_r)$ 两边时间求导[5],得:

$$q_t = -\frac{dN_p}{dt} = -C_e N \frac{B_{oi}}{B_o} \frac{dp_r}{dt} \tag{5-1}$$

其中 $C_e = C_o + \dfrac{S_{wi}}{S_{oi}} C_w + \dfrac{1}{S_{oi}} C_p$

式中 N_p ——累计产油量,10^4t 或 t;

N——地质储量,10^4t 或 t;

q_t——t 时间产油量,10^4t/d 或 t/d;

t——递减时间,a 或 mon;

p_i——油层原始地层压力,MPa;

p_r ——油层目前地层平均压力,MPa;
B_{oi} ——地层原油体积系数,m³/m³;
B_o —— p_r 条件下的原油体积系数,m³/m³;
C_e ——有效压缩系数,MPa⁻¹;
C_p ——地层岩石压缩系数,MPa⁻¹;
C_o ——原油压缩系数,MPa⁻¹;
C_w ——地层水压缩系数,MPa⁻¹;
S_{oi} ——原始含油饱和度;
S_{wi} ——束缚水饱和度。

对(拟)稳定流达西式 $q_t = J_o(p_r - p_{wf})$ 两端对时间求导(井间差异不大, p_{wf} 保持基本稳定且井底附近未脱气),得:

$$\frac{dq_t}{dt} = J_o \frac{dp_r}{dt} \qquad (5-2)$$

其中

$$J_o = \frac{0.1728\pi h K_e n_o}{\mu_o \left(\ln \frac{\sqrt{A_o}}{\sqrt{\pi n_o} r_w} - 0.75 + S \right)}$$

式中 J_o ——采油指数,t/(d·MPa);
p_{wf} ——井底流动压力,MPa;
n_o ——生产油井井数,口;
A_o ——油藏含油面积,m²;
K_e ——有效渗透率,mD;
h ——油层有效生产厚度,m;
μ_o ——原油黏度,mPa·s;
r_w ——井筒半径,m;
S ——表皮系数。

从式(5-1)求得 $\frac{dp_r}{dt}$ 代入式(5-2),定积分有:

$$\int_{q_i}^{q_t} \frac{1}{q_t} dq_t = -\int_0^t \frac{J_o B_o}{C_e N B_{oi}} dt \qquad (5-3)$$

即:

$$q_t = q_i \exp\left[-\frac{B_o}{C_e N B_{oi}} \int_0^t J_o dt \right] \qquad (5-4)$$

其中 $\int_0^t J_o dt$ ——累积生产能力特征值;
q_i ——初始递减产油量,t/d。

按递减率定义式,可知:

$$D_t = \frac{dq_t}{q_t dt} \tag{5-5}$$

将式(5-4)代入式(5-5),得:

$$D_t = \frac{J_o B_o}{C_e N B_i} \tag{5-6}$$

若油井开井数 n_o 保持不变,$B_o \approx B_{oi}$,那么 D_t 为一常数,恒等于初始递减率 D_i,那么式(5-4)即:

$$q_t = q_i \exp(-D_i t) \tag{5-7}$$

式中 q_i——初始递减产油量,t/d;

D_i——初始递减率,a^{-1} 或 mon^{-1};

D_t——t 时间递减率,a^{-1} 或 mon^{-1}。

从以上推演可知,在 $B_o \approx B_{oi}$ 的情况下,弹性驱油田产量递减类型属指数递减,其递减率随油井井数 n_o 变化而变化,在油井井数一定的条件下,递减率恒为一常数。

2. 求解方法(生产数据)

对式(5-7)两边取对数,可得:

$$y_j = a_0 + a_1 x_j, (j = 0,1,2,3,\cdots,t) \tag{5-8}$$

其中,$y_j = \ln(q_t)$,$x_j = t$,$a_0 = \ln(q_i)$,$a_1 = -D_i$。这样,式(5-7)就转化为一元一次线形方程组,将生产数据代入式(5-8),拟合求解得到辨识系数 $\hat{a}_0$,$\hat{a}_1$,然后,再利用 $q_i = \exp(\hat{a}_0)$,$D_i = -\hat{a}_1$,求得 q_i,D_i。

3. 实例应用及验证

马岭油田在试采阶段油井平均采油指数 J_o 为 0.6036t/(d·MPa),单井平均控制地质储量约 $60 \times 10^4 t$,综合压缩系数 $2.09 \times 10^{-5} MPa^{-1}$,若原油体积系数 $B_o \approx B_{oi}$,则按式(5-6)、式(5-7)可确定出:

初始递减率:$D_i = 0.04813\ mon^{-1}$;

产量递减方程:$q_t = q_i \exp(-0.04813t)$;

这与马岭油田在试采阶段未压自喷井生产资料统计得到的产量递减方程[6] $q_t = q_i \exp(-0.05045t)$ 相比较,方程形式一致,递减率大小相近。

二、水驱油田 Arps 产量递减方程

1. 理论基础

在注水保持地层压力条件下,油藏物质平衡微分方程为[7]:

$$q_t = \frac{N}{1 - S_{wi}} \frac{d\overline{S}_w}{dt} \tag{5-9}$$

由 Darcy 定律知,油藏总产油量为[8]:

$$q_t = \frac{0.1728\pi n_o K K_{ro} h \rho_o \Delta p}{B_{oi}\mu_o[\ln(R_e/r_w) + S]} = aK_{ro} \qquad (5-10)$$

其中
$$a = \frac{2\pi n_o K h \rho_o \Delta p}{B_{oi}\mu_o[\ln(R_e/r_w) + S]}$$

式中　a——油井初始产油量，t/d；

$\bar{S}_w$——油层平均含水饱和度；

r_w——井筒半径，m；

R_e——泻油半径，m；

ρ_o——原油密度，g/cm³；

Δp——生产压差 $\Delta p = p_r - p_{wf}$，MPa；

K——油层渗透率，mD；

K_{ro}——油相相对渗透率。

联立式(5-9)、式(5-10)，得：

$$\frac{1}{K_{ro}} d\bar{S}_w = \frac{a(1-S_{wi})}{N} dt \qquad (5-11)$$

油井见水后，由 Welge 方程得到油藏平均含水饱和度为[9]：

$$\bar{S}_w = S_{we} + (1-f_w)/\frac{df_w}{dS_{we}} \qquad (5-12)$$

若不考虑毛细管力和重力的作用，利用达西式和连续方程，可得到 Leverett 函数(也称分流量方程)[10]：

$$f_w = \frac{K_{rw}/\mu_w}{K_{ro}/\mu_o + K_{rw}/\mu_w} = \left(1 + \frac{\mu_w}{\mu_o}\frac{K_{ro}}{K_{rw}}\right)^{-1} \qquad (5-13)$$

式中　f_w——含水率；

μ_w——地层水黏度，mPa·s；

S_{we}——出口端含水饱和度；

K_{rw}——水相相对渗透率。

从以上渗流基础方程分析，要得到产量与时间的关系式，首先，将油水两相渗流关系式代入 Leverett 函数，建立含水率与出口端含水饱和度关系；其次，将含水率与出口端含水饱和度关系式代入 Welge 方程，确定出平均含水饱和度与出口端含水饱和度的关系，并将平均含水饱和度与出口端含水饱和度的关系式以及油相渗流关系式代入式(5-11)，转化成出口端含水饱和度与时间的微分方程，通过微分求解，得到出口端含水饱和度与时间的关系式；最后，将出口端含水饱和度与时间的关系式代入式(5-10)，得到产量与时间的关系式。

艾富罗斯(Эфрос)实验结果表明，平均含水饱和度与出口端含水饱和度一般符合如下线性关系[9]：

$$\bar{S}_w = kS_{we} + (1-k)(1-S_{or}) \quad (k<1) \qquad (5-14)$$

对上式两边微分，得：

$$d\bar{S}_w = kdS_{we} \tag{5-15}$$

1）双曲递减

1986 年 Willhite 曾指出[11]，油相相对渗透率较符合：

$$K_{ro} = K_{o(S_{wi})}(1 - S_{wd})^m \quad (m > 1) \tag{5-16}$$

式中　$K_{o(S_{wi})}$——束缚水饱和度下油相渗透率，mD；

　　　S_{wd}——归一化含水饱和度；

　　　S_{or}——残余油饱和度。

其中　$S_{wd} = (S_{we} - S_{wi})/(1 - S_{wi} - S_{or})$。

令油井开井数保持不变，将式(5-15)、式(5-16)代入式(5-11)，并取初始条件递减时间 $t = 0$ 时，$S_{we} = S_{wi}$，微分求解，得：

$$(1 - S_{wd})^{1-m} = \frac{a(m-1)K_{o(S_{wi})}(1 - S_{wi})}{kN(1 - S_{wi} - S_{or})}t + 1 \tag{5-17}$$

将式(5-17)代入式(5-10)，得到双曲递减方程：

$$q_t = q_i(1 + nD_it)^{-1/n} \tag{5-18}$$

其中　$q_i = aK_{o(S_{wi})}$，$D_i = \dfrac{amK_{o(S_{wi})}(1 - S_{wi})}{kN(1 - S_{wi} - S_{or})}$，$n = \dfrac{m-1}{m}$。

2）指数递减

当 Willhite 油相相对渗透率关系式中 m 趋于 0 时，可改写为如下形式：

$$K_{ro} = K_{o(S_{wi})}(1 - mS_{wd}) \tag{5-19}$$

令油井开井数保持不变，将式(5-15)、式(5-19)代入式(5-11)，并取初始条件递减时间 $t = 0$ 时，$S_{we} = S_{wi}$，求解微分方程，得：

$$\ln(1 - mS_{wd}) = \frac{-amK_{o(S_{wi})}(1 - S_{wi})}{kN(1 - S_{wi} - S_{or})}t \tag{5-20}$$

将式(5-20)代入式(5-10)，得到指数递减方程：

$$q_t = q_i\exp(-D_it) \tag{5-21}$$

其中　$q_i = aK_{o(S_{wi})}$，$D_i = \dfrac{amK_{o(S_{wi})}(1 - S_{wi})}{kN(1 - S_{wi} - S_{or})}$。

3）调和递减

1984 年 Chierici 曾提出油相相对渗透率符合[12]：

$$K_{ro} = K_{o(S_{wi})}\exp(-mS_{wd}^b) \tag{5-22}$$

取上式 $b = 1$，则 Chierici 式简化为如下油相相对渗透率关系式：

$$K_{ro} = K_{o(S_{wi})}\exp(-mS_{wd}) \tag{5-23}$$

将式(5-15)、式(5-23)代入式(5-10)，并取初始条件递减时间 $t = 0$ 时，$S_{we} = S_{wi}$，求解微分方程，得：

$$\exp(mS_{wd}) = \frac{amK_{o(S_{wi})}(1-S_{wi})}{kN(1-S_{wi}-S_{or})}t + 1 \tag{5-24}$$

将式(5-24)代入式(5-10),得到调和递减方程:

$$q_t = \frac{q_i}{1+D_i t} \tag{5-25}$$

其中 $q_i = aK_{o(S_{wi})}$,$D_i = \frac{amK_{o(S_{wi})}(1-S_{wi})}{kN(1-S_{wi}-S_{or})}$。

2. 求解方法(生产数据)

1)双曲递减

对式(5-18)两边取对数,可得:

$$y_j = a_0 + a_1 x_j \quad (j=0,1,2,3,\cdots,t) \tag{5-26}$$

其中,$y_j = \ln(q_t)$,$x_j = \ln(1+bt)$,$a_0 = \ln(q_i)$,$a_1 = -1/n$,$b = nD_i$。这样,式(5-18)就转化为含有单变量b的一元一次线形方程组,将生产数据代入式(5-26),给单变量b一个初值,利用迭代法或利用 Excel 中提供的单变量求解,拟合求得相关系数较大时的辨识系数$\hat{a}_0$、$\hat{a}_1$、$\hat{b}$,然后,再利用$q_i = \exp(\hat{a}_0)$,$n = -1/\hat{a}_1$,$D_i = -\hat{a}_1\hat{b}$,求得q_i,D_i 和 n。

2)指数递减

指数递减方程求解过程同式(5-7)。

3)调和递减

对式(5-25)两边取倒数,可得:

$$y_j = a_0 + a_1 x_j \quad (j=0,1,2,3,\cdots,t) \tag{5-27}$$

其中,$y_i = 1/q_t$,$x_i = 1/t$,$a_0 = 1/q_i$,$a_1 = D_i/q_i$。这样,式(5-25)就直接转化为一元一次线形方程组,将生产数据代入式(5-27),拟合求得辨识系数$\hat{a}_0$,$\hat{a}_1$,然后,再利用$q_i = 1/\hat{a}_0$,$D_i = \hat{a}_1/\hat{a}_0$,求得$q_i$和$D_i$。

3. 实例应用及验证

1)水驱油田$K_{ro} = K_{o(S_{wi})}(1-S_{wd})^m$ 其产量递减类型为双曲递减

鄯善油田位于吐哈盆地吐鲁番坳陷台北凹陷鄯善弧形构造带西段中部,主要生产层位为中侏罗统七克台组和三间房组,平均孔隙度12%~14%,平均渗透率为6.2 mD,为低孔低渗透储层;油藏地层原油密度 0.815g/cm³,地层原油黏度 0.3879mPa·s,地层水黏度 0.3426mPa·s,原始溶解气油比203m³/t,体积系数1.520,地饱压差10.62MPa,单井平均控制地质储量22.36×10⁴t,属低黏低渗透油藏。鄯善油田产量递减初期,其单井平均年产油量及相对渗透率数据分别见表5-1和表5-2,单井平均控制地质储量平均为22.36×10⁴t。

表5-1 鄯善油田历年单井平均产油量数据

时间(a)	0	1	2	3	4	5
产油量(10^4t/a)	0.6799	0.4926	0.4623	0.4147	0.3466	0.3032

表 5-2 鄯善油田油相相对渗透率数据

S_{we}	0.3214	0.3820	0.4523	0.4935	0.5298	0.5953	0.6898
S_{wd}	0	0.1645	0.3553	0.4672	0.5657	0.7435	1
K_{ro}(mD)	1	0.6071	0.2617	0.0971	0.0269	0.0072	0
S_{wi}	0.3214			S_{or}		0.3102	

直接利用式(5-26)对鄯善油田生产数据进行回归,得到相关系数最大时单井产量与时间的关系式为:

$$q_t = 0.66078(1 + 0.28735t)^{-0.84196} \quad (相关系数 = 0.98477)$$

其中 $D_i = 0.24193$,$n = 1.18770$。

按相对渗透率和试油资料估算,首先回归油相相对渗透率数据可得到:

$$K_{ro} = 1.08969(1 - S_{wd})^{3.83868} \quad (相关系数 = 0.98915)$$

其中 $m = 3.83868$。

其次,利用 $n = \dfrac{m-1}{m}$ 确定递减指数 $n = 0.73949$,即可判别鄯善油田产量递减类型为双曲递减。

最后,从鄯善油田试油以及投产初期的生产资料统计,油井单井平均年产油量为 0.5840×10^4 t,即日产油 16t 左右,那么利用结合 $q_i = aK_{o(S_{wi})}$ 和 $D_i = \dfrac{amK_{o(S_{wi})}(1-S_{wi})}{kN(1-S_{wi}-S_{or})}$ 确定:$q_i = 0.63638 \times 10^4$ t/a,$D_i = 0.23643$(注意:在确定 D_i 时,先要确定 k 值。若地下油水黏度比在 1~10 时[9],均值 $k = 2/3$,且油水黏度比越小,k 值越接近 1。鄯善油田原油黏度低,油水黏度比较小(1.1322),估算 $k = 0.85$)。

将以上所求参数值代入与相对渗透率对应的式(5-18),就可确定出鄯善油田产量递减方程:

$$q_t = 0.63638(1 + 0.17484t)^{-1.35228}$$

2)水驱油田 $K_{ro} = K_{o(S_{wi})}(1 - mS_{wd})$ 其产量递减类型为指数递减

红岗萨尔图油藏位于松辽盆地中央坳陷西部龙虎泡——红岗阶地南端红岗构造上[17]。储层平均孔隙度 24%,平均渗透率为 132mD,原油密度 0.885g/cm³,地层原油黏度 12.9mPa·s,地层水黏度 0.641mPa·s,原始溶解气油比 47m³/t,体积系数 1.105,地饱压差仅为 1.2MPa,边水不活跃,天然能量不足,属低渗透层状油藏。1975 年红岗萨尔图油藏正式投入开发,历年来单井平均产量见表 5-3,单井控制储量介于 $(9.4 \sim 17.1) \times 10^4$ t,平均为 13.2×10^4 t;油相相对渗透率数据见表 5-4。按式(5-27)直接回归产量与时间的关系式为:

$$q_t = 0.41573\exp(-0.06591t) \quad (相关系数 = 0.96731)$$

其中 $q_i = 0.41573$,$D_i = 0.06591$。

按相对渗透率和试油资料估算,首先回归油相数据得到:

表 5-3 红岗油田单井历年平均产油量数据

时间(a)	0	1	2	3	4	5	6	7	8	9	10
产油量(10^4t/a)	0.3198	0.4083	0.3832	0.3454	0.2884	0.3185	0.2474	0.2628	0.2511	0.2501	0.2400
时间(a)	11	12	13	14	15	16	17	18	19	20	
产油量(10^4t/a)	0.2295	0.2252	0.1991	0.1690	0.1587	0.1440	0.1280	0.1190	0.1075	0.0951	

表 5-4 红岗油田油相相对渗透率数据

S_{we}	0.33	0.35	0.406	0.463	0.50	0.557	0.597	0.651	0.67
S_{wd}	0	0.0588	0.2235	0.3912	0.5000	0.6676	0.7853	0.9441	1
K_{ro}(mD)	1	0.8423	0.7035	0.4937	0.3645	0.1940	0.1027	0.0117	0
S_{wi}			0.33			S_{or}		0.33	

$$K_{ro} = 0.91699(1 - 1.08334 S_{wd}) \quad (相关系数 = 0.98939)$$

那么,对应的产量递减方程即为指数递减。若用 $q_i = 0.41573 \times 10^4$t,则 $k = 2/3$ 时,初始递减率 $D_i = 0.09310$。

3)水驱油田 $K_{ro} = K_{o(S_{wi})} \exp(-m S_{wd})$ 其产量递减类型为调和递减

马西深层油藏位于黄骅坳陷北大港断裂构造中部,生产层位为古近系板桥油组,是大港油区已投入最深的层状低渗透砂岩油藏。储层平均孔隙度 13.6%,有效渗透率为 3mD,原油密度 0.84g/cm³,地层原油黏度 0.38mPa·s,地层水黏度 0.20mPa·s,油藏温度 149℃,原始溶解气油比 383m³/t,体积系数 2.029,地饱压差 18.33MPa,原始地层压力系数 1.473,边水不活跃,也属低渗透层状油藏。该油藏于 1981 年全面投入开发,动用地质储量 712×10^4t[14]。1988 年以后产量进入连续递减阶段,统计得到的月产量递减规律属调和递减,其回归式为[15]:

$$q_t = \frac{1.2261}{1 + 0.019848t}$$

其中 $q_i = 1.2261$,$D_i = 0.019848$。

按相对渗透率和试油资料估算,首先回归马西深层油相相对渗透率数据(表 5-5),有:

$$K_{ro} = 0.90031 \exp(-4.18643 S_{wd}) \quad (相关系数 = 0.99786)$$

表 5-5 马西深层油相相对渗透率数据

S_{we}	0.35	0.4	0.5	0.56	0.6	0.7	0.77
S_{wd}	0	0.1190	0.3571	0.50	0.5952	0.8333	1
K_{ro}(mD)	1	0.4839	0.2129	0.1065	0.07096	0.02903	0
S_{wi}		0.35		S_{or}		0.23	

若取 $q_i = 1.2261 \times 10^4$t,则当 $k = 0.6$ 时,初始递减率 $D_i = 0.018595$mon^{-1};递减方程 $q_t = \frac{1.2261}{1 + 0.018595t}$。

通过上述三个实例分析,利用油水相对渗透率确定的递减参数与实际生产数据直接得到的递减参数基本一致。因此,在油田开发初期或油田开发指标设计时,可以有效利用试采资料和油水相对渗透率数据对产量递减变化趋势进行有效地预估,使得开发设计指标更加符合油田生产实际。对于不同的油田,其油水相对渗透率特征基本上决定着油田的递减类型,如利用油水相对渗透率关系式拟合确定鄯善油田产量递减符合双曲递减,马西深层符合调和递减;而对于红岗萨尔图油藏相对渗透率整体上拟合较符合双曲递减,只是递减指数偏小,尤其在高含水期以前,油相相对渗透率呈明显线性关系特征,可采用指数递减的油水相对渗透率特征进行描述,这样带来的好处是指数递减相比双曲递减,其拟合求解更加方便、简单。

通过以上3个例子,可以得出,利用上文给出的方法与实际产量回归得到的 Arps 方程在形式上是一致的,而且各待定参数值也十分相近,这表明通过油相相对渗透率可以确定水驱油田产量递减类型,且确定的递减类型是可靠的。

三、水驱油田 Logistic 产量递减方程

1. 理论基础

2007 年,文献[16]曾提出油相相对渗透率较符合下式:

$$\lg(K_{ro} + C_o) = a_o(1 - S_{we}) + b_o \tag{5-28}$$

式中 C_o ——油相相对渗透率修正常数;

a_o,b_o ——待定系数。

令 $K_{o(S_{wi})} = \exp[b_o \lg(e) + (1 - S_{wi})a_o \lg(e)]$,$m = (1 - S_{wi} - S_{or})a_o \lg(e)$,则式(5-28)可写成归一化含水饱和度关系式:

$$K_{ro} = K_{o(S_{wi})} \exp(-mS_{wd}) - C_o \quad (m \neq -1) \tag{5-29}$$

其中,$S_{wd} = (S_{we} - S_{wi})/(1 - S_{wi} - S_{or})$。

将式(5-15)、式(5-29)代入式(5-11),并取初始条件递减时间 $t = 0$ 时,$S_{we} = S_{wi}$,微分求解,得:

$$\exp(mS_{wd}) = \left(1 - \frac{K_{o(S_{wi})}}{C_o}\right)\exp\left[\frac{-amC_o(1 - S_{wi})}{kN(1 - S_{wi} - S_{or})}t\right] + \frac{K_{o(S_{wi})}}{C_o} \tag{5-30}$$

将式(5-30)代入式(5-10),整理得:

$$q_t = \frac{a(K_{o(S_{wi})} - C_o)}{\left[1 - \frac{K_{o(S_{wi})}}{C_o}\right] + \frac{K_{o(S_{wi})}}{C_o}\exp\left[\frac{amC_o(1 - S_{wi})}{kN(1 - S_{wi} - S_{or})}t\right]} \tag{5-31}$$

令 $t = 0$,得:

$$q_i = a[K_{o(S_{wi})} - C_o] \tag{5-32}$$

那么,式(5-32)可改写为:

$$q_t = \frac{q_i}{\left(1 - \frac{K_{o(S_{wi})}}{C_o}\right) + \frac{K_{o(S_{wi})}}{C_o}\exp\left[\frac{amC_o(1 - S_{wi})}{kN(1 - S_{wi} - S_{or})}t\right]} \tag{5-33}$$

按递减率定义式可知：

$$D_t = -\frac{dq_t}{q_t dt} \tag{5-34}$$

将式(5-33)代入式(5-34)，整理得：

$$D_t = \frac{\dfrac{amK_{o(S_{wi})}(1-S_{wi})}{kN(1-S_{wi}-S_{or})}\exp\left[\dfrac{amC_o(1-S_{wi})}{kN(1-S_{wi}-S_{or})}t\right]}{\left(1-\dfrac{K_{o(S_{wi})}}{C_o}\right)+\dfrac{K_{o(S_{wi})}}{C_o}\exp\left[\dfrac{amC_o(1-S_{wi})}{kN(1-S_{wi}-S_{or})}t\right]} \tag{5-35}$$

令 $t=0$，由式(5-35)，得：

$$D_i = \frac{amK_{o(S_{wi})}(1-S_{wi})}{kN(1-S_{wi}-S_{or})} \tag{5-36}$$

将式(5-36)代入式(5-33)，并令 $b = C_o/K_{o(S_{wi})} - 1$，即可得到 Logistic 产量递减标准方程式：

$$q_t = q_i \frac{1+b}{b+\exp[(1+b)D_i t]} \tag{5-37}$$

式中 $q_i = a(K_{o(S_{wi})} - C_o)$，$D_i = \dfrac{amK_{o(S_{wi})}(1-S_{wi})}{kN(1-S_{wi}-S_{or})}$，$b = C_o/K_{o(S_{wi})} - 1$。

2. 求解方法(生产数据)

对式(5-37)两边取倒数，可得：

$$y_j = a_0 + a_1 x_j \quad (j=0,1,2,3,\cdots,t) \tag{5-38}$$

其中，$y_j = 1/q_t$，$x_j = \exp(\beta t)$，$a_0 = b/[q_i(1+b)]$，$a_1 = 1/[q_i(1+b)]$，$\beta = (1+b)D_i$。这样，式(5-38)就转化为含有单变量 β 的一元一次线形方程组，将生产数据代入式(5-38)，给单变量 β 一个初值，利用迭代法或利用 Excel 中提供的单变量求解，拟合求得相关系数较大时的辨识系数 $\hat{a}_0$、$\hat{a}_1$、$\hat{\beta}$，然后，再利用 $q_i = 1/(\hat{a}_0 + \hat{a}_1)$，$b = \hat{a}_0/\hat{a}_1$，$D_i = \hat{\beta}/(1+\hat{a}_0/\hat{a}_1)$，求得 q_i，D_i 和 b。

3. 实例应用及验证

丘陵油田位于吐哈盆地吐鲁番坳陷台北凹陷鄯善弧形构造带丘陵构造西端，主要生产层位为中侏罗统七克台组和三间房组，平均孔隙度 13.8%，平均渗透率为 14.1mD，为低孔低渗透储层；油藏地层原油密度 0.806g/cm³，地层原油黏度 0.2636mPa·s，地层水黏度 0.3678mPa·s，原始溶解气油比 300m³/t，体积系数 1.79，地饱压差 3.18MPa，属低黏低渗透油藏。1998 年以来，丘陵油田陵 2 北区产量进入连续递减阶段(表 5-6)，其单井平均动用地质储量 19.2×10^4t，直接利用 Logistic 递减回归得到丘陵油田单井产量递减关系式为[17]：

$$q_t = 0.75612 \frac{-0.22323}{-1.22323 + \exp(-0.08736t)} \quad (相关系数 = 0.99673)$$

其中，初始递减率 $D_i = 0.39133\ \text{a}^{-1}$，$b = -1.22323$。

表 5-6　丘陵油田陵 2 北区历年单井平均产油量数据

递减时间(a)	0	1	2	3	4
产油量(10^4t/a)	0.7760	0.5248	0.4500	0.3757	0.3233

按文中 Logistic 递减对应油相相对渗透率进行拟合(表 5-7 和图 5-2),取初始试采产量 0.584×10^4t,$k = 0.95$,得到初始递减率 $D_i = 0.24150 \text{ a}^{-1}$,$b = -0.98953$,这与实际生产数据直接拟合结果基本一致(图 5-1)。

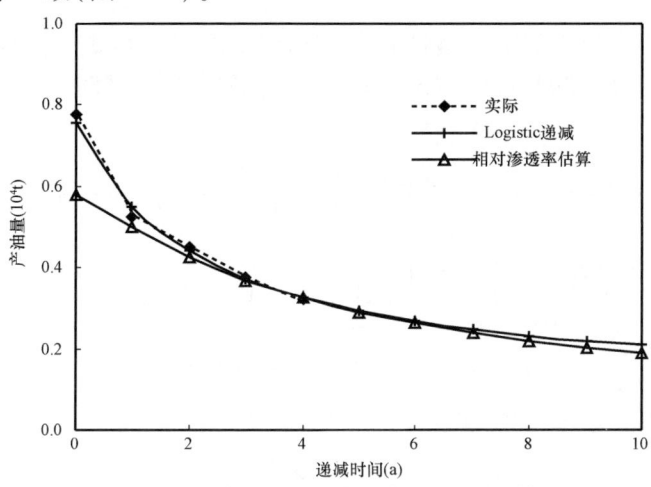

图 5-1　丘陵油田陵 2 北区产量递减变化曲线

表 5-7　丘陵油田油相相对渗透率数据

S_{we}	0.3036	0.3468	0.3900	0.4331	0.4763	0.5195	0.5627	0.6059	0.6490	0.6922	0.7354
K_{ro}(mD)	1.0000	0.6550	0.4150	0.2550	0.1525	0.0900	0.0500	0.0300	0.0125	0.0050	0.0000

$$K_{ro} = 1.02582\exp(-4.55918 S_{wd}) - 0.01074 \quad (相关系数 = 0.99965)$$

其中,$K_{o(S_{wi})} = 1.02582$,$m = 4.55918$,$C_o = 0.01074$。

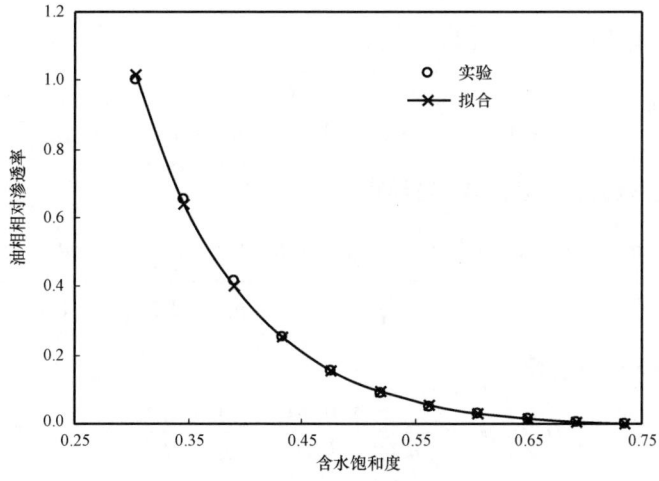

图 5-2　丘陵油田油相相对渗透率变化曲线

四、水驱油田 GAT 产量递减方程

1. 理论基础

若将文献[18]中的拟油相相对渗透率关系式中的 $\bar{S}_{wd}$ 用 S_{wd} 替代,则转化为标准格式的油相相对渗透率关系式:

$$K_{ro} = K_{o(S_{wi})} \cos^2(0.5\pi S_{wd}) / [m\tan(0.5\pi S_{wd}) + 1]^n \quad n \geqslant 0, m > 0 \quad (5-39)$$

式中 m、n 值与储层孔隙结构、润湿性有关,决定着油相相对渗透率曲线的形态。

将式(5-15)、式(5-39)代入式(5-11),并取初始条件递减时间 $t = 0$ 时,$S_{we} = S_{wi}$,微分求解,得:

$$m\tan(0.5\pi S_{wd}) + 1 = \left[\frac{\pi a(n+1)mK_{o(S_{wi})}(1 - S_{wi})}{2kN(1 - S_{wi} - S_{or})} t + 1\right]^{\frac{1}{1+n}} \quad (5-40)$$

令 $\varphi = \dfrac{\pi a(n+1)mK_{o(S_{wi})}(1 - S_{wi})}{2kN(1 - S_{wi} - S_{or})}$,则式(5-40)改写为:

$$m\tan(0.5\pi S_{wd}) + 1 = (\varphi t + 1)^{\frac{1}{1+n}} \quad (5-41)$$

将式(5-41)代入式(5-39),得:

$$K_{ro} = \frac{K_{o(S_{wi})}}{\{m^{-2}[(\varphi t + 1)^{\frac{1}{1+n}} - 1]^2 + 1\}(\varphi t + 1)^{\frac{n}{1+n}}} \quad (5-42)$$

将式(5-42)代入式(5-10),可得 Generalized - Arc - Tangent(简称 GAT)产量递减方程:

$$q_t = \frac{aK_{o(S_{wi})}}{\{m^{-2}[(\varphi t + 1)^{\frac{1}{1+n}} - 1]^2 + 1\}(\varphi t + 1)^{\frac{n}{1+n}}} \quad (5-43)$$

当 $t = 0$ 时,由式(5-43)可得初始产量:

$$q_i = aK_{o(S_{wi})} \quad (5-44)$$

将式(5-44)代入式(5-43),得:

$$q_t = \frac{m^2 q_i}{(\varphi t + 1)^{\frac{2+n}{1+n}} - 2(\varphi t + 1) + (m^2 + 1)(\varphi t + 1)^{\frac{n}{1+n}}} \quad (5-45)$$

将式(5-45)代入递减率定义式,整理得:

$$D_t = \frac{\varphi \dfrac{2+n}{1+n}(\varphi t + 1)^{\frac{1}{1+n}} - 2\varphi + (m^2 + 1)\dfrac{n}{1+n}\varphi(\varphi t + 1)^{\frac{-1}{1+n}}}{(\varphi t + 1)^{\frac{2+n}{1+n}} - 2(\varphi t + 1) + (m^2 + 1)(\varphi t + 1)^{\frac{n}{1+n}}} \quad (5-46)$$

令 $t = 0$,由式(5-46),得:

$$D_i = \varphi \frac{n}{1+n} = \frac{\pi a n m K_{o(S_{wi})}(1 - S_{wi})}{2kN(1 - S_{wi} - S_{or})} \quad (5-47)$$

令 $b = 1/n + 1$,将式(5-47)代入式(5-45),且 $n > 0$ 时,即可得到 GAT 产量递减标准方

程式：

$$q_t = \frac{m^2 q_i}{(bD_i t + 1)^{2-(1/b)} - 2(bD_i t + 1) + (m^2 + 1)(bD_i t + 1)^{1/b}} \quad (5-48)$$

式(5-48)中，当 $t = 0$ 时，$q_t = q_i$；当 $t \to \infty$ 时，$q_t \to 0$。这些特点，正是描述油气田产量递减函数必须满足的条件，因此，表明式(5-48)为一递减函数，可以用于产量递减预测。

2. 求解方法（生产数据）

由于 GAT 递减方程过于复杂，求解比较特殊，具体为：

令 $\beta = \dfrac{\varphi}{m(1+n)q_i}$，那么，将式(5-43)代入递减期累计产油量定义式 $N_{pd} = \int_0^t q_t dt$ 可得：

$$N_{pd} = \frac{1}{\beta}\arctan\left\{\frac{1}{m}\left[(\varphi t + 1)^{\frac{1}{1+n}} - 1\right]\right\} \quad (5-49)$$

由式(5-49)求得 $\dfrac{1}{m}\left[(\varphi t + 1)^{\frac{1}{1+n}} - 1\right]$，代入式(5-45)可得：

$$\tan(\beta N_{pd}) = \frac{\varphi}{mq_i} q_t t \cos^{-2}(\beta N_{pd}) + \frac{1}{mq_i} q_t \cos^{-2}(\beta N_{pd}) - \frac{1}{m} \quad (5-50)$$

令 $z_0 = -\dfrac{1}{m}$，$z_1 = \varphi/mq_i$，$z_2 = 1/mq_i$，则式(5-50)转化为：

$$\tan(\beta N_{pd}) = z_0 + z_1 q_t t \cos^{-2}(\beta N_{pd}) + z_2 q_t \cos^{-2}(\beta N_{pd}) \quad (5-51)$$

将实际数据代入式(5-31)，利用单变量求解方法，可确定出 β、z_0、z_1 和 z_2，进一步利用下列公式可确定出 n、m、φ 和 q_i 的值：

$$m = -1/z_0 \quad (5-52)$$

$$\varphi = z_1/z_2 \quad (5-53)$$

$$q_i = -z_0/z_2 \quad (5-54)$$

$$n = z_1/\beta - 1 \quad (5-55)$$

虽然 GAT 产量递减方程求解方法比较特殊，但该方程既能解决一般产量递减问题（即产量递减率为单调递减函数），也能解决产量递减初期曲线向右微凸问题（即产量递减率为先单调递增、后为单调递减函数）；同时，该方程在一定条件下可以转化为 Arps 递减方程、Logistic 递减方程和反正切微分分布（Arc-Tangent）递减方程[19]。如：$n = 0$ 时，令 $\lambda = \varphi/m$，那么，式(5-45)即为 Arc-Tangent（简称 ArcT）产量递减方程[20]：

$$q_t = \frac{q_i}{1 + \lambda^2 t^2} \quad (5-56)$$

按递减率定义式，可知 Arc-Tangent 产量递减方程的递减率方程为：

$$D_t = \frac{2\lambda^2 t}{1 + \lambda^2 t^2} \quad (5-57)$$

令 $t = 0$，由式(5-57)得 $D_i = 0$。这表明 Arc-Tangent 产量递减方程是初始递减率为 0

的一种特殊产量递减方程,其油相相对渗透关系式 $K_{ro} = K_{o(S_{wi})}\cos^2(0.5\pi S_{wd})$ 也很特殊。进一步分析 λ 的变化对递减率影响,随 λ 的增大,递减率变化歪"几"字形越明显(图 5-3),即递减率初期由 0 快速增大到某一极值,然后随时间开始缓慢下降,这种特点与 Arps 递减方程所表现出来的递减率单调下降有着明显的区别[21]。

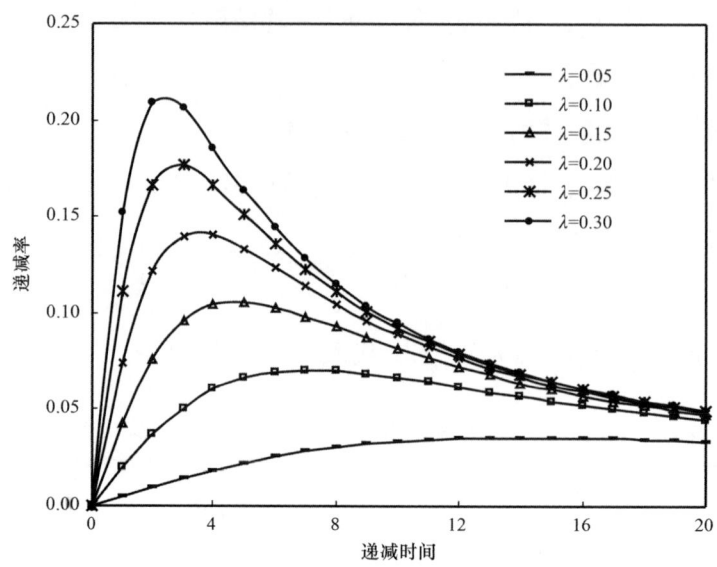

图 5-3 不同 λ 值下 Arc-Tangent 产量递减率变化曲线

3. 实例应用及验证

温五区块位于吐哈盆地吐鲁番坳陷台北凹陷鄯善弧形构造带温吉桑构造东南端马红断层上盘,主要生产层位为中侏罗统三间房组,平均孔隙度 16.8%,平均渗透率为 63mD,为低孔低渗透储层;油藏地层原油密度 0.8201g/cm³,地层原油黏度 0.35mPa·s,地层水黏度 0.43mPa·s,原始溶解气油比 262m³/t,体积系数 1.6811,地饱压差 3.98MPa,属低黏中渗透油藏。1997 年以来,区块产量进入连续递减阶段(表 5-8、图 5-4),其单井平均动用地质储量 12×10^4t,直接利用 GAT 递减回归得到温五区块单井产量递减关系式为:

$$q_t = \frac{149.82984}{(0.10586t+1)^{-1.55954} - 2(0.10586t+1) + 129.61376(0.10586t+1)^{3.55954}}$$

其中,拟合相关系数为 0.98182,$q_i = 1.16496$,$D_i = 0.37681a^{-1}$,$m = -11.34080$,$n = -1.39070$。

表 5-8 温五区快历年单井平均产油量数据

递减时间(a)	0	1	2	3	4	5	6	7	8
产油量(10^4t/a)	1.0027	0.6949	0.3777	0.419	0.3046	0.239	0.1848	0.1662	0.1225

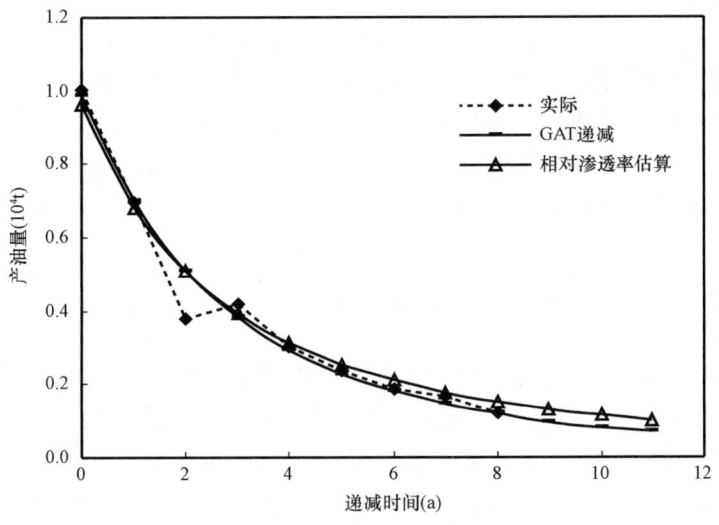

图 5-4 温五区块单井产量递减曲线

按文中 GAT 递减方程对应油相相对渗透率进行拟合(表 5-9、图 5-5)。

$$K_{ro} = 1.12090\cos^2(0.5\pi S_{wd})/[2.04077\tan(0.5\pi S_{wd})+1]^{0.76569} \quad (相关系数=0.99655)$$

其中,$K_{o(S_{wi})} = 1.12090$,$m = 2.04077$,$n = 0.76569$。

取初始试采产量 $0.9125 \times 10^4 t$,$k = 0.75$,得到初始递减率 $D_i = 0.46924$,$q_i = 1.02282$,这与实际生产数据直接拟合结果基本一致(图 5-5)。

表 5-9 温五区块油相相对渗透率数据

S_{we}	0.3712	0.4	0.45	0.5	0.55	0.6	0.65	0.7	0.745
K_{ro} (mD)	1	0.9263	0.6869	0.4421	0.2541	0.1323	0.0631	0.0277	0

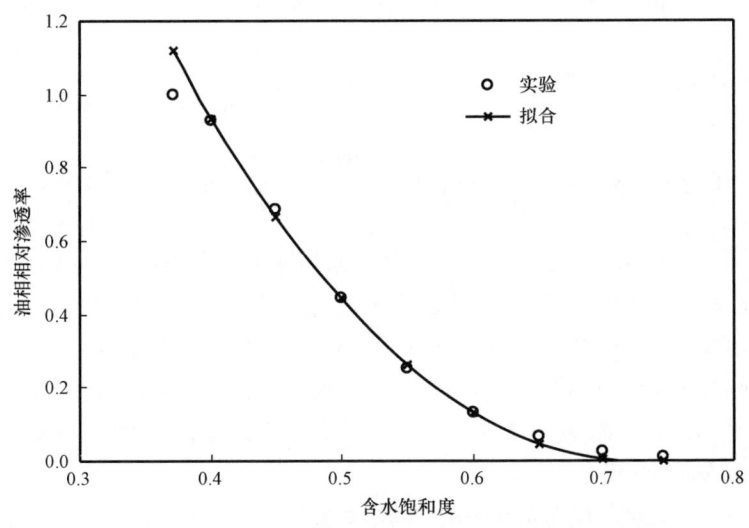

图 5-5 温五区快油水相对渗透率变化曲线

总之,通过前面实例分析,利用油水相对渗透率确定的递减参数与实际生产数据直接得到的初始递减参数基本一致。因此,在油田开发初期或油田开发指标设计时,可以有效利用试采资料和油相相对渗透率数据对产量递减变化趋势进行有效地预估,使得开发设计指标更加符合油田生产实际。但对于不同的油田,其油水相对渗透率特征基本上决定着油田的递减类型。譬如,利用油相相对渗透率关系式拟合确定出鄯善油田产量递减符合双曲递减、马西深层符合调和递减、红岗萨尔图油藏符合指数递减[4]、丘陵油田符合 Logistic 递减以及温五区块符合 GAT 递减等。

五、递减方程对应水相相对渗透率关系式

在以上水驱油田渗流理论推导过程中,表面上未显示利用 Welge 方程和 Leverett 函数,只是引用了 Эфрос 实验结果。实质上,Эфрос 实验结果蕴含着油水相对渗透率比值、Leverett 函数和 Welge 方程,其中平均含水饱和度与出口端含水饱和度呈线性关系就是 Welge 方程在某种分流量函数下的一种解析式。若将 Эфрос 实验结果代入 Welge 方程,并取初始条件 $S_{we} = S_{wi}$ 时, $f_w = 0$,定积分得到含水率与出口端含水饱和度关系式(即分流量函数):

$$f_w = 1 - (1 - S_{wd})^{1/(1-k)} \tag{5-58}$$

将式(5-58)与 Leverett 函数结合,得到油水相对渗透率比值为:

$$K_{ro}/K_{rw} = \frac{\mu_o}{\mu_w} [(1 - S_{wd})^{1/(k-1)} - 1]^{-1} \tag{5-59}$$

结合 Arps、Logistic、GAT 递减方程对应的油相相对渗透率关系式,可依次得到匹配的水相相对渗透率关系式。

双曲递减:$K_{rw} = K_{w(S_{or})}(1 - S_{wd})^m [(1 - S_{wd})^{1/(k-1)} - 1]$ (5-60)

指数递减:$K_{rw} = K_{w(S_{or})}(1 - mS_{wd})[(1 - S_{wd})^{1/(k-1)} - 1]$ (5-61)

调和递减:$K_{rw} = K_{w(S_{or})} \exp(-mS_{wd})[(1 - S_{wd})^{1/(k-1)} - 1]$ (5-62)

Logistic 递减:$K_{rw} = K_{w(S_{or})}[\exp(-mS_{wd}) - \frac{C_o}{K_{o(S_{wi})}}][(1 - S_{wd})^{1/(k-1)} - 1]$ (5-63)

GAT 递减:$K_{rw} = \frac{K_{w(S_{or})} \cos^2(0.5\pi S_{wd})}{[m\tan(0.5\pi S_{wd}) + 1]^n}[(1 - S_{wd})^{1/(k-1)} - 1]$ (5-64)

式中 $K_{w(S_{or})} = K_{o(S_{wi})} \mu_w / \mu_o$;$K_{w(S_{or})}$——残余油饱和度下水相渗透率,mD。

因此,在利用文中一组匹配的油水相对渗透率关系式后,可以通过渗流理论基础方程(物质平衡微分方程、Darcy 定律、Welge 方程和 Leverett 函数)得到 Arsp、Logistic、GAT 递减方程,表明水驱油田 Arsp、Logistic、GAT 递减方程各自具有特殊的油、水相对渗透率关系式,只是目前传统上提供的油、水相对渗透率关系式还无法通过渗流理论基础方程导出 Arsp、Logistic、GAT 递减方程等特殊的递减方程[22-25]。

利用常用的 Arps 递减方程对应的油水两相渗流关系式,对国内三个实际油田的相对渗透率数据进行拟合,双曲递减对应的油水两相渗流关系式拟合程度整体上要好于其他递减方程

对应的油水两相渗流关系式,这也从实践角度说明指数递减与调和递减只是双曲递减在递减指数为 0 或 1 时的一种特例的真实反映(图 5-6、表 5-10)。

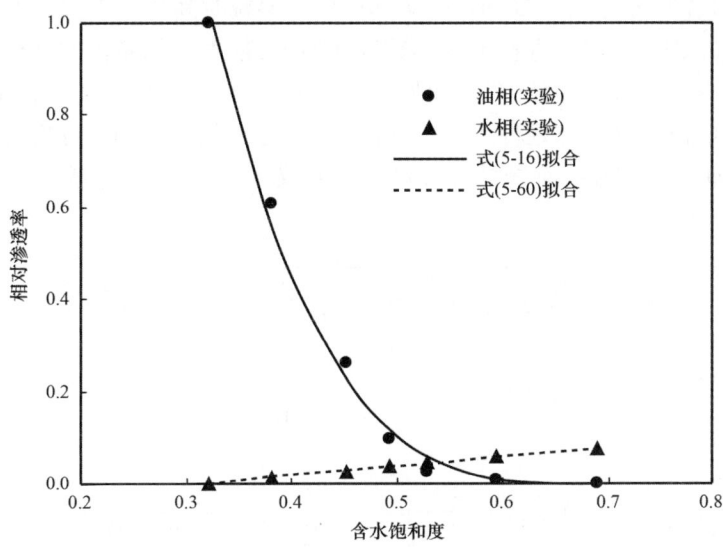

图 5-6　鄯善油田油水相对渗透率曲线

表 5-10　国内三个不同区域油田相对渗透率实验数据拟合结果对比

油田	分项	油相相对渗透率关系式			水相相对渗透率关系式		
		双曲	指数	调和	双曲	指数	调和
鄯善	$K_{o(S_{wi})}$ 或 $K_{w(S_{or})}$	1.0312	0.7503	1.6314	0.0299	0.0320	0.1708
	m 或 k	3.4431	1.3150	6.8190	0.7469	0.5531	0.6629
	相关系数	0.9964	0.8771	0.9738	1.0000	0.9991	0.9993
红岗	$K_{o(S_{wi})}$ 或 $K_{w(S_{or})}$	0.6188	0.6010	0.9784	0.0056	0.0005	0.0496
	m 或 k	1.4357	1.1790	3.9411	0.5362	0.7535	0.2082
	相关系数	0.9981	0.9953	0.9116	0.9999	0.9999	0.9960
马西	$K_{o(S_{wi})}$ 或 $K_{w(S_{or})}$	0.9164	0.6880	0.8956	0.0810	0.0821	0.4614
	m 或 k	3.2226	1.2462	4.1995	0.7247	0.5161	0.3047
	相关系数	0.9846	0.8590	0.9974	1.0000	0.9998	0.9988

第二节　产量递减方程分类及相互转化关系

目前,瞬时产量递减方程已近 20 种,这些方程是从不同的角度引入或提出来的,在矿场上被广泛地应用[26-29]。为了更好地理清它们之间的关系,减少恒等变形方程重复使用,为此,本节对现有的常用产量递减方程进行了系统性分类。

一、产量递减方程一级结构分类

虽然瞬时产量递减方程有近20种,但从其产量与递减时间的关系式来看,不外乎有两类,一类是最简单的递减方程,这类方程无论参数取任何值,都不可能简化成其他形成的产量递减方程,这类递减方程称为基础递减方程;而另一类方程,当待定参数取某一特定值时,可以转化为其他形式的递减方程,这类方程称为广义递减方程。按照这一特征,可将目前的产量递减方程划分为四类,即广义 Arps 递减方程、ZGTZ 递减方程、GAT 递减方程和其他递减方程(图 5 – 7)。

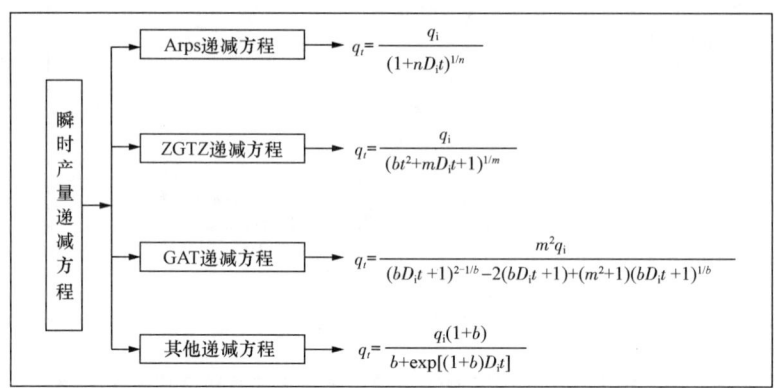

图 5 – 7　瞬时产量递减方程一级结构分类

二、广义 Arps 递减方程二级结构分类

广义 Arps 递减方程与双曲递减方程形式一致,只是递减指数 n 不受限制,其递减方程为:

$$q_t = q_i (1 + nD_i t)^{-1/n} \quad (5-65)$$

在上述广义 Arps 递减方程中,当递减指数 n 取不同的值或初始递减率 D_i 用不同参数形式表示时,可以简化为如下递减方程(图 5 – 8)。

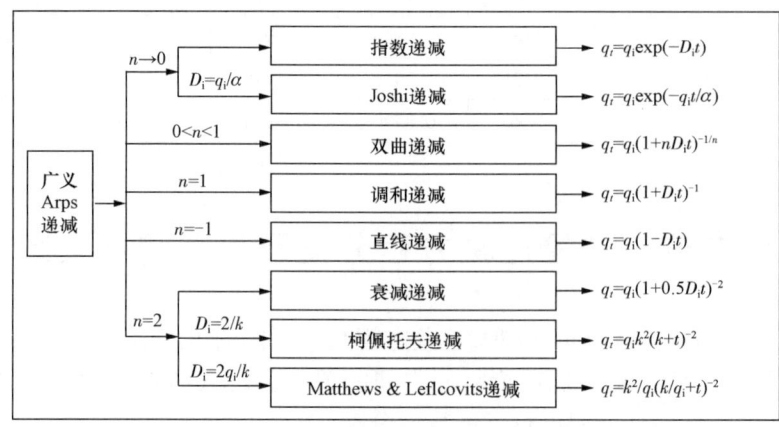

图 5 – 8　广义 Arps 产量递减方程二级结构分类

1. 指数递减

当指数递减 $n \to 0$ 时,广义 Arps 递减方程可转化为指数递减:

$$q_t = q_i \exp(-D_i t) \tag{5-66}$$

2. Joshi 递减

进一步令 $D_i = q_i/\alpha$,则式(5-66)转化为 Joshi 递减方程:

$$q_t = q_i \exp(-q_i t/\alpha) \tag{5-67}$$

因此,指数递减方程与 Joshi 递减方程是同一类递减方程,即互为等价方程。

3. 双曲递减

当指数递减 $0 < n < 1$ 时,广义 Arps 递减方程可转化为双曲递减:

$$q_t = q_i (1 + nD_i t)^{-1/n} \quad (0 < n < 1) \tag{5-68}$$

4. 调和递减

当指数递减 $n = 1$ 时,广义 Arps 递减方程可转化为调和递减:

$$q_t = q_i (1 + D_i t)^{-1} \tag{5-69}$$

5. 直线递减

当指数递减 $n = -1$ 时,广义 Arps 递减方程可转化为衰竭递减:

$$q_t = q_i (1 - D_i t) \tag{5-70}$$

6. 衰竭递减

当指数递减 $n = 2$ 时,广义 Arps 递减方程可转化为衰竭递减:

$$q_t = q_i (1 + 0.5 D_i t)^{-2} \tag{5-71}$$

7. 柯佩托夫递减

当指数递减 $n = 2$,并令 $D_i = 2/k$ 时,广义 Arps 递减方程可转化为柯佩托夫递减:

$$q_t = q_i \left(\frac{k}{k+t}\right)^2 \tag{5-72}$$

8. Matthews & Leflcovits 递减[30]

当指数递减 $n = 2$,并令 $D_i = 2q_i/k$ 时,广义 Arps 递减方程可转化为 Matthews & Leflcovits 递减:

$$q_t = k^2/q_i (k/q_i + t)^{-2} \tag{5-73}$$

因此,衰竭递减方程、柯佩托夫递减方程以及 Matthews & Leflcovits 递减方程实质上属同一数学模型,且互为等价模型。

三、广义 ZGTZ 递减方程二级结构分类

文献[31]提出了如下广义递减方程:

$$q_t = q_i / (bt^2 + mD_i t + 1)^{1/m} \tag{5-74}$$

同样,对上述广义 ZGTZ 递减方程中 b、m 取不同的值或初始递减率 D_i 用不同参数形式表示时,可以简化为如下递减方程(图 5-9)。

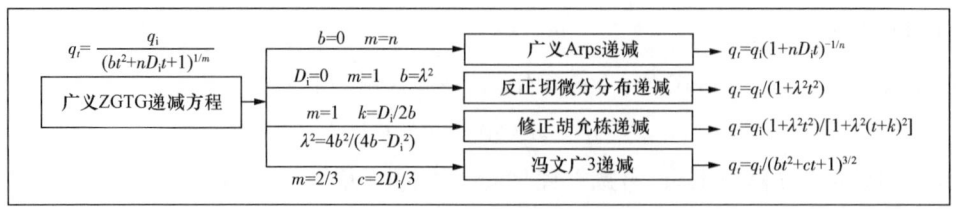

图 5-9 广义 ZGTZ 产量递减方程二级结构分类

1. 广义 Arps 递减方程

很明显,当式(5-74)中 $b=0$ 时,并令 $m=n$,可直接转化为广义 Arps 递减方程式(5-65)。另外,当 $b = m^2 D_i^2/4$ 时,分母构成一个二次完全平方和,并令 $n = m/2$,也可直接转化为广义 Arps 递减方程。

进一步讨论可知,当 $b=0$,$m=1$ 或 $b = D_i^2$,$m=2$ 时,式(5-74)可直接转化为 Arps 递减方程中的调和递减方程;当 $b=0$ 或 $b = m^2 D_i^2/4$,$m \to 0$ 时,式(5-74)可直接转化为 Arps 递减方程中的指数递减方程;当 $b=0$ 或 $b = m^2 D_i^2/4$,$m \to 0$,$D_i = q_i/\alpha$,则式(5-74)转化为 Joshi 递减方程;当 $b=0$,$m=-1$ 或 $b = m^2 D_i^2/4$,$m=-2$ 时,式(5-74)可直接转化为 Arps 递减方程中的直线递减方程;当 $b=0$,$m=0.5$ 或 $b = m^2 D_i^2/4$,$m=1$,并令 $k = 2/D_i$ 时,式(5-74)可直接转化为 Колытов 递减方程(或衰竭递减方程);当 $b=0$,$m=0.5$ 或 $b = m^2 D_i^2/4$,$m=1$,并令 $D_i = 2q_i/k$ 时,式(5-74)可直接转化为 Matthews & Leflcovits 递减方程等。

2. 反正切微分分布产量递减方程

当 $D_i = 0$,$m=1$,并令 $b = \lambda^2$ 时,式(5-74)可直接转化为反正切微分分布产量递减方程:

$$q_t = \frac{q_i}{1 + \lambda^2 t^2} \tag{5-75}$$

3. 与修正的胡允栋递减方程的关系[31]

当 $m=1$,并令 $\lambda^2 = 4b^2/(4b - D_i^2)$,$k = D_i/2b$ 时,式(5-74)可直接转化为修正的胡允栋递减方程:

$$q_t = q_i \left[\frac{1 + \lambda^2 k^2}{1 + \lambda^2 (t+k)^2} \right] \tag{5-76}$$

4. 与冯文广 3(以下简称 FWG3)产量递减方程的关系[32]

当 $m = 2/3$,并令 $c = 2D_i/3$,式(5-74)可直接转化为 FWG3 产量递减方程:

$$q_t = q_i/(bt^2 + ct + 1)^{3/2} \qquad (5-77)$$

从以上研究分析可知，当待定参数 b、D_i、m 取不同的值时，式(5-74)可转化为广义 Arps 递减（含双曲递减、指数递减、调和递减、直线递减）、Колытов 递减（或称衰竭递减）、Matthews & Leflcovits 递减、反正切微分分布产量递减（或称胡允栋递减）、修正的胡允栋递减以及 FWG3 等 10 种递减方程。这表明 ZGTZ 递减方程在一定程度上具备了广义递减方程的基本特征——参数变化范围和覆盖面比较广，具有一定的通用性。因此，在实际工作中，只要能利用式(5-74)进行产量预测和分析，就不必再应用前面能转化（或衍生）的 10 种递减模型，这将大大减少预测的工作量和使用递减模型的盲目性。

四、广义 GAT 递减方程二级结构分类

第一节中已给出了广义递减方程标准式为式(5-48)。同样，对广义 GAT 递减方程中 b、m 取不同的值或初始递减率 D_i 用不同参数形式表示时，可以近似转化为如下递减方程（图 5-10）。

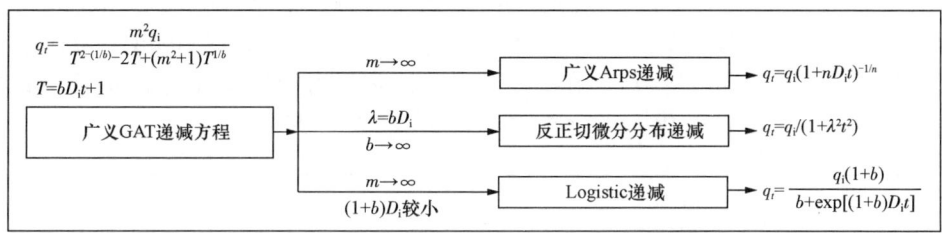

图 5-10 广义 GAT 产量递减方程二级结构分类

1. 广义 Arps 递减方程

令 $b = n$，$m \to \infty$，则式(5-48)可改写为双曲递减方程；当 $m \to \infty$，$b \to 0$ 时，式(5-48)可转化为指数递减方程；当 $b = 1$，$m \to \infty$ 时，则式(5-48)可转化为调和递减方程；当 $m \to \infty$，$b \to 0$，$D_i = q_i/\alpha$，则式(5-48)转化为 Joshi 递减方程；当 $m \to \infty$，$b = -1$ 时，式(5-48)可直接转化为 Arps 递减方程中的直线递减方程；当 $m \to \infty$，$b = 2$，并令 $k = 2/D_i$ 时，式(5-48)可直接转化为 Колытов 递减方程（或衰竭递减方程）；当 $m \to \infty$，$b = 2$，并令 $D_i = 2q_i/k$ 时，式(5-48)可直接转化为 Matthews & Leflcovits 递减方程等。

2. Logistic 递减方程

在从式(5-48)得到调和递减方程式后，对调和递减方程右端分子、分母同乘以 $(1+b)$ 因子，整理可得：

$$q_t = \frac{q_i(1+b)}{b + 1 + (1+b)D_i t} \qquad (5-78)$$

另外，由麦克劳林公式可知：

$$\exp[(1+b)D_i t] = 1 + (1+b)D_i t + \frac{[(1+b)D_i]^2}{2!}t^2 + \cdots \qquad (5-79)$$

当 $(1+b)D_i$ 值较小时,将式(5-79)中 $1+(1+b)D_i$ 可近似看作是 $\exp[(1+b)D_i t]$ 以 t 为自变量按麦克劳林公式展开的前两项,则上式可改写为 Logistic 递减方程:

$$q_t \approx \frac{q_i(1+b)}{b+\exp[(1+b)D_i t]} \tag{5-80}$$

3. 反正切微分分布产量递减方程

当 $\lambda = bD_i$,且 b 值较大时,式(5-48)即转化为反正切微分分布产量递减方程[33]:

$$q_t \approx q_i/(1+\lambda^2 t^2) \tag{5-81}$$

通过以上研究表明,广义 GAT 产量递减方程在转化成其他的递减方程时,b、m 参数都是取极端条件下的近似恒等转化。因此,从特征参数取值角度分析,广义反正切微分分布产量递减方程是一种极为特殊的广义产量递减方程。

五、其他特殊递减方程二级结构分类

除了前面提到的递减方程外,还有 Weibull 产量递减、修正 Weibull 递减、俞启泰 N1 递减、伸缩指数递减、Logistic 递减等,这些递减方程结构比较特殊,尤其是 Weibull 产量递减、伸缩指数递减以及修正 Weibull 递减等方程,在 $b=1$ 时可以转化为指数递减或 Joshi 递减;当然,Logistic 递减在 $b=0$ 时,直接转化为指数递减或 Joshi 递减(图 5-11)。

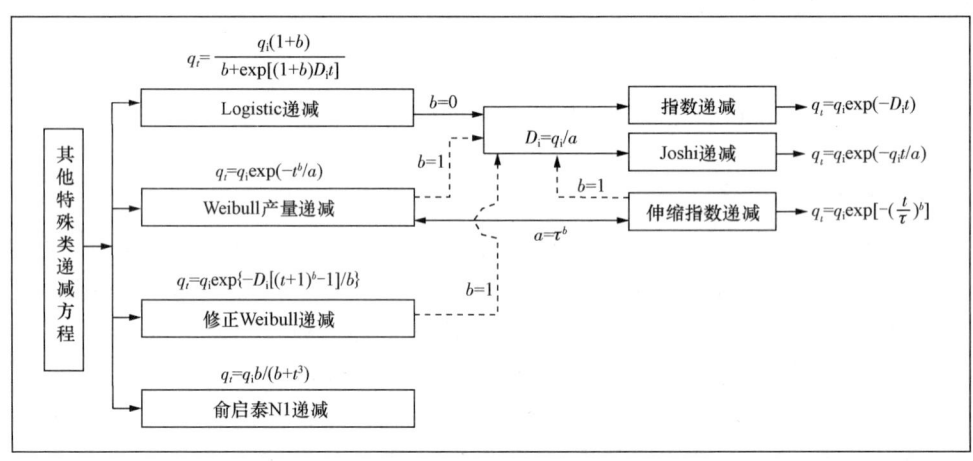

图 5-11 其他特殊类产量递减方程二级结构分类

总之,通过前面产量递减方程的分类与划分,可以看出广义 Arps 递减方程、ZGTZ 递减方程、GAT 递减方程和其他特殊递减方程中的 Logistic 产量递减方程基本上概括了当前大多数产量递减方程。因此,在渗流机理不清、水驱油实验数据较为缺乏的条件下,可以先利用这 4 种方程对油田的产量递减变化规律进行辨识,而不必去选用它们对应的简化模型逐一进行辨识。

第三节 产量递减方程变化特征

下面对广义 Arps 递减方程、ZGTZ 递减方程、GAT 递减方程和 Logistic 产量递减方程的特征分别作具体分析。

一、广义 Arsp 递减变化特征

1. 油相相对渗透率曲线变化特点

取 $m = 0.5,1,1.5,2,3,5,8$,可得一组 Arps 递减方程对应油相相对渗透率变化曲线(图 5 – 12),明显地反映出广义 Arps 产量递减方程对应油相相对渗透率变化特征具有以下几个方面的特点:

(1) 当 $m = 1$ 时,油相相对渗透率曲线为斜率是 – 1 的直线。

(2) 当 $m > 1$ 时,油相相对渗透率曲线为一下凹双曲曲线,位于斜率为 – 1 的直线左下方,且随 m 值的增大,曲线下凹程度愈强,反映出低含水饱和度时油相相对渗透率下降快,高含水饱和度时,油相相对渗透率下降比较慢的特点。

(3) 当 $m < 1$ 时,油相相对渗透率曲线为一上凸的双曲曲线,且随 m 值的越小,曲线越远离斜率为 – 1 的直线,反映出低含水饱和度时油相相对渗透率下降较慢,高含水饱和度时油相相对渗透率下降的突然加快的特点,这类油相相对渗透率曲线在实际油田很少遇见。但实际油田产量递减研究中常常出现递减指数小于 $0^{[27]}$,这从 Arps 递减方程渗流理论建立过程中递减指数 $n = 1 - (1/m)$ 可知,应该是 $m < 1$ 的油相相对渗透率曲线所反映的递减曲线,这是值得人们深入思考的问题。

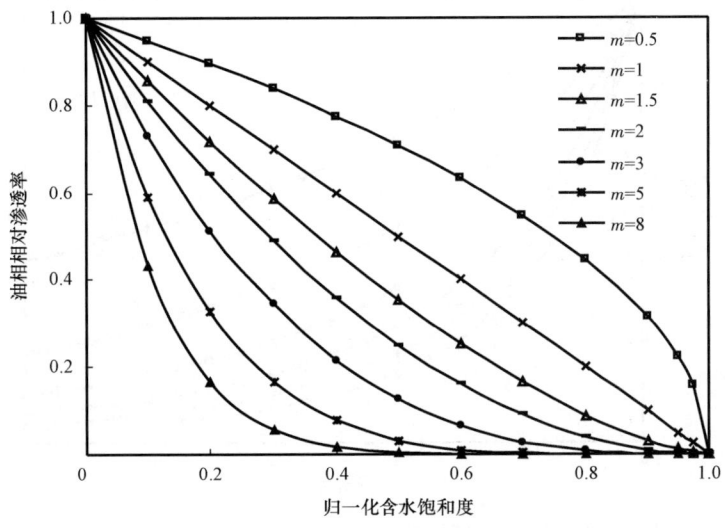

图 5 – 12 m 值对广义 Arps 递减方程油相相对渗透率变化特征的影响
油相相对渗透率以束缚水饱和度下油相渗透率作为对比的标准量

2. 产量递减曲线变化特征

对式(5-65)中 n 分别取 $-1.0, -0.5, 0, 0.5, 1.0, 2.0$,初始递减率取 0.1,可得一组无因次产量($q_D = q_t/q_i$)与时间的变化曲线。结果表明:随递减指数 n 的增大,递减曲线明显变缓(图 5-13)。

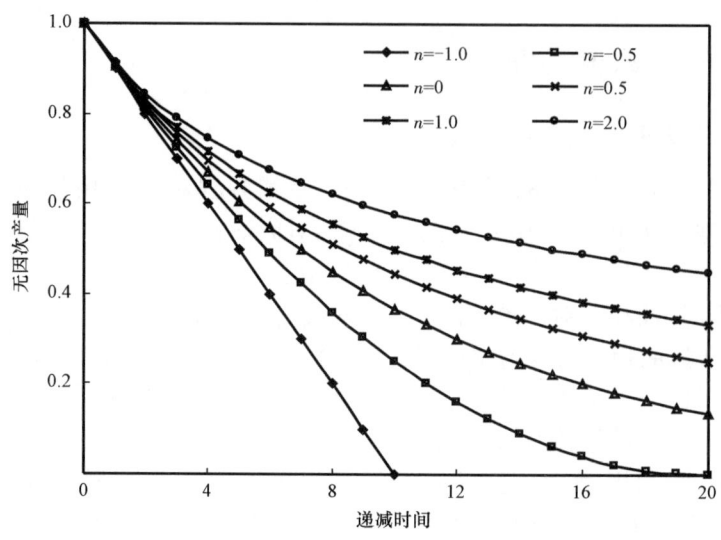

图 5-13 递减率指数对广义 Arps 产量递减曲线的影响

同理,当在递减指数 n 一定的情况下,无因次产量递减曲线随递减率的进一步增大,初期产量变化曲线变得越来越陡,而递减后期产量变化比较平稳(图 5-14)。

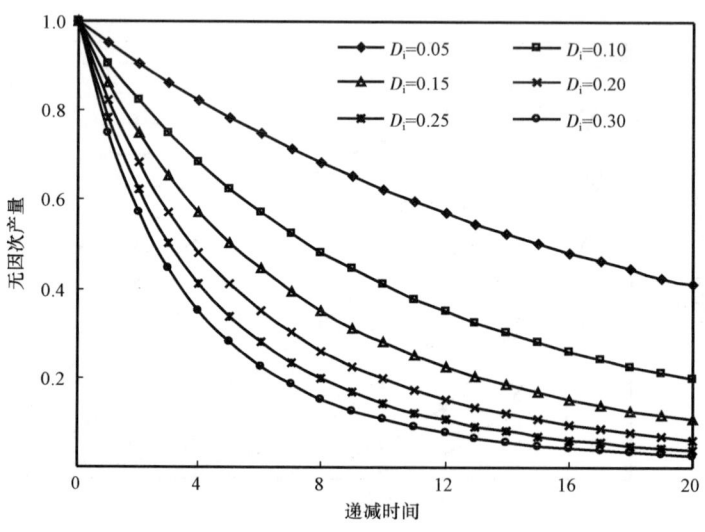

图 5-14 初始递减率对广义 Arps 产量递减曲线的影响

3. 产量递减率变化特征

将式(5-65)代入递减率定义式(5-34),整理得:

$$D_t = D_i/(1 + nD_i t) \tag{5-82}$$

对式(5-82)中 n 分别取 $-1.0,-0.5,0,0.5,1.0,2.0$,初始递减率取 10%,可得一组无因次递减率 $D_D = D_t/D_i$ 与时间的变化曲线(图5-15)。结果表明:当递减指数小于零时,无因次递减率曲线表现为单调递增,且随递减指数的增大,递减曲线明显变缓;当递减指数等于零时,即为指数递减,无因次递减率恒为1;当递减指数大于零时,无因次递减率曲线表现为单调递减,且随递减指数的增大,无因次递减率曲线初期明显变陡。

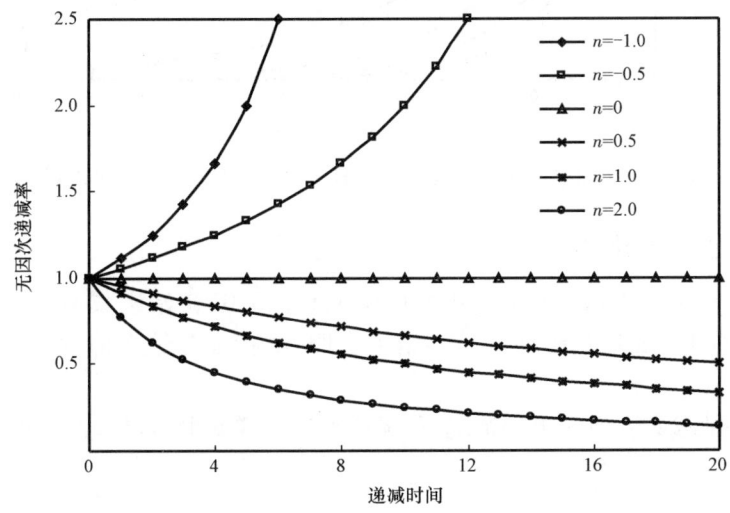

图5-15 递减指数对 Arps 递减率变化曲线的影响

二、Logistic 递减变化特征

1. 油相相对渗透率曲线变化特点

取 $C_o = 0$, $m = 1,2,4,6,8,10$,可得一组 Logistic 递减方程对应油相相对渗透率变化曲线(图5-16),明显地反映出广义 Logistic 产量递减方程对应油相相对渗透率变化特征具有以下几个方面的特点:

(1)随 m 值增大,油相相对渗透率曲线越完整,曲线形态越呈现"下凹"形双曲曲线。

(2)当 m 值较大时,油相相对渗透率曲线下降幅度减缓,且在含水饱和度100%时,油相相对渗透率还存在,这严重与实际情况不符。

以上 Logistic 产量递减方程对应油相相对渗透率变化特征反映出,利用式(5-28)描述油相相对渗透率时,m 值一般很大。

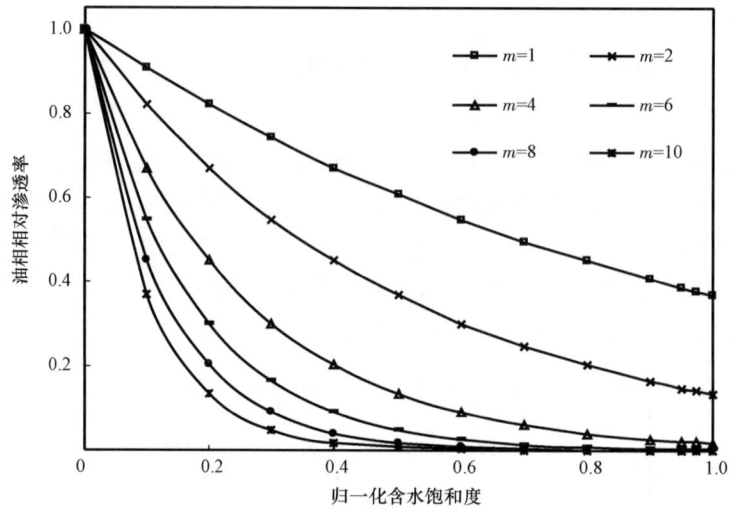

图 5-16　m 值对 Logistic 递减方程油相相对渗透率变化特征的影响

2. 产量递减曲线变化特征

对式(5-37)中 b 分别取 $-1.5,-0.5,0,0.5,1.5,3.0$,初始递减率取 10%,可得一组无因次产量与时间的变化曲线(图 5-17)。结果表明:随特征参数 b 值的增大,递减曲线明显变陡。

同理,在当特征参数 b 值一定的情况下,无因次产量递减曲线随递减率的进一步增大而变得越来越陡。

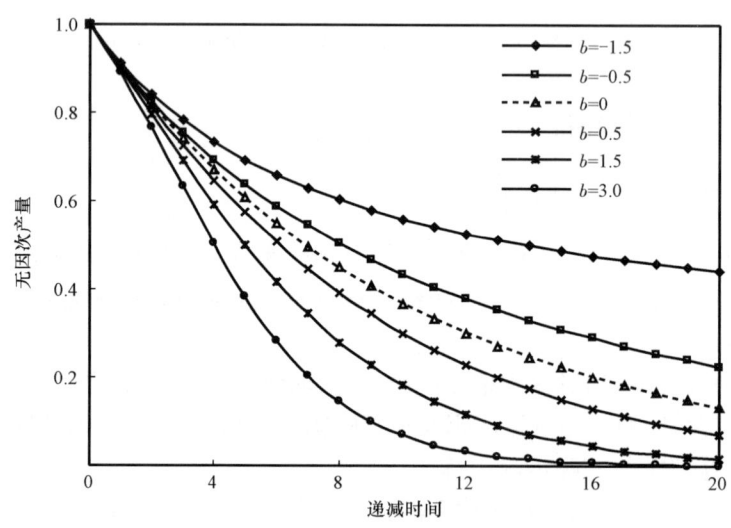

图 5-17　b 值对 Logistic 产量递减曲线的影响

3. 产量递减率变化特征

将式(5-37)代入递减率定义式,整理得:

$$D_t = (1+b)D_i / \{1 + b\exp[-(1+b)D_i t]\} \tag{5-83}$$

对式(5-83)分别 b 取 -1.5，-0.5，0，0.5，1.5，3，初始递减率取 10%，可得一组无因次递减率与时间的变化曲线(图 5-18)。结果表明：当特征参数 b 值小于零时，无因次递减率曲线表现为单调递减，且随 b 值增大，无因次递减率曲线初期明显变缓；当递减指数等于零时，即为指数递减，无因次递减率恒为 1；当递减指数大于零时，无因次递减率曲线表现为单调递增，且随 b 值的增大，递减曲线明显变陡。总之，Logistic 递减方程变化特征与广义 Arps 递减方程基本相似。

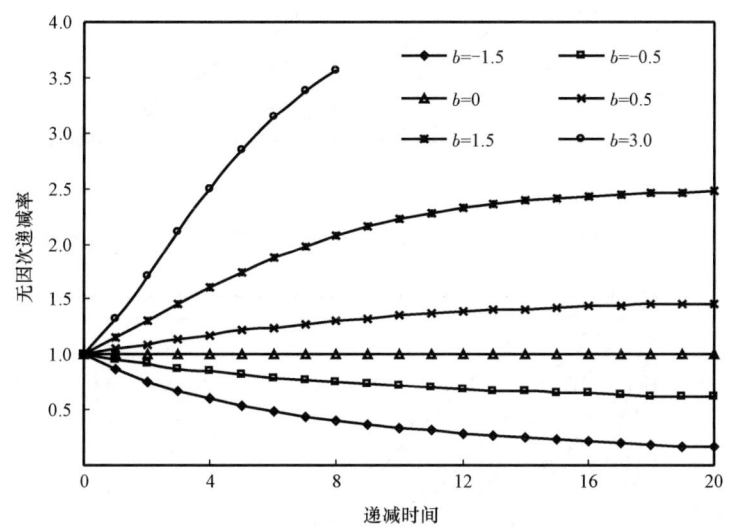

图 5-18 b 值对 Logistic 递减率变化曲线的影响

三、广义 GAT 递减变化特征

1. 油相相对渗透率曲线变化特征

对式(5-39)取 $m = 4$，$n = 0.0, 0.1, 0.2, 0.4, 0.8, 1.2, 2.4$，可得一组油相相对渗透率变化曲线(图 5-19)；取 $n = 2$，$m = 0.0, 0.25, 0.5, 1, 2, 4, 8$，可得另一组油相相对渗透率变化曲线(图 5-20)。通过对广义 GAT 产量递减方程对应油相相对渗透率变化特征进行分析，并结合油相相对渗透率函数本身的属性，发现广义反正切微分分布产量递减方程所对应的油相相对渗透率曲线主要有以下几个方面的特点。

(1) 随 n 值的增大，油相相对渗透率曲线一方面向相对渗透率轴逐渐偏移；另一方面由反"S"形逐渐向凹形转化(图 5-19)；

(2) 同样，随 m 值的增大，油相相对渗透率曲线也表现出了向相对渗透率轴偏移和部分"S"形曲线向凹形转化的特点(图 5-20)；

(3) 当 $n = 0$ 或 $m = 0$ 时，油相相对渗透率曲线为特定的 $K_{ro} = K_{o(S_{wi})} \cos^2(0.5\pi S_{wd})$ 曲线；

(4) n，m ($m > 0, n > 0$) 任意组合，油相相对渗透率曲线均落在 $K_{ro} = K_{o(S_{wi})} \cos^2(0.5\pi S_{wd})$ 的右侧。

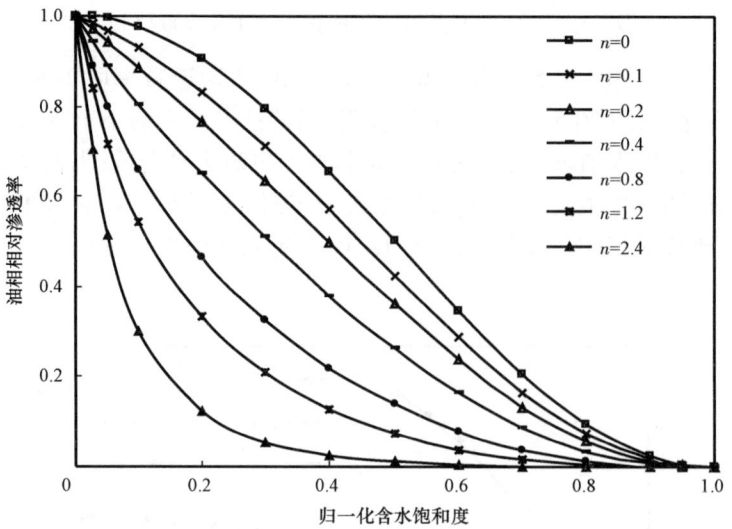

图 5-19　n 值对广义 GAT 递减方程油相相对渗透率变化特征的影响

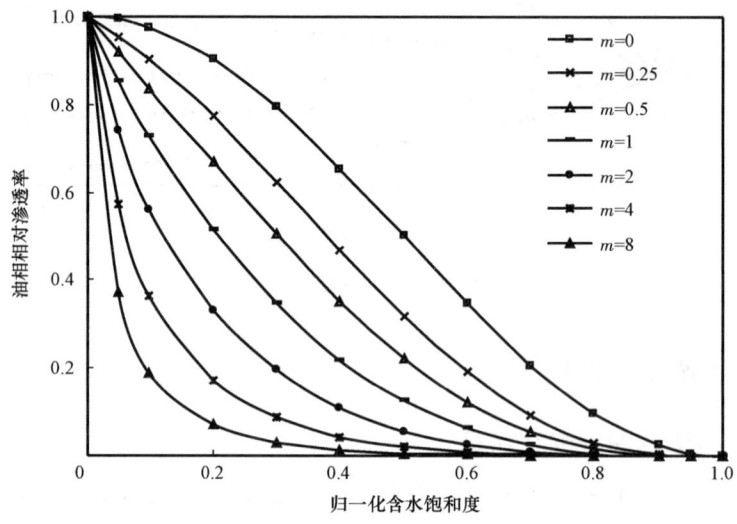

图 5-20　m 值对广义 GAT 递减方程油相相对渗透率变化特征的影响

2. 递减期产油量变化特征

在式(5-48)中,取 $b=0.25,0.5,0.75,1,1.5,2,2.5$, $m=0.3$,初始递减率取 10%,即可得到油田进入递减期一组产油量变化曲线(图 5-21);另外,对式(5-48)中取 $m=0.2,0.4,0.6,0.8,1.0,1.2$, $b=4$,初始递减率取 2.5%,也可得到油田进入递减期另一组产油量变化曲线(图 5-22)。从两图中可以明显反映出广义 GAT 递减方程具有以下几个方面的特点:

(1)当 $0<b<1$ 时,该递减方程表现为下滑递减曲线,并随 b 值的减小,曲线越向左下方偏移,且曲线下滑初期比较陡峭,递减后期趋于平缓;当 $b>1$ 时,该递减方程也表现为下滑递减曲线,但随 b 值的增大,曲线向左下方偏移,且曲线下滑初期比较陡峭,递减后期趋于平缓(图 5-21)。

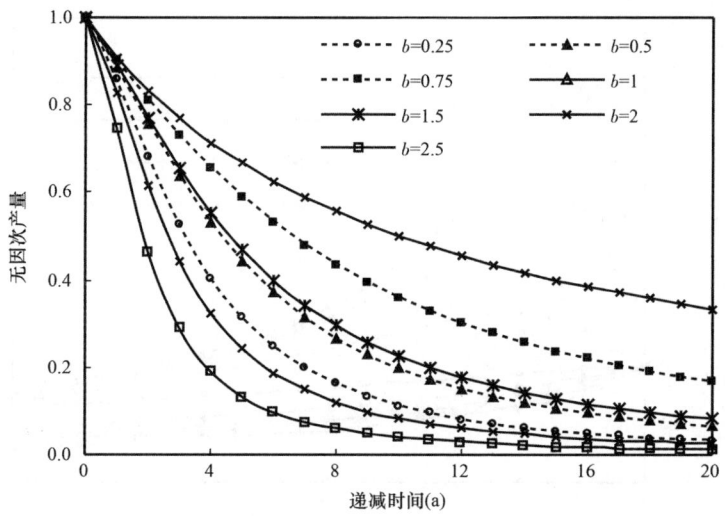

图 5-21 b 值对广义 GAT 产量递减曲线的影响

(2)当 m 值越小,产量递减曲线向左下方偏移,且产量递减初期向右微凸的下滑递减特征越明显(图 5-22)。

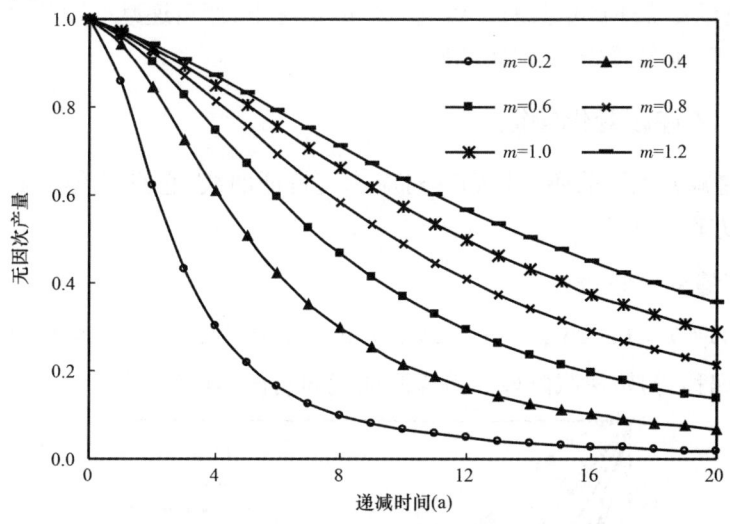

图 5-22 m 值对广义 GAT 产量递减曲线的影响

3. 递减率变化特征

将式(5-48)代入递减率定义式,整理得:

$$D_t = \frac{(2b-1)(bD_i t+1)^{1-(1/b)} - 2b + (m^2+1)(bD_i t+1)^{(1/b)-1}}{(bD_i t+1)^{2-(1/b)} - 2(bD_i t+1) + (m^2+1)(bD_i t+1)^{1/b}} D_i \quad (5-84)$$

对式(5-84) b 分别取 0.25,0.5,0.75,1,2.5,5,7.5,初始递减率取 12%,可得一组无因次递减率与时间的变化曲线(图 5-23)。结果表明:当特征参数 $b \geq 1$ 时,无因次递减率曲线表现为先单调增大、后单调下降,且随 b 值增大,该特征越明显;当 $0 < b < 1$ 时,递减率仅表现为单调下降。

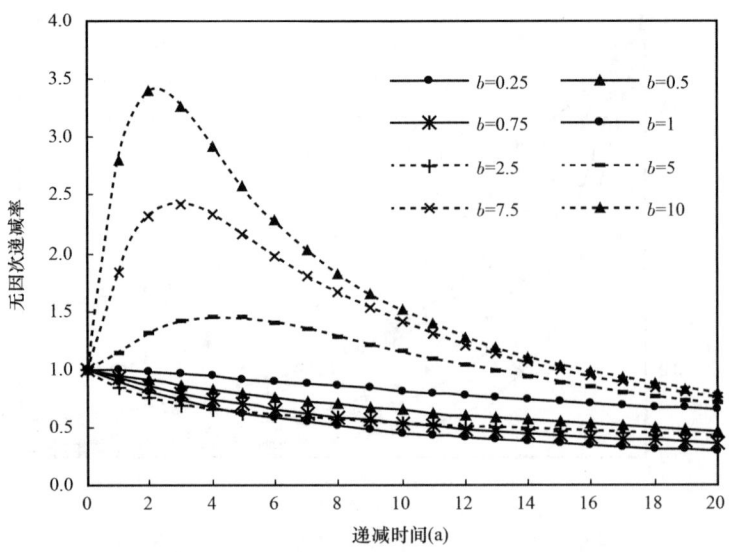

图 5-23 b 值对 TAG 递减率变化曲线的影响

因此,广义 GAT 递减方程所具有的以上这些特点,拓展了产量递减方程及其递减率的研究范围与方向,使得在描述产量具有一致递减性的情况下,产量递减率变化规律即可为单调递减型,也可为先单调递增、后为单调递减型。

四、广义 ZGTZ 递减变化特征

广义 ZGTZ 递减方程目前还未找到其对应渗流特征曲线,它只是在众多递减方程基础上形成的一种递减方程通式[31]。

1. 递减期产量变化特征

对式(5-74)取 $b=0.025$,$m=1.25$,D_i 依次取 0.40,0.32,0.24,0.16,0.08,0,产量递减曲线依次向右偏移,初始递减阶段产量递减曲线向右微凸(图 5-24)。

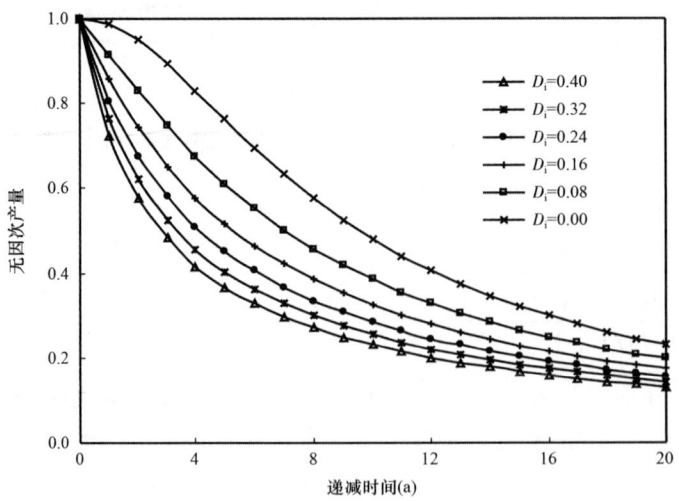

图 5-24 初始递减率对 ZGTZ 产量递减曲线的影响

取 $b=0.02$,$D_i=0.1$ 为定值,m 依次为 $0.5,1,1.5,2,2.5,3$,产量递减曲线依次向右偏移,递减曲线亦变得越来越缓(图 5-25)。

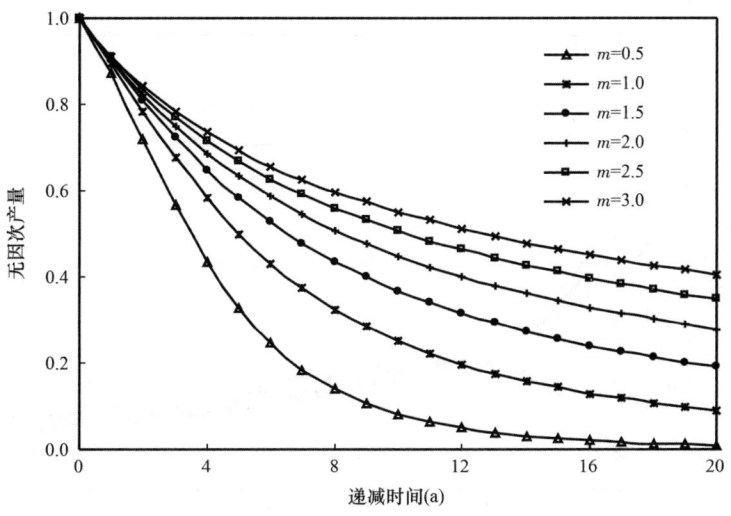

图 5-25 m 值对 ZGTZ 产量递减曲线的影响

取 $D_i=0.15$,$m=1.5$,b 依次取 $0,0.02,0.04,0.06,0.08,0.1$,产量递减曲线依次向左偏移,递减曲线变得越来越陡峭(图 5-26)。

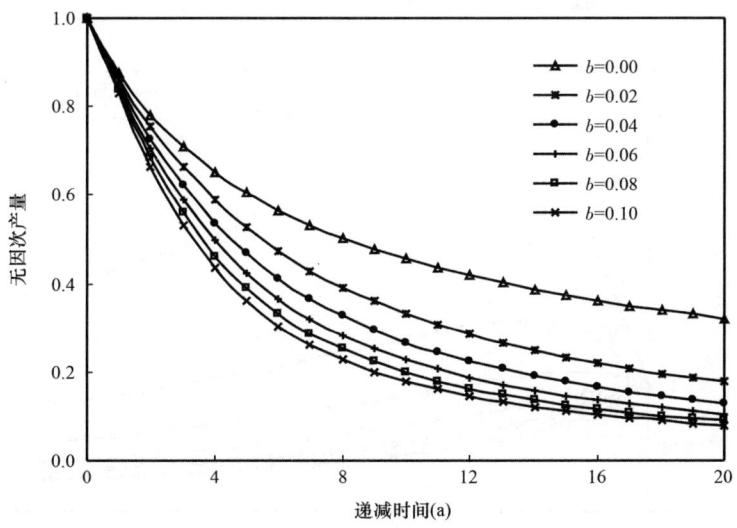

图 5-26 b 值对 ZGTZ 产量递减曲线的影响

2. 递减率变化特征

将式(5-74)代入递减率定义式,整理,得:

$$D_t = \frac{2bt + mD_i}{m(1 + mD_i t + bt^2)} \qquad (5-85)$$

取 $b = 0.025$,$m = 1.25$,D_i 依次取 $0.40,0.32,0.24,0.16,0.08,0$,递减率变化曲线依次由单调递减向先单调上升后单调递减转变(图 5 – 27)。

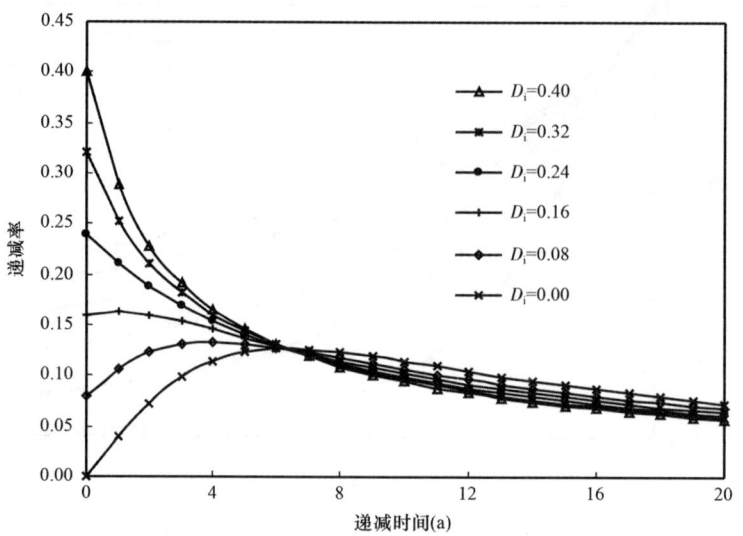

图 5 – 27 初始递减率对 ZGTZ 递减率变化曲线的影响

取 $b = 0.02$,$D_i = 0.1$ 为定值,m 依次为 $0.5,1,1.5,2,2.5,3$,递减率变化曲线依次由先单调上升、后单调递减向单调递减转变(图 5 – 28)。

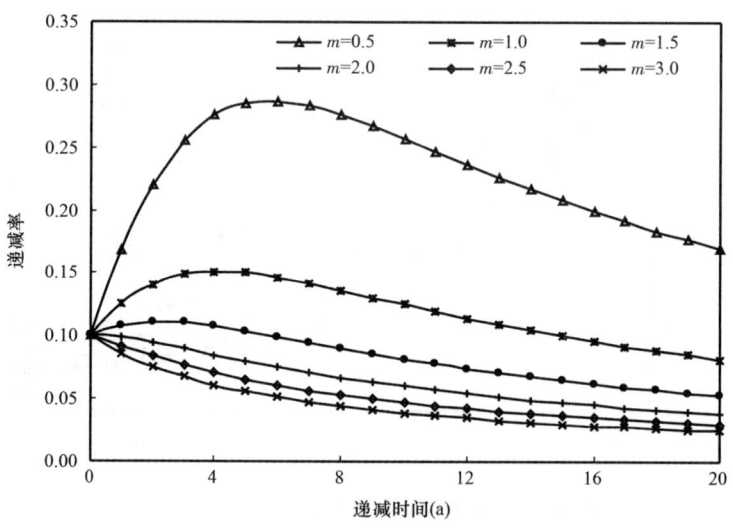

图 5 – 28 m 值对 ZGTZ 递减率变化曲线的影响

取 $D_i = 0.15$,$m = 1.5$,b 依次取 $0,0.02,0.04,0.06,0.08,0.1$,递减率变化曲线依次由单调递减向先单调上升、后单调递减转变(图 5 – 29)。

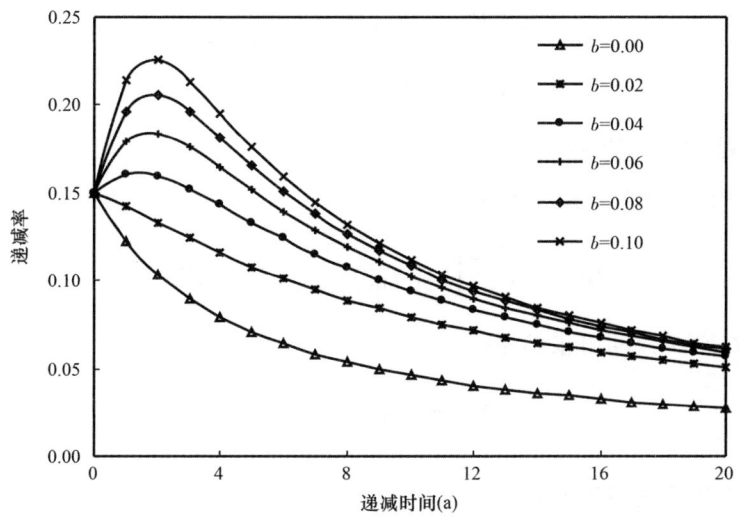

图 5−29 b 值对 ZGTZ 递减率变化曲线的影响

总之,广义 ZGTZ 递减方程的这些特点与 GAT 产量递减方程十分相似。

第四节 递减期累计产油量方程

一、递减期累计产油量与递减时间关系

由概念可知,递减期累计产油量由下式计算:

$$N_{pd} = \int_0^t q_t dt \tag{5-86}$$

1. Arps 累计产量递减方程

将式(5−66)、式(5−68)和式(5−69)分别代入式(5−86),定积分,可依次得到下列公式。

$$\text{指数递减:} \quad N_{pd} = \frac{q_i}{D_i}[1 - \exp(-D_i t)] \tag{5-87}$$

$$\text{双曲递减:} \quad N_{pd} = \frac{q_i}{(1-n)D_i}[1 - (1 + nD_i t)^{1-(1/n)}] \tag{5-88}$$

$$\text{调和递减:} \quad N_{pd} = \frac{q_i}{D_i}\ln(1 + D_i t) \tag{5-89}$$

当 $t \to \infty$ 时,则对应递减期可采储量可表示为下列公式。

$$\text{指数递减:} \quad N_{Rd} = \frac{q_i}{D_i} \tag{5-90}$$

双曲递减：$N_{Rd} = \dfrac{q_i}{(1-n)D_i}$ (5-91)

调和递减：不存在

2. Logistic 累计产量递减方程

将式(5-37)代入式(5-86)，定积分，得：

$$N_{pd} = \dfrac{q_i}{bD_i}\ln\left\{\dfrac{1+b}{1+b\exp[-(1+b)D_i t]}\right\}$$ (5-92)

当 $t \to \infty$ 时，则递减期可采储量为：

$$N_{Rd} = \dfrac{q_i}{bD_i}\ln(1+b)$$ (5-93)

3. GAT 累计产量递减方程

将(5-48)式代入式(5-86)，定积分，得：

$$N_{pd} = \dfrac{mq_i}{(b-1)D_i}\arctan\left\{\dfrac{1}{m}\left[(bD_i t+1)^{\frac{b-1}{b}}-1\right]\right\}$$ (5-94)

当 $t \to \infty$ 时，则递减期最终可采储量为：

$$N_{Rd} = \dfrac{\pi}{2}\dfrac{mq_i}{(b-1)D_i}$$ (5-95)

二、递减期累计产量与瞬时产量的关系

1. Arps 递减方程

从式(5-66)、式(5-68)和式(5-69)分别求出时间与产量的递减关系，依次为下列公式。

指数递减：$t = \dfrac{1}{D_i}\ln\left(\dfrac{q_i}{q_t}\right)$ (5-96)

双曲递减：$t = \dfrac{1}{nD_i}\left(\dfrac{q_i^n}{q_t^n}-1\right)$ (5-97)

调和递减：$t = \dfrac{1}{D_i}\left(\dfrac{q_i}{q_t}-1\right)$ (5-98)

将式(5-96)、式(5-97)和式(5-98)分别代入对应的累计产量与时间关系式(5-87)、式(5-88)和式(5-89)，依次可得下列公式。

指数递减：$N_{pd} = (q_i - q_t)/D_i$ (5-99)

双曲递减：$N_{pd} = \dfrac{q_i^n}{(1-n)D_i}(q_i^{1-n}-q_t^{1-n})$ (5-100)

调和递减：$N_{pd} = \dfrac{q_i}{D_i}\ln\left(\dfrac{q_i}{q_t}\right)$ (5-101)

2. Logistic 产量递减方程

从式(5-37)中可得到：

$$\exp[(1+b)D_i t] = (1+b)q_i/q_t - b \tag{5-102}$$

将式(5-91)左端整理,可得：

$$N_{pd} = \dfrac{q_i}{bD_i}\ln\left\{\dfrac{(1+b)\exp[(1+b)D_i t]}{\exp[(1+b)D_i t]+b}\right\} \tag{5-103}$$

将式(5-102)代入式(5-103),得：

$$N_{pd} = \dfrac{q_i}{bD_i}\ln\left(1+b-\dfrac{bq_t}{q_i}\right) \tag{5-104}$$

3. 广义反正切微分分布产量递减方程

从式(5-94)求得：

$$bD_i t + 1 = \left\{m\tan\left[\dfrac{(b-1)D_i N_{pd}}{mq_i}\right]+m\right\}^{\frac{b}{b-1}} \tag{5-105}$$

将上式代入式(5-48),整理得：

$$q_t = q_i \dfrac{\cos^2\left[\dfrac{(b-1)D_i N_{pd}}{mq_i}\right]}{\left\{m\tan\left[\dfrac{(b-1)D_i N_{pd}}{mq_i}\right]+1\right\}^{\frac{1}{b-1}}} \tag{5-106}$$

三、典型递减方程待定参数求解及应用

产量递减分析的关键和难点是产量递减方程待定参数的求解,在第一节中,已给出了常用的几个瞬时产量与时间关系式的参数辨识方法,下面就分别给出 Arps 递减方程和 Logistic 产量递减方程衍生的累计产量方程,以及 GAT 瞬时产量递减方程和 ZGTZ 瞬时产量递减方程待定参数的求解方法,这些方法一般也为多元线性回归方法或含单变量多元线性回归方法。

1. Arps 递减方程的参数求解方法

将式(5-88)整理,可得：

$$N_{pd} = \dfrac{q_i}{(1-n)D_i}\left[1-(1+nD_i t)(1+nD_i t)^{-1/n}\right] \tag{5-107}$$

从式(5-68)中可求得：

$$(1+nD_i t)^{-1/n} = q_t/q_i \tag{5-108}$$

将式(5-108)代入式(5-107),整理得：

$$q_t = q_i - (1-n)D_i N_{pd} - nD_i q_t t \tag{5-109}$$

令 $x_1 = q_i$，$x_2 = -(1-n)D_i$，$x_3 = -nD_i$，则：

$$q_t = x_1 + x_2 N_{pd} + x_3 q_t t \tag{5-110}$$

从式(5-110)分析可知，当 $x_2 = 0$ 时，式(5-109)即为瞬时调和递减方程，且初始递减率 $D_i = -x_3$；当 $x_3 = 0$ 时，方程即为指数递减方程在递减期 N_{pd} 与时间的关系式，且初始递减率 $D_i = -x_2$。因此，式(5-110)不仅可以确定待定参数的值，而且也可确定 Arps 递减方程的类型。

利用生产数据，对式(5-110)中的 q_t、N_{pd} 和 $q_t t$ 进行二元线性回归，即可确定出 Arps 递减方程中的待定参数值：

$$q_i = x_1 \tag{5-111}$$

$$D_i = -(x_2 + x_3) \tag{5-112}$$

$$n = x_3/(x_2 + x_3) \tag{5-113}$$

2. Logistic 产量递减方程的参数求解方法

对式(5-104)整理得：

$$q_t = \frac{q_i(1+b)}{b} - \frac{q_i}{b}\exp\left(\frac{bD_i}{q_i}N_{pd}\right) \tag{5-114}$$

令 $x_1 = \dfrac{q_i(1+b)}{b}$，$x_2 = -\dfrac{q_i}{b}$，$x_3 = \dfrac{bD_i}{q_i}$，则式(5-114)转化为：

$$q_t = x_1 + x_2 \exp(x_3 N_{pd}) \tag{5-115}$$

对式(5-116)单变量求解，可确定出式(5-115)中的待定参数值：

$$q_i = x_1 + x_2 \tag{5-116}$$

$$b = -(x_1 + x_2)/x_2 \tag{5-117}$$

$$D_i = -x_2 x_3 \tag{5-118}$$

3. GAT 产量递减方程的参数求解方法

虽然前面已从理论角度证明了 GAT 产量递减方程比其他递减方程更具普遍的适用性，但对于一组已知产量与时间的数据要确定出式(5-48)递减方程中的待定参数值（或特征参数），由于其表达式复杂，不易转化为线性方程（或含单变量的线性方程），求解就显得比较困难。倘若借助特征参数特性分析及其衍生的递减期累计产油量与时间的关系式，其求解就变得较为容易。按照前面第二节对 m 值和 b 值的讨论，下面就具体给出针对此问题的求解方法。

第一种情况：取 $m \to \infty$，则式(5-48)简化为双曲递减方程：

$$q_t = q_i(bD_i t + 1)^{-1/b} \tag{5-119}$$

利用 $N_{pd} = \int_0^t q_t \mathrm{d}t$ 对式(5-119)求得 N_{pd} 与时间的关系式为：

$$N_{pd} = \frac{q_i}{(1-b)D_i}\left[1 - (1 + bD_i t)^{1-(1/b)}\right]$$

$$= \frac{q_i}{(1-b)D_i}[1-(1+bD_it)(1+bD_it)^{-1/b}]$$

$$= \frac{q_i}{(1-b)D_i}[1-(1+bD_it)\frac{q_t}{q_i}]$$

$$= \frac{q_i}{(1-b)D_i} - \frac{1}{(1-b)D_i}q_t - \frac{b}{1-b}q_tt \tag{5-120}$$

令 $x_1 = \frac{q_i}{(1-b)D_i}$,$x_2 = -\frac{1}{(1-b)D_i}$,$x_3 = -\frac{b}{1-b}$,将方程式(5-120)可写成如下的形式：

$$N_{pd} = x_1 + x_2q_t + x_3q_tt \tag{5-121}$$

利用实际数据,对式(5-121)中的 q_t、N_{pd} 和 q_tt 进行二元线性回归,即可确定出式(5-119)中递减方程中的代定参数值。

$$q_i = -x_1/x_2 \tag{5-122}$$

$$b = x_3/(1+x_3) \tag{5-123}$$

$$D_i = (1+x_3)/x_2 \tag{5-124}$$

第二种情况：当 b 值较大时,$1/b \approx 0$,则式(5-48)即转化为反正切微分分布产量递减方程：

$$q_t = \frac{q_i}{1+\lambda^2t^2} \tag{5-125}$$

式中 $\lambda = \frac{bD_i}{m}$。

对式(5-125)两边取倒数,整理得：

$$\frac{1}{q_t} = \frac{1}{q_i} + \frac{\lambda^2}{q_i}t^2 \tag{5-126}$$

令 $x_1 = 1/q_i$,$x_2 = \lambda^2/q_i$,那么,式(5-126)可写成如下的形式：

$$\frac{1}{q_t} = x_1 + x_2t^2 \tag{5-127}$$

将实际数据代入式(5-127),直接利用最小二乘法,可确定出 x_1 和 x_2,进一步利用下列公式可确定出 bD_i/m，q_i 值。

$$q_i = 1/x_1 \tag{5-128}$$

$$bD_i/m = \sqrt{x_2/x_1} \tag{5-129}$$

第三种情况：取 $C \neq 0$,并利用 $N_{pd} = \int_0^t q_t dt$ 求出 N_{pd} 与时间的关系式见式(5-49),其参数求解过程见式(5-51)。

4. 广义递减方程的参数求救方法

对式(5-74)两端同取 $-m$ 次方,整理得：

$$q_t^{-m} = q_i^{-m}bt^2 + q_i^{-m}mD_it + q_i^{-m} \tag{5-130}$$

令 $x_1 = q_i^{-m}b$,$x_2 = q_i^{-m}mD_i$,$x_3 = q_i^{-m}$,$x_4 = -m$,则上式简化为:

$$q_t^{x_4} = x_1 t^2 + x_2 t + x_3 \qquad (5-131)$$

将实际数据代入式(5-131),利用单变量求解方法,可确定出 x_1、x_2、x_3 和 x_4,进一步利用下列公式可确定出 q_i、b、m 和 D_i 值。

$$m = -x_4 \qquad (5-132)$$

$$q_i = x_3^{1/x_4} \qquad (5-133)$$

$$b = x_1/x_3 \qquad (5-134)$$

$$D_i = -x_2/(x_3 x_4) \qquad (5-135)$$

5. 实例应用

下面以丘陵油田三间房组油藏递减阶段生产数据为例,对上述方法予以应用。在应用式(5-110)、式(5-115)、式(5-51)、式(5-127)和式(5-131)前,首先将阶段产量(一般指年产量)转化为年末对应时刻的产量(图5-30),具体为:

$$q_t = 0.5(\bar{q}_t + \bar{q}_{t+1}),\ N_{pdt} = \sum_0^t \bar{q}_t,\ (t = 1,2,3,\cdots) \qquad (5-136)$$

式中 $\bar{q}_t$ —— t 阶段产油量,t 或 10^4t;

$\bar{q}_{t+1}$ —— $t+1$ 阶段产油量,t 或 10^4t;

N_{pdt} —— t 时刻递减累计产油量,t 或 10^4t。

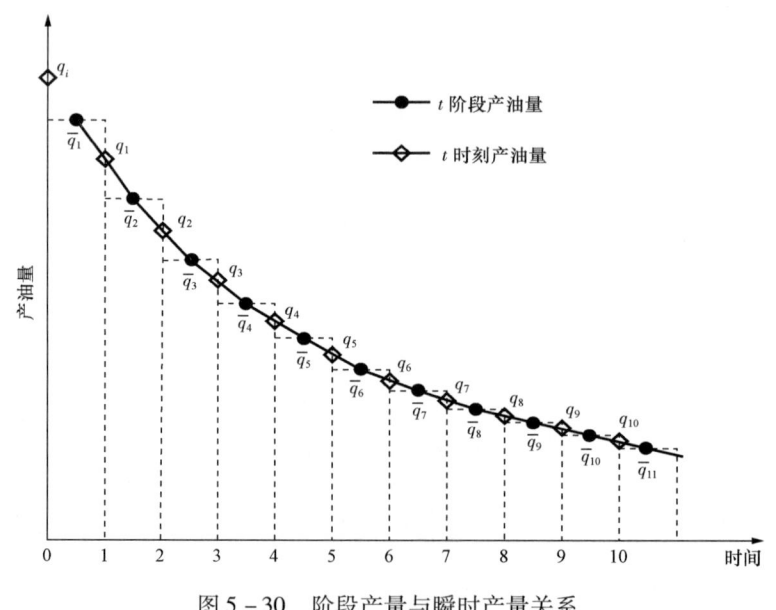

图 5-30 阶段产量与瞬时产量关系

1) Arps 递减曲线

首先,将生产实际数据按式(5-136)转化为瞬时(年末)产油量和年末累计产油量(表5-11)。

表 5-11　丘陵油田三间房组油藏递减期生产数据

递减时间(a)	年产量(10^4t)	年末产油量(10^4t)	递减期年末累计产油量(10^4t)
0	122.42		
1	111.95	117.19	122.42
2	85.76	98.86	234.37
3	73.39	79.58	320.13
4	66.67	70.03	393.52
5	50.64	58.66	460.19
6	39.74	45.19	510.83

其次,利用式(5-110)进行数据拟合,得到 $x_1 = 136.02188$, $x_2 = -0.20071$, $x_3 = 0.04514$,相关系数为 0.99807;并利用式(5-111)、式(5-112)和式(5-113)分别计算出 $q_i = 136.02188$, $D_i = 0.15558$, $n = -0.29012$。

最后,利用式(5-65)式计算出不同时刻产油量,再利用 $\bar{q}_{t-1} = 0.5(q_t + q_{t-1})$ 计算得到递减阶段产油量(图 5-31)。

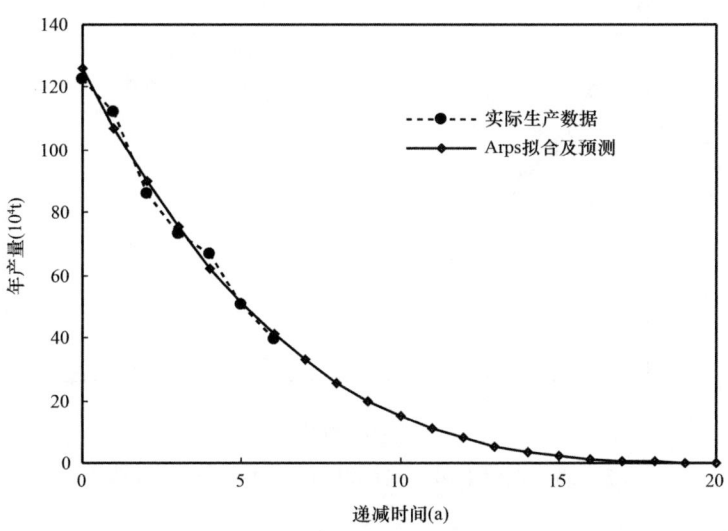

图 5-31　丘陵油田三间房组油藏 Arps 产量递减曲线

2) Logistic 递减曲线

同理,利用式(5-115)确定出 $q_i = 137.46639$, $D_i = 0.16260$, $b = 0.28913$,拟合相关系数 0.99744(图 5-32)。

3) GAT 递减曲线

同样,利用式(5-51),确定出 $q_i = 135.75203$, $D_i = 0.15341$, $b = -0.30785$, $m = -13.03307$,拟合相关系数 0.99768(图 5-33)。

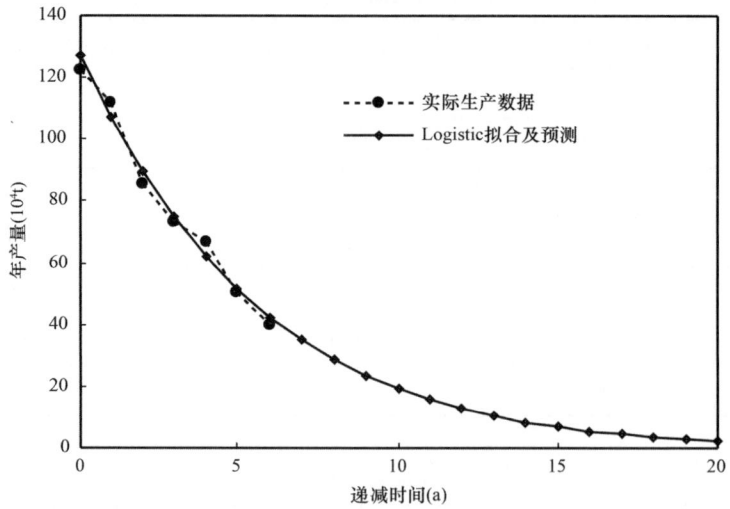

图 5-32　丘陵油田三间房组油藏 Logistic 产量递减曲线

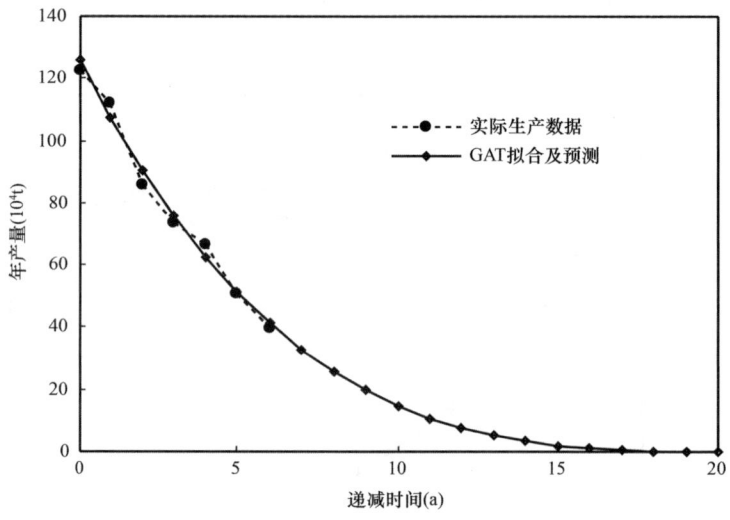

图 5-33　丘陵油田三间房组油藏 GAT 产量递减曲线

4）ArcT 递减曲线

利用式(5-127)，确定出 $bD_i/m = 0.04312$，$q_i = 117.20196$，拟合相关系数为 0.99477（图 5-34）。

5）ZGTZ 递减曲线

利用式(5-131)，确定出 $q_i = 136.62649$，$b = 3.65829 \times 10^{-4}$，$m = -0.28966$ 和 $D_i = 0.15560$，拟合相关系数为 0.99725（图 5-35）。

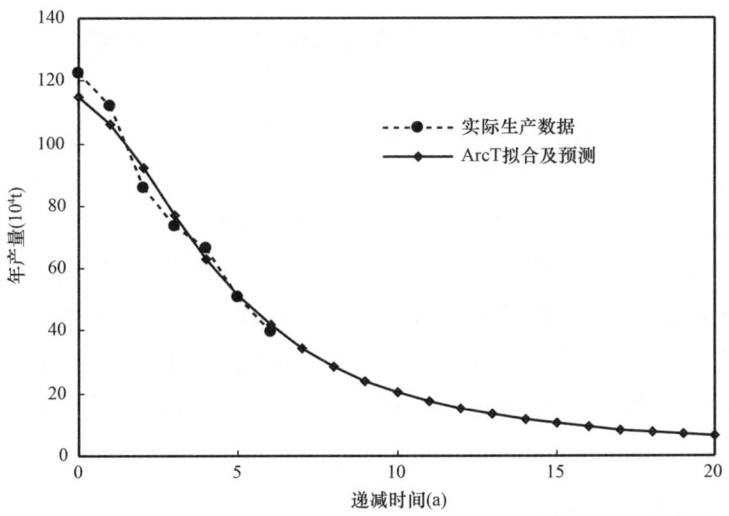

图 5-34　丘陵油田三间房组油藏 ArcT 产量递减曲线

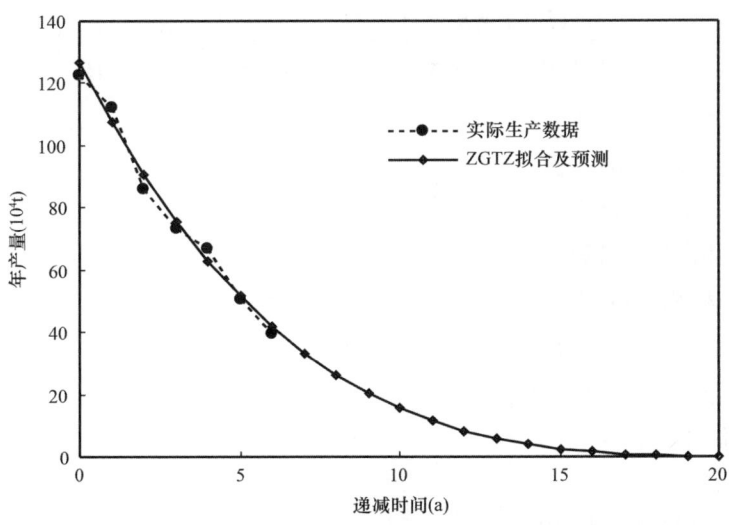

图 5-35　丘陵油田三间房组油藏 ZGTZ 产量递减曲线

在上述 5 个具有代表性的产量递减方程数据拟合过程中,除 Arps 和 ArcT 递减方程转化成多元线性方程组求解外,Logistic、GAT 及 ZGTZ 递减方程均采用含有单变量的多元方程组进行待定参数的求解,尤其是 GAT 递减方程求解过程中,由于基本函数为周期性函数,因此,在给定单变量初始值时尽量小于实际最大累计产油量的倒数,否则,方程组求解会出现数据溢出和无解现象。

第五节 产量递减率多因素分析

油田递减因素分析是油田开发调整技术制订与形成的基础,是油田动态分析的主要研究内容之一。目前,理论界还未形成系统性的量化分析理论来科学性地指导这一最基础、最繁杂的研究工作,只是停留在稳液条件下含水和阶段含水上升幅度(或含水上升率和采油速度)等因素对递减率的定量研究[34]以及地质储量不变的前提下各因素对递减率的影响程度上[35],然而,实际上大多数油田往往不能满足这些条件,如低渗透油田和滚动扩边油田。因此,在不失一般性的情况下,文献[36]结合油田最基本参数或常用的动态监测数据(压力、含水、剖面动用程度等),建立了递减率多因素定量分析方法,从中可确定出影响递减率的主要因素。

一、综合递减率多因素分析

依据达西公式,有:

$$q_t = \frac{0.1728\pi n_o K h_L (1 - f_w)(\bar{p} - p_{wf})}{\ln(1000\sqrt{1/(\pi S_c)}/r_w) + S - 0.75}\left(\frac{K_{ro}}{\mu_o} + \frac{K_{rw}}{\mu_w}\right) \quad (5-137)$$

式中　n_o——油井开井数,口;
　　　h_L——产液厚度,m;
　　　K——油层有效渗透率,mD;
　　　K_{ro}——油相相对渗透率;
　　　K_{rw}——水相相对渗透率;
　　　$\bar{p}$——油层平均压力,MPa;
　　　p_{wf}——井底流动压力,MPa;
　　　r_w——井筒半径,m;
　　　f_w——含水率;
　　　μ_o——地层原油黏度,mPa·s;
　　　μ_w——地层水黏度,mPa·s;
　　　S_c——井网密度,km²/口;
　　　S——表皮系数;
　　　q_t——t时间产油量,t 或 10^4t。

将式(5-137)代入递减率定义式,并令:

$$D_n = -\frac{dn_o}{n_o dt} \quad (5-138)$$

$$D_h = -\frac{dh_L}{h_L dt} = -\frac{d\eta_L}{\eta_L dt} \quad (5-139)$$

$$D_{f_w} = \frac{\mathrm{d}f_w}{(1-f_w)\mathrm{d}t} \tag{5-140}$$

$$D_p = -\frac{\mathrm{d}\bar{p} - \mathrm{d}p_{wf}}{(\bar{p}-p_{wf})\mathrm{d}t} \tag{5-141}$$

$$D_{K_r} = -\frac{\mathrm{d}\left(\dfrac{K_{ro}}{\mu_o}+\dfrac{K_{rw}}{\mu_w}\right)}{\left(\dfrac{K_{ro}}{\mu_o}+\dfrac{K_{rw}}{\mu_w}\right)\mathrm{d}t} \tag{5-142}$$

$$D_{S_c+S} = \frac{-0.5/S_c \mathrm{d}S_c + \mathrm{d}S}{[\ln(1000\sqrt{1/(\pi S_c)}/r_w) + S - 0.75]\mathrm{d}t} \tag{5-143}$$

那么,综合递减率多因素分析数学模型为:

$$D_t = D_n + D_h + D_{f_w} + D_p + D_{K_r} + D_{S_c+S} \tag{5-144}$$

式中　η_L——厚度动用程度;

$\mathrm{d}t$——阶段初至阶段末时间间隔,mon 或 a;

D_t——综合递减率;

D_n——开井数变化引起的递减率;

D_h——产液层厚度变化引起的递减率;

D_{f_w}——含水率变化引起的递减率;

D_p——压力变化引起的递减率;

D_{K_r}——油水相对渗透率变化引起的递减率;

D_{S_c+S}——井网及地层伤害引起的递减率。

从式(5-144)可以看出,油田阶段递减率与油井开井数、产液厚度、含水、地层压力、流动压力、相对产液指数、井网密度、表皮系数均有关联,且在其他因素一定的条件下,分别表现为:

(1)随开井数的增加,递减率减小;

(2)随产液厚度的增加,递减率减小;

(3)随含水上升幅度的减小,递减率减小;

(4)随地层压力的恢复、流动压力的降低(即放大生产压差),递减率减小;

(5)随相对产液指数的上升,递减率减小;

(6)随井网密度的增大,递减率减小;

(7)随表皮系数的降低,递减率减小;

(8)若与上述各因素假设条件相反,则递减率增大。

因此,只要对上述因素进行逐一分析,就可确定出影响油田递减率的主要因素,并依次确定出控制油田递减率的技术对策。考虑在实际分析时,往往受到压力恢复测试资料的限制,地层压力、表皮系数等因素将无法做到量化统计分析,可将式(5-144)中的地层压力、流动压力、相对产液指数、井网密度、表皮系数等因素通过产液剖面资料中产液强度这一复合因素来解决,这样就可以克服压力恢复测试资料的限制。具体过程为:

$$I_L = \frac{0.1728\pi K(\bar{p} - p_{wf})}{\ln[1000\sqrt{1/(\pi S_c)}/r_w] + S - 0.75}\left(\frac{K_{ro}}{\mu_o} + \frac{K_{rw}}{\mu_w}\right) \quad (5-145)$$

则

$$D_I = -\frac{dI_L}{I_L dt} = D_p + D_{K_r} + D_{S_c+S} \quad (5-146)$$

将式(5-146)代入式(5-144),可得到自然递减率与开井数、含水、产液厚度和产液强度等多因素的数学分析模型:

$$D_t = D_n + D_h + D_I + D_{f_w} = -\frac{dn_o}{n_o dt} - \frac{d\eta_L}{\eta_L dt} - \frac{dI_L}{I_L dt} + \frac{df_w}{(1-f_w)dt} \quad (5-147)$$

式(5-147)表明,当产液强度、厚度动用程度增大和含水上升幅度减缓时,有利于油田阶段自然递减率的控制;反之,则不利于油田阶段自然递减率的控制。当油井剖面动用保持相对稳定,影响自然递减率大小的决定因素主要是含水上升幅度及其所处的含水阶段。

二、自然递减率多因素分析

对于一个特定油田,除了采取综合调整措施降低综合递减率外,油藏开发者更注重的是老井的自然递减率是否得到有效的控制。从自然递减率定义,有:

$$\begin{aligned} D_{tn} &= \frac{q_{t-1} - (q_t - q_{tx} - q_{tm})}{q_{t-1}dt} \\ &= D_t + \frac{q_{tx} + q_{tm}}{q_{t-1}dt} \\ &= -\frac{dn_o}{n_o dt} - \frac{d\eta_L}{\eta_L dt} - \frac{dI_L}{I_L dt} + \frac{df_w}{(1-f_w)dt} + \frac{q_{tx} + q_{tm}}{q_{t-1}dt} \end{aligned} \quad (5-148)$$

式中 D_{tn}——自然递减率;

q_{t-1}——$t-1$ 时间产油量,t 或 10^4t;

q_{tx}——t 时间新井产油量,t 或 10^4t;

q_{tm}——t 时间措施产油量,t 或 10^4t。

从式(5-144)可以看出,自然递减率的大小与综合递减率、新井产量和措施产量占前一阶段总产量的比值大小成正比关系。因此,要控制老井自然递减率,不仅要使产液强度、厚度动用程度增大和含水上升幅度减缓,而且也要控制新井产量和措施产量,否则老井自然递减率很难控制下来。

三、实例应用分析

丘陵油田为一被断层复杂化的低孔、低渗透、低黏、弱挥发性砂岩油藏。1995年投入开发,至2003年年底累计采出程度18.45%。该油田自1999年以来,虽然进行了井网调整,但老井自然递减一直高于30%,其历年产量构成数据及产液剖面测试资料统计结果见表5-12。

表 5-12 丘陵油田历年产量及产液剖面测试资料统计

年份	年平均有效开井数(口)	产量构成				实际递减率		产液剖面测试资料		
		合计(10^4t)	措施(10^4t)	老井(10^4t)	新井(10^4t)	自然(%)	综合(%)	剖面动用程度*(%)	产液强度[$m^3/(m·d)$]	平均含水(%)
1996	111	125.62	5.97	117.67	2.01			92.20	1.58	0.59
1997	112	123.47	11.50	107.96	4.00	14.06	1.71	92.86	1.57	3.52
1998	113	117.47	10.68	105.25	1.54	14.75	4.86	92.89	1.62	11.58
1999	113	97.73	17.87	79.50	0.35	32.32	16.80	95.61	1.60	27.82
2000	120	76.00	11.43	58.11	6.47	40.54	22.23	84.51	1.56	37.83
2001	129	64.61	5.35	50.02	9.24	34.19	14.99	94.33	0.97	35.41
2002	139	55.94	6.40	42.83	6.70	33.70	13.42	84.61	0.95	47.47
2003	136	41.29	3.28	34.48	3.53	38.36	26.19	79.39	0.81	55.34

注：*剖面资料统计时，剔除了部分无对比井的资料。

运用本文给出的递减率多因素分析模型进行计算，其结果见表 5-13。从计算结果来看，通过各因素计算的自然递减率和综合递减率与实际生产数据结果一致，平均误差小于 3%。

从历年各影响因素分析：

（1）1997—1999 年，影响自然递减的主要因素是措施产量比重较大和含水上升幅度较大。在这一阶段，油田采取了大量补层和压裂措施，但由于措施有效期短和注水井未能形成有效的分层量化调控，导致自然递减增大，尤其是 1999 年，随着见水井层数的进一步增多，含水上升幅度的影响就表现得更为突出。

（2）2000—2003 年属于油田的综合调整期。这一阶段，为了减缓综合递减，投入了大量的措施产量和新井产量（新井产量递减快，年平均递减率在 45% 以上），含水上升的影响也逐步得到控制，但由于控水时封堵了大量的主力层，而次主力层由于物性差、产液强度小和剖面动用程度低，再加上工艺水平还不能有效地解决分层调剖、增注的问题，导致次主力层还不能形成有效的产能接替，造成递减率仍然比较大。

表 5-13 丘陵油田历年影响递减率多因素分析

年份	递减多因素分析						递减率			
	措施(%)	新井(%)	动用程度(%)	产液强度(%)	含水(%)	开井数(%)	自然减率		综合减率	
							数值(%)	误差(%)	数值(%)	误差(%)
1997	9.15	3.18	-0.72	0.71	2.95	-0.90	14.38	2.31	2.04	19.2
1998	8.65	1.24	-0.04	-2.96	8.35	-0.89	14.35	-2.70	4.46	-8.2
1999	15.22	0.30	-2.92	0.67	18.36	0.00	31.63	-2.15	16.11	-4.1
2000	11.69	6.62	11.61	2.61	13.86	-6.19	40.20	-0.84	21.89	-1.5
2001	7.04	12.16	-11.62	37.93	-3.88	-7.50	34.13	-0.19	14.92	-0.4
2002	9.91	10.37	10.30	1.86	8.58	-7.75	33.27	-1.28	12.99	-3.2
2003	5.86	6.31	6.17	14.69	3.19	2.16	38.38	0.07	26.21	0.1

第六节 合理储采比下限确定

在油气田开发分析中,有一个比较重要的指标——储采比,可以直接反映出油田的稳产形势,该值越大,产量指标实现的可能性越高。现在公认的油田稳产储采比下限值一般在 10 左右,低于此值,油田即进入递减阶段[37]。而对于大多数油田来讲,产量进入递减期后,一般遵循 Arps 或 Logistic 产量递减方程。通过进一步的推导,得到了储采比与时间之间的关系,从而为分析与判断油气田稳产形势提供了依据。

一、储采比概念及定义式

关于储采比这一概念,首先是苏联人提出来的,它是指当年年初(或上年年底)剩余的可采储量与当年年产量的比值[38]。其数学表达式为:

$$\omega = \frac{N_R - N_p + q_t}{q_t} \tag{5-149}$$

式中　ω——储采比;
　　　N_R——可采储量,10^4t;
　　　N_p——累计产油量,10^4t。

二、储采比与时间关系式

由于油田的储层性质、渗流机理、驱动类型以及开发条件的不同,导致了油田进入递减期后遵循不同的递减规律。目前,大多数油田遵循 Arps 或 Logistic 产量递减方程,这已在实践中得到了充分的验证[23]。

1. Arps 递减

Arps 递减方程是双曲递减、指数递减以及调和递减的总称。其中,前两种递减方程在相当长一段时间里被油藏工程师们用来预测油藏的产量动态变化;后一个递减方程一般很少出现。

由概念可知:

$$N_p = N_{p0} + N_{pd} \tag{5-150}$$

式中　N_{p0}——递减期前累计产油量,10^4t;

将式(5-87)、式(5-88)和式(5-89)分别代入式(5-150),可依次得到:

$$指数递减：N_p = N_{p0} + \frac{q_i}{D_i}[1 - \exp(-D_i t)] \tag{5-151}$$

$$双曲递减：N_p = N_{p0} + \frac{q_i}{(1-n)D_i}[1 - (1 + nD_i t)^{1-(1/n)}] \tag{5-152}$$

$$调和递减：N_p = N_{p0} + \frac{q_i}{D_i}\ln(1 + D_i t) \tag{5-153}$$

当 $t \to \infty$ 时,从式(5-151)和式(5-152),可求得产量遵循指数递减和双曲递减时各自对应的最终可采储量关系式分别为:

$$指数递减:N_R = N_{p0} + \frac{q_i}{D_i} \tag{5-154}$$

$$双曲递减:N_R = N_{p0} + \frac{q_i}{(1-n)D_i} \tag{5-155}$$

而对于调和递减来说,当 $t \to \infty$ 时,式(5-153)将趋于无穷大。但对于一个实际油田而言,其最终可采储量为一定值 N_R。

将式(5-68)、式(5-152)和式(5-155)代入式(5-149),可得产量遵循双曲递减方程时储采比与时间的关系式为:

$$\omega = \frac{1 + nD_i t}{(1-n)D_i} + 1 \tag{5-156}$$

同理,可得到产量遵循指数递减、调和递减时储采比与时间的关系式分别为:

$$指数递减:\omega = \frac{1}{D_i} + 1 \tag{5-157}$$

$$调和递减:\omega = \left[\frac{N_R - N_{p0}}{q_i} - \frac{\ln(1 + D_i t)}{D_i}\right](1 + D_i t) + 1$$

$$= \left[X - \frac{\ln(1 + D_i t)}{D_i}\right](1 + D_i t) + 1 \tag{5-158}$$

其中

$$X = \frac{N_R - N_{p0}}{q_i}$$

2. Logistic 递减

同样,可得到 Logistic 递减方程累计产油量与时间的关系、最终可采储量以及储采比与时间的关系依次为:

$$N_p = N_{p0} + \frac{q_i}{bD_i}\ln\left\{\frac{1 + b}{1 + b\exp[-(1 + b)D_i t]}\right\} \tag{5-159}$$

$$N_R = N_{p0} + \frac{q_i}{bD_i}\ln(1 + b) \tag{5-160}$$

$$\omega = \frac{\ln\{1 + b\exp[-(1 + b)D_i t]\}}{b(1 + b)D_i}\{b + \exp[(1 + b)D_i t]\} + 1 \tag{5-161}$$

从以上研究可以看出,产量遵循指数递减方程时储采比与时间无关,为一常数(图5-36);产量遵循调和递减方程和 Logistic 递减方程时储采比与时间呈非线性关系;产量遵循双曲递减方程时储采比与时间呈直线关系。其中,当递减指数小于零时,储采比将随时间的延长而减小;当递减指数大于零时,储采比将随时间的延长而增大。

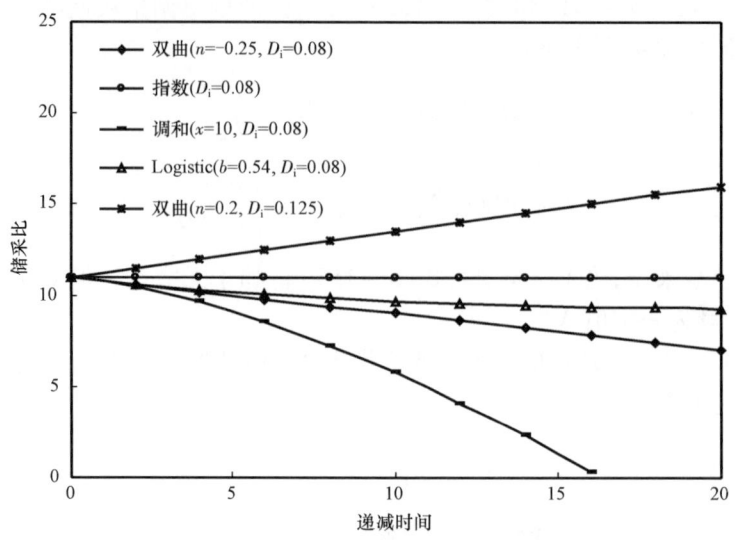

图 5-36 产量进入递减期储采比与时间关系曲线

三、合理储采比下限确定

从概念可知,在 $t=0$ 时,是油田保持稳产的最后一年,其对应的储采比即为油田保持稳产时所需的最小储采比。因此,油田要保持相对的稳产,储采比就必须大于或等于此值,否则油田产量将出现递减。那么,从式(5-156)、式(5-157)、式(5-158)和式(5-161)可分别得出产量递减遵循不同方程时油田保持稳产的合理储采比下限值。

$$双曲递减:\omega_S = \frac{1}{(1-n)D_i} + 1 \qquad (5-162)$$

$$指数递减:\omega_S = \frac{1}{D_i} + 1 \qquad (5-163)$$

$$调和递减:\omega_S = \frac{N_R - N_{p0}}{q_i} + 1 \qquad (5-164)$$

$$Logistic\ 递减:\omega_S = \frac{\ln(1+b)}{bD_i} + 1 \qquad (5-165)$$

因此,只要给出 D_i、n 或 b,就可通过上面 4 个方程式计算出油田保持稳产时所需的储采比下限值。

四、参数计算及实例应用

1. 可采储量计算

设油田进入递减期前累计产油量为 N_{p0},那么,结合式(5-99)、式(5-100)、式(5-101)和式(5-104),可依次得累计产油量与瞬时产量的关系式。

指数递减：$N_\mathrm{p} = \left(N_\mathrm{p0} + \dfrac{q_\mathrm{i}}{D_\mathrm{i}}\right) - \dfrac{1}{D_\mathrm{i}}q_t$ (5-166)

双曲递减：$N_\mathrm{p} = \left[N_\mathrm{p0} + \dfrac{q_\mathrm{i}}{(1-n)D_\mathrm{i}}\right] - \dfrac{q_\mathrm{i}^{n}}{(1-n)D_\mathrm{i}}q_t^{1-n}$ (5-167)

调和递减：$N_\mathrm{p} = \left[N_\mathrm{p0} + \dfrac{q_\mathrm{i}}{D_\mathrm{i}}\ln(q_\mathrm{i})\right] - \dfrac{q_\mathrm{i}}{D_\mathrm{i}}\ln(q_t)$ (5-168)

Logistic 递减：$N_\mathrm{p} = N_\mathrm{p0} + \dfrac{q_\mathrm{i}}{bD_\mathrm{i}}\ln\left(1 + b - \dfrac{bq_t}{q_\mathrm{i}}\right)$ (5-169)

那么，除式(5-168)外，结合式(5-154)、式(5-155)、式(5-160)，其余上述3个关系式均可转化为下列公式。

指数递减：$N_\mathrm{p} = N_\mathrm{R} - \dfrac{1}{D_\mathrm{i}}q_t$ (5-170)

双曲递减：$N_\mathrm{p} = N_\mathrm{R} - \dfrac{q_\mathrm{i}^{n}}{(1-n)D_\mathrm{i}}q_t^{1-n}$ (5-171)

Logistic 递减：$N_\mathrm{p} = N_\mathrm{R} + \dfrac{q_\mathrm{i}}{bD_\mathrm{i}}\ln\left[1 - \dfrac{bq_t}{(1+b)q_\mathrm{i}}\right]$ (5-172)

很明显，上述关系式转化为累计产油量与瞬时产量的关系，可直接通过线性拟合得到相应递减方程对应可采储量。

2. 储采比下限计算及实例应用

计算出可采储量后，再结合式(5-154)、式(5-155)和式(5-160)，可依次求得 D_i、n 或 b。最后，直接通过式(5-162)、式(5-163)和式(5-165)计算储采比下限值。而对于调和递减，由于通过方程无法获得可采储量，可以先借用油田其他方法标定的可采储量，然后结合式(5-153)，确定出 D_i 和 q_i，最后利用式(5-164)计算储采比下限值。具体过程为：

1) 指数递减

令 $x_1 = N_\mathrm{R}$，$x_2 = -1/D_\mathrm{i}$，则式(5-170)转化为：

$$N_\mathrm{p} = x_1 + x_2 q_t \quad (5-173)$$

将丘陵油田实际生产数据(表5-14)代入式(5-173)，拟合得 $x_1 = 993.19307$，$x_2 = -4.49257$，相关系数 0.99419(图5-37)。

表5-14　丘陵油田1996—2003年产量基础数据

年份	1996	1997	1998	1999	2000	2001	2002	2003
年产油量(10^4t)	125.6168	123.4652	117.4654	97.7807	75.9827	64.6080	55.9389	41.2889
累计产油量(10^4t)	192.2887	315.7539	433.2193	531.0000	606.9827	671.5906	727.5295	768.8184
年末瞬时产油量(10^4t)	119.9557	124.5410	120.4653	107.6231	86.8817	70.2953	60.2734	48.6139

那么，利用 $N_\mathrm{R} = x_1$ 和 $D_\mathrm{i} = -1/x_2$，求得 $N_\mathrm{R} = 993.19307 \times 10^4\mathrm{t}$ 和 $D_\mathrm{i} = 0.22259\mathrm{a}^{-1}$。

再将 D_i 值代入式(5-163),得 $\omega_s = 5.49257$。若需要进一步计算 q_i,可先从基础数据表中确定出 $N_{p0} = 315.7539 \times 10^4 t$,然后利用式(5-154)计算出 $q_i = 119.88819 \times 10^4 t/a$。

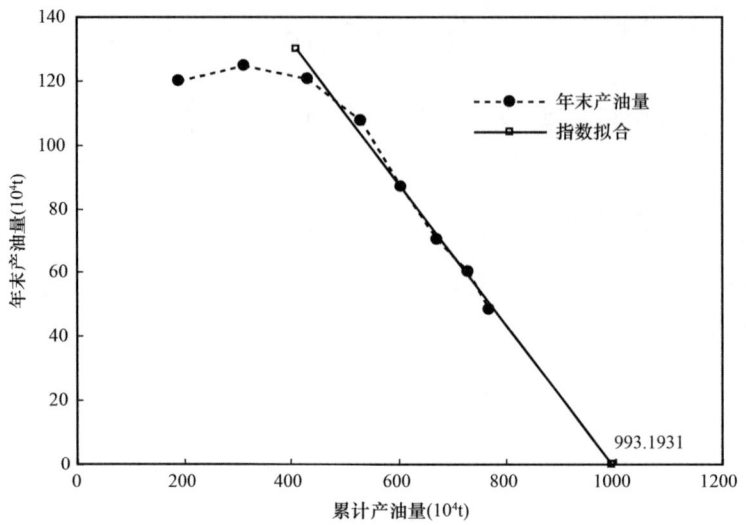

图 5-37 丘陵油田累计产油量与年末产油量关系曲线

2) 双曲递减

令 $x_1 = N_R$,$x_2 = -\dfrac{q_i^n}{(1-n)D_i}$,$x_3 = 1 - n$,则式(5-170)转化为:

$$N_p = x_1 + x_2 q_t^{x_3} \tag{5-174}$$

将丘陵油田实际生产数据代入式(5-174),拟合得 $x_1 = 854.36053$,$x_2 = -0.14845$,$x_3 = 1.65500$,相关系数 0.99539(图 5-38)。

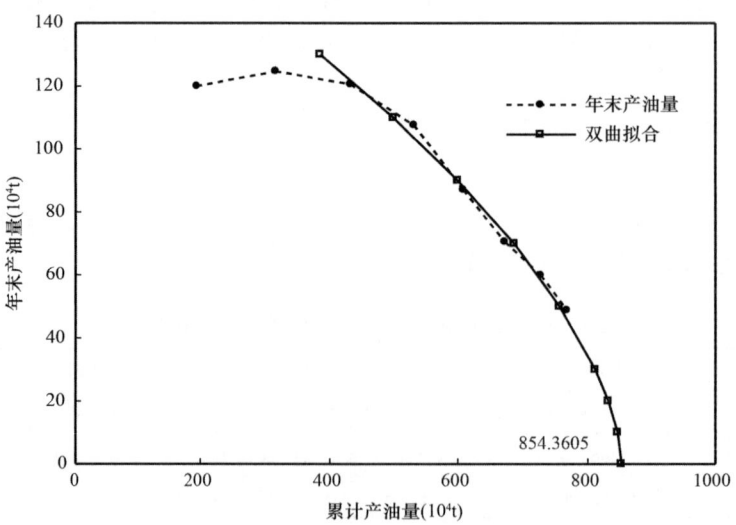

图 5-38 丘陵油田累计产油量与年末产油量关系曲线

那么,利用下列方程求解 N_R, D_i, n, q_i:

$$N_R = x_1 \tag{5-175}$$

$$n = 1 - x_3 \tag{5-176}$$

$$q_i = \left(\frac{N_{p0} - x_1}{x_2}\right)^{1/x_3} \tag{5-177}$$

$$D_i = \left(\frac{N_{p0} - x_1}{x_2}\right)^{1/x_3} \frac{1}{x_3(x_1 - N_{p0})} \tag{5-178}$$

将 N_{p0}, x_1, x_2, x_3 代入上述公式,求得 $N_R = 854.36053 \times 10^4 \text{t}$, $D_i = 0.15878 \text{a}^{-1}$, $n = -0.65500$, $q_i = 141.53977 \times 10^4 \text{t/a}$。再结合式(5-162),得 $\omega_S = 4.80534$。

3) Logistic 递减

令 $x_1 = N_R$, $x_2 = \dfrac{q_i}{bD_i}$, $x_3 = \dfrac{b}{(1+b)q_i}$,则式(5-172)转化为:

$$N_p = x_1 + x_2 \ln(1 - x_3 q_t) \tag{5-179}$$

将丘陵油田实际生产数据代入式(5-179),拟合得 $x_1 = 914.13513$, $x_2 = 609.15513$, $x_3 = 0.00448$,相关系数 0.99607(图5-39)。

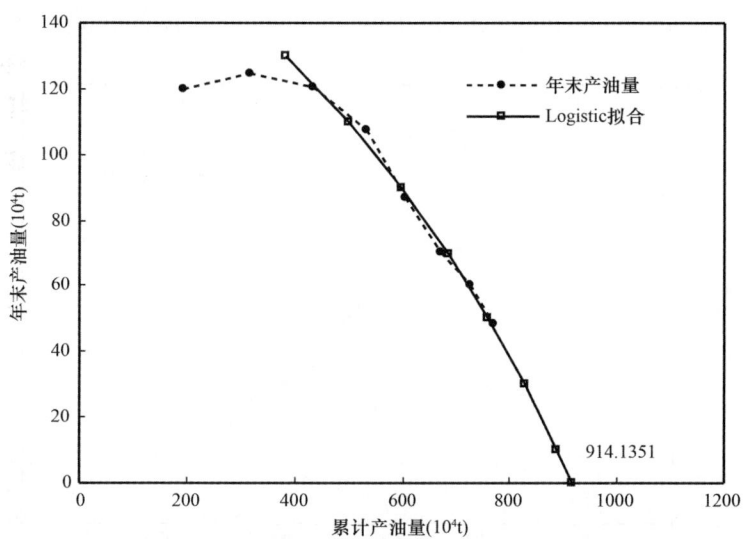

图 5-39 丘陵油田累计产油量与年末产油量关系曲线

那么,利用下列方程求解 N_R, D_i, b 和 q_i:

$$N_R = x_1 \tag{5-180}$$

$$b = \exp\left(\frac{x_1 - N_{p0}}{x_2}\right) - 1 \tag{5-181}$$

$$q_i = \frac{1}{x_3}\left[1 - \exp\left(\frac{N_{p0} - x_1}{x_2}\right)\right] \tag{5-182}$$

$$D_i = \frac{1}{x_2 x_3} \exp\left(\frac{N_{p0} - x_1}{x_2}\right) \tag{5-183}$$

将 N_{p0}, x_1, x_2 和 x_3 代入上述公式,求得 $N_R = 914.13513 \times 10^4 \text{t}$, $D_i = 0.13720 \text{a}^{-1}$, $b = 1.67063$, $q_i = 139.62683 \times 10^4 \text{t/a}$。再结合式(5-165),得 $\omega_S = 5.28557$。

4) 调和递减

令 $x_1 = N_{p0} + \dfrac{q_i}{D_i}\ln(q_i)$, $x_2 = -\dfrac{q_i}{D_i}$,则式(5-168)转化为:

$$N_p = x_1 + x_2 \ln(q_t) \tag{5-184}$$

将丘陵油田三间房组油藏实际生产数据代入式(5-179),拟合得 $x_1 = 2171.99781$, $x_2 = -35509470$,相关系数 0.98078(图 5-40)。

那么,利用下列方程求解 D_i, q_i:

$$q_i = \exp\left(\frac{N_{p0} - x_1}{x_2}\right) \tag{5-185}$$

$$D_i = -\frac{1}{x_2}\exp\left(\frac{N_{p0} - x_1}{x_2}\right) \tag{5-186}$$

将 N_{p0}, x_1, x_2 代入式(5-186),求得 $D_i = 0.52470 \text{a}^{-1}$, $q_i = 186.31924 \times 10^4 \text{t/a}$。再结合丘陵油田标定可采储量 $N_R = 1095.24500 \times 10^4 \text{t}$,代入式(5-164),得 $\omega_S = 5.18363$。

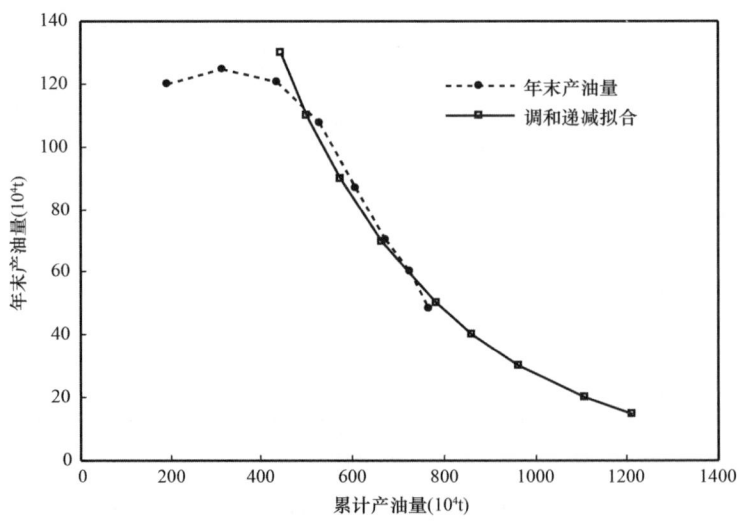

图 5-40 丘陵油田累计产油量与年末产油量关系曲线

从以上四种方法计算过程对比来看,指数递减、双曲递减、Logistic 递减均可利用累计产量与瞬时产量直接算得合理储采比下限值,而调和递减需从别的方面确定出可采储量后,再利用式(5-164)计算出合理储采比下限值。

第七节　Weibull 产量递减方程的修正

Weibull 产量递减方程形成过程代表了油气田开发者在缺乏理论基础时借用概率密度函数进行产量预测的一种典范。由于这类方程式较为简单，在油田产量递减预测中得到广泛的应用，但是 Weibull 产量递减方程在 $0 < b < 1$ 时不存在初始递减率，为了解决此类问题，文献[39]提出对其修正，并给出了标准方程式及其待定参数的计算方法。修正后的递减方程变化范围和覆盖面大，它不仅可描述递减率表现为单调递减时的产量递减问题，而且也可描述递减率表现为单调递增或为一恒定常数时的产量递减问题。

一、Weibull 递减方程存在的问题

文献[28]经对 Weibull 增长曲线 $F(t) = 1 - \exp(-t^b/a)$ 移项得到 $1 - F(t) = \exp(-t^b/a)$ 递减函数后，提出了 Weibull 产量递减方程：

$$q_t = q_i \exp(-t^b/a) \tag{5-187}$$

式中　a——缩尺参数，$a > 0$；
　　　b——形状参数，$b > 0$。

按递减率定义式(5-34)，可得：

$$D_t = t^{b-1} b/a \tag{5-188}$$

若按一般递减方程的特点，在 $t = 0$ 时可计算出初始递减率 D_i 值。但对于式(5-188)，有：
(1) 当 $b > 1$，$D_i = 0$；
(2) 当 $b = 1$，$D_i = 1/a$；
(3) 当 $0 < b < 1$，D_i 不存在。

以上分析说明，Weibull 产量递减曲线虽然满足了描述油气田产量递减方程的一般特征，即在 $t = 0$ 时，$q_t = q_i$；在 $t \to \infty$ 时 $q_t \to 0$。但在确定初始递减率时，要么不存在，要么为 0 或初始递减率、递减率恒为一常数（$b = 1$ 时 Weibull 产量递减方程简化成指数递减）。这表明 Weibull 递减方程还存在一些不足，还不能像 Arps 递减曲线那样，有较大的变化范围和覆盖面。

二、Weibull 产量递减方程的修正

为了避免出现 $0 < b < 1$ 时 D_i 不存在的现象，一般常用的处理办法就是在时间上加上一个大于零的常数 c，则有

$$D_t = (t + c)^{b-1} b/a \tag{5-189}$$

这样，在 $0 < b < 1$ 和 $t = 0$ 时，从上式即可求得初始递减率：

$$D_i = c^{b-1} b/a \tag{5-190}$$

将式(5-189)代入式(5-34)，定积分，有：

$$\int_{q_i}^{q_t} \frac{1}{q_t} dq_t = -\int_0^t (t+c)^{b-1} b/a \, dt \tag{5-191}$$

从式(5-190)中求得 a，代入式(5-191)，整理得：

$$q_t = q_i \exp\left\{-\frac{cD_i}{b}\left[\left(\frac{t}{c}+1\right)^b - 1\right]\right\} \tag{5-192}$$

分析修正的式(5-192)特点可知，递减方程式比较复杂，含待定参数多，且不易转化为线性方程或含单变量的线性方程，求解非常困难。这说明修正后的递减方程还不宜于矿场工作人员推广使用，需对其待定参数进行简化。进一步分析式(5-192)的特点，参数 a、b 是 Weibull 产量递减方程的特征参数，而参数 c 是保证在 $0 < b < 1$ 的条件下等式恒有意义的一个常数。若 c 取 1，则式(5-192)中仅含有 Weibull 原产量递减方程的特征参数，修正常数 c 的影响将被有效屏蔽起来。因此，c 取 1，一方面确保了初始递减率在 $0 < b < 1$ 条件下存在，另一方面使方程式(5-192)中待定参数将减少一个，求解也将变得容易。

将 $c = 1$ 代入式(5-189)和式(5-192)，分别有：

$$D_t = D_i(t+1)^{b-1} \tag{5-193}$$

$$q_t = q_i \exp\left\{-\frac{D_i}{b}\left[(t+1)^b - 1\right]\right\} \tag{5-194}$$

式中　$D_i = b/a$。

三、修正 Weibull 产量递减方程特征分析

1. 产量变化特点

将式(5-194)移项整理，可得：

$$\ln(q_t/q_i) = -\frac{D_i}{b}\left[(t+1)^b - 1\right] \tag{5-195}$$

取 $D_i = 0.1$，b 依次取 0.5, 0.75, 1, 1.25, 1.5, 1.75，可得到一组 Weibull 无因次产量递减方程(图5-41)。这表明，在初始递减率一定的前提下，随 b 值增大，无因次产量递减变化曲线逐渐变陡。

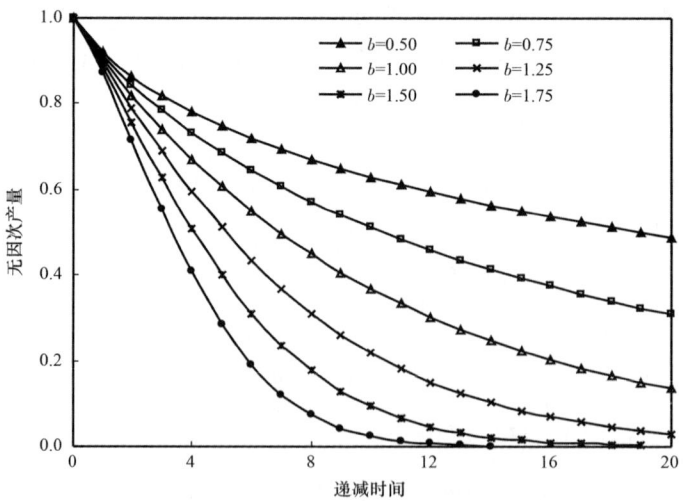

图5-41　b 值对 Webull 无因次产量变化曲线的影响

2. 递减率变化特点

将式(5-193)移项整理,可得:

$$D_t/D_i = (t+1)^{b-1} \quad (5-196)$$

b 依次取 0.5,0.75,1,1.25,1.5,1.75,可得 Weibull 产量递减方程的无因次递减率与时间变化曲线(图 5-42)。从图中明显看出,当 $b>1$ 时,无因次产量递减率曲线表现为单调递增,且随 b 值的增大曲线变得愈凸;当 $b=1$ 时无因次产量递减率为恒等于 1 的一条直线;当 $0<b<1$ 时表现为单调递减,且随 b 值的减小曲线变得愈凹。

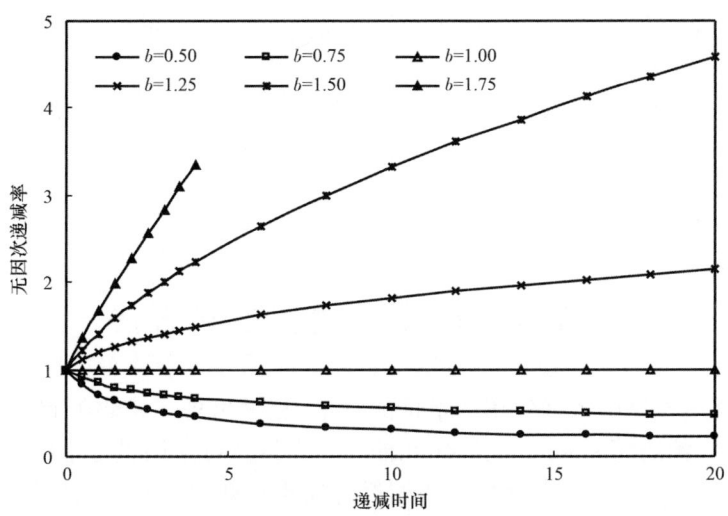

图 5-42　b 值对无因次递减率变化关系曲线的影响

四、修正 Weibull 产量递减方程参数求解

对式(5-194)两边取对数,并令 $x_1 = \ln(q_i)$,$x_2 = D_i/b$,整理得:

$$\ln(q_t) = x_1 - x_2[(t+1)^b - 1] \quad (5-197)$$

将实际数据代入式(5-197),利用单变量求解方法,可确定出 b、x_1 和 x_2,进一步利用下列公式可确定出 q_i 和 D_i 的值。

$$q_i = \exp(x_1) \quad (5-198)$$

$$D_i = bx_2 \quad (5-199)$$

五、修正 Weibull 产量递减方程实例应用

将丘陵油田生产数据(表 5-11)代入式(5-197),单变量求解得到待定参数 $b = 1.27979$、$x_1 = 4.81693$ 和 $x_2 = 0.10047$,相关系数为 0.99413。将确定出 b、x_1 和 x_2 值进一步代入式(5-198)和式(5-199),可分别确定出 $q_i = 123.58509$,$D_i = 0.12858$,并代入式(5-194),预测递减第 6 年后产量结果如图 5-43 所示。

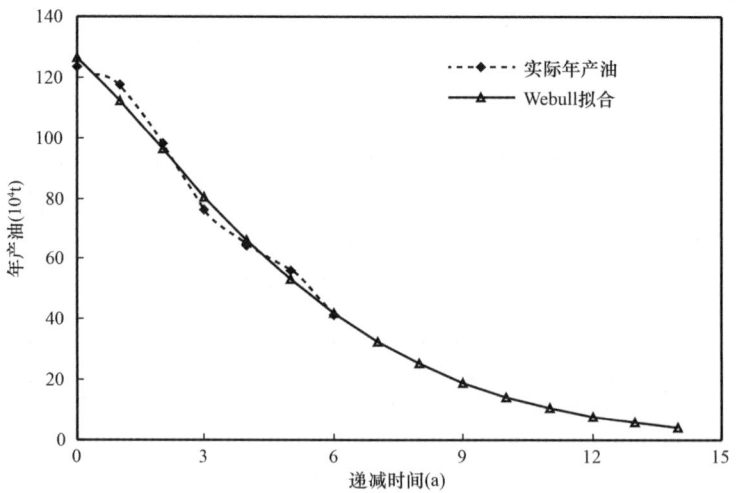

图 5-43 丘陵油田三间房组油藏产量递减变化曲线

第八节 产量全过程预测方法

自翁氏旋回预测模型引入油气田产量预测以来,相继出现了逻辑斯谛、对数正态、瑞利等近 20 种产量全过程预测模型,被广泛应用在油气田产量及可采储量等指标预测之中。在此过程中,文献[40,41]分别将部分带有相似或相近的预测模型加以研究和分析,提出了相应的广义产量预测模型,这些广义预测模型的出现,把现场研究人员从相互分散、孤立、众多的繁杂公式中解脱出来,从而在一定程度上指导了油气田产量的预测和分析。但遗憾的是无论哪一种广义模型,都无法将对数正态和贝塔旋回等预测模型有效地纳入其中[42,43]。另一方面,Arps 等方程是反映不同驱动类型和渗流特征的产量递减变化过程,具有广泛的代表性,而各预测模型中递减函数项基本上是以指数的形式表示的,没有充分考虑油田在不同的驱动类型下所反映不同的产量变化规律,使得在应用时出现盲目性和随意性。因此,重建一种形式简单、功能齐全、概括性强、具有拓展性的广义产量预测模型,就显得尤为重要。

一、产量预测模型研究成果梳理

1. Ⅰ类广义预测模型

文献[40]在 8 种预测模型综合理论研究分析的基础上,建立了两类广义预测模型,其中在广义翁氏(Weng)旋回模型、威布尔(Weibull)模型、瑞利(Rayleigh)模型和 t 模型的基础上,提出Ⅰ类广义预测模型为:

$$q_t = at^b \exp(-ct^m) \tag{5-200}$$

式中 t——开发时间,$t = 0,1,2,3,\cdots$;

q_t——t 时刻总产油量,10^4t 或 t。

当然,式(5-200)在待定参数取不同值时可以转化为 Weng 旋回模型、Weibull 模型、

Rayleigh 模型和 t 模型的基本函数式(表 5-15)。

由 $N_p = \int_0^t q_t \mathrm{d}t$ 可知,Weng 旋回模型、Weibull 模型、Rayleigh 模型和 t 模型的累计产量与时间的关系式分别为:

$$\text{Weng 旋回模型:} N_p = \begin{cases} ac^{-n-1}\Gamma(n+1), n \text{ 为正整数} \\ ac^{-n-1}\gamma(n+1,ct), n \text{ 为非正整数} \end{cases} \quad (5-201)$$

$$\text{Weibull 模型:} N_p = N_R[1 - \exp(-ct^n)] \quad (5-202)$$

$$\text{Rayleigh 模型:} N_p = N_R \exp\left(\frac{a}{n+1}t^{n+1}\right) \quad (5-203)$$

$$\text{t 模型:} N_p = N_R[1 - \exp(-ct^2)] \quad (5-204)$$

表 5-15　Ⅰ类广义预测模型与其子模型的关系

广义数学模型	转换条件	模型名称	基本函数式	累产函数式
Ⅰ类广义数学模型 (李从瑞,陈元千) $q_t = at^b \exp(-ct^m)$	$b = n, m = 1$	Weng 旋回模型	$q_t = at^n \exp(-ct)$	$N_p = \begin{cases} ac^{-n-1}\Gamma(n+1), n \text{ 为正整数} \\ ac^{-n-1}\gamma(n+1,ct), n \text{ 为非正整数} \end{cases}$
	$a = ncN_R, b = n-1$ $m = n$	Weibull 模型	$q_t = ncN_R t^{n-1}\exp(-ct^n)$	$N_p = N_R[1 - \exp(-ct^n)]$
	$b = n, c = a/(n+1)$ $m = n+1$	t 模型	$q_t = aN_R t^n \exp\left(\frac{a}{n+1}t^{n+1}\right)$	$N_p = N_R \exp\left(\frac{a}{n+1}t^{n+1}\right)$
	$a = 2cN_R, b = 1$ $m = 2$	Rayleigh 模型	$q_t = 2cN_R t \exp(-ct^2)$	$N_p = N_R[1 - \exp(-ct^2)]$

2. Ⅱ类广义预测模型

文献[40]在对 HCZ 模型、逻辑斯谛(Logistic)模型(即逻辑推理模型)、龚帕兹(Gompertz)模型(即摩尔模型)等研究的基础上,提出Ⅱ类广义预测模型为:

$$q_t = aN_p^k \exp(-ct) \quad (5-205)$$

当式(5-205)中待定参数取不同值时可以转化为 HCZ 模型、逻辑推理模型、龚帕兹模型的基本函数式(表 5-16)。

由 $N_p = \int_0^t q_t \mathrm{d}t$ 可知,HCZ 模型、逻辑推理模型、龚帕兹模型的累计产量与时间的关系式分别为:

$$\text{HCZ 模型:} N_p = N_R \exp\left[-\frac{m}{c}\exp(-ct)\right] \quad (5-206)$$

$$\text{Logistic 模型:} N_p = \frac{N_R}{1 + m\exp(-ct)} \quad (5-207)$$

$$\text{Gompertz 模型:} N_p = N_R \exp(nm^t) \quad (5-208)$$

表 5-16 Ⅱ类广义预测模型与其子模型的关系

广义数学模型	转换条件	模型名称	基本函数式	累产函数式
Ⅱ类广义数学模型（李从瑞,陈元千）$q_t = aN_p^k \exp(-ct)$	$k=1, a=mN_R$	HCZ 模型（胡建国,陈元千,张盛宗）	$q_t = mN_R \exp\left[-\dfrac{m}{c}\exp(-ct) - ct\right]$	$N_p = N_R \exp\left[-\dfrac{m}{c}\exp(-ct)\right]$
	$k=2, a=cm/N_R$	Logistic 模型（逻辑推理）	$q_t = \dfrac{cmN_R \exp(-ct)}{[1+m\exp(-ct)]^2}$	$N_p = \dfrac{N_R}{1+m\exp(-ct)}$
	$k=1, a=n\ln m$ $c=-\ln m$	Gompertz 模型（增长或成长模型）	$q_t = n\ln m N_R m^t \exp(nm^t)$	$N_p = N_R \exp(nm^t)$

3. Ⅲ类广义预测模型

文献[41]在经济增长、逻辑斯谛、伽马等 12 种预测模型的基础上,引入信息增长函数,建立了一种广义产量预测模型,其关系式为：

$$q_t = aN_p^k t^b \exp(-ct) \tag{5-209}$$

当式(5-209)中待定参数取不同值时可得到经济增长预测领域著名的 Gompertz 预测模型[44],社会各个领域广泛应用的 Logistic 预测模型[45-48],美国矿产资源领域预测资源量的 Hubbert 模型[49-51],在生命科学中应用的 Von Bertalanffy 预测模型[52]及 Usher 预测模型[53],以及油气田产量及最终可采储量预测 HCZ 预测[54]、Arps 递减模型、Kopatov 递减模型[55]、Weng 旋回[56]、Gamma 分布[57]、HZC 预测[58]及 t 模型[59,60]等在各类生命总量有限体系中广泛应用的 12 个预测模型,它们基本覆盖了国内外生命科学、经济增长预测以及矿产资源预测等领域常用的预测模型(表 5-17)。

由 $N_p = \int_0^t q_t dt$ 可知,新出现的 HZC 模型、Usher 模型、Kopatov 模型、Von Bertalanffy 模型以及 Hubbert 模型的累计产量与时间的关系式如下：

$$\text{HZC 模型：} N_p = \dfrac{N_R}{1+mt^{-n}} \tag{5-210}$$

$$\text{Usher 模型：} N_p = \dfrac{N_R}{[1+m\exp(-ct)]^{1/n}} \tag{5-211}$$

$$\text{Kopatov 模型：} N_p = nt/[m(t+m)] \tag{5-212}$$

$$\text{Von Bertalanffy 模型：} N_p = N_R[1-m\exp(-ct)]^3 \tag{5-213}$$

$$\text{Hubbert 模型：} N_p = N_R[1-\exp(-ct)] \tag{5-214}$$

表 5-17 Ⅲ类广义预测模型与其子模型的关系

广义数学模型	转换条件	模型名称	基本函数式	累计产量函数式
Ⅲ类广义数学模型（胡建国,姚蕃珍,屈雪峰）$q_t = aN_p^k t^b \exp(-ct)$	$a = N_R c^n/\Gamma(n)$ $b = n-1, k = 0$	伽马分布 (Gamma-distribution)	$q_t = N_R \dfrac{c^n}{\Gamma(n)} t^{n-1} \exp(-ct)$	
	$a = nmN_R, k = 2$ $b = n-1, c = 0$	HZC 模型 (胡建国,张栋杰,陈元千)	$q_t = \dfrac{nmN_R t^{-n-1}}{[1+mt^{-n}]^2}$	$N_p = \dfrac{N_R}{1+mt^{-n}}$
	$a = cmN_R/n$ $b = 0, k = 1+1/n$	Uster 模型 (Richards)	$q_t = \dfrac{cmN_R \exp(-ct)}{n[1+m\exp(-ct)]^{1/n+1}}$	$N_p = \dfrac{N_R}{[1+m\exp(-ct)]^{1/n}}$
	$a = n/m^2, b = k = 0$ $c = 2/m$	Kopatov 模型 (卡佩托夫)	$q_t = \dfrac{n}{(t+m)^2}$	$N_p = \dfrac{n}{m(t+m)}$
	$a = 3cmN_R^{1/3}$ $b = 0, k = 2/3$	冯贝塔朗菲模型 (Von Bertalanffy)	$q_t = \dfrac{3cmN_R[1-m\exp(-ct)]^2}{\exp(ct)}$	$N_p = N_R[1-m\exp(-ct)]^3$
	$a = q_i, b = k = 0$ $c = D_i$	Arps 模型	$q_t = q_i \exp(-D_i t)$	$N_p = \dfrac{q_i}{D_i}[1-\exp(-D_i t)]$
	$a = m, b = 0$ $k = 1$	HCZ 模型 (胡建国,陈元千,张盛宗)	$q_t = mN_R \exp\left[-\dfrac{m}{c}\exp(-ct)-ct\right]$	$N_p = N_R \exp\left[-\dfrac{m}{c}\exp(-ct)\right]$
	$a = cm/N_R$ $k = 2, b = 0$	Logistic 模型 (逻辑推理)	$q_t = \dfrac{cmN_R \exp(-ct)}{[1+m\exp(-ct)]^2}$	$N_p = \dfrac{N_R}{1+m\exp(-ct)}$
	$k = 1, a = n\ln m$ $c = -\ln m$	Gompertz 模型 (增长或成长模型)	$q_t = n\ln mN_R m^t \exp(nm^t)$	$N_p = N_R \exp(nm^t)$
	$b = n, k = 0$	Weng 旋回模型	$q_t = at^n \exp(-ct)$	$N_p = \begin{cases} ac^{-n-1}\Gamma(n+1), n\text{ 正整数} \\ ac^{-n-1}\gamma(n+1,c), n\text{ 非正整数} \end{cases}$
	$k = 1, b = n$ $c = 0$	t 模型	$q_t = aN_R t^n \exp\left(\dfrac{a}{n+1}t^{n+1}\right)$	$N_p = N_R \exp\left(\dfrac{a}{n+1}t^{n+1}\right)$
	$a = cN_R, b = k = 0$	Hubbert 模型	$q_t = cN_R \exp(-ct)$	$N_p = N_R[1-\exp(-ct)]$

4. 其他模型

1）对数正态预测模型（Log-normal-distribution）

文献[42]给出了对数正态预测模型为：

$$q_t = \dfrac{N_R}{\sqrt{2\pi}\beta} \dfrac{1}{t} \exp\left[-\dfrac{(\ln t - \alpha)^2}{2\beta^2}\right] \tag{5-215}$$

2）贝塔旋回预测模型（Beta cyclic）

文献[43]给出了贝塔旋回预测模型为：

$$q_t = \dfrac{\alpha k^{\alpha m} N_R}{B(m,n)} t^{\alpha m-1} [1+k^{\alpha} t^{\alpha}]^{-m-n} \tag{5-216}$$

3）$\Gamma(t^{1/2})$旋回预测模型

文献[61]给出了$\Gamma(t^{1/2})$旋回预测模型为：

$$q_t = \dfrac{cb^a}{2\Gamma(a)} t^{a/2-1} \exp(-bt^{1/2}) \tag{5-217}$$

4) $\Gamma(t^2)$ 旋回预测模型

文献[62]给出了 $\Gamma(t^2)$ 旋回预测模型为:

$$q_t = \frac{2cb^a}{\Gamma(a)} t^{2a-1} \exp(-bt^2) \tag{5-218}$$

以上研究成果表明,Ⅰ、Ⅱ、Ⅲ类广义预测模型中待定参数取某些特殊值时,可以转化成其对应的基础预测模型,从这一角度讲,很具广义性。但是,Ⅰ、Ⅱ类广义模型无论待定参数如何取值,都得不到对数正态和贝塔旋回等预测模型;Ⅲ类广义模型无论待定参数如何取值,也都得不到对数正态、$\Gamma(x^{1/2})$ 和瑞利等预测模型[63]。因此,提出具有真正意义上的广义产量预测模型,标明各函数的物理含义,不仅是理论界共同探讨的目标,而且也是正确指导广大油田开发者进行产量指标预测,避免盲目选用预测模型的一项技术保障。

二、产量预测模型参数求解方法

目前,以上提供的17个基础预测模型和3个广义模型被广泛应用于动态分析和可采储量标定之中。由于各函数式的差异,其待定参数确定方法也存在差异。

1. Weng 旋回模型

Weng 旋回模型依据 n 值的不同(正整数和非正整数)可细化为两种参数确定方法:

1) n 为正整数时,Weng 旋回模型即为泊松分布模型

$$q_t = at^n \exp(-ct) \quad n \text{ 为正整数} \tag{5-219}$$

首先,令 $y = \ln(q_t/t^n)$,$x = t$,$a_0 = \ln a$,$a_1 = -c$,则式(5-218)转化为:

$$y = a_0 + a_1 x \tag{5-220}$$

其次,取 $n = 1, 2, 3, \cdots$,依次代入式(5-220)进行最小二乘法拟合,选取拟合相关系数最大为最优待定参数值 $\hat{n}$,$\hat{a}_0$,$\hat{a}_1$,并利用下列关系式求得 a 和 c:

$$a = \exp(\hat{a}_0) \tag{5-221}$$

$$c = -\hat{a}_1 \tag{5-222}$$

最后,将最优待定参数值代回式(5-219),求得不同时刻对应产量和年产油量以及可采储量。

按上述求解过程,将萨马特洛尔油田实际年产量数据(表5-18),先转化为时刻对应产量(表5-19),然后代入式(5-220),求得 $\hat{n} = 3$ 时,拟合相关系数最大,对应 $\hat{a}_0 = 5.18893$,$\hat{a}_1 = -0.25850$,拟合相关系数 0.99363;对应待定参数 $a = 179.27685$,$c = 0.25850$,$n = 3$,$N_R = 240887.40803$(图5-44)。

表5-18 萨马特洛尔油田实际开发数据

年份	1970	1971	1972	1973	1974	1975	1976	1977	1978	1979	1980	1981
年产(10^4t)	130	430	1000	2110	3900	6120	8710	11020	13000	14320	15080	15480
年份	1982	1983	1984	1985	1986	1987	1988	1989	1990	1991	1992	
年产(10^4t)	15030	14380	14000	13060	11090	10980	9880	8270	7720	6400	5610	

表 5-19 萨马特洛尔油田不同时刻开发数据

时刻	1	2	3	4	5	6	7	8	9	10	11
产量(10^4t)	280	715	1555	3005	5010	7415	9865	12010	13660	14700	15280
时刻	12	13	14	15	16	17	18	19	20	21	22
产量(10^4t)	15255	15255	14190	13530	12075	11035	10430	9075	7995	7060	6005

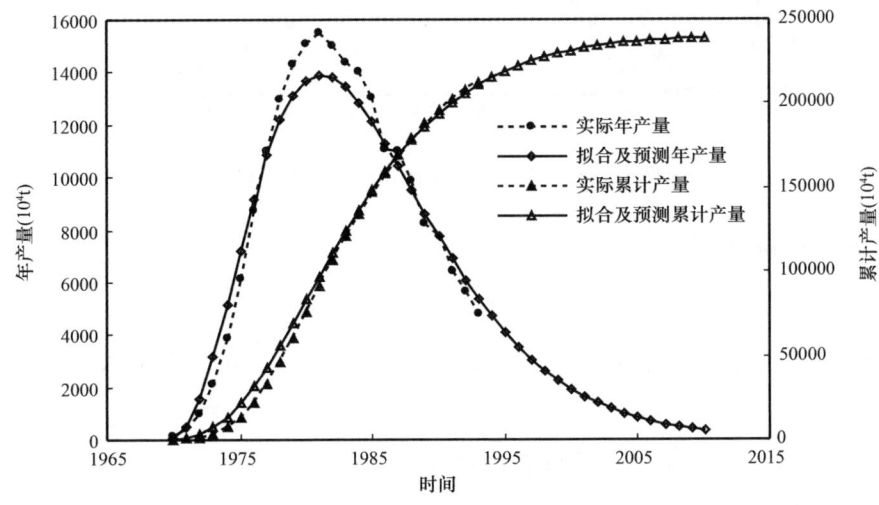

图 5-44 萨马特洛尔油田产量变化曲线

2) n 为非正整数时，Weng 旋回模型即为 Gamma-distribution 或广义 Weng 旋回模型

$$q_t = at^n \exp(-ct) \quad n \text{ 为非正整数} \tag{5-223}$$

首先，令 $y = \ln q_t$，$x_1 = \ln t$，$x_2 = t$，$a_0 = \ln a$，$a_1 = n$，$a_2 = -c$，则式(5-223)转化为：

$$y = a_0 + a_1 x_1 + a_2 x_2 \tag{5-224}$$

其次，将生产数据代入式(5-224)进行多元线性回归，求得待定参数值 $\hat{a}_0$，$\hat{a}_1$，$\hat{a}_2$，并利用下列关系式求得 a，c 和 n：

$$a = \exp(\hat{a}_0) \tag{5-225}$$

$$n = \hat{a}_1 \tag{5-226}$$

$$c = -\hat{a}_2 \tag{5-227}$$

最后，将待定参数值代回式(5-224)，求得不同时刻年产油量以及可采储量。

按上述求解过程，将萨马特洛尔油田不同时刻产量数据代入式(5-224)，求得 $\hat{a}_0 = 5.38161$，$\hat{a}_1 = 2.78291$，$\hat{a}_2 = -0.23397$，拟合相关系数 0.98353；对应待定参数 $a = 21737121$，$n = 2.78291$，$c = 0.23397$，$N_R = 243401.14002$（图 5-45）。

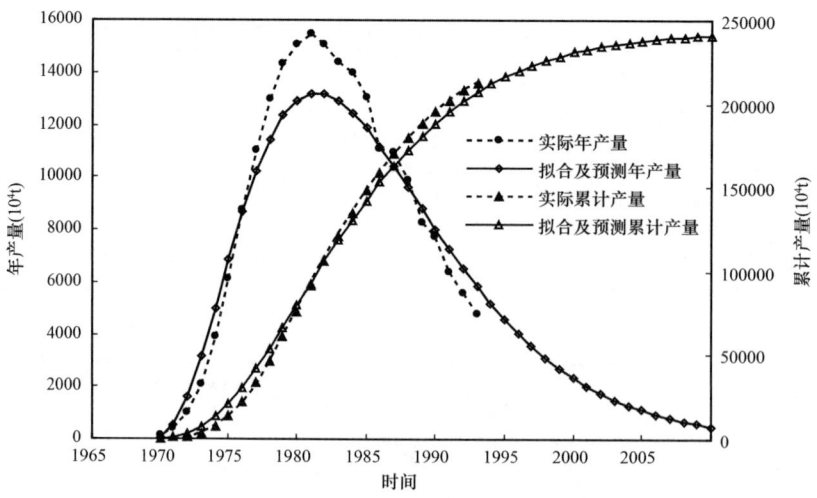

图 5-45 萨马特洛尔油田产量变化曲线

2. Weibull 预测模型

$$q_t = ncN_R t^{n-1} \exp(-ct^n) \tag{5-228}$$

首先,令 $y = \ln(q_t/t^{n-1})$,$x_1 = t^n$,$a_0 = \ln(ncN_R)$,$a_1 = -c$,则式(5-228)转化为:

$$y = a_0 + a_1 x_1 \tag{5-229}$$

其次,将生产数据代入式(5-229)进行含有单变量 n 的最小二乘法拟合,求得待定参数值 $\hat{a}_0$,$\hat{a}_1$,$\hat{n}$,并利用下列关系式求得 n,c 和 N_R:

$$c = -\hat{a}_1 \tag{5-230}$$

$$n = \hat{n} \tag{5-231}$$

$$N_R = -\exp(\hat{a}_0)/(\hat{a}_1 \hat{n}) \tag{5-232}$$

最后,将待定参数值代回式(5-228),求得不同时刻年产油量。

按上述求解过程,将萨马特洛尔油田不同时刻产量数据代入式(5-229),求得 $\hat{a}_0 = 5.50002$,$\hat{a}_1 = -3.88224 \times 10^{-4}$,$\hat{n} = 2.85415$,拟合相关系数 0.98892;对应待定参数 $n = 2.85415$,$c = 3.88224 \times 10^{-4}$,$N_R = 220836.78138$(图 5-46)。

3. t 预测模型

$$q_t = aN_R t^n \exp\left(\frac{a}{n+1} t^{n+1}\right) \quad (n < -1) \tag{5-233}$$

式(5-233)虽然与 Weibull 预测模型非常相似,但是直接利用上式拟合,预测结果与实际值偏差很大。因此,为了防止此类情况发生,常利用式(5-203)和产量递减阶段的数据进行拟合、预测[64],具体为:

首先,令 $y = \ln(N_p)$,$x_1 = t^{n+1}$,$a_0 = \ln(N_R)$,$a_1 = k/(1+n)$,则式(5-203)转化为:

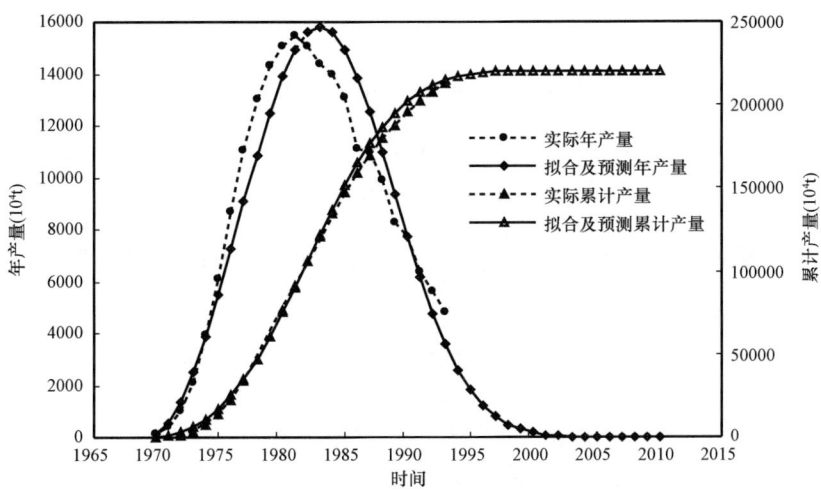

图 5-46　萨马特洛尔油田产量变化曲线

$$y = a_0 + a_1 x_1 \tag{5-234}$$

其次,将生产数据代入式(5-234)进行含有单变量 n 的最小二乘法拟合,求得待定参数值 $\hat{a}_0$, $\hat{a}_1$, $\hat{n}$,并利用下列关系式求得 n, a 和 N_R:

$$a = \hat{a}_1(1 + \hat{n}) \tag{5-235}$$

$$n = \hat{n} \tag{5-236}$$

$$N_R = \exp(\hat{a}_0) \tag{5-237}$$

最后,将待定参数值代回式(5-233),求得不同时刻年产油量。

按上述求解过程,将萨马特洛尔油田递减阶段实际不同时刻产量数据代入式(5-234),求得 $\hat{a}_0 = 12.66345$, $\hat{a}_1 = -56.57433$, $\hat{n} = -2.59020$,拟合相关系数 0.99977;对应待定参数 $n = -2.59020$, $a = 89.96448$, $N_R = 315986.46643$(图 5-47)。

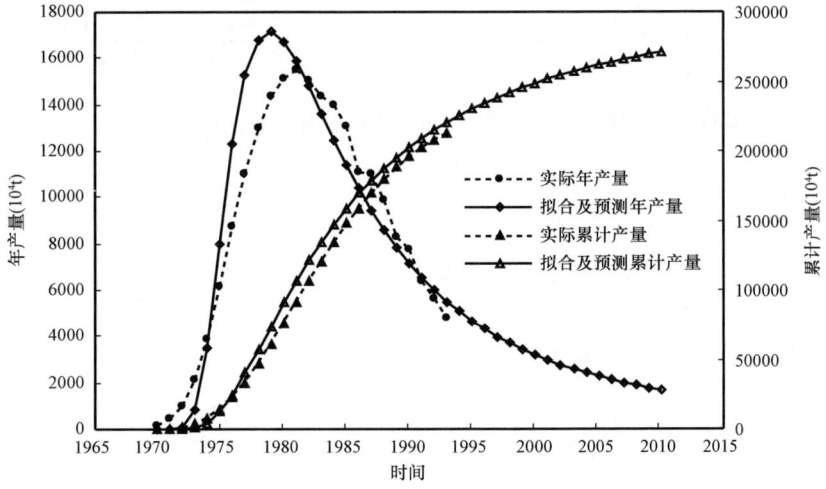

图 5-47　萨马特洛尔油田产量变化曲线

4. Rayleigh 模型

$$q_t = 2cN_R t \exp(-ct^2) \tag{5-238}$$

首先,令 $y = \ln(q_t/t)$,$x_1 = t^2$,$a_0 = \ln(2cN_R)$,$a_1 = -c$,则式(5-238)转化为:

$$y = a_0 + a_1 x_1 \tag{5-239}$$

其次,将生产数据代入式(5-239)进行最小二乘法拟合,求得待定参数值 $\hat{a}_0$,$\hat{a}_1$,并利用下列关系式求得 c 和 N_R:

$$c = -\hat{a}_1 \tag{5-240}$$

$$N_R = -0.5\exp(\hat{a}_0)/\hat{a}_1 \tag{5-241}$$

最后,将待定参数值代回式(5-238),求得不同时刻年产油量。

按上述求解过程,将萨马特洛尔油田实际产量递减阶段不同时刻产量数据代入式(5-239),求得 $\hat{a}_0 = 7.79685$,$\hat{a}_1 = -4.50108 \times 10^{-3}$,拟合相关系数 0.99972;对应待定参数 $c = 4.50108 \times 10^{-3}$,$N_R = 270261.35456$(图 5-48)。

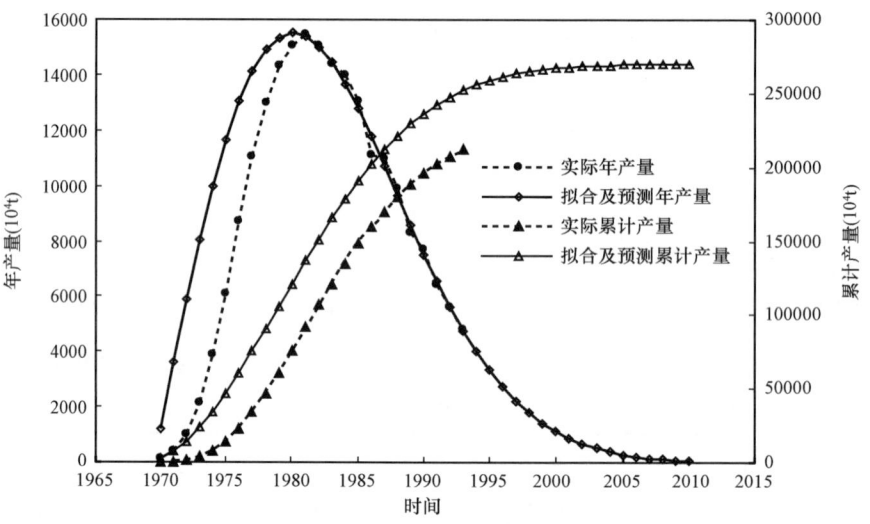

图 5-48 萨马特洛尔油田产量变化曲线

5. HCZ 模型

$$q_t = mN_R \exp\left[-\frac{m}{c}\exp(-ct) - ct\right] \tag{5-242}$$

将 HCZ 基本模型与累计模型式(5-206)结合,得到:

$$q_t = mN_p \exp(-ct) \tag{5-243}$$

首先,令 $y = \ln(q_t/N_p)$,$x_1 = t$,$a_0 = \ln m$,$a_1 = -c$,则式(5-243)转化为:

$$y = a_0 + a_1 x_1 \tag{5-244}$$

其次，将生产数据代入式(5-239)进行最小二乘法拟合，求得待定参数值 $\hat{a}_0$，$\hat{a}_1$，并利用下列关系式求得 c 和 N_R：

$$c = -\hat{a}_1 \tag{5-245}$$

$$m = \exp(\hat{a}_0) \tag{5-246}$$

进一步将 c，m 值和不同时刻的累计产量代入式(5-206)，计算出不同时刻对应的 $N_{R,t}$ 值，即：

$$N_{R,t} = N_{p,t} / \exp\left[-\frac{m}{c}\exp(-ct)\right] \tag{5-247}$$

再次，利用 $N_R = \dfrac{1}{p-s+1}\sum\limits_{t=s}^{p} N_{R,t}$ 计算其平均值作为 N_R，其中，p 为参与式(5-244)拟合数组结束时刻，s 为产量递减起始时刻。

最后，将待定参数值代回式(5-242)，求得不同时刻年产油量。

按上述求解过程，将萨马特洛尔油田不同递减时刻产量数据代入式(5-244)，求得 $\hat{a}_0 = -0.14890$，$\hat{a}_1 = -0.15954$，拟合相关系数 0.99947；对应待定参数 $c = 0.15954$，$m = 0.98522$；利用式(5-247)计算出平均 $N_R = 237033.86197$（图 5-49）。

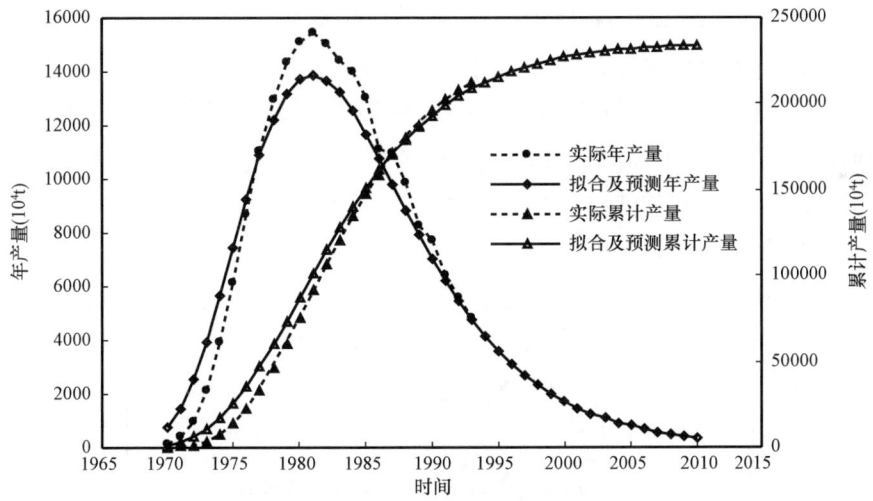

图 5-49　萨马特洛尔油田产量变化曲线

6. Logistic 模型

$$q_t = \frac{cmN_R\exp(-ct)}{[1+m\exp(-ct)]^2} \tag{5-248}$$

将 Logistic 基本模型与累计模型式(5-207)结合，得到：

$$q_t = \frac{cm}{N_R}N_p^2\exp(-ct) \tag{5-249}$$

首先，令 $y = \ln(q_t/N_p^2)$，$x_1 = t$，$a_0 = \ln\left(\dfrac{cm}{N_R}\right)$，$a_1 = -c$，则式（5-249）转化为：

$$y = a_0 + a_1 x_1 \tag{5-250}$$

其次，将生产数据代入式（5-250）进行最小二乘法拟合，求得待定参数值 $\hat{a}_0$，$\hat{a}_1$，并利用下列关系式求得 c 和 m/N_R：

$$c = -\hat{a}_1 \tag{5-251}$$

$$\dfrac{m}{N_R} = -\exp(\hat{a}_0)/\hat{a}_1 \tag{5-252}$$

由式（5-207）可得：

$$N_R = N_p[1 + m \exp(-ct)] \tag{5-253}$$

进一步将 c，m/N_R 值和不同时刻的累计产量代入式（5-253），计算出不同时刻对应的 $N_{R,t}$ 值，即：

$$N_{R,t} = N_{p,t}/\left[1 + \dfrac{\exp(\hat{a}_0)}{\hat{a}_1}\exp(\hat{a}_1 t)N_{p,t}\right] \tag{5-254}$$

再次，利用 $N_R = \dfrac{1}{p-s+1}\sum\limits_{t=s}^{p} N_{R,t}$ 计算其平均值作为 N_R。

最后，将待定参数值代回式（5-248），求得不同时刻年产油量。

按上述求解过程，将萨马特洛尔油田不同递减时刻产量数据代入式（5-250），求得 $\hat{a}_0 = -10.96937$，$\hat{a}_1 = -0.22006$，拟合相关系数 0.99833；对应待定参数 $c = 0.22006$，$m/N_R = 7.82570 \times 10^{-5}$；利用式（5-254）计算出平均 $N_R = 248862.019067$，代入式（5-252）确定 $m = 19.47519$（图 5-50）。

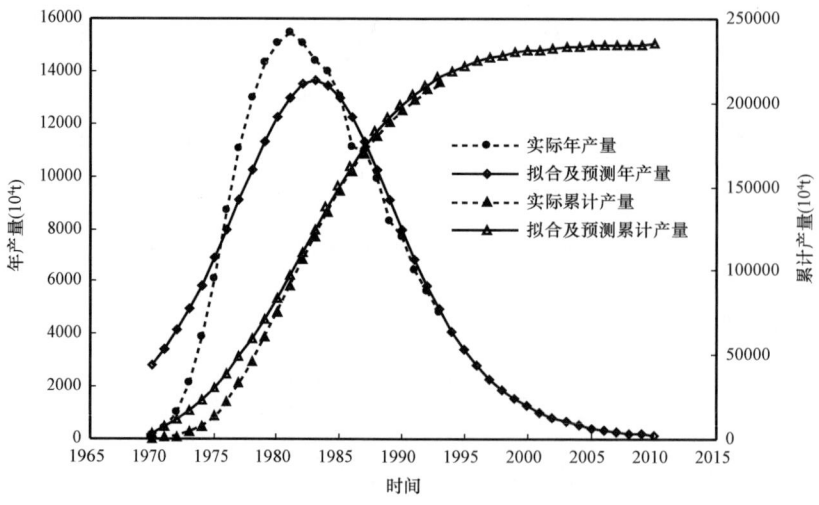

图 5-50　萨马特洛尔油田产量变化曲线

7. Gompertz 模型

$$q_t = n\ln m N_R m^t \exp(nm^t) \quad (5-255)$$

将 Gompertz 基本模型与累计模型式(5-208)结合,得到:

$$q_t = n\ln m N_p m^t \quad (5-256)$$

首先,令 $y = \ln(q_t/N_p)$,$x_1 = t$,$a_0 = \ln[n\ln(m)]$,$a_1 = \ln m$,则式(5-256)转化为:

$$y = a_0 + a_1 x_1 \quad (5-257)$$

其次,将生产数据代入式(5-257)进行最小二乘法拟合,求得待定参数值 $\hat{a}_0$,$\hat{a}_1$,并利用下列关系式求得 n 和 m:

$$m = \exp(\hat{a}_1) \quad (5-258)$$

$$n = \exp(\hat{a}_0)/\hat{a}_1 \quad (5-259)$$

进一步将 n,m 值和不同时刻的累计产量代入式(5-208),计算出不同时刻对应的 $N_{R,t}$ 值,即:

$$N_{R,t} = N_{p,t}\exp(-nm^t) \quad (5-260)$$

再次,利用 $N_R = \dfrac{1}{p-s+1}\sum_{t=s}^{p} N_{R,t}$ 计算其平均值作为 N_R。

最后,将待定参数值代回式(5-255),求得不同时刻年产油量。

按上述求解过程,将萨马特洛尔油田不同递减时刻产量数据代入式(5-257),求得 $\hat{a}_0 = -0.14890$,$\hat{a}_1 = -0.15954$,拟合相关系数 0.99947;对应待定参数 $n = -6.17545$,$m = 0.85254$;利用式(5-260)计算出平均 $N_R = 237033.86197$(图 5-51)。对比 Gompertz 预测模型和 HCZ 模型结果,可以明显看出,其结果一致,究其原因,其二者数学模型实质为同一数学模型。

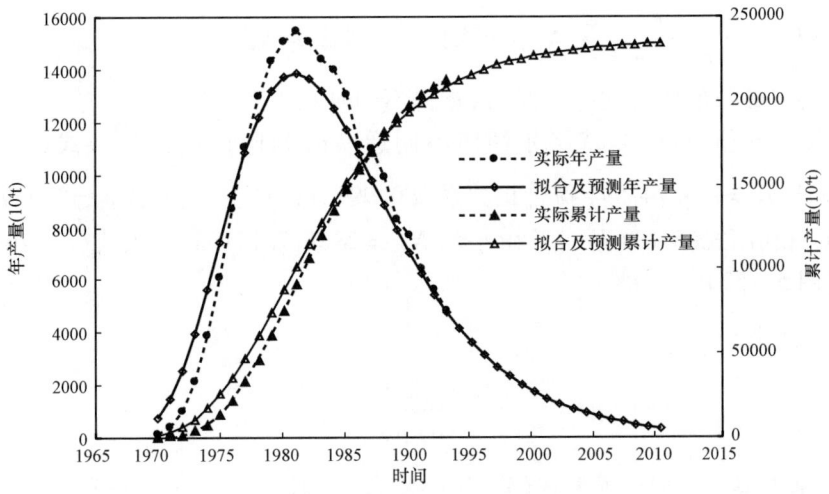

图 5-51 萨马特洛尔油田产量变化曲线

8. HZC 模型

$$q_t = \frac{nmN_R t^{-n-1}}{[1 + mt^{-n}]^2} \quad (5-261)$$

将 HZC 基本模型与累计模型式(5-210)结合,得到:

$$q_t = \frac{nm}{N_R} N_p^2 t^{-n-1} \quad (5-262)$$

首先,令 $y = \ln(q_t/N_p^2)$, $x_1 = \ln(t)$, $a_0 = \ln(nm/N_R)$, $a_1 = -n-1$,则式(5-262)转化为:

$$y = a_0 + a_1 x_1 \quad (5-263)$$

其次,将生产数据代入式(5-263)进行最小二乘法拟合,求得待定参数值 $\hat{a}_0$, $\hat{a}_1$,并利用下列关系式求得 n 和 m/N_R:

$$n = -\hat{a}_1 - 1 \quad (5-264)$$

$$\frac{m}{N_R} = -\exp(\hat{a}_0)/(\hat{a}_1 + 1) \quad (5-265)$$

由式(5-210)可得:

$$N_R = N_p(1 + mt^{-n}) \quad (5-266)$$

进一步将 n, m/N_R 值和不同时刻的累计产量代入式(5-266),计算出不同时刻对应的 $N_{R,t}$ 值,即:

$$N_{R,t} = N_{p,t}/[1 + \frac{\exp(\hat{a}_0)}{\hat{a}_1 + 1} t^{\hat{a}_1} N_{p,t}] \quad (5-267)$$

再次,利用 $N_R = \frac{1}{p-s+1} \sum_{t=s}^{p} N_{R,t}$ 计算其平均值作为 N_R。

最后,将待定参数值代回式(5-261),求得不同时刻年产油量。

按上述求解过程,将萨马特洛尔油田不同递减时刻产量数据代入式(5-263),求得 $\hat{a}_0 = -4.16963$, $\hat{a}_1 = -3.74759$,拟合相关系数 0.99921;对应待定参数 $n = 2.74759$, $m/N_R = 5.62599 \times 10^{-3}$;利用式(5-267)计算出平均 $N_R = 283117.17162$,代入式(5-265)确定 $m = 1592.81402$(图 5-52)。

9. Usher 模型

$$q_t = \frac{cmN_R \exp(-ct)}{n[1 + m\exp(-ct)]^{1/(n+1)}} \quad (5-268)$$

将 Usher 基本模型与累计模型式(5-211)结合,得到:

$$q_t = \frac{cm}{nN_R^n} N_p^{n+1} \exp(-ct) \quad (5-269)$$

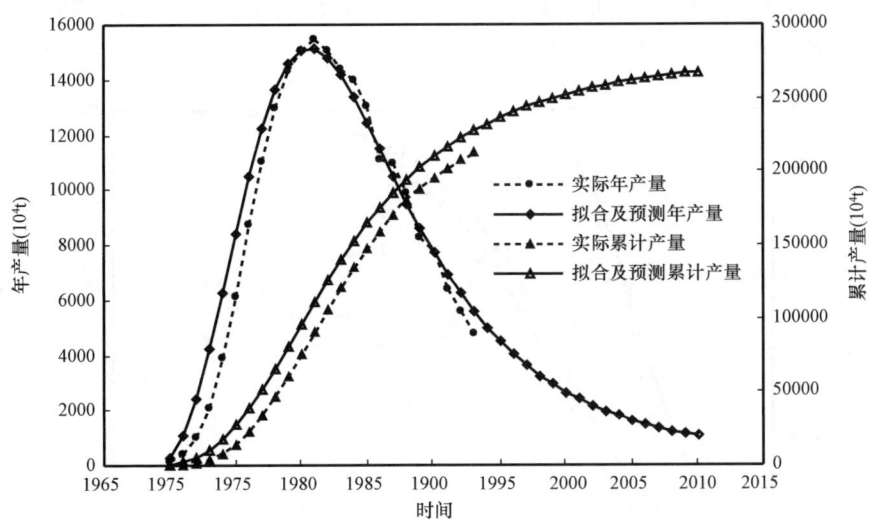

图 5-52　萨马特洛尔油田产量变化曲线

首先，令 $y = \ln q_t$，$x_1 = \ln N_p$，$x_2 = \ln t$，$a_0 = \ln[cm/(nN_R^n)]$，$a_1 = n+1$，$a_2 = -c$，则式(5-262)转化为：

$$y = a_0 + a_1 x_1 + a_2 x_2 \tag{5-270}$$

其次，将生产数据代入式(5-270)进行最小二乘法拟合，求得待定参数值 $\hat{a}_0$，$\hat{a}_1$，$\hat{a}_2$，并利用下列关系式求得 n 和 m/N_R：

$$n = \hat{a}_1 - 1 \tag{5-271}$$

$$c = -\hat{a}_2 \tag{5-272}$$

$$\frac{m}{N_R^n} = \exp(\hat{a}_0)(1 - \hat{a}_1)/\hat{a}_2 \tag{5-273}$$

由式(5-211)可得

$$N_R = N_p [1 + m \exp(-ct)]^{1/n} \tag{5-274}$$

进一步将 c，n，m/N_R 值和不同时刻的累计产量代入式(5-274)，计算出不同时刻对应的 $N_{R,t}$ 值，即：

$$N_{R,t}^{\hat{a}_1 - 1} = N_{p,t}^{\hat{a}_1 - 1}\bigg/\bigg[1 - \frac{(1-\hat{a}_1)\exp(\hat{a}_0)}{\hat{a}_2}N_{p,t}^{\hat{a}_1 - 1}\exp(\hat{a}_2 t)\bigg] \tag{5-275}$$

再次，利用 $N_R = \dfrac{1}{p-s+1}\sum\limits_{t=s}^{p} N_{R,t}$ 计算其平均值作为 N_R。

最后，将待定参数值代回式(5-268)，求得不同时刻年产油量。

按上述求解过程，将萨马特洛尔油田不同递减时刻产量数据代入式(5-270)，求得 $\hat{a}_0 = -2.38825$，$\hat{a}_1 = 1.21666$，$\hat{a}_2 = -0.17265$，拟合相关系数 0.99923；对应待定参数 $c =$

0.17265，$n=0.21666$，$m/N_R^n=0.11519$；利用式(5-275)计算出平均 $N_R=253599.65395$，代入式(5-273)确定 $m=1.70704$(图5-53)。

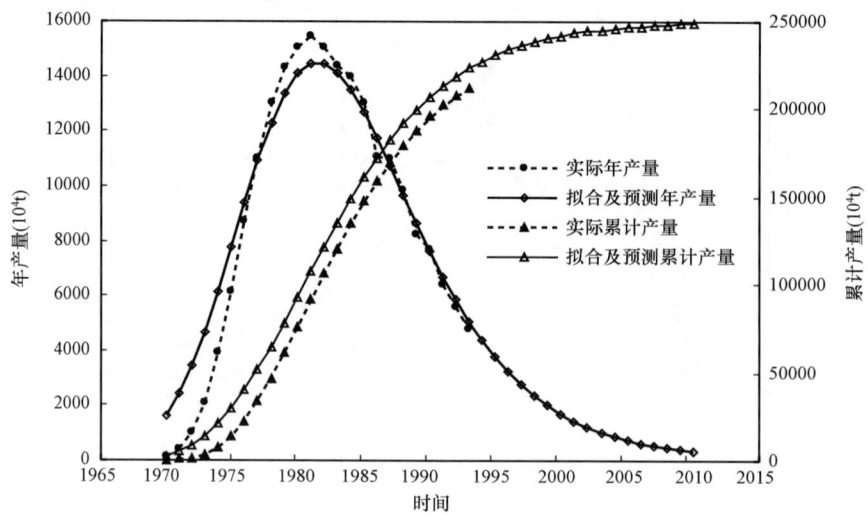

图5-53　萨马特洛尔油田产量变化曲线

10. Kopatov 模型

$$q_t = \frac{n}{(t+m)^2} \quad (5-276)$$

Kopatov 基本模型和累计模型式(5-212)实质上是递减指数为0.5时的双曲递减方程，因此，利用该模型进行预测时，模型中 t 应转化为递减时间计算。

首先，令 $y=q_t^{-0.5}$，$x_1=t$，$a_0=m/n^{0.5}$，$a_1=1/n^{0.5}$，则式(5-276)转化为：

$$y = a_0 + a_1 x_1 \quad (5-277)$$

其次，将递减数据代入式(5-277)进行最小二乘法拟合，求得待定参数值 $\hat{a}_0$，$\hat{a}_1$，并利用下列关系式求得 n、m 和 N_R：

$$m = \hat{a}_0/\hat{a}_1 \quad (5-278)$$

$$n = 1/\hat{a}_1^2 \quad (5-279)$$

$$N_R = 1/(\hat{a}_0 \hat{a}_1) + N_{p0} \quad (5-280)$$

最后，将待定参数值 n 和 m 代回式(5-276)，求得不同时刻年产油量。

按上述求解过程，将萨马特洛尔油田不同递减时刻产量数据代入式(5-277)，求得 $\hat{a}_0=6.82736\times10^{-3}$，$\hat{a}_1=5.14946\times10^{-4}$，拟合相关系数 0.96680；对应待定参数 $n=3771169.77479$，$m=13.25840$，$N_R=360256.33683$(图5-54)。

11. Von Bertalanffy 模型

$$q_t = 3cmN_R[1-m\exp(-ct)]^2\exp(-ct) \quad (5-281)$$

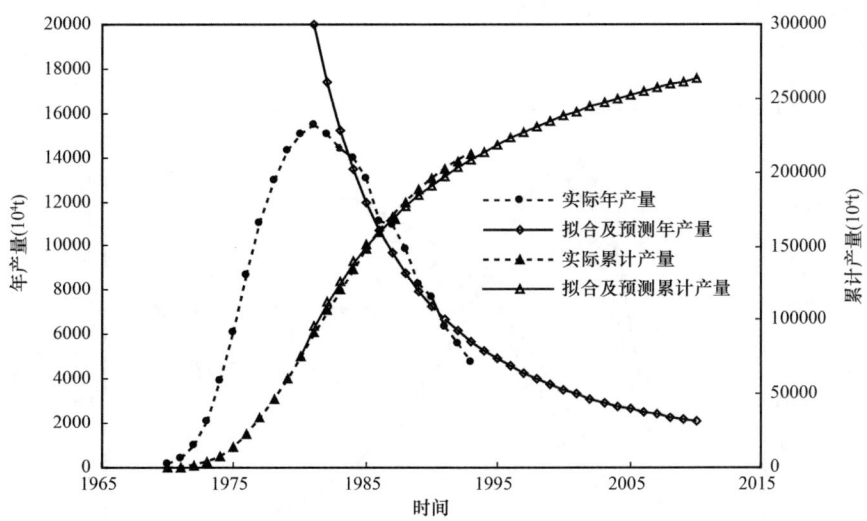

图 5-54 萨马特洛尔油田产量变化曲线

将 Von Bertalanffy 基本模型与累计模型式(5-213)结合,得到:

$$q_t = 3cmN_R^{1/3}N_p^{2/3}\exp(-ct) \qquad (5-282)$$

首先,令 $y = \ln(q_t/N_p^{2/3})$,$x_1 = \ln t$,$a_0 = \ln(3cmN_R^{1/3})$,$a_1 = -c$,则式(5-282)转化为:

$$y = a_0 + a_1 x_1 \qquad (5-283)$$

其次,将生产数据代入式(5-283)进行最小二乘法拟合,求得待定参数值 $\hat{a}_0$,$\hat{a}_1$,并利用下列关系式求得 c 和 $mN_R^{1/3}$:

$$c = -\hat{a}_1 \qquad (5-284)$$

$$mN_R^{1/3} = -\exp(\hat{a}_0)/(3\hat{a}_1) \qquad (5-285)$$

由式(5-213)可得:

$$N_R = N_p/[1 - m\exp(-ct)]^3 \qquad (5-286)$$

进一步将 n,$mN_R^{1/3}$ 值和不同时刻的累计产量代入式(5-266),计算出不同时刻对应的 $N_{R,t}$ 值,即:

$$N_{R,t} = \left[N_{p,t}^{1/3} - \frac{\exp(\hat{a}_0)}{3\hat{a}_1}\exp(\hat{a}_1 t) \right]^3 \qquad (5-287)$$

再次,利用 $N_R = \dfrac{1}{p-s+1}\sum_{t=s}^{p} N_{R,t}$ 计算其平均值作为 N_R。

最后,将待定参数值代回式(5-281),求得不同时刻年产油量。

按上述求解过程,将萨马特洛尔油田不同递减时刻产量数据代入式(5-283),求得 $\hat{a}_0 = 3.63660$,$\hat{a}_1 = -0.13936$,拟合相关系数 0.99774;对应待定参数 $c = 0.13936$,$mN_R^{1/3} =$

90.79951；利用式(5-287)计算出平均 N_R = 260418.78844，代入式(5-285)确定 m = 1.42187(图5-55)。

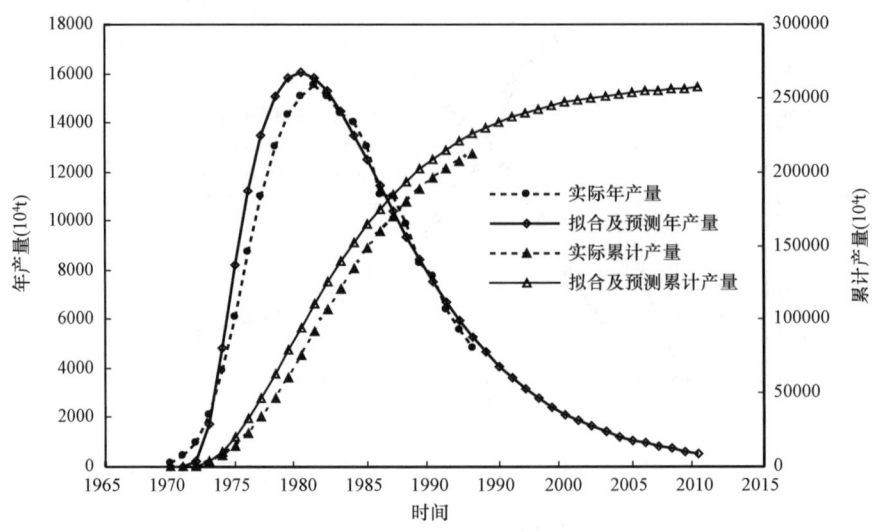

图5-55 萨马特洛尔油田产量变化曲线

12. Hubbert 模型

$$q_t = cN_R\exp(-ct) \quad (5-288)$$

Hubbert 基本模型和累计模型式(5-213)实质上是 Arps 递减方程中的指数递减方程，因此，利用该模型进行预测时，模型中 t 也应转化为递减时间计算。

首先，令 $y = \ln q_t$，$x_1 = t$，$a_0 = \ln(cN_R)$，$a_1 = -c$，则式(5-288)转化为：

$$y = a_0 + a_1 x_1 \quad (5-289)$$

其次，将递减数据代入式(5-289)进行最小二乘法拟合，求得待定参数值 $\hat{a}_0$、$\hat{a}_1$，并利用下列关系式求得 n、m 和 N_R：

$$c = -\hat{a}_1 \quad (5-290)$$

$$N_R = -\exp(\hat{a}_0)/\hat{a}_1 + N_{p0} \quad (5-291)$$

最后，将待定参数值 n 和 m 代回式(5-276)，求得不同时刻年产油量。

按上述求解过程，将萨马特洛尔油田不同递减时刻产量数据代入式(5-277)，求得 $\hat{a}_0$ = 9.85040，$\hat{a}_1$ = -9.90170×10^{-2}，拟合相关系数 0.98165；对应待定参数 c = 9.90170×10^{-2}，N_R = 267362.63969(图5-56)。

13. Log-normal-distribution 模型

将式(5-215)两边取对数，整理，有：

$$\ln q_t = \ln\left(\frac{N_R}{\sqrt{2\pi}\beta}\right) - \frac{\alpha^2}{2\beta^2} + \frac{\alpha-\beta^2}{\beta^2}\ln t - \frac{1}{2\beta^2}\ln^2 t \quad (5-292)$$

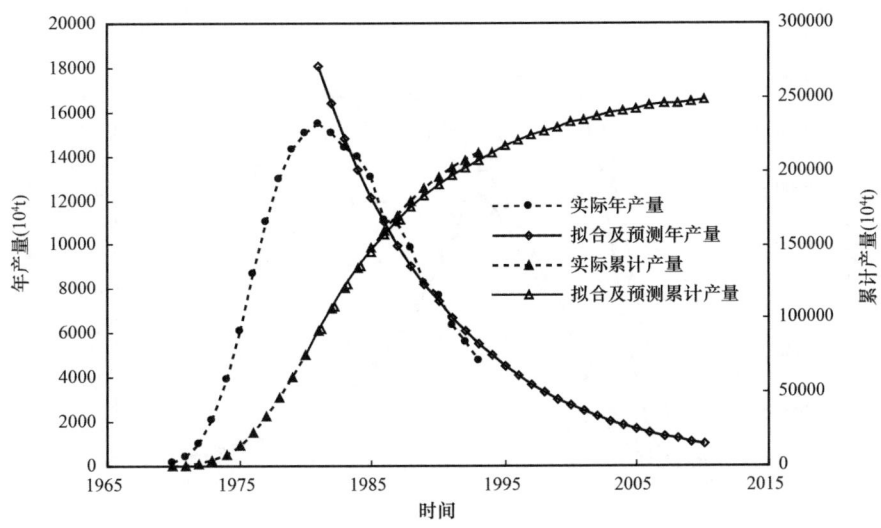

图 5−56 萨马特洛尔油田产量变化曲线

首先，令 $y = \ln q_t$，$x_1 = \ln t$，$x_2 = \ln^2 t$，$a_0 = \ln[N_R/(\sqrt{2\pi}\beta)] - \alpha^2/2\beta^2$，$a_1 = \alpha/\beta^2 - 1$，$a_2 = -0.5/\beta^2$，则式(5−292)转化为：

$$y = a_0 + a_1 x_1 + a_2 x_2 \tag{5-293}$$

其次，将递减数据代入式(5−293)进行最小二乘法拟合，求得待定参数值 $\hat{a}_0$，$\hat{a}_1$，$\hat{a}_2$，并利用下列关系式求得 α、β 和 N_R：

$$\alpha = -\frac{1 + \hat{a}_1}{2\hat{a}_2} \tag{5-294}$$

$$\beta = \sqrt{-\frac{1}{2\hat{a}_2}} \tag{5-295}$$

$$N_R = \sqrt{-\frac{\pi}{\hat{a}_2}} \exp\left[\hat{a}_0 - \frac{(1 + \hat{a}_1)^2}{4\hat{a}_2}\right] \tag{5-296}$$

最后，将待定参数值 α 和 β 代回式(5−215)，求得不同时刻年产油量。

按上述求解过程，将萨马特洛尔油田不同递减时刻产量数据代入式(5−293)，求得 $\hat{a}_0 = -6.47794$，$\hat{a}_1 = 12.88734$，$\hat{a}_2 = -2.57954$，拟合相关系数 0.99895；对应待定参数 $\alpha = 2.69182$，$\beta = 0.44026$，$N_R = 222294.64139$（图 5−57）。

14. Beta − Cyclic 模型

Beta − Cyclic 模型式(5−216)是一个比较复杂的产量全过程预测模型，使用时需进行简化，即先令 $a = \dfrac{\alpha k^{\alpha m} N_R}{B(m,n)}$，$b = \alpha m - 1$，$c = k^\alpha$，$f = \alpha$，$d = -m - n$，则式(5−216)转化为：

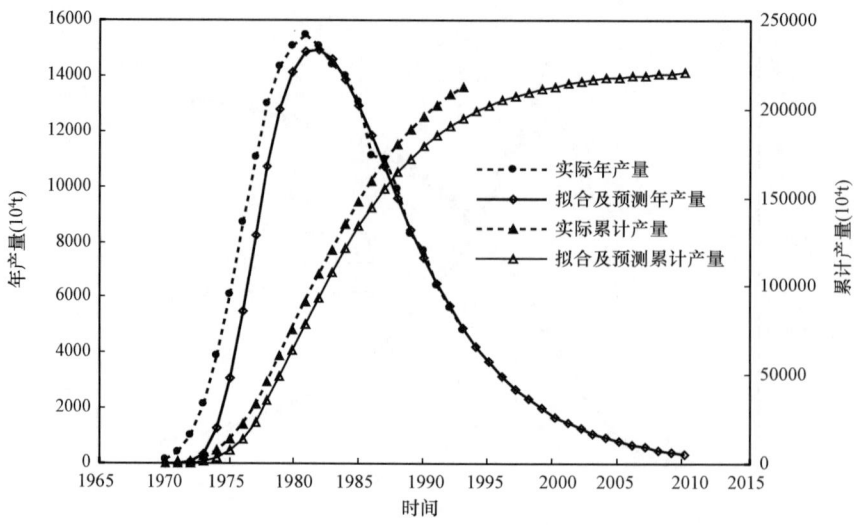

图 5-57 萨马特洛尔油田产量变化曲线

$$q_t = at^b(1+ct^f)^d \quad (f=1,2,3,\cdots) \qquad (5-297)$$

很明显，当 $f=1$ 时，式(5-297)即为广义 F 分布预测模型[65]：

$$q_t = at^b(1+ct)^d \qquad (5-298)$$

首先，令 $y=\ln q_t$，$x_1=\ln t$，$x_2=\ln(1+ct^f)$，$a_0=\ln a$，$a_1=b$，$a_2=d$，则式(5-298)转化为：

$$y = a_0 + a_1 x_1 + a_2 x_2 \qquad (5-299)$$

其次，将生产数据代入式(5-299)，依次取 $f=1,2,3,\cdots$，进行含单变量 c 的最小二乘法拟合，求得在 $\hat{c}$ 下最优待定参数值 $\hat{a}_0$，$\hat{a}_1$，$\hat{a}_2$，并利用下列关系式求得 a、b 和 d：

$$a = \exp(\hat{a}_0) \qquad (5-300)$$

$$b = \hat{a}_1 \qquad (5-301)$$

$$d = \hat{a}_2 \qquad (5-302)$$

最后，将待定参数值 a、b、c 和 d 代回式(5-298)，求得不同时刻年产油量。

按上述求解过程，将萨马特洛尔油田不同时刻产量数据代入式(5-298)，求得在 $f=5$ 时，单变量拟合求解 $\hat{c}=2.77259\times10^{-6}$ 时，$\hat{a}_0=5.43639$，$\hat{a}_1=1.90586$，$\hat{a}_2=-0.95568$，拟合相关系数最优(0.99683)；对应待定参数 $a=229.61217$，$b=1.90586$，$c=2.77259\times10^{-6}$，$d=-0.95568$(图5-58)。若要得到可采储量，可依据油田设计开发年限，利用式(5-298)，累加生成求得，如开发 50 年 $N_R=259901.1762\times10^4$t。

15. $\Gamma(t^{1/2})$ 旋回预测模型

首先，令 $y=\ln q_t$，$x_1=\ln t$，$x_2=t^{1/2}$，$a_0=\ln[0.5cb^a/\Gamma(a)]$，$a_1=a/2-1$，$a_2=-b$，则

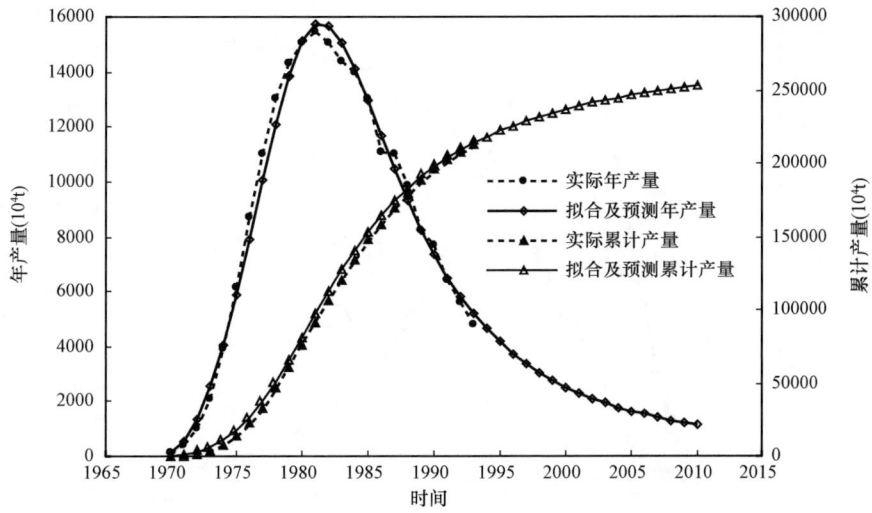

图 5-58 萨马特洛尔油田产量变化曲线

$\Gamma(t^{1/2})$ 旋回预测模型式(5-217)转化为:

$$y = a_0 + a_1 x_1 + a_2 x_2 \qquad (5-303)$$

其次,将生产数据代入式(5-303)进行最小二乘法拟合,求得待定参数值 $\hat{a}_0$, $\hat{a}_1$, $\hat{a}_2$, 并利用下列关系式求得 $0.5cb^a/\Gamma(a)$、a 和 b:

$$\frac{cb^a}{2\Gamma(a)} = \exp(\hat{a}_0) \qquad (5-304)$$

$$a = 2(\hat{a}_1 + 1) \qquad (5-305)$$

$$b = -\hat{a}_2 \qquad (5-306)$$

最后,将待定参数值 $0.5cb^a/\Gamma(a)$、a 和 b 代回式(5-217),求得不同时刻年产油量。

按上述求解过程,将萨马特洛尔油田不同时刻产量数据代入式(5-303),求得 $\hat{a}_0 = 6.29960$, $\hat{a}_1 = 7.63959$, $\hat{a}_2 = -4.51817$, 拟合相关系数 0.99893[注意:利用 $\Gamma(t^{1/2})$ 旋回预测模型时,油田初期产量对待定参数和拟合程度影响很大,为了提高拟合程度,前面几个数据点可以不参加拟合];对应待定参数 $0.5cb^a/\Gamma(a) = 544.35596$, $a = 17.27918$, $b = 4.51817$(图 5-59)。若要得到可采储量,可依据油田设计开发年限,利用式(5-217),累加生成求得,如开发 50 年 $N_R = 240177.76229 \times 10^4 t$。

16. $\Gamma(t^2)$ 旋回预测模型

首先,令 $y = \ln q_t$, $x_1 = \ln t$, $x_2 = t^2$, $a_0 = \ln[2cb^a/\Gamma(a)]$, $a_1 = 2a-1$, $a_2 = -b$,则 $\Gamma(t^2)$ 旋回预测模型式(5-218)转化为:

$$y = a_0 + a_1 x_1 + a_2 x_2 \qquad (5-307)$$

其次,将生产数据代入式(5-307)进行最小二乘法拟合,求得待定参数值 $\hat{a}_0$, $\hat{a}_1$, $\hat{a}_2$, 并

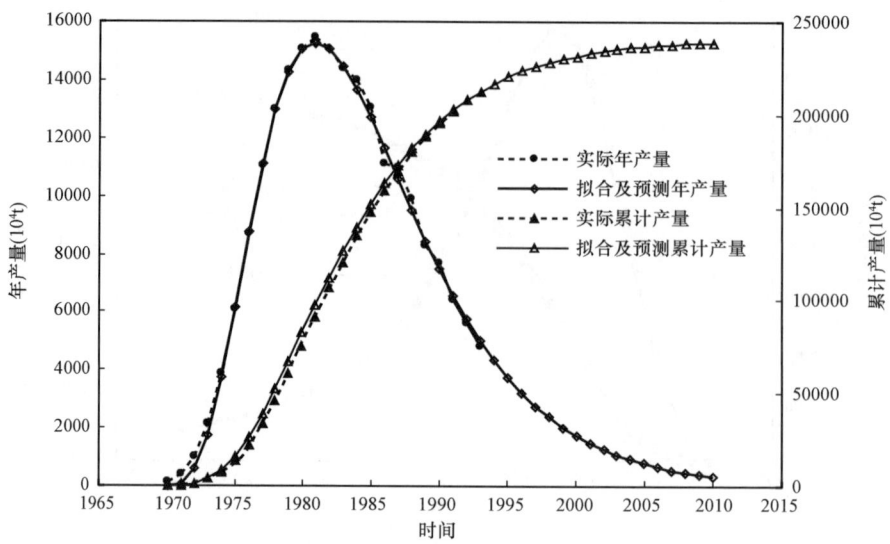

图 5-59 萨马特洛尔油田产量变化曲线

利用下列关系式求得 $2cb^a/\Gamma(a)$、a 和 b：

$$\frac{2cb^a}{\Gamma(a)} = \exp(\hat{a}_0) \qquad (5-308)$$

$$a = 0.5(\hat{a}_1 + 1) \qquad (5-309)$$

$$b = -\hat{a}_2 \qquad (5-310)$$

最后，将待定参数值 $2cb^a/\Gamma(a)$、a 和 b 代回式(5-218)，求得不同时刻年产油量。

按上述求解过程，将萨马特洛尔油田不同时刻产量数据代入式(5-307)，求得 $\hat{a}_0 = 5.37657$，$\hat{a}_1 = 2.07090$，$\hat{a}_2 = -6.40951 \times 10^{-3}$，拟合相关系数 0.99412；对应待定参数 $2cb^a/\Gamma(a) = 216.27861$，$a = 1.53545$，$b = 6.40951 \times 10^{-3}$（图 5-60）。若要得到可采储量，可依据油田设计开发年限，利用式(5-218)，累加生成求得，如开发 50 年 $N_R = 223797.68719 \times 10^4 t$。

对比 $\Gamma(t^{1/2})$ 旋回预测模型、$\Gamma(t^2)$ 旋回预测模型和 Gamma-distribution 模型，它们具有共同的特点，就是可采储量隐含在常数项 a 中，无法直接求得可采储量值。从拟合程度来看，递减项 $\exp(-bt^f)$ 中 t 的指数 f 越高，其参与可以拟合的生产数据越多，拟合程度也越好，预测开发设计年限的可采储量越小。

17. Ⅰ类广义预测模型

$$q_t = at^b \exp(-ct^m) \qquad (5-311)$$

首先，令 $y = \ln q_t$，$x_1 = \ln t$，$x_2 = t^m$，$a_0 = \ln a$，$a_1 = b$，$a_2 = -c$，则 Ⅰ类广义预测模型转化为：

$$y = a_0 + a_1 x_1 + a_2 x_2 \qquad (5-312)$$

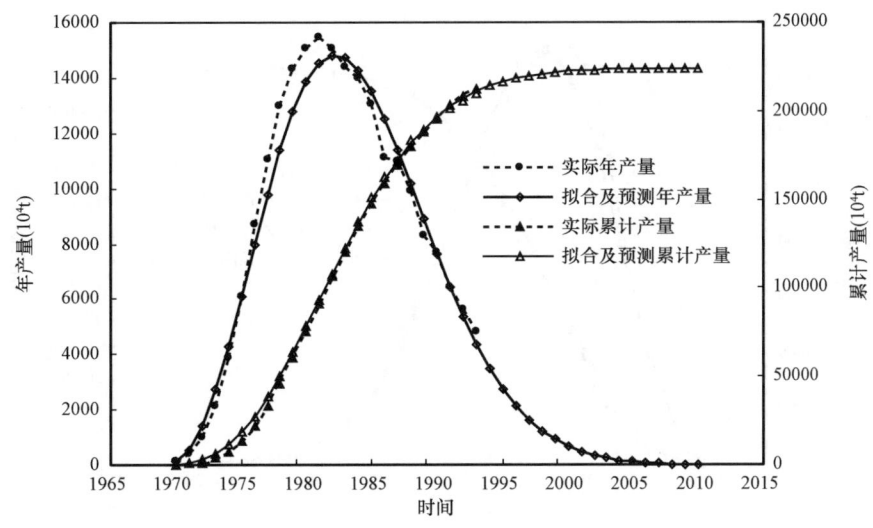

图 5-60 萨马特洛尔油田产量变化曲线

其次,将生产数据代入式(5-312)进行含有单变量 m 的最小二乘法拟合,求得待定参数值 $\hat{a}_0$,$\hat{a}_1$,$\hat{a}_2$,并利用下列关系式求得 a、b 和 c:

$$a = \exp(\hat{a}_0) \tag{5-313}$$

$$b = \hat{a}_1 \tag{5-314}$$

$$c = -\hat{a}_2 \tag{5-315}$$

最后,将待定参数值 a、b、c 和 m 代回式(5-311),求得不同时刻年产油量。

按上述求解过程,将萨马特洛尔油田不同时刻产量数据代入式(5-312),求得当 $\hat{m} = 2.10131$ 时,$\hat{a}_0 = 5.39641$,$\hat{a}_1 = 2.03394$,$\hat{a}_2 = -4.56049 \times 10^{-3}$,最优拟合相关系数为 0.99416;对应待定参数 $a = 220.61407$,$b = 2.03394$,$c = 4.56049 \times 10^{-3}$,$m = 2.10131$(图 5-61)。若要得到可采储量,可依据油田设计开发年限,利用式(5-311),累加生成求得,如开发 50 年 $N_R = 223073.83753 \times 10^4 \text{t}$。

18. Ⅱ类广义预测模型

$$q_t = a N_p^k \exp(-ct) \tag{5-316}$$

首先,令 $y = \ln q_t$,$x_1 = \ln N_p$,$x_2 = t$,$a_0 = \ln a$,$a_1 = k$,$a_2 = -c$,则Ⅱ类广义预测模型转化为:

$$y = a_0 + a_1 x_1 + a_2 x_2 \tag{5-317}$$

其次,将生产数据代入式(5-317)进行最小二乘法拟合,求得待定参数值 $\hat{a}_0$,$\hat{a}_1$,$\hat{a}_2$,并利用下列关系式求得 a、c 和 k:

$$a = \exp(\hat{a}_0) \tag{5-318}$$

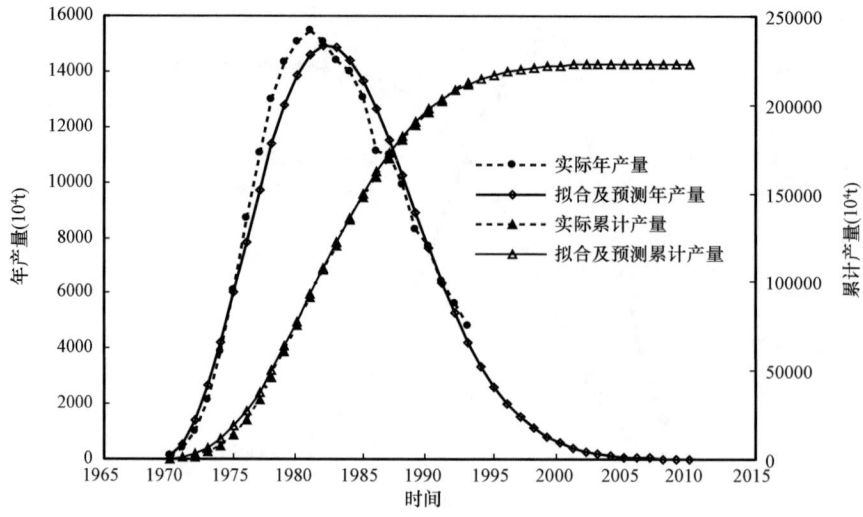

图 5-61 萨马特洛尔油田产量变化曲线

$$k = \hat{a}_1 \tag{5-319}$$

$$c = -\hat{a}_2 \tag{5-320}$$

最后,将待定参数值 a、c 和 k 代回式(5-316),求得不同时刻年拟合产油量。

按上述求解过程,将萨马特洛尔油田不同时刻产量数据代入式(5-317)进行最小二乘法拟合,求得 $\hat{a}_0 = 1.29423$,$\hat{a}_1 = 0.90027$,$\hat{a}_2 = -0.16224$,拟合相关系数为 0.99925;对应待定参数 $a = 3.64818$,$k = 0.90027$,$c = 0.16224$(图 5-62)。

若要得到可采储量,可依据油田设计开发年限,先将式(5-316)转化为:

$$q_t = a(N_{p,t-1} + q_t)^k \exp(-ct) \tag{5-321}$$

式中 $N_{p,t-1}$ ——$t-1$ 时刻累计产油量,10^4t。

这样,对于式(5-321),在已知 $N_{p,t-1}$ 的情况下,将 q_t 作为单变量,逐年求得预测 q_t,最终求得开发 50 年 $N_R = 241601.09551 \times 10^4$t。

19. Ⅲ类广义预测模型

$$q_t = aN_p^k t^b \exp(-ct) \tag{5-322}$$

首先,令 $y = \ln q_t$,$x_1 = \ln N_p$,$x_2 = \ln t$,$x_3 = t$,$a_0 = \ln a$,$a_1 = k$,$a_2 = b$,$a_3 = -c$,则Ⅲ类广义预测模型转化为:

$$y = a_0 + a_1 x_1 + a_2 x_2 + a_3 x_3 \tag{5-323}$$

其次,将生产数据代入式(5-323)进行最小二乘法拟合,求得待定参数值 $\hat{a}_0$,$\hat{a}_1$,$\hat{a}_2$,$\hat{a}_3$,并利用下列关系式求得 a、b、c 和 k:

$$a = \exp(\hat{a}_0) \tag{5-324}$$

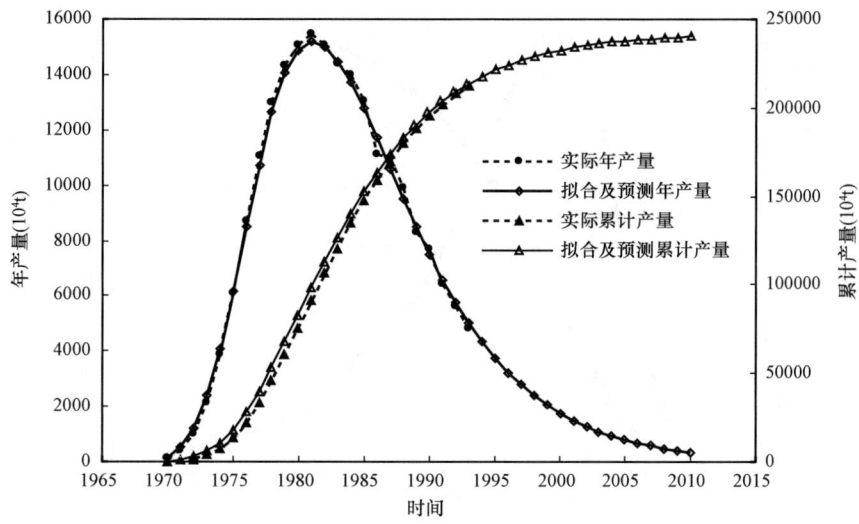

图5-62 萨马特洛尔油田产量变化曲线

$$k = \hat{a}_1 \qquad (5-325)$$

$$b = \hat{a}_2 \qquad (5-326)$$

$$c = -\hat{a}_3 \qquad (5-327)$$

最后,将待定参数值 a、b、c 和 k 代回式(5-322),求得不同时刻拟合年产油量。

按上述求解过程,将萨马特洛尔油田不同时刻产量数据代入式(5-323)进行最小二乘法拟合,求得 $\hat{a}_0 = 0.50895$,$\hat{a}_1 = 1.07737$,$\hat{a}_2 = -0.56860$,$\hat{a}_3 = -0.14574$,最优拟合相关系数为 0.99970;对应待定参数 $a = 1.66354$,$k = 1.07737$,$b = -0.56860$,$c = 0.14574$(图5-63)。

若要得到可采储量,可依据油田设计开发年限,先将式(5-322)转化为:

$$q_t = a(N_{p,t-1} + q_t)^k t^b \exp(-ct) \qquad (5-328)$$

式中 $N_{p,t-1}$ —— $t-1$ 时刻累计产油量,$10^4 t$。

这样,对于式(5-328),在已知 $N_{p,t-1}$ 的情况下,将 q_t 作为单变量,逐年求得预测 q_t,最终求得开发50年 $N_R = 248360.24853 \times 10^4 t$。

对比Ⅲ类广义预测模型和Ⅱ类广义预测模型应用效果,Ⅲ类广义预测模型拟合程度明显要好于Ⅱ类广义预测模型,但从预测效果来看,Ⅲ类广义预测模型相比Ⅱ类广义预测模型在拟合与预测相接处数据点不光滑,反映出Ⅲ类广义预测模型比Ⅱ类广义预测模型对累计产量更加敏感。

总之,通过以上各种模型的应用及其求解方法对比来看,Ⅰ类广义预测模型、Ⅱ类广义预测模型和 F 分布预测模型应用效果更好,已知数据参与拟合更全面,预测数据求解相对简单,尤其是Ⅰ类、Ⅱ类广义预测模型,不仅包含了各自的基础模型,减少了模型应用时的随机性,而且参与拟合的数据组数更多,反应出的开发信息更加全面、准确,克服了部分基础模型只能利

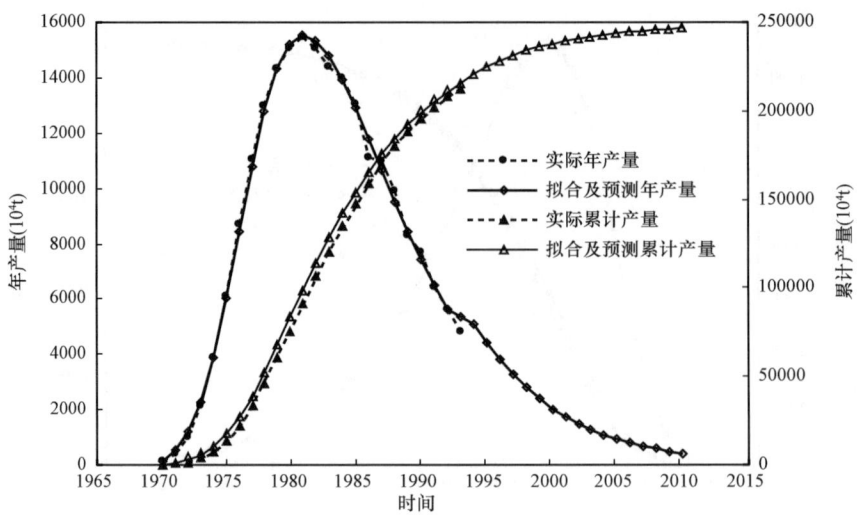

图 5-63 萨马特洛尔油田产量变化曲线

用产量递减期的数据参与拟合的缺点。

三、多峰产量预测数学模型及应用

当然,前面提到的产量全过程预测模型不仅可以拟合产量出现单峰问题,而且也可以预测产量出现多峰问题,如油田进行重大调整,动用可采储量发生较大变化,每次新增的可采储量作为一个独立的开发系统单元,这时就需要多层产量全过程叠加模型进行产量拟合和预测[66]。为了前后参数对比需要,在建立多峰产量预测模型时,不同时间段尽可能使用同一单峰产量全过程预测模型;同时,单峰产量全过程模型也尽可能选取不含 N_p 项,尽力减少数据预测时逐年试差求解过程。

1. Ⅰ类产量多峰预测模型及应用

Ⅰ类产量多峰预测模型是在Ⅰ类广义预测模型的基础上建立起来的,其数学模型为:

$$q_t = \sum_{w=1}^{n} a_w (t - t_{0w})^{b_w} \exp[-c_w (t - t_{0w})^{m_w}] \quad (5-329)$$

式中 w ——产量峰值数;

a_w, b_w, c_w, m_w ——分别为第 w 次Ⅰ类广义预测模型待定参数;

t_{0w} ——第 w 次Ⅰ类广义预测模型 0 时刻时间点。

大庆油田杏 4-6 区的含油面积为 53km²,地质储量为 1.8787×10^8 t,油藏埋深 800~1200m,有效厚度 22.8m,有效孔隙度 25%,空气渗透率 360mD,地层原油黏度 6.7mPa·s,于 20 世纪 60 年代实施切割注水保持地层压力开发[67]。

从 1967 年至 2005 年,该区先后经历了 3 次加密开发过程。因此,将杏 4-6 区的产量变化曲线划分为 4 个阶段(表 5-20):

(1)加密前期,又称为开发方案的实施阶段(1967—1973 年)。按开发方案设计的要求,共完成油、水井241口,年产量达到209×10⁴t,含水率16.96%,属于低含水期。

(2)一次加密期,又称为原井网的加密阶段(1973—1986年)。为完善注采关系,实现稳产的要求,在原设计井网的基础上进行加密,截至1986年,油、水井数达到364口,较加密前期增加123口井。1982年进入了第一个产量递减期,于1986年年产量递减到234×10⁴t,含水率达到77.57%,进入了中高含水期。

(3)二次加密期,又称为首次整体加密期(1986—1995年)。为了提高油田产量和降低含水率,按照细分层系、缩小井距的开发方案设计井网,进行整体加密,截至1995年,油、水井数达到1120口,较第一次加密增加756口。1986—1990年为产量上升期,此后进入产量递减期,于1995年年产量降到269×10⁴t,含水率达到78.65%,已处于高含水的初期。

(4)三次加密期,又称为再次整体加密期(1995—2005年)。为保持稳产,降低含水,加强提液,按照规划方案的要求,进一步进行整体加密,截至2005年,油、水井数达到2028口,较首次整体加密增加908口。1995—1998年为产量上升期,而在此后,尽管油水井数一直增加,但产量却一直下降,已进入产量的快速递减期,于2005年年产量降到126×10⁴t,含水率高达90.86%,已处于特高含水期。

表5–20　大庆油田杏4–6区实际开发数据

年份	1967	1968	1969	1970	1971	1972	1973	1974	1975	1976	1977	1978	1979
年产(10^4t)	0.07	43.16	106.79	177.04	217.59	221.56	208.98	231.92	240.50	259.08	299.44	329.38	323.90
年份	1980	1981	1982	1983	1984	1985	1986	1987	1988	1989	1990	1991	1992
年产(10^4t)	306.73	316.99	326.52	291.74	260.08	265.35	233.95	269.41	336.53	369.92	376.48	369.86	360.72
年份	1993	1994	1995	1996	1997	1998	1999	2000	2001	2002	2003	2004	2005
年产(10^4t)	325.23	279.30	269.04	298.74	317.68	347.14	319.92	258.84	225.34	204.45	176.81	142.19	126.37

利用大庆油田杏4–6区划分的四个阶段,并逐一进行拟合和预测,得到如下四个不同开发阶段的Ⅰ类广义预测模型待定参数见表5–21。

表5–21　大庆油田杏4–6区分阶段Ⅰ类广义预测模型待定参数确定结果

开发阶段	a_w	b_w	c_w	m_w	拟合相关系数
加密前期	32.98071	2.52098	0.44082	0.99296	0.99933
一次加密	17.72813	1.87080	0.07732	1.30957	0.99856
二次加密	8.00374	3.99463	0.68441	0.94340	0.99834
三次加密	403.45140	4.94569	3.63439	0.53738	0.99805

在拟合过程中,除加密前期拟合时是直接利用实际数据进行拟合外,其他加密阶段,年开发数据需减去前面各开发阶段的预测数据,再进行Ⅰ类广义预测模型的拟合和预测(图5–64);从不同加密阶段效果来看,井网加密效果逐次新增可采储量明显减小(图5–65)。

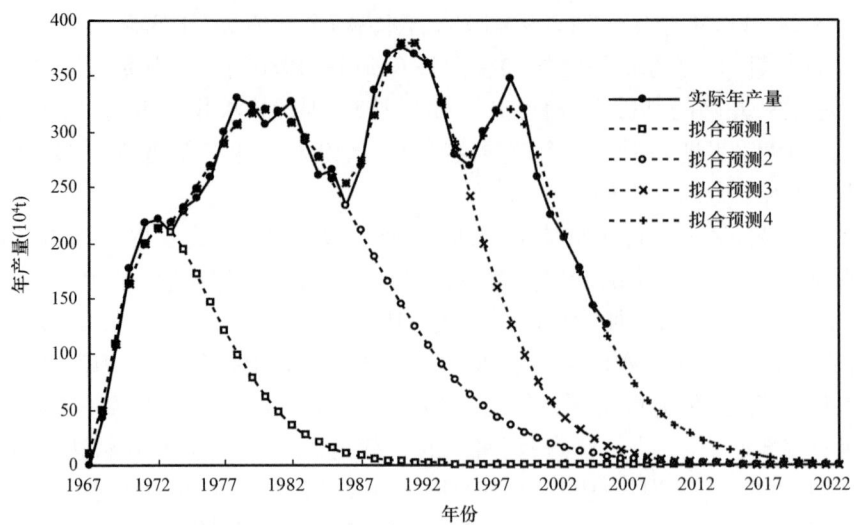

图 5-64　大庆油田杏 4-6 区年产量变化曲线

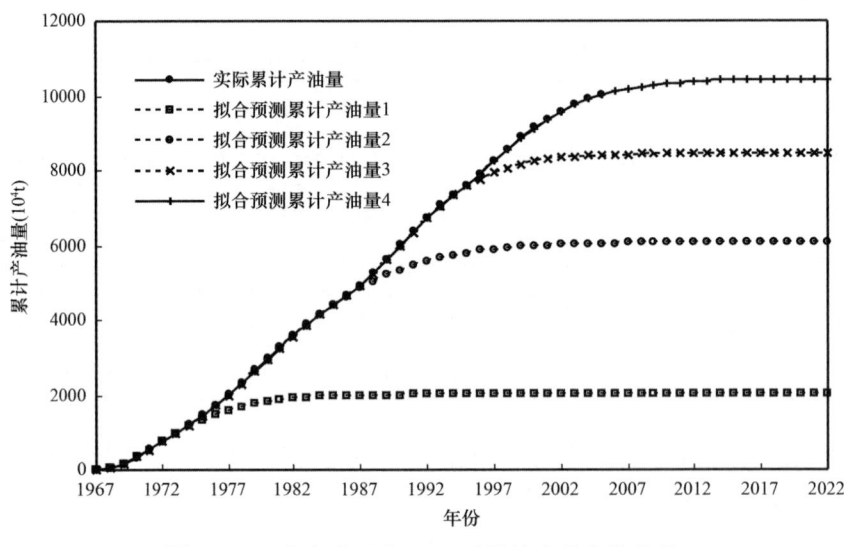

图 5-65　大庆油田杏 4-6 区累计产量变化曲线

2. Ⅱ类产量多峰预测模型及应用

Ⅱ类产量多峰预测模型是在广义 Weng 氏旋回预测模型的基础上建立的，主要是考虑到Ⅰ类产量预测模型求解过程中要进行含单变量求解，应用相对困难而提出的，其数学模型为：

$$q_t = \sum_{w=1}^{n} a_w (t - t_{0w})^{b_w} \exp[-c_w(t - t_{0w})] \quad (5-330)$$

式中　a_w，b_w，c_w——分别为第 w 次广义 Weng 氏旋回预测模型待定参数。

同样，利用大庆油田杏 4-6 区开发数据，对Ⅱ类产量多峰预测模型进行应用，其结果见表 5-22，图 5-66 和图 5-67。

表 5-22 大庆油田杏 4-6 区分阶段广义 Weng 氏旋回预测模型待定参数确定结果

开发阶段	a_w	b_w	c_w	拟合相关系数
加密前期	32.67557	2.51317	0.43145	0.99934
一次加密	11.57810	2.62040	0.28867	0.99895
二次加密	13.22952	3.07213	0.43179	0.99521
三次加密	68.21303	1.76357	0.37248	0.98784

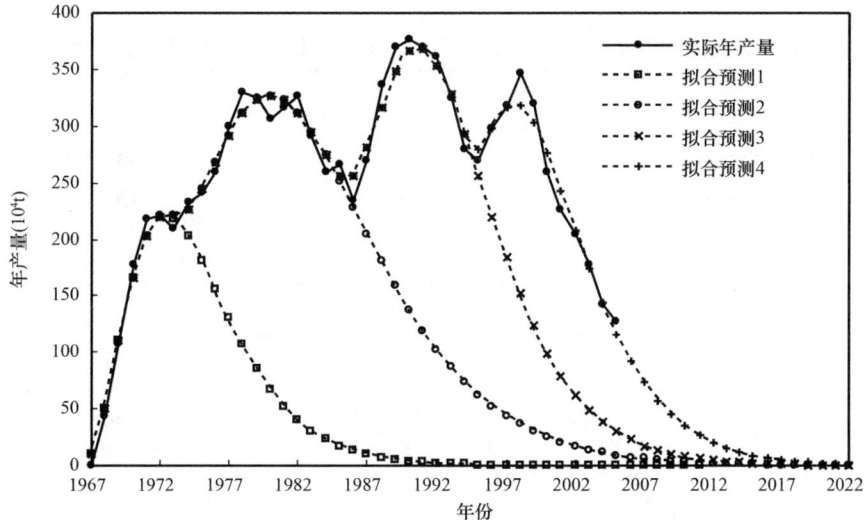

图 5-66 大庆油田杏 4-6 区年产量变化曲线

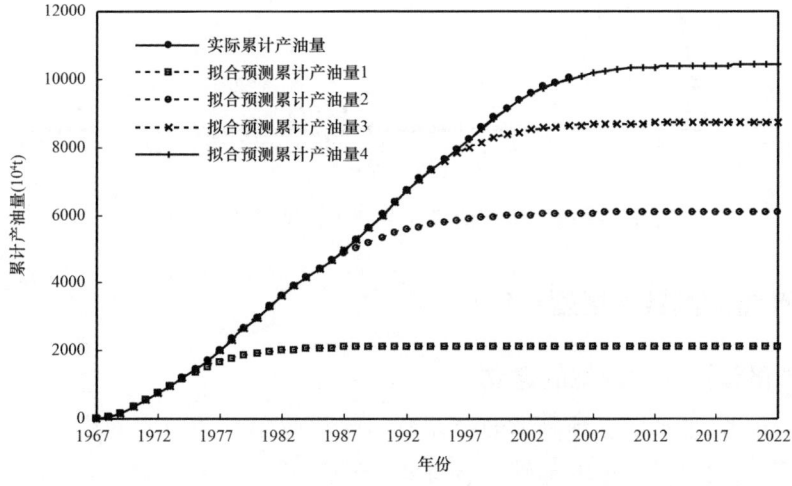

图 5-67 大庆油田杏 4-6 区累计产油量变化曲线

3. Ⅲ类产量多峰预测模型

Ⅲ类产量多峰预测模型是在 F 旋回预测模型的基础上建立起来的,主要考虑产量递减项为双曲递减而提出的,其数学模型为:

$$q_t = \sum_{w=1}^{n} a_w (t - t_{0w})^{b_w} [1 + c_w (t - t_{0w})]^{d_w} \quad (5-331)$$

式中　a_w, b_w, c_w, d_w——分别为第 w 次 F 旋回预测模型待定参数。

同样,得到Ⅲ类产量多峰预测模型各阶段待定参数和预测结果(表 5-23,图 5-68 和图 5-69)。

表 5-23　大庆油田杏 4-6 区分阶段广义 Weng 氏旋回预测模型待定参数确定结果

开发阶段	a_w	b_w	c_w	d_w	拟合相关系数
加密前期	29.12195	2.34036	5.95560	-0.05102	0.99969
一次加密	25.41046	1.99444	6.90908	-0.02620	0.99883
二次加密	14.07845	2.72380	7.63623	-0.03650	0.99696
三次加密	44.21517	4.73861	-9.91887	0.16510	0.99933

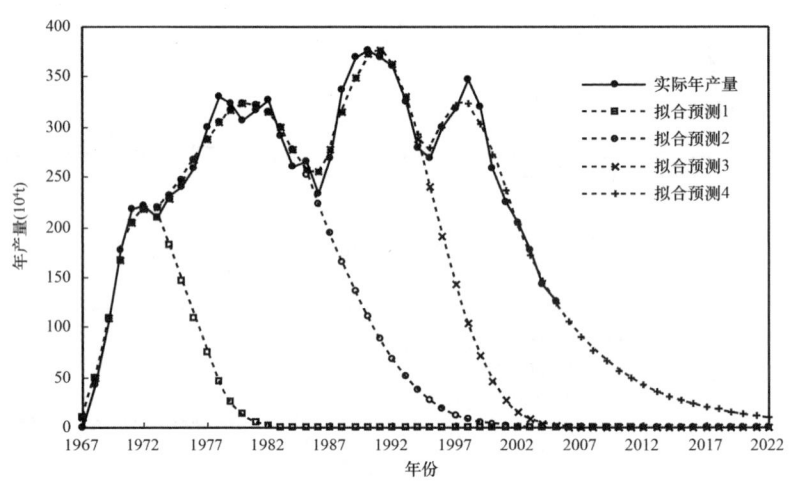

图 5-68　大庆油田杏 4-6 区年产量变化曲线

四、广义产量预测数学模型建立

1. 广义产量预测数学模型的建立

虽然Ⅰ类、Ⅱ类、Ⅲ类广义预测模型存在着一些需要完善的地方,但为下一步建立和完善广义产量预测模型奠定了一定的基础。若将式(5-200)、式(5-205)、式(5-209)以及对数正态分布、贝塔旋回等预测模型加以综合分析,可以得到产量是由一个递增函数和一个递减函数相乘得来的,其关系式为:

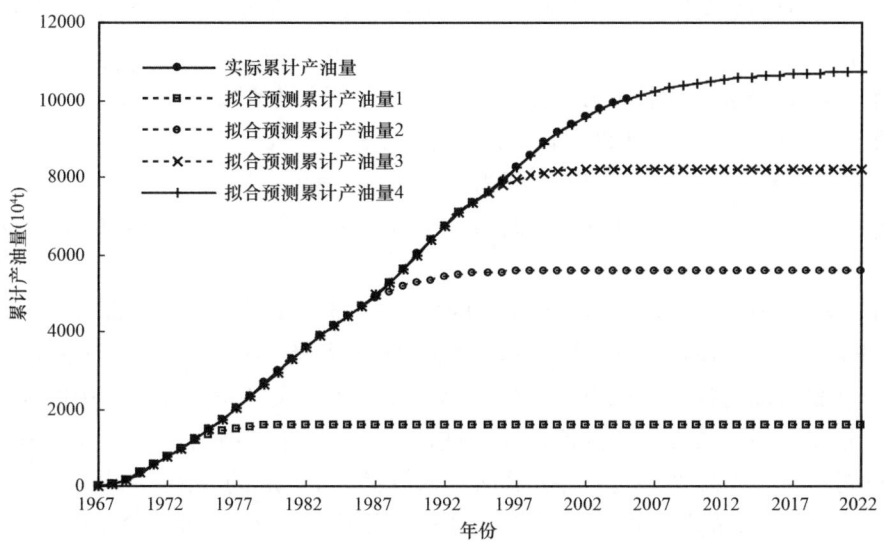

图 5-69 大庆油田杏 4-6 区累计产油量变化曲线

$$q_t = ag(N_p,t)f(t) \tag{5-332}$$

式中 $g(N_p,t)$——产量的递增函数项,表示产量随累计产油量或时间的增大而增大;

$f(t)$——产量的递减函数项,表示产量随时间的增大而减小。

从目前各种预测模型及广义预测模型的研究成果分析可知,递增函数项可概括为如下的关系式:

$$g(N_p,t) = N_p^k t^b \tag{5-333}$$

递减函数项初步可概括为如下三种关系式:

$$f(t) = \exp(-c_1 t^{m_1}) \tag{5-334}$$

$$f(t) = (1 + c_2 t^{m_2})^{-n} \tag{5-335}$$

$$f(t) = \exp(-n \ln^2 t) \tag{5-336}$$

进一步将上述 3 种递减关系式进行研究,可归纳成如下的通式:

$$f(t) = \exp[-c_1 t^{m_1} - n \ln^p(c_2 t^{m_2} + c_3)] \tag{5-337}$$

将式(5-333)、式(5-337)代入式(5-332),得:

$$q_t = aN_p^k t^b \exp[-c_1 t^{m_1} - n \ln^p(c_2 t^{m_2} + c_3)] \tag{5-338}$$

这样,若取 a、b、c_1、c_2、c_3、m_1、m_2、n、k、p 为不同的参数值,即可得到目前已有的各种产量预测模型。因此,式(5-338)覆盖了目前所有的产量预测模型,具备了广义模型的基本特征——广义性[68]。

2. 广义递减函数

进一步对递减函数式(5-337)的特性进行分析可知:

(1)当 $n=0$ 时,从形式上看与文献[69]中 Weible 产量递减方程一致,若再取 $m_1=1$,即为指数递减方程。

(2)当 $c_1=0,c_2=p=1$ 时,从形式上看与文献[7]中产量递减方程一致。

(3)当 $c_1=0,m_2=p=c_3=1$ 时,即为双曲递减方程。

(4)当 $c_1=0,m_2=p=n=c_3=1$ 时,即为调和递减方程。

(5)当 $c_1=0,m_2=p=c_3=1,n=2$ 时,即与 Колытов 法、Matthews&Leflcovits 法递减方程一致。

(6)当 $c_1=c_3=0,m_2=c_2=1,p=2$ 时,为对数正态分布中的递减函数即式(5-215)。

因此,若将递增函数看作与时间无关的常数,那么式(5-225)即可转化为目前在产量递减规律研究领域出现的各种递减方程。这表明上述油田广义产量预测模型中的递减函数项实质上反映的是在不同驱动类型和渗流特征下油田固有的产量递减形式,而递增函数项反映的是人们通过对油田施加外部影响(包括增加开采井数、对油层的改造力度以及新技术的应用等)而在产量上的一种表现形式。有了这层物理意义上的含义,就可结合第一节研究内容,即不同的递减方程,适合于不同的驱动类型和渗流特征的油田,从而选用 c_1、c_2、c_3、m_1、m_2、n、p 为不同的参数值,构成适合具体油田的递减函数形式。如:

(1)弹性驱油田:取 $m_1=1,n=0$,构成递减函数为:$f(t)=\exp(-c_1 t)$。

(2)水驱和重力驱油田:取 $c_1=0,m_2=p=c_3=1,n=2$,构成递减函数为:$f(t)=(1+c_2 t)^{-2}$。

(3)水驱油田油相标准化关系式为指数函数,取 $c_1=0,m_2=p=n=c_3=1$,构成递减函数为:$f(t)=(1+c_2 t)^{-1}$。

(4)水驱油田油相标准化关系式为直线,取 $m_1=1,n=0$,构成递减函数为:$f(t)=\exp(-c_1 t)$。

(5)水驱油田油相标准化关系式为双曲函数,取 $c_1=0,m_2=p=c_3=1$,构成递减函数为:$f(t)=(1+c_2 t)^{-n}$ 等。

经上述处理后,避免了在应用产量预测广义模型时,盲目地只顾追求拟合数据的精度,而忽视在不同驱动和渗流特征下油田所表现出来的固有产量递减形式。

另外,如果油田采取井网加密或局部调整后,在利用一般 Arps 方程或其他递减方程对产量进行拟合和预测中出现与实际产量不相符的结果时,可以仿照概率理论,在产量递减方程前面加上与人们对油气田认识和改造程度相符的某一平滑函数,如式(5-332),构成与生命旋回曲线相似的方程形式进行产量全过程的拟合和预测。那么,这种转化既符合生命旋回规律,又体现出不同油田产量递减的渗流理论基础,这才是广义产量预测模型物理意义的实质和研究的目的之所在。

五、广义产量预测模型参数求解及应用

1. 广义模型参数求解

对式(5-338)两边取对数,得

$$\ln q_t = \ln a + k\ln N_p + b\ln t - c_1 t^{m_1} - n \ln^p(c_2 t^{m_2} + c_3) \qquad (5-339)$$

将实际数据代入式(5-339),并利用线性试差法,即可获得相关性最大的一组 a、b、c_1、c_2、c_3、m_1、m_2、n、k、p 值。然后利用 $N_{p,t+1} = N_{p,t} + q_{t+1}$ 依次类推求得不同时刻的预测产量,其预测函数式为:

$$\frac{q_{t+1}}{(N_{p,t} + q_{t+1})^k} = a(t+1)^b \exp\{-c_1(t+1)^{m_1} - n\ln[c_2(t+1)^{m_2} + c_3)]\}$$

(5-340)

当然,如果对油田驱动类型和渗流特征比较清楚,那么递减方程的表达方式中部分参数也就确定下来,并代入式(5-339),然后根据函数的特点,采取灵活多样的求解方法也可得到具体某一油田的产量变化全过程预测模型。如对于弹性驱油,由于 $m_1 = 1$,$n = 0$,因此,代入式(5-339),可得 $\ln q_t = \ln a + k\ln N_p + b\ln t - c_1 t$,分析该关系式的结构特点,可采用多元线性回归直接确定所求待定参数值。

2. 实例应用

1)红岗油田萨尔图组油藏

红岗油田萨尔图组油藏发现于1961年,次年试采,1974年全面投入注水开发,此后,不断经过改善分注状况,完善注采井网和调整,保持稳产长达14年之久,1992年油田开始进入递减期。1973—1995年的实际开发数据见表5-24。从文献[3]的研究结果可知,该油藏油相渗透率为直线型,产量递减方程为指数递减,因此,取 $m_1 = 1$,$n = 0$ 并代入式(5-339),有:

$$\ln q_t = \ln a + k\ln N_p + b\ln t - c_1 t \quad (5-341)$$

将表5-24中的数据代入式(5-341),利用多元线性回归得:

$$a = 3.28260, b = 0.07620, c_1 = 0.09465, k = 0.61683$$

即 $q_t = 3.28260 N_p^{0.61653} t^{0.07620} \exp(-0.09465t)$,相关系数为0.98842。

由拟合值和实际生产数据对比(表5-24和图5-70)可以看出,拟合值和实际值是一致的。

表5-24 红岗油田萨尔图组油藏开发数据拟合及预测结果

年份	实际产量 (10^4t)	拟合产量 (10^4t)	年份	实际产量 (10^4t)	拟合产量 (10^4t)	年份	预测产量 (10^4t)	年份	预测产量 (10^4t)
1973	0.81	1.31	1985	51.91	49.2	1996	30.69	2008	11.62
1974	3.67	4.92	1986	50.61	48.25	1997	28.53	2009	10.66
1975	24.35	14.29	1987	49.05	47.2	1998	26.48	2010	9.79
1976	35.21	26.94	1988	47.24	45.88	1999	24.52	2011	8.97
1977	35.25	35.96	1989	45.20	44.26	2000	22.68	2012	8.21
1978	36.95	41.81	1990	43.08	42.84	2001	20.95	2013	7.51
1979	42.1	46.11	1991	40.97	41.52	2002	19.32	2014	6.87
1980	47.52	49.55	1992	38.87	40.19	2003	17.80	2015	6.28

续表

年份	实际产量(10^4t)	拟合产量(10^4t)	年份	实际产量(10^4t)	拟合产量(10^4t)	年份	预测产量(10^4t)	年份	预测产量(10^4t)
1981	47.02	51.87	1993	36.72	38.59	2004	16.38	2016	5.74
1982	49.15	53.08	1994	34.51	36.83	2005	15.06	2017	5.24
1983	46.71	53.39	1995	32.60	34.99	2006	13.84	2018	4.79
1984	46.26	52.89				2007	12.70	2019	4.37

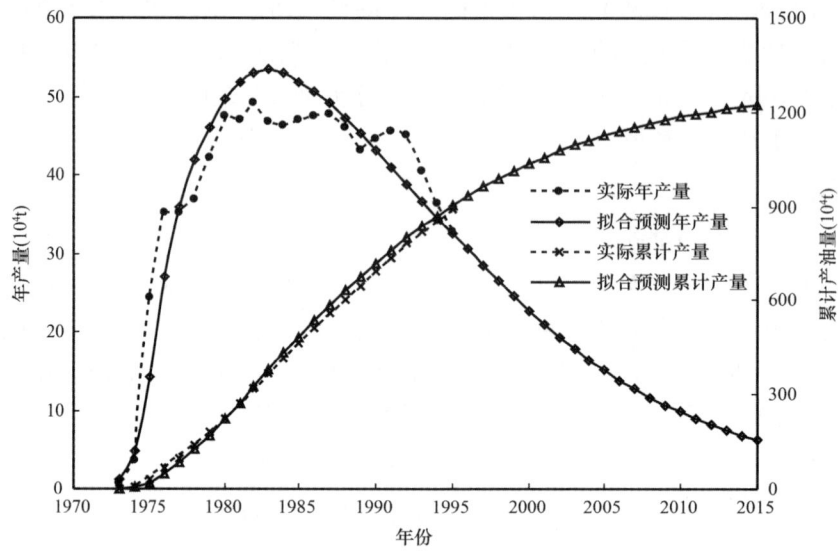

图 5-70 红岗油田萨尔图组油藏产油量与时间关系曲线

2) 鄯善油田三间房组油藏

鄯善油田三间房组油藏于 1990 年投入注水开发,1993 年底进入产量递减期,生产数据见表 5-25。从文献[3]可知,该油藏油相渗透率为双曲线型,产量递减方程亦为双曲递减,因此,取 $c_1 = 0$,$m_2 = p = c_3 = 1$ 并代入式(5-339),有:

$$\ln q_t = \ln a + k\ln N_p + b\ln t + n\ln(1 + c_2 t) \qquad (5-342)$$

将表 5-25 中的数据代入式(5-342),利用二重线性试差法得 $a = 3147.87596$,$b = 4.75577$,$c_2 = 0.97661$,$k = -0.06436$,$n = -6.30808$。

即 $q_t = 3147.87596 N_p^{-0.06436} t^{4.75577} (1 + 0.97661 t)^{-6.30808}$,拟合相关系数为 0.99473。

由拟合值和实际生产数据对比(表 5-25 和图 5-71)可以看出,拟合值和实际值也是一致的。

表 5-25 鄯善油田三间房组油藏开发数据及预测结果

年份	实际产量(10^4t)	拟合产量(10^4t)	年份	预测产量(10^4t)	年份	预测产量(10^4t)
1990	17.89	17.77	1999	38.92	2008	18.33
1991	52.79	52.68	2000	35.19	2009	17.16

续表

年份	实际产量(10^4t)	拟合产量(10^4t)	年份	预测产量(10^4t)	年份	预测产量(10^4t)
1992	87.63	72.50	2001	31.97	2010	16.10
1993	69.54	73.17	2002	29.18	2011	15.14
1994	66.12	67.75	2003	26.75	2012	14.28
1995	60.83	60.89	2004	24.63	2013	13.49
1996	54.43	54.29	2005	22.76	2014	12.77
1997	47.2	48.42	2006	21.11	2015	12.11
1998	46.08	43.31	2007	19.64	2016	11.50

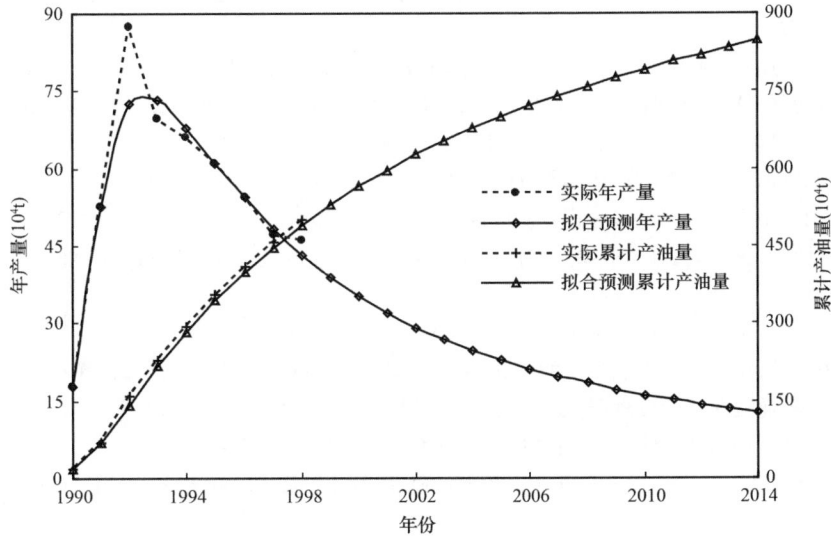

图 5-71 鄯善油田三间房组油藏产油量与时间关系曲线

参考文献

[1] 刘宝和. 中国石油勘探开发百科全书:开发卷[M]. 北京:石油工业出版社,2008:464-465.
[2] 计秉玉. 产量递减方程的渗流理论基础[J]. 石油学报,1995,16(3):86-91.
[3] 高文君,王作进. 产量递减方程判别理论基础及应用[J]. 新疆石油地质,1999,20(6):518-521.
[4] 高文君,郝魏,盛寒,等. 水驱油田 Arps 产量递减方程渗流理论基础完善[J]. 新疆石油地质,2017,38(3):314-318.
[5] 秦同洛. 实用油藏工程方法[M]. 北京:石油工业出版社,1983:98.
[6] 朱义吾. 马岭层状低渗透砂岩油藏[M]. 北京:石油工业出版社,1997:82.
[7] 姜汉桥,姚军,姜瑞忠. 油藏工程原理与方法[M]. 东营:中国石油大学出版社,2006:245-262.
[8] 黄炳光,刘蜀知. 实用油藏工程与动态分析方法[M]. 北京:石油工业出版社,1998:174-189.
[9] 陈元千. 水驱曲线关系式的推导[J]. 石油学报,1985,6(2):69-78.
[10] 葛家理. 现代油藏渗流力学原理:上册[M]. 北京:石油工业出版社,2003:121-136.
[11] Honarpor M,Koederitz L,Harvey A H. 油藏相对渗透率[M]. 马志远,高雅文,译. 北京:石油工业出版

社,1989:55-130.

[12] 高文君,姚江荣,公学成,等. 水驱油田油水相对渗透率曲线研究[J]. 新疆石油地质,2014,31(6):629-631.

[13] 钟显彪. 红岗萨尔图层低渗透砂岩油藏[M]. 北京:石油工业出版社,1997:78-143.

[14] 季静,田秀霞,郑振英,等. 高温高压低渗透油藏高效开发的一个实例[J]. 大庆石油地质与开发,2004,23(3):49-51.

[15] 包怀庆. 马西深层层状低渗透砂岩油藏[M]. 北京:石油工业出版社,1996:68-84.

[16] 张继成,宋考平. 相对渗透率特征曲线及其应用[J]. 石油学报,2007,28(4):104-107.

[17] 高文君,张原平,阳兴华,等. Logistic 产量递减方程渗流理论基础[J]. 新疆石油地质,2001,22(6):506-508.

[18] 孙玉凯,高文君,刘瑛,等. 广义反正切微分分布产量递减方程[J]. 新疆石油地质,2004,25(1):65-67.

[19] 张原平,高文君,赵晓萍,等. 广义反正切微分分布递减方程特征参数分析[J]. 新疆石油地质,2005,26(6):670-672.

[20] 胡允栋. 产量递减的指数分布和反正切微分分布规律[J]. 石油勘探与开发,1997,24(6):76-81.

[21] 陈元千,郝明强. Arps 递减微分方程的推导及应用[J]. 断块油气田,2014,21(1):57-58.

[22] 陈元千. 确定递减类型的新方法[J]. 石油学报,1990,11(1):74-79.

[23] 俞启泰. 水驱油田产量递减规律[J]. 石油勘探与开发,1990,11(1):74-79.

[24] 张虎俊. 油气田产量双曲递减方程建立的新方法[J]. 新疆石油地质,1996,17(4):370-375.

[25] 陈新彬,常毓文,王燕灵,等. 低渗透储层产量递减模型的渗流机理及应用[J]. 石油学报,2011,32(1):113-116.

[26] Arps,J. J. Analysis of Decline Curves. Trans. AIME. 1945,160:228-247.

[27] 俞启泰,陈素珍,李文兴. 水驱油田的 Arps 递减规律[J]. 新疆石油地质,1998,19(2):150-153.

[28] 俞启泰. 七种递减曲线的特性研究[J]. 新疆石油地质,1994,15(1):49-55.

[29] 俞启泰. 一种新型递减曲线[J]. 石油勘探与开发,1999,26(3):72-75.

[30] Matthews C S,Leflcovits H C. Gravity Drainage Performance of Depletion-Type Reservoirs[J]. Petroleum Technology,1956,8(12):265-274.

[31] 朱义井,高文君,唐喜鸣,等. 一种新型广义产量递减方程的建立与研究[J]. 断块油气田,2005,12(6):47-49.

[32] 冯文光. FWG3 递减开发模型[J]. 矿物岩石,2001,21(1):52-54.

[33] 李春兰,韩树刚,程林松. 一种新型的产能递减曲线研究[J]. 西南石油学院学报,2003,25(5):31-33.

[34] 潘宗坤. 油田自然递减率影响因素分析[J]. 石油勘探与开发,1993,20(6):120-121.

[35] 李斌,袁俊香. 影响产量递减率的因素与减缓递减的途径[J]. 石油学报,1997,18(3):89-97.

[36] 李菊花,高文君,杨永利,等. 水驱油田产量自然递减率多因素分析模型的建立[J]. 新疆石油地质,2005,26(6):667-669.

[37] 马名臣. 油田储采比与产量递减率及稳产年限的研究[J]. 石油勘探与开发,1995,22(5):79-80.

[38] 张克有,马新新. 苏联的储采比[J]. 大庆石油地质与开发. 1991,10(1):73-78.

[39] 高文君,巨亚明,张鹏翼. 对 Weibull 产量递减方程的修正与完善[J]. 吐哈油气,2005,10(3):245-247.

[40] 李从瑞,陈元千. 预测产量及可采储量的广义数学模型[J]. 石油勘探与开发,1998,25(4):38-41.

[41] 胡建国等. 预测油气田产量的广义模型[J]. 石油学报,1999,20(1):61-65.

[42] 陈元千. 油气藏工程实用方法[M]. 北京:石油工业出版社,1999:111-124.

[43] 李社文. 贝塔旋回模型在油田产量及可采储量预测中的应用[J]. 新疆石油地质,2000,21(1):62-64.

[44] 朱冰静,朱宪辰. 预测原理与方法[M]. 上海:交通大学出版社,1991.

[45] BoyceWE. Casestudiesinmathematicalmodeling[M]. PitimanPress,1981.

[46] 陈元千,胡建国,张栋杰. Logistic 模型的推导及自回归方法. 新疆石油地质[J]. 1996,17(2):150-155.

[47] Robert A. Wattenbarger. Oil production trendsin the CIS[J]. World Oil,1994,215(6):91-97.

[48] IvanhoeLF. Updated hubbert curves analyze world oil supply[J]. World Oil,1996,217(11):91-94.

[49] Hubbert M King. Degree of advancement of petroleum exploration in the united states. The Americans sociation of Petroleum Geologists Bulletin,1967,52(11).

[50] Hubbert M King. Techniques of prediction as applied to production of oil and gas:Proceedings of asymposium heldat the departmen to fcommerce. Washington,June1980,18-20.

[51] Eugene A Stephenson. Estimation of natural gas reserves. Natural Gases of North America. The American Association of Petroleum Geologists,1968.

[52] Paul Doucet,Peter B. Sloep. Mathematical modeling in the life sciences[M]. Melksham:RedwoodPress,1992.

[53] 姜启源. 数学模型[M]. 北京:高等教育出版社,1987.

[54] 胡建国,陈元千,张盛宗. 预测油气田产量的新模型[J]. 石油学报,1995,16(1):79-86.

[55] 陈元千. 广义的 Копытов 公式及其应用[J]. 石油勘探与开发,1991,18(1):56-61.

[56] 赵旭东. 用 Weng 旋回模型对生命总量有限体系的预测[J]. 科学通报,1987,32(18):1406-1409.

[57] 闵琪,胡建国. 预测油气田产量的 Γ 模型[J]. 石油学报. 1997,18(1):63-69.

[58] 胡建国,张栋杰,陈元千. 油气田产量预测的模型研究[J]. 天然气工业,1997,17(5).31-34.

[59] 黄伏生,赵永胜,刘青年. 油田动态预测的一种模型[J]. 大庆石油地质与开发,1987,6(4):55-62.

[60] 胡建国,陈元千. t 模型的应用及讨论[J]. 天然气工业,1995,15(4):26-29.

[61] 朱圣举. 预测油气田产量及可采储量的一种新模型[J]. 大庆石油地质与开发,1998,17(6):29-31.

[62] 朱圣举. 一种预测油气田产量及可采储量的新模型[J]. 新疆石油地质,1998,19(4):325-328.

[63] 袁自学,陈元千. 预测油气田产量及可采储量的瑞利新模型[J]. 中国海上油气(地质),1996,10(2):101-105.

[64] 胡建国,陈元千. t 模型的应用与讨论[J]. 天然气工业,1995,15(4):26-29.

[65] 朱亚东,高珉,熊铁. 预测油气田产量和可采储量的 F 模型[J]. 石油勘探与开发,2000,27(1):54-56.

[66] 陈元千,郝明强. 多峰预测模型的建立与应用[J]. 新疆石油地质,2013,34(3):296-299.

[67] 陈元千,王小林,姚尚林,等. 加密井提高注水开发油田采收率的评价方法[J]. 新疆石油地质,2009,30(6):705-709.

[68] 高文君,徐君,王作进,等. 对油气田产量预测广义模型的完善与研究[J]. 石油勘探与开发,2001,28(5):56-59.

[69] 俞启泰. $q_t = a(b + t^p)^{-q}$ 类型递减曲线的研究[J]. 新疆石油地质,1999,20(5):408-413.

第六章 含水上升规律与水驱特征曲线

含水上升规律、产量递减规律、油水运动分布规律通称水驱油田三大开发规律[1-3]，其中，含水上升规律又可细划为含水率与采出程度变化规律（简称含水变化规律）、含水率与开发时间变化规律（简称含水率预测）。这些规律是研究水驱油田含水指标变化、可采储量标定和开发效果评价最常用的方法之一。尤其是含水变化规律，可以通过水驱特征曲线微分反演得到，因而，在理论界和矿场上常常将相伴出现的两者通称为水驱曲线。本章主要是从渗流理论角度阐述了含水变化规律（或水驱特征曲线）和含水率预测的形成、应用以及各模型中待定系数与地质静态参数和开发动态参数的关系，旨在为注水开发油田稳油控水提供技术支持。

第一节 经典水驱油理论对应含水变化规律

一、经典理论基础

注水保持地层压力条件下，油藏平均含水饱和度有如下形式[4]：

$$\bar{S}_w = \frac{N_p}{N}(1 - S_{wi}) + S_{wi} \tag{6-1}$$

在水驱油为非活塞式条件下，由 Buckley - Leverett 的线性驱替理论可知[5]，油井见水后，可由 Welge 方程求得平均含水饱和度[6]：

$$\bar{S}_w = S_{we} + (1 - f_{we}) \Big/ \frac{df_{we}}{dS_{we}} \tag{6-2}$$

当油水黏度比在 1~10 的范围时，利用艾富罗斯实验结果，可知油水两相流动时出口端含油率为[7]：

$$f_{oe} = \frac{50}{\mu_r}(1 - S_{or} - S_{we})^3 \tag{6-3}$$

即

$$1 - f_{we} = \frac{50}{\mu_r}(1 - S_{or} - S_{we})^3 \tag{6-4}$$

式中 f_{oe} ——出口端含油率；
f_{we} ——出口端含水率；
S_{wi} ——束缚水饱和度；
S_{or} ——残余油饱和度；
$\bar{S}_w$ ——平均含水饱和度；
S_{we} ——出口端含水饱和度；

μ_r ——油水黏度比；

N_p ——累计产油量，10^4 t；

N ——地质储量，10^4 t。

二、经典理论对应含水变化规律

对式(6-4)两边进行出口端含水饱和度求导，并结合式(6-2)，可得：

$$S_{we} = 1.5\bar{S}_w - 0.5(1 - S_{or}) \tag{6-5}$$

将式(6-1)代入式(6-5)，得：

$$\begin{aligned}S_{we} &= \frac{1.5N_p}{N}(1 - S_{wi}) + 1.5S_{wi} - 0.5(1 - S_{or}) \\ &= 1.5R(1 - S_{wi}) + 1.5S_{wi} - 0.5(1 - S_{or})\end{aligned} \tag{6-6}$$

式中 R ——采出程度。

由概念可知，$f_{we} = f_w$，因此，将式(6-6)代入式(6-4)，可得到采出程度与含水率的关系式，即经典理论对应含水变化规律为：

$$R = \frac{1 - S_{or} - S_{wi}}{1 - S_{wi}} - \frac{2(\mu_r/50)^{1/3}}{3(1 - S_{wi})}(1 - f_w)^{1/3} \tag{6-7}$$

三、经典理论对应水驱特征曲线

由分流量定义式，可知：

$$1 - f_w = \frac{q_o}{q_L} = \frac{dN_p/dt}{dL_p/dt} = \frac{dN_p}{dL_p} \tag{6-8}$$

式中 f_w ——含水率；

L_p ——累计产液量，10^4 t；

q_o ——t 时间产油量，10^4 t；

q_L ——t 时间产液量，10^4 t；

t ——生产时间，mon 或 a。

将 $R = N_p/N$ 与式(6-8)代入式(6-7)，整理得：

$$\frac{dN_p}{dL_p} = \frac{50}{\mu_r}\left[\frac{3}{2}(1 - S_{wi} - S_{or}) - \frac{3(1 - S_{wi})}{2N}N_p\right]^3 \tag{6-9}$$

上式满足初始条件为：当油藏无水期结束时，一般水驱油藏累计产水量 $W_p = 0$，此时累计产油量 $N_p = N_{p0}$（N_{p0} 为无水期累计产油量，10^4 m³），对应累计产液量也为 $L_p = N_{p0}$，并由式(6-7)可确定出无水期结束时累计产油量为 $N_{p0} = \frac{1 - S_{or} - S_{wi}}{1 - S_{wi}}N - \frac{2(\mu_r/50)^{1/3}}{3(1 - S_{wi})}N$，求解上述常微分方程，可得到：

$$N_p = A + B(L_p + C)^{-0.5} \qquad (6-10)$$

其中：$A = \dfrac{(1-S_{wi}-S_{or})N}{1-S_{wi}}$，$B = -\dfrac{\sqrt{6\mu_r}}{45}\left(\dfrac{N}{1-S_{wi}}\right)^{1.5}$，$C = \sqrt[6]{50\mu_r}\sqrt{\dfrac{N}{3(1-S_{wi})}} + \dfrac{2(\mu_r/50)^{1/3}}{3(1-S_{wi})}N - \dfrac{1-S_{or}-S_{wi}}{1-S_{wi}}N$。

明显可以看出式（6-10）是 $N_p = A + B/(L_p + C)^n$ 广义西帕切夫水驱特征曲线（广义丙型或卡扎柯夫曲线）中 $n = 0.5$ 时的特例[1]。

四、水驱特征曲线反演方法

虽然水驱特征曲线推导过程中，是从采出程度与含水率关系曲线确定的，但在实际应用过程中，油藏工作者总是先利用实际累计产油量和累计产液量确定出水驱特征曲线及其待定参数，然后再确定出相应采出程度与含水率关系曲线和含水率上升速度变化曲线。因此，为实际应用提供便利，还需对水驱特征曲线进行反演，确定出采出程度与含水率关系曲线和含水率上升速度变化曲线。

对式（6-10）两端时间求导，可得：

$$-\frac{b}{2}(L_p + C)^{-1.5} = \frac{dN_p/dt}{dL_p/dt} = \frac{q_o}{q_L} = 1 - f_w \qquad (6-11)$$

从上式求得 $L_p + C$ 代入式（6-10），并结合 $R = N_p/N$，可得采出程度与含水率关系曲线：

$$R = \frac{A}{N} - \frac{(2B^2)^{1/3}}{N}(1-f_w)^{1/3} \qquad (6-12)$$

进一步对式（6-12）两端含水求导，整理得到：

$$f_w' = \frac{df_w}{dR} = \frac{3N}{(2B^2)^{1/3}}(1-f_w)^{2/3} \qquad (6-13)$$

式中 f_w'——含水上升率。

因此，只要得到实际油田水驱特征曲线待定参数 A 和 B，就可代入式（6-12）和式（6-13），预测最终水驱采收率和不同含水阶段油田含水率上升速度。

五、实例应用及分析

下面以丘陵油田、库姆克南油藏、鲁2x井为例进行应用。丘陵油田为低渗透特低黏油田，平均空气渗透率14.1mD，地层原油黏度0.2636mPa·s，地层水黏度0.3678mPa·s，油水黏度比小于1，目前含水率近90%；库姆克南油藏为高渗透低黏油藏，平均空气渗透率445mD，地层原油黏度1.4mPa·s，地层水黏度0.5333mPa·s，油水黏度比大于1小于10，符合理论推导条件，目前已进入特高含水期；鲁2块为高渗透高黏油藏，开发时间相对较短，平均空气渗透率884mD，地层原油黏度529mPa·s，地层水黏度0.4527mPa·s，油水黏度比远大于10，但该区鲁2x井已进入高含水期生产阶段。

1. 丘陵油田

丘陵油田在低含水期进行了层系互补和其他层系的开发动用,保持了产量基本稳定;进入中含水期后,进行了一次井网加密,含水明显得到控制,本次选用两次调整后水驱稳定阶段生产数据分别进行了水驱特征曲线拟合,并利用式(6-12)对所对应的含水率规律进行反演,效果很好。从曲线上可以明显看出一次井网加密后水驱可采储量明显增大,但进入高含水期,油田开发效果明显变差(图6-1和图6-2)。

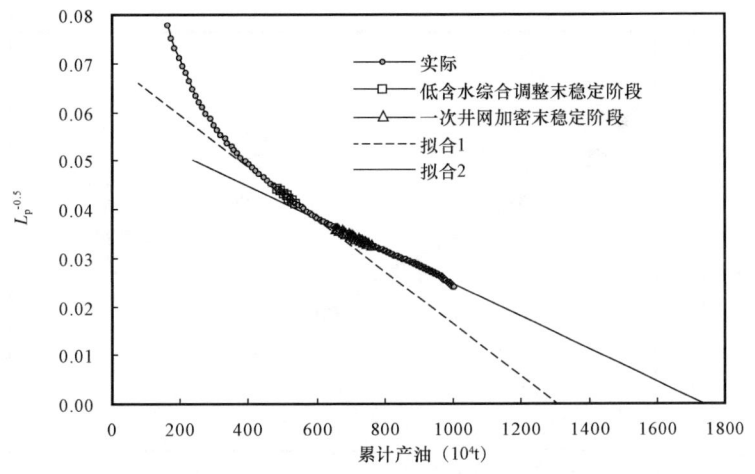

图 6-1　丘陵油田经典水驱特征曲线

拟合 1: $N_p = 1305.58192 - 18634.94164 L_p^{-0.5}$　　相关系数 = 0.99999

拟合 2: $N_p = 1738.58921 - 30022.59756 L_p^{-0.5}$　　相关系数 0.99997

拟合 1 反演: $R = 0.27019 - 0.18327(1 - f_w)^{1/3}$

拟合 2 反演: $R = 0.35981 - 0.25187(1 - f_w)^{1/3}$

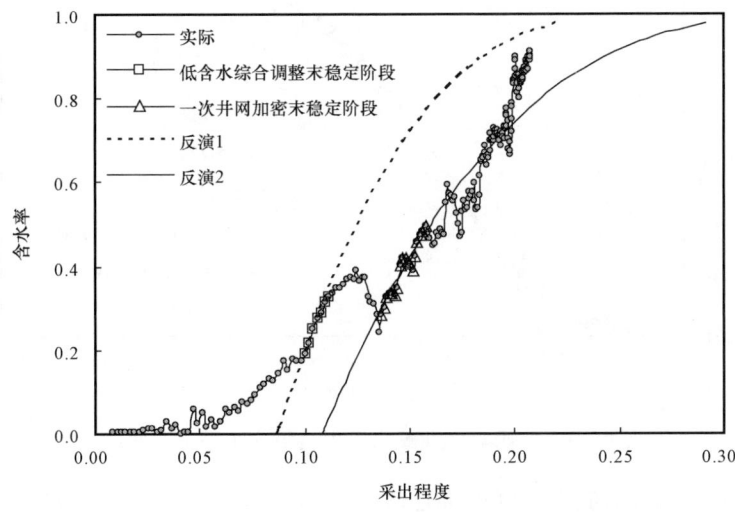

图 6-2　丘陵油田采出程度与含水率关系曲线

2. 库姆克南油藏

库姆克南油藏在高含水期前油藏开发一直未进行较大调整,水驱相对稳定。本次选取两段水驱波动相对较小的生产数据进行拟合,发现两次拟合结果差别很小(图6-3、图6-4)。这充分表明在水驱条件相对稳定时,油藏水驱油特征并未发生根本性改变,而对于丘陵油田,由于前后调整对策发生了较大变化,主体井网由行列式转化成五点法面积注水,油藏水驱油特征发生了较大变化。

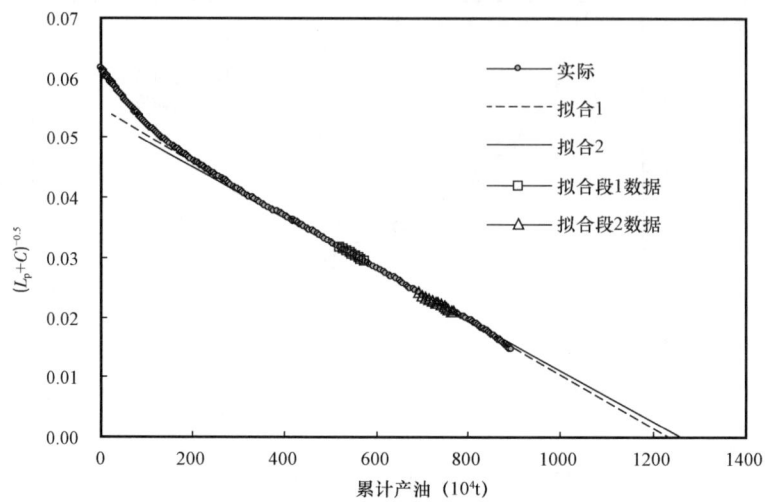

图6-3　库姆克南油藏经典水驱特征曲线

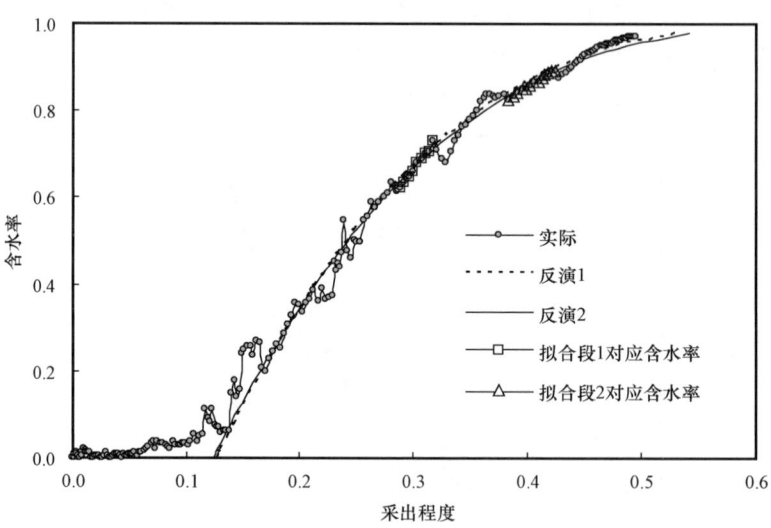

图6-4　库姆克南油藏采出程度与含水率关系曲线

拟合1：$N_p = 1234.16156 - 22446.90245(L_p + 262.44757)^{-0.5}$ 相关系数 0.99993

拟合2：$N_p = 1261.77850 - 23586.62198(L_p + 262.44757)^{-0.5}$ 相关系数 0.99992

拟合1反演：$R = 0.6815 - 0.5536(1 - f_w)^{1/3}$

拟合 2 反演:$R = 0.69673 - 0.57214(1 - f_w)^{1/3}$

3. 鲁 2x 井

鲁 2x 井于 2006 年 6 月投产,初期采用螺杆泵采油,在 2008 年 9 月至 2010 年 5 月时间段内井下故障频发,2010 年 6 月转抽油机生产,泵径 38mm,2013 年 10 月抽油机泵径转为 44mm。本次选用 2010 年 6 月至 2013 年 9 月生产方式相对稳定时生产数据进行拟合,反演到含水,结果与实际历史生产数据符合程度很高(图 6-5、图 6-6)。

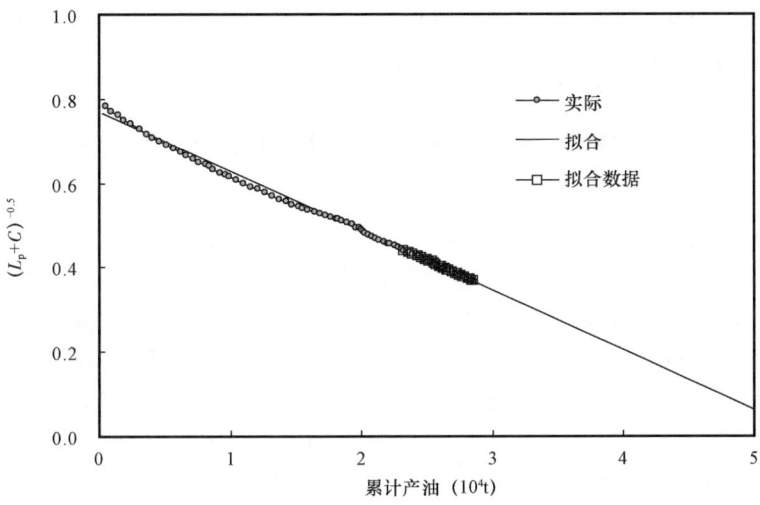

图 6-5 鲁 2x 井经典水驱特征曲线

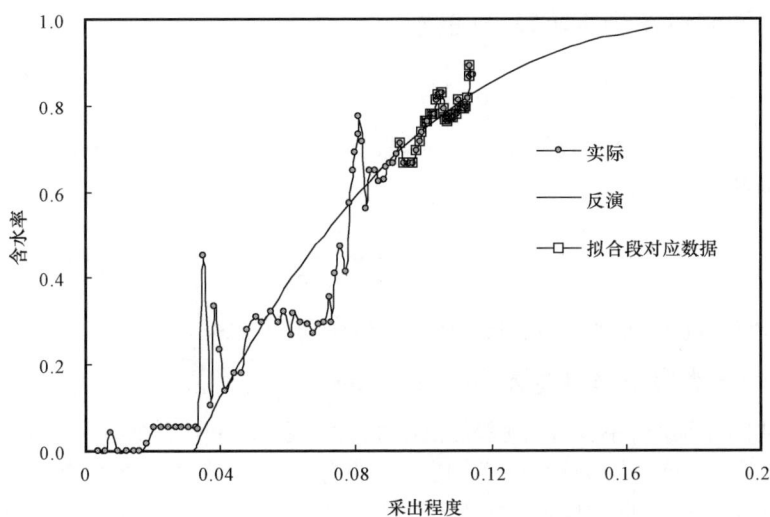

图 6-6 鲁 2x 井采出程度与含水率关系曲线

拟合:$N_p = 5.44741 - 7.08071(L_p + 1.58000)^{-0.5}$,相关系数 $= 0.99927$

拟合反演:$R = 0.21790 - 0.18583(1 - f_w)^{1/3}$

以上实例应用的油藏或油田油水黏度比跨度很大，丘陵油田和鲁2块已超出了理论推导的油水黏度比条件，但拟合结果都很好，相关系数几乎接近于1，表明该水驱特征曲线并不受黏度大小或油水黏度比的限制。同时，从曲线应用来看，可以直接确定不同阶段水驱可采储量大小（即与横轴的交点）；另外，如果油田的水驱条件稳定，无论采用哪段数据，其结果非常接近，因此，对于生产时间长，水驱相对稳定的油田，可以适当缩小或抽稀数据，其结果也非常可靠。另外，经典理论对应的水驱特征曲线是在未给出油水相对渗透率比值的情况下导出的，表面上只是引用了Эфрос实验结果，其实质上Эфрос实验结果蕴含着油水相对渗透率比值，结合Leverett函数和Welge方程，平均含水饱和度与出口端含水饱和度呈线性关系就是Welge方程在某种分流量函数下的一种解析式（具体分析过程见第五章第一节）。

第二节 水驱特征曲线通用推导方法

目前，水驱特征曲线有很多种，常见的有甲型水驱特征曲线、乙型水驱特征曲线、丙型水驱特征曲线、丁型水驱特征曲线等。这些水驱特征曲线是怎么来的？他们的渗流理论基础是什么？一直困扰着油藏工程界的学者和研究者。国内学者也试图利用油水相对渗透率比值呈指数式或近似恒等变形进行了相关推导[7-9]，但由于引入了艾富罗斯实验结果来处理出口端含水饱和度和油层平均含水饱和度的关系[第一节已推导了利用艾富罗斯实验结果可以直接得到水驱特征曲线式（6-10）]，导致甲型、乙型、丙型和丁型水驱特征曲线理论推导过程缺乏严密性，一直成为学术界的诟病。后来，随着技术的逐步发展，国内研究者先解决了从拟相对渗透率到水驱特征曲线的推导[10]，然后发展到从Welge方程特殊解析式到水驱特征曲线的推导，逐步揭开了水驱特征曲线的渗流特征[11]。

一、从拟相对渗透率到水驱特征曲线

1. 油水两相渗流区间平均含水饱和度归一化

在束缚水饱和度与残余油饱和度这一区间，存在油水两相流动。按归一法思想，驱替项归一化平均含水饱和度应为：

$$\overline{S}_{wd} = \frac{\overline{S}_w - S_{wi}}{1 - S_{wi} - S_{or}} \quad (6-14)$$

式中 $\overline{S}_{wd}$——归一化平均含水饱和度，单调分布在 0~1 之间。

2. 含水率与油水两相相对渗透率比值的关系

油水两相共同流动时，不仅要克服黏滞阻力，而且还要克服毛细管力、附着力和由于液阻现象增加的附加阻力，这些阻力通常归结到流体的有效（相）渗透率数值变化上。这样相渗透率不仅反映了油层岩石本身的属性，而且还反映了流体性质及油水在岩石中的分布和它们之间的相互作用。按分流量关系式，在不考虑重力和毛细管力影响的条件下，有：

$$f_w = \frac{q_w}{q_w + q_o} = \frac{1}{1 + \frac{1}{\mu_r}\frac{K_{ro}}{K_{rw}}} \quad (6-15)$$

整理式(6-15),有:

$$\frac{K_{ro}}{K_{rw}} = \mu_r \frac{1-f_w}{f_w} \tag{6-16}$$

3. 地质储量采出程度与归一化平均含水饱和度的关系

在注水油田开发过程中,油层平均含水饱和度见式(6-1)。

由于 $R = N_p/N$,那么结合式(6-14),式(6-1)即为:

$$R = \frac{\overline{S}_w - S_{wi}}{1 - S_{wi}} = \frac{1 - S_{wi} - S_{or}}{1 - S_{wi}} \overline{S}_{wd} \tag{6-17}$$

显然,有了式(6-15)和式(6-17),只要知道 K_{ro}/K_{rw} 与 $\overline{S}_{wd}$ 的关系式,就能确定出采出程度与含水率的关系式。

4. 油水两相相对渗透率比值归一化平均含水饱和度的关系

设油水两相相对渗透率比值 K_{ro}/K_{rw} 与 $\overline{S}_{wd}$ 以下面几种形式存在[12]:

(1) $$\frac{K_{ro}}{K_{rw}} = a\left(\frac{1-S_{wi}}{1-S_{wi}-S_{or}} - \overline{S}_{wd}\right)^b, b > 0 \tag{6-18}$$

(2) $$\frac{K_{ro}}{K_{rw}} = a\overline{S}_{wd}^{-b}, b > 0 \tag{6-19}$$

(3) $$\frac{K_{ro}}{K_{rw}} = a(\overline{S}_{wd} - b)^{-\frac{1+n}{n}} \tag{6-20}$$

(4) $$\frac{K_{ro}}{K_{rw}} = \frac{a}{\overline{S}_{wd}^{n-1}} \exp(-b\overline{S}_{wd})^n, b > 0, n > 0 \tag{6-21}$$

(5) $$\frac{K_{ro}}{K_{rw}} = \frac{a}{1+b\overline{S}_{wd}} \exp(-b\overline{S}_{wd}), b > 0 \tag{6-22}$$

式中 a, b, n——分别与储层岩石孔隙结构及润湿性有关。

5. $\frac{f_w}{1-f_w}$ 型采出程度与含水率的关系

1) $\ln(1-R) = -c\ln\left(\frac{f_w}{1-f_w}\right) + d$ 型

将式(6-18)代入式(6-16),有:

$$\left(\frac{1-S_{wi}}{1-S_{wi}-S_{or}} - \overline{S}_{wd}\right)^b = \frac{\mu_r}{a} \frac{1-f_w}{f_w} \tag{6-23}$$

从式(6-17)求得 $\overline{S}_{wd}$ 代入式(6-23),并对等式两边取对数,有:

$$b\ln(1-R) = \ln\left(\frac{1-f_w}{f_w}\right) + \ln\left(\frac{\mu_r}{a}\right) + b\ln\left(\frac{1-S_{wi}-S_{or}}{1-S_{wi}}\right) \tag{6-24}$$

令 $c = \dfrac{1}{b}, d = \ln\left(\dfrac{1 - S_{wi} - S_{or}}{1 - S_{wi}}\right) - \dfrac{1}{b}\ln\left(\dfrac{a}{\mu_r}\right)$，则：

$$\ln(1 - R) = -c\ln\left(\dfrac{f_w}{1 - f_w}\right) + d \quad (6-25)$$

2) $\ln R = c\ln\left(\dfrac{f_w}{1 - f_w}\right) + d$ 型

将式(6-19)代入式(6-16)，得：

$$\overline{S}_{wd}^{-b} = \dfrac{\mu_R}{a}\dfrac{1 - f_w}{f_w} \quad (6-26)$$

从式(6-17)求得 $\overline{S}_{wd}$ 代入式(6-26)，并对等式两边取对数，有：

$$\ln R = \dfrac{1}{b}\ln\left(\dfrac{f_w}{1 - f_w}\right) + \dfrac{1}{b}\ln\left(\dfrac{a}{\mu_r}\right) + \ln\left(\dfrac{1 - S_{wi} - S_{or}}{1 - S_{wi}}\right) \quad (6-27)$$

令 $c = \dfrac{1}{b}, d = \dfrac{1}{b}\ln\left(\dfrac{a}{\mu_r}\right) + \ln\left(\dfrac{1 - S_{wi} - S_{or}}{1 - S_{wi}}\right)$，则：

$$\ln R = c\ln\left(\dfrac{f_w}{1 - f_w}\right) + d \quad (6-28)$$

3) $R = c\left(\dfrac{f_w}{1 - f_w}\right)^{\frac{n}{1+n}} + d$ 型

将式(6-20)代入式(6-16)，得：

$$(\overline{S}_{wd} - b)^{-\frac{1+n}{n}} = \dfrac{\mu_r}{a}\dfrac{1 - f_w}{f_w} \quad (6-29)$$

从式(6-17)求得 $\overline{S}_{wd}$ 代入式(6-29)，有：

$$R = \dfrac{1 - S_{wi} - S_{or}}{1 - S_{wi}}\left(\dfrac{a}{\mu_r}\right)^{\frac{n}{1+n}}\left(\dfrac{f_w}{1 - f_w}\right)^{\frac{n}{1+n}} + b\dfrac{1 - S_{wi} - S_{or}}{1 - S_{wi}} \quad (6-30)$$

令 $c = \dfrac{1 - S_{wi} - S_{or}}{1 - S_{wi}}\left(\dfrac{a}{\mu_r}\right)^{\frac{n}{1+n}}, d = b\dfrac{1 - S_{wi} - S_{or}}{1 - S_{wi}}$，则：

$$R = c\left(\dfrac{f_w}{1 - f_w}\right)^{\frac{n}{1+n}} + d \quad (6-31)$$

4) $R^n + (n - 1)c\ln R = c\ln\left(\dfrac{f_w}{1 - f_w}\right) + d$ 型

将式(6-21)代入式(6-16)，并对等式两边取对数，有：

$$(n - 1)\ln\overline{S}_{wd} + b\overline{S}_{wd}^n = \ln\left(\dfrac{a}{\mu_r}\right) + \ln\left(\dfrac{f_w}{1 - f_w}\right) \quad (6-32)$$

从式(6-17)求得代入式(6-32),有:

$$R^n + \frac{n-1}{b}\left(\frac{1-S_{wi}-S_{or}}{1-S_{wi}}\right)^n \ln R = \frac{1}{b}\left(\frac{1-S_{wi}-S_{or}}{1-S_{wi}}\right)^n \ln\left(\frac{f_w}{1-f_w}\right) +$$

$$\frac{1}{b}\left(\frac{1-S_{wi}-S_{or}}{1-S_{wi}}\right)^n \left[\ln\left(\frac{a}{\mu_r}\right) - (n-1)\ln\left(\frac{1-S_{wi}}{1-S_{wi}-S_{or}}\right)\right] \quad (6-33)$$

令 $c = \frac{1}{b}\left(\frac{1-S_{wi}-S_{or}}{1-S_{wi}}\right)^n, d = \frac{1}{b}\left(\frac{1-S_{wi}-S_{or}}{1-S_{wi}}\right)^n \left[\ln\left(\frac{a}{\mu_r}\right) - (n-1)\ln\left(\frac{1-S_{wi}}{1-S_{wi}-S_{or}}\right)\right]$ 则:

$$R^n + (n-1)c\ln R = c\ln\left(\frac{f_w}{1-f_w}\right) + d \quad (6-34)$$

很显然,当 $n=1$ 时,式(6-34)即可转化为甲型含水变化关系式:

$$R = c\ln\left(\frac{f_w}{1-f_w}\right) + d \quad (6-35)$$

5) $\ln(1+cR) + cR = \ln\left(\frac{f_w}{1-f_w}\right) + d$ 型

将式(6-22)代入式(6-16),并对等式两边取对数,有:

$$\ln(1+b\overline{S}_{wd}) + b\overline{S}_{wd} = \ln\left(\frac{a}{\mu_r}\right) + \ln\left(\frac{f_w}{1-f_w}\right) \quad (6-36)$$

从式(6-17)求得 $\overline{S}_{wd}$ 代入式(6-36),有:

$$\ln\left(1+\frac{1-S_{wi}}{1-S_{wi}-S_{or}}bR\right) + \frac{1-S_{wi}}{1-S_{wi}-S_{or}}bR = \ln\left(\frac{a}{\mu_r}\right) + \ln\left(\frac{f_w}{1-f_w}\right) \quad (6-37)$$

令 $c = \frac{1-S_{wi}}{1-S_{wi}-S_{or}}b, d = \ln\left(\frac{a}{\mu_r}\right)$,则:

$$\ln(1+cR) + cR = \ln\left(\frac{f_w}{1-f_w}\right) + d \quad (6-38)$$

6. $W_p + C$ 型水驱特征曲线推导

由 $\frac{dN_p}{dt} = q_o$ 和 $\frac{dW_p}{dt} = q_w$,可知:

$$\frac{f_w}{1-f_w} = \frac{q_w}{q_o} = \frac{dW_p}{dN_p} \quad (6-39)$$

1) $\ln\left(1-\frac{N_p}{N}\right) = A + B\ln(W_p + C)$ 的推导

将式(6-39)代入式(6-25),得:

$$\left(1 - \frac{N_p}{N}\right)^{-\frac{1}{c}} \exp\left(\frac{d}{c}\right) dN_p = dW_p \qquad (6-40)$$

对式(6-40)定积分求解(N_p 取从无水产油量 N_{p0} 积分到目前产油量,相应 W_p 取从 0 积分到目前产水量),得:

$$\frac{cN}{1-c} \exp\left(\frac{d}{c}\right)\left(1 - \frac{N_p}{N}\right)^{\frac{c-1}{c}} = W_p + C \qquad (6-41)$$

式中 $C = \frac{cN}{1-c} \exp\left(\frac{d}{c}\right)\left(1 - \frac{N_{p0}}{N}\right)^{\frac{c-1}{c}}$。

对式(6-41)两边取对数,并令 $B = \frac{c}{c-1}, A = \frac{c}{1-c}\left[\frac{d}{c} + \ln\left(\frac{cN}{1-c}\right)\right]$,则:

$$\ln\left(1 - \frac{N_p}{N}\right) = A + B\ln(W_p + C) \qquad (6-42)$$

2) $\ln N_p = A + B\ln(W_p + C)$ 的推导(双对数曲线或布雷吉曲线)

将式(6-39)代入式(6-28),得:

$$\exp\left(-\frac{d}{c}\right)\left(\frac{N_p}{N}\right)^{\frac{1}{c}} dN_p = dW_p \qquad (6-43)$$

对式(6-43)定积分求解,得:

$$N\exp\left(-\frac{d}{c}\right)\frac{c}{1+c}\left(\frac{N_p}{N}\right)^{\frac{1+c}{c}} = W_p + C \qquad (6-44)$$

式中 $C = N\exp\left(-\frac{d}{c}\right)\frac{c}{1+c}\left(\frac{N_{p0}}{N}\right)^{\frac{1+c}{c}}$。

对式(6-44)两边取对数,并令 $B = \frac{c}{1+c}, A = \frac{1}{1+c}\left[d + \ln N - c\ln\left(\frac{c}{1+c}\right)\right]$,则:

$$\ln N_p = A + B\ln(W_p + C) \qquad (6-45)$$

3) $N_p = A + B(W_p + C)^{\frac{m}{1+m}}$ 的推导(广义纳扎洛夫曲线)

令 $m = \frac{n}{1+n}$,则式(6-31)可写为:

$$R = c\left(\frac{f_w}{1-f_w}\right)^m + d \qquad (6-46)$$

将式(6-39)代入式(6-46),得:

$$\left(\frac{N_p}{cN} - \frac{d}{c}\right)^{\frac{1}{m}} dN_p = dW_p \qquad (6-47)$$

对式(6-47)定积分求解,得:

$$\frac{mcN}{1+m}\left(\frac{N_p}{cN}-\frac{d}{c}\right)^{\frac{1+m}{m}} = W_p + C \tag{6-48}$$

式中 $C = \frac{mcN}{1+m}\left(\frac{N_{p0}}{cN}-\frac{d}{c}\right)^{\frac{1+m}{m}}$。

令 $B = cN\left(\frac{m+1}{mcN}\right)^{\frac{m}{1+m}}$,$A = dN$,对式(6-48)整理可得,则:

$$N_p = A + B(W_p + C)^{\frac{m}{1+m}} \tag{6-49}$$

4) $N_p^n = A + B\ln(W_p + C)$ 的推导(广义马克西莫夫—童宪章曲线)

将式(6-39)代入式(6-34),得:

$$\exp\left(\frac{N_p^n}{cN^n}\right) \cdot \exp\left(-\frac{d}{c}\right)\left(\frac{N_p}{N}\right)^{n-1} dN_p = dW_p \tag{6-50}$$

对式(6-50)定积分求解,得:

$$\frac{cN}{n}\exp\left(\frac{N_p^n}{cN^n}\right)\exp\left(-\frac{d}{c}\right) = W_p + C \tag{6-51}$$

式中 $C = \frac{cN}{n}\exp\left(\frac{N_{p0}^n}{cN^n}\right)\exp\left(-\frac{d}{c}\right)$。

对式(6-51)两边取对数,并令 $B = cN^n$,$B = dN^n + cN^n \ln\frac{n}{cN}$,则:

$$N_p^n = A + B\ln(W_p + C) \tag{6-52}$$

5) $N_p = A + B\ln\left(\frac{W_p + C}{N_p}\right)$ 的推导(陈元千曲线[13])

将式(6-39)代入式(6-38),得:

$$\exp\left(\frac{cN_p}{N} - d\right)\left(1 + \frac{cN_p}{N}\right)dN_p = dW_p \tag{6-53}$$

对式(6-53)定积分,得:

$$\int_{N_{p0}}^{N_p} \exp\left(\frac{cN_p}{N} - d\right)\left(1 + \frac{cN_p}{N}\right)dN_p = \int_0^{W_p} dW_p \tag{6-54}$$

对式(6-54)左端定积分可采用分部积分的方法求解,即:

$$\int_{N_{p0}}^{N_p} \exp\left(\frac{cN_p}{N} - d\right)\left(1 + \frac{cN_p}{N}\right)dN_p = \frac{N}{c}\int_{N_{p0}}^{N_p}\left(1 + \frac{cN_p}{N}\right)d\exp\left(\frac{cN_p}{N} - d\right)$$

$$= \frac{N}{c}\left[\left(1 + \frac{cN_p}{N}\right)\exp\left(\frac{cN_p}{N} - d\right) - \left(1 + \frac{cN_{p0}}{N}\right)\exp\left(\frac{cN_{p0}}{N} - d\right) - \int_{N_{p0}}^{N_p}\exp\left(\frac{cN_p}{N} - d\right)d\left(1 + \frac{cN_p}{N}\right)\right]$$

$$= \frac{N}{c}\left[\left(1 + \frac{cN_p}{N}\right)\exp\left(\frac{cN_p}{N} - d\right) - \exp\left(\frac{cN_p}{N} - d\right) - \left(1 + \frac{cN_{p0}}{N}\right)\exp\left(\frac{cN_{p0}}{N} - d\right) + \exp\left(\frac{cN_{p0}}{N} - d\right)\right]$$

$$= N_p \exp\left(\frac{cN_p}{N} - d\right) - N_{p0}\exp\left(\frac{cN_{p0}}{N} - d\right) \tag{6-55}$$

对式(6-54)右端定积分,有:

$$\int_0^{W_p} dW_p = W_p \tag{6-56}$$

将式(6-55)、式(6-56)代入式(6-54),得:

$$N_p \exp\left(\frac{cN_p}{N} - d\right) = W_p + C \tag{6-57}$$

式中 $C = N_{p0}\exp\left(\frac{cN_{p0}}{N} - d\right)$。

对式(6-57)两边取对数,令 $B = \dfrac{N}{c}, A = \dfrac{dN}{c}$,则:

$$N_p = A + B\ln\left(\frac{W_p + C}{N_p}\right) \tag{6-58}$$

7. $\dfrac{1}{1-f_w}$ 型采出程度与含水率关系

若水驱油特征为近活塞式,那么油井见水后,q_w 远大于 q_o,按分流量公式有:

$$f_w = \frac{q_w}{q_w + q_o} = 1 - \frac{q_o}{q_w + q_o} \approx 1 - \frac{q_o}{q_w} = 1 - \frac{K_{ro}}{\mu_r K_{rw}} \tag{6-59}$$

即

$$\frac{K_{ro}}{K_{rw}} \approx \mu_r (1 - f_w) \tag{6-60}$$

另外,$\dfrac{dN_p}{dt} = q_o$,$\dfrac{dL_p}{dt} = q_o + q_w$,则:

$$\frac{1}{1-f_w} = \frac{q_o + q_w}{q_o} = \frac{dL_p}{dN_p} \tag{6-61}$$

同理,可得到另外5种采出程度与含水率曲线和5种与之对应的水驱特征曲线,只是采出程度与含水率关系式中 $\dfrac{f_w}{1-f_w}$ 被 $\dfrac{1}{1-f_w}$ 所替代,水驱特征曲线中 $W_p + C$ 被 $L_p + C$ 所替代。具体为:

1) $\ln(1-R) = -c\ln\left(\dfrac{1}{1-f_w}\right) + d$ 型

将式(6-18)代入式(6-60),有:

$$\left(\frac{1 - S_{wi}}{1 - S_{wi} - S_{or}} - \bar{S}_{wd}\right)^b = \frac{\mu_r}{a}(1 - f_w) \tag{6-62}$$

从式(6-17)求得 $\overline{S}_{wd}$ 代入式(6-62),并对等式两边取对数,有:

$$b\ln(1-R) = \ln(1-f_w) + \ln\left(\frac{\mu_r}{a}\right) + b\ln\left(\frac{1-S_{wi}-S_{or}}{1-S_{wi}}\right) \quad (6-63)$$

令 $c = \frac{1}{b}$, $d = \ln\left(\frac{1-S_{wi}-S_{or}}{1-S_{wi}}\right) - \frac{1}{b}\ln\left(\frac{a}{\mu_r}\right)$,则:

$$\ln(1-R) = -c\ln\left(\frac{1}{1-f_w}\right) + d \quad (6-64)$$

2) $\ln R = c\ln\left(\frac{1}{1-f_w}\right) + d$ 型

将式(6-19)代入式(6-60),得:

$$\overline{S}_{wd}^{-b} = \frac{\mu_r}{a}(1-f_w) \quad (6-65)$$

从式(6-17)求得 $\overline{S}_{wd}$ 代入式(6-65),并对等式两边取对数,有:

$$\ln R = \frac{1}{b}\ln\left(\frac{1}{1-f_w}\right) + \frac{1}{b}\ln\left(\frac{a}{\mu_r}\right) + \ln\left(\frac{1-S_{wi}-S_{or}}{1-S_{wi}}\right) \quad (6-66)$$

令 $c = \frac{1}{b}$, $d = \frac{1}{b}\ln\left(\frac{a}{\mu_r}\right) + \ln\left(\frac{1-S_{wi}-S_{or}}{1-S_{wi}}\right)$,则:

$$\ln R = c\ln\left(\frac{1}{1-f_w}\right) + d \quad (6-67)$$

3) $R = c\left(\frac{1}{1-f_w}\right)^{\frac{n}{1+n}} + d$ 型

将式(6-20)代入式(6-60),得:

$$(\overline{S}_{wd} - b)^{-\frac{1+n}{n}} = \frac{\mu_r}{a}(1-f_w) \quad (6-68)$$

从式(6-17)求得 $\overline{S}_{wd}$ 代入式(6-68),有:

$$R = \frac{1-S_{wi}-S_{or}}{1-S_{wi}}\left(\frac{a}{\mu_r}\right)^{\frac{n}{1+n}}\left(\frac{1}{1-f_w}\right)^{\frac{n}{1+n}} + b\frac{1-S_{wi}-S_{or}}{1-S_{wi}} \quad (6-69)$$

令 $c = \frac{1-S_{wi}-S_{or}}{1-S_{wi}}\left(\frac{a}{\mu_r}\right)^{\frac{n}{1+n}}$, $d = b\frac{1-S_{wi}-S_{or}}{1-S_{wi}}$,则:

$$R = c\left(\frac{1}{1-f_w}\right)^{\frac{n}{1+n}} + d \quad (6-70)$$

4) $R^n + (n-1)c\ln R = c\ln\left(\frac{1}{1-f_w}\right) + d$ 型

将式(6-21)代入式(6-60),并对等式两边取对数,有:

$$(n-1)\ln\bar{S}_{wd} + b\bar{S}_{wd}^n = \ln\left(\frac{a}{\mu_r}\right) + \ln\left(\frac{1}{1-f_w}\right) \tag{6-71}$$

从式(6-17)求得 $\bar{S}_{wd}$ 代入式(6-71),有:

$$R^n + \frac{n-1}{b}\left(\frac{1-S_{wi}-S_{or}}{1-S_{wi}}\right)^n \ln R = \frac{1}{b}\left(\frac{1-S_{wi}-S_{or}}{1-S_{wi}}\right)^n \ln\left(\frac{1}{1-f_w}\right) +$$

$$\frac{1}{b}\left(\frac{1-S_{wi}-S_{or}}{1-S_{wi}}\right)^n \left[\ln\left(\frac{a}{\mu_r}\right) - (n-1)\ln\left(\frac{1-S_{wi}}{1-S_{wi}-S_{or}}\right)\right] \tag{6-72}$$

令 $c = \frac{1}{b}\left(\frac{1-S_{wi}-S_{or}}{1-S_{wi}}\right)^n, d = \frac{1}{b}\left(\frac{1-S_{wi}-S_{or}}{1-S_{wi}}\right)^n \left[\ln\left(\frac{a}{\mu_r}\right) - (n-1)\ln\left(\frac{1-S_{wi}}{1-S_{wi}-S_{or}}\right)\right]$ 则:

$$R^n + (n-1)c\ln R = c\ln\left(\frac{1}{1-f_w}\right) + d \tag{6-73}$$

5) $\ln(1+cR) + cR = \ln\left(\frac{1}{1-f_w}\right) + d$ 型

将式(6-22)代入式(6-60),并对等式两边取对数,有:

$$\ln(1 + b\bar{S}_{wd}) + b\bar{S}_{wd} = \ln\left(\frac{a}{\mu_r}\right) + \ln\left(\frac{1}{1-f_w}\right) \tag{6-74}$$

从式(6-17)求得 $\bar{S}_{wd}$ 代入式(6-74),有:

$$\ln\left(1 + \frac{1-S_{wi}}{1-S_{wi}-S_{or}}bR\right) + \frac{1-S_{wi}}{1-S_{wi}-S_{or}}bR = \ln\left(\frac{a}{\mu_r}\right) + \ln\left(\frac{1}{1-f_w}\right) \tag{6-75}$$

令 $c = b\frac{1-S_{wi}}{1-S_{wi}-S_{or}}, d = \ln\left(\frac{a}{\mu_r}\right)$,则:

$$\ln(1+cR) + cR = \ln\left(\frac{1}{1-f_w}\right) + d \tag{6-76}$$

8. $L_p + C$ 型水驱特征曲线推导

1) $\ln\left(1 - \frac{N_p}{N}\right) = A + B\ln(L_p + C)$ 的推导(万吉业 S-凸形曲线)

将式(6-61)代入式(6-64),得:

$$\left(1 - \frac{N_p}{N}\right)^{-\frac{1}{c}} \exp\left(\frac{d}{c}\right) dN_p = dL_p \tag{6-77}$$

对式(6-77)定积分求解(N_p 取从无水产油量 N_{p0} 积分到目前产油量,相应 L_p 取 N_{p0} 积分到目前产液量,即 W_p 取 0 积分到目前产水量),得:

$$\frac{cN}{1-c}\exp\left(\frac{d}{c}\right)\left(1 - \frac{N_p}{N}\right)^{\frac{c-1}{c}} = L_p + C \tag{6-78}$$

式中　$C = \dfrac{cN}{1-c}\exp\left(\dfrac{d}{c}\right)\left(1 - \dfrac{N_{p0}}{N}\right)^{\frac{c-1}{c}} - N_{p0}$。

对式(6-78)两边取对数,并令 $B = \dfrac{c}{c-1}$，$A = \dfrac{c}{1-c}\left[\dfrac{d}{c} + \ln\left(\dfrac{cN}{1-c}\right)\right]$，则：

$$\ln\left(1 - \dfrac{N_p}{N}\right) = A + B\ln(L_p + C) \tag{6-79}$$

2) $\ln N_p = A + B\ln(L_p + C)$ 的推导(万吉业超凸型曲线)

将式(6-61)代入式(6-67),得：

$$\exp\left(-\dfrac{d}{c}\right)\left(\dfrac{N_p}{N}\right)^{\frac{1}{c}} dN_p = dL_p \tag{6-80}$$

对式(6-80)定积分求解,得：

$$N\exp\left(-\dfrac{d}{c}\right)\dfrac{c}{1+c}\left(\dfrac{N_p}{N}\right)^{\frac{1+c}{c}} = L_p + C \tag{6-81}$$

式中　$C = N\exp\left(-\dfrac{d}{c}\right)\dfrac{c}{1+c}\left(\dfrac{N_{p0}}{N}\right)^{\frac{1+c}{c}} - N_{p0}$。

对式(6-81)两边取对数,并令 $B = \dfrac{c}{1+c}$，$A = \dfrac{1}{1+c}\left[d + \ln N - c\ln\left(\dfrac{c}{1+c}\right)\right]$，则

$$\ln N_p = A + B\ln(L_p + C) \tag{6-82}$$

3) $N_p = A + B(L_p + C)^{\frac{m}{1+m}}$ 的推导(广义西帕切夫曲线)

令 $m = \dfrac{n}{1+n}$，则式(6-70)可写为：

$$R = c\left(\dfrac{f_w}{1-f_w}\right)^m + d \tag{6-83}$$

将式(6-61)代入式(6-83),得：

$$\left(\dfrac{N_p}{cN} - \dfrac{d}{c}\right)^{\frac{1}{m}} dN_p = dL_p \tag{6-84}$$

对式(6-84)定积分求解,得：

$$cN\left(\dfrac{N_p}{cN} - \dfrac{d}{c}\right)^{\frac{1+m}{m}} \cdot \dfrac{m}{1+m} = L_p + C \tag{6-85}$$

式中　$C = cN\dfrac{m}{1+m}\left(\dfrac{N_{p0}}{cN} - \dfrac{d}{c}\right)^{\frac{1+m}{m}} - N_{p0}$。

对式(6-86)整理可得令 $B = cN\left(\dfrac{m+1}{mcN}\right)^{\frac{m}{1+m}}$，$A = dN$，则：

$$N_p = A + B(L_p + C)^{\frac{m}{1+m}} \tag{6-86}$$

4) $N_p{}^n = A + B\ln(L_p + C)$ 的推导(广义沙卓诺夫曲线)

将式(6-61)代入式(6-73),得:

$$\exp\left(\frac{N_p{}^n}{cN^n}\right)\exp\left(-\frac{d}{c}\right)\left(\frac{N_p}{N}\right)^{n-1}dN_p = dL_p \tag{6-87}$$

对式(6-87)定积分求解,得:

$$\frac{cN}{n}\exp\left(\frac{N_p{}^n}{cN^n}\right)\exp\left(-\frac{d}{c}\right) = L_p + C \tag{6-88}$$

式中 $C = \dfrac{cN}{n}\exp\left(\dfrac{N_{p0}{}^n}{cN^n}\right)\exp\left(-\dfrac{d}{c}\right) - N_{p0}$。

对式(6-88)两边取对数,并令 $B = cN^n$,$A = dN^n + cN^n\ln\left(\dfrac{n}{cN}\right)$,则:

$$N_p{}^n = A + B\ln(L_p + C) \tag{6-89}$$

5) $N_p = A + B\ln\left(\dfrac{L_p + C}{N_p}\right)$ 的推导(文献[13]曲线)

将式(6-61)代入式(6-76),得:

$$\exp\left(\frac{cN_p}{N} - d\right)\left(1 + \frac{cN_p}{N}\right)dN_p = dL_p \tag{6-90}$$

对式(6-90)定积分,得:

$$\int_{N_{p0}}^{N_p} \exp\left(\frac{cN_p}{N} - d\right)\left(1 + \frac{cN_p}{N}\right)dN_p = \int_{N_{p0}}^{L_p} dL_p \tag{6-91}$$

对式(6-91)左端定积分可采用分部积分的方法求解,即:

$$\int_{N_{p0}}^{N_p} \exp\left(\frac{cN_p}{N} - d\right)\left(1 + \frac{cN_p}{N}\right)dN_p = N_p\exp\left(\frac{cN_p}{N} - d\right) - N_{p0}\exp\left(\frac{cN_{p0}}{N} - d\right) \tag{6-92}$$

对式(6-91)右端定积分,有:

$$\int_{N_{p0}}^{L_p} dL_p = L_p - N_{p0} \tag{6-93}$$

将式(6-92)、式(6-93)代入式(6-91),得:

$$N_p\exp\left(\frac{cN_p}{N} - d\right) = L_p + C \tag{6-94}$$

式中 $C = N_{p0}\exp\left(\dfrac{cN_{p0}}{N} - d\right) - N_{p0}$。

对式(6-94)两边取对数,令 $B = \dfrac{N}{c}$,$A = \dfrac{dN}{c}$,则:

$$N_p = A + B\ln\left(\frac{L_p + C}{N_p}\right) \tag{6-95}$$

以上这些关系式从理论上讲,仅适用于近活塞式驱中高含水期。为了容易区分,将含 $W_p + C$ 项的水驱特征曲线称为 $W_p + C$ 族,将含 $L_p + C$ 项的的水驱特征曲线称为 $L_p + C$ 族。在这些水驱特征曲线中均含有常数项 C,其物理意义是指无水期采出原油所对应的虚拟累计产水量(或虚拟累计产液量)。该常数项的存在,能使水驱特征曲线在低含水期、在特殊的坐标系中呈一直线段,扩大了水驱特征曲线在注水开发油田中的应用。若 C 取 0,上述水驱特征曲线即为目前矿场上在含水 50% 左右时所得到的经验性水驱特征曲线,其原因是:W_p(或 L_p)远远大于 C 值时,可忽略 C 值的影响。

以上的理论推导表明:

(1)油水黏度比存在于水驱特征曲线 A、B 系数之中,与曲线的函数关系式无关,这表明油水黏度比或原油黏度对水驱特征曲线不存在选择性,而决定水驱特征曲线的是油水两相渗流特征曲线和水驱油特征,这两个因素是流体性质、储层物性、沉积韵律以及润湿性等多因素的综合反应[14-16]。该观点与文献[17]所得出的油水黏度比对油水相对渗透率曲线基本没有影响的结论相吻合。

(2)从相对渗透率到水驱特征曲线,体现了不同相对渗透率特征决定着不同的水驱特征曲线,充分揭示二者之间的内在联系[18]。从给出的相对渗透率曲线来看,当关系式中 b、n 取某一值时,某两者关系式之间可近似相等或相同。如式(6-20)中 $b = 0$,即转化为式(6-19);若 $b = \dfrac{1 - S_{wi}}{1 - S_{wi} - S_{or}}$,则可转化为式(6-18)等。这表明在对实际生产数据进行水驱特征曲线拟合时,由于开发管理因素的干扰和开发条件的影响,可能出现多个水驱特征曲线[18],造成在选择曲线进行预测和评价时出现盲目性。因此,在选择水驱特征曲线时,应从相对渗透率曲线和水驱油特征出发,进行相关选择。

(3)该推导方法既可从相对渗透率特征曲线推出水驱特征曲线,同时也可逆推,即从水驱特征曲线推出相对渗透率特征,充分体现了充分必要条件与结论的互逆性,由于步骤与文中的推导过程相反,在此就不做详细推导。

(4)从推导的条件来看,理论上 $W_p + C$ 族水驱特征曲线适用于不同含水阶段的开发指标预测与注水评价,而 $L_p + C$ 族仅适用于近活塞式驱、中高含水期油田开发指标预测及评价,其可靠性相对较差。

(5)若式(6-49)中 m 取 -0.5,即可转化为纳札洛夫曲线,式(6-86)可转化为西帕切夫曲线;若 $n = 1$,式(6-52)、式(6-89)即分别为马克西莫夫—童宪章曲线和沙卓诺夫曲线,其前两者推导过程如下:

将 $m = -0.5$ 代入式(6-49),并令 $A = \dfrac{1}{q}$,$B = -\dfrac{p-1}{q^2}$,$C = \dfrac{p-1}{q}$ 则有:

$$N_p = \frac{1}{q} - \frac{p-1}{q^2}\frac{1}{W_p + \dfrac{p-1}{q}} = \frac{1}{q}\left[1 - \frac{p-1}{q}\frac{1}{W_p + \dfrac{p-1}{q}}\right] = \frac{W_p}{qW_p + p - 1}$$

即

$$\frac{W_p}{N_p} = qW_p + p - 1 \qquad (6-96)$$

由于 $W_p = L_p - N_p$，则式(6-96)可写为：

$$\frac{L_p - N_p}{N_p} = qW_p + p - 1 \qquad (6-97)$$

进一步整理可得到纳札洛夫曲线：

$$\frac{L_p}{N_p} = qW_p + p \qquad (6-98)$$

同理，令 $A = \frac{1}{q}$，$B = -\frac{p-1}{q^2}$，$C = \frac{p-1}{q}$，并代入式(6-86)，则有：

$$N_p = \frac{1}{q} - \frac{p-1}{q^2} \frac{1}{L_p + \frac{p-1}{q}} = \frac{1}{q}\left[1 - \frac{p-1}{q} \frac{1}{L_p + \frac{p-1}{q}}\right] = \frac{L_p}{qL_p + p - 1} \qquad (6-99)$$

整理，可得西帕切夫曲线：

$$\frac{L_p}{N_p} = qL_p + (p-1) \qquad (6-100)$$

二、从岩心实验到常用水驱特征曲线

从拟相对渗透率虽然能导出目前常见的水驱特征曲线，但仍不能建立与水驱油相对渗透率的关系，为此，文献[11]在水驱油为非活塞式条件下，利用 Buckley-Leverett 线性驱替理论、Welge 驱替前缘方程和油水黏度比在 1~10 的范围内的艾富罗斯实验结果，在得出了平均含水饱和度 $\bar{S}_w$ 和出口端含水饱和度 (S_{we}) 关系式为 $S_{we} = 1.5\bar{S}_w - 0.5(1 - S_{or})$ 的情况下，将该关系式一方面直接概括为一般线性关系式；另一方面在线性关系式左端乘以含有自变量 ($\bar{S}_w$) 的特殊因子式(或相干因子)，转化为某些特殊非线性关系式，再与 Welge 方程结合，可以直接导出甲型水驱特征曲线、乙型水驱特征曲线、丙型水驱特征曲线、丁型水驱特征曲线四类最常用的水驱特征曲线，并对其渗流特征做了进一步研究。

1. 广义丙型和乙型水驱特征曲线的导出

设 $\bar{S}_w$ 与 S_{we} 为线形函数关系：

$$S_{we} = (\bar{S}_w - m)/k, \ (k > 0) \qquad (6-101)$$

式中 k、m 为常系数(与储层、流体性质相关)。

1) 当斜率 $k \neq 1$ 时

将式(6-101)代入 Welge 方程 $\bar{S}_w = S_{we} - f_{oe}/(df_{oe}/dS_{we})$，得：

$$df_{oe}/dS_{we} = f_{oe}/[(1-k)S_{we} - m] \qquad (6-102)$$

式(6-102)满足初始条件为：(1) $S_{we} = S_{wi}$ 时，$f_{oe} = 1$；(2) $S_{we} = 1 - S_{or}$，$f_{oe} = 0$。

对式(6-102)常微分方程进行求解,可得:

$$f_{oe} = a(1 - S_{or} - S_{we})^r \quad (6-103)$$

其中 $r = 1/(1-k)$,$a = 1/(1-S_{wi}-S_{or})^r$,$m = (1-k)(1-S_{or})$。

由定义可知:

$$f_{oe} = \frac{q_o}{q_L} = \frac{dN_p/dt}{dL_p/dt} = \frac{dN_p}{dL_p} \quad (6-104)$$

将式(6-1)代入式(6-101),求得 S_{we} 代入式(6-103),再结合式(6-104),整理可得:

$$\frac{dN_p}{dL_p} = a\left[1 - S_{or} - (1-S_{wi})\frac{N_p}{kN} + \frac{m - S_{wi}}{k}\right]^r \quad (6-105)$$

式(6-105)满足初始条件为:$W_p = 0$ 时,$N_p = N_{p0}$(N_{p0} 为无水期产油量)。求解上述常微分方程,可得广义西帕切夫水驱特征曲线(广义丙型或卡札柯夫曲线):

$$N_p = A - \frac{B}{(L_p + C)^n} \quad (6-106)$$

其中 $n = \dfrac{1}{r-1}$,$A = \dfrac{N(1-S_{wi}-S_{or})}{1-S_{wi}}$,$B = \left[a\left(\dfrac{1-S_{wi}}{Nk}\right)^r(1-r)\right]^{\frac{1}{1-r}}$,$C = \dfrac{N[1-S_{wi}-S_{or}-N_{p0}(1-S_{wi})/N]^{1-r}k^r}{a(1-S_{wi})(r-1)} - N_{p0}$。

2)当斜率 $k = 1$ 时

$$S_{we} = \bar{S}_w - m \quad (6-107)$$

同理,取初始条件 $S_{we} = S_{wi}$ 时,$f_{oe} = 1$,可得沙卓诺夫水驱特征曲线(乙型水驱特征曲线):

$$df_{oe}/dS_{we} = -f_{oe}/m \quad (6-108)$$

$$f_{oe} = a\exp(-bS_{we}) \quad (6-109)$$

$$N_p = A + B\ln(L_p + C) \quad (6-110)$$

其中 $a = \exp(S_{wi}/m)$,$b = 1/m$,$A = \dfrac{mN}{1-S_{wi}}\left[1 - \ln\left(\dfrac{mN}{1-S_{wi}}\right)\right]$,$B = \dfrac{mN}{1-S_{wi}}$,$C = \dfrac{mN}{1-S_{wi}}\exp\left(\dfrac{1-S_{wi}}{mN}N_{p0} - 1\right) - N_{p0}$。

2. 广义丁型和甲型水驱特征曲线的导出

(1)当 $\bar{S}_w$ 与 S_{we} 为如下函数关系时,即式(6-101)常系数 k 用 $1 + k\exp(-\bar{S}_w/m)$ 相干因子替代:

$$S_{we} = (\bar{S}_w - m)[1 + k\exp(-\bar{S}_w/m)]^{-1} \quad (6-111)$$

对式(6-111)两端求导,得:

$$\frac{dS_{we}}{d\bar{S}_w} = \frac{m + k\bar{S}_w\exp(-\bar{S}_w/m)}{m[1 + k\exp(-\bar{S}_w/m)]^2} \tag{6-112}$$

由 Welge 方程可得：

$$\frac{df_{oe}}{d\bar{S}_w} = \frac{df_{oe}}{dS_{we}}\frac{dS_{we}}{d\bar{S}_w} = \frac{f_{oe}}{S_{we} - \bar{S}_w} \tag{6-113}$$

将式(6-111)、式(6-112)代入式(6-113)，整理，有：

$$\frac{df_{oe}}{d\bar{S}_w} = -\frac{f_{oe}}{m[1 + k\exp(-\bar{S}_w/m)]} \tag{6-114}$$

设 $S_{we} = S_{wi}$ 时，$\bar{S}_w = S_{win}$，那么上式满足初始条件：$\bar{S}_w = S_{win}$ 时，$f_{oe} = 1$，求解上述常微分方程，得：

$$f_{oe} = C_1[1 + (1/k)\exp(\bar{S}_w/m)]^{-1} \tag{6-115}$$

式中　$C_1 = 1 + (1/k)\exp(S_{win}/m)$。

将式(6-115)等比变形，得：

$$\frac{1 - f_{oe}}{f_{oe}} = \frac{1}{C_1} - 1 + \frac{1}{kC_1}\exp\left(\frac{\bar{S}_w}{m}\right) \tag{6-116}$$

由概念知：

$$\frac{1 - f_{oe}}{f_{oe}} = \frac{dW_p}{dN_p} \tag{6-117}$$

将式(6-116)代入式(6-117)，整理可得：

$$\frac{dW_p}{dN_p} = \frac{1}{C_1} - 1 + \frac{1}{kC_1}\exp\left[\frac{N_p}{mN}(1 - S_{wi}) + \frac{S_{wi}}{m}\right] \tag{6-118}$$

式(6-118)满足初始条件：$W_p = 0$ 时，$N_p = N_{p0}$。求解上述常微分方程，可得文献[19]中第 4 种过渡型水驱特征曲线：

$$N_p = A + B\ln(W_p + \lambda N_p + C) \tag{6-119}$$

其中　$A = \frac{mN}{1 - S_{wi}}\ln\left[\frac{mN}{kC_1(1 - S_{wi})}\right] - \frac{NS_{wi}}{1 - S_{wi}}$，$B = \frac{mN}{1 - S_{wi}}$，$\lambda = 1 - \frac{1}{C_1}$，$C = \left(\frac{1}{C_1} - 1\right)N_{p0} - \frac{mN}{kC_1(1 - S_{wi})}\exp\left(\frac{1 - S_{wi}}{mN}N_{p0} + \frac{S_{wi}}{m}\right)$。

若 $C_1 = 1$，即 $\lambda = 0$，则可得马克西莫夫—童宪章水驱特征曲线（甲型水驱特征曲线）：

$$N_p = A + B\ln(W_p + C) \tag{6-120}$$

(2) 当 $\bar{S}_w$ 与 S_{we} 为如下函数关系时，即式(6-101)中常系数 k 用相干因子 $(1 + p)[1 + k(\bar{S}_w - m)^{-1/p}]$ 替代，相应常系数 m 前乘以 $-p$：

$$S_{we} = (\bar{S}_w + pm)[1 + k(\bar{S}_w - m)^{-1/p}]^{-1}/(1 + p) \tag{6-121}$$

式中 p 与储层、流体性质相关。

同理，$\bar{S}_w = S_{win}$ 时，$f_{oe} = 1$，可得文献[19]中第 3 种过渡型水驱特征曲线相关关系式：

$$d f_{oe} / d \bar{S}_w = -f_{oe} / \{ p (\bar{S}_w - m) [1 + k (\bar{S}_w - m)^{-1/p}] \} \quad (6-122)$$

$$f_{oe} = C_1 [1 + (1/k) (\bar{S}_w - m)^{1/p}]^{-1} \quad (6-123)$$

$$N_p = A + B / (W_p + \lambda N_p + C)^n \quad (6-124)$$

其中，$C_1 = 1 + (1/k) (S_{win} - m)^{1/p}$，$n = \dfrac{p}{1+p}$，$\lambda = 1 - \dfrac{1}{C_1}$，$A = \dfrac{(m - S_{wi})N}{1 - S_{wi}}$，$B = \left[\dfrac{N}{nkC_1(1 - S_{wi})} \right]^n$，$C = \left(\dfrac{B}{N_{p0} - A} \right)^{1/n} - \lambda N_{p0}$。

若 $C_1 = 1$，即 $\lambda = 0$，则可得广义纳扎洛夫水驱特征曲线（广义丁型或俞启泰曲线）：

$$N_p = A + \dfrac{B}{(W_p + C)^n} \quad (6-125)$$

以上推导表明，广义西帕切夫水驱特征曲线的平均含水饱和度与出口端含水饱和度为斜率不为 1 的线性关系；沙卓诺夫水驱特征曲线的平均含水饱和度与出口端含水饱和度为斜率为 1 的线性关系。而马克西莫夫—童宪章水驱特征曲线和广义纳扎洛夫水驱特征曲线的平均含水饱和度与出口端含水饱和度关系式均比较复杂，为非线性特殊函数式。

另外，在推演过程中，唯有广义西帕切夫水驱特征曲线含油率与出口端含水饱和度满足：(1) $S_{we} = S_{wi}$ 时，$f_{oe} = 1$；(2) $S_{we} = 1 - S_{or}$，$f_{oe} = 0$ 两个端点的初始条件，而其他曲线未完全满足这些条件，尤其是马克西莫夫—童宪章水驱特征曲线和广义纳扎洛夫水驱特征曲线，仅当前初始端点满足 $C_1 = 1$ 时，才成立，而当 $f_{oe} = 0$ 时，S_{we}（或 $\bar{S}_w$）不存在。因此，若以出口端含水饱和度与含油率的两个端点为水驱特征曲线合理程度的衡量标准，那么广义西帕切夫水驱特征曲线比其他曲线更加合理，也更能符合油层见水后非活塞线性驱油理论。这一结论也被艾富罗斯在油水黏度比在 1~10 的范围内得到的实验结果 $f_{oe} = 50(1 - S_{or} - S_{we})^3 / \mu_r$ 所证实，虽然它仅仅是广义西帕切夫水驱特征曲线所对应的含油率与出口端含水饱和度关系式中 $r = 3$ 时的一种特例。

3. 油水渗流特征

按分流量公式：

$$f_w = \left(1 + \dfrac{1}{\mu_r} \dfrac{K_{ro}}{K_{rw}} \right)^{-1} = 1 - f_{oe} \quad (6-126)$$

那么：

$$\dfrac{K_{ro}}{K_{rw}} = \mu_r \dfrac{f_{oe}}{1 - f_{oe}} \quad (6-127)$$

将式(6-103)、式(6-109)、式(6-115)、式(6-123)分别代入式(6-127)，可依次得到广义西帕切夫水驱特征曲线的油水相对渗透率比值关系式为：

$$\dfrac{K_{ro}}{K_{rw}} = \dfrac{\mu_r}{(1 - S_{or} - S_{we})^{-r} / a - 1} \quad (6-128)$$

沙卓诺夫水驱特征曲线的油水相对渗透率比值关系式：

$$\frac{K_{ro}}{K_{rw}} = \frac{\mu_r}{\exp(bS_{we})/a - 1} \quad (6-129)$$

马克西莫夫—童宪章水驱特征曲线的油水相对渗透率比值关系式：

$$\frac{K_{ro}}{K_{rw}} = \mu_r k \exp\left(-\frac{\overline{S}_w}{m}\right) \quad (6-130)$$

广义纳扎洛夫水驱特征曲线的油水相对渗透率比值关系式：

$$\frac{K_{ro}}{K_{rw}} = \frac{\mu_r k}{(\overline{S}_w - m)^{1/p}} \quad (6-131)$$

从前面导出的各油水相对渗透率比值关系式特点来看，广义西帕切夫和沙卓诺夫水驱特征曲线的油水相对渗透率比值可以与出口端含水饱和度直接确定出具体的函数关系式，而马克西莫夫—童宪章和广义纳扎洛夫水驱特征曲线是平均含水饱和度的函数，加上其平均含水饱和度不能转化成出口端含水饱和度函数式，因而只能看作是出口端含水饱和度的隐函数。这也从另一个侧面反映了长期以来，油藏工程者未能找出后两者油水相对渗透率比值与出口端含水饱和度关系的真正原因。

4. 实例应用及分析

应用前面的理论对吐哈—丘陵油田的相对渗透率数据和开发数据进行了实例分析(图6-7、图6-8、图6-9、表6-1)。结果表明，无论是对实验数据，还是对开发数据，广义丙型比其他类型曲线的相关程度高(或绝对偏差小)。这表明广义丙型比其他曲线相更适合于描述丘陵油田的水驱油特征。进一步分析其产生的原因，主要是丘陵油田虽然油层层间非均质性较强，但油层动用主要以主力油层(Ⅰ类)为主，使得生产层储层性质表现为相对均质，因而表现出了与相对均质岩心相似的驱替特征。

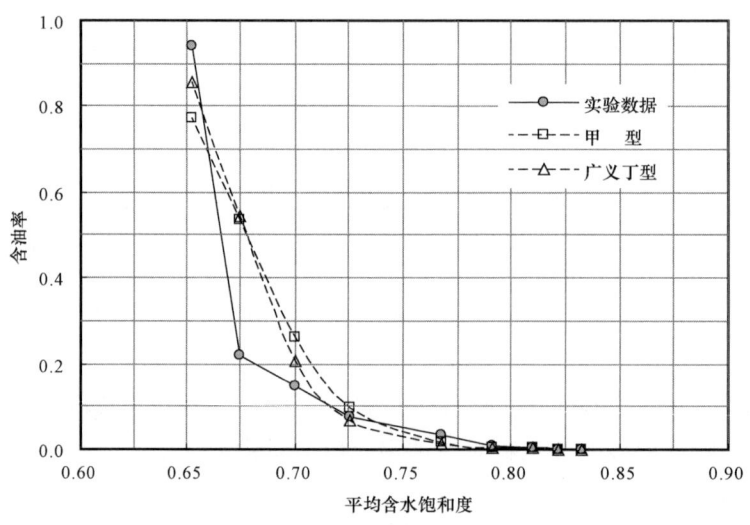

图6-7 丘陵油田含油率与平均含水饱和度关系

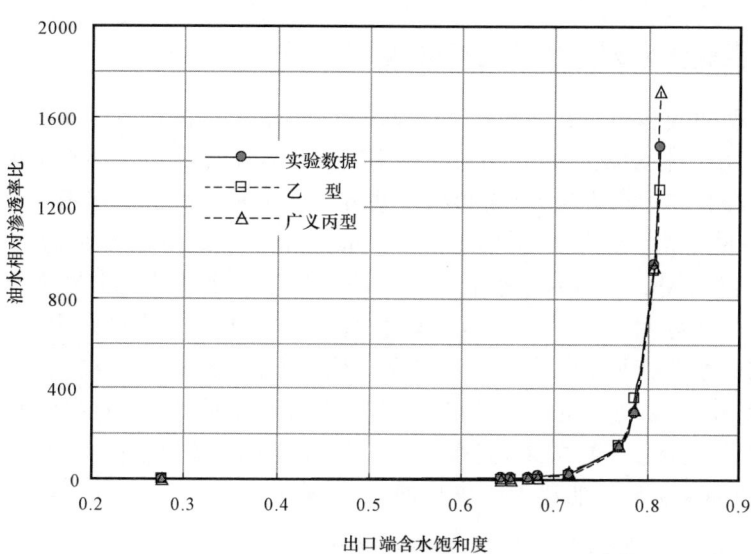

图 6-8　丘陵油田油水相对渗透率比与出口端含水饱和度关系

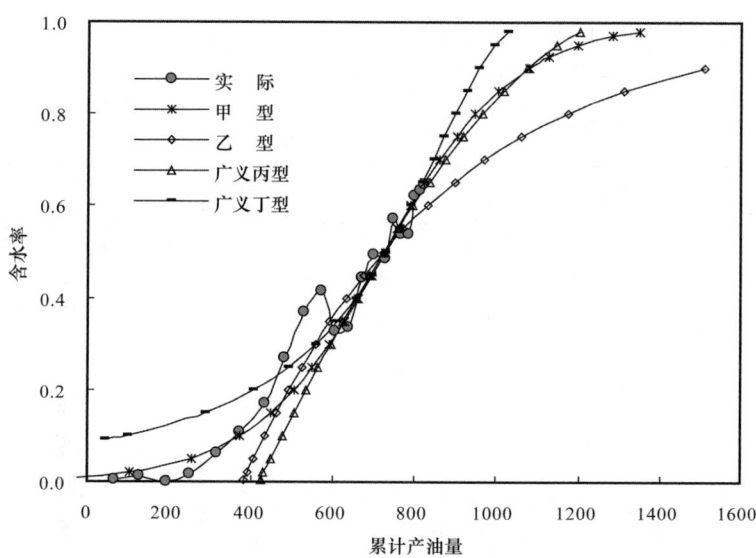

图 6-9　丘陵油田累计产油量与含水关系曲线

表 6-1　丘陵油田实验数据和开发数据拟合结果

水驱特征曲线类型	实验数据		开发数据（待定参数）					
	公式	相关系数	公式	A	B	C	n	相关系数
甲　型	(6-115)	0.96287	(6-120)	-83.12045	159.63732	-29.10420		0.99950
乙　型	(6-129)	0.99654	(6-110)	-2657.44287	490.59191	69.67163		0.99963
广义丙型	(6-128)	0.99973	(6-106)	1272.37692	-294124406.92383	997.90518	1.74635	0.99991
广义丁型	(6-123)	0.96531	(6-125)	1083.50123	-53448.80528	116.14050	0.87547	0.99925

三、从岩心实验到双对数水驱特征曲线

万吉业超凸型曲线和布雷吉曲线(双对数曲线)也是注水油田开发评价和可采储量预测中主要的方法,但由于长期缺乏岩心相对渗透率实验与水驱特征曲线的理论推理支持,而被油藏工程界确定为经验性评价方法,大大影响这些方法在水驱评价中的作用[20-22]。前面在水驱油为非活塞式条件下,通过建立不同的平均含水饱和度与出口端含水饱和度关系,并结合 Welge 驱替前缘方程,完成了国内注水油田开发评价和可采储量标定中最主要、最常用的四类水驱特征曲线——马克西莫夫—童宪章水驱特征曲线(甲型)、沙卓诺夫水驱特征曲线(乙型)、广义西帕切夫水驱特征曲线(广义丙型或卡札柯夫曲线)和广义纳扎洛夫水驱特征曲线(广义丁型或俞启泰曲线)从岩心实验相对渗透率到水驱特征曲线的推导过程。沿这种思路,相继提出了两种 $\bar{S}_w$ 与 S_{we} 函数关系,完成了万吉业超凸型曲线和布雷吉曲线的相关理论推演过程,从而使这两种水驱特征曲线方法更具理论支持[23]。

1. 从岩心实验到水驱特征曲线推导方法步骤

按照常用水驱特征研究方法,可将从岩心实验相对渗透率到水驱特征曲线的理论推导方法步骤概括为如下程序框图(图 6-10):

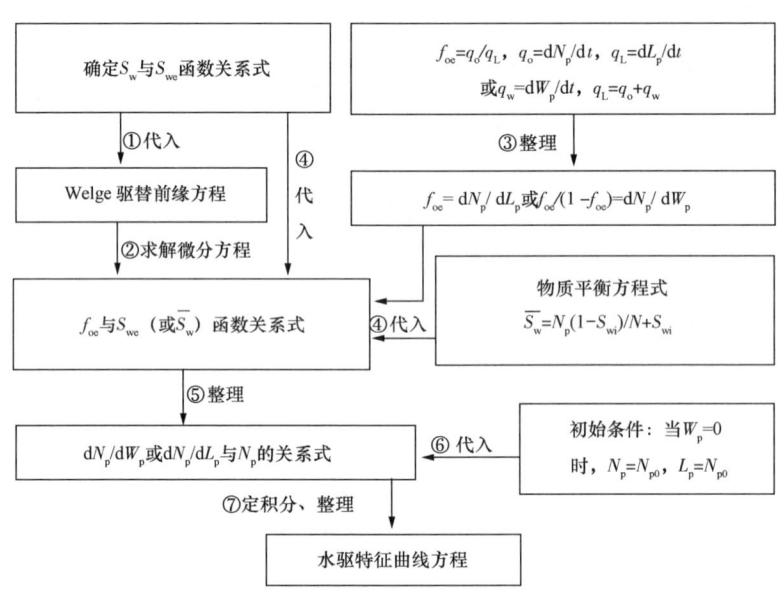

图 6-10 水驱特征曲线理论推理程序框图

在程序框图中,确定 $\bar{S}_w$ 与 S_{we} 函数关系式是建立水驱特征曲线方程的基础,求解微分方程②和定积分求解⑦是推演水驱特征曲线方程的两个核心点。

2. 万吉业超凸型曲线和布雷吉曲线的推导过程

1)万吉业超凸型水驱特征曲线

设 $\bar{S}_w$ 与 S_{we} 为如下线形函数关系:

$$S_{we} = (\bar{S}_w + kS_{wi})/(1+k), (k>0) \tag{6-132}$$

将式(6-132)代入 Welge 方程 $\bar{S}_w = S_{we} - f_{oe}/(\mathrm{d}f_{oe}/\mathrm{d}S_{we})$，得：

$$\mathrm{d}f_{oe}/\mathrm{d}S_{we} = f_{oe}/[k(S_{wi} - S_{we})] \tag{6-133}$$

对上述微分方程进行求通解，可得：

$$f_{oe} = a(S_{we} - S_{wi})^{-1/k} \tag{6-134}$$

式中 a——微分方程常数。

按水驱特征曲线框图第④步、第⑤步，可得：

$$\frac{\mathrm{d}N_p}{\mathrm{d}L_p} = a\left[\frac{(k+1)N}{(1-S_{wi})N_p}\right]^{\frac{1}{k}} \tag{6-135}$$

式(6-135)满足初始条件为：$W_p = 0$ 时，$N_p = N_{p0}$，$L_p = N_{p0}$；并求解上述微分方程，可得万吉业超凸型水驱特征曲线：

$$\ln N_p = A + B\ln(L_p + C) \tag{6-136}$$

式中 $A = \dfrac{k}{k+1}\ln\left[\dfrac{a}{k}(k+1)^{\frac{1+k}{k}}\left(\dfrac{N}{1-S_{wi}}\right)^{\frac{1}{k}}\right]$；

$B = \dfrac{k}{k+1}$；

$C = N_{p0}^{\frac{1+k}{k}}\dfrac{k}{a(1+k)}\left[\dfrac{1-S_{wi}}{(1+k)N}\right]^{\frac{1}{k}} - N_{p0}$。

2）布雷吉水驱特征曲线（双对数曲线）

设当 $\bar{S}_w$ 与 S_{we} 为如下函数关系时，即式(6-132)左端乘以 $\left[1 + \left(\dfrac{\bar{S}_w - S_{wi}}{m}\right)^{-1/k}\right]^{-1}$ 相干因子：

$$S_{we} = \left(\frac{1}{1+k}\bar{S}_w + \frac{k}{1+k}S_{wi}\right)\bigg/\left[1 + \left(\frac{\bar{S}_w - S_{wi}}{m}\right)^{-\frac{1}{k}}\right] \tag{6-137}$$

对式(6-137)两端求导，整理，得：

$$\frac{\mathrm{d}S_{we}}{\mathrm{d}\bar{S}_w} = -\frac{1}{mk}(S_{we} - \bar{S}_w)\frac{\left(\dfrac{\bar{S}_w - S_{wi}}{m}\right)^{1/k-1}}{1 + \left(\dfrac{\bar{S}_w - S_{wi}}{m}\right)^{1/k}} \tag{6-138}$$

将式(6-138)代入式(6-113)，整理，有：

$$\frac{\mathrm{d}f_{oe}}{\mathrm{d}\bar{S}_w} = -\frac{1}{mk}\frac{\left(\dfrac{\bar{S}_w - S_{wi}}{m}\right)^{\frac{1}{k}-1}}{1 + \left(\dfrac{\bar{S}_w - S_{wi}}{m}\right)^{1/k}}f_{oe} \tag{6-139}$$

求解上述微分方程通解,得:

$$f_{oe} = C_1 / \left[1 + \left(\frac{\overline{S}_w - S_{wi}}{m} \right)^{1/k} \right] \quad (6-140)$$

那么式(6-140)若要满足初始条件:$\overline{S}_w = S_{wi}$ 时,$f_{oe} = 1$,则 $C_1 = 1$,代入式(6-140),有:

$$f_{oe} = 1 / \left[1 + \left(\frac{\overline{S}_w - S_{wi}}{m} \right)^{1/k} \right] \quad (6-141)$$

即

$$\frac{1 - f_{oe}}{f_{oe}} = \left(\frac{\overline{S}_w - S_{wi}}{m} \right)^{1/k} \quad (6-142)$$

按水驱特征曲线框图第④步、第⑤步,可得:

$$dW_p / dN_p = \left[(1 - S_{wi}) N_p / (mN) \right]^{1/k} \quad (6-143)$$

式(6-143)满足初始条件:$W_p = 0$ 时,$N_p = N_{p0}$,并求解上述微分方程,可得布雷吉水驱特征曲线(双对数曲线):

$$\ln N_p = A + B \ln(W_p + C) \quad (6-144)$$

其中 $A = \frac{k}{1+k} \ln \left[\frac{1+k}{k} \left(\frac{mN}{1-S_{wi}} \right)^{1/k} \right]$,$B = \frac{k}{1+k}$,$C = \frac{k}{1+k} \left(\frac{1-S_{wi}}{mN} \right)^{1/k} N_{p0}^{1+\frac{1}{k}}$。

对比式(6-136)和式(6-144),可以看出万吉业超凸型曲线和布雷吉曲线均为双对数型方程,差别在于前者属 $L_p + C$ 型水驱特征曲线,而后者属 $W_p + C$ 型水驱特征曲线。究其产生原因,是后者的 $\overline{S}_w$ 与 S_{we} 函数关系式比前者多了个 $\left[1 + \left(\frac{\overline{S}_w - S_{wi}}{m} \right)^{-\frac{1}{k}} \right]^{-1}$ 项,这充分表明不同的水驱特征曲线反映着不同的渗流特征。

将式(6-134)、式(6-141)分别代入分流量公式式(6-126),可依次得:

万吉业超凸型曲线的油水相对渗透率比值关系式为:

$$\frac{K_{ro}}{K_{rw}} = \frac{\mu_r}{(S_{we} - S_{wi})^{1/k} / a - 1} \quad (6-145)$$

布雷吉曲线的油水相对渗透率比值关系式为:

$$\frac{K_{ro}}{K_{rw}} = \mu_r \left(\frac{m}{\overline{S}_w - S_{wi}} \right)^{1/k} \quad (6-146)$$

从前面导出的各油水相对渗透率比值关系式特点来看,万吉业超凸型水驱特征曲线的油水相对渗透率比值可以与出口端含水饱和度直接确定出具体的函数关系式,而布雷吉水驱特征曲线是平均含水饱和度的函数,加上其平均含水饱和度不能转化成出口端含水饱和度函数式,因而只能看作是出口端含水饱和度的隐函数。同时,这两个函数有个共同的特点,在 S_{we} 在端点 $1 - S_{or}$ 时函数不收敛于0,因此在预测可测储量时,如果取含水率接近1,有可能出现较大的偏差,尤其是万吉业超凸型水驱特征曲线。如利用式(6-136)和式(6-144)分别对温米油田温5-47井的实际资料进行应用时发现,万吉业超凸型水驱特征曲线对应的采出程度与含水关系预测到含水0.98时,采出程度远远高于实际值0.4(表6-2、图6-11)。对于这一结果,可能是该油田的渗流特征不符合式(6-145)所造成,也可能是该式在含水接近1时不收敛所造成的,因此,在应用时要特别注意水驱特征曲线的选择[22]。

表6-2 温5-47井实际生产数据

时间	累计产油量 (10^4t)	累计产水量 (10^4m^3)	含水 (%)	时间	累计产油量 (10^4t)	累计产水量 (10^4m^3)	含水 (%)
1995.12	3.8617	0.0000	0.0000	1996.12	6.4714	0.0209	0.0120
1996.06	5.1262	0.0009	0.0006	1997.06	7.6701	0.0373	0.0110
1997.12	8.7948	0.3038	0.1619	2002.12	16.4901	22.8005	0.7220
1998.06	9.6234	0.8612	0.3541	2003.06	17.5797	25.1054	0.6329
1998.12	10.4348	1.9350	0.5189	2003.12	18.3415	27.0743	0.6781
1999.06	11.8096	3.2220	0.4328	2004.06	18.6889	29.1392	0.8289
1999.12	13.3269	5.0511	0.4956	2004.12	19.0382	32.0542	0.8718
2000.06	13.7104	8.8558	0.8899	2005.06	19.2714	33.7378	0.8547
2000.12	14.2243	11.9798	0.8321	2005.12	19.4966	35.4794	0.8631
2001.06	14.8368	15.1294	0.8074	2006.06	19.6552	37.2756	0.9022
2001.12	15.4075	18.0064	0.8043	2006.12	19.8220	38.7760	0.8800
2002.06	15.7999	20.6014	0.8435	2007.06	19.9622	40.6994	0.9179

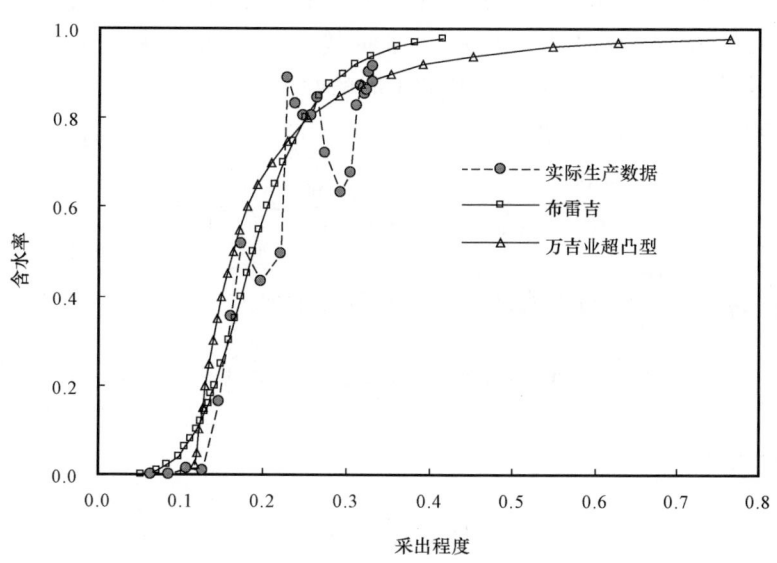

图6-11 W5-47井采出程度与含水关系曲线

第三节 广义水驱特征曲线的初步构建

文献[24]在分析研究甲型、乙型、丙型、丁型水驱特征曲线数学模型的基础上,提出了两类水驱特征曲线。其中,Ⅰ类水驱特征曲线在待定参数 n 取 0 或 1 时,可以转化为甲型水驱曲线和乙型水驱特征曲线;Ⅱ类水驱特征曲线在待定参数 n 取 0 或 1 时,可以转化为丙型水驱曲线和丁型水驱特征曲线,标志着水驱特征曲线进入了广义水驱特征曲线研究阶段。这两类曲线不仅可应用于水驱开发油田可采储量和采收率的预测,而且也可以确定活塞式驱程度指数,即当活塞式驱程度指数 n 越接近于 1,表明活塞式驱越明显;当活塞式驱程度指数 n 越接近于 0,表明活塞式越不明显。

一、两类广义水驱特征曲线的提出

1. Ⅰ类广义水驱特征曲线

甲型、乙型水驱特征曲线分别是:

$$甲型:N_p = A + B\ln(W_p + C) \tag{6-147}$$

$$乙型:N_p = A + B\ln(L_p + C) \tag{6-148}$$

由 $L_p = N_p + W_p$ 知,式(6-148)可写为:

$$N_p = A + B\ln(N_p + W_p + C) \tag{6-149}$$

对比式(6-147)、式(6-148),可概括成如下通式(称为Ⅰ类广义水驱特征曲线):

$$N_p = A + B\ln(\lambda N_p + W_p + C) \tag{6-150}$$

很明显,当 $\lambda = 0$ 时,式(6-150)即为甲型水驱特征曲线(或称马克西莫夫—童宪章曲线);当 $\lambda = 1$ 时,式(6-150)即为乙型特征水驱曲线(或称沙卓诺夫曲线)。因此,甲型、乙型水驱特征曲线仅仅是式(6-150)中 λ 取 0 和 1 时的两个特例。

对式(6-150)微分,得:

$$\frac{dN_p}{dt} = \frac{B}{W_p + \lambda N_p + C}\left(\frac{dW_p}{dt} + \lambda \frac{dN_p}{dt}\right) \tag{6-151}$$

由 $q_o = \dfrac{dN_p}{dt}, q_w = \dfrac{dW_p}{dt}$,可将式(6-151)写为如下形式:

$$W_p + \lambda N_p + C = B\left(\lambda + \frac{q_w}{q_o}\right) \tag{6-152}$$

按分流量公式可知:

$$f_w = \frac{q_w}{q_w + q_o} \tag{6-153}$$

从式(6-153)中求得 q_w 代入式(6-152),得:

$$W_p + \lambda N_p + C = B\left(\lambda + \frac{f_w}{1-f_w}\right) \qquad (6-154)$$

将式(6-154)代入式(6-150),有:

$$N_p = A + B\ln B + B\ln\left(\lambda + \frac{f_w}{1-f_w}\right) \qquad (6-155)$$

取 $f_w = 0.98$ 时,由式(6-155)可得到预测可采储量的关系式为:

$$N_R = A + B\ln B + B\ln(\lambda + 49) \qquad (6-156)$$

令 $c = \dfrac{A}{B} + \ln B$,将式(6-155)除以式(6-156),整理得可采储量采出程度 R_D $\left(R_D = \dfrac{N_p}{N_R}\right)$ 与含水率的关系式为:

$$R_D = \frac{c + \ln\left(\dfrac{f_w}{1-f_w} + \lambda\right)}{c + \ln(49 + \lambda)} \qquad (6-157)$$

(1)若 λ 一定($\lambda = 0.1$),c 取 0.5,1,2,3,5,8,中低含水期 $R_D - f_w$ 曲线依次由凸向凹转变(图6-12);

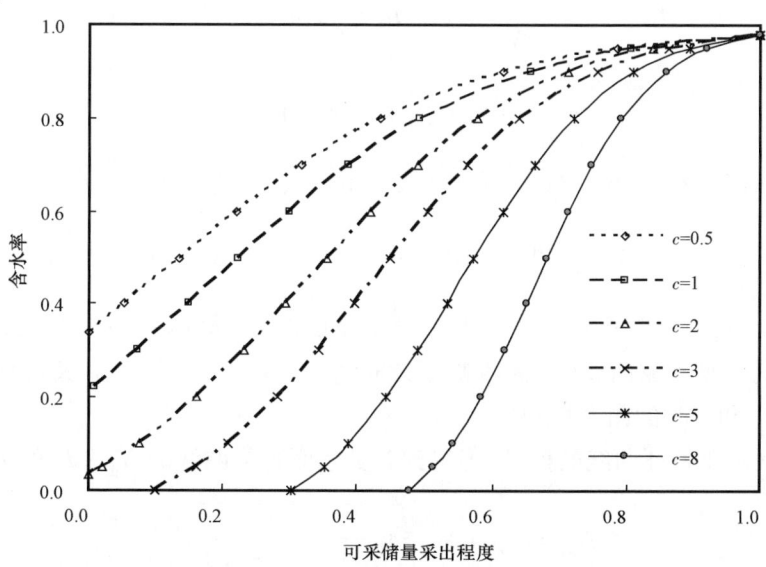

图6-12 Ⅰ类可采储量采出程度与含水率关系曲线田($\lambda = 0.1$)

(2)若 c 一定($c = 3$),λ 取 0,0.1,0.2,0.4,0.6,0.8,1.0,$R_D - f_w$ 曲线逐渐向超凹型转变,中低含水期含水上升速度依次加快(图6-13)。

2. Ⅱ类水驱特征曲线

丙型、丁型水驱特征曲线分别是:

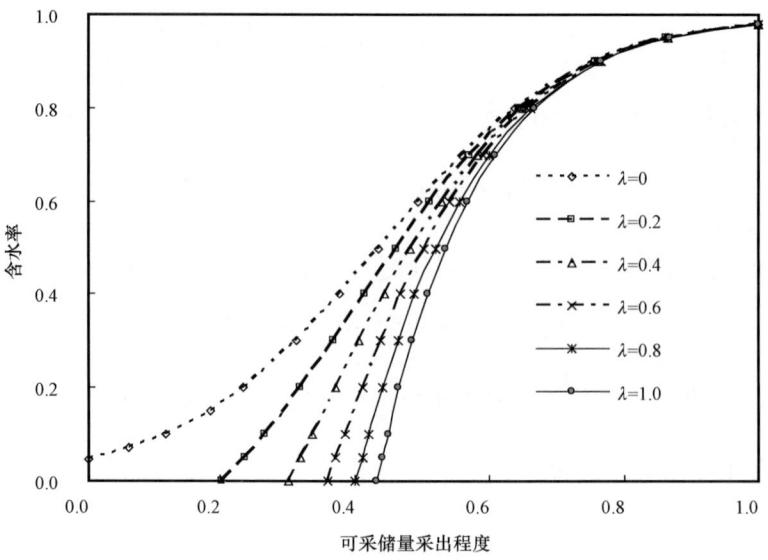

图 6-13 I 类可采储量采出程度与含水率关系曲线（$c=3$）

$$丙型：\frac{L_p}{N_p} = A + BL_p \tag{6-158}$$

即

$$\frac{L_p}{N_p} = A + B(N_p + W_p) \tag{6-159}$$

$$丁型：\frac{L_p}{N_p} = A + BW_p \tag{6-160}$$

对比式（6-159）和式（6-160），可概括成如下通式（称为 II 类广义水驱特征曲线）：

$$\frac{W_p + \lambda N_p}{N_p} = A + B(W_p + \lambda N_p) \text{ 或 } \frac{W_p}{N_p} = (A - \lambda) + B(W_p + \lambda N_p) \tag{6-161}$$

那么，当 $\lambda = 0$ 时，式（6-161）即为丁型水驱曲线（或称纳扎洛夫曲线）；当 $\lambda = 1$ 时，式（6-161）即为丙型水驱曲线（或称西帕切夫曲线）。因此，丙型、丁型水驱曲线也仅仅是式（6-161）λ 取 1 和 0 时的两个特例。

同 I 类广义水驱特征曲线的推导，可得到 II 类水驱特征曲线的 $N_p - f_w$ 的关系式为：

$$N_p = \frac{1}{B}\left[1 - \sqrt{A\frac{1 - f_w}{f_w + \lambda(1 - f_w)}}\right] \tag{6-162}$$

取 $f_w = 0.98$ 时，可得到预测可采储量的关系式为：

$$N_R = \frac{1}{B}\left(1 - \sqrt{\frac{A}{\lambda + 49}}\right) \tag{6-163}$$

将式（6-162）除以式（6-163），得到 $R_D - f_w$ 的关系式为：

$$R_D = \frac{1 - \sqrt{A\dfrac{1-f_w}{f_w + \lambda(1-f_w)}}}{1 - \sqrt{\dfrac{A}{49+\lambda}}} \qquad (6-164)$$

(1)若 λ 一定(λ =0.20),A 取 0.025,0.05,0.1,0.2,0.4,0.8,$R_D - f_w$ 曲线依次由凸向凹转变(图 6-14);

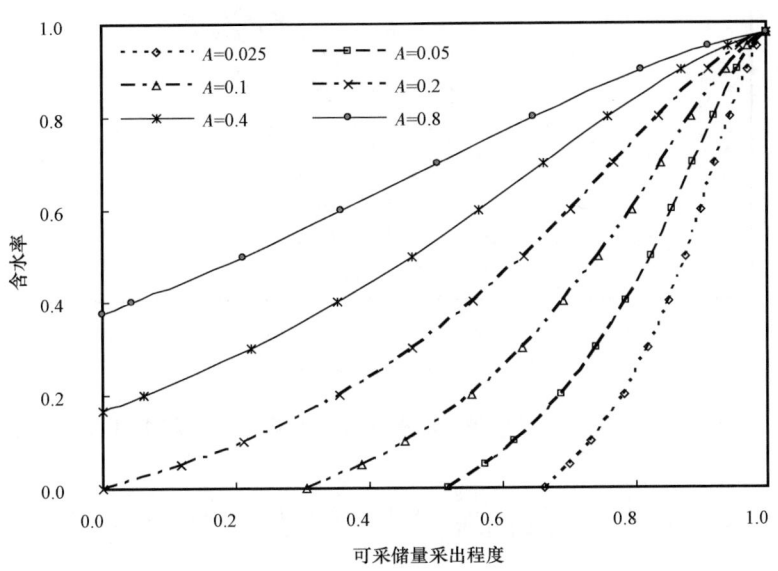

图 6-14　Ⅱ类可采储量采出程度与含水率关系曲线(λ =0.20)

(2)若 A 一定(A =0.25),λ 取 0,0.1,0.2,0.4,0.6,0.8,1.0,$R_D - f_w$ 曲线变化特点同Ⅰ类水驱特征曲线的变化特点(图 6-15)。

二、活塞式驱程度指数

由分流量公式可知,当水驱油为非活塞式驱时,有:

$$\frac{f_w}{1-f_w} = \frac{q_w}{q_o} = \mu_r \frac{K_{rw}}{K_{ro}} \qquad (6-165)$$

当水驱油为近活塞式驱时,油井一旦见水,$q_w \gg q_o$,则有:

$$f_w = 1 - \frac{q_o}{q_o + q_w} \approx 1 - \frac{q_o}{q_w} \qquad (6-166)$$

即

$$\frac{1}{1-f_w} \approx \frac{q_w}{q_o} = \mu_r \frac{K_{rw}}{K_{ro}} \qquad (6-167)$$

从式(6-1)中求得 N_p 代入式(6-156),得:

$$\frac{\overline{S}_w - S_{wi}}{1 - S_{wi}} N = A + B\ln B + B\ln\left(\lambda + \frac{f_w}{1-f_w}\right) \qquad (6-168)$$

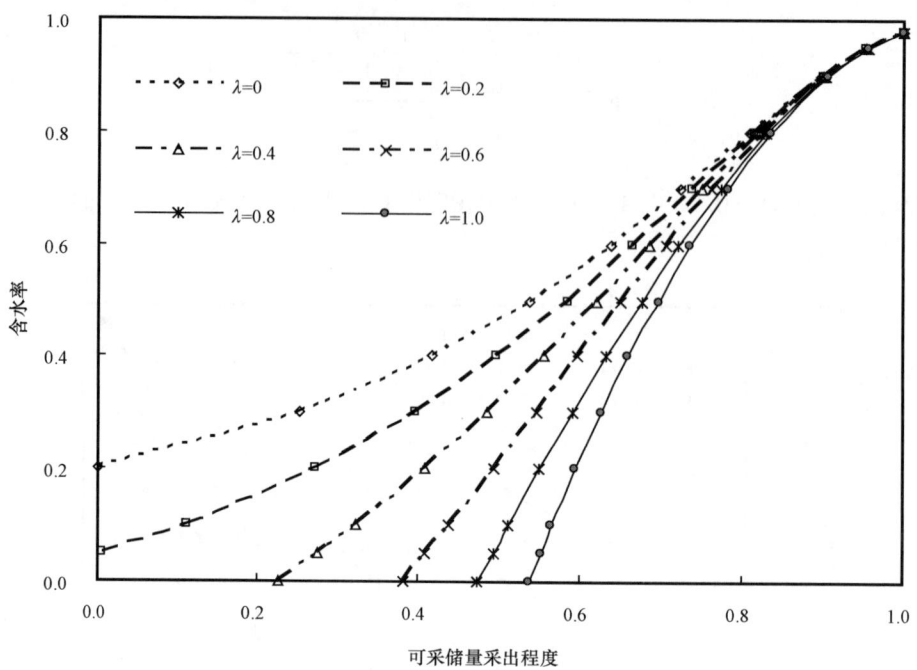

图 6-15 Ⅱ类可采储量采出程度与含水率关系曲线($A=0.25$)

令 $A_1 = \dfrac{N}{B(1-S_{wi})}$，$B_1 = \dfrac{1}{B}\left(\dfrac{S_{wi}N}{1-S_{wi}} + A + B\ln B\right)$，那么，式(6-168)即为

$$\lambda + \frac{f_w}{1-f_w} = e^{A_1 \bar{S}_w - B_1} \tag{6-169}$$

当 $\lambda = 0$ 时，有：

$$\frac{f_w}{1-f_w} = e^{A_1 \bar{S}_w - B_1} \tag{6-170}$$

当 $\lambda = 1$ 时，有：

$$\frac{1}{1-f_w} = e^{A_1 \bar{S}_w - B_1} \tag{6-171}$$

从式(6-1)中求得 N_p 代入式(6-162)，同样可得到：

$$\lambda + \frac{f_w}{1-f_w} = (A_2 \bar{S}_w - B_2)^{-2} \tag{6-172}$$

其中，$A_2 = \dfrac{1}{\sqrt{A}}\left[1 + \dfrac{BNS_{wi}}{1-S_{wi}}\right]$，$B_2 = \dfrac{BN}{\sqrt{A}(1-S_{wi})}$。

当 $\lambda = 0$ 时：

$$\frac{f_w}{1-f_w} = (A_2 \bar{S}_w - B_2)^{-2} \tag{6-173}$$

当 $\lambda = 1$ 时:

$$\frac{1}{1-f_w} = (A_2 \bar{S}_w - B_2)^{-2} \quad (6-174)$$

将式(6-170)、式(6-171)与式(6-173)、式(6-174)分别与式(6-165)、式(6-167)两式对比可知,在 $\mu_r \frac{K_{rw}}{K_{ro}}$ 为某一含水饱和度函数时,$\lambda = 0$,表示水驱油特征为非活塞式驱;$\lambda = 1$,表示水驱油特征为活塞式驱。因此,当水驱油特征由非活塞式驱向活塞式驱转变时,λ 由 0 向 1 转变,反映了水驱油特征活塞式驱程度由弱到强,因此,可将 λ 值定义为活塞式驱程度指数。

三、实例应用与分析

下面通过我国 3 个油田的实际例子,说明上文提出的两类广义水驱特征曲线的适用性和有效性。这 3 个油田的开发数据见表 6-3。由于分流量的计算是按地下条件以体积进行的,因此,首先将表 6-3 中的数据转化成地下条件的累计产油量和累计产水量(表 6-4),其中大庆油田南二三开发区葡Ⅰ组,$B_{oi} = 1.122 m^3/m^3$, $\rho_o = 0.86 t/m^3$;濮城油田沙一段,$B_{oi} = 1.4299 m^3/m^3$, $\rho_o = 0.8534 t/m^3$;宁海油田 $B_{oi} = 1.14 m^3/m^3$, $\rho_o = 0.856 t/m^3$;3 个油田的 B_w, ρ_w 均取 $1 m^3/m^3$ 和 $1 t/m^3$。

表 6-3 大庆、濮城、宁海油田开发数据表(地面)

油田	大庆油田南二三开发区葡Ⅰ组					油田	濮城油田沙一段		宁海油田	
年份	$N_p(10^4 t)$	$W_p(10^4 t)$	年份	$N_p(10^4 t)$	$W_p(10^4 t)$	年份	$N_p(10^4 t)$	$W_p(10^4 t)$	$N_p(10^4 t)$	$W_p(10^4 t)$
1965	106.03	7.74	1977	1486.35	419.71	1976	1314.63	286.18		
1966	169.42	16.26	1978	1649.54	595.21	1983	125.84	10.77	49.40	6.25
1967	217.84	28.04	1979	1810.66	804.73	1984	176.83	23.92	132.48	37.58
1968	286.46	29.72	1980	1962.16	1073.42	1985	264.79	60.52	215.86	135.90
1969	367.83	33.58	1981	2107.63	1425.53	1986	353.62	149.53	284.35	275.47
1970	459.91	40.16	1982	2237.86	1817.36	1987	413.14	291.27	341.68	428.68
1971	569.59	53.49	1983	2354.08	2256.73	1988	452.58	461.90	388.30	612.23
1972	693.10	75.38	1984	2453.28	2693.59	1989	482.27	657.94	420.43	777.57
1973	814.83	99.30	1985	2543.22	3164.25	1990	505.00	904.44	443.70	974.97
1974	961.33	135.40	1986	2623.12	3634.42	1991	521.50	1181.27	463.59	1186.59
1975	1134.49	192.68	1987	2695.12	4126.55	1992	534.49	1452.87	483.25	1404.22

表 6-4 大庆、濮城、宁海油田开发数据表(地下)

油田	大庆油田南二三开发区葡Ⅰ组					油田	濮城油田沙一段		宁海油田	
年份	$N_p(10^4 m^3)$	$W_p(10^4 m^3)$	年份	$N_p(10^4 m^3)$	$W_p(10^4 m^3)$	年份	$N_p(10^4 m^3)$	$W_p(10^4 m^3)$	$N_p(10^4 m^3)$	$W_p(10^4 m^3)$
1965	138.33	7.74	1977	1939.17	419.71	1976	1715.13	286.18		
1966	221.03	16.26	1978	2152.07	595.21	1983	210.85	10.77	65.79	6.25
1967	284.21	28.04	1979	2362.28	804.73	1984	296.28	23.92	176.43	37.58
1968	373.73	29.72	1980	2559.93	1073.42	1985	443.66	60.52	287.48	135.90
1969	479.89	33.58	1981	2749.72	1425.53	1986	592.50	149.53	378.69	275.47
1970	600.02	40.16	1982	2919.63	1817.36	1987	692.23	291.27	455.04	428.68
1971	743.12	53.49	1983	3071.25	2256.73	1988	758.31	461.90	517.13	612.23
1972	904.25	75.38	1984	3200.67	2693.59	1989	808.06	657.94	559.92	777.57
1973	1063.07	99.30	1985	3318.01	3164.25	1990	846.14	904.44	590.91	974.97
1974	1254.20	135.40	1986	3422.26	3634.42	1991	873.79	1181.27	617.40	1186.59
1975	1480.11	192.68	1987	3516.19	4126.55	1992	895.56	1452.87	643.58	1404.22

从拟合的相关性来看,大庆油田南二三开发区葡Ⅰ组符合Ⅰ类广义水驱特征曲线,濮城、宁海油田符合Ⅱ类广义水驱特征曲线,其结果如下:

大庆油田南二三开发区葡Ⅰ组:
$N_p = -2996.58989 + 776.44673\ln(W_p + 0.064834N_p + 31.66848)$,相关系数等于 0.99998,$\lambda = 0.064834$;

濮城油田沙一段:$\dfrac{W_p + 0.185657N_p}{N_p} = 0.183927 + 0.0010061(W_p + 0.185657N_p)$

相关系数等于 0.99997,$\lambda = 0.185657$;

宁海油田:$\dfrac{W_p + 0.93544N_p}{N_p} = 0.95676 + 0.0010719(W_p + 0.93544N_p)$,相关系数等于 0.99966,$\lambda = 0.93544$。

从以上拟合的结果来看,相关性都非常高,几乎接近于1,进一步将所得的水驱特征曲线曲线反演到 $R_D - f_w$,并与实际生产数据点相比,也基本一致(图 6-16 至图 6-18),表明选用合适Ⅰ类广义水驱特征曲线或Ⅱ类广义水驱特征曲线,能够揭示油田真实水驱规律。如大庆油田符合Ⅰ类广义含水变化规律,且活塞式驱程度较小($\lambda = 0.064834$),水驱油特征属非活塞式驱;宁海油田符合Ⅱ类广义含水变化规律,活塞式驱程度最大($\lambda = 0.93544$),水驱油特征属近活塞式驱;濮城油田也符合Ⅱ类广义含水变化规律,水驱油活塞式驱程度略高于大庆油田,但远低于宁海油田。

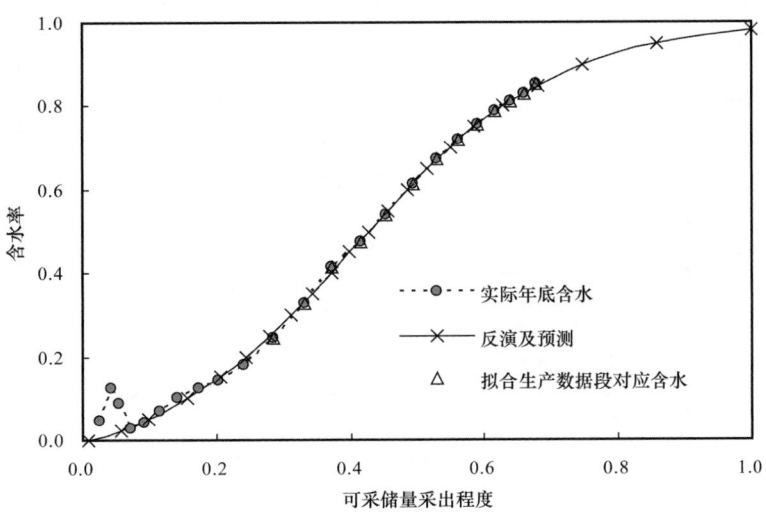

图 6-16 南二三开发区葡 I 组可采储量采出程度与含水率关系曲线

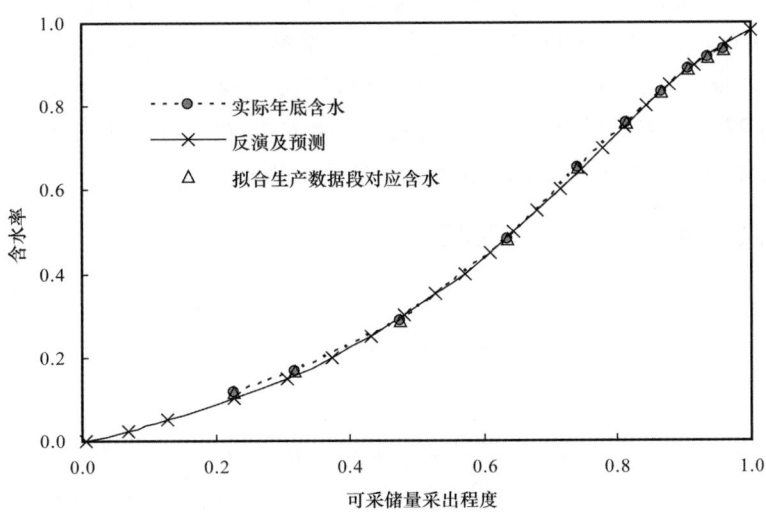

图 6-17 濮城油田沙一段可采储量采出程度与含水率关系曲线

第四节 过渡型水驱特征曲线确定

前面第二节曾将水驱特征曲线可划分为两大类,一类是以 $N_p - W_p + C$ 关系曲线出现的,称为 $W_p + C$ 型(或族);另一类是以 $N_p - L_p + C$ 关系曲线出现的,称为 $L_p + C$ 型(或族)。按文献[10]的理论研究,$W_p + C$ 型水驱特征曲线反映的是水驱油特征为非活塞式驱,$L_p + C$ 型水驱特征曲线反映的是水驱油特征为活塞式驱,而当水驱油特征介于活塞式驱与非活塞式驱之间,其水驱特征曲线(称为过渡型水驱特征曲线)又是怎样的表达式呢?另一方面,随着我国

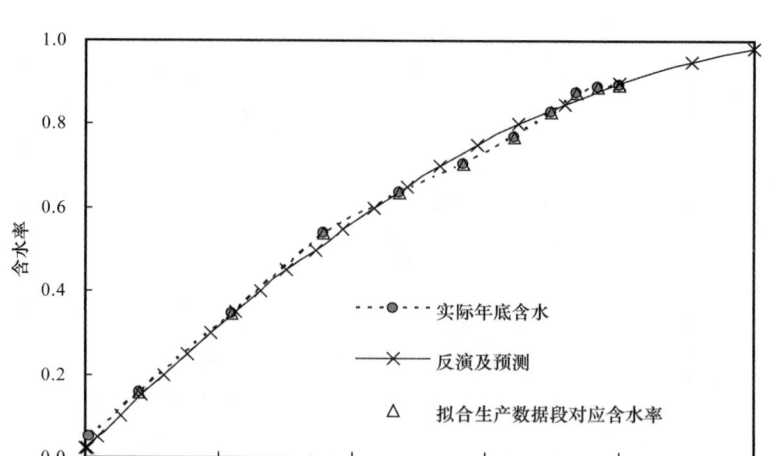

图6-18 宁海油田可采储量采出程度与含水率关系曲线

许多油田已进入高含水期开发阶段,此时发现应用马可西莫夫—童宪章曲线(甲型)出现上翘,应用沙卓诺夫曲线(乙型)出现下滑,以及在应用甲型、乙型、丙型(或称西帕切夫曲线)、丁型(或称纳扎洛夫曲线)水驱特征曲线预测可采储量时,出现了乙型大于甲型,丙型大于丁型的现象(见文献[22])。对于这些问题,单靠曲线本身的特性很难做出合理的解释,必须寻求新的理论和方法来解决,以便今后更好地指导和评价油田的开发工作。

一、5 种过渡型水驱特征曲线的建立

文献[10]通过对众多水驱特征曲线的分析和研究,筛选了 5 种 W_p+C 型和对应的 5 种 L_p+C 型水驱特征曲线,并给出了统一的推导和研究。

5 种 W_p+C 型:

$$\ln\left(1-\frac{N_p}{N}\right) = A + B\ln(W_p+C) \tag{6-175}$$

$$\ln N_p = A + B\ln(W_p+C) \tag{6-176}$$

$$N_p = A + B(W_p+C)^{\frac{m}{1+m}} \tag{6-177}$$

$$N_p^m = A + B\ln(W_p+C) \tag{6-178}$$

$$N_p = A + B\ln\left(\frac{W_p+C}{N_p}\right) \tag{6-179}$$

5 种 L_p+C 型:

$$\ln\left(1-\frac{N_p}{N}\right) = A + B\ln(L_p+C) \tag{6-180}$$

$$\ln N_p = A + B\ln(L_p+C) \tag{6-181}$$

$$N_p = A + B(L_p + C)^{\frac{m}{1+m}} \tag{6-182}$$

$$N_p^m = A + B\ln(L_p + C) \tag{6-183}$$

$$N_p = A + B\ln\left(\frac{L_p + C}{N_p}\right) \tag{6-184}$$

参照第三节广义水驱特征曲线的构成方法,可分别得到5种过渡型水驱特征曲线,即

第1种:$\ln\left(1 - \dfrac{N_p}{N}\right) = A + B\ln(W_p + \lambda N_p + C) \tag{6-185}$

第2种:$\ln N_p = A + B\ln(W_p + \lambda N_p + C) \tag{6-186}$

第3种:$N_p = A + B(W_p + \lambda N_p + C)^{\frac{m}{1+m}} \tag{6-187}$

第4种:$N_p^m = A + B\ln(W_p + \lambda N_p + C) \tag{6-188}$

第5种:$N_p = A + B\ln\left(\dfrac{W_p + \lambda N_p + C}{N_p}\right) \tag{6-189}$

很明显,上述5种过渡型水驱特征曲线在 $\lambda = 0$ 和1时,可分别转化为函数结构形式相同的 $W_p + C$ 型和 $L_p + C$ 型水驱特征曲线,表明 $W_p + C$ 型和 $L_p + C$ 型水驱特征曲线是过渡型水驱特征曲线的两种特例。因此,上述5种过渡型水驱特征曲线其实也是5种广义水驱特征曲线。参考文献[24]的研究结果可知,$\lambda = 0$ 反映的是水驱油特征为非活塞式驱,$\lambda = 1$ 反映的是水驱油特征为活塞式驱。然而对于大多数水驱砂岩油田来讲,其水驱油特征既不是活塞式驱,也不是非活塞式驱,而是介于此二者之间,因此,在使用水驱特征曲线时应选择含有水驱油特征参数的过渡型水驱特征曲线,否则将产生一定的偏差。

二、过渡型水驱特征曲线的渗流特征

下面依次就以上5种过渡型水驱特征曲线的油水两相渗流特征作以推导,借以加深对这些水驱特征曲线的认识。

对式(6-185)两边时间求导,有:

$$-\frac{1}{N - N_p}\frac{dN_p}{dt} = \frac{B}{W_p + \lambda N_p + C}\left(\frac{dW_p}{dt} + \lambda\frac{dN_p}{dt}\right) \tag{6-190}$$

将 $\dfrac{dN_p}{dt} = q_o$,$\dfrac{dW_p}{dt} = q_w$ 代入式(6-190),整理得:

$$\frac{q_w}{q_o} = -\frac{W_p + \lambda N_p + C}{B(N - N_p)} - \lambda \tag{6-191}$$

再从式(6-185)中求得 $(W_p + \lambda N_p + C)$ 代入式(6-191),得:

$$\frac{q_w}{q_o} = -\frac{\exp(-A/B)}{BN^{1/B}}(N - N_p)^{1/B - 1} - \lambda \tag{6-192}$$

结合式(6-1)和分流量公式,可得:

$$\frac{K_{ro}}{K_{rw}} = \frac{\mu_r}{a(1-\bar{S}_w)^b - n} \tag{6-193}$$

式中 $a = \dfrac{-\exp(-A/B)}{BN(1-S_{wi})^b}$，$b = \dfrac{1}{B} - 1$。

同理，可依次求得第 2 种至第 5 种过渡型水驱特征曲线所对应的油水两相渗流比值的关系式分别为：

$$第 2 种: \frac{K_{ro}}{K_{rw}} = \frac{\mu_r}{a(\bar{S}_w - S_{wi})^b - \lambda} \tag{6-194}$$

式中 $a = \dfrac{1}{B}\left(\dfrac{N}{1-S_{wi}}\right)^b \exp\left(-\dfrac{A}{B}\right)$，$b = \dfrac{1}{B} - 1$。

$$第 3 种: \frac{K_{ro}}{K_{rw}} = \frac{\mu_r}{a(\bar{S}_w - b)^{1/m} - \lambda} \tag{6-195}$$

式中 $a = \dfrac{1+m}{m} B^{\frac{-1-m}{m}} \left(\dfrac{N}{1-S_{wi}}\right)^{\frac{1}{m}}$，$b = \dfrac{A(1-S_{wi})}{N} + S_{wi}$。

$$第 4 种: \frac{K_{ro}}{K_{rw}} = \frac{\mu_r}{a(\bar{S}_w - S_{wi})^{m-1} \exp[b(\bar{S}_w - S_{wi})^m] - \lambda} \tag{6-196}$$

式中 $a = \dfrac{m}{B}\left(\dfrac{N}{1-S_{wi}}\right)^{m-1} \exp\left(-\dfrac{A}{B}\right)$，$b = \dfrac{1}{B}\left(\dfrac{N}{1-S_{wi}}\right)^m$。

$$第 5 种: \frac{K_{ro}}{K_{rw}} = \frac{\mu_r}{a[b(\bar{S}_w - S_{wi}) + 1]\exp[b(\bar{S}_w - S_{wi})] - \lambda} \tag{6-197}$$

式中 $a = \exp\left(-\dfrac{A}{B}\right)$，$b = \dfrac{N}{B(1-S_{wi})}$。

从以上 K_{ro}/K_{rw} 与 $\bar{S}_w$ 的函数关系分析可以看出，若 λ 取 0 或 1，即可转化为线性关系或带有单变量线性关系，一般可利用相对渗透率实验数据，采用最小二乘法或线性试差法就能确定出 a，b，m 的值。这种求解往往偏离了实际水驱油特征 λ 的值，而对于大多数水驱油田来讲，其活塞式驱程度指数 λ 并不完全等于 0 或 1，而是介于 0 到 1 之间的某一常数，这个常数靠一般的计算方法是很难求得，这也限制了 λ 介于 0 到 1 之间相对渗透率曲线以及对应的水驱特征曲线理论的进一步研究。同时，在做岩心相对渗透率实验时，一般在低含水饱和度下所测得的相对渗透率数据往往很少，大部分测试数据都集中在中、高含水饱和度处（即在中、高含水期），而在此阶段，随着 K_{ro} 的逐渐减小和 K_{rw} 的逐渐增大，λ 值对油水相对渗透率比值的影响是越来越小，因此，在实际应用过程中，油藏工程们将往往将 λ 取 0，并把 λ 值的影响转化到 a、b 的参数上。如式（6-196），在 $m=1$ 的情况下，取 $\lambda=0$，即为：

$$\frac{K_{ro}}{K_{rw}} = k\exp(-b\bar{S}_w) \tag{6-198}$$

式中 $k = \dfrac{\mu_r}{a}\exp(bS_{wi})$——这就是国内大多数油田普遍采用的油水相对渗透率比与含水饱

和度的关系式。

以上给出的油水相对渗透率比值关系,均是以平均含水饱和度为自变量的函数式,要转换为以出口端含水饱和度为自变量的函数式,还需经 Welge 方程、物质平衡方程和分流量公式,转化求解 $\dfrac{\mathrm{d}\bar{S}_\mathrm{w}}{\mathrm{d}S_\mathrm{we}} = G(\bar{S}_\mathrm{w}, S_\mathrm{we})$ 微分方程的通解和取初始条件 $S_\mathrm{we} = S_\mathrm{wi}$ 时,$f_\mathrm{w} = 0$ 或 $S_\mathrm{we} = 1 - S_\mathrm{or}$ 时,$f_\mathrm{w} = 1$ 的特解,最后再将 $\bar{S}_\mathrm{w}$ 与 S_we 的关系式带到上述导出的拟相对渗透率关系式中,得到相对渗透率比值与出口端含水饱和度的关系。这种从拟相对渗透率转化到相对渗透率的过程,将是今后一个时期油藏工程界需要设法攻克的难点,尤其是在求解 $\bar{S}_\mathrm{w}$ 与 S_we 的微分方程时,面临许多非齐次线性方程,求解非常困难。

三、水驱特征曲线末端上翘与下滑

下面就利用前面的理论,对目前应用甲型、乙型、丙型、丁型水驱特征曲线时出现的一些现象做出解释。

1. 对应用乙型水驱曲线预测可采储量大于甲型的可采储量解释

对式(6-188)中取 $m=1$,既得文献[24]中Ⅰ类广义水驱特征曲线,且当 $\lambda=0$ 时,式(6-150)即为甲型水驱曲线(或称马克西莫夫—童宪章曲线);当 $\lambda=1$ 时,式(6-150)即为乙型水驱曲线(或称沙卓诺夫曲线),其对应油水拟相对渗透率比值(图6-19)为:

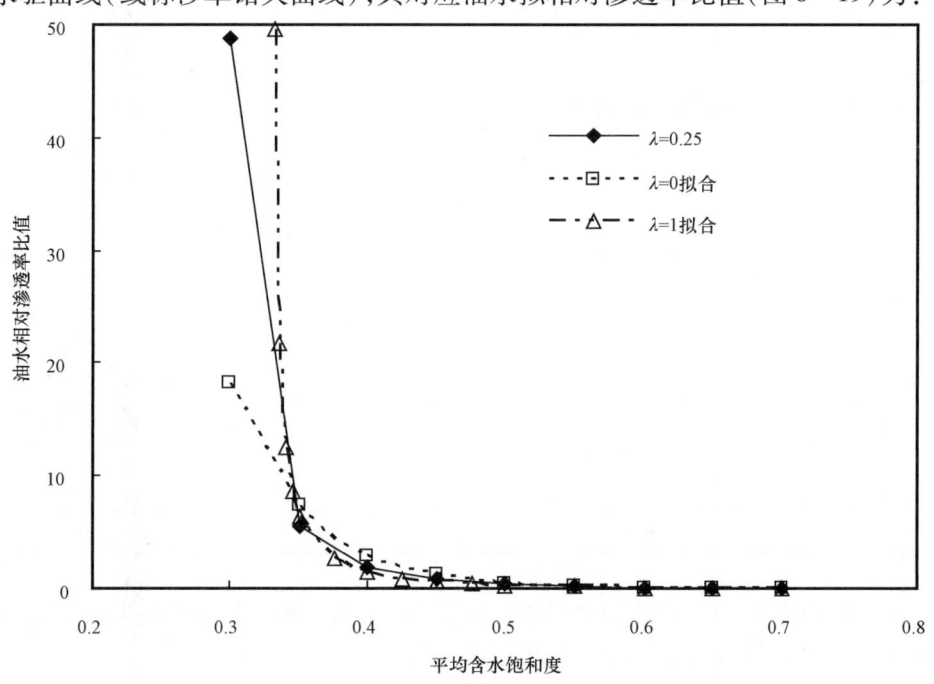

图 6-19 Ⅰ类油水相对渗透率比值与平均含水饱和度关系曲线

$$\frac{K_\mathrm{ro}}{K_\mathrm{rw}} = \frac{\mu_\mathrm{r}}{a\exp[b(\bar{S}_\mathrm{w} - S_\mathrm{wi})] - \lambda} \tag{6-199}$$

将式(6-199)代入分流量方程,并结合式(6-17),可得:

$$R = \frac{-\ln a}{b(1-S_{wi})} + \frac{1}{b(1-S_{wi})}\ln\left(\frac{f_w}{1-f_w} + \lambda\right)$$
$$= \frac{A + B\ln B}{N} + \frac{B}{N}\ln\left(\frac{f_w}{1-f_w} + \lambda\right) \quad (6-200)$$

分析式(6-199)函数特性可知:对于符合式(6-199)某一组 $\frac{K_{ro}}{K_{rw}}$ 与 $\bar{S}_w$ 数据,如

$$\frac{K_{ro}}{K_{rw}} = \frac{2}{0.2\exp[15(\bar{S}_w - 0.275)] - 0.25}$$

(1) 取 $\lambda = 0$ 拟合: $\frac{K_{ro}}{K_{rw}} = \frac{2}{0.06942\exp[18.28657(\bar{S}_w - 0.275)]}$,相关系数为 0.98410; a 值将偏小, b 值将偏大,将其代入式(6-200)中,取 $f_w = 0.98$ 时,由式(6-200)和 λ 取 0 时分别得到预测可采储量采出程度有如下的关系:

$$E_{R(\lambda=0)} < E_{R(0<\lambda<1)} \quad (6-201)$$

(2) 取 $\lambda = 1$ 拟合: $\frac{K_{ro}}{K_{rw}} = \frac{2}{0.52587\exp[12.18154(\bar{S}_w - 0.275)] + 1}$,相关系数为 0.99212;得到的 a 值将偏大, b 值将偏小,将其代入式(6-200)中,取 $f_w = 0.98$ 时,由式(6-200)和 λ 取 1 时,分别得到预测可采储量采出程度有如下的关系存在(表6-5):

$$E_{R(0<\lambda<1)} < E_{R(\lambda=1)} \quad (6-202)$$

由式(6-201)和式(6-202),可得:

$$E_{R(\lambda=0)} < E_{R(0<\lambda<1)} < E_{R(\lambda=1)} \quad (6-203)$$

表6-5 不同模型下 I 类水驱相对渗透率拟合参数变化对比

λ	$\lambda = 0.25$	$\lambda = 0$	$\lambda = 1$
a	0.2	0.06942	0.52587
b	15	18.28657	12.18154
相关系数	—	0.98410	0.99212
$-\ln a/[b(1-S_{wi})]$	0.14799	0.20121	0.07277
$b(1-S_{wi})$	0.09195	0.07543	0.11323
$E_{R0.98}$	0.50633	0.49476	0.51573

上述不等式表明,利用马可西莫夫—童宪章曲线(甲型)和沙卓诺夫曲线(乙型)预测可采储量时,对于同一套数据,将出现 E_R(乙型)大于 E_R(甲型)。

2. 对应用丙型水驱曲线预测可采储量大于丁型的可采储量解释

对式(6-187)取 $m = -0.5$, $B = -AC$,即可得到文献[24]中 II 类广义水驱特征曲线,且当 $\lambda = 0$ 时,式(6-187)即为丁型水驱曲线(或称纳扎洛夫曲线);当 $\lambda = 1$ 时,式(6-187)即为丙型水驱曲线(或称西帕切夫曲线),其对应油水拟相对渗透率比值(图6-20)为:

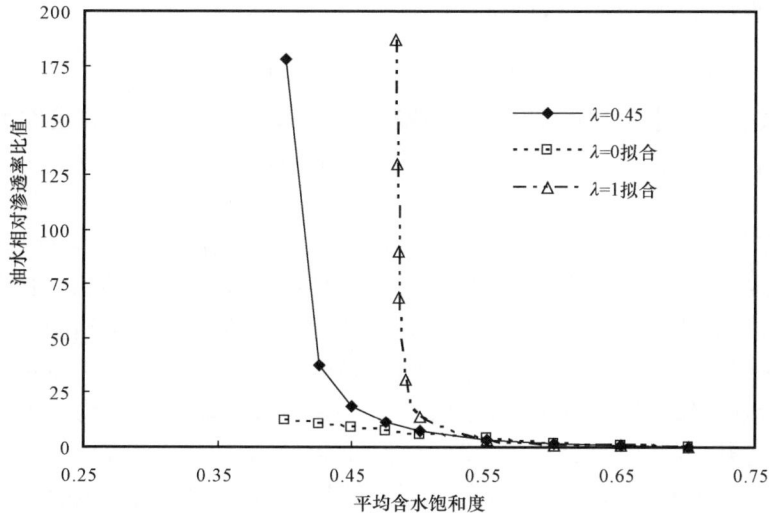

图 6-20 Ⅱ类油水相对渗透率比值与平均含水饱和度关系曲线

$$\frac{K_{ro}}{K_{rw}} = \frac{\mu_r}{a(\bar{S}_w - b)^{-2} - \lambda} \tag{6-204}$$

将式(6-204)代入分流量方程,并结合式(6-17),可得:

$$R = \frac{b - S_{wi}}{1 - S_{wi}} - \frac{1}{1 - S_{wi}} \sqrt{\frac{a}{f_w/(1 - f_w) + \lambda}}$$
$$= \frac{A}{N} + \frac{1}{N} \sqrt{\frac{-B}{f_w/(1 - f_w) + \lambda}} \tag{6-205}$$

分析式(6-204)函数特性可知:对于符合式(6-204)某一组 $\frac{K_{ro}}{K_{rw}}$ 与 $\bar{S}_w$ 数据,如

$$\frac{K_{ro}}{K_{rw}} = \frac{2}{0.032(\bar{S}_w - 0.75)^{-2} - 0.25}$$

(1)取 $\lambda = 0$ 拟合: $\frac{K_{ro}}{K_{rw}} = \frac{2}{0.01926(\bar{S}_w - 0.73902)^{-2}}$,相关系数 0.99854;$a$ 值将偏小,b 值也将偏小,将其代入式(6-205)中,取 $S_{wi} = 0.4$,$f_w = 0.98$ 时,由式(6-205)和 λ 取 0 时分别得到预测可采储量采出程度有如下的关系:

$$E_{R(\lambda = 0)} < E_{R(0 < \lambda < 1)} \tag{6-206}$$

(2)取 $\lambda = 1$ 拟合: $\frac{K_{ro}}{K_{rw}} = \frac{2}{0.090199(\bar{S}_w - 0.78399)^{-2} + 1}$,相关系数 0.99109;得到的 a 值将偏大,b 值也将偏大,将其代入式(6-205)中,取 $S_{wi} = 0.4$,$f_w = 0.98$ 时,由式(6-200)和 λ 取 1 时分别得到预测可采储量采出程度有如下的关系存在(表6-6):

$$E_{R(0 < \lambda < 1)} < E_{R(\lambda = 1)} \tag{6-207}$$

由式(6-206)和式(6-207),可得:

$$E_{R(\lambda=0)} < E_{R(0<\lambda<1)} < E_{R(\lambda=1)} \tag{6-208}$$

上述不等式表明,利用西帕切夫曲线(或称丙型)和纳扎洛夫曲线(或称丁型)预测可采储量采出程度时,对于同一套数据,将出现丁型可采储量采出程度小于丙型可采储量采出程度。

以上的研究和分析表明,在利用 W_p+C 型($\lambda=0$)预测的可采储量总是小于 L_p+C 型($\lambda=1$)预测的可采储量,归结其原因是:W_p+C 型曲线忽略了水驱油特征的影响,而 L_p+C 型过分夸大了水驱油特征的影响。然而对于处于相对稳定水驱的砂岩油藏来讲,水驱油活塞式程度是介于 0 到 1 之间的某一常数,其水驱最终可采储量是一个相对稳定的值,此值大于 W_p+C 型水驱特征曲线预测的可采储量,而小于 L_p+C 型水驱特征曲线预测的可采储量,因此在高含水期(尤其是特高含水期),实际生产数据将偏离 W_p+C 型和 L_p+C 型水驱特征曲线,均表现为向过渡型水驱特征曲线的最终可采储量点靠拢,从而呈现出 W_p+C 型水驱特征曲线上翘,而 L_p+C 型水驱特征曲线下滑的现象(图6-21)。

表6-6 不同模型下Ⅰ类水驱相对渗透率拟合参数变化对比

λ	$\lambda=0.25$	$\lambda=0$	$\lambda=1$
a	0.032	0.01926	0.09199
b	0.75	0.73902	0.78399
相关系数	—	0.99854	0.99109
$(b-S_{wi})/(1-S_{wi})$	0.58333	0.56503	0.63999
$-\sqrt{a}/(1-S_{wi})$	-0.29814	-0.23132	-0.50551
$E_{R0.98}$	0.54085	0.53198	0.56850

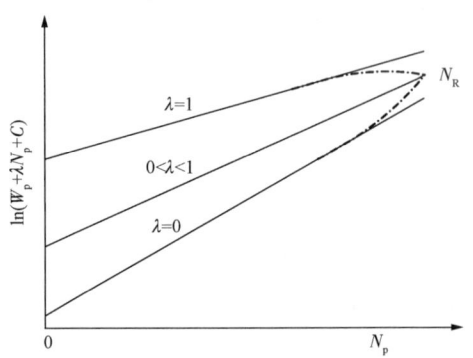

图6-21 水驱特征曲线高含水期生产数据点向实际可采储量靠近

四、实例应用

通过对宁海油田、大庆油田、濮城油田的数据(表6-4)进行拟合与计算,结果显示 W_p+C 型水驱特征曲线预测的可采储量小于 L_p+C 型水驱特征曲线预测的可采储量(表6-7)。

表6-7 三个油田水驱特征曲线计算结果表

油田	类型	关系式	拟合时间段	λ	A	B	C	相关系数	预测可采储量(10^4t)
宁海油田	甲型		1983—1992年	0	-582.28274	168.92774	42.46161	0.99897	707
	过渡型			0.38686	-958.61579	215.97246	83.11537	0.99945	784
	乙型			1	-1510.37998	280.58151	199.67193	0.99925	878
大庆南二三开发区蒲Ⅰ组	甲型	式(6-150)	1975—1992年	0	-2398.83570	707.61453	41.99499	0.99985	3831
	过渡型			0.06483	-2996.58989	776.44673	31.66848	0.99998	3981
	乙型			1	-7644.79932	1254.79551	-253.64580	0.99982	4765
濮城油田沙一段	甲型		1983—1992年	0	-146.32516	145.53068	0.16417	0.99867	683
	过渡型			0.02630	-171.16915	148.64859	-4.46093	0.99833	687
	乙型			1	-1243.93667	280.21053	-52.82868	0.99635	854
宁海油田	丙型		1983—1992年	1	966.01712	-968728.90730	1007.30697	0.99977	621
	过渡型			0.9261	939.17763	-850265.38110	907.48376	0.99980	607
	丁型			0	772.37454	-238626.34414	344.34404	0.99730	528
大庆南二三开发区蒲Ⅰ组	丙型	式(6-187), $m=-0.5$	1975—1992年	1	5091.00421	-16689819.92764	2944.15888	0.99999	3459
	过渡型			0.4737	4563.34376	-8007768.53190	1706.50259	0.99990	3189
	丁型			0	4147.75084	-3578475.85352	1174.91093	0.99902	2972
濮城油田沙一段	丙型		1983—1992年	1	1166.78270	-742745.68299	545.86868	0.99890	624
	过渡型			0.2067	990.34803	-180520.18366	176.59443	0.99990	555
	丁型			0	937.99581	-94616.24412	122.16349	0.99828	534

第五节 理想型水驱特征曲线筛选

在水驱曲线研究中,有两种方法体系。一是建立累计产油、累计产水或累计产液之间的关系,称为水驱特征曲线;二是建立采出程度与含水率的关系,简称含水变化曲线(或规律)。对于前者可通过微分变换得到后者(简称反演),而对于后者未必能通过定积分得到前者(简称推理)。在众多水驱特征曲线中,最理想的水驱曲线是只用一种水驱特征曲线表达式,能够反映不同形态的含水变化曲线(包括凸形、凹形和 S 形)[25]。

一、理想型水驱曲线早期研究进展

1. 两种水驱曲线法的形成

1990 年文献[26]在油水比与采出程度为半对数线性关系的基础上,结合 t 模型的特征,提出了含水与采出程度关系曲线为(称钟德康水驱曲线):

$$\lg\left(\frac{1-f_w}{f_w}\right) = a_0 - b_0 R^n \qquad (6-209)$$

式中 n ——水驱特征指数。

2000 年文献[24]在甲型(马克西莫夫—童宪章曲线)、乙型(沙卓诺夫曲线)水驱特征曲线的基础上概括为通式式(6-150),进一步对其反演,可得其对应含水与采出程度关系曲线为(简称 Gao-Ⅰ类水驱曲线):

$$R = a + b\ln\left(\lambda + \frac{f_w}{1-f_w}\right) \qquad (6-210)$$

其中,$a = (A + B\ln B)/N$,$b = B/N$,$R = N_p/N$。

2. 两种水驱曲线法特性对比

文献[27]通过对钟德康水驱曲线研究认为:"对于任一油田,其曲线形态无论是凸形、凹形,还是 S 形,都能通过调整指数 n 得到最佳拟合,可应用于任意油水黏度比的油田。"同时,通过对国内外 233 个综合含水率达到 80% 以上的实际油藏数据进行统计分析,得到水驱特征指数 n 与油水黏度比为幂指数函数:

$$n = 1.5776\mu_r^{-0.3165} \quad 相关系数: -0.98849 \qquad (6-211)$$

那么,Gao-Ⅰ水驱曲线是否同样具有如上的特性呢?为了对比方便,先将式(6-209)和式(6-210)转化为无因次采出程度与含水率关系式,即式(6-209)和式(6-210)分别除以各自关系式含水率为 0.98 时所对应的的采出程度值,得到如下公式。

$$钟德康水驱曲线: R_D^{n_1} = a_1 + b_1 \ln\left(\frac{f_w}{1-f_w}\right) \qquad (6-212)$$

$$Gao-Ⅰ水驱曲线: R_D = a_2 + b_2 \ln\left(n_2 + \frac{f_w}{1-f_w}\right) \qquad (6-213)$$

其中，$a_1 = \dfrac{a_0}{b_0 E_{r1}{}^n}$，$b_1 = \dfrac{1}{b_0 E_{r1}{}^n \ln 10}$，$E_{r1}{}^n = \dfrac{a_0}{b_0} + \dfrac{\lg 49}{b_0}$；

$a_2 = \dfrac{a}{E_{r2}}$，$b_2 = \dfrac{b}{E_{r2}}$，$E_{r2} = a + b\ln(49 + \lambda)$。

不妨假设钟德康水驱曲线式(6-212)待定系数 a_1 取 0.25；b_1 取 0.025，再利用参数 n 值的变化，产生 6 组数据（见图 6-22 中离散点），其中，含水率依次取 0.01,0.02,0.05,0.08,0.10,0.15,0.20,0.25,0.30,0.35,0.40,0.45,0.50,0.55,0.60,0.65,0.70,0.75,0.80,0.85,0.90,0.95,0.98 等。然后，利用式(6-213)对其产生的数据进行拟合(表 6-8)，结果发现，Gao-Ⅰ水驱曲线也同样具有描述各种类型的曲线的特性，即无论是凸形、凹形，还是 S 形，均可通过对待定系数的调整得到最佳拟合(图 6-22 中实线)。

表 6-8 两种水驱曲线基本参数拟合对应数据

式(6-212)	a_1	0.25					
	b_1	0.025					
	n	0.1250	0.2500	0.5000	0.7500	1.0000	2.0000
式(6-213)	a_2	-1.2692	0.1667	0.5320	0.6500	0.7198	0.8450
	b_2	0.5532	0.2019	0.1071	0.0855	0.0720	0.0422
	λ	10.1313	0.5742	0.0101	0.0012	0.0000	-0.0009
相关系数		0.9990	0.9957	0.9967	0.9995	1.0000	0.9989

同时，对比式(6-212)和式(6-213)的参数变化特征，在式(6-212)中 a_1,b_1 均为某一定值的情况下，随 n 值的依次增大，拟合式(6-213)中的参数 a_2 依次增大，b_2,λ 依次减小。对于图 6-22 中的曲线形态，国内研究者曾经有过类似指出，随油水黏度比的增大，曲线形态逐渐向左变凸；随油水黏度比的减小，曲线形态逐渐向右变凹，即油水黏度比对曲线形态影响很大。这一点在钟德康水驱曲线的水驱特征指数 n 与油水黏度比的关系上反映出了这种特性和理论支持。

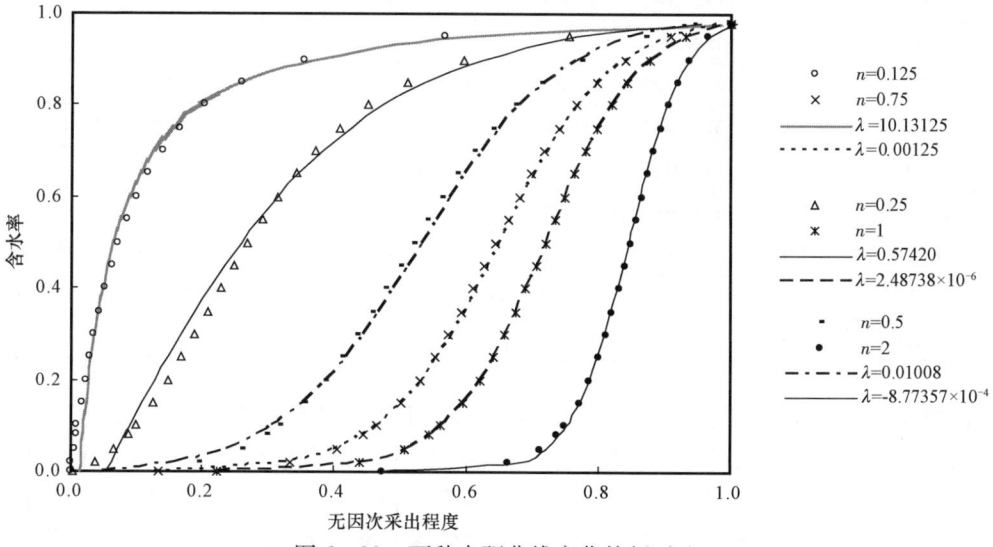

图 6-22 两种水驱曲线变化特征对比

另一方面,从两种曲线所对应的水驱特征曲线来讲,钟德康水驱曲线除在 $n=1$ 时为甲型水驱特征曲线外,无法得到其他 n 值所对应的水驱特征曲线;而 Gao - Ⅰ 水驱曲线是从式(6-150)反演得到的,有其 λ 值所对应的水驱特征曲线。因此,从应用角度来讲,Gao - Ⅰ 水驱曲线比钟德康水驱曲线更具较宽的应用范围,即可直接利用式(6-210)对含水和采出程度数据进行评价和预测,也可利用式(6-150)对累计产油和累计产水进行拟合评价,然后利用反演得到的式(6-210)进行可采储量的预测。

3. 实例应用

下面通过丘陵油田实际开发数据进行应用对比分析(表6-9)。

利用式(6-209)和式(6-210)直接对含水和采出程度数据进行拟合得到:

$$R^{0.52956} = 0.38537 + 0.04110\ln\left(\frac{f_w}{1-f_w}\right) \quad 相关系数:0.95628$$

$$R = 0.16730 + 0.04711\ln\left(0.05780 + \frac{f_w}{1-f_w}\right) \quad 相关系数:0.98282$$

若先利用水驱特征曲线式(6-150)对累计产油和累计产水数据进行拟合,可以得到:
$N_p = -396.31096 + 207.50710\ln(0.03197N_p + W_p + 10.81973)$,相关系数为0.99912,最后,反演得到的式(6-210)为:

$$R = 0.17057 + 0.04980\ln\left(0.03197 + \frac{f_w}{1-f_w}\right)$$

表6-9 丘陵油田开发数据表

序号	采出程度	含水率	累计产油(10^4t)	累计产水(10^4t)	序号	采出程度	含水率	累计产油(10^4t)	累计产水(10^4t)
1	0.0160	0.0027	66.6719	0.3332	12	0.1536	0.3343	640.0524	120.1448
2	0.0310	0.0138	129.3103	0.8252	13	0.1612	0.4419	671.5906	140.8141
3	0.0461	0.0014	192.2887	1.6461	14	0.1681	0.4929	700.4096	163.7821
4	0.0605	0.0157	252.2918	3.3551	15	0.1746	0.4842	727.5295	191.5157
5	0.0758	0.0619	315.7539	6.1520	16	0.1797	0.5731	748.9843	214.5845
6	0.0897	0.1088	373.7488	11.2447	17	0.1845	0.5390	768.8184	242.6535
7	0.1040	0.1702	433.2193	21.5380	18	0.1886	0.5380	786.0361	260.9351
8	0.1162	0.2685	484.0863	35.2906	19	0.1923	0.6225	801.1419	282.1858
9	0.1274	0.3676	531.0000	59.2232	20	0.1952	0.6362	813.2442	298.8887
10	0.1373	0.4165	572.0289	85.3949	21	0.1977	0.6682	823.7688	320.4408
11	0.1457	0.3276	606.9827	105.5812					

对比分析上述结果,可以看出(图6-23),Gao - Ⅰ 水驱曲线无论是直接拟合还是反演得到的水驱曲线均比钟德康水驱曲线更能适合于描述丘陵油田含水与采出程度曲线变化过程。

前面的研究与实例分析表明:(1)钟德康水驱曲线和 Gao - Ⅰ 水驱曲线均可以描述不同形态的含水与采出程度关系曲线。(2)Gao - Ⅰ 水驱曲线有水驱特征曲线相对应,对数据选择应用范围更大。因此,Gao-Ⅰ水驱特征曲线是比较理想的水驱特征曲线,但 Gao-Ⅰ水驱特征曲线求解相对比较困难[28]。

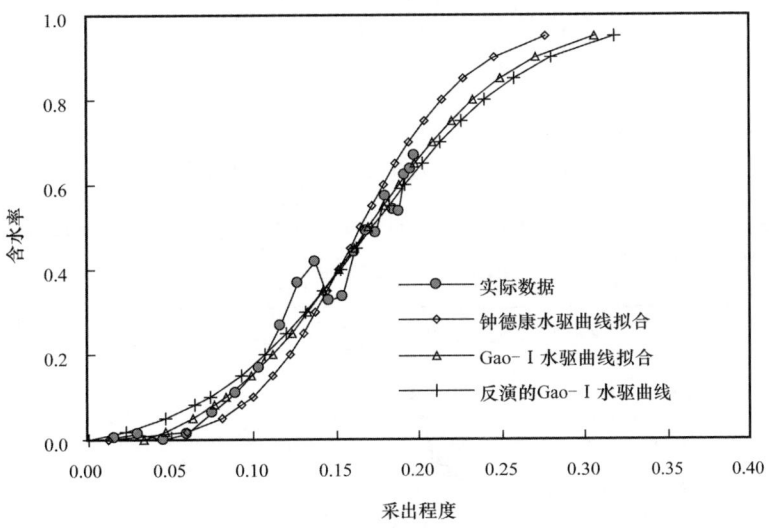

图 6-23 丘陵油田采出程度与含水关系曲线对比

二、对童氏理论图版的修正与改进

虽然 Gao-Ⅰ水驱特征曲线的应用求解比较困难,但其反演的采出程度与含水率变化关系式为修正童氏采出程度与含水率变化曲线及其图版提供了理论依据[29]。

童氏采出程度与含水率变化曲线为[30]:

$$\lg\left(\frac{f_w}{1-f_w}\right) = a + bR \tag{6-214}$$

或

$$\lg(\text{WOR}) = a + bR \tag{6-215}$$

式中 WOR——水油比;

R——采出程度。

为了确定采出程度系数 b,童宪章先生利用甲型水驱特征曲线 $\lg W_p = A + BN_p$,根据国内外 23 个水驱砂岩油藏得到地质储量与 B 的经验关系式为[31]:

$$N = \frac{7.5}{B} \tag{6-216}$$

在文献[32]中,陈元千先生利用童宪章先生的方法,统计 135 个水驱油田(藏),即 128 个砂岩油藏和 7 个碳酸盐油藏,得到地质储量与 B 的经验关系式为:

$$N = \frac{7.5422}{B^{0.969}} \tag{6-217}$$

进一步利用水驱特征曲线 $\lg W_p = A + BN_p$ 与式(6-214)的关系 $b = BN$，可得到童氏含水率图版标准关系式(极限含水率 $f_{wmax} = 0.98$)：

$$\lg\left(\frac{f_w}{1-f_w}\right) = 7.5(R - E_r) + 1.69 \quad (6-218)$$

或

$$\lg(WOR) = 7.5(R - E_r) + 1.69 \quad (6-219)$$

利用式(6-219)，可以绘制童氏经典理论图版(图6-24)，并将实际油田生产数据标注在理论图版上，可以对比反映油田生产指标的变化趋势。

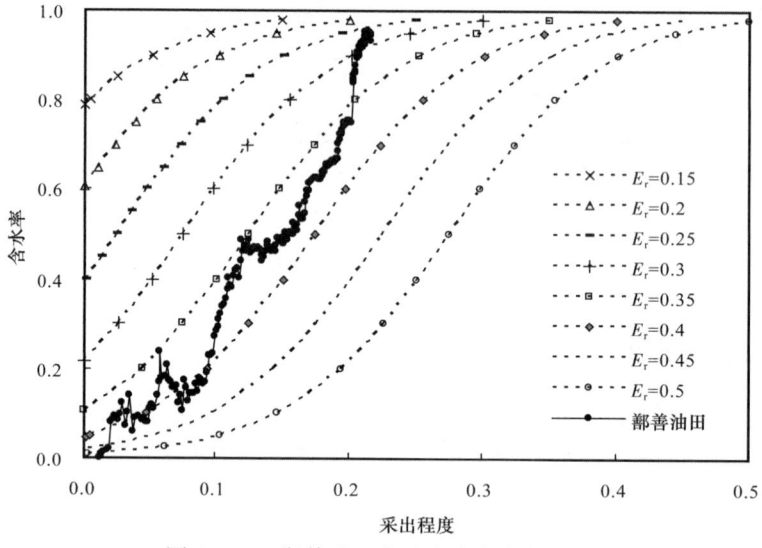

图6-24 鄯善油田童氏含水率变化图版

很明显，童氏含水率变化图版存在明显缺陷，一是含水变化曲线残缺，二是含水率关系曲线未反应无水期。为此，文献[29]于2003年提出了形式如 Gao-I 的水驱曲线的修正童氏含水率关系式为：

$$\lg\left(\frac{f_w}{1-f_w} + n\right) = 7.5(R - E_r) + 1.69 + m \quad (6-220)$$

取初始条件：$f_w = 0$，$R = R_0$；边界条件：$f_w = 0.98$，$R = E_r$，则：

$$\begin{cases} \lg n = 7.5(R_0 - E_r) + 1.69 + m \\ \lg(n + 49) = 1.69 + m \end{cases} \quad (6-221)$$

即

$$\begin{cases} n = \dfrac{49}{10^{7.5(E_r - R_0)} - 1} \\ m = \lg\left[49\dfrac{10^{7.5(E_r - R_0)}}{10^{7.5(E_r - R_0)} - 1}\right] - 1.69 \end{cases} \quad (6-222)$$

式中　R_0——无水期采出程度。

利用式(6-220),可绘制出改进童氏含水变化图版(图6-25)。在改进的童氏含水变化图版中,各采收率含水变化曲线完整,也能反映出无水期采出程度,但由于未考虑油藏之间的差异,系数 $b = BN = 7.5$,还不能代表具体油田的含水变化图版。若 b 取实际油田数值,如鄯善油田 $b = 13.74$,就可以绘制出更加接近实际的童氏鄯善油田含水变化图版(图6-26)。

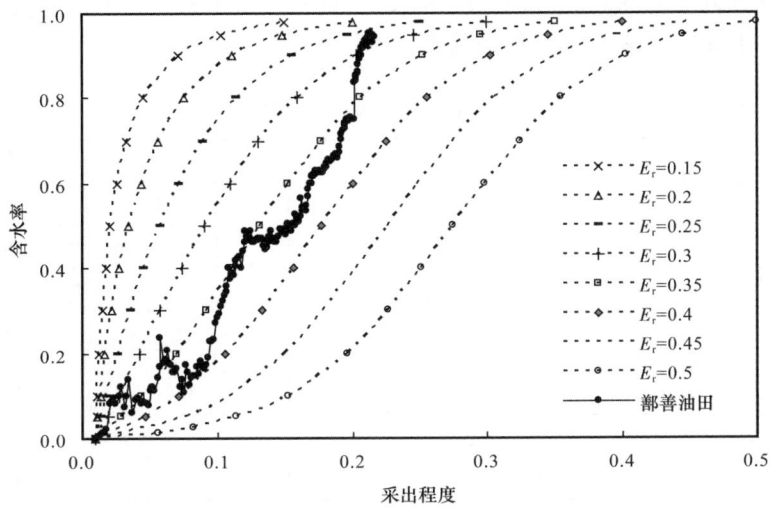

图 6-25　鄯善油田改进童氏含水率变化图版

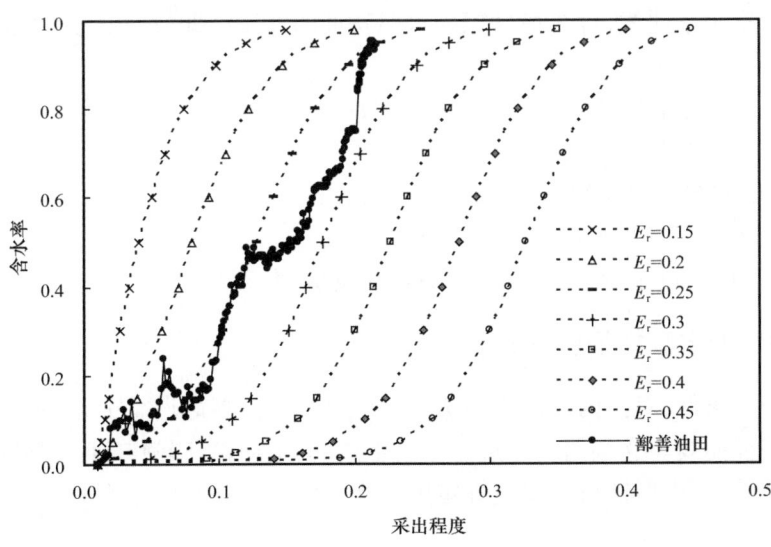

图 6-26　童氏鄯善油田含水率变化图版

三、理想型水驱特征曲线筛选条件

国内油藏工程者一般按形态将采出程度与含水率曲线划分为凸形、凹形和 S 形,如万吉业驱替系列[21](表6-10)。在这些水驱曲线中,前 3 种至今未有水驱特征曲线相对应,后 4 种有水驱特征曲线相对应[10]。后来,1990年钟德康提出了能够用一种采出程度与含水率关系式(6-209)来描述凸形、凹形和S形的水驱曲线,因无对应水驱特征曲线而未被油藏工程界广泛采纳使用[26]。我国石油天然气行业标准《石油可采储量计算方法》中,共规定了6种水驱特征曲线(纳扎洛夫曲线、马克西莫夫—童宪章曲线、西帕切夫曲线、沙卓诺夫曲线、张金庆曲线和俞启泰曲线)[35]。这一规定既反映出了我国水驱特征曲线的应用现状,也反映出了我国石油科技工作者近年来的研究方向——寻求、建立理想型水驱特征曲线,即用一种水驱特征曲线表达式反映不同形态的含水变化规律曲线。

表 6-10 万吉业驱替系列

序号	曲线类型	$R - f_w$ 关系
1	超凹	$\ln(1-R) = a + b\ln f_w$
2	凹	$\ln R = a + b\ln f_w$
3	S-凹	$\ln R = a + b f_w$
4	S	$R = a + b\ln\dfrac{f_w}{1-f_w}$
5	S-凸	$\ln(1-R) = a + b\ln(1-f_w)$
6	凸	$R = a + b\ln(1-f_w)$
7	超凸	$\ln R = a + b\ln(1-f_w)$

继前面Gao-I水驱特征曲线研究思路,用一种水驱特征曲线表达式来反映不同形态的采出程度与含水率关系曲线,称为最理想的水驱特征曲线。因此,理想型水驱特征曲线需满足如下条件:

(1)对不同含水上升类型具有广泛的适用性;
(2)能很好地满足动态预测和生产管理的需要;
(3)水驱特征曲线表达式唯一,而反演 $R - f_w$ 曲线形态多样;
(4)含水率为0时,采出程度不一定为0;
(5)水驱特征曲线待定参数求解简单,方便矿场应用。

四、4类理想型水驱特征曲线建立

按照前面筛选条件,对国内已出现的70多种水驱特征曲线进行分析,筛选出4种符合这类特性的水驱特征曲线。这些曲线是近年来所形成的,适应性比较广,不受黏度大小和油藏类型的限制,应成为油田中后期可采储量标定中的水驱特征曲线。

1. I类理想型水驱曲线

马克西莫夫—童宪章曲线[7]和沙卓诺夫曲线[8]虽然单独使用不能反映不同形态的 $R - f_w$ 曲线,若按文献[24]研究思路,将其合并后,形成的水驱特征曲线具有理想型水驱特征曲线的特点,其关系式为:

$$N_p = A + B\ln(W_p + \lambda N_p) \tag{6-223}$$

其中,当 $\lambda = 0$ 时,方程为马克西莫夫—童宪章曲线;当 $\lambda = 1$ 时,方程为沙卓诺夫曲线。

其实式(6-223)就是 Gao - Ⅰ 水驱特征曲线中常数 $C = 0$ 时的水驱特征曲线。将式(6-223)进行反演,可得到对应采出程度与含水率关系式:

$$R = \frac{A + B\ln B}{N} + \frac{B}{N}\ln\left(\frac{f_w}{1-f_w} + \lambda\right) \tag{6-224}$$

式(6-224)除以水驱最终采收率(取 $f_w = 0.98$),得可采储量采出程度:

$$R_D = \frac{A + B\ln B + B\ln\left(\frac{f_w}{1-f_w} + \lambda\right)}{A + B\ln B + B\ln(49 + \lambda)} \tag{6-225}$$

取 A、B、λ 为不同的参数值(表6-11),可得到一组不同形态的 $R_D - f_w$ 曲线(图6-27)。

表6-11 4类水驱曲线参变量系数数据表

曲线	参数	数据					
Ⅰ类	A^*	3.82716	1.25103	0.44157	0.19311	0.08274	0.02932
	A^{**}	4.64052	1.37228	0.47020	0.20455	0.08707	0.02961
	B	0.32	0.16	0.08	0.04	0.02	0.008
	λ	0	0.002	0.05	0.2	0.8	3.200
Ⅱ类	A^*	1	1	1	1	1	1
	A^{**}	0.40865	0.84080	0.93527	0.97726	0.99532	0.99952
	λ	10	2	0.75	0.25	0.05	0.005
Ⅲ类	λ^*	0	0	0	0	0	0
	λ^{**}	1.25229×10^{-23}	1.02014×10^{-10}	1.93243×10^{-6}	3.28433×10^{-4}	6.17578×10^{-3}	4.32178×10^{-2}
	B	0.05	0.10	0.15	0.2	0.25	0.3
Ⅳ类	A	0.5	0.5	0.5	0.5	0.5	0.5
	B^*	0.42042	0.32264	0.20049	0.07931	0.02679	0.00347
	B^{**}	0.41621	0.31572	0.19229	0.07447	0.02454	0.00317
	λ	1.25	0.25	0.1	0.05	0.025	0.005
	m	0.05	0.1	0.2	0.4	0.6	0.8

注:* 表示无水期可采程度为 0 的参数值;** 表示无水期可采程度为 0.05 的参数值。

2. Ⅱ类理想型水驱曲线

同理,合并纳扎洛夫曲线与西帕切夫曲线[9],形成Ⅱ类理想型水驱曲线。其关系式为:

$$\frac{L_p}{N_p} = A + B(W_p + \lambda N_p) \quad \text{或} \quad \frac{W_p}{N_p} = A - 1 + B(W_p + \lambda N_p) \tag{6-226}$$

其中,$\lambda = 1$ 时,方程为西帕切夫曲线;当 $\lambda = 0$ 时,方程为纳扎洛夫曲线;当 $A = 1$ 时,方程可转换为张金庆曲线[36]。

对应采出程度与含水率关系式和可采储量采出程度与含水率关系式分别为:

$$R = \frac{1}{BN}\left\{1 - \left[\frac{(A+\lambda-1)(1-f_w)}{f_w + \lambda(1-f_w)}\right]^{0.5}\right\} \quad (6-227)$$

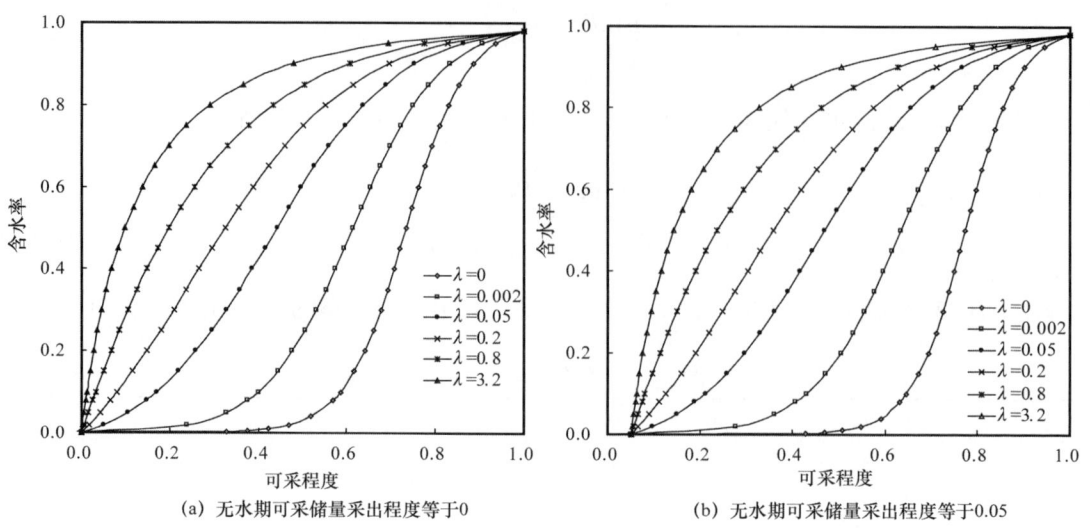

(a) 无水期可采储量采出程度等于0   (b) 无水期可采储量采出程度等于0.05

图 6 – 27　Ⅰ类理想水驱特征曲线可采程度与含水关系

$$R_D = \left\{1 - \left[\frac{(A+\lambda-1)(1-f_w)}{f_w + \lambda(1-f_w)}\right]^{0.5}\right\} \Big/ \left[1 - \left(\frac{A+\lambda-1}{49+\lambda}\right)^{0.5}\right] \quad (6-228)$$

取 A、λ 为不同的参数值(表 6 – 11),也可得到一组不同形态的 $R_D - f_w$ 曲线(图 6 – 28)。

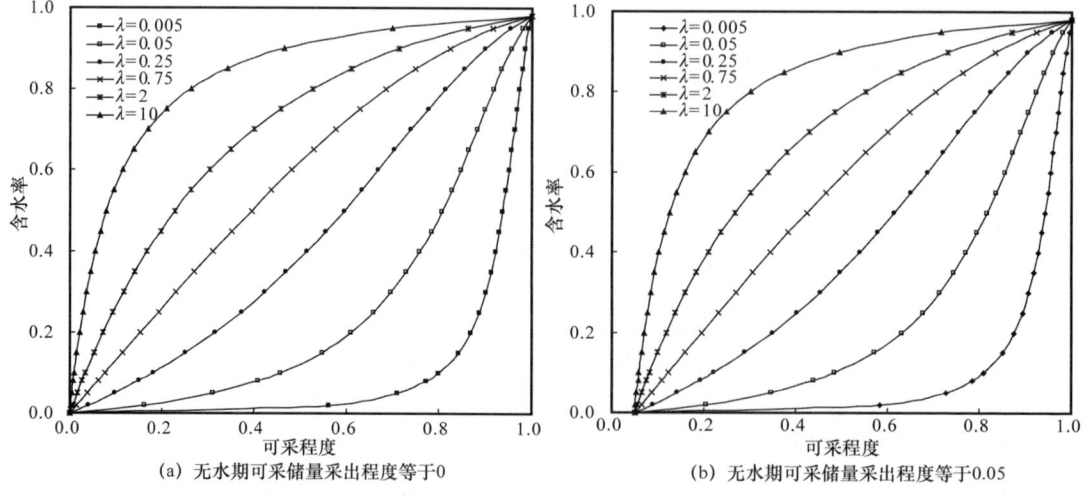

(a) 无水期可采储量采出程度等于0   (b) 无水期可采储量采出程度等于0.05

图 6 – 28　Ⅱ类理想水驱特征曲线可采程度与含水关系

3. Ⅲ类理想型水驱曲线

合并双对数曲线或布雷吉曲线[23]和万吉业超凸形曲线[37]后,形成Ⅲ类理想型水驱曲线。其关系式为:

$$\ln N_p = A + B\ln(W_p + nN_p) \tag{6-229}$$

其中,$\lambda = 0$ 时,方程为布雷吉曲线;当 $\lambda = 1$ 时,方程为万吉业超凸形曲线。
对应采出程度与含水率关系式和可采储量采出程度与含水率关系式分别为:

$$R = \frac{1}{N}\exp\left(\frac{A + B\ln B}{1 - B}\right)\left(\frac{f_w}{1 - f_w} + \lambda\right)^{B/(1-B)} \tag{6-230}$$

$$R_D = \left[\left(\frac{f_w}{1 - f_w} + \lambda\right)\Big/(49 + \lambda)\right]^{B/(1-B)} \tag{6-231}$$

取 B,λ 为不同的参数值(表 6-11),也可得到一组不同形态的 $R_D - f_w$ 曲线(图 6-29)。

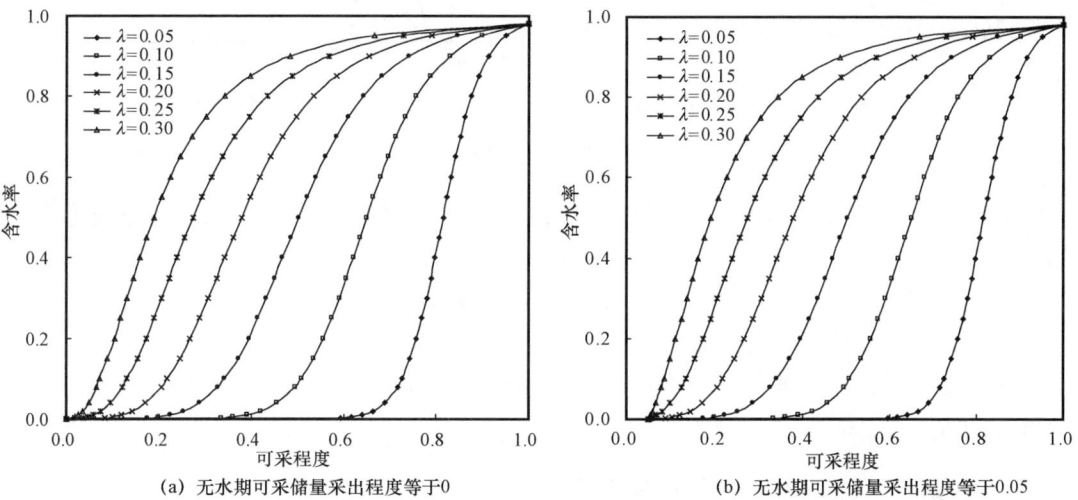

(a) 无水期可采储量采出程度等于0   (b) 无水期可采储量采出程度等于0.05

图 6-29 Ⅲ类理想水驱特征曲线可采程度与含水关系

4. Ⅳ类理想型水驱曲线

合并广义纳扎洛夫曲线[38]与广义西帕切夫曲线后[10],形成Ⅳ类理想型水驱曲线。其关系式为:

$$N_p = A - B(W_p + \lambda N_p)^{-m} \tag{6-232}$$

其中,$\lambda = 1$ 时,方程为广义西帕切夫曲线;当 $\lambda = 0$ 时,方程为广义纳扎洛夫曲线。
对应采出程度与含水率关系式和可采储量采出程度与含水率关系式分别为:

$$R = \frac{A}{N} - \frac{B}{N}\left[Bm\left(\frac{f_w}{1 - f_w} + \lambda\right)\right]^{-m/(1+m)} \tag{6-233}$$

$$R_D = \frac{A - B\left[Bm\left(\frac{f_w}{1 - f_w} + \lambda\right)\right]^{-m/(1+m)}}{A - B[Bm(49 + \lambda)]^{-m/(1+m)}} \tag{6-234}$$

取 A,B,m,λ 为不同的参数值(表 6-11),也可得到一组不同形态的 $R_D - f_w$ 曲线(图 6-30)。

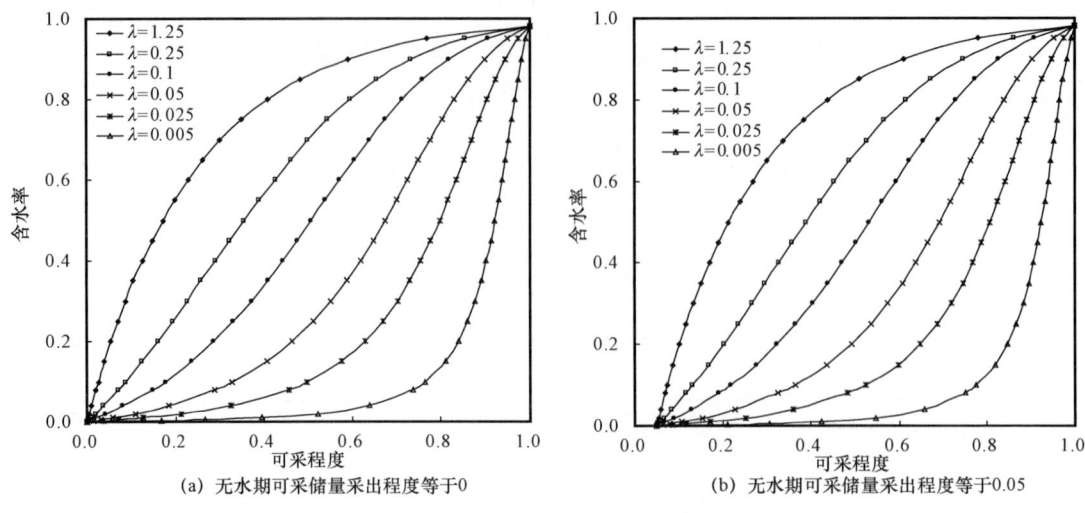

图 6-30 Ⅳ类理想水驱特征曲线可采程度与含水关系

以上研究表明,4 类水驱特征曲线中的任何一种经反演得到的 $R_D - f_w$,其曲线形态有如下的特征:

(1)可描述凹形、凸形或 S 形的含水上升变化规律;

(2)可描述无水期为 0 或不为 0 时含水上升变化规律。

这些特点正是理想型水驱特征曲线必备的特性——用一种水驱特征曲线表达式可反映出不同形态的 $R_D - f_w$ 曲线。

五、对标定可采储量方法补充与完善

1. 四类理想型水驱曲线含水率变化特征

上述 4 种理想型水驱特征曲线与可采储量标定方法中水驱特征曲线相比具有如下特点:

(1)标定方法中的甲型、乙型和丙型、丁型、张金庆水驱特征曲线分别只是 Ⅰ 类理想型水驱特征曲线和 Ⅱ 类理想型水驱特征曲线的特例;

(2)标定方法中俞启泰曲线和张金庆水驱特征曲线因不能描述含水率为 0 时,采出程度不为 0(即不能描述油田可能存在无水期),而被排除。

(3)补充了其他两类水驱特征曲线,即 Ⅲ 类理想型水驱特征曲线和 Ⅳ 类理想型水驱特征曲线。

(4)4 类水驱特征曲线具备了理想型水驱特征曲线的特性——用一种水驱特征曲线表达式可反映出不同形态的 $R_D - f_w$ 曲线,既可描述凹形、凸形或 S 形的含水上升变化规律,也可描述无水期为 0 或不为 0 时含水上升变化规律。

另外,从含水上升速度曲线的特征来看,四类理想型水驱特征曲线揭示的含水上升速度特征基本相似,即随 λ 值的增大,含水上升速度曲线由先单调递增、后单调递减型向单调递减型过渡,但也存在着一定的差别。具体表现为:

(1)Ⅰ、Ⅲ、Ⅳ类曲线所反映的含水上升速度特征为:在其他参数(A,B,m)一定的情况下,

同一含水期,含水上升速度与 λ 值成正比例增加。差别比较明显的地方仅限于 λ 值接近 0 时,Ⅰ类水驱特征曲线对应含水上升速度是以含水率 0.5 为对称轴的抛物线(图 6-31),而Ⅲ,Ⅳ类水驱特征曲线对应含水上升速度属非对称的抛物线,其中,Ⅳ类最高点偏右(图 6-32),Ⅲ类最高点偏左(图 6-33)。

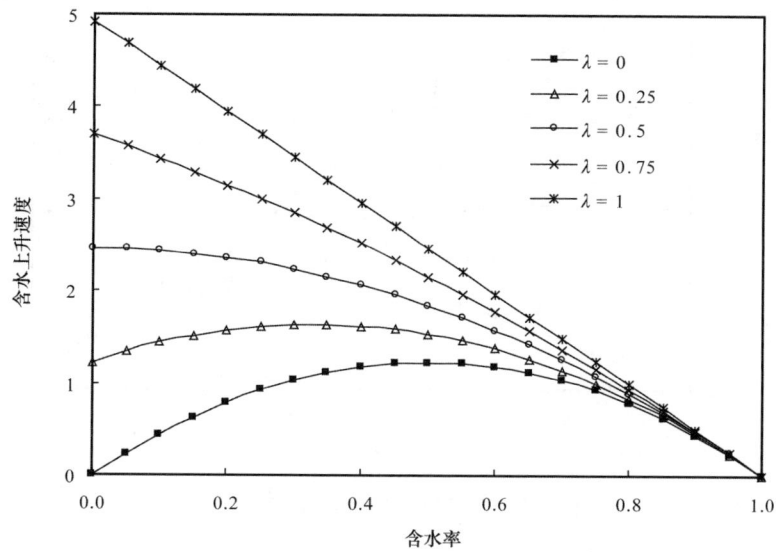

图 6-31　Ⅰ类理想型含水变化规律特征

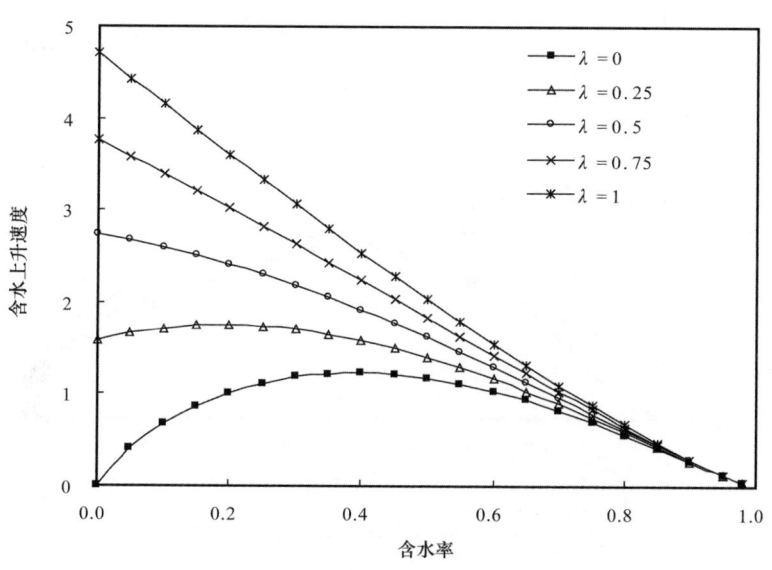

图 6-32　Ⅲ类理想型含水变化规律特征

(2)Ⅱ类水驱特征曲线揭示的含水上升速度特征与Ⅰ,Ⅲ,Ⅳ类水驱特征曲线相比,差别有两方面:一方面在含水率较高时,Ⅰ,Ⅲ,Ⅳ类水驱特征曲线对应含水上升速度近似于直线性下降,而Ⅱ类水驱特征曲线揭示的含水上升率特征呈非线形递减;另一方面在其他参数(A,B,

m)一定的情况下,在中低含水期,含水上升速度与 λ 值成正比增加,在中高含水期,含水上升速度与 λ 值成反比减小(图6-34)。

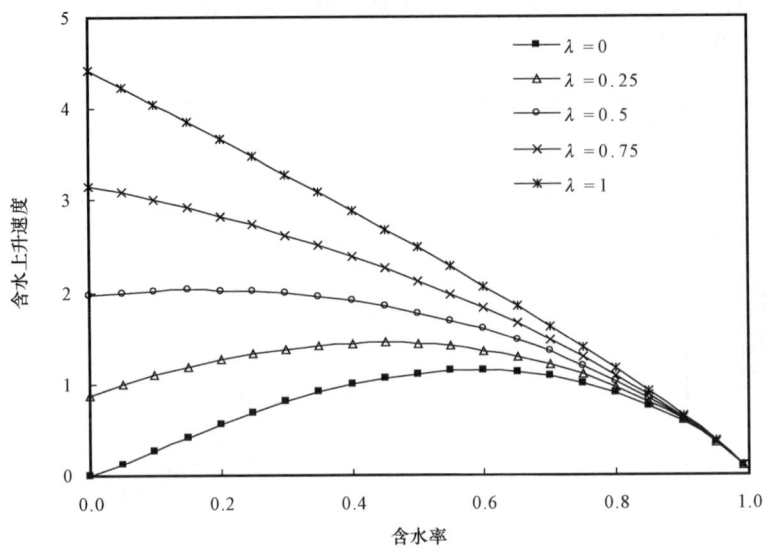

图6-33　Ⅳ类理想型含水变化规律特征

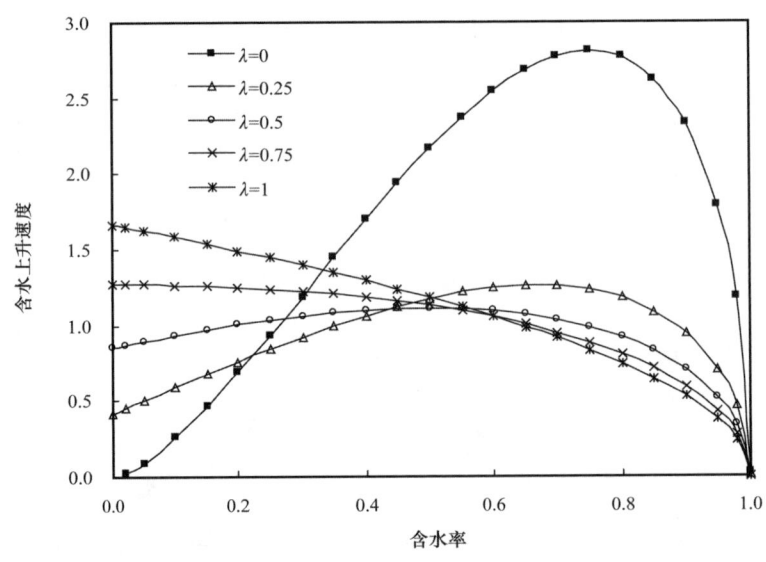

图6-34　Ⅱ类理想型含水变化规律特征

总之,以上4类理想型水驱特征曲线的含水上升率变化特征表明,除 λ 接近于0和高含水期外,Ⅰ,Ⅲ,Ⅳ类水驱特征曲线所反映的含水上升速度特征差别很小。因此,在这种情况下,Ⅰ,Ⅲ,Ⅳ类曲线不存在选择性。除此之外,4类曲线反映的含水上升速度特征差异很大。

2. 参数求解方法简述

依据 4 类理想型水驱特征曲线函数表达式的特点,可采用如下的方法进行求解。

(1) Ⅰ 类和 Ⅲ 类可采用含单变量线性回归法求解。

(2) Ⅱ 类可直接采用多元线性回归法求解。

(3) Ⅳ 类因待定参数比 Ⅰ 类和 Ⅲ 类多一个,可分两步进行含单变量线性回归法求解。第一步:先令 λ 取 0 后,利用含单变量线性回归法确定出 m;第二步:固定第一步确定的 m 值,再利用含单变量线性回归确定出 λ;循环前两步,直至拟合相关系数最大。

六、实例应用

利用任丘油田($N=53621\times10^4$t)、濮城油田沙一段油藏($N=1135\times10^4$t)、羊三木油田($N=2648\times10^4$t)的实际资料[39],对 4 类理想型水驱特征曲线进行了应用。这三个油田很具代表性:濮城油田沙一段油藏属砂岩油藏,原油地下黏度 1.74mPa·s,油水黏度比为 3.48;任丘油田属裂缝性碳酸盐岩块状底水油藏,原油地下黏度 8.21mPa·s,油水黏度比为 34.21;羊三木油田属常规稠油油藏,原油地下黏度 105.9mPa·s,油水黏度比为 140.2,分别代表了低黏、中黏和高黏油田。这 3 个油田目前已进入高含水期生产,综合含水均大于 80%。通过对实际生产数据拟合分析,其结果表明:对同一油田,取相同的数据段,各水驱特征曲线计算精度都很高;对不同的油田,各水驱特征曲线均能很好地满足动态预测和生产管理的需要(图 6-35 至图 6-37,表 6-12)。因此,4 类理想型水驱特征曲线具有较大的使用价值。

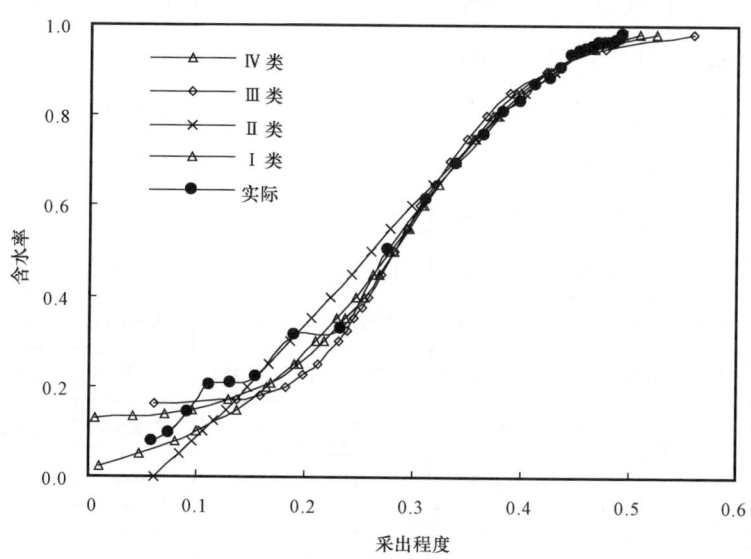

图 6-35 濮城油田沙一油藏采出程度与含水关系

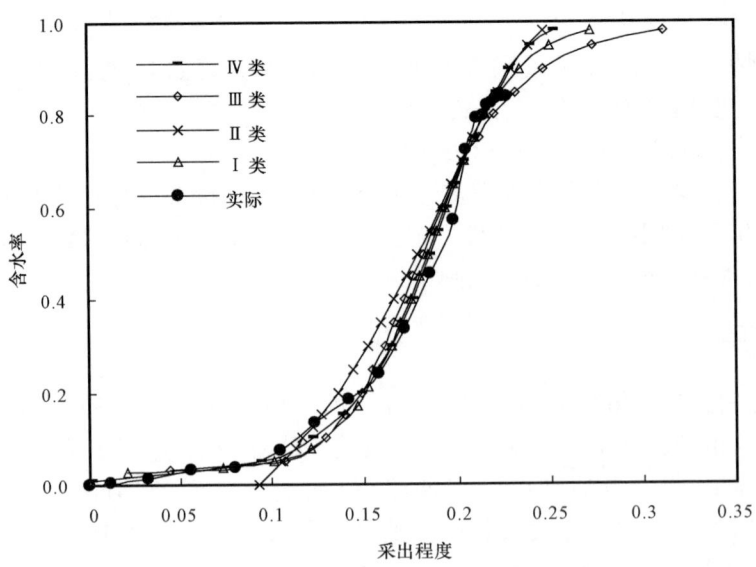

图 6-36　任丘油田采出程度与含水关系

表 6-12　濮城、任丘、羊三木油田不同水驱特征曲线统计及计算结果

油田	回归数据段	水驱特征曲线	拟合结果					预测采收率（%）	平均采收率（%）
			A	B	λ	m	相关系数		
濮城油田沙一段	1985—1995	Ⅰ类	46.4967	67.6130	-0.1387	—	0.9994	52.37	52.06
		Ⅱ类	0.8898	0.0016	0.5183	—	1.0000	49.23	
		Ⅲ类	5.2608	0.1421	-0.1951	—	0.9980	55.89	
		Ⅳ类	868.5402	1418.0755	0.0480	0.1985	0.9999	50.76	
任丘油田	1981—1995	Ⅰ类	1359.0296	1204.7308	-0.0293	—	0.9978	27.22	26.12
		Ⅱ类	0.8209	0.0001	0.3076	—	0.9999	24.72	
		Ⅲ类	8.3318	0.1210	-0.0325	—	0.9966	27.34	
		Ⅳ类	16963.4063	35908.0470	0.0003	0.2225	0.9992	25.21	
羊三木油田	1982—1995	Ⅰ类	-574.2936	150.6676	-0.3686	—	0.9999	28.95	29.21
		Ⅱ类	1.5548	0.0012	1.0615	—	0.9999	26.35	
		Ⅲ类	4.6933	0.2254	-1.1813	—	0.9998	32.28	
		Ⅳ类	2076.8452	4534.9098	1.5996	0.1370	0.9999	29.25	

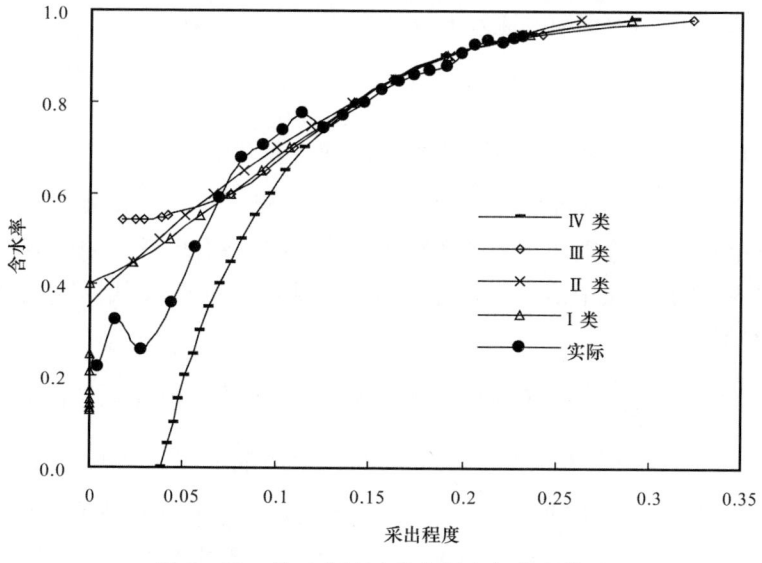

图 6-37 羊三木油田采出程度与含水关系

第六节 产量递减规律与水驱特征曲线关系

在油藏工程中,有两种传统的研究方法:递减曲线法和水驱特征曲线法。这两种方法分别揭示了油田的产量递减规律和含水上升规律,表征了注水油藏的开发特点和动态变化趋势。但是,长期以来这两个基本规律都是分别研究和应用,互不相关。20 世纪 90 年代中期,国内研究工作者在令产液量为常数的条件下(即产油量递减幅度等于水量递增幅度),建立了 Arps 递减规律与水驱特征曲线之间的联系(见文献[40]),这种观点实际上反映了水驱油为活塞式驱(或称刚性水驱)。然而,当产油量递减幅度不等于产水量递增幅度、水驱油不为刚性水驱(即产液量不能保持为常数)的情况下,这种联系将从理论上失去意义,况且实际上大多数水驱油田的产液量并非保持为常数,这表明目前的相关理论研究还存在着严重不足,需重新从理论上确立二者之间的完整联系;另一方面,随着产量递减方程和水驱特征曲线渗流理论的确立和完善,也为二者之间建立联系提供了必要的渗流理论依据。

一、两种开发规律的渗流理论基础

1. 递减规律的渗流理论基础

从渗流力学角度出发,文献[41]给出了 Arps 方程三种产量递减类型的标准化油相拟渗流特征分别如下。

$$\text{双曲递减:} K_{ro} = k(1 - \bar{S}_{wd})^n \tag{6-235}$$

$$\text{指数递减:} K_{ro} = k(1 - n\bar{S}_{wd}) \tag{6-236}$$

$$\text{调和递减:} K_{ro} = k\exp(-n\bar{S}_{wd}) \tag{6-237}$$

另外,文献[42]给出了 Logistic 递减方程油相拟渗流特征为:

$$K_{ro} = k + h\exp(n\bar{S}_{wd}) \tag{6-238}$$

2. 水驱特征曲线(或含水上升规律)的渗流理论基础

文献[19]通过对众多水驱特征曲线的分析和研究,建立了 5 种过渡型水驱特征曲线。这些曲线在 $\lambda = 0$ 和 1 时,可分别转化为函数结构形式相同、并有广泛应用价值的 $W_p + C$ 型 $L_p + C$ 型水驱特征曲线。同时,文中给出了 5 种过渡型水驱特征曲线及其标准化拟油水相对渗透率比值关系式分别为:

(1) 过渡 1 型 $\ln\left(1 - \dfrac{N_p}{N}\right) = A + B\ln(W_p + \lambda N_p + C)$,对应油水相对渗透率比值为式(6-193);

(2) 过渡 2 型 $\ln N_p = A + B\ln(W_p + \lambda N_p + C)$,对应油水相对渗透率比值为式(6-194);

(3) 过渡 3 型 $N_p = A + B(W_p + \lambda N_p + C)^{\frac{m}{1+m}}$,对应油水相对渗透率比值为式(6-195);

(4) 过渡 4 型 $N_p^m = A + B\ln(W_p + \lambda N_p + C)$,对应油水相对渗透率比值为式(6-196);

(5) 过渡 5 型 $N_p = A + B\ln\left(\dfrac{W_p + \lambda N_p + C}{N_p}\right)$,对应油水相对渗透率比值为式(6-197)。

从以上的研究可以看出:产量递减规律揭示的是油相渗透率变化特征,而含水上升规律(或水驱特征曲线)揭示的是油水两相相对渗透率比值的变化特征。因此,要使二者之间建立联系,关键取决于水相的渗透特征,即在油相渗流特征符合某一递减方程的渗流条件下,若与水相渗流特征一起能构成某一种水驱特征曲线的油水两相渗流特征,那么二者之间存在必然的联系;否则,二者之间不存在必然的联系。

二、递减方程与水驱特征曲线之间渗流匹配关系

设油相渗透率变化特征符合 $f(\bar{S}_{wd})$,油水两相相对渗透率比值的变化特征符合 $g(\bar{S}_{wd})$,那么,水相的渗透特征必满足下式成立:

$$K_{rw} = \dfrac{f(\bar{S}_{wd})}{g(\bar{S}_{wd})} \tag{6-239}$$

1. 双曲递减与水驱特征曲线之间的渗流匹配关系

将产量递减对应油相拟渗流方程和 1~5 过渡型水驱特征曲线的油水相对渗透率比值关系式代入式(6-239),整理可得到产量递减遵循双曲递减、水驱特征曲线依次遵循 1~5 过渡型水驱特征曲线的水相渗透特征分别为:

过渡 1 型:$K_{rw} = c\left[a\left(\dfrac{1 - S_{wi}}{1 - S_{wi} - S_{or}} - \bar{S}_{wd}\right)^b - \lambda\right](1 - \bar{S}_{wd})^n \tag{6-240}$

过渡 2 型:$K_{rw} = c(a\bar{S}_{wd}^b - \lambda)(1 - \bar{S}_{wd})^n \tag{6-241}$

过渡 3 型:$K_{rw} = c[a(\bar{S}_{wd} - b)^{1/m} - \lambda](1 - \bar{S}_{wd})^n \tag{6-242}$

$$\text{过渡 4 型}: K_{rw} = c[a\bar{S}_{wd}^{m-1}\exp(b\bar{S}_{wd}^m) - \lambda](1 - \bar{S}_{wd})^n \quad (6-243)$$

$$\text{过渡 5 型}: K_{rw} = c[a(b\bar{S}_{wd} + 1)\exp(b\bar{S}_{wd}) - \lambda](1 - \bar{S}_{wd})^n \quad (6-244)$$

式中 $c = k/\mu_r$。

2. 指数递减与水驱特征曲线之间的渗流匹配关系

将式(6-236)和1~5过渡型水驱特征曲线的油水相对渗透率比值关系式代入式(6-239),整理可得到产量递减遵循指数递减、水驱特征曲线依次遵循1~5过渡型水驱特征曲线的水相渗透特征分别为:

$$\text{过渡 1 型}: K_{rw} = c\left[a\left(\frac{1-S_{wi}}{1-S_{wi}-S_{or}} - \bar{S}_{wd}\right)^b - \lambda\right](1 - n\bar{S}_{wd}) \quad (6-245)$$

$$\text{过渡 2 型}: K_{rw} = c(a\bar{S}_{wd}^b - \lambda)(1 - n\bar{S}_{wd}) \quad (6-246)$$

$$\text{过渡 3 型}: K_{rw} = c[a(\bar{S}_{wd} - b)^{1/m} - \lambda](1 - n\bar{S}_{wd}) \quad (6-247)$$

$$\text{过渡 4 型}: K_{rw} = c[a\bar{S}_{wd}^{m-1}\exp(b\bar{S}_{wd}^m) - \lambda](1 - n\bar{S}_{wd}) \quad (6-248)$$

$$\text{过渡 5 型}: K_{rw} = c[a(b\bar{S}_{wd} + 1)\exp(b\bar{S}_{wd}) - \lambda](1 - n\bar{S}_{wd}) \quad (6-249)$$

3. 调和递减与水驱特征曲线之间的渗流匹配关系

将式(6-237)和1~5过渡型水驱特征曲线的油水相对渗透率比值关系式代入式(6-239),整理可得到产量递减遵循调和递减、水驱特征曲线依次遵循1~5过渡型水驱特征曲线的水相渗透特征分别为:

$$\text{过渡 1 型}: K_{rw} = c\left[a\left(\frac{1-S_{wi}}{1-S_{wi}-S_{or}} - \bar{S}_{wd}\right)^b - \lambda\right]\exp(-n\bar{S}_{wd}) \quad (6-250)$$

$$\text{过渡 2 型}: K_{rw} = c(a\bar{S}_{wd}^b - \lambda)\exp(-n\bar{S}_{wd}) \quad (6-251)$$

$$\text{过渡 3 型}: K_{rw} = c[a(\bar{S}_{wd} - b)^{1/m} - \lambda]\exp(-n\bar{S}_{wd}) \quad (6-252)$$

$$\text{过渡 4 型}: K_{rw} = c[a\bar{S}_{wd}^{m-1}\exp(b\bar{S}_{wd}^m) - \lambda]\exp(-n\bar{S}_{wd}) \quad (6-253)$$

$$\text{过渡 5 型}: K_{rw} = c[a(b\bar{S}_{wd} + 1)\exp(b\bar{S}_{wd}) - \lambda]\exp(-n\bar{S}_{wd}) \quad (6-254)$$

4. Logistic 递减与水驱特征曲线之间的渗流匹配关系

将式(6-238)和1~5过渡型水驱特征曲线的油水相对渗透率比值关系式代入式(6-239),整理可得到产量递减遵循Logistic递减、水驱特征曲线依次遵循1~5过渡型水驱特征曲线的水相渗透特征分别为:

$$\text{过渡 1 型}: K_{rw} = c\left[a\left(\frac{1-S_{wi}}{1-S_{wi}-S_{or}} - \bar{S}_{wd}\right)^b - \lambda\right]\left[1 + \frac{h}{k}\exp(n\bar{S}_{wd})\right] \quad (6-255)$$

过渡 2 型: $K_{rw} = c(a\bar{S}_{wd}^{\ b} - \lambda)[1 + \dfrac{h}{k}\exp(n\bar{S}_{wd})]$ (6-256)

过渡 3 型: $K_{rw} = c[a(\bar{S}_{wd} - b)^{1/m} - \lambda][1 + \dfrac{h}{k}\exp(n\bar{S}_{wd})]$ (6-257)

过渡 4 型: $K_{rw} = c[a\bar{S}_{wd}^{\ m-1}\exp(b\bar{S}_{wd}^{\ m}) - \lambda][1 + \dfrac{h}{k}\exp(n\bar{S}_{wd})]$ (6-258)

过渡 5 型: $K_{rw} = c[a(b\bar{S}_{wd} + 1)\exp(b\bar{S}_{wd}) - \lambda][1 + \dfrac{h}{k}\exp(n\bar{S}_{wd})]$ (6-259)

以上的研究表明,在产量递减规律为某一递减类型的情况下,由于水相渗流特征的不同,从而使水驱特征曲线以不同的形式表现出来。因此,从渗流理论角度讲,在开发条件和渗流条件基本稳定的情况下,油、水两相渗流特征是决定油田产量递减规律和含水上升规律最基本的因素。

三、渗流条件发生变化时递减方程与水驱特征曲线关系

在油田开发过程中,由于经济利益的驱使和社会对原油产量的需求,人为因素对油藏的开发特点和动态变化趋势影响比较大,这种影响往往造成开发方式、渗流条件发生变化,从而导致实际水驱开发规律发生偏离,如油田大范围进行封堵水、储层改造、层系及井网调整、加密等措施。因此,在实际生产分析过程中,油藏工程者常常从采液速度的变化特点上,将油田开采划分为:提液开发模式、稳液开发模式、降液开发模式。这三种开发模式的优缺点分别为:(1)采用提液开发模式开发的水驱油田,一般在中高含水期通过采用井网加密、油层改造、放大生产压差和提高生产时率等措施逐步提高产液量,来弥补油田产量的递减,使油田保持较长时间的稳产期,但由于产液量的逐年增大,导致各项地面配套工程频繁更新、改造、扩容,原油成本急剧增大,经济效益较差。(2)采用稳液开发模式开发的水驱油田,一般在初期开采强度大,采油速度高,产液量变化不大,但稳产期较短。由于地面建设及措施工作量少,原油成本增长比较缓慢,因而经济效益较好。(3)采用降液开发模式开发的水驱油田,一般通过采取封堵高含水井层和改善中低含水、动用差的井层注采关系,来达到控制产水量的增长和产油量的递减,但由于产油速度较低和油水井措施工作量较大,导致原油成本较大,经济效益较差。同时考虑到水驱油的特征,可用下列的函数关系式概括:

$$q_w + \lambda q_o = h(t) \qquad (6-260)$$

从式(6-260)可以得出,若 $\lambda = 1$,则表示:在水驱油的特征近活塞式驱或活塞式驱的情况下,当 $h(t)$ 随开发时间 t 增大而增大时,则表示为提液开发模式;当 $h(t)$ 是一常数时,则表示为稳液开发模式;当 $h(t)$ 随开发时间 t 增大而减小时,则表示为降液开发模式。因此,式(6-260)不仅可转化为传统意义上的油田开发模式,同时也反映了水驱油不为刚性水驱,即 $\lambda \neq 1$ 时的产油量、产水量与时间的关系,如 $h(t)$ 为常数,$\lambda < 1$ 时,则上式反映了油田产油量递减幅度大于产水量递增幅度时的开发模式。

由概念可知:$q_w = dW_p/dt$,$q_o = dN_p/dt$,代入式(6-260),并定积分,得:

$$\int_0^{W_p} dW_p + \lambda \int_0^{N_p} dN_p = \int_0^t h(t)dt,\text{即}\ W_p + \lambda N_p = H(t) \qquad (6-261)$$

其中

$$H(t) = \int_0^t h(t)\mathrm{d}t$$

将式(6-261)代入过渡2型水驱特征曲线,得:

$$\ln N_\mathrm{p} = A + B\ln[H(t) + C] \qquad (6-262)$$

即

$$N_\mathrm{p} = \exp(A)[C + H(t)]^B \qquad (6-263)$$

对式(6-263)两边时间求导,得:

$$q_\mathrm{o} = B\exp(A)h(t)[C + H(t)]^{B-1} \qquad (6-264)$$

因此,只要确定出 $h(t)$ 与时间的关系式,那么式(6-264)递减方程类型即可确定。

(1)若 $h(t) = k$,那么 $H(t) = kt$,代入式(6-264),得:

$$q_\mathrm{o} = kB\exp(A)(C + kt)^{B-1} \qquad (6-265)$$

取 $t = 0$,则:

$$q_\mathrm{i} = kBC^{B-1}\exp(A) \qquad (6-266)$$

由递减率概念可知:

$$D_t = -\frac{\mathrm{d}q_\mathrm{o}}{q_\mathrm{o}\mathrm{d}t} \qquad (6-267)$$

将式(6-265)代入式(6-267),得:

$$D_t = \frac{(1-B)k}{C + kt} \qquad (6-268)$$

取 $t = 0$,则得:

$$D_\mathrm{i} = \frac{(1-B)k}{C} \qquad (6-269)$$

从式(6-266)求得 $kB\exp(A)$,式(6-269)求得 k,代入式(6-265),并令 $1/n = 1 - B$,整理,可得到递减方程为双曲递减:

$$q_\mathrm{o} = q_\mathrm{i}(1 + nD_\mathrm{i}t)^{-1/n} \qquad (6-270)$$

式(6-270)中,若 $\dfrac{1}{n}$ 趋于无穷大时,则可将双曲递减按照极限定理转化为指数递减:

$$q_\mathrm{o} = \lim_{1/n \to \infty} q_\mathrm{i}(1 + nD_\mathrm{i}t)^{-1/n}$$

$$= \lim_{1/n \to \infty} q_\mathrm{i}\left[(1 + nD_\mathrm{i}t)^{\frac{1}{nD_\mathrm{i}t}}\right]^{-D_\mathrm{i}t}$$

$$= q_\mathrm{i}\exp(-D_\mathrm{i}t) \qquad (6-271)$$

同理，在 $q_w + \lambda q_o = k$ 的条件下，过渡 1 型水驱特征曲线对应递减关系式也为双曲递减，其中，$q_i = -kBC^{B-1}N\exp(A)$，$D_i = \dfrac{(1-B)k}{C}$，$B < 0$；过渡 3 型水驱特征曲线对应递减关系式也为双曲递减，其中 $q_i = \dfrac{kBm}{1+m}C^{-1/(1+m)}$，$D_i = \dfrac{k}{C(1+m)}$，$n = 1 + m$；过渡 4 型水驱特征曲线（$m = 1$）对应递减关系式为调和递减 $q_o = q_i(1 + D_i t)^{-1}$，其中 $q_i = \dfrac{Bk}{C}$，$D_i = \dfrac{k}{C}$。

（2）若 $h(t) = k\exp(st)$，那么 $H(t) = \dfrac{k}{s}[\exp(st) - 1]$，结合式（6-261）、过渡 4 型水驱特征曲线（$m = 1$），得：

$$N_p = A + B\ln\left\{\dfrac{k}{s}[\exp(st) - 1] + C\right\} \tag{6-272}$$

对式（6-272）两边时间求导，得：

$$q_o = \dfrac{Bks}{k + (sC - k)\exp(-st)} \tag{6-273}$$

取 $t = 0$，则得：

$$q_i = Bk/C \tag{6-274}$$

令 $a = \dfrac{k}{sC - k}$，则 $1 + a = \dfrac{sC}{sC - k}$，同时结合式（6-274），式（6-273）可改写为：

$$q_o = q_i \dfrac{1 + a}{a + \exp(-st)} \tag{6-275}$$

将式（6-275）代入式（6-267），得：

$$D_t = \dfrac{s}{a\exp(st) + 1} \tag{6-276}$$

取 $t = 0$，则得：

$$D_i = \dfrac{s}{1 + a} \tag{6-277}$$

从式（6-277）求得 s 代入式（6-275），可得 Logistic 产量递减方程[42]：

$$q_o = q_i \dfrac{1 + a}{a + \exp[-D_i(1 + a)t]} \tag{6-278}$$

综上研究，可以得出：确定 $h(t)$ 与时间的关系式（称 $h(t)$ 为开发模式特征函数），是判定各水驱特征曲线所对应递减方程类型的关键。当 $q_w + \lambda q_o$ 保持为某一常数，那么过渡 1、2、3 型水驱特征曲线的产量递减方程服从双曲递减，过渡 4 型水驱特征曲线（$m = 1$）的产量递减方程服从调和递减；当 $q_w + \lambda q_o = k\exp(st)$，过渡 4 型水驱特征曲线（$m = 1$）的产量递减方程服从 Logistic 产量递减。这充分表明由于油田的实际水驱特征曲线和开发模式特征函数的不同，导致了油田产量变化规律遵循着不同的产量递减方程。

第七节 水驱特征曲线方法系统分类

目前,水驱特征曲线已形成70多种[43-47]。这些水驱特征曲线不仅可以预测水驱油田的可采储量和采收率,而且可以用来评价油田的开发效果,因此,在国内外得到广泛应用。面对如此多的曲线,如何有效地进行分类划分并形成多层组织结构?如何有效地反映出曲线间的联络、转化关系?如何在应用中避免选用不同形式的同等曲线?能否建立与分类划分相对应的采出程度与含水率的关系结构图?这些问题已成为当前油藏工程界亟待解决的问题。

一、系统分类原则及分类结构图编制

为了使系统分类图既能反映水驱特征曲线的发展历程,又能揭示出各种水驱特征曲线间的关系,在分类划分过程中坚持了以下3点原则[1]:

(1)对具有相似函数关系式的水驱特征曲线划为同一类,对参数取特殊值后能得到的水驱特征曲线作为下一层,对经过变化形式后得到的水驱特征曲线作为同一层;

(2)尽可能多地覆盖目前国内外提出的所有各种水驱特征曲线;

(3)分类结构图要具有一定的拓展性和时空性。

按照以上原则,并结合文献[19]的理论建立方法,先形成了如图6-38所示的水驱特征曲线法一级系统分类结构图。一级系统分类结构图中水驱特征曲线法为广义(过渡)型水驱特征曲线。

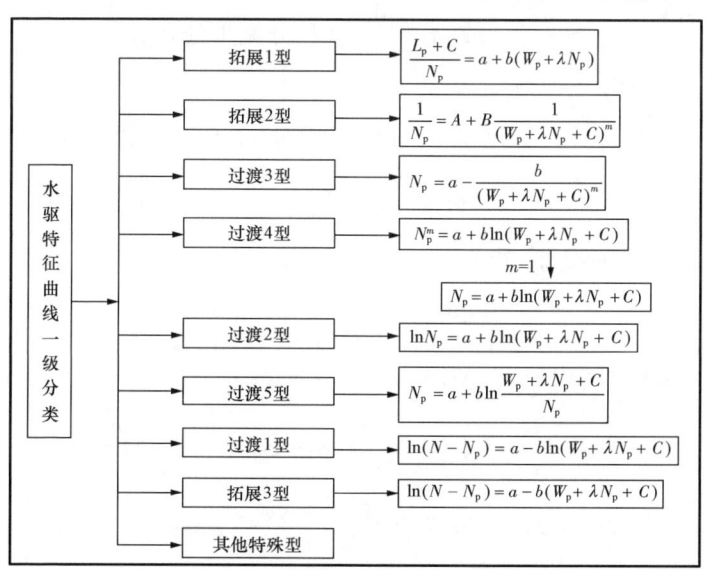

图6-38 水驱特征曲线一级分类

然后,再对广义(过渡)型水驱特征曲线按参数取值进行简化分类,形成水驱特征曲线法二级系统分类结构图(图6-39),二级系统分类结构图具有如下的特点:

(1)几乎覆盖了目前为止所有的水驱特征曲线方法,共计78种(文献[48]中提到的第39种和第40种因关系式复杂除外)。

(2)将水驱特征曲线划分成为9类5层的组织结构图。图6-39中,从右到左,水驱特征

曲线方法由简单逐渐向复杂、由单一模型向广义模型发展转变,基本反映了水驱特征曲线理论的发展和演化过程;从左到右,揭示了同类水驱特征曲线方法间的转换关系,即有反映某些曲线通过恒等变形后可转化为其他曲线,也有反映某些曲线的参数取特殊值后可简化为另一种曲线;从上到下,曲线方程函数愈来愈复杂、特殊。

(3)反映了目前国内水驱特征曲线应用现状。如应用最多、求解简单的甲型、乙型、丙型、丁型曲线处于图层分类的第3层[35],而求解相对复杂的和带有校正常数项的甲型、乙型、丙型、丁型曲线处于图层分类的第2层。

(4)反映了我国石油科技工作者近年来的研究方向——寻求、建立理想型水驱特征曲线——用一种水驱特征曲线表达式来反映不同形态的 $R-f_w$ 曲线(凸形、凹形和S形),即经过对第3层某两个相似水驱特征曲线的组合,建立了过渡型(或广义型)水驱特征曲线(图层分类第2层中某些曲线)[19]。

(5)依据建立的过渡型水驱特征曲线理论,归纳、完善和形成了一些新型水驱特征曲线,如第一层一类曲线、二类曲线等。

二、系统分类结构图含水变化规律反演

在研究和实际应用工作中,为了标定可采储量的需要,须将水驱特征曲线转化为相应的采出程度与含水率关系曲线,其转换过程称为水驱反演。具体过程为:

(1)对水驱特征曲线两端对时间求导。

(2)结合 $q_o = \dfrac{dN_p}{dt}$,$q_w = \dfrac{dW_p}{dt}$(或 $q_L = \dfrac{dL_p}{dt}$)和分流量公式 $f_w = \dfrac{q_w}{q_w + q_o}$(或 $f_w = \dfrac{q_w}{q_L}$),将水驱特征曲线转换为累计产油与含水率的关系。

(3)利用 $R = N_p/N$,将得到与水驱特征曲线相对应的采出程度与含水率关系曲线。

下面举例说明第一类第一层水驱特征曲线 $\dfrac{L_p + C}{N_p} = a + b(W_p + \lambda N_p)$ 的水驱反演过程。

先对水驱特征曲线方程变形,得:

$$\frac{1}{N_p} = \frac{a - bC + \lambda - 1}{W_p + \lambda N_p + C} + b \tag{6-279}$$

对式(6-279)两端时间求导,整理得:

$$W_p + \lambda N_p + C = N_p \sqrt{(a - bC + \lambda - 1)\frac{q_w}{q_o}} \tag{6-280}$$

将式(6-280)代入式(6-279),并结合 $f_w = \dfrac{q_w}{q_w + q_o}$,得:

$$N_p = \frac{1}{b}\left[1 - \sqrt{\frac{(a - bC + \lambda - 1)(1 - f_w)}{f_w + \lambda(1 - f_w)}}\right] \tag{6-281}$$

对式(6-281)两端同除地质储量 N,得:

$$R = \frac{1}{bN}\left[1 - \sqrt{\frac{(a - bC + \lambda - 1)(1 - f_w)}{\lambda(1 - f_w) + f_w}}\right] \tag{6-282}$$

式(6-281)即为第一类第一层水驱特征曲线对应的采出程度与含水率关系曲线。

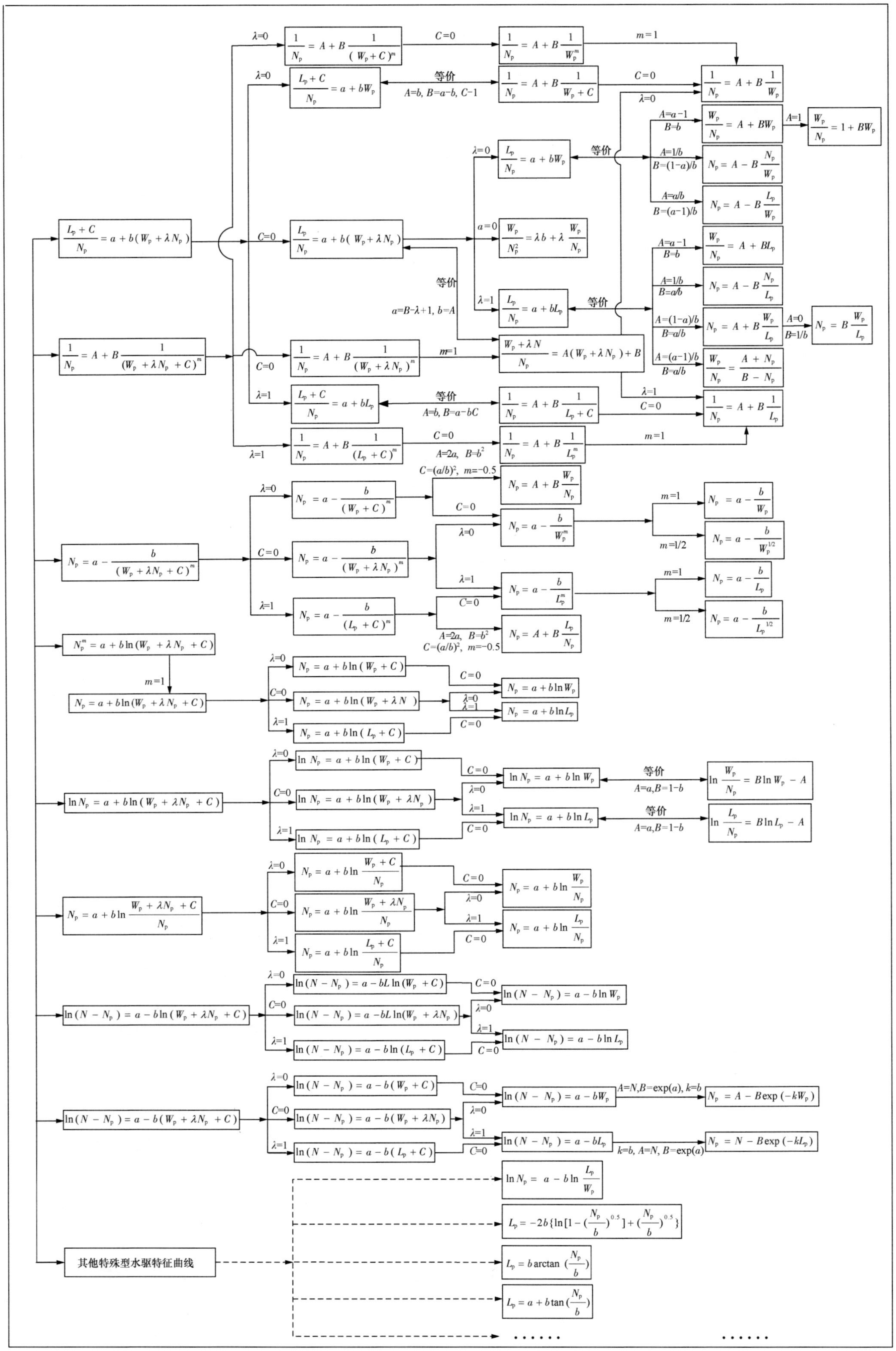

图6-39 水驱特征曲线方法二级结构分类图

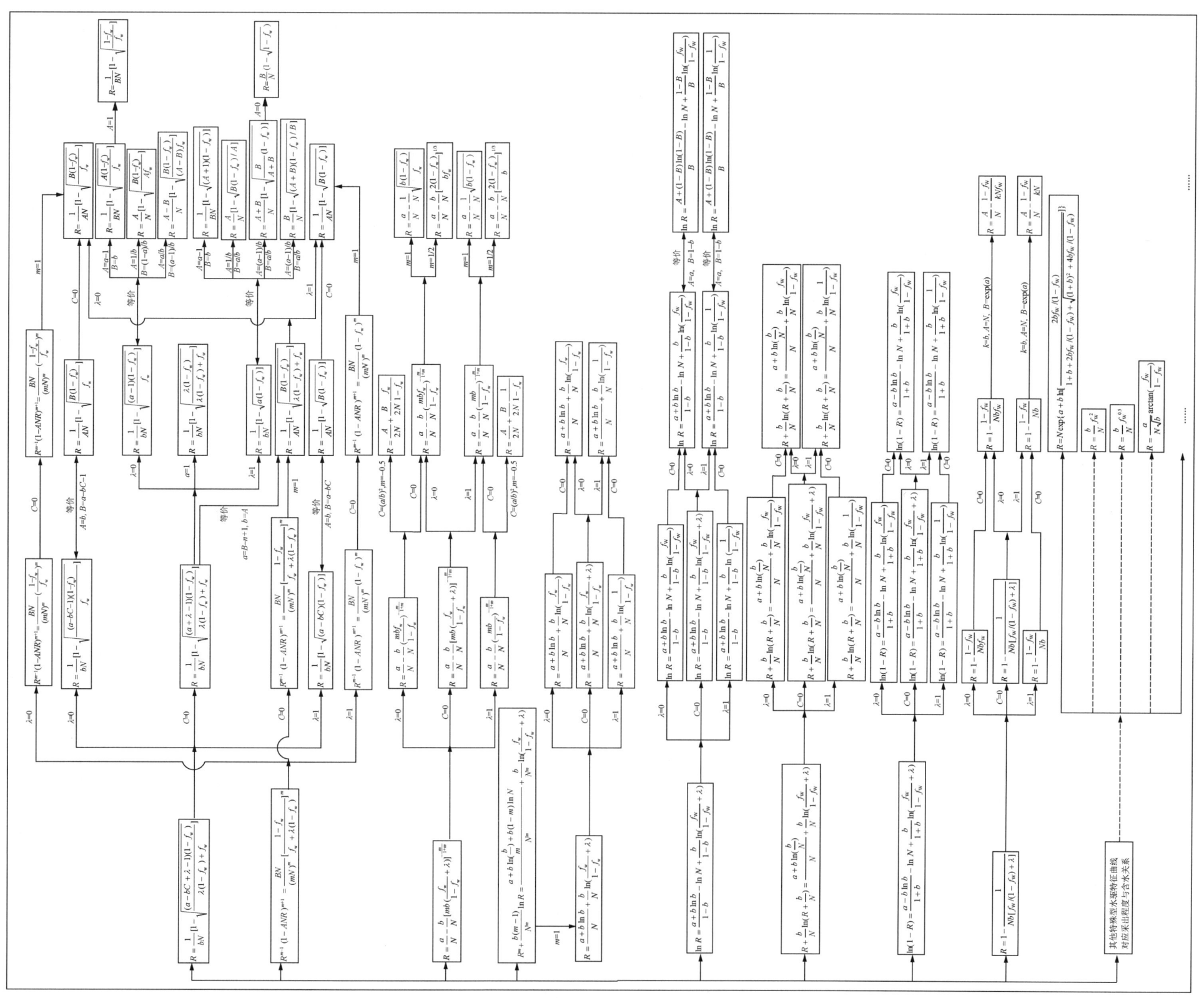

图6-40 水驱特征曲线对应含水率变化规律演绎结构图

通过重复以上过程,最终形成了图 6-39 中各水驱特征曲线对应的采出程度与含水率关系曲线(图 6-40)。

图 6-40 与图 6-39 结构一致,相同位置上的水驱特征曲线与 $R - f_w$ 曲线相互对应。这样做主要是为应用提供了便利,即利用选定的水驱特征曲线对生产数据拟合得到的待定系数 a、b、m、λ(或 A、B、m、λ)值,直接代到相对应的 $R - f_w$ 式中,即可得到 $R - f_w$ 曲线。

经以上研究:(1)理清了各水驱特征曲线间的联系,系统建立了目前 78 个水驱特征曲线可以划分为 9 类 5 层系统分类结构图。(2)给出了水驱特征曲线方法系统分类图相对应的水驱反演图,简化了水驱特征曲线转化为 $R - f_w$ 曲线的过程,方便了现场研究人员的选择、查阅、应用和管理。(3)在分类过程中,及时利用建立过渡型水驱特征曲线理论方法,完善和形成了一些新型水驱特征曲线。(4)第二层中能简化为第三层两种水驱特征曲线(λ 分别取 0 和 1)的这类水驱特征曲线,是今后筛选理想型水驱特征曲线的主要曲线。

第八节 常用水驱特征曲线求解方法

在实际水驱特征曲线应用时,油藏工程者不仅要选取稳定水驱开发的数据进行回归分析,而且也要利用其确定的参数,对其相应的最终采收率进行标定。这就要求把水驱特征曲线经过微分,转换成含水与采出程度的关系式,然后取极限含水率($f_w = 0.95$ 或 0.98,一般取后者),求出对应的采出程度作为油田的最终水驱采收率。然而,Iraj Ersaghi 等利用油水相对渗透率比值与出口端含水饱和度为指数式 $K_{ro}/K_{rw} = m\exp(-nS_{we})$,并结合 Welge 方程得到[49]:

$$R = \frac{1}{n(1 - S_{wi})}\left[\ln\left(\frac{m}{\mu_r}\right) - nS_{wi} + \frac{1}{f_w} + \ln\left(\frac{f_w}{1 - f_w}\right)\right] \quad (6-283)$$

式(6-283)在 $f_w = 0.5$ 时存在最小值,即在 $0 < f_w < 0.5$ 时单调递减,在 $0.5 < f_w < 1$ 时单调递增。为此,国内一些学者提出:水驱曲线的直线段要在含水率大于 50% 的地方去找,而对于那些含水率低于 50% 的油田,是不可能得到准确可靠有代表性的水驱曲线直线段的[50]。此后,1997 年,文献[51]通过理论分析和油田实例研究指出:在含水率 50% 以前和以后水驱曲线都能出现直线段,出现时间主要取决于油层及其内部流体性质。2017 年,文献[52]根据 Buckley - Leverett 油水两相渗流理论和油水相对渗透率比值与出口端含水饱和度为指数式,提出水驱曲线合理直线段的选取条件为:当含水率函数与累计产液量的双对数关系曲线出现斜率接近于 -1 的直线,即表征油藏系统基本趋近于稳定水驱状态。其判定水驱稳定条件的数学关系式为:

$$\lg[f_w(1 - f_w)] = -\lg L_p + \lg\left(\frac{E_v V_p}{n}\right) \quad (6-284)$$

式中 E_v ——油藏水驱体积波及系数;
V_p ——油藏孔隙体积,m^3。

以上这些确定参与数据分析的条件主要是针对甲型含水变化规律(或甲型水驱特征曲线)和式(6-283)含水变化规律(历史上曾称丙型含水变化曲线)提出的。随着水驱特征曲线方法的不断涌现以及对应含水变化规律的反演,矿场上主要是利用油田基本稳定水驱条件下实际生产数据来研究油田的水驱特征曲线,然后,再对比实际含水率与水驱特征曲线反演含水率变化曲线的整体吻合程度,这样形成了双重评价因素来确定油田的含水变化规律和预测油田水驱可采储量,即水驱特征曲线拟合相关系数和实际含水率与水驱特征曲线反演含水率变化曲线的吻合程度。针对前文提到的水驱特征曲线,主要形成了以下三种求解方法。

一、直接采用多元线性求解

在众多水驱特征曲线中,部分水驱特征曲线可以直接转化为多元线性回归求解,如未带修正参数的甲型、乙型、丙型、丁型等水驱特征曲线,可以直接利用多元线性回归求得待定参数的值。

1. 马克西莫夫—童宪章曲线[(甲型)未校正]

水驱特征曲线模型:$N_p = a + b\ln W_p$

反演为含水率变化曲线模型:$R = \dfrac{a + b\ln b}{N} + \dfrac{b}{N}\ln\left(\dfrac{f_w}{1 - f_w}\right)$

令 $y = N_p$,$x = \ln W_p$,则未修正甲型水驱特征曲线转化为 $y = a + bx$。将表 6 – 13 中 2003—2008 年水驱稳定数据代入 $y = a + bx$,利用最小二乘法确定出 $\hat{a} = -61.82658$,$\hat{b} = 111.04631$,相关系数 = 0.99669(图 6 – 41)。

表 6 – 13 Kumkol North – Ⅲ油藏开发数据

时间	累计产油量(10^4 t)	累计产水量(10^4 m³)	年平均含水	年底含水
1995	3.6179	0.0115	0.0032	0.0062
1996	22.1618	0.1827	0.0091	0.0069
1997	47.9004	0.3042	0.0047	0.0050
1998	79.6639	0.4706	0.0052	0.0079
1999	118.9223	0.8882	0.0105	0.0203
2000	165.7564	2.3412	0.0301	0.0404
2001	216.3800	5.0438	0.0507	0.0739
2002	263.5676	10.1241	0.0972	0.1662
2003	321.1676	27.8428	0.2353	0.2840
2004	391.7712	63.0650	0.3328	0.3821
2005	444.0671	102.7359	0.4314	0.5033
2006	515.9711	200.1422	0.5753	0.6282
2007	595.3991	369.7537	0.6811	0.7341
2008	664.9026	626.8637	0.7872	0.8167
2009	741.7254	1049.2835	0.8461	0.8690
2010	804.6435	1568.0869	0.8918	0.9152
2011	846.0329	2199.4326	0.9385	0.9497
2012	877.6997	2979.1667	0.9610	0.9656
2013	902.4610	3785.6398	0.9702	0.9738
2014	920.6389	4570.9412	0.9774	0.9808

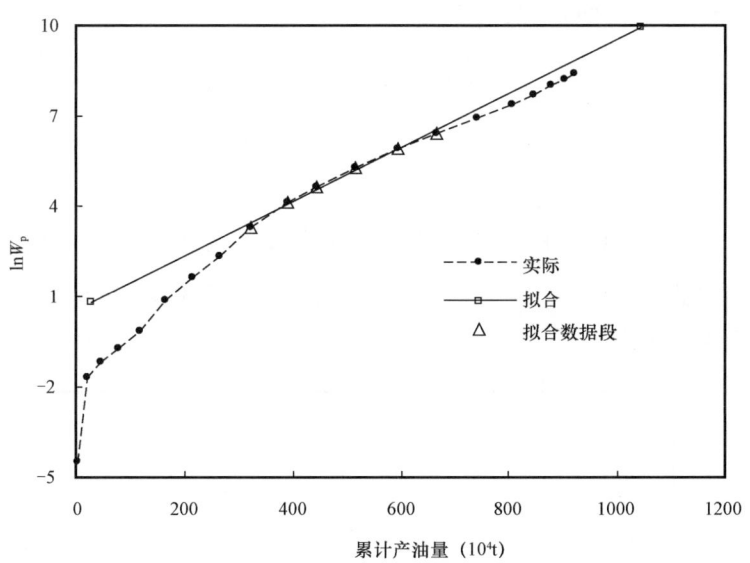

图 6-41　Kumkol-Ⅲ 油藏甲型水驱特征曲线

再将 $\hat{a}$，$\hat{b}$ 值代入反演的含水率变化关系式,并取 $N = 1748.43 \times 10^4 t$,得:

$$R = 0.26378 + 0.06351\ln\left(\frac{f_w}{1-f_w}\right)$$

利用上述反演含水率变化关系式与实际采出程度与含水率生产点对比,反演含水变化曲线与实际生产点整体变换趋势基本相近(注意:实际点取采出程度对应瞬时含水率值,如年累计产量值,对应含水为年末含水率),表明甲型水驱特征曲线可以描述 Kumkol North-Ⅲ 油藏开发指标变化规律(图 6-42)。

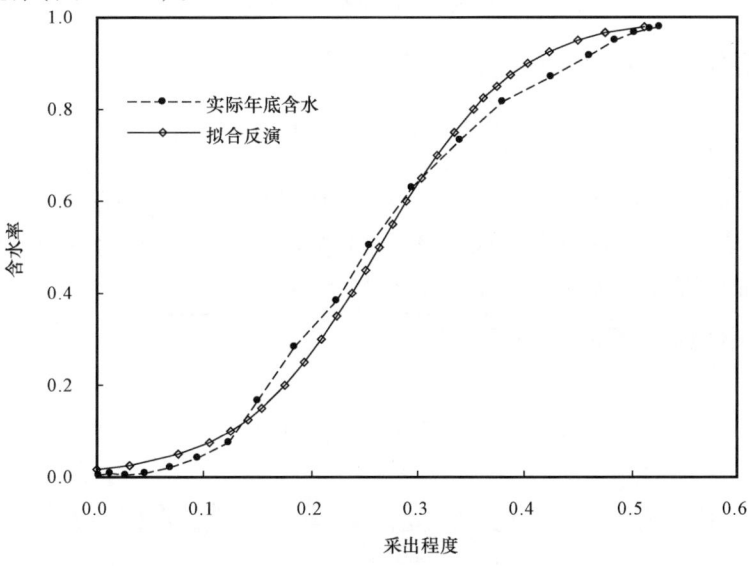

图 6-42　Kumkol-Ⅲ 油藏甲型含水率变化曲线

2. 沙卓诺夫曲线[(乙型)未校正]

水驱特征曲线模型：$N_p = a + b\ln L_p$

反演为含水率变化曲线模型：$R = \dfrac{a + b\ln b}{N} + \dfrac{b}{N}\ln\left(\dfrac{1}{1-f_w}\right)$

令 $y = N_p$，$x = \ln L_p$，则未修正乙型水驱特征曲线转化为 $y = a + bx$。将表 6-13 中 2003—2008 年水驱稳定数据代入 $y = a + bx$，利用最小二乘法确定出 $\hat{a} = -1224.83590$，$\hat{b} = 264.40097$，相关系数 $=0.99971$（图 6-43）。

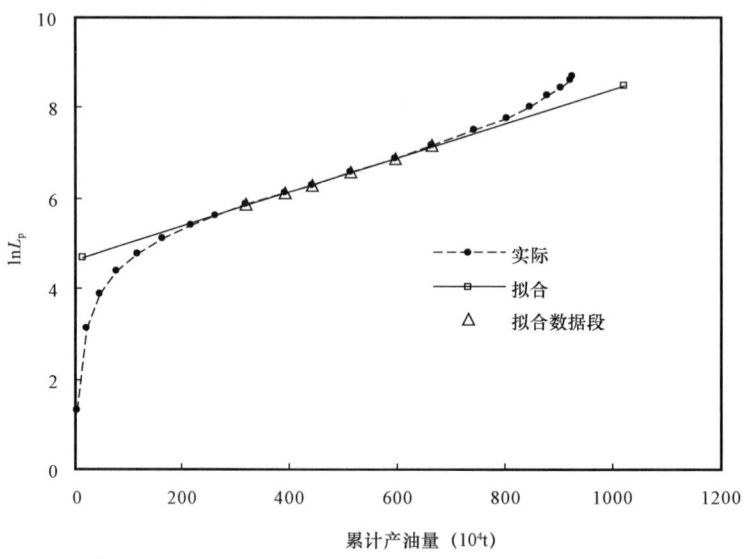

图 6-43　Kumkol-Ⅲ油藏乙型水驱特征曲线

再将 $\hat{a}$，$\hat{b}$ 值代入反演的含水率变化关系式，得：

$$R = 0.14290 + 0.151221n\left(\dfrac{1}{1-f_w}\right)$$

利用上述反演含水率变化关系式与实际采出程度与含水率生产点对比，反演含水变化曲线与实际生产点在低含水期和高含水期变换趋势相差较大，表明乙型水驱特征曲线描述 Kumkol North-Ⅲ油藏开发指标变化规律较差（图 6-44）。

3. 西帕切夫曲线[(丙型)未校正]

水驱特征曲线模型：$\dfrac{L_p}{N_p} = a + bL_p$

反演为含水率变化曲线模型：$R = \dfrac{1}{bN} - \dfrac{1}{bN}\sqrt{a(1-f_w)}$

令 $y = L_p/N_p$，$x = L_p$，则未修正丙型水驱特征曲线转化为 $y = a + bx$。将表 6-13 中

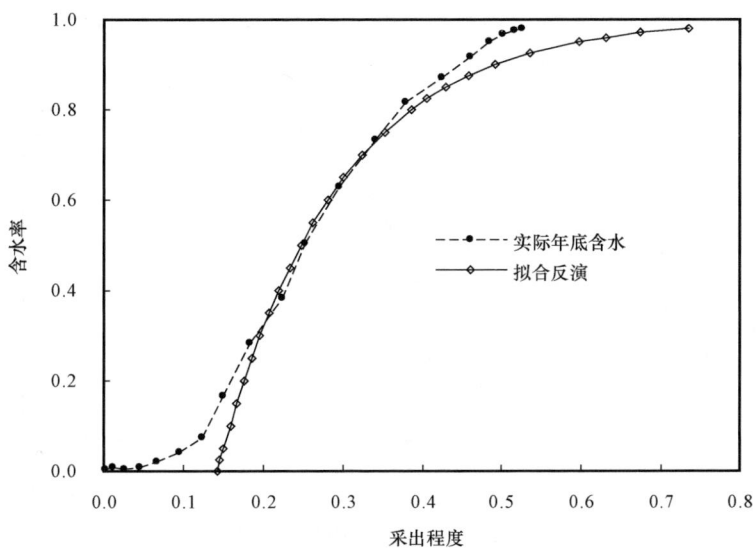

图 6-44　Kumkol-Ⅲ油藏乙型含水率变化曲线

2003—2008 年水驱稳定数据代入 $y = a + bx$，利用最小二乘法确定出 $\hat{a} = 0.74399$，$\hat{b} = 9.17457 \times 10^{-4}$，相关系数等于 0.99892（图 6-45）。

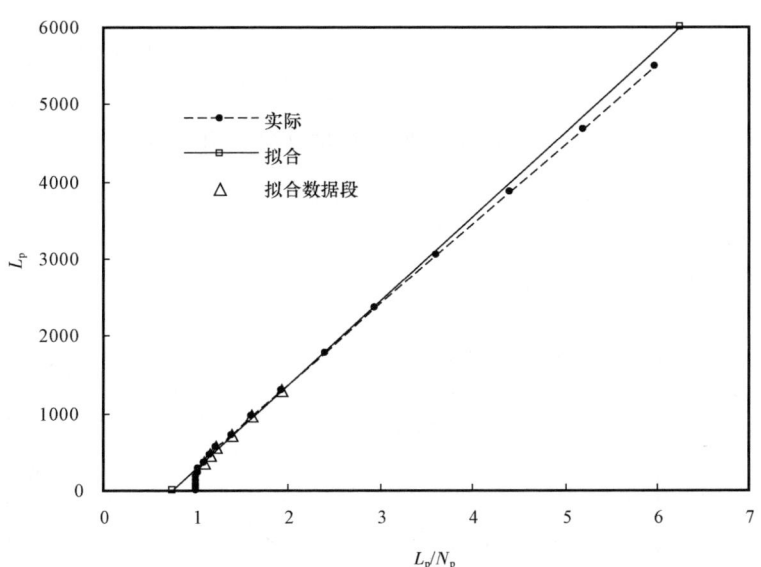

图 6-45　Kumkol-Ⅲ油藏丙型水驱特征曲线

再将 $\hat{a}$，$\hat{b}$ 值代入反演的含水率变化关系式，得：

$$R = 0.62340 - 0.53771\sqrt{1 - f_w}$$

利用上述反演含水率变化关系式与实际采出程度与含水率生产点对比，反演含水变化曲线与实际生产点整体变化趋势相差不大，表明丙型水驱特征曲线可以描述 Kumkol North-Ⅲ 油藏开发指标变化规律（图 6-46）。

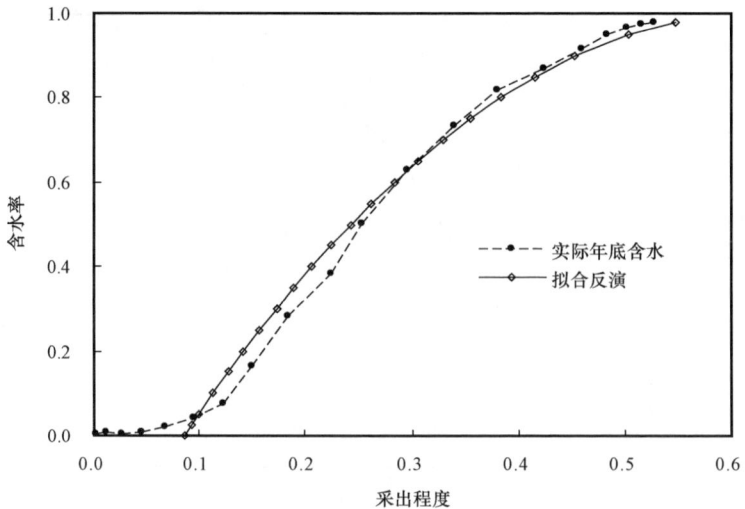

图 6-46 Kumkol-Ⅲ油藏丙型含水率变化曲线

4. 纳扎洛夫曲线[(丁型)未校正]

水驱特征曲线模型：$\dfrac{L_p}{N_p} = a + bW_p$

反演含水率变化曲线模型：$R = \dfrac{1}{bN} - \dfrac{1}{bN}\sqrt{\dfrac{(a-1)(1-f_w)}{f_w}}$

令 $y = L_p/N_p$，$x = W_p$，则未修正丁型水驱特征曲线转化为 $y = a + bx$。将表 6-13 中 2003—2008 年水驱稳定数据代入 $y = a + bx$，利用最小二乘法确定出 $\hat{a} = 1.07775$，$\hat{b} = 1.41271 \times 10^{-3}$，相关系数等于 0.99749（图 6-47）。

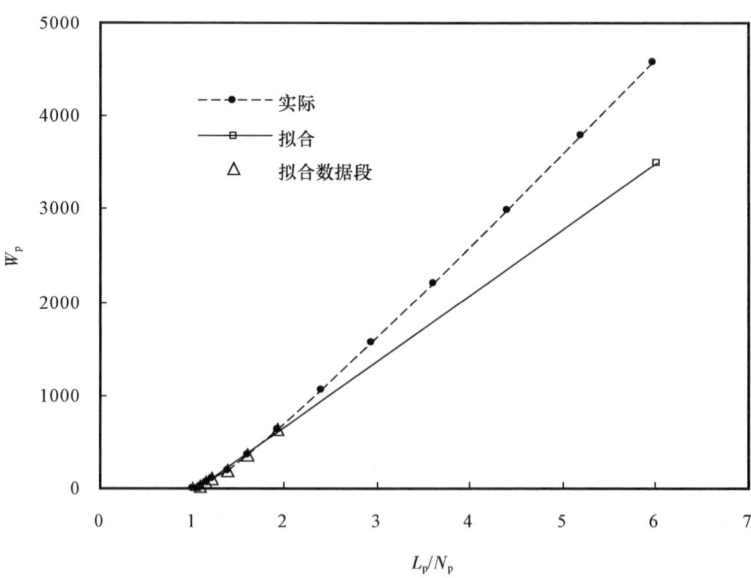

图 6-47 Kumkol-Ⅲ油藏丁型水驱特征曲线

再将 $\hat{a}$, $\hat{b}$ 值代入反演的含水率变化关系式,得:

$$R = 0.640485 - 0.11289\sqrt{\frac{1-f_w}{f_w}}$$

利用上述反演含水率变化关系式与实际采出程度与含水率生产点对比,反演含水变化曲线与实际生产点整体变化趋势相差很大,表明丁型水驱特征曲线不适合描述 Kumkol North – Ⅲ 油藏开发指标变化规律(图 6 – 48)。

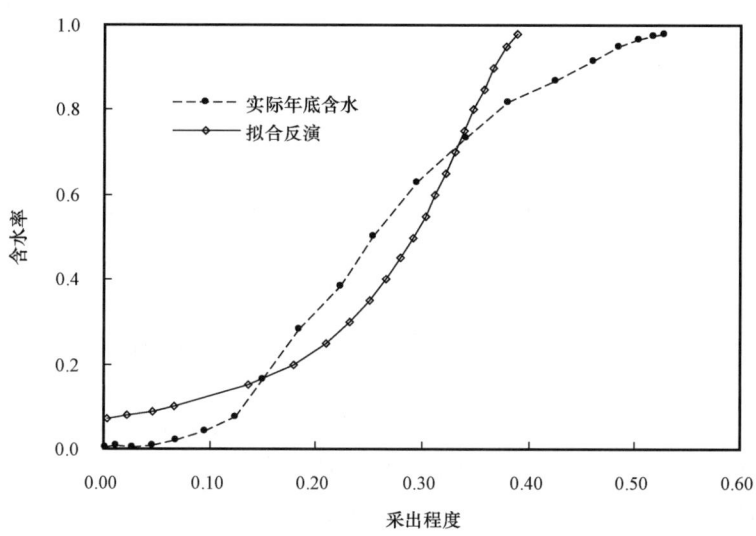

图 6 – 48 Kumkol – Ⅲ 油藏丁型含水率变化曲线

5. Ⅱ 类理想型水驱曲线

水驱特征曲线模型: $\dfrac{W_p}{N_p} = a - 1 + b(W_p + \lambda N_p)$

反演含水率变化曲线模型: $R = \dfrac{1}{bN}\left\{1 - \left[\dfrac{(a+\lambda-1)(1-f_w)}{f_w + \lambda(1-f_w)}\right]^{0.5}\right\}$

令 $y = L_p/N_p$, $x_1 = W_p$, $x_2 = N_p$, $a_0 = a-1$, $a_1 = b$, $a_2 = b\lambda$,则Ⅱ类理想型水驱特征曲线转化为 $y = a_0 + a_1 x_1 + a_2 x_2$。将表 6 – 13 中 2003—2008 年水驱稳定数据代入 $y = a_0 + a_1 x_1 + a_2 x_2$,利用多元线性回归确定出 $\hat{a}_0 = -0.12624$, $\hat{a}_1 = 1.11610 \times 10^{-3}$, $\hat{a}_2 = 5.57841 \times 10^{-4}$,相关系数等于 0.99995(图 6 – 49)。

再利用 $a = 1 + \hat{a}_0$, $b = \hat{a}_1$, $\lambda = \hat{a}_2/\hat{a}_1$ 确定出 $\hat{a}$, $\hat{b}$, $\hat{\lambda}$,将 $\hat{a} = 0.87376$、$\hat{b} = 1.11610 \times 10^{-3}$、$\hat{\lambda} = 0.49981$ 值代入反演的含水率变化关系式,得:

$$R = 0.51245 - 0.31321\left[\frac{1-f_w}{f_w + 0.49981(1-f_w)}\right]^{0.5}$$

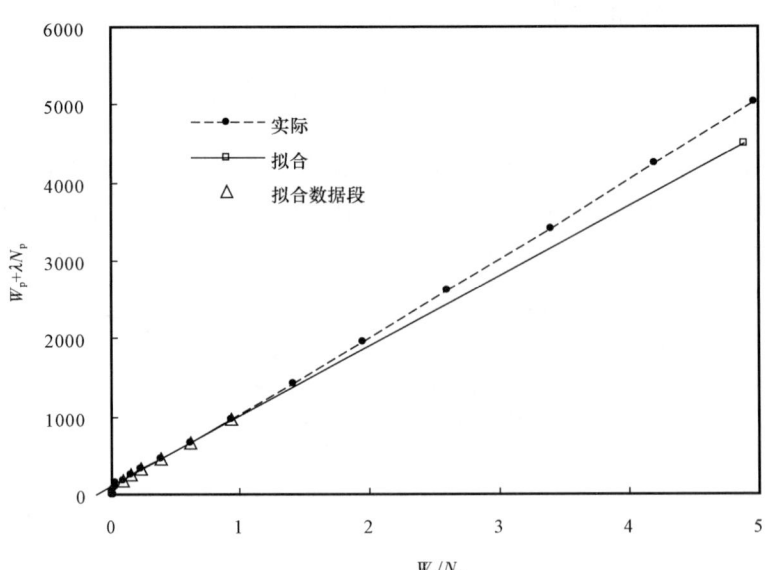

图 6-49 Kumkol-Ⅲ油藏Ⅱ类理想型水驱特征曲线

利用上述反演含水率变化关系式与实际采出程度与含水率生产点对比,反演含水变化曲线与高含水期实际生产点变化趋势相差较大,表明Ⅱ类理想型水驱特征曲线不适合描述 Kumkol North-Ⅲ油藏高含水期开发指标变化规律(图 6-50)。

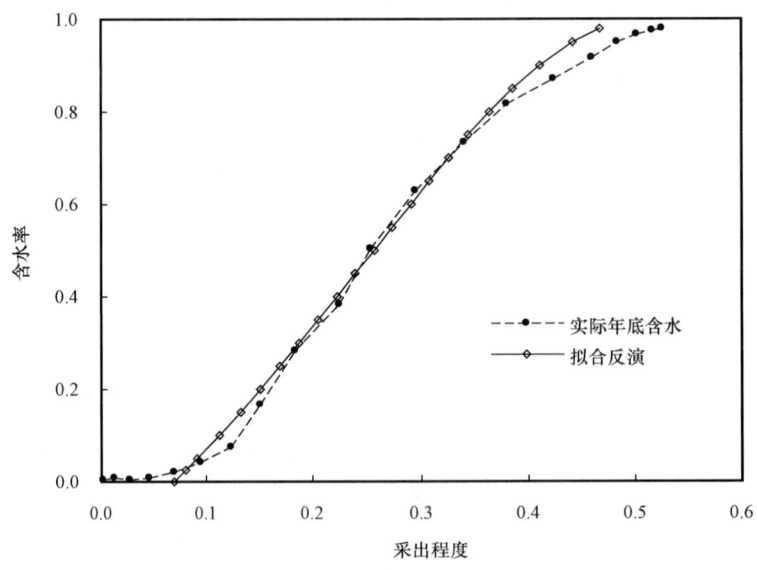

图 6-50 Kumkol-Ⅲ油藏Ⅱ类理想型含水率变化曲线

6. 西帕切夫曲线[(丙型)校正]

水驱特征曲线模型：$\dfrac{L_p + C}{N_p} = a + bL_p$

反演含水率变化曲线模型：$R = \dfrac{1}{bN} - \dfrac{1}{bN}\sqrt{(a-bC)(1-f_w)}$

令 $y = L_p/N_p$，$x_1 = L_p$，$x_2 = 1/N_p$，$a_0 = a$，$a_1 = b$，$a_2 = -C$，则修正丙型水驱特征曲线转化为 $y = a_0 + a_1 x_1 + a_2 x_2$。将表 6-13 中 2003—2008 年水驱稳定数据代入 $y = a_0 + a_1 x_1 + a_2 x_2$，利用多元线性回归确定出 $\hat{a}_0 = 0.53868$，$\hat{a}_1 = 1.01399 \times 10^{-3}$，$\hat{a}_2 = 62.46070$，相关系数等于 0.99999（图 6-51）。

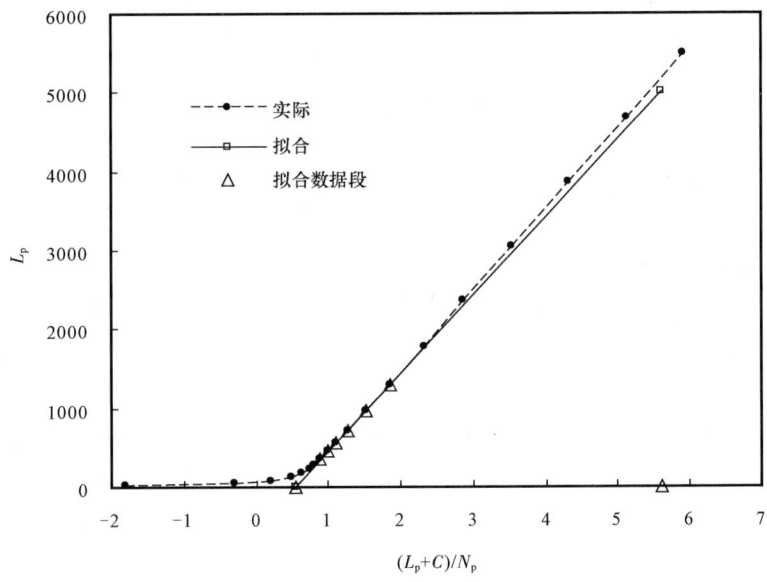

图 6-51　Kumkol-Ⅲ油藏修正丙型水驱特征曲线

再利用 $a = \hat{a}_0$，$b = \hat{a}_1$，$C = -\hat{a}_2$ 确定出 $\hat{a}$，$\hat{b}$，$\hat{C}$，将 $\hat{a} = 0.53868$，$\hat{b} = 1.01399 \times 10^{-3}$、$\hat{C} = -62.46070$ 值代入反演的含水率变化关系式，得：

$$R = 0.56405 - 0.43765\sqrt{1-f_w}$$

利用上述反演含水率变化关系式与实际采出程度与含水率生产点对比，反演含水变化曲线与中含水期及以后实际生产点变化趋势一致，表明修正丙型水驱特征曲线适合描述 Kumkol North-Ⅲ油藏中含水期及以后开发指标变化规律（图 6-52）。

7. 纳扎洛夫曲线[(丁型)校正]：

水驱特征曲线模型：$\dfrac{L_p + C}{N_p} = a + bW_p$

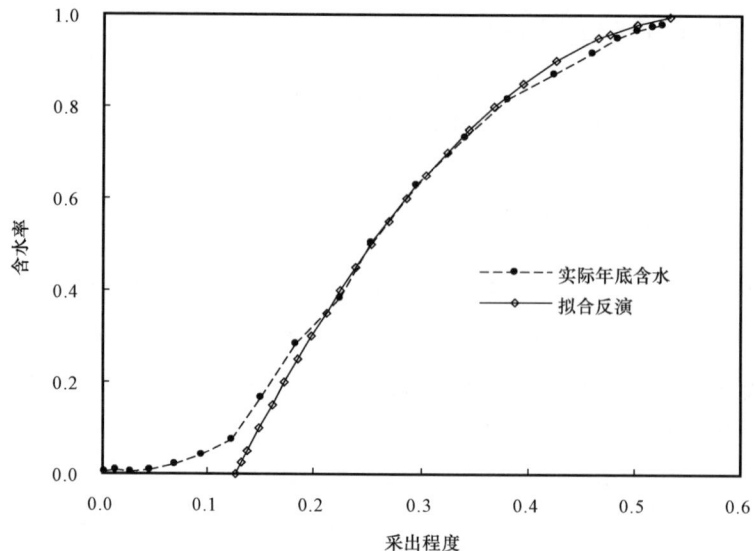

图 6-52 Kumkol-Ⅲ油藏修正丙型含水率变化曲线

反演含水率变化曲线模型：$R = \dfrac{1}{bN} - \dfrac{1}{bN}\sqrt{\dfrac{(a-bC-1)(1-f_w)}{f_w}}$

令 $y = L_p/N_p$，$x_1 = W_p$，$x_2 = 1/N_p$，$a_0 = a$，$a_1 = b$，$a_2 = -C$，则修正丁型水驱特征曲线转化为 $y = a_0 + a_1x_1 + a_2x_2$。将表 6-13 中 2003—2008 年水驱稳定数据代入 $y = a_0 + a_1x_1 + a_2x_2$，利用多元线性回归确定出 $\hat{a}_0 = 1.27527$，$\hat{a}_1 = 1.24787 \times 10^{-3}$，$\hat{a}_2 = -73.30881$，相关系数等于 0.99980（图 6-53）。

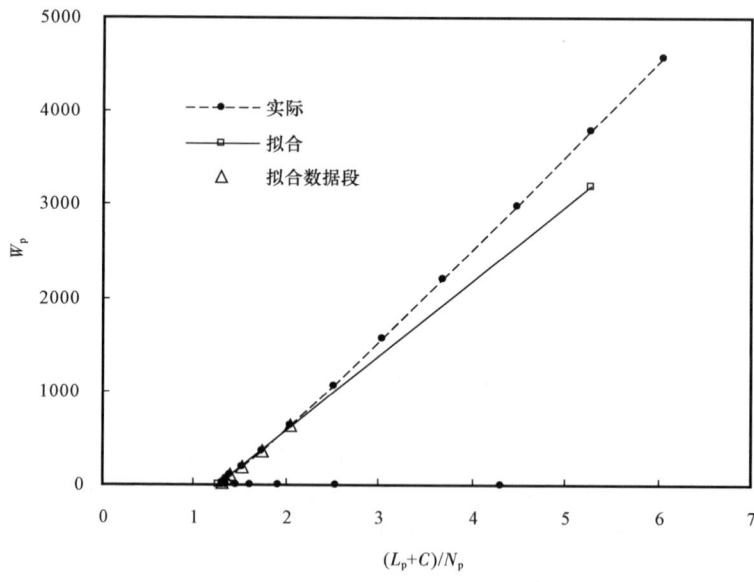

图 6-53 Kumkol-Ⅲ油藏修正丁型水驱特征曲线

再利用 $a = \hat{a}_0$，$b = \hat{a}_1$，$C = -\hat{a}_2$ 确定出 $\hat{a}$，$\hat{b}$，$\hat{C}$，将 $\hat{a} = 1.27527$，$\hat{b} = 1.24787 \times 10^{-3}$，

$\hat{C} = 73.30881$ 值代入反演的含水率变化关系式,得:

$$R = 0.45833 - 0.19649\sqrt{\frac{1-f_w}{f_w}}$$

利用上述反演含水率变化关系式与实际采出程度与含水率生产点对比,反演含水变化曲线与实际生产点变化趋势相差很大,表明修正丁型水驱特征曲线不适合描述 Kumkol North - Ⅲ 油藏开发指标变化规律(图 6 - 54)。与未修正丁型水驱特征曲线对比,只是拟合程度略高,中高含水期含水率反演点与实际生产点接近,但整体反演含水变化曲线与实际生产含水率变化曲线相差较大。因此,在实际应用时,若未修正丁型水驱特征曲线反演的含水率变化曲线与实际生产曲线不一致,也不必进行修正丁型水驱特征曲线的研究。其原因是丙型水驱曲线对应的含水率变化曲线不是实际油藏的含水变化规律。

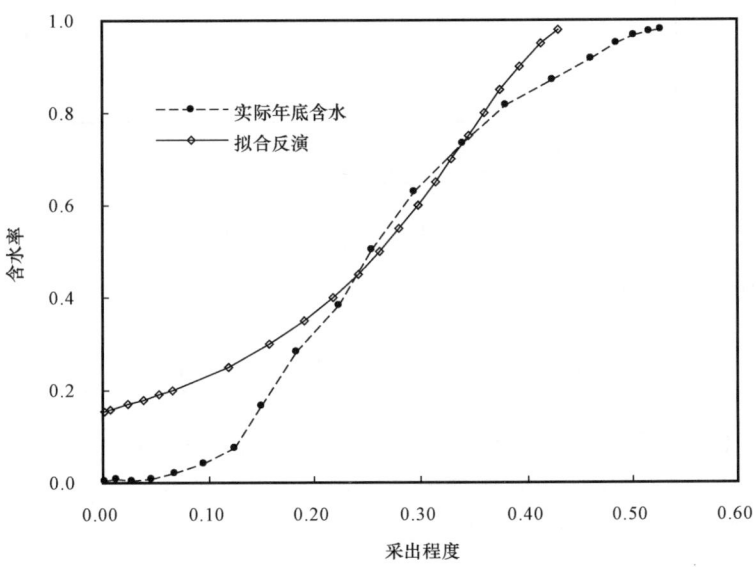

图 6 - 54　Kumkol - Ⅲ 油藏修正丁型含水率变化曲线

二、含单变量多元线性求解

除了前面简单的水驱特征曲线可以直接转化为多元线性回归求解外,众多的水驱特征曲线只能转化为含单变量的多元线性回归求解,如带修正参数的甲型、乙型、丙型、丁型等水驱特征曲线,需借助试凑法或单变量求解法来确定待定参数的值。

1. 马克西莫夫—童宪章曲线[(甲型)校正]

水驱特征曲线模型:$N_p = a + b\ln(W_p + C)$

反演含水率变化曲线模型:$R = \frac{a + b\ln b}{N} + \frac{b}{N}\ln\left(\frac{f_w}{1-f_w}\right)$

令 $y = N_p$,$x = \ln(W_p + C)$,则修正甲型水驱特征曲线转化为 $y = a + bx$。首先,将表 6 - 13 中 2003—2008 年水驱稳定数据代入 $y = a + bx$;其次,给定 C 值一个很小的数,利用

最小二乘法确定 $\hat{a}$ 和 $\hat{b}$;最后,改变 C 值,重复利用最小二乘法确定 $\hat{a}$ 和 $\hat{b}$,这样重复往复,确定出相关系数最大为 0.99990 时, $\hat{a}$ = -220.32051, $\hat{b}$ = 136.45581, $\hat{C}$ = 25.29103(图 6-55)。

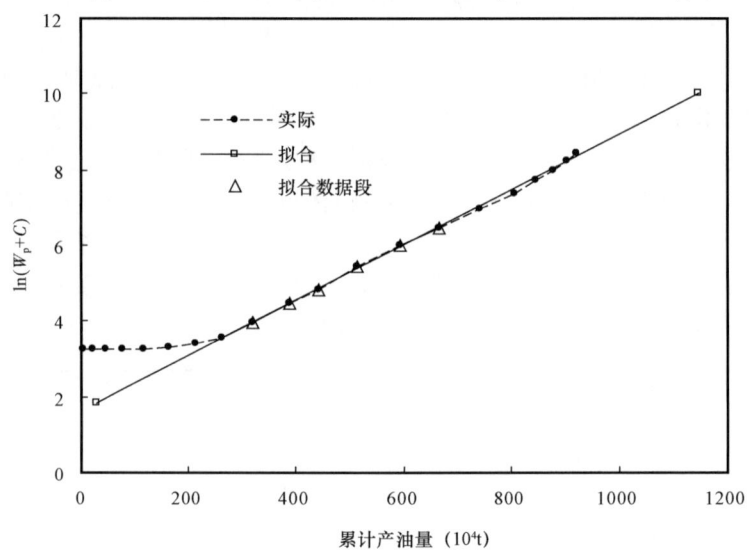

图 6-55　Kumkol-Ⅲ油藏修正甲型水驱特征曲线

将 $\hat{a}$, $\hat{b}$ 值代入反演的含水率变化关系式,得:

$$R = 0.25766 + 0.07804\ln\left(\frac{f_w}{1-f_w}\right)$$

利用该反演的含水率变化关系式与实际采出程度与含水率生产点对比,反演含水变化曲线与实际生产点整体变换趋势一致,表明修正甲型水驱特征曲线可以描述 Kumkol North-Ⅲ油藏低含水期以后开发指标变化规律(图 6-56)。

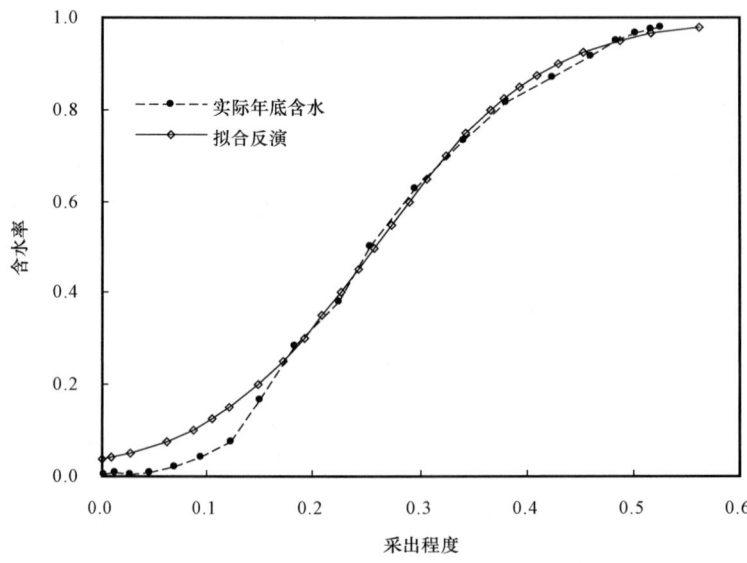

图 6-56　Kumkol-Ⅲ油藏修正甲型含水率变化曲线

2. 沙卓诺夫曲线[(乙型)校正]

水驱特征曲线模型:$N_p = a + b\ln(L_p + C)$

反演含水率变化曲线模型:$R = \dfrac{a + b\ln b}{N} + \dfrac{b}{N}\ln\left(\dfrac{1}{1-f_w}\right)$

令 $y = N_p$,$x = \ln(L_p + C)$,则修正乙型水驱特征曲线转化为 $y = a + bx$。首先,将表 6-13 中 2003—2008 年水驱稳定数据代入 $y = a + bx$;其次,给定 C 值一个很小的数,利用最小二乘法确定 $\hat{a}$ 和 $\hat{b}$;最后,改变 C 值,重复利用最小二乘法确定 $\hat{a}$ 和 $\hat{b}$,这样重复往复,确定出相关系数最大为 0.99987 时,$\hat{a} = -994.50925$,$\hat{b} = 233.65243$,$\hat{C} = -72.96443$(图 6-57)。

将 $\hat{a}$,$\hat{b}$ 值代入反演的含水率变化关系式,得:

$$R = 0.16002 + 0.13364\ln\left(\dfrac{1}{1-f_w}\right)$$

利用上述反演的含水率变化关系式与实际采出程度与含水率生产点对比,反演含水变化曲线与中低含水期和高含水期实际生产点变换趋势相差较大,表明修正乙型水驱特征曲线不适于描述 Kumkol North-Ⅲ 油藏开发指标变化规律(图 6-58)。这一结果与未修正乙型水驱特征曲线一致,只是水驱特征曲线拟合相关程度略微改进,预测的可采储量采出程度比未修正时的值明显减小,但仍然高出实际可采储量采出程度很多。

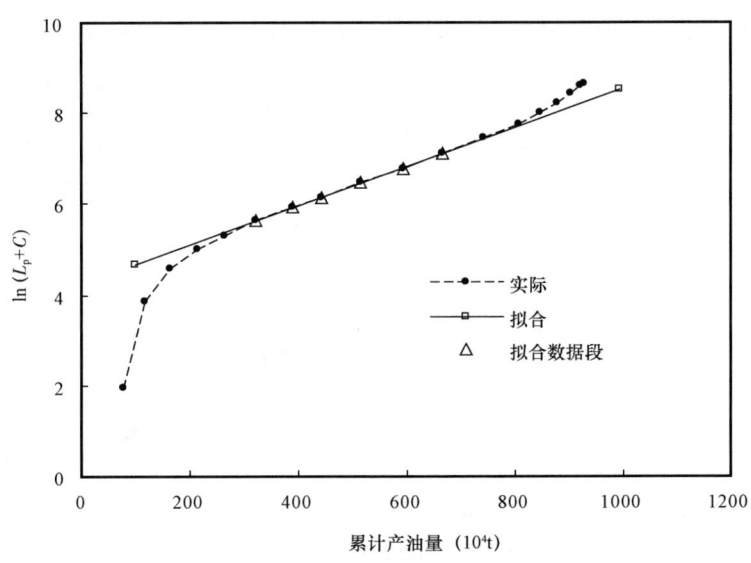

图 6-57 Kumkol-Ⅲ 油藏修正乙型水驱特征曲线

3. 万吉业 S-凸形曲线

水驱特征曲线模型:$\ln(1 - N_p/N) = a - b\ln(L_p + C)$

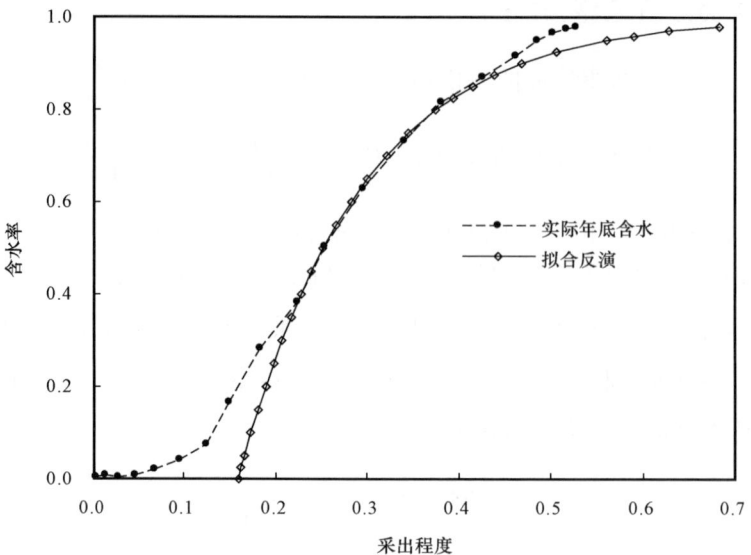

图 6-58　Kumkol-Ⅲ油藏修正乙型含水率变化曲线

反演含水率变化曲线模型：$\ln(1-R) = \dfrac{a - b\ln(bN)}{1+b} - \dfrac{b}{1+b}\ln\left(\dfrac{1}{1-f_w}\right)$

令 $y = \ln(1 - N_p/N)$，$x = \ln(L_p + C)$，则万吉业 S-凸形水驱特征曲线转化为 $y = a + bx$。首先，将表 6-13 中 2003—2008 年水驱稳定数据代入 $y = a + bx$；其次，给定 C 值一个很小的数，利用最小二乘法确定 $\hat{a}$ 和 $\hat{b}$；最后，改变 C 值，重复利用最小二乘法确定 $\hat{a}$ 和 $\hat{b}$，这样重复往复，确定出相关系数最大为 0.99995 时，$\hat{a} = 1.24034$，$\hat{b} = 0.23810$，$\hat{C} = 79.04973$（图 6-59）。

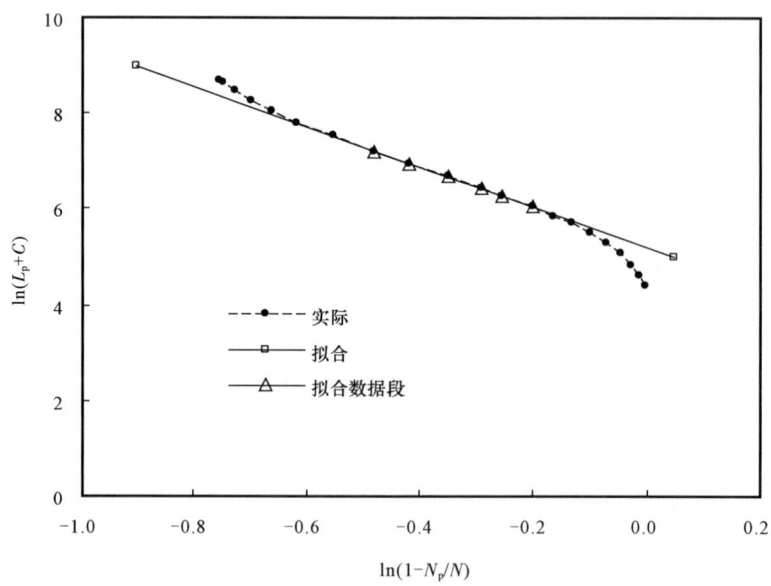

图 6-59　Kumkol-Ⅲ油藏 S-凸形水驱特征曲线

将 $\hat{a}$, $\hat{b}$ 值代入反演的含水率变化关系式,得:

$$\ln(1-R) = -0.15810 - 0.19231\ln\left(\frac{1}{1-f_w}\right)$$

利用该反演的含水率变化关系式与实际采出程度与含水率生产点对比,反演含水变化曲线与实际生产点整体变换趋势一致,表明万吉业 S-凸形水驱特征曲线可以描述 Kumkol North-Ⅲ 油藏低含水期以后开发指标变化规律(图 6-60)。

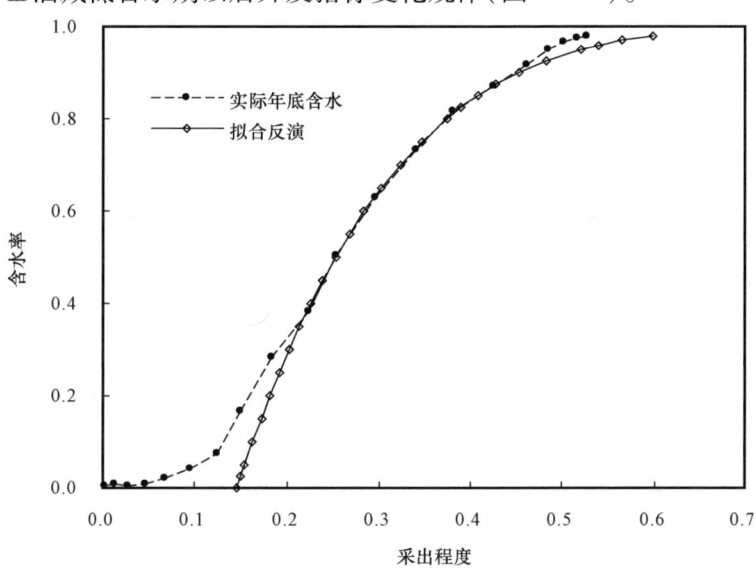

图 6-60　Kumkol-Ⅲ 油藏 S-凸形含水率变化曲线

4. 布雷吉曲线(双对数曲线)

水驱特征曲线模型: $\ln N_p = a + b\ln(W_p + C)$

反演含水率变化曲线模型: $\ln R = \dfrac{a + b\ln b}{1-b} - \ln N + \dfrac{b}{1-b}\ln\left(\dfrac{f_w}{1-f_w}\right)$

令 $y = \ln N_p$, $x = \ln(W_p + C)$,则双对数型水驱特征曲线转化为 $y = a + bx$。首先,将表 6-13 中 2003—2008 年水驱稳定数据代入 $y = a + bx$;其次,给定 C 值一个很小的数,利用最小二乘法确定 $\hat{a}$ 和 $\hat{b}$;最后,改变 C 值,重复利用最小二乘法确定 $\hat{a}$ 和 $\hat{b}$,这样重复往复,确定出相关系数最大为 0.99987 时,$\hat{a} = 5.08486$, $\hat{b} = 0.22038$, $\hat{C} = -5.56316$(图 6-61)。

将 $\hat{a}$, $\hat{b}$ 值代入反演的含水率变化关系式,得:

$$\ln R = -1.37173 + 0.28268\ln\left(\frac{f_w}{1-f_w}\right)$$

利用该反演的含水率变化关系式与实际采出程度与含水率生产点对比,反演含水变化曲线与实际生产点整体变换趋势一致,表明双对数型水驱特征曲线可以描述 Kumkol North-Ⅲ 油藏特高含水期以前开发指标变化规律,其预测可采储量远大于实际值(图 6-62)。

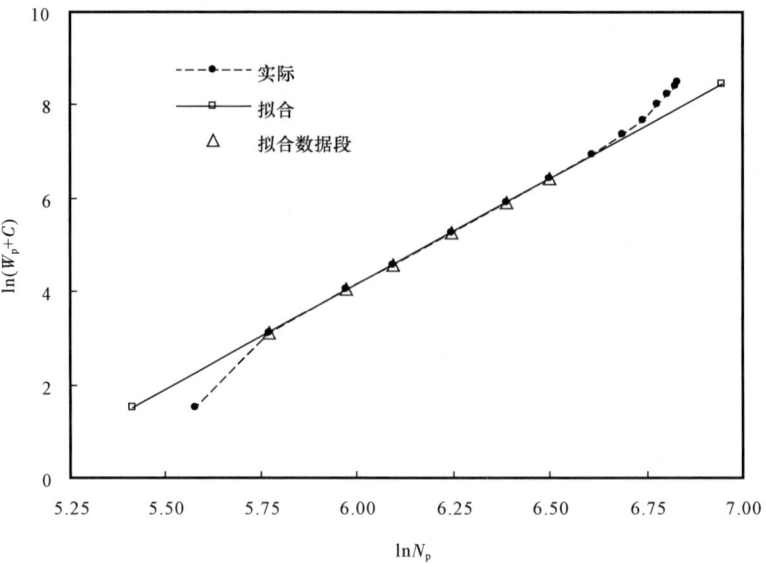

图 6-61 Kumkol-Ⅲ油藏双对数型水驱特征曲线

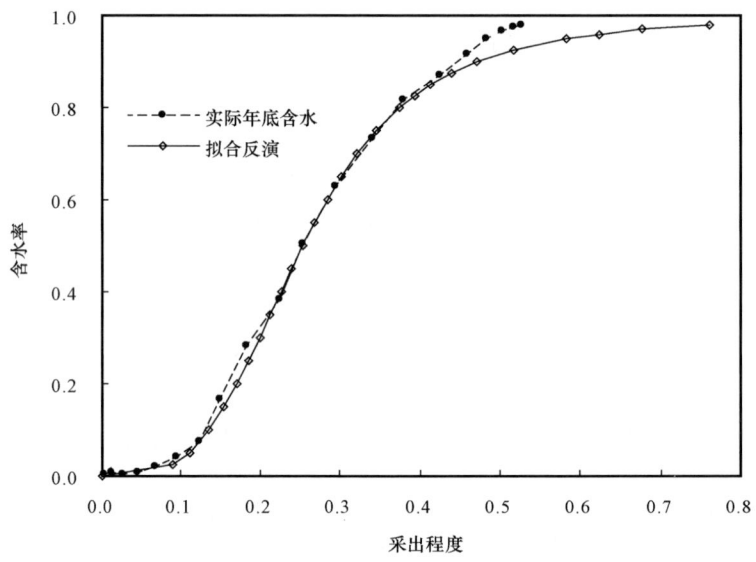

图 6-62 Kumkol-Ⅲ油藏双对数型含水率变化曲线

5. 万吉业超凸形曲线

水驱特征曲线模型：$\ln N_p = a + b\ln(L_p + C)$

反演含水率变化曲线模型：$\ln R = \dfrac{a + b\ln b}{1 - b} - \ln N + \dfrac{b}{1 - b}\ln\left(\dfrac{1}{1 - f_w}\right)$

令 $y = \ln N_p$，$x = \ln(L_p + C)$，则万吉业超凸形水驱特征曲线转化为 $y = a + bx$。首先，将表 6-13 中 2003—2008 年水驱稳定数据代入 $y = a + bx$；其次，给定 C 值一个很小的数，利用最

小二乘法确定 $\hat{a}$ 和 $\hat{b}$；最后，改变 C 值，重复利用最小二乘法确定 $\hat{a}$ 和 $\hat{b}$，这样重复往复，确定出相关系数最大为 0.99967 时，$\hat{a}$ = 4.10327，$\hat{b}$ = 0.34472，$\hat{C}$ = - 223.50184（图 6 - 63）。

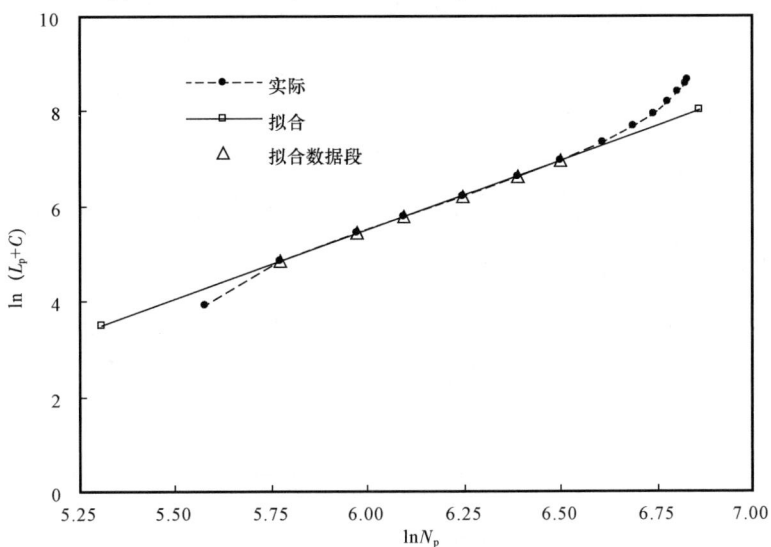

图 6 - 63　Kumkol - Ⅲ 油藏万吉业超凸形水驱特征曲线

将 $\hat{a}$，$\hat{b}$ 值代入反演的含水率变化关系式，得：

$$\ln R = -1.76486 + 0.52607\ln\left(\frac{1}{1-f_w}\right)$$

利用该反演的含水率变化关系式与实际采出程度与含水率生产点对比，反演含水变化曲线与实际生产点整体变换趋势相差很大，表明万吉业超凸形水驱特征曲线不适合描述 Kumkol North - Ⅲ 油藏开发指标变化规律（图 6 - 64）。

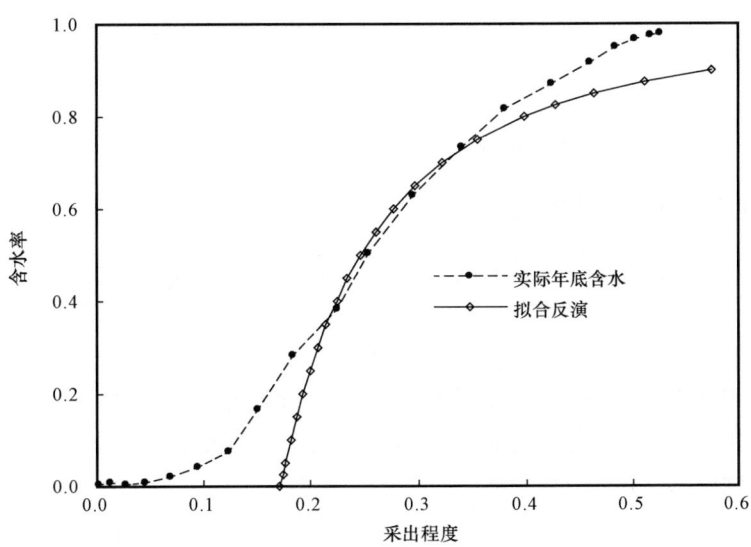

图 6 - 64　Kumkol - Ⅲ 油藏万吉业超凸形含水率变化曲线

6. 陈元千型曲线

水驱特征曲线模型：$N_p = a + b\ln\left(\dfrac{W_p + C}{N_p}\right)$

反演含水率变化曲线模型：$R + \dfrac{b}{N}\ln\left(\dfrac{b}{N} + R\right) = \dfrac{a + b\ln(b/N)}{N} + \dfrac{b}{N}\ln\left(\dfrac{f_w}{1 - f_w}\right)$

令 $y = N_p$，$x = \ln\left(\dfrac{W_p + C}{N_p}\right)$，则陈元千型水驱特征曲线转化为 $y = a + bx$。首先，将表 6-13 中 2003—2008 年水驱稳定数据代入 $y = a + bx$；其次，给定 C 值一个很小的数，利用最小二乘法确定 $\hat{a}$ 和 $\hat{b}$；最后，改变 C 值，重复利用最小二乘法确定 $\hat{a}$ 和 $\hat{b}$，这样重复往复，确定出相关系数最大为 0.99987 时，$\hat{a} = 670.32300$，$\hat{b} = 171.66335$，$\hat{C} = 14.25422$（图 6-65）。

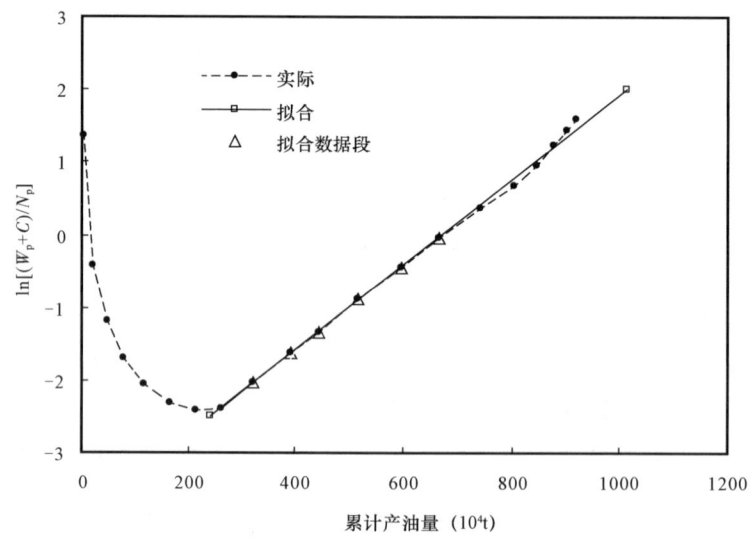

图 6-65　Kumkol-Ⅲ油藏陈元千型水驱特征曲线

将 $\hat{a}$，$\hat{b}$ 值代入反演的含水率变化关系式，得：

$$R + 0.09818\ln(0.09818 + R) = 0.15551 + 0.09818\ln\left(\dfrac{f_w}{1 - f_w}\right)$$

利用该反演的含水率变化关系式与实际采出程度与含水率生产点对比，反演含水变化曲线与实际生产点整体变换趋势一致，表明陈元千型水驱特征曲线适合描述 Kumkol North-Ⅲ 油藏开发指标变化规律，只是利用反演含水率变化关系式确定某一含水率下采出程度时需要试凑法或其他迭代方法求解（图 6-66）。

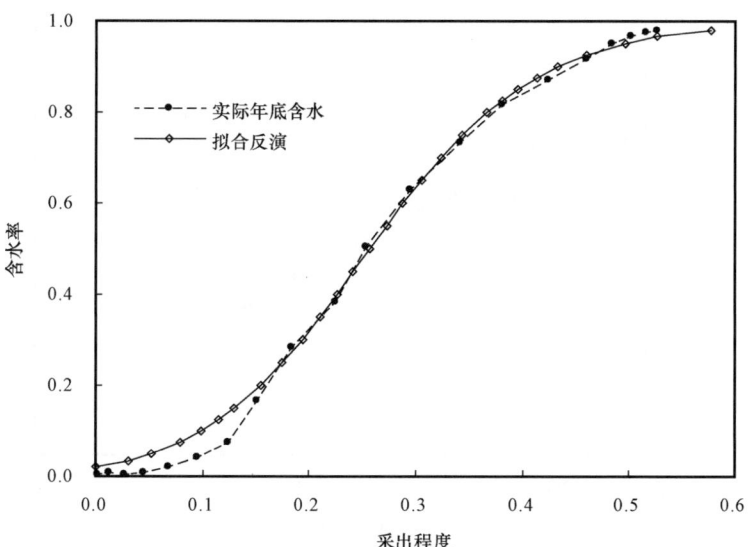

图 6-66 Kumkol-Ⅲ油藏陈元千型含水率变化曲线

三、含双变量多元线性求解

在水驱特征曲线众多方法中,许多广义型水驱特征曲线求解是需要进行含双变量多元线性方程求解,具体如下:

1. 俞启泰曲线(广义丁型)

水驱特征曲线模型:$N_p = a + b(W_p + C)^n$

反演含水率变化曲线模型:$R = \dfrac{a}{N} + \dfrac{b}{(bn)^{n/(n-1)}N}\left(\dfrac{1-f_w}{f_w}\right)^{n/(n-1)}$

令 $y = N_p$,$x = (W_p + C)^n$,则广义丁型水驱特征曲线转化为 $y = a + bx$。首先,将表 6-13 中 2003—2008 年水驱稳定数据代入 $y = a + bx$;第二步,给定 n 赋以初始值,并令 $C = 0$,利用最小二乘法确定 $\hat{a}$ 和 $\hat{b}$;第三步,改变 n 值,重复利用最小二乘法确定 $C = 0$ 和相关系数最大时 $\hat{a}$,$\hat{b}$ 和 $\hat{n}$;第四步,固定 $\hat{n}$ 值,改变 C 值,确定 $n = \hat{n}$ 和相关系数最大时 $\hat{a}$,$\hat{b}$ 和 $\hat{C}$,最后,取 $C = \hat{C}$,重复第三步和第四步,这样循环往复,最终确定出相关系数最大为 0.99989 时,$\hat{a} = 11640.51424$,$\hat{b} = -11903.16994$,$\hat{n} = -0.0125$,$\hat{C} = 28.53618$(图 6-67)。

将 $\hat{a}$,$\hat{b}$,$\hat{n}$ 值代入反演的含水率变化关系式,得:

$$R = 6.65770 - 6.40018\left(\dfrac{1-f_w}{f_w}\right)^{0.01235}$$

利用该反演的含水率变化关系式与实际采出程度与含水率生产点对比,反演含水变化曲线与实际生产点整体变换趋势一致,表明广义丁型水驱特征曲线适合描述 Kumkol North-Ⅲ 油藏低含水期以后开发指标变化规律(图 6-68)。

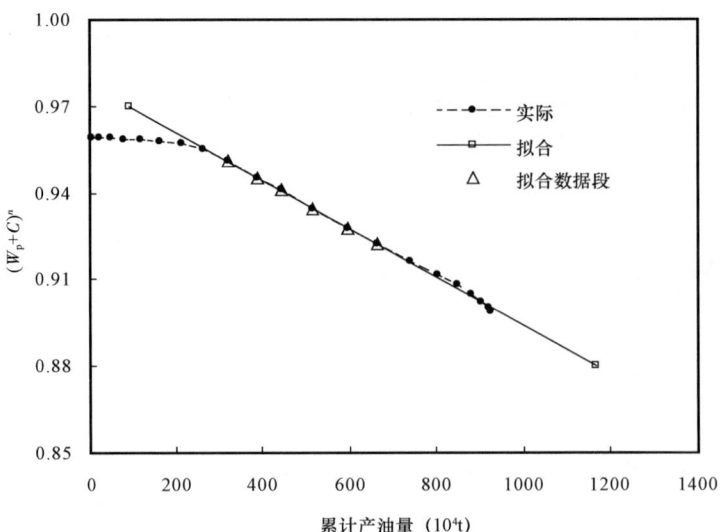

图6-67 Kumkol-Ⅲ油藏广义丁型水驱特征曲线

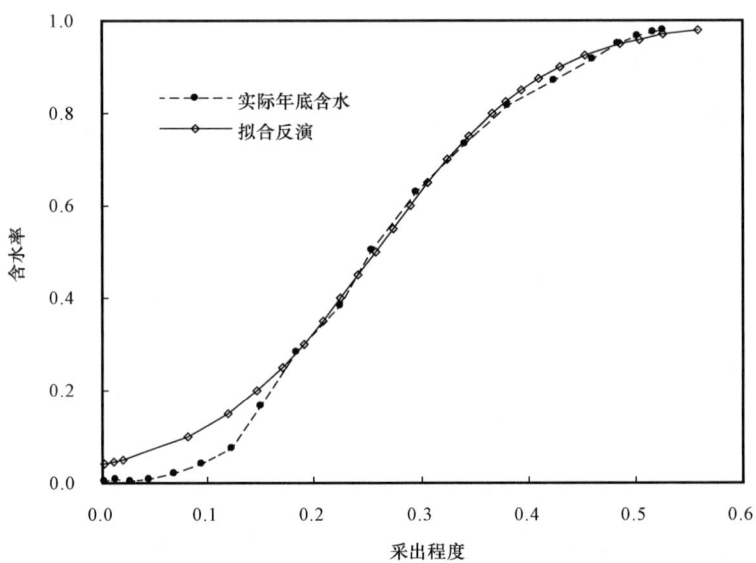

图6-68 Kumkol-Ⅲ油藏广义丁型含水率变化曲线

2. 卡札柯夫曲线(广义丙型)

水驱特征曲线模型：$N_p = a + b(L_p + C)^n$

反演含水率变化曲线模型：$R = \dfrac{a}{N} + \dfrac{b}{(bn)^{n/(n-1)}N}(1-f_w)^{n/(n-1)}$

令 $y = N_p$，$x = (L_p + C)^n$，则广义丙型水驱特征曲线转化为 $y = a + bx$。首先，将表6-13中2003—2008年水驱稳定数据代入 $y = a + bx$；第二步，给定 n 赋以初始值，并令 $C = 0$，利用最小二乘法确定 $\hat{a}$ 和 $\hat{b}$；第三步，改变 n 值，重复利用最小二乘法确定 $C = 0$ 和相关系数最大时

$\hat{a}$,$\hat{b}$和$\hat{n}$;第四步,固定$\hat{n}$值,改变C值,确定$n=\hat{n}$和相关系数最大时$\hat{a}$,$\hat{b}$和$\hat{C}$,最后,取$C=\hat{C}$,重复第三步和第四步,这样循环往复,最终确定出相关系数最大为 0.99995 时,$\hat{a}=$ 1704.17079,$\hat{b}=-6326.90096$,$\hat{n}=-0.25$,$\hat{C}=88.04330$(图 6-69)。

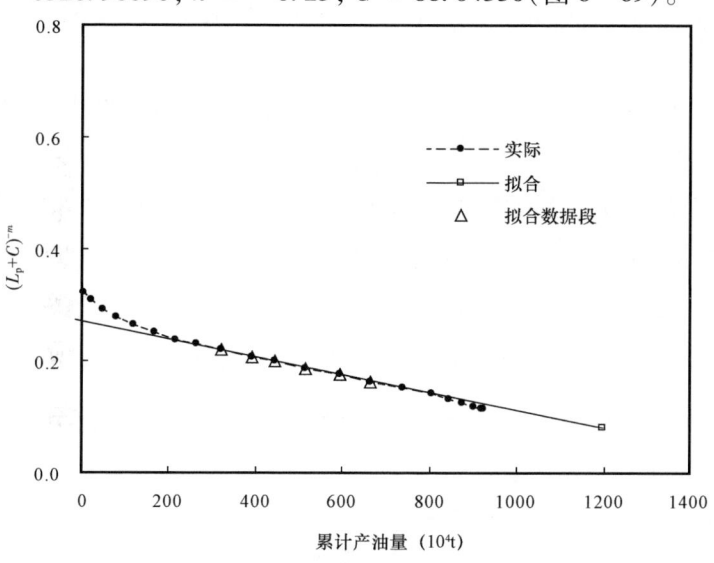

图 6-69 Kumkol-Ⅲ油藏广义丙型水驱特征曲线

将$\hat{a}$,$\hat{b}$,$\hat{n}$值代入反演的含水率变化关系式,得:

$$R = 0.97469 - 0.82931(1-f_w)^{0.2}$$

利用该反演的含水率变化关系式与实际采出程度与含水率生产点对比,反演含水变化曲线与实际生产点中低含水期和高含水期相差较大,表明广义丙型水驱特征曲线不适合描述 Kumkol North-Ⅲ油藏整体开发指标变化规律(图 6-70)。

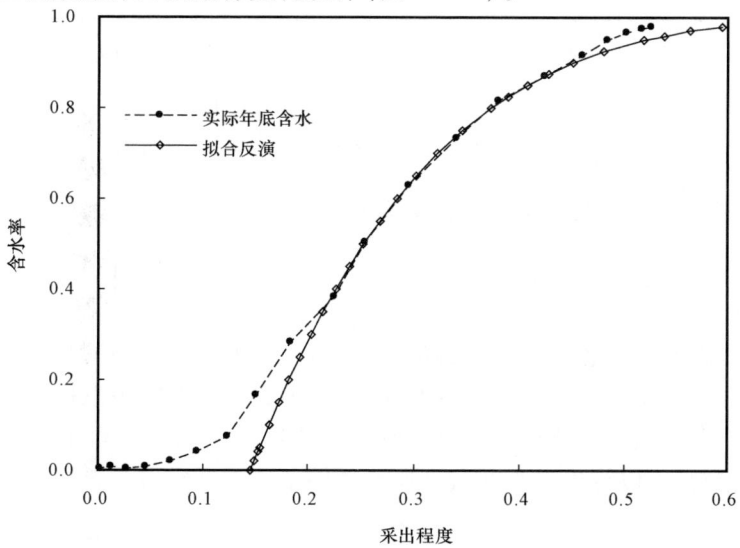

图 6-70 Kumkol-Ⅲ油藏广义丙型含水率变化曲线

3. 万吉业 S-凸形曲线

水驱特征曲线模型：$\ln(1 - N_p/N) = a - b\ln(L_p + C)$

反演含水率变化曲线模型：$\ln(1 - R) = \dfrac{a - b\ln(bN)}{1 + b} - \dfrac{b}{1 + b}\ln\left(\dfrac{1}{1 - f_w}\right)$

令 $y = \ln(1 - N_p/N)$，$x = \ln(L_p + C)$，则万吉业 S-凸形水驱特征曲线转化为 $y = a + bx$。首先，将表 6-13 中 2003—2008 年水驱稳定数据代入 $y = a + bx$；第二步，给定 n 赋以初始值，并令 $C = 0$，利用最小二乘法确定 $\hat{a}$ 和 $\hat{b}$；第三步，改变 N 值，重复利用最小二乘法确定 $C = 0$ 和相关系数最大时 $\hat{a}$，$\hat{b}$ 和 $\hat{N}$；第四步，固定 $\hat{N}$ 值，改变 C 值，确定 $N = \hat{N}$ 和相关系数最大时 $\hat{a}$，$\hat{b}$ 和 $\hat{C}$，最后，取 $C = \hat{C}$，重复到第三步和第四步，这样循环往复，最终确定出相关系数最大为 0.99995 时，$\hat{a} = 1.55193$，$\hat{b} = 0.29141$，$\hat{N} = 1556.10270$，$\hat{C} = 103.94081$（图 6-71）。

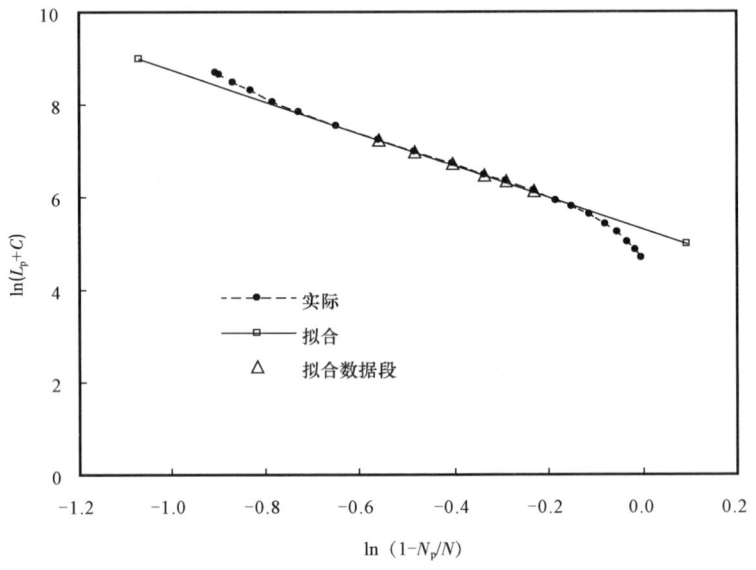

图 6-71 Kumkol-Ⅲ油藏 S-凸形水驱特征曲线

将 $\hat{a}$，$\hat{b}$，$\hat{N}$ 值代入反演的含水率变化关系式，得：

$$\ln(1 - R) = -0.17858 - 0.22565\ln\left(\dfrac{1}{1 - f_w}\right)$$

利用该反演的含水率变化关系式与实际采出程度与含水率生产点对比，反演含水变化曲线与实际生产点整体变换趋势一致，表明万吉业 S-凸形水驱特征曲线可以描述 Kumkol North-Ⅲ油藏低含水期以后开发指标变化规律。该水驱特征曲线算法与前面含单变量求解方法相比，采用双变量算法求解，可以算出水驱油藏动用地质储量 N（图 6-72）。

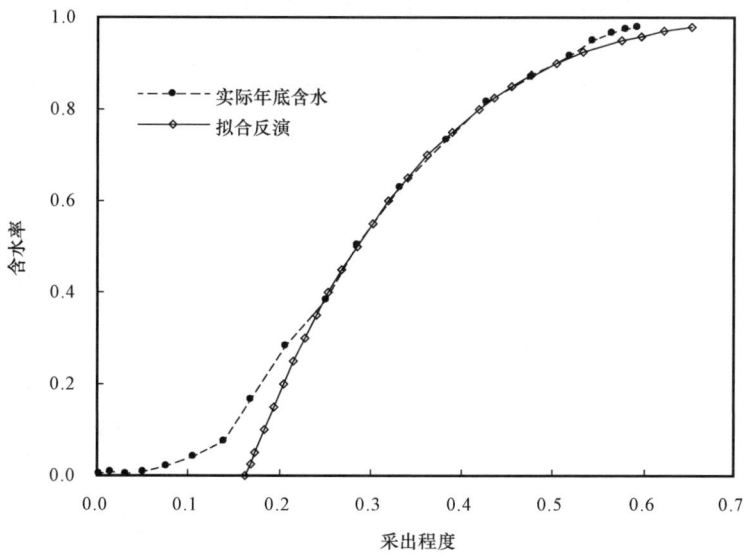

图 6-72　Kumkol-Ⅲ 油藏 S-凸形含水率变化曲线

4. 过渡Ⅳ型曲线(Gao-Ⅰ型)

水驱特征曲线模型：$N_p = a + b\ln(W_p + \lambda N_p + C)$

反演含水率变化曲线模型：$R = \dfrac{a + b\ln b}{N} + \dfrac{b}{N}\ln\left(\dfrac{f_w}{1-f_w} + \lambda\right)$

令 $y = N_p$，$x = \ln(W_p + \lambda N_p + C)$，则 Gao-Ⅰ型水驱特征曲线转化为 $y = a + bx$。首先，将表 6-13 中 2003—2008 年水驱稳定数据代入 $y = a + bx$；第二步，给定 λ 赋以初始值，并令 $C = 0$，利用最小二乘法确定 $\hat{a}$ 和 $\hat{b}$；第三步，改变 λ 值，重复利用最小二乘法确定 $C = 0$ 和相关系数最大时 $\hat{a}$，$\hat{b}$ 和 $\hat{\lambda}$；第四步，固定 $\hat{\lambda}$ 值，改变 C 值，确定 $\lambda = \hat{\lambda}$ 和相关系数最大时 $\hat{a}$，$\hat{b}$ 和 $\hat{C}$，最后，取 $C = \hat{C}$，重复到第三步和第四步，这样循环往复，最终确定出相关系数最大为 0.99996 时，$\hat{a} = -364.88804$，$\hat{b} = 155.95043$，$\hat{\lambda} = 0.16929$，$\hat{C} = -0.82072$（图 6-73）。

将 $\hat{a}$，$\hat{b}$，$\hat{\lambda}$ 值代入反演的含水率变化关系式，得：

$$R = 0.24170 + 0.08919\ln\left(\dfrac{f_w}{1-f_w} + 0.16929\right)$$

利用该反演的含水率变化关系式与实际采出程度与含水率生产点对比，反演含水变化曲线与实际生产点整体变换趋势几乎完全一致，表明 Gao-Ⅰ型水驱特征曲线可以描述 Kumkol North-Ⅲ 油藏整体开发指标变化规律（图 6-74）。

总之，前面 16 种水驱特征曲线是目前矿场上应用较多的方法，根据其函数结构特点，可划分为三类求解方法，其他未给出的水驱特征曲线求解方法可依据函数结构特点，参照前面三类算法进行相关待定参数求解,如Ⅰ类理想型水驱曲线可采用含单变量多元线性求解;Ⅳ类理想型水驱曲线可采用含双变量多元线性求解等。

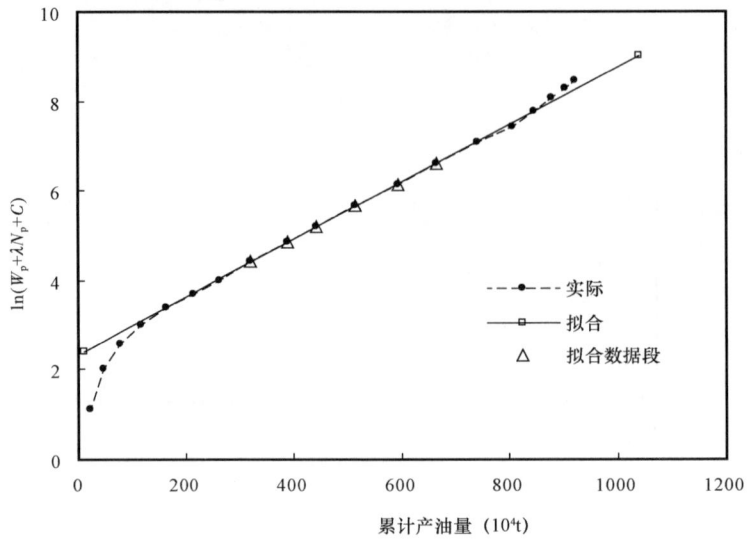

图 6-73　Kumkol-Ⅲ油藏过渡 4 型水驱特征曲线

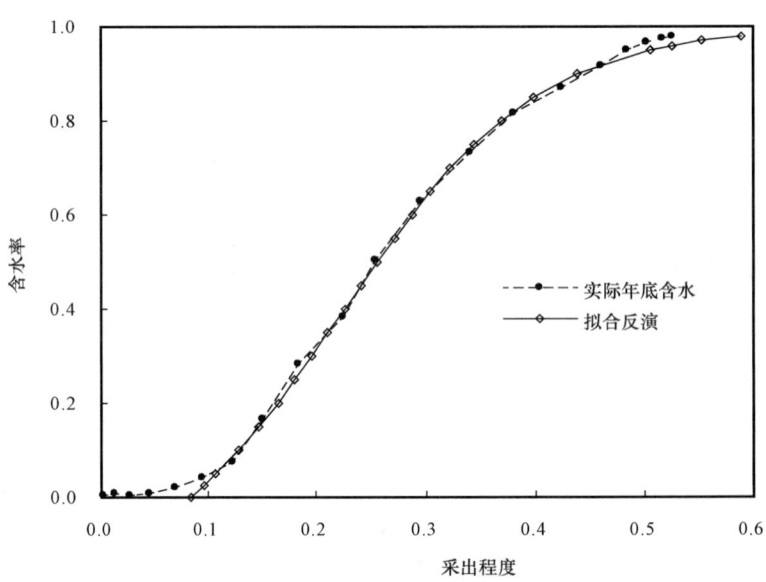

图 6-74　Kumkol-Ⅲ油藏过渡 4 型含水率变化曲线

第九节　含水率预测及模型建立

在油田开发调整和规划方案编制中,常需要利用含水率与开发时间变化规律进行指标的预测,但目前国内含水率预测模型相对较少,主要有 Logistic 模型、Goempertz 模型以及 Usher

模型等[53-56]。这些模型是将经济、信息数学模型直接移植到油藏工程中进行含水率预测(通称直接法),模型中的参数物理内涵不清,渗流理论基础缺乏。

一、含水率预测渗流理论基础

在注水保持地层压力条件下,物质微分平衡方程为[9]:

$$q_o = \frac{N}{1-S_{wi}} \frac{d\bar{S}_w}{dt} \quad (6-285)$$

由达西定律知,油井产油量为[10]:

$$q_o = \frac{2\pi n_o K K_{ro} h \rho_o \Delta p}{B_{oi} \mu_o [\ln(R_e/r_w) + S]} = \alpha K_{ro} \quad (6-286)$$

其中, $\alpha = \dfrac{2\pi n_o K h \rho_o \Delta p}{B_{oi} M_o [\ln(R_e/r_w) + S]}$,

联立式(6-282)和式(6-283),得:

$$\frac{1}{K_{ro}} d\bar{S}_w = \frac{\alpha(1-S_{wi})}{N} dt \quad (6-287)$$

油井见水后,由 Welge 方程得到平均含水饱和度为:

$$\bar{S}_w = S_{we} + (1-f_w) \Big/ \frac{df_w}{dS_{we}} \quad (6-288)$$

若不考虑毛细管力和重力的作用,利用 Darcy 式和连续方程,可得到 Leverett 函数(也称分流量方程)[57]:

$$f_w = \frac{K_{rw}/\mu_w}{K_{ro}/\mu_o + K_{rw}/\mu_w} = \left(1 + \frac{\mu_w}{\mu_o} \frac{K_{ro}}{K_{rw}}\right)^{-1} \quad (6-289)$$

从以上渗流基础方程分析,要得到含水率与开发时间的关系式,首先,将油水两相渗流关系式或油水相对渗透率比值关系式代入 Leverett 函数,建立含水率与出口端含水饱和度关系;其次,将含水率与出口端含水饱和度关系式代入 Welge 方程,确定出平均含水饱和度与出口端含水饱和度的关系,并将平均含水饱和度与出口端含水饱和度的关系以及油相渗流关系式代入式(6-287),转化成出口端含水饱和度与时间的微分方程,通过微分求解,得到出口端含水饱和度与时间的关系式;最后,将出口端含水饱和度与时间的关系式代回 Leverett 函数,得到含水率与开发时间的关系式。在整个过程中,有一个关键点决定着能否获得含水率与开发时间的关系式,即出口端含水饱和度与时间的微分方程有解析式。然而,从已有的油、水两相渗流关系式出发,很难得到确定性含水率与时间的解析式,需对现有的油、水两相渗流模型进行修正和完善。

二、4 种新型含水率预测模型建立

下面分别从艾富罗斯(Эфрос)实验结果和国内油田高含水期油水相对渗透率比值与出口

端含水饱和度关系统计为指数式角度,进行了4种含水率与开发时间变化规律的理论推导。

1. 平均含水饱和度与出口端含水饱和度呈线性关系

艾富罗斯(Эфрос)实验结果表明,平均含水饱和度与出口端含水饱和度一般符合线性关系[11]:

$$\overline{S}_w = kS_{we} + (1-k)(1-S_{or}) \quad (k < 1) \tag{6-290}$$

将式(6-290)代入式(6-288),并取初始条件 $S_{we} = S_{wi}$ 时,$f_w = 0$,定积分,得:

$$f_w = 1 - (1-S_{wd})^{1/(1-k)} \tag{6-291}$$

其中,$S_{wd} = (S_{we} - S_{wi})/(1-S_{wi}-S_{or})$。

1)双曲式含水率预测模型

Willhite 曾指出[58],油相相对渗透率一般符合下式:

$$K_{ro} = K_{o(S_{wi})}(1-S_{wd})^m \quad (m > 1) \tag{6-292}$$

将式(6-291)代入式(6-288),并结合式(6-287),得:

$$d(1-S_{wd})^{1-m} = \frac{\alpha(m-1)K_{o(S_{wi})}(1-S_{wi})}{kN(1-S_{wi}-S_{or})}dt \tag{6-293}$$

取初始条件 $t = t_{w0}$(t_{w0} 为初始见水时间)时,$S_{we} = S_{wi}$,定积分得到:

$$(1-S_{wd})^{1-m} = \frac{\alpha(m-1)K_{o(S_{wi})}(1-S_{wi})}{kN(1-S_{wi}-S_{or})}(t-t_{w0}) + 1 \tag{6-294}$$

将式(6-294)代入式(6-291),可得到双曲式含水率预测模型:

$$f_w = 1 - (at+b)^c \tag{6-295}$$

其中,$a = \dfrac{\alpha(m-1)K_{o(S_{wi})}(1-S_{wi})}{kN(1-S_{wi}-S_{or})}$,$b = 1 - at_{w0}$,$c = \dfrac{1}{(1-m)(1-k)}$。

2)指数式含水率预测模型

在 Willhite 提出的油相相对渗透率模型基础上,结合 Wyllie 对于水湿岩石的油相相对渗透率模型,提出油相相对渗透率为如下简单的关系式[58]:

$$K_{ro} = \frac{K_{o(S_{wi})}}{1-p}(1-S_{wd})\left[1-p(1-S_{wd})^{\frac{1}{1-k}}\right] \quad (0 < p < 1) \tag{6-296}$$

同理,将式(6-296)代入式(6-287),可得到指数式含水率预测模型:

$$f_w = 1 - \frac{1}{p + \exp(bt)/a} \tag{6-297}$$

其中,$a = \exp(bt_{w0})/(1-p)$,$b = \dfrac{\alpha(1-S_{wi})K_{o(S_{wi})}}{(1-p)Nk(1-k)(1-S_{wi}-S_{or})}$。

3)调和式含水率预测模型

若在 Willhite、Wyllie 油相相对渗透率模型的基础上,改进油相相对渗透率为如下复杂的

关系式[58]:

$$K_{ro} = K_{o(S_{wi})}(1 - S_{wd})^{\frac{k-2}{k-1}}\left[(1 - S_{wd})^{\frac{1}{k-1}} - 1\right]^p \quad (6-298)$$

同理,将式(6-298)代入式(6-287),可得到调和式含水率预测模型:

$$f_w = 1 - \frac{a}{(t+b)^c + a} \quad (6-299)$$

其中,$a = \left[\frac{\alpha(1-p)(1-S_{wi})K_{o(S_{wi})}}{Nk(1-k)(1-S_{wi}-S_{or})}\right]^{\frac{1}{p-1}}$,$b = -t_{w0}$,$c = \frac{1}{1-p}$。

2. 油水相对渗透率比值呈指数关系

国内油田在中高含水期,统计得到油水相对渗透率比值常符合指数式[59,60](图6-75):

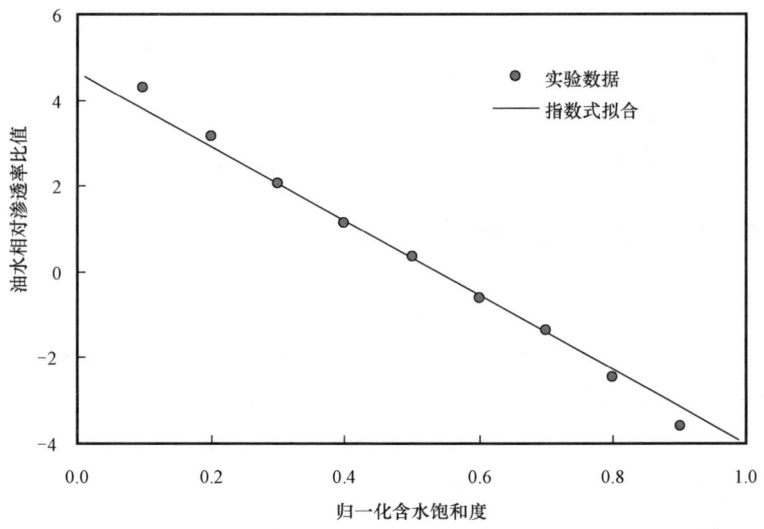

图6-75 半对数坐标下丘陵油田油水相对渗透率比值变化曲线

$$K_{ro}/K_{rw} = A\exp(-BS_{wd}) \quad (6-300)$$

将式(6-300)代入 Leverett 函数式,得到含水率:

$$f_w = \left[1 + A\frac{\mu_w}{\mu_o}\exp(-BS_{wd})\right]^{-1} \quad (6-301)$$

将式(6-301)代入式(6-288),两边微分,得:

$$d\bar{S}_w = \left[1 - A\frac{\mu_w}{\mu_o}\exp(-BS_{wd})\right]dS_{we} \quad (6-302)$$

上述微分方程表明,当油水相对渗透率比值符合指数式时,平均含水饱和度与出口端含水饱和度呈非线性关系。因此,要通过式(6-287)微分求解获得出口端含水饱和度与时间的确定关系式,需对 Willhite 型油相相对渗透率关系式进行改进,即式(6-292)右边乘以系数

$\left[1 - A\dfrac{\mu_w}{\mu_o}\exp(-BS_{wd})\right]$,具体为:

$$K_{ro} = K_{o(S_{wi})}(1 - S_{wd})^m\left[1 - A\dfrac{\mu_w}{\mu_o}\exp(-BS_{wd})\right] \quad (6-303)$$

将式(6-303)代入式(6-287),定积分,得:

$$S_{wd} = 1 - \left[\dfrac{\alpha(m-1)(1-S_{wi})}{N(1-S_{wi}-S_{or})}(t - t_{w0}) + 1\right]^{1/(1-m)} \quad (6-304)$$

再将式(6-304)代入式(6-301),可得到复杂指数式含水率预测模型:

$$f_w = \dfrac{1}{1 + a\exp\left[-c(bt+1)^d\right]} \quad (6-305)$$

其中 $a = A\dfrac{\mu_w}{\mu_o}\exp(-B)$,$b = \left[\dfrac{N(1-S_{wi}-S_{or})}{\alpha(m-1)(1-S_{wi})K_{o(S_{wi})}} - t_{w0}\right]^{-1}$,

$c = B\left[1 - \dfrac{\alpha(m-1)(1-S_{wi})K_{o(S_{wi})}}{N(1-S_{wi}-S_{or})}t_{w0}\right]^{\frac{1}{1-m}}$,$d = \dfrac{1}{1-m}$。

三、新型含水率预测模型变化特征

1. 双曲式含水率变化率

当 $b = 1$,$c = -1$ 时,式(6-295)即转化为增长指数为 1 时的含水率预测模型[61]。

对式(6-295)两边时间求导,取 $a = 0.02$,$b = 1.2$,c 依次取 -1,-2,-3,-4,-5,-6,得到广义双曲型含水率预测模型的含水率变化率与开发时间变化关系[62](图6-76)。曲线特征明显反映出该模型只能描述含水率为"凸"形或"Γ"形的变化规律,即含水率随时间的增大,含水上升幅度逐渐减小,且初期含水率变化率越快,中后期含水率变化率越小。

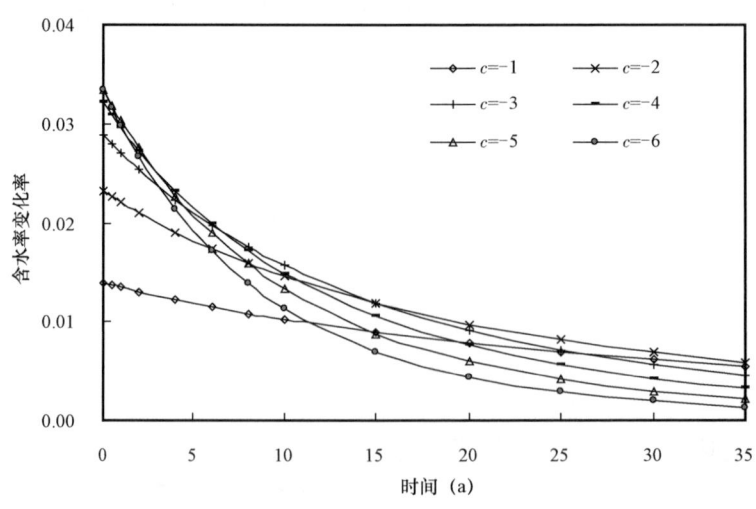

图 6-76 双曲式含水率变化率与时间关系曲线

2. 指数式含水率变化率

当 $p=1$ 时,式(6-295)即转化为标准的 Logistic 含水率预测模型[53]:

$$f_w = \frac{1}{1+a\exp(-bt)} \qquad (6-306)$$

对式(6-297)两边时间求导,并取 $a=10$,$b=0.2$,p 分别取 0,0.2,0.4,0.6,0.8,1.0,作含水率变化率与时间变化曲线(图6-77)。结果显示,当 $p=0$ 时,含水率变化率与时间呈指数递减曲线;当 $p=1$ 时,此时含水率变化率与时间曲线为钟形,曲线左右近乎对称,表明 Logistic 模型只是该模型一种特殊的含水率预测模型,即在开发初期含水率随时间上升逐渐加快,而在开发末期含水率随时间上升逐渐减慢;在开发中期含水率上升最快;当 $0<p<1$ 时,含水率变化率与含水率曲线介于指数递减和钟形之间的多种"歪钟"形曲线,能够适应描述近"S"形含水率随时间变化规律。

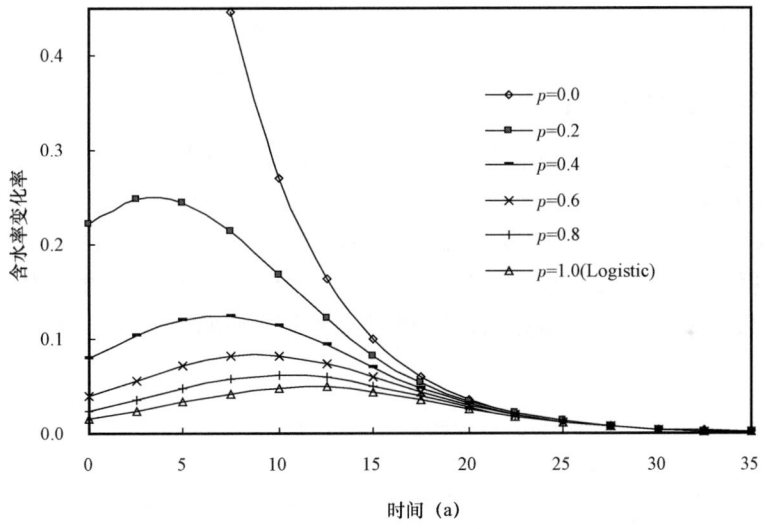

图6-77 指数式含水率变化率与时间关系曲线

3. 调和式含水率变化率

当 $b=0$ 时,式(6-299)即转化为 Yu 增长型含水率预测模型[61]:

$$f_w = \frac{t^c}{t^c + a} \qquad (6-307)$$

对式(6-299)两边时间求导,并取 $a=25$,$b=0.5$,c 分别取 0.50,0.75,1.00,1.25,1.50,1.75,作含水率变化率与时间变化曲线(图6-78)。结果显示,该模型不仅可以描述"凸"形含水率与时间变化规律,而且也能够描述"S"形含水率与时间变化规律。

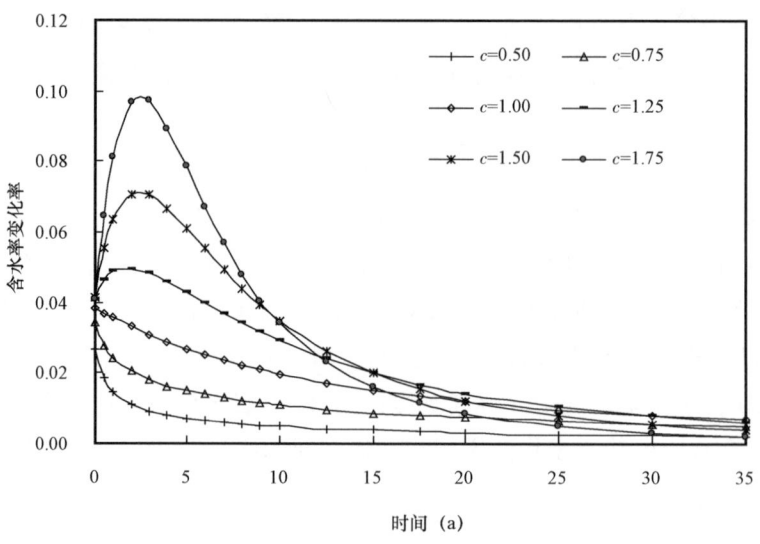

图 6-78 调和式含水率变化率与时间关系曲线

4. 复杂指数式含水率变化率

当 $d=1$ 时,式(6-305)也可转化为 Logistic 含水率预测模型[53]。

对式(6-305)两边时间求导,并取 $a=5$，$b=c=0.2$，d 分别取 0.50,0.75,1.00,1.25,1.50,1.75,作含水率变化率与时间变化曲线(图 6-79)。结果显示,该模型与调和式含水率预测模型所表现的特征相似,即能描述凸形含水率与时间变化规律,也能够描述 S 形含水率与时间变化规律,只是模型中待定参数相比调和型含水率预测模型多一个,给现场应用带来一定的困难。

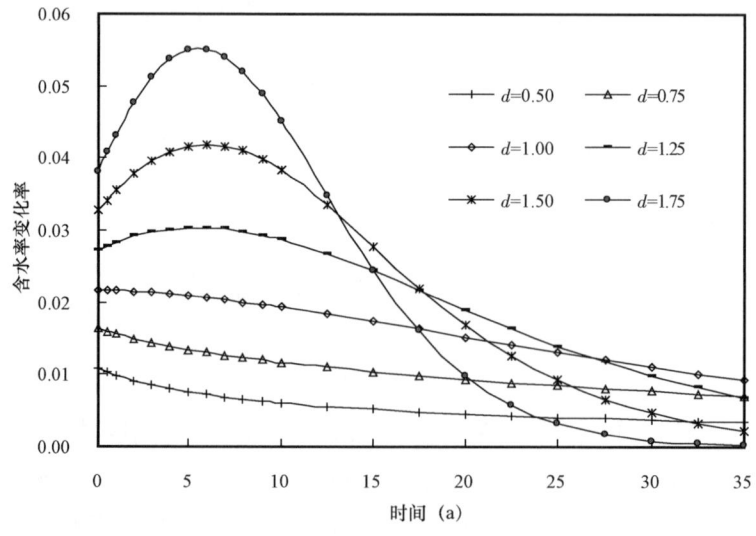

图 6-79 复杂指数式含水率变化率与时间关系曲线

四、新型含水率预测模型对应水相相对渗透率关系式

由式(6-289)和式(6-291),可得:

$$K_{rw} = \frac{\mu_w}{\mu_o}[(1-S_{wd})^{1/(k-1)} - 1]K_{ro} \tag{6-308}$$

将式(6-292)代入式(6-308),可得到双曲式型含水率预测模型对应的水相相对渗透率关系式为:

$$K_{rw} = K_{w(S_{or})}[(1-S_{wd})^{1/(k-1)} - 1](1-S_{wd})^m \tag{6-309}$$

式中 $K_{w(S_{or})} = K_{o(S_{wi})}\dfrac{\mu_w}{\mu_o}$。

式(6-309)与 Willhite 提出的水相相对渗透率关系式 $K_{rw} = K_{w(S_{or})}S_{wd}^n$ 相比,差异比较明显,函数式比较复杂。

同样,将式(6-296)、式(6-298)分别代入式(6-308),可得到指数式、调和式含水率预测模型对应的水相相对渗透率关系式。

指数式:$K_{rw} = \dfrac{K_{w(S_{or})}}{1-p}[(1-S_{wd})^{\frac{k}{k-1}} - (p+1)(1-S_{wd}) + p(1-S_{wd})^{\frac{2-k}{1-k}}] \tag{6-310}$

调和式:$K_{rw} = K_{w(S_{or})}[1-S_{wd}-(1-S_{wd})^{\frac{k-2}{k-1}}][(1-S_{wd})^{\frac{1}{k-1}}-1]^p \tag{6-311}$

但对复杂指数式含水率预测模型,由于油水相对渗透率比确定,直接将式(6-303)代入式(6-308),可得到对应的水相相对渗透率关系式:

$$K_{rw} = K_{w(S_{or})}(1-S_{wd})^m\left[\frac{\mu_o}{A\mu_w}\exp(BS_{wd}) - 1\right] \tag{6-312}$$

总之,以上水相相对渗透率关系式确定,为油水两相系统提供更多的相对渗透率计算模型。

五、实例应用

1. 吐哈雁木西油田

雁木西油田位于台北凹陷西部胜南—雁木西构造带西端,主要生产层位为古近—新近系部善群,平均孔隙度 20.4%,平均渗透率为 228.8mD,为中孔中渗透储层;油藏地层原油密度 0.8093g/cm³,地层原油黏度 3.66mPa·s,原始溶解气油比 8.64m³/t,体积系数 1.045,地饱压差 14.11MPa,属低饱和油藏。该油藏于 1999 年投入正式开发,历年含水率数据见表 6-14。利用文中新建的 4 种含水率预测模型和 Logistic 模型、Yu 增长模型分别对雁木西油田 1999—2015 年的生产数据进行拟合,结果表明新建的指数式、调和式、复杂指数式等含水率预测模型拟合程度较好,Logistic 模型和双曲式含水率预测模型次之,Yu 增长模型最差;进一步对新建的双曲式含水率预测模型拟合程度较差原因进行分析,主要是雁木西油田原油黏度低,油水黏

度比也低,含水率与时间变化规律呈近"S"形,不适用于只能描述"凸"形或"Γ"形的双曲式含水率预测模型(图 6-80,表 6-15)。

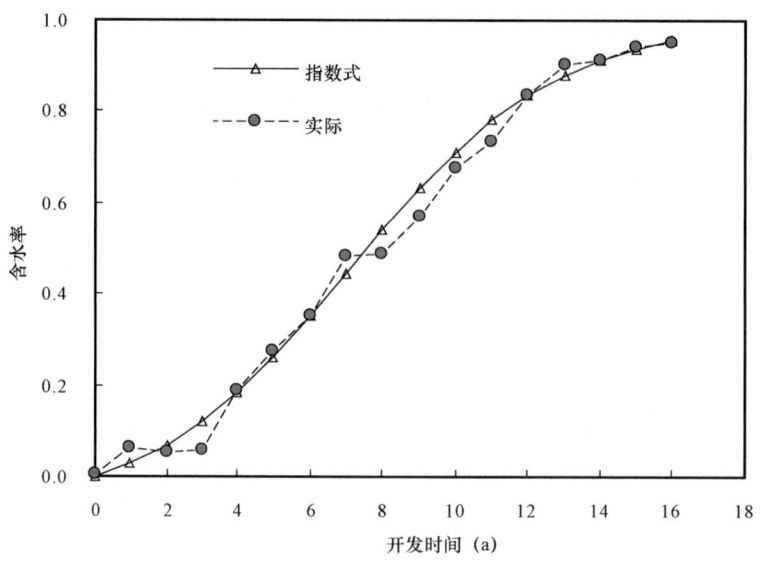

图 6-80　雁木西油田含水率与时间关系曲线

表 6-14　雁木西油田 1995—2015 年含水率数据

年份	1999	2000	2001	2002	2003	2004	2005	2006	2007
含水率	0.0069	0.0646	0.0551	0.0587	0.1871	0.2757	0.3524	0.4846	0.4866
年份	2008	2009	2010	2011	2012	2013	2014	2015	
含水率	0.5702	0.6769	0.7354	0.8369	0.901	0.9122	0.9419	0.9534	

表 6-15　国内不同区域三个油田拟合结果对比表

油田	待定参数	双曲式	指数式	调和式	复杂指数式	Logistic	Yu 式
吐哈雁木西	a	3.65925×10^{-8}	10.31470	4.39011×10^{8}	2.29218×10^{5}	60.30959	263.98483
	b	1.00000	0.31746	8.01965	0.50151	0.43993	2.75805
	c 或 p	-5.73701×10^{6}	0.55230	7.08383	-6.83054	—	—
	d	—	—	—	0.35573	—	—
	相关系数	0.96133	0.99510	0.98772	0.98831	0.97974	0.96791
大庆萨北	a	0.02507	0.76756	1.71474×10^{4}	2.57014×10^{7}	17.99922	110.09938
	b	0.90263	0.10990	4.15178	0.33850	0.27265	2.30750
	c 或 p	-6.63252	-0.83771	3.81367	-157.59872	—	—
	d	—	—	—	0.02085	—	—
	相关系数	0.99017	0.99564	0.99182	0.99204	0.95234	0.99022
东海平湖	a	0.02424	1.04058	12.59907	0.01245	14.01595	8.58973
	b	0.98925	0.27178	0.22750	1.03517	0.55936	2.04732
	c 或 p	-12.83416	-0.00960	2.20297	19.39744	—	—
	d	—	—	—	-0.92827	—	—
	相关系数	0.99680	0.99724	0.99887	0.99468	0.88535	0.99577

2. 大庆萨北过渡带开发区

萨北过渡带开发区位于大庆长垣背斜构造的北东部位,为背斜型砂岩油藏,无气顶,边水,底水不活跃,天然驱动能量小,采用人工注水驱动方式开采。储层在纵向上高低渗透层、厚薄油层交互分布,自上而下可分萨尔图、葡萄花、高台子三套油层,平均有效渗透率为350mD。该开发区地层原油密度0.8590g/cm³,地层原油黏度10.60mPa·s,原始溶解气油比48.5m³/t,体积系数1.122,地层压力11.34MPa。萨北区块于1963年投入正式开发,其1969—1993年含水率数据见文献[63]。

同样,对1969—1993年的生产数据进行了拟合,结果显示4种含水率预测模型拟合程度均好于Logistic模型、Yu增长模型,表明大庆萨北开发区含水率与时间变化规律也呈近S-凸形(图6-81,表6-15)。

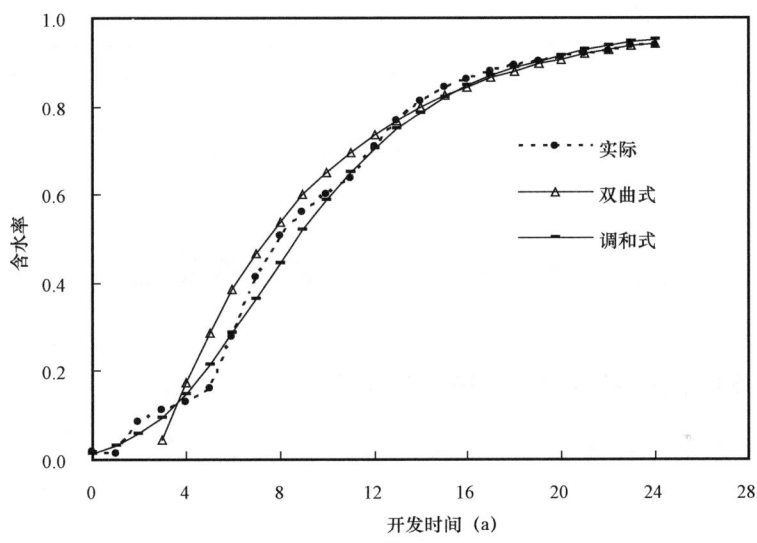

图6-81 萨北开发区含水率预测曲线

3. 东海平湖油气田H2油藏

平湖油气田位于东海陆架盆地浙东坳陷西湖凹陷西部斜坡带,生产层位为古近系渐新统花港组,平均孔隙度18%~26%,平均渗透率为100~400mD,为中孔中渗透储层。地温梯度为3.3℃/100m,压力系数为1,地面原油密度低,为0.754~0.790g/cm³,黏度0.67~1.14mPa·s,油藏水体大,能量充足,属常温常压块状底水轻质油藏。该油藏于1998年11月正式投产,目前平湖油气田H2油藏已处特高含水开发后期,油藏综合含水上升趋于平缓[64]。同样,利用文中新建的4种含水率预测模型和logistic模型、Yu增长模型分别对平湖H2油藏1998—2010年的生产数据进行拟合,结果表明新建的4种含水率预测模型拟合程度均好于Logistic模型、Yu增长模型,其中Logistic模型较差。这表明平湖H2油藏含水率与时间变化规律呈近S-凸形(图6-82,表6-15)。

从以上三个油田的应用效果来看,新建的双曲式、指数式、调和式、复杂指数式等4种含水率预测模型拟合程度整体优于传统预测模型,其主要原因是新建预测模型在特定条件下可以转化为 Logistic 模型或 Yu 增长模型。

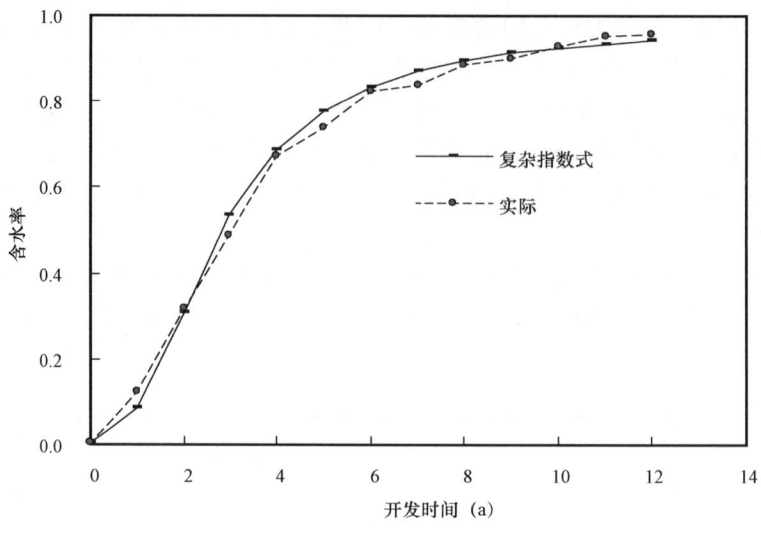

图 6-82 平湖油田含水率预测曲线

第十节 含水率预测模型拓展

一、指数式含水率预测模型与传统模型关系

当 $p = 1$ 时,式(6-297)即转化为 Logistic 含水率预测模型[53]:

$$f_w = \frac{1}{1 + a\exp(-bt)} \quad (6-313)$$

利用 Taylor 级数展开式 $\exp[-a/b\exp(-bt)] \approx 1 + a\exp(-bt)$,并令 $k = -a/b$,则可转化为 Goempertz 含水预测模型[54]:

$$f_w = \exp[k\exp(-bt)] \quad (6-314)$$

取 $k = cr/b$,将式(6-314)左边先改写为等式 $\exp[-\frac{r}{b}\exp(-bt)]^{-c}$,然后,再将 $\exp[-\frac{r}{b}\exp(-bt)]$ 按 Taylor 级数展开,并取前两项,则式(6-314)转化 Usher 含水率预测模型[55,56]:

$$f_w = \frac{1}{[1 + r\exp(-bt)]^c} \quad (6-315)$$

以上研究表明,在新型含水率预测模型的基础上,当待定参数 p 取特定数值或利用泰勒级数对式(6-297)进行近似处理,可以得到目前常用的 Logistic、Goempertz 和 Usher 模型。利用

上述4种关系式对经典、公开的大庆油田南二三区葡Ⅰ组1968—1984年含水率生产数据进行拟合,其中,拟合程度最好的为式(6-27)和式(6-313),而1985—1987年预测误差较小的为式(6-314)(图6-83)。产生这种情况的主要原因是:1985—1987年葡Ⅰ组进行了层系细分,提高了油层的动用储量,有利于含水率的控制[59]。因此,在进行含水率预测时,不仅要选择精度较好的模型,而且更应考虑油田的调整措施对控水的影响,否则,预测结果只是前期开发趋势的一种延续外推。若从考虑未来调控措施影响角度出发,式(6-297)更好,因为模型中待定系数与控水因素关系式明确。

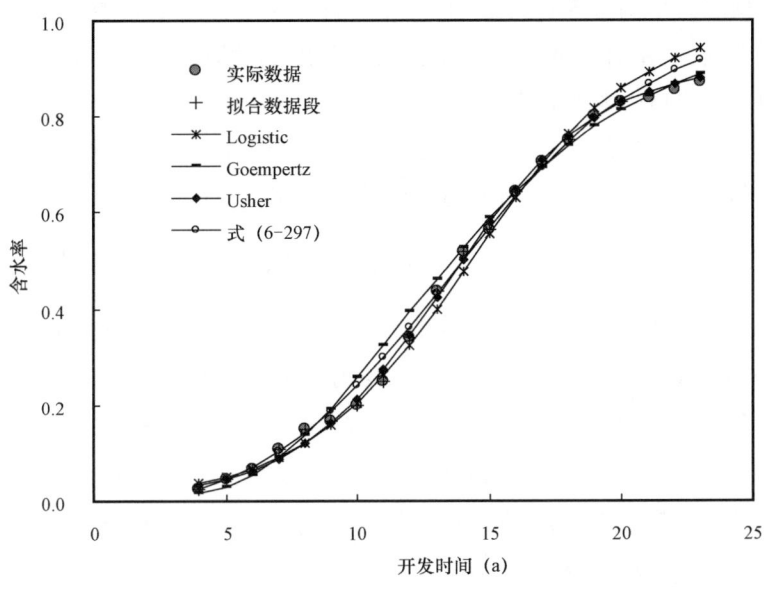

图6-83 大庆油田南二三区经典模型含水率预测曲线

二、控水措施理论依据

利用莱文莱特函数(也称分流量方程 $f_w = \left(1 + \dfrac{\mu_w}{\mu_o}\dfrac{K_{ro}}{K_{rw}}\right)^{-1}$ 和式(6-297)中待定系数 a, b 与渗透率、生产动用厚度、压差、表皮系数、黏度(比)、单井控制储量等静态或动态参数的关系,明显地为控水措施提供了理论依据,具体单因素影响结果见表6-16。

表6-16 油井控水方法及措施

序号	控水方法	控水措施
1	减小生产压差	提高油井流动压力或降低注水井注水压力(或注水量)
2	增加可采储量	提高单井动用储量(水驱控制储量)或利用注入表面活性剂降低残余油饱和度
3	降黏	增大注入水黏度(如注入水中加凝胶)或降低原油黏度(如热采、蒸汽吞吐)
4	降低表皮系数	储层改造(压裂、酸化、深穿孔补层)
5	提高动用程度	油井补层、分层系开发或注水井分层注水
6	减少开井数	关停高含水井或封堵高含水井层

三、含水率预测模型建立方法拓展

目前,国内含水率预测方法相对较少,主要有 Logistic、Goempertz 和 Usher 等模型,为了进一步丰富含水率预测方法,提出了对直接法预测模型的拓展和利用联解法建立更为多样的含水率预测模型。

1. 直接法预测模型的拓展

新型含水率预测模型的推理过程表明,要建立直接法中各模型的渗流基础,必须满足两个条件:首先,确定出油、水相对渗透率分别与含水饱和度的关系;其次,经过 Welge 方程可以得到平均含水饱和度与出口端含水饱和度的关系式,代入到达西公式中可进行定积分,否则无法建立目前直接法中各模型的渗流基础。目前,理论界给出的油、水相相对渗透率计算公式[58],还无法直接导出 Logistic、Goempertz 和 Usher 模型,这也是长期以来直接法含水率预测模型缺乏渗流理论基础的主要原因。若以含水率增长率定义式($D_{f_w} = \dfrac{\mathrm{d}f_w}{f_w \mathrm{d}t}$)对直接法含水率预测模型的特征进行研究,发现 Logistic 预测模型 $D_{f_w} = b(1 - f_w)$,Goempertz 预测模型 $D_{f_w} = -b\ln(f_w)$,Usher 预测模型 $D_{f_w} = cb(1 - f_w^c)$,均为含水率为变量的递减函数,表明直接法中含水率增长率随含水率的增大而变小[62]。再借鉴 Arps 递减方程初期建模理论,构想 $D_{f_w} = F(f_w)$,其中 $F(f_w)$ 即可为以含水率为自变量的递减函数,这样,取初始下限 f_{w0} 和 t_{w0},定积分后会得到许多含水率预测方法。如 $F(f_w) = B(k - f_w)$,令 $c = 1/k$,$b = B/k$,$a = (1/f_{w0} - 1/k)\exp(bt_{w0})$,那么对应含水率预测模型为:

$$f_w = \frac{1}{c + a\exp(-bt)} \quad (6-316)$$

2. 联解法预测模型的建立

在新型含水率预测模型的推理设定限制条件中,地层压力和油井开井数是保持不变的,但实际生产情况难以满足这些条件。对于资源有限体系或非再生资源,国内外学者提出了较多的生命旋回模型,来描述油田开发全过程,如 Weng 旋回模型、Weibull 旋回模型和 Rayleigh 旋回模型等,利用这些模型很方便地建立了累计产油量与时间的变化关系式[2]。另一方面,从含水率上升规律中[1],利用 $R = N_p/N$,可以确定出累计产油量与含水率的变化关系(当然也可以从水驱特征曲线反演得到),并将旋回模型代入消元(消去累计产油量),会得到诸多含水率预测模型。如利用 Rayleigh 分布得到累计产油量与开发时间的变化规律为:

$$N_p = N_R[1 - \exp(-bt^2)] \quad (6-317)$$

结合甲型含水上升规律曲线 $R = A + B\ln[f_w/(1 - f_w)]$,得到一种含水率预测模型:

$$f_w = \frac{1}{1 + \exp[c + a\exp(-bt^2)]} \quad (6-318)$$

其中，$a = N_R/(BN)$，$c = (A - N_R/N)/B$。

当然，若产量递减规律明显，油井开井数保持相对稳定，也可以利用产量递减规律得到累计产油量与时间的变化关系，再与含水上升规律相结合，得到含水率预测模型。如产量递减方程为指数递减 $q = q_i\exp(-D_i t)$，其累计产油量与时间的关系式为：

$$N_p = N_{p0} + \frac{q_i}{D_i} - \frac{q_i}{D_i}\exp[(-D_i(t-t_0))] \qquad (6-319)$$

再结合甲型含水上升规律曲线，也能得到一种含水率预测模型：

$$f_w = \frac{1}{1 + \exp[c + a\exp(-bt)]} \qquad (6-320)$$

其中，$a = q_i\exp(D_i t_0)/(D_i BN)$，$b = D_i$，$c = [A - N_{p0}/N - q_i/(D_i N)]/B$。

在产量变化规律（包括产量全过程和产量递减）和含水上升规律（或水驱特征曲线）研究中，国内外已建立了众多方法或模型。这两类模型经联解法的拓展，能够形成许许多多的含水率预测模型。例如，将常用的甲型含水上升规律（或称 S 形含水率曲线）与 Arps 递减方程结合，可形成 3 种含水率预测方法；若将甲型含水上升规律分别与 Weng 旋回模型、Weibull 旋回模型、Rayleigh 旋回、t 模型、HCZ 模型等产量全过程预测方法结合，也可得到另外 5 种含水率预测方法，这样，一种含水上升规律与产量变化规律相结合，能形成至少 8 种以上的含水率预测模型。同样，若将万吉业提出的 5 类含水率上升规律（凸形，凸 - S 形，S 形，S - 凹形，凹形）与上述列举的产量变化规律一一相结合，就能得到含水率预测模型不少于 40 种；诸如类推，通过联解法可以形成各式各样的含水率预测模型供现场工作人员的选择、应用[65]（图 6 - 84）。

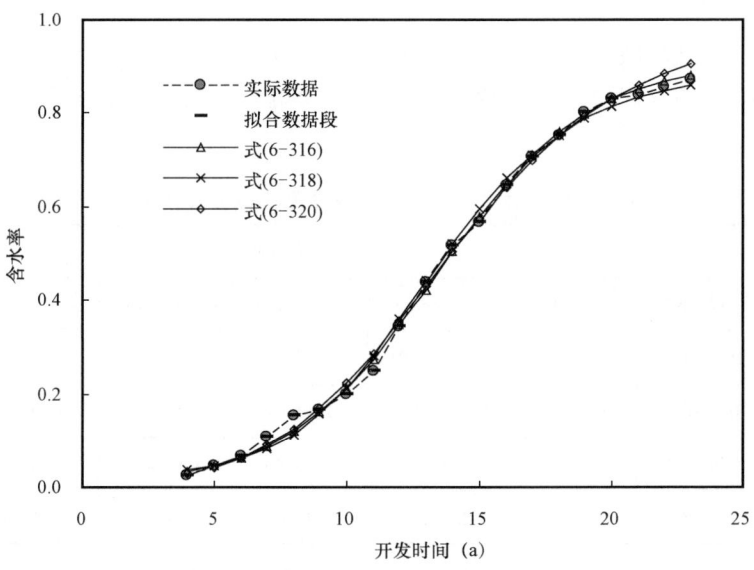

图 6 - 84　大庆油田南二三区拓展模型含水率预测曲线

为了进一步对比拓展模型与直接法的应用效果,分别利用文中给出的7种方法对大庆油田南二三区葡Ⅰ组1968—1984年的数据进行了拟合,结果显示,各方法拟合程度基本上都能满足工程上需要,尤其是式(6-297)、Usher模型、式(6-316)、式(6-320),拟合相关系数达到0.997以上(表6-17),表明利用联解法和直接法拓展建立的含水率预测模型,与基于渗流理论建立的模型或通过增长信息移植的模型相比,可以达到相同的效果。因此,在油田生产数据较为丰富或利用相对渗透率无法得到含水率预测模型的情况下,通过确定的产量变化规律与含水上升规律相结合,可以快速建立油田的含水率预测模型。如此处理,不仅减少了含水率预测模型优选与适应性论证,而且也能很好地继承油田其他开发规律的研究成果。

表6-17　大庆油田南二三区含水率预测模型拟合结果

待定参数及相关系数	预测模型						
	式(6-297)	Logistic	Goempertz	Usher	式(6-316)	式(6-318)	式(6-320)
a(k或r)	38.54010	93.62681	-8.95434	11.56369	119.66741	5.95632	13.41550
b	0.26443	0.31754	0.18819	0.24311	0.35004	0.00537	0.03620
c(p)	0.94977	—	—	2.11864	1.09775	-2.16428	-8.09697
相关系数	0.99884	0.99456	0.99370	0.99802	0.99718	0.99444	0.99750

四、拓展含水预测模型应用

1. 吐哈油区雁木西油田

利用上述7种模型分别对雁木西油1999—2015年的生产数据(表6-14)进行拟合,结果表明(表6-18),式(6-297)、Usher模型拟合结果要好于其他模型,两者后期预测值也非常接近(图6-85)。

表6-18　雁木西油田含水率预测模型拟合结果表

待定参数及相关系数	预测模型						
	式(6-297)	Logistic	Goempertz	Usher	式(6-316)	式(6-318)	式(6-320)
a(k或r)	19.88445	60.30959	-7.25501	3.55747	84.09653	6.59090	12.00934
b	0.35670	0.43993	0.28586	0.32394	0.50379	0.01042	0.06232
c(p)	0.92829	—	—	3.46240	1.03880	-2.99368	-7.03754
相关系数	0.99464	0.97974	0.99050	0.99305	0.98487	0.97334	0.98688

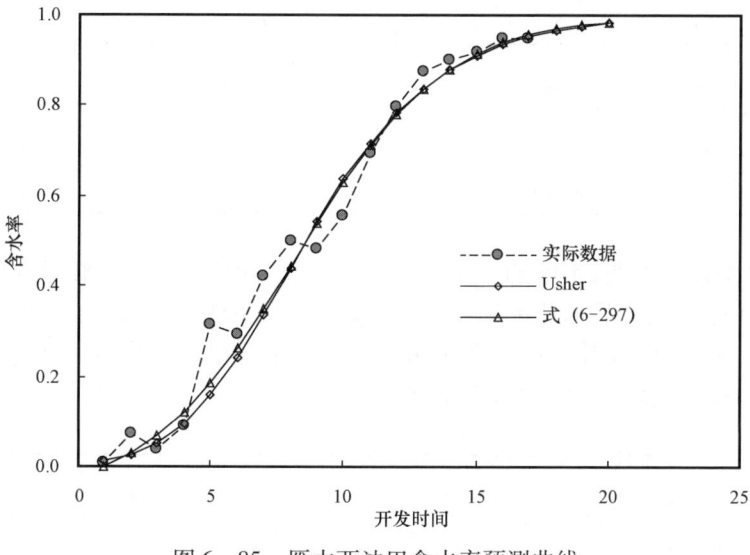

图6-85 雁木西油田含水率预测曲线

2. 双河油田

同样,利用文献[60]双河油田的含水率数据进行拟合,发现拓展模型中式(6-318)拟合效果最好,相关系数达到0.99945,而其他模型预测效果较差(图6-86,表6-19)。

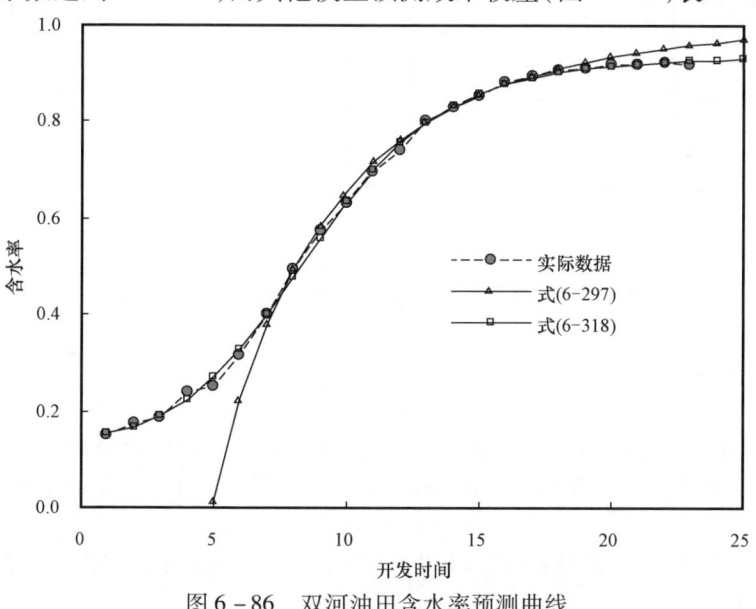

图6-86 双河油田含水率预测曲线

表6-19 双河油田含水率预测模型拟合结果表

待定参数及相关系数	预测模型						
	式(6-297)	Logistic	Goempertz	Usher	式(6-316)	式(6-318)	式(6-320)
a(k或r)	1.23857	6.31497	-2.55000	0.86923	11.11746	4.35280	7.57206
b	0.15000	0.21819	0.17034	0.18223	0.31834	0.00745	0.05193

续表

待定参数及相关系数	预测模型						
	式(6-297)	Logistic	Goempertz	Usher	式(6-316)	式(6-318)	式(6-320)
$c(p)$	-0.69776	—	—	3.68142	1.07368	-2.61529	-5.08090
相关系数	0.99616	0.97940	0.98541	0.98441	0.99569	0.99945	0.99197

以上应用效果充分表明,不同的油田,其含水率与时间变化规律存在较大的差异。另一方面,从指数式含水率预测模型对应的油相相对渗透率特征分析,雁木西油田油相相对渗透率更符合式(6-296),而双河油田比较符合 Willhite 提出的油相相对渗透率关系式(图6-87)。因此,从渗流角度讲,渗流特征决定着含水率预测模型[66,67]。

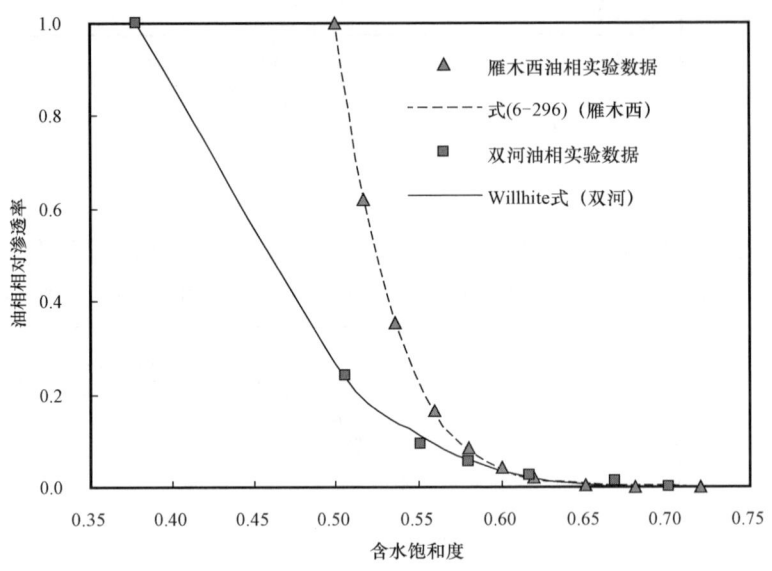

图6-87 雁木西和双河油田油相相对渗透率曲线

参 考 文 献

[1] 刘瑛,高文君. 水驱特征曲线方法系统分类研究[J]. 疆石油地质,2007,28(5):618-621.

[2] 高文君,徐君,王作进,等. 对油气田产量预测广义模型的完善与研究[J]. 石油勘探与开发,2001,28(5):56-59.

[3] 王群一,毕永斌,张梅,等. 南堡陆地油田水平井开发底水油藏油水运动规律[J]. 油气地质与采收率,2012,19(6):91-94.

[4] 姜汉桥,姚军,姜瑞忠. 油藏工程原理与方法[M]. 山东东营:中国石油大学出版社,2006:245-262.

[5] Buckly S E,Leverett M C. Mechanism of Fluid Displacements in Sands[J]. Trans. ,AIME,1942,146(1):107-116.

[6] Welge H J. A Simplified Method for Computing Oil Recovery by Gas or Water Drive[J]. Trans. ,AIME,1952,4(4):91-98.

[7] 陈元千. 水驱曲线关系式的推导[J]. 石油学报,1985,6(2):69-78.

[8] 陈元千. 一种新型水驱曲线关系式的推导及应用[J]. 石油学报,1993,14(2):65-73.

[9] 陈元千. 对纳扎洛夫确定可采储量经验公式的理论推导及应用[J]. 石油勘探与开发,1995,22(3):63-68.

[10] 高文君,彭长水,李正科. 推导水驱特征曲线的渗流理论基础和通用方法[J]. 石油勘探与开发,2000,27(5):56-60.

[11] 高文君,徐君. 常用水驱特征曲线理论研究[J]. 石油学报,2007,28(3):89-92.

[12] 秦同洛,李璮等. 实用油藏工程方法[M]. 石油工业出版社,1989:50-51.

[13] 陈元千. 水驱油田矿场动态的预测方法[J]. 石油勘探与开发,1979,6(3):21-27.

[14] 俞启泰. 为什么要根据原油黏度选择水驱特征曲线[J]. 新疆石油地质,1998,19(4),315-320.

[15] 陈元千. 地层原油黏度与水驱曲线法关系的研究[J]. 新疆石油地质,1998,19(1),61-67.

[16] 张金庆. 一种简单实用的水驱特征曲线[J]. 石油勘探与开发,1998,25(3),56-57.

[17] 李克文. 利用等效介质理论计算油水相对渗透率曲线的理论研究,江汉石油学报,1988,10(3),55-65.

[18] 俞启泰. 几种重要水驱特征曲线的油水渗流特征[J]. 石油学报,1999,20(1),56-60.

[19] 高文君,刘曰强,王作进,等. 过渡型水驱特征曲线建立及研究[J]. 新疆石油地质,2001,22(3):247-250.

[20] 俞启泰. 水驱特征曲线研究(四)[J]. 新疆石油地质,1997,18(3):247-258.

[21] 万吉业. 水驱油田的驱替系列及其应用[J]. 石油勘探与开发,1982,9(6):65-72.

[22] 俞启泰. 使用水驱特征曲线应重视的几个问题[J]. 新疆石油地质,2000,21(1):58-61.

[23] 高文君. 双对数型水驱特征曲线理论基础[J]. 新疆石油地质,2008,29(3):338-340.

[24] 高文君,徐冰涛,王谦,等. 利用水驱特征曲线确定活塞式驱程度指数的方法[J]. 新疆石油地质,2000,21(4):311-314.

[25] 俞启泰,靳红伟. 关于广义水驱特征曲线[J]. 石油学报,1995,16(1):61-69.

[26] 钟德康. 水驱曲线的预测方法和类型判别[J]. 大庆石油地质与开发,1990,9(2):33-37.

[27] 任玉林. 一种新的广义水驱曲线[J]. 新疆石油地质,2006,27(2):188-190.

[28] 徐君,高文君,彭玮,等. 两种驱替特征曲线特性对比[J]. 新疆石油地质,2007,28(2):194-196.

[29] 赫恩杰,蒋明,熊铁,等. 童氏图版的改进及应用[J]. 新疆石油地质,2003,24(3):232-233.

[30] 童宪章. 油井产状和油藏动态分析[M]. 北京:石油工业出版社,1981:63-71.

[31] 童宪章. 天然水驱和人工注水油藏的统计规律探讨[J]. 石油勘探与开发,1978,5(6):38-45.

[32] 陈元千. 水驱特征曲线的校正方法[J]. 古潜山,1986,8(1):63-68.

[33] 陈元千. 油气藏工程计算方法[M]. 北京:石油工业出版社,1996,158-181.

[34] 王柏力. 童氏含水与采出程度关系图版的改进与应用[J]. 大庆石油地质与开发,2006,25(4):62-64.

[35] SY/T 367—998. 石油可采储量计算方法[S]. 北京:石油工业出版社,1999.

[36] 张金庆. 一种简单实用的水驱特征曲线[J]. 石油勘探与开发,1998,25(3):56-57.

[37] А. В. Порядин. Определение эффективности методов повышения нефтеотдачи по интегральным характеристикам вытеснения[J]. Нефтяное хозяйство,1994(3):39-41.

[38] 俞启泰. 一种广义水驱特征曲线[J]. 石油勘探与开发,1998,25(5):48-50.

[39] 徐君,高文君,杨文战. 对标定可采储量的水驱特征曲线法的改进[J]. 新疆石油地质,2007,28(6):741-744.

[40] 俞启泰. 水驱油田的驱替特征与递减特征[J]. 石油勘探与开发,1995,22(1),39-42.

[41] 高文君,王作进. 产量递减方程判别理论基础及应用[J]. 新疆石油地质,1999,20(6):518-521.

[42] 高文君,张原平,阳兴华,等. Logistic产量递减方程渗流理论基础[J]. 新疆石油地质,2001,22(6):506-508.

[43] 俞启泰. 水驱特征曲线研究(一)[J]. 新疆石油地质,1996,17(4),364-369.

[44] 俞启泰. 水驱特征曲线研究(二)[J]. 新疆石油地质,1997,18(1),62-66.

[45] 俞启泰. 水驱特征曲线研究(三)[J]. 新疆石油地质,1997,18(2),153-160.

[46] 俞启泰. 水驱特征曲线研究(五)[J]. 新疆石油地质,1998,19(3),233-236.

[47] 俞启泰. 水驱特征曲线研究(六)[J]. 新疆石油地质,1999,20(2),141-145.

[48] 俞启泰. 水驱特征曲线研究(七)[J]. 新疆石油地质,1999,20(3):508-512.

[49] Iraj Ersaghi and Omoregie O. A method for extrapolation of cut vs. recoverycurves[J]. JPT, Feb. 1978:203-204.

[50] 陈元千,杜霞. 水驱曲线关系式的对比及直线段出现时间的判断[J]. 石油勘探与开发,1986,13(6):55-62.

[51] 初迎利,刘冬琴. 水驱曲线直线段出现时间的判断方法[J]. 石油钻采工艺,1997,19(6):63-68.

[52] 贾晓飞. 基于系统稳定性的水驱曲线合理直线段选取新方法[J]. 断块油气田,2017,24(1):40-42,50.

[53] 杨仁锋,杨莉. 水驱油田新型含水率预测模型研究[J]. 水动力学研究与进展,2012,27(6):713-718.

[54] 王炜,刘鹏程. 预测水驱油田含水率的Gompertz模型[J]. 新疆石油学院学报,2001,13(4):30-32.

[55] 杨希军. 应用Usher模型预测单井含水率变化[J]. 西安石油大学学报(自然科学版),2008,23(3):50-51.

[56] 张居增,张烈辉,张红梅,等. 预测水驱油田含水率的Usher模型[J]. 新疆石油地质,2004,25(2):191-192.

[57] 葛家理. 现代油藏渗流力学原理:上[M]. 北京:石油工业出版社,2003:175-200.

[58] 黄炳光,刘蜀知. 实用油藏工程与动态分析方法[M]. 北京:石油工业出版社,1998:22-34.

[59] 刘丁曾,李伯虎. 大庆萨葡油层多层砂岩油藏[M]. 北京:石油工业出版社,1997:80-93.

[60] 邹存友,于立君. 中国水驱砂岩油田含水与采出程度的量化关系[J]. 石油学报,2012,33(2):288-292.

[61] 俞启泰. $N_p = N_{Rmax} t^b/(t^b + a)$型增长曲线预测油田开发指标的0.5准数及其应用[J]. 中国海上油气(地质),1999,13(1):36-40.

[62] 蒋明,宋富霞. Usher模型的特征分析及应用[J]. 天然气工业,1998,18(4):69-73.

[63] 陈元千,郭二鹏. 预测水驱油田体积波及系数和可采储量的方法[J]. 中国海上油气,2007,19(6):387-389.

[64] 周鹏. 新型水驱油田含水率预测模型的建立及其应用[J]. 新疆石油地质,2016,37(4):452-455.

[65] 陈国飞,孙艾茵,唐海,等. 基于Usher模型及水驱特征曲线的综合预测模型[J]. 新疆石油地质,2016,37(2):231-235.

[66] 崔英怀,高文君,黄瑜,等. 含水率预测模型的改进与应用[J]. 新疆石油地质,2017,38(4):432-439.

[67] 高文君,徐冰涛,黄瑜,等. 水驱油田含水率预测方法研究及拓展[J]. 石油与天然气地质,2017,38(5):993-999.

第七章 累积存水率评价方法

累积存水率是评价注水开发油田注水状况及注水效果的一个重要指标。目前关于累积存水率的研究主要有两大类,一类是累积存水率与含水的关系,另一类为累积存水率与采出程度的关系,前者由于含水率为瞬时值,受油井措施比例、生产工作制度调整等因素影响,含水率波动较大,尤其是规模较小油田或区块,一般不常使用;而后者采出程度为累计值,波动小,常被应用于注水效果分析。在理想条件下(即无边水、底水入侵,无夹层水,系统封闭无外溢,地层压力保持稳定情况下),累积存水率最大值为1,且累积存水率随采出程度的增加而下降。在实际注水油田分析中,如果实际点位于标定(或理论)曲线右侧或右上方,则说明注入水利用率较高,油田注水效果好;若偏离曲线下方或左下方,则表明注入水利用率变差,需对油田注水工作进行措施调整,以增加累积存水率,改善油田注水效果;油藏若存在边底水的侵入、夹层水的产出,尤其是在油田开发初期,这部分侵入水对油藏来说相当于注入水,但它并没有纳入累积注入水中,却存在产水量,依据累积存水率的定义,累积存水率一定偏低;当然,若采用降压开采,特别是在开发初期,产多注少,累积存水率也偏低;反之,若油藏出现压力恢复或亏空持续弥补、调控措施见效、钻加密调整井、油藏注入水外溢等因素,均可使累积存水率增大。

第一节 累积存水率评价方法改进

一、传统累积存水率方法

长期以来,油藏工程者一直在进行累积存水率与采出程度关系式的建立和研究工作。目前已有指数式、幂函数式和童氏经典式。

1. 指数式

1992年张锐通过无因次采出曲线 $\ln(W_p/N_p) = a_1 + b_1 R$ 和无因次注入曲线 $\ln(W_i/N_p) = a_2 + b_2 R$ 导出累积存水率与采出程度关系式为[1]:

$$E_s = 1 - \exp(A_i + B_i R) \tag{7-1}$$

其中 $A_i = a_1 - a_2$,$B_i = b_1 - b_2$

式中 N_p ——累积产油量,$10^4 t$;

W_p ——累计产水量,$10^4 t$;

W_i ——累计注水量,$10^4 t$;

R ——采出程度;

a_1,a_2,b_1,b_2 ——无量纲待定参数。

通过国内4个油田和3个区块实际资料统计,确定出了待定参数 A_i,B_i 与油水黏度比、最终水驱采收率,并令 $B_i = D_i/E_r$,将累积存水率与采出程度关系式改为:

$$E_s = 1 - \exp\left(A_i + D_i \frac{R}{E_r}\right) \tag{7-2}$$

其中 $A_i = \dfrac{5.854}{0.0476 - \ln\mu_r}$，$D_i = \dfrac{6.689}{\ln\mu_r + 0.186}$

式中 E_s——累积存水率；

E_r——水驱采收率；

μ_r——油水黏度比，范围(2.5~200)；

A_i，B_i，D_i——无量纲待定参数。

按文献[2]"油田进入开发后期，当$\left(\dfrac{W_i}{N_p}\right)$趋近于$\left(\dfrac{W_p}{N_p}\right)$时，则认为水驱近于失效，这时的采出程度可认为是水驱采收率"的观点，有：

$$E_r = \frac{a_1 - a_2}{b_2 - b_1} \tag{7-3}$$

将式(7-3)代入式(7-1)中，并令$k = \dfrac{a_1 - a_2}{E_r}$，整理有：

$$E_s = 1 - \exp\left[k\left(\frac{R}{E_r} - 1\right)\right] \tag{7-4}$$

当采出程度R为水驱采收率时，则累积存水率为0，表明累计产水量与累计注水量地下体积相等，即地下无存水量，这在实际油田一般不可能发生，除非是有能量充足的外来边、底水侵入油藏。同时，文献[3]对此理论也提出了质疑，表明该理论存在不足，主要原因是无因次采出曲线和无因次注入曲线以经验统计的形式给出，目前缺乏渗流理论依据支持，虽然式(7-2)以资料统计的形式给出累积存水率与采出程度关系式，避免了R为水驱采收率时存水率不为0，但仍不能从理论上解决其存在的合理性。

2. 幂函数式

2001年辽河油田相天章等通过大量实际数据统计，发现累积存水率与含水率曲线形状向上凸，据此给出累积存水率数学关系式$E_s = E_{smax}(1 - f_w^n)^m$，其中$n \geq 1$，$0 < m < 1$，$E_{smax} \leq 1.0$。随后引入张虎俊提出的累计产油量与含水关系式$N_p = bf_w^a$，得出累积存水率数学关系式通式为[4,5]：

$$E_s = E_{smax}\left[1 - (R/E_r)^p\right]^q \tag{7-5}$$

式中 E_{smax}——最大累积存水率；

f_w——地面质量含水率；

a，n，m，p，q——无量纲待定参数；

b——待定参数，10^4t。

式(7-5)在$E_s - R$坐标系中，当采出程度接近采收率时，存水率曲线与水平的采出程度坐标轴相交，且交于预测的采收率点。后经过对辽河油田9个开发区块的开发效果统计评价，得到数学关系式：

$$E_s = E_{smax}(1 - R/E_r)^{1-\sqrt{\mu_w/\mu_o}} \qquad (7-6)$$

式中 μ_o——原油黏度，mPa·s；

μ_w——地层水黏度，mPa·s。

式(7-6)基本能计算油水黏度比大于1的油田累积存水率与采出程度的关系，但如果油水黏度比小于或等于1，计算E_s大于1，与油田实际不相符。同样，该关系式也与指数式一样，存在采出程度R为水驱采收率时累积存水率为0的情况出现。

3. 童氏经典理论

2004年，冯其红等以童氏水驱校正曲线$\lg\left(\dfrac{f_w}{1-f_w} + c\right) = 7.5(R - E_r) + 1.69 + a$为基础，利用注采平衡（即累计注入地下体积=累计产液的地下体积），导出存水率与采出程度的关系曲线[6]：

$$E_s = \dfrac{B_{oi}}{\rho_o}R\left\{\dfrac{49}{10^{7.5E_r}-1}\left[\dfrac{\exp(17.2725R)-1}{17.2725} - R\right] + \dfrac{B_{oi}}{\rho_o}R\right\}^{-1} \qquad (7-7)$$

式中 a, c——无量纲待定参数；

B_{oi}——地层原油原始体积系数，m^3/m^3；

ρ_o——原油密度，g/cm^3。

2008年，郭印龙等利用油水相对渗透率曲线为指数式$K_{ro}/K_{rw} = a\exp(bS_{we})$和注采平衡，并借用平均含水饱和度与出口端含水饱和度关系式$\bar{S}_w = \dfrac{2}{3}S_{we} - \dfrac{1}{3}(1 - S_{or})$，导出了地下存水率与采出程度的关系曲线，该式其实质与式(7-7)为一类[7]。

$$E_s = \dfrac{R}{\dfrac{2\mu_o\rho_w}{3abS_{wi}\mu_w B_w}\exp(G)[\exp(AR) - 1] + R} \qquad (7-8)$$

其中

$$A = 1.5b(1 - S_{wi})$$

$$G = 1.5bS_{wi} + 0.5b(1 - S_{or})$$

式中 a, b——无量纲待定参数；

$\bar{S}_w$——平均含水饱和度；

S_{we}——出口端含水饱和度；

S_{or}——残余油饱和度；

ρ_w——地层水密度，g/cm^3。

以上内容基本上包含了累积存水率与采出程度关系的整个理论研究过程，但仍存在着一些不足，具体为：指数式缺乏理论支持；幂函数式无法研究油水黏度比小于或等于1的情况；经典式由于童氏水驱校正曲线中采出程度系数固定为7.5，不能反映出油藏性质及其流体性质的差异性（如大庆长垣外围油田属于低渗透油田，采出程度系数取12.72，吉林油区10个已开发低渗透油田和区块，采出程度系数为13），虽然式(7-8)给出渗流理论基础，但由于引入了平均含水饱和度与出口端含水关系式为一特殊函数，其对应含水规律应该为 $R = A + B(1 - f_w)^{1/3}$，因此，累积存水率与采出程度关系及理论研究仍需油藏工程者对其进行完善[8-14]。

二、累积存水率评价方法改进

目前，注水油田采出程度与含水关系常采用如下"S"形进行描述[15-21]。

$$R = A + B\ln\left(\frac{f_w}{1 - f_w}\right) \tag{7-9}$$

式中　R——采出程度；
　　　f_w——重量含水率；
　　　A、B——无量纲待定参数。

取含水率为 0.98 时，计算最终水驱采收率为：

$$E_r = A + B\ln(49) \tag{7-10}$$

将式(7-10)减去式(7-9)，整理得：

$$E_r - R = B\ln\left[\frac{49(1 - f_w)}{f_w}\right] \tag{7-11}$$

利用 $R = N_p/N$，$E_r = N_r/N$，$dW_p/dN_p = f_w/(1 - f_w)$ 代入式(7-11)，得：

$$\frac{1}{49}dW_p = \exp\left(\frac{N_p - N_r}{BN}\right)dN_p \tag{7-12}$$

设当油藏即将见注入水时，$N_p = N_{p0}$，对应累计产水 $W_p = 0$；当累计产油为 N_p 时，对应累计产水 W_p，对式(7-12)定积分可得：

$$W_p = 49BN\left[\exp\left(\frac{N_p - N_R}{BN}\right) - \exp\left(\frac{N_{p0} - N_R}{BN}\right)\right] \tag{7-13}$$

式中　N_{p0}——无水期累计产油量，10^4t。

按地层压力保持原始地层压力不变，由物质平衡方程可知：

$$\frac{B_w}{\rho_w}W_i = \frac{B_w}{\rho_w}W_p + \frac{B_{oi}}{\rho_o}N_p \tag{7-14}$$

式中　B_w——地层水体积系数，m^3/m^3。

由累积存水率定义式可知：

$$E_s = 1 - \frac{W_p}{W_i} \tag{7-15}$$

将式(7-13)、式(7-14)代入式(7-15)，整理得：

$$E_s = \cfrac{1}{\cfrac{49B_w\rho_o B}{B_{oi}\rho_w R}\left[\exp\left(\cfrac{R-E_r}{B}\right) - \exp\left(\cfrac{R_0-E_r}{B}\right)\right] + 1} \quad (7-16)$$

其中,无水采出程度 $R_0 = N_{p0}/N$。

三、待定参数值的确定

由式(7-13)定积分可得:

$$N_p = a + b\ln(W_p + C) \quad (7-17)$$

其中,$a = N_r - BN\ln(49BN)$,$b = BN$,$C = 49BN\exp\left(\cfrac{R_0-E_r}{B}\right)$。

显然式(7-17)为修正甲型水驱特征曲线,这样很容易通过式(7-17)反演求得采出程度与含水关系式为:

$$R = \frac{a + b\ln b}{N} + \frac{b}{N}\ln\left(\frac{f_w}{1-f_w}\right) \quad (7-18)$$

对比式(7-9)和式(7-18),可以得到:

$$B = b/N \quad (7-19)$$

$$E_r = \frac{a + b\ln 49b}{N} \quad (7-20)$$

从 $C = 49BN\exp\left(\cfrac{R_0-E_r}{B}\right)$ 和式(7-20)可以确定:

$$R_0 = \frac{a + b\ln C}{N} \quad (7-21)$$

四、实例应用

确定参数 B、E_r 和 R_0 值后,代入式(7-16)即可作出油田的累积存水率与采出程度关系曲线,并以此为基准线,改变 E_r 值,则可做出不同采收率下油田的累积存水率与采出程度关系曲线,绘制在一张图上,便形成了油田累积存水率与采出程度关系图版。从图版上可以比较实际生产点的变化,如果实际点落在 E_r 值较大曲线上,则反映油田注水效果变好;反之变差。下面以鄯善、丘陵油田为例,对其三间房油藏累积存水率与采出程度关系图版分别进行了建立,具体过程如下。

1. 水驱特征曲线拟合

两个油藏从1999年年底开始陆陆续续进行井网加密或注采井网完善调整,因此,在进行水驱特征曲线拟合时,选取调整前水驱基本稳定时数据进行拟合(图7-1、图7-2)。

鄯善:$N_p = -90.4557 + 115.5609\ln(W_p + 2.5402)$,相关系数 0.99992

丘陵:$N_p = 93.2788 + 107.6890\ln(W_p + 2.0662)$,相关系数 0.99962

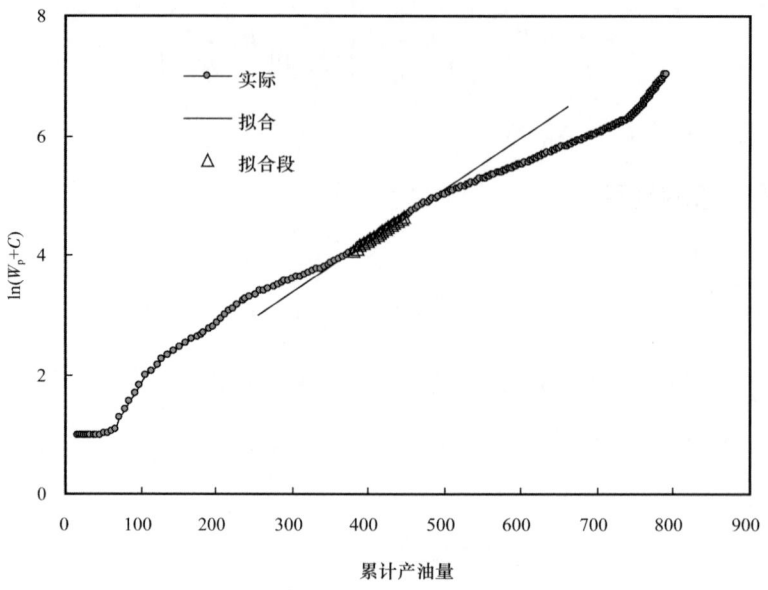

图7-1 鄯善油田三间房油藏水驱特征曲线

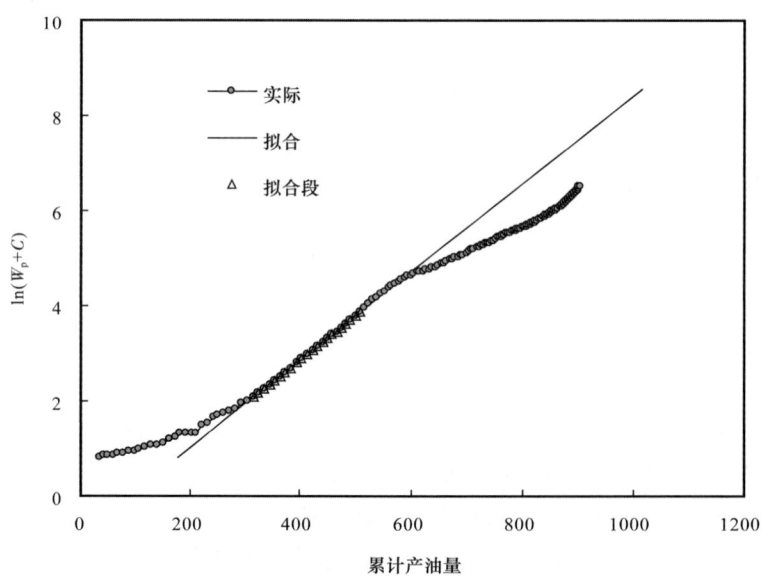

图7-2 丘陵油田三间房油藏水驱特征曲线

2. 待定参数值计算

利用式(7-19)、式(7-20)、式(7-21)分别计算两个油藏的 B，E_r 和 R_0 值(表7-1)。另外,从实际生产数据拟合、反演、转化成童氏含水标准式来看, B_k 系数明显大于7.5,也大于大庆长垣外围、吉林油田的统计系数,即使鄯善与丘陵油田相邻,生产层系相同,但由于流体、储层沉积部位存在差异,导致 B_k 系数也存在较大的变化。因此,利用油田实际生产数据,确定式(7-9)中的 B 值,更能反映实际油田的注水特征和水驱规律。

表7-1 鄯善与丘陵油田基本物性及水驱规律拟合结果

油田	修正甲型水驱特征曲线拟合				累积存水率相关参数计算			
	a	b	C	相关系数	N	B	E_r	R_0
鄯善	-90.4557	115.5609	2.5402	0.99992	3656	0.03161	0.2484	0.004725
丘陵	93.2788	107.6890	2.0662	0.99924	4285	0.02513	0.2372	0.040007

油田	基本物性参数				转化为童氏标准式及 B_k 参数求取		
	B_{oi}	B_w	ρ_o	ρ_w	关系式		B_k
鄯善	1.50	1.042	0.815	1.017	$\lg\left(\dfrac{f_w}{1-f_w}\right) = B_k(R - E_r) + 1.69$		13.73977
丘陵	1.79	1.038	0.806	1.022			17.28079

3. 累积存水率图版绘制

确定 B 和 R_0 值后,将 E_r 作为变量,向前、向后依次取相同步长的等差数列,然后利用式(7-16),计算不同 E_r 值下的累积存水率与采出程度数据点,绘制在纵向为累积存水率、横轴为采出程度的平面坐标系上,便形成了具体油田的累积存水率与采出程度关系图版(图7-3、图7-4)。从图版上可以明显得到,曲线越向右,开发效果越好;同等采出程度条件下,水驱采收率越高,累积存水率越大;达到最终水驱采收率时,其累积存水率越大,表明油藏孔隙中原油被注入水替代越多。

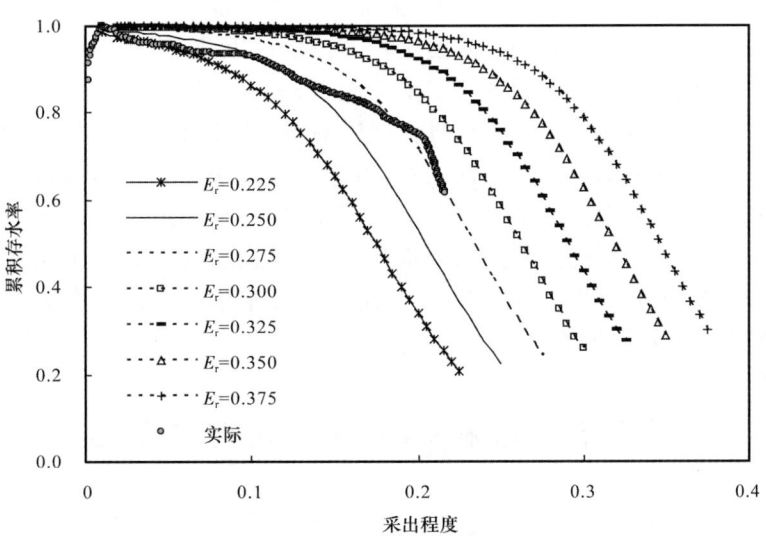

图7-3 鄯善油田累积存水率与采出程度关系图版

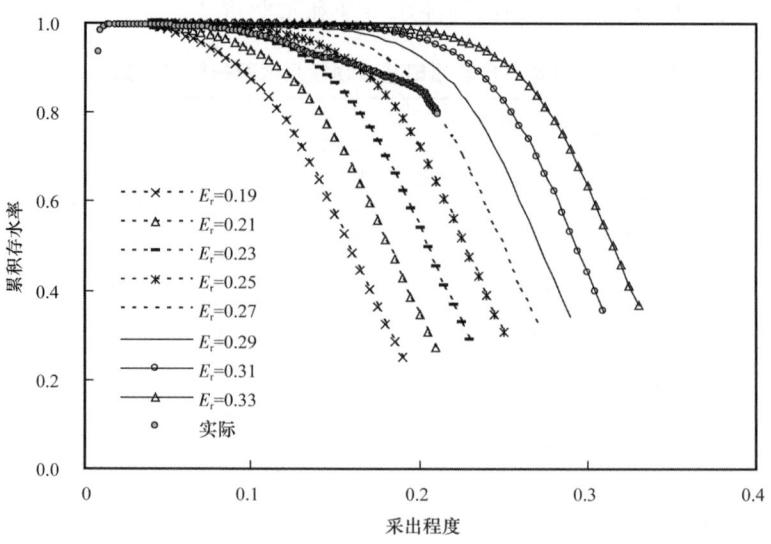

图 7-4 丘陵油田累积存水率与采出程度关系图版

4. 注水效果分析

将实际生产点加载在累积存水率与采出程度关系图版上,可以通过某阶段数据点所处位置来直观反映油田开发效果是变差还是变好。从鄯善、丘陵两油田的实际情况来看,调整后油田累积存水率向右、向水驱采收率值较高曲线靠近,表明油田通过调整(主要调整措施为老井转注),注水利用率提高,开发效果明显好转。但最近 5 年,两油田实际点分别落在 E_r 为 27.5% 和 27% 的曲线上,并有沿此曲线向前发展的趋势,虽然也进行了局部井点加密和改注,但由于注水井套损严重、少部分注水井因周围油井高含水而停注,两者之间影响作用相互抵消,总体上表现出累积存水率发展趋势未发生较大改变。因此,若要继续改善油田开发效果,需加大油田的注水调整工作,积极开展分层精细注水,进一步扩大注水波及体积,尤其对部分 Ⅱ、Ⅲ 类储层加强储层改造力度,提高 Ⅱ、Ⅲ 类储层剖面动用程度,否则油田的水驱采收率不会有大的提高。同时,从鄯善油田开发初期来看,累积存水率明显偏低,其原因是开发初期采取反九点法面积注水,注水量无法满足注采平衡的需要,导致油田地层压力下降比较明显;此后利用 2 年多的时间,将反九点法面积注水逐步改为五点法面积注水,油田注水状况好转,累积存水率明显向右变化,水驱效果变好。因此,利用累积存水率与采出程度关系图版,更便于注水变化原因分析和注水效果评价。

第二节 累积存水率评价方法建立

第一节主要是针对甲型含水率变化曲线下累积存水率变化规律的研究。目前矿场上除了应用较广的甲型含水率变化曲线,还有乙型含水率变化曲线、丙型含水率变化曲线、丁型含水率变化曲线 3 种[15-17]。为此,本节以甲型、乙型、丙型、丁型 4 种含水变化规律为基础,通过对含水率进行定积分,取水驱最终含水率为油田废弃时含水率 f_{wm},并结合物质平衡方程,建立了各自对应的通用累积存水率与采出程度关系式,解决了累积存水率变化规律方法较为单一的问题。

一、甲型累积存水率

1. 含水变化规律

取甲型含水变化规律式(7-9)中含水率为油田废弃时含水率f_{wm},计算最终水驱采收率E_r,并与甲型含水变化规律相减,整理得:

$$E_r - R = B\ln\left(\frac{f_{wm}}{1-f_{wm}}\frac{1-f_w}{f_w}\right) \tag{7-22}$$

2. 甲型累积存水率变化规律

利用$R = N_p/N$,$E_r = N_r/N$,$dW_p/dN_p = f_w/(1-f_w)$代入式(7-22),得:

$$\frac{1-f_{wm}}{f_{wm}}dW_p = \exp\left(\frac{N_p - N_r}{BN}\right)dN_p \tag{7-23}$$

设当油藏即将见注入水时,$N_p = N_{p0}$,对应累计产水$W_p = 0$;当累计产油量为N_p时,对应累计积水量为W_p,对式(7-23)定积分,得:

$$W_p = \frac{BNf_{wm}}{1-f_{wm}}\left[\exp\left(\frac{N_p - N_r}{BN}\right) - \exp\left(\frac{N_{p0} - N_r}{BN}\right)\right] \tag{7-24}$$

将物质平衡方程式(7-14)和式(7-24)代入累积存水率定义式,并取无水采出程度$R_0 = N_{p0}/N$,整理,得甲型累积存水率变化规律为:

$$E_s = \frac{1}{\dfrac{f_{wm}B_w\rho_o B}{(1-f_{wm})B_{oi}\rho_w R}\left[\exp\left(\dfrac{R-E_r}{B}\right) - \exp\left(\dfrac{R_0 - E_r}{B}\right)\right] + 1} \tag{7-25}$$

二、乙型累积存水率

1. 含水变化规律

乙型含水变化规律为:

$$R = A + B\ln\left(\frac{1}{1-f_w}\right) \tag{7-26}$$

同理,取式(7-26)中含水率为油田废弃时含水率f_{wm},计算最终水驱采收率E_r为:

$$E_r = A + B\ln\left(\frac{1}{1-f_{wm}}\right) \tag{7-27}$$

将式(7-27)与乙型含水变化规律式(7-26)相减,得:

$$E_r - R = B\ln\left(\frac{1-f_w}{1-f_{wm}}\right) \tag{7-28}$$

2. 乙型累积存水率变化规律

利用 $R = N_p/N$，$E_r = N_r/N$，$\mathrm{d}L_p/\mathrm{d}N_p = 1/(1-f_w)$ 代入式(7-28)，得：

$$(1-f_{wm})\mathrm{d}L_p = \exp\left(\frac{N_p - N_r}{BN}\right)\mathrm{d}N_p \tag{7-29}$$

设当油藏即将见注入水时，$N_p = N_{p0}$，对应累计产液量 $L_p = N_{p0}$；当累计产油量为 N_p 时，对应累积产液量为 L_p，对式(7-29)定积分，得：

$$L_p = \frac{BN}{1-f_{wm}}\left[\exp\left(\frac{N_p - N_r}{BN}\right) - \exp\left(\frac{N_{p0} - N_r}{BN}\right)\right] + N_{p0} \tag{7-30}$$

由 $L_p = N_p + W_p$ 和物质平衡方程可得：

$$W_i = L_p + \left(\frac{B_{oi}\rho_w}{B_w\rho_o} - 1\right)N_p \tag{7-31}$$

将式(7-30)、式(7-31)代入累积存水率定义式，得乙型累积存水率变化规律为：

$$E_s = \frac{1}{\dfrac{B_w\rho_o B}{B_{oi}\rho_w R}\left\{\dfrac{1}{1-f_{wm}}\left[\exp\left(\dfrac{R-E_r}{B}\right) - \exp\left(\dfrac{R_0 - E_r}{B}\right)\right] + \dfrac{R_0 - R}{B}\right\} + 1} \tag{7-32}$$

三、丙型累积存水率

1. 含水变化规律

丙型含水变化规律为：

$$R = A - B(1-f_w)^{0.5} \tag{7-33}$$

同理，取式(7-33)中含水率为油田废弃时含水率 f_{wm}，计算最终水驱采收率 E_r 为：

$$E_r = A - B(1-f_{wm})^{0.5} \tag{7-34}$$

将式(7-34)与丙型含水变化规律式(7-33)相减，得：

$$E_r - R = B[(1-f_w)^{0.5} - (1-f_{wm})^{0.5}] \tag{7-35}$$

2. 丙型累积存水率变化规律

利用 $R = N_p/N$，$E_r = N_r/N$，$\mathrm{d}L_p/\mathrm{d}N_p = 1/(1-f_w)$ 代入式(7-35)，得：

$$\mathrm{d}L_p = \left[\frac{N_r - N_p}{BN} + (1-f_{wm})^{0.5}\right]^{-2}\mathrm{d}N_p \tag{7-36}$$

设当油藏即将见注入水时，$N_p = N_{p0}$，对应累计产液量 $L_p = N_{p0}$；当累计产油量为 N_p 时，

对应累计产液量为 L_p，对式(7-36)定积分，得：

$$L_p = BN\left\{\left[\frac{N_r - N_p}{BN} + (1 - f_{wm})^{0.5}\right]^{-1} - \left[\frac{N_r - N_{p0}}{BN} + (1 - f_{wm})^{0.5}\right]^{-1}\right\} + N_{p0} \quad (7-37)$$

将式(7-31)、式(7-37)代入累积存水率定义式，得丙型累积存水率变化规律为：

$$E_s = \frac{1}{\frac{B_w\rho_o B}{B_{oi}\rho_w R}\left\{\left[\frac{E_r - R}{B} + (1 - f_{wm})^{0.5}\right]^{-1} - \left[\frac{E_r - R_0}{B} + (1 - f_{wm})^{0.5}\right]^{-1} + \frac{R_0 - R}{B}\right\} + 1}$$

$$(7-38)$$

四、丁型累积存水率

1. 含水变化规律

丁型含水变化规律为：

$$R = A - B\left(\frac{1 - f_w}{f_w}\right)^{0.5} \quad (7-39)$$

同理，取式(7-39)中含水率为油田废弃时含水率 f_{wm}，计算最终水驱采收率 E_r 为：

$$E_r = A - B\left(\frac{1 - f_{wm}}{f_{wm}}\right)^{0.5} \quad (7-40)$$

将式(7-40)与丁型含水变化规律式(7-39)相减，得：

$$E_r - R = B\left[\left(\frac{1 - f_w}{f_w}\right)^{0.5} - \left(\frac{1 - f_{wm}}{f_{wm}}\right)^{0.5}\right] \quad (7-41)$$

2. 丁型累积存水率变化规律

利用 $R = N_p/N$，$E_r = N_r/N$，$dW_p/dN_p = f_w/(1 - f_w)$ 代入式(7-41)，得：

$$dW_p = \left[\frac{N_r - N_p}{BN} + \left(\frac{1 - f_{wm}}{f_{wm}}\right)^{0.5}\right]^{-2} dN_p \quad (7-42)$$

设当油藏即将见注入水时，$N_p = N_{p0}$，对应累计产液量 $W_p = 0$；当累计产油量为 N_p 时，对应累计产液量为 W_p，对式(7-42)定积分，得：

$$W_p = BN\left\{\left[\frac{N_r - N_p}{BN} + \left(\frac{1 - f_{wm}}{f_{wm}}\right)^{0.5}\right]^{-1} - \left[\frac{N_r - N_{p0}}{BN} + \left(\frac{1 - f_{wm}}{f_{wm}}\right)^{0.5}\right]^{-1}\right\} \quad (7-43)$$

将式(7-31)、式(7-37)代入累积存水率定义式，得丁型累积存水率变化规律为：

$$E_s = \frac{1}{\frac{B_w\rho_o B}{B_{oi}\rho_w R}\left\{\left[\frac{E_r - R}{B} + \left(\frac{1 - f_{wm}}{f_{wm}}\right)^{0.5}\right]^{-1} - \left[\frac{E_r - R_0}{B} + \left(\frac{1 - f_{wm}}{f_{wm}}\right)^{0.5}\right]^{-1}\right\} + 1} \quad (7-44)$$

第三节 累积存水率曲线中待定参数确定

甲型、乙型、丙型、丁型 4 种累积存水率与采出程度关系式的建立，表明了不同含水变化规律的注水开发油田具有不同累积存水率与采出程度关系。在这些关系式中，如何确定待定参数 B、E_r 和 R_0，成为影响这些关系式应用的最大障碍。

一、甲型累积存水率曲线

将式(7-24)化简，得：

$$N_p = a + b\ln(W_p + C) \tag{7-45}$$

其中

$$a = N_r - BN\ln[f_{wm}BN/(1 - f_{wm})]$$

$$b = BN$$

$$C = \frac{BNf_{wm}}{1 - f_{wm}}\exp\left(\frac{N_{p0} - N_r}{BN}\right)$$

显然式(7-45)为修正甲型水驱特征曲线[22]，这样很容易通过式(7-45)反演求得采出程度与含水关系式为：

$$R = \frac{a + b\ln b}{N} + \frac{b}{N}\ln\left(\frac{f_w}{1 - f_w}\right) \tag{7-46}$$

对比式(7-9)和式(7-46)，可以得到：

$$B = b/N \tag{7-47}$$

$$E_r = \frac{a + b\ln[bf_{wm}/(1 - f_{wm})]}{N} \tag{7-48}$$

$$R_0 = \frac{a + b\ln C}{N} \tag{7-49}$$

二、乙型累积存水率曲线

将式(7-30)化简，得：

$$N_p = a + b\ln(L_p + C) \tag{7-50}$$

其中

$$a = N_r - BN\ln[BN/(1 - f_{wm})]$$

$$b = BN$$

$$C = \frac{BN}{1 - f_{wm}} \exp\left(\frac{N_{p0} - N_r}{BN}\right) - N_{p0}$$

同理,式(7-50)为修正乙型水驱特征曲线[11],这样很容易通过式(7-50)反演求得采出程度与含水关系式为:

$$R = \frac{a + b\ln b}{N} + \frac{b}{N}\ln\left(\frac{1}{1 - f_w}\right) \tag{7-51}$$

对比式(7-26)和式(7-51),可以得到:

$$B = b/N \tag{7-52}$$

$$E_r = \frac{a + b\ln[b/(1 - f_{wm})]}{N} \tag{7-53}$$

$$NR_0 - a - b\ln(C + NR_0) = 0 \tag{7-54}$$

注意:利用式(7-54)不能直接确定出 R_0 值,需采用迭代法或单变量求解法进行求解。

三、丙型累积存水率曲线

将式(7-37)化简,得:

$$N_p = a - \frac{b}{L_p + C} \tag{7-55}$$

其中

$$a = N_r + BN(1 - f_{wm})^{0.5}$$

$$b = B^2 N^2$$

$$C = \frac{B^2 N^2}{N_r + BN(1 - f_{wm})^{0.5} - N_{p0}} - N_{p0}$$

同样,式(7-55)为修正丙型水驱特征曲线[10],这样很容易通过式(7-55)反演求得采出程度与含水关系式为:

$$R = \frac{a}{N} - \frac{b^{0.5}}{N}(1 - f_w)^{0.5} \tag{7-56}$$

对比式(7-33)和式(7-56),可以得到:

$$B = b^{0.5}/N \tag{7-57}$$

$$E_r = \frac{a - b^{0.5}(1 - f_{wm})^{0.5}}{N} \tag{7-58}$$

$$(C + NR_0)(a - NR_0) - b = 0 \tag{7-59}$$

注意,对式(7-59)需采用单变量或一元二次方程求解,可确定出 R_0 值。

四、丁型累积存水率曲线

将式(7-43)化简,得:

$$N_p = a - \frac{b}{W_p + C} \tag{7-60}$$

其中

$$a = N_r + BN\left(\frac{1-f_{wm}}{f_{wm}}\right)^{0.5}$$

$$b = B^2 N^2$$

$$C = \frac{B^2 N^2}{N_r + BN[(1-f_{wm})/f_{wm}]^{0.5} - N_{p0}}$$

同理,式(7-60)为修正丁型水驱特征曲线[10],这样很容易通过式(7-60)反演求得采出程度与含水关系式为:

$$R = \frac{a}{N} - \frac{b^{0.5}}{N}\left(\frac{1-f_w}{f_w}\right)^{0.5} \tag{7-61}$$

对比式(7-39)和式(7-61),可以得到

$$B = b^{0.5}/N \tag{7-62}$$

$$E_r = \frac{a - b^{0.5}[(1-f_{wm})/f_{wm}]^{0.5}}{N} \tag{7-63}$$

$$R_0 = (a - b/C)/N \tag{7-64}$$

第四节 累积存水率图版及应用

一、累积存水率图版制作

借鉴童氏经典含水率与采出程度图版编制方法[9],在确定参数 B、E_r 和 R_0 值后,可按下列步骤绘制油田累积存水率和采出程度关系图版。

(1)将 B、E_r 和 R_0 代入对应累积存水率与采出程度关系式,并绘制曲线;

(2)以第一步绘制曲线为基准线,改变 E_r 值,做出不同采收率下油田的累积存水率与采出程度关系曲线,绘制在一张图上,形成油田累积存水率与采出程度关系图版;

(3)将实际生产点绘制在累积存水率与采出程度关系图版上,对比、分析实际生产数据变化过程,如果实际点落在 E_r 值较大曲线上,则反映油田注水效果变好;反之变差。

二、实例应用及分析

下面以丘陵、埕北、小集油田和温西一区块为例,分别进行甲型、乙型、丙型、丁型等累积存

水率变化规律在注水开发效果评价中的应用。

1. 甲型累积存水率曲线

丘陵油田属低黏低渗透弱挥发性油田,边底水能量不足,水驱油实验结果显示油层含水上升规律符合甲型曲线。该油田于 1995 年 8 月正式投入注水开发,开发初期采油速度达到 2%～3%,1998 年油井开始大面积见注入水,产量出现大幅递减,1999 年年底开始进行近 3 年井网加密调整,2002 年以后又陆续进行局部二次井网加密和注采井网完善调整。为此,在进行水驱特征曲线拟合时,选取调整前水驱基本稳定时数据进行拟合,得到甲型水驱特征曲线为:

$$N_p = 93.2788 + 107.6890\ln(W_p + 2.0662)$$

先利用式(7-47)、式(7-49)分别计算油田的 B 和 R_0 值,然后将 E_r 作为变量,向前、向后依次取相同步长的等差数列,再代入式(7-25),计算不同 E_r 值下的累积存水率与采出程度数据点,绘制在纵轴为累积存水率,横轴为采出程度的平面坐标系上,就形成实际油田的累积存水率与采出程度关系图版(图 7-5)。从图版上可以明显得到,曲线越向右,开发效果越好;同等采出程度条件下,水驱采收率越高,需要的累积存水率越大,达到最终水驱采收率时,其累积存水率越大,表明油藏孔隙中原油被注入水驱替越多。

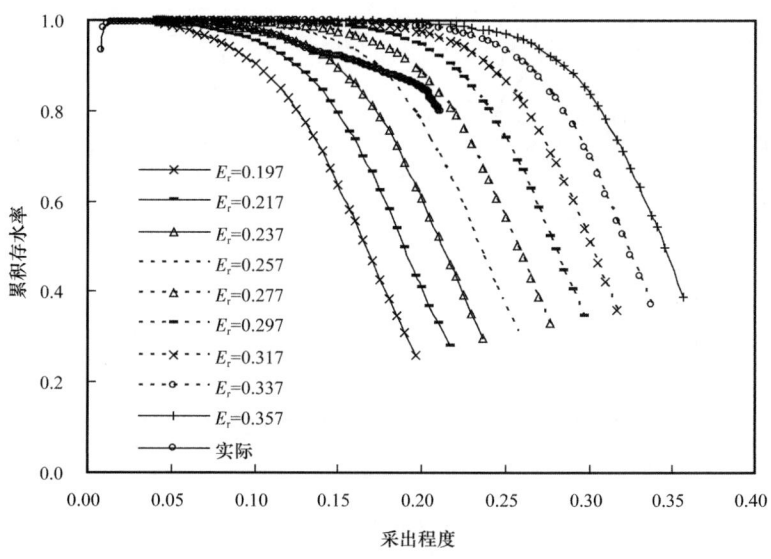

图 7-5 丘陵油田累积存水率与采出程度关系图版

将实际生产点加载在累积存水率与采出程度关系图版上,通过阶段数据点所处位置可直观反映油田开发效果是变差还是变好。从丘陵油田的实际情况来看,井网调整后油田累积存水率向右、向水驱采收率值较高曲线靠近,表明通过井网调整,油田注水开发效果得到明显改善。近几年来,虽然也进行了局部井点加密和油井改注,但由于注水井套损严重、少部分注水井因周围油井高含水而停注,两者之间影响作用相互抵消,总体上表现出累积存水率发展趋势未发生根本改变,实际点落在 E_r 为 27% 的曲线上,并有沿此曲线向前发展的趋势。

2. 乙型累积存水率曲线

小集油田位于黄骅坳陷孔店构造带的南端小集构造带上,是由多断块组成的复杂鼻状构造,断层极为发育,主要含油层位为古近—新近系孔庙组一段的枣Ⅱ、枣Ⅲ油组,其次为枣Ⅳ油组,原油平均密度为 0.8823g/cm^3,属高凝复杂断块油藏,油藏边水能量较弱,油藏含水上升规律符合乙型[23]。自 1982 年油藏正式投入开发,至 1985 年达到高速开采,期间经历开发井网的实施、扩边、投注及采油方式由抽油机生产向电潜泵开采的转变;1986 年至 1988 年油藏普遍采用电潜泵大排量开采,注采井网相对稳定,基本实现注采平衡;1989 年以后,针对各断块层间矛盾突出,逐步开展井网层系综合调整工作。

利用 1986—1988 年水驱相对稳定阶段生产数据进行拟合,得到乙型水驱特征曲线为 $N_\text{p} = -1163.0214 + 227.3407\ln(L_\text{p} + 155.4682)$,拟合相关系数 0.9997,并绘制小集油田累积存水率与采出程度关系图版(图 7-6)。从图版上可以明显看出,1989 年以后油藏经过综合调整,初期通过储层压裂改造,油井压开物性较好的水淹层,产水量增大,存水率下降幅度大,注水利用率变差,1991 年后经过层系井网调整,注水效果才向好的方向发展。

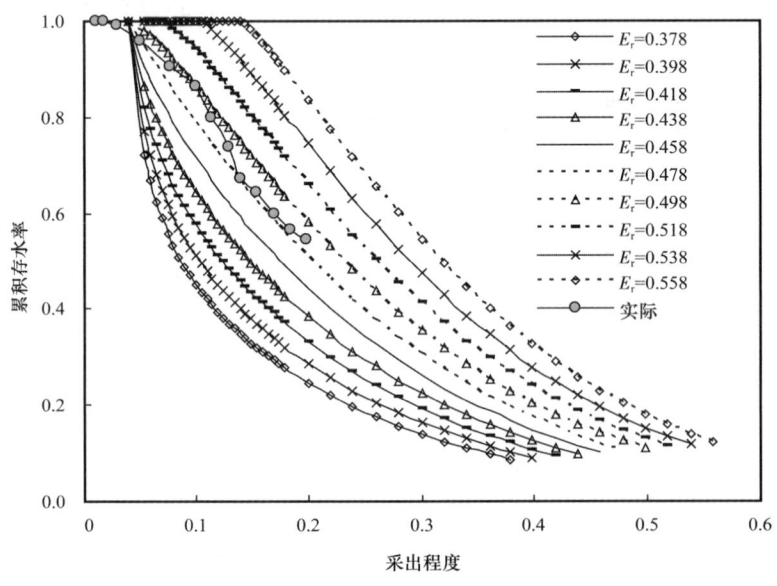

图 7-6 小集油田累积存水率与采出程度关系

3. 丙型累积存水率曲线

埕北油田属简单背斜油藏,主要开发层系为古近系东营组上段和新近系馆陶组,主要油气层段东营组上段又可细分为下部主力油层段和上部顶部油层段,其中下部主力油层段厚度 16~40m,以中细砂岩为主,油层具有统一压力系统,属于具顶气和边水的层状构造油藏;顶部油层段平均油层厚度约 5m,由多个单砂体组成,岩性横向上变化较大,属于岩性—构造油藏。馆陶组油藏储层发育,横向连通性较好,为底水块状油藏。埕北油田于 1985 年正式投入开发,生产层位为古近系东营组,边底水活跃,油层依靠天然水驱开采,年平均地层压力下降幅度不到 0.1MPa,油层压力保持水平高,油田含水规律符合丙型[24]。1993 年 4 月起在油藏内部实施

4口点状注水和产液结构调整,2003年起进入"挖掘东营组主力油层剩余油,上返东营组顶部油层,滚动开发馆陶组新含油层系,最大程度地改善油田开发效果"的综合调整阶段。

利用1993年以前依靠边水驱动生产数据进行拟合,得到丙型水驱特征曲线为 $N_p = 549.2276 - \dfrac{345079.0795}{L_p + 637.0655}$,相关系数0.9996,并得到埕北油田累积存水率与采出程度关系图版(图7-7)。从图版上可以明显看出1993年以后油藏经过综合调整,注水效果逐步向好的方向发展。

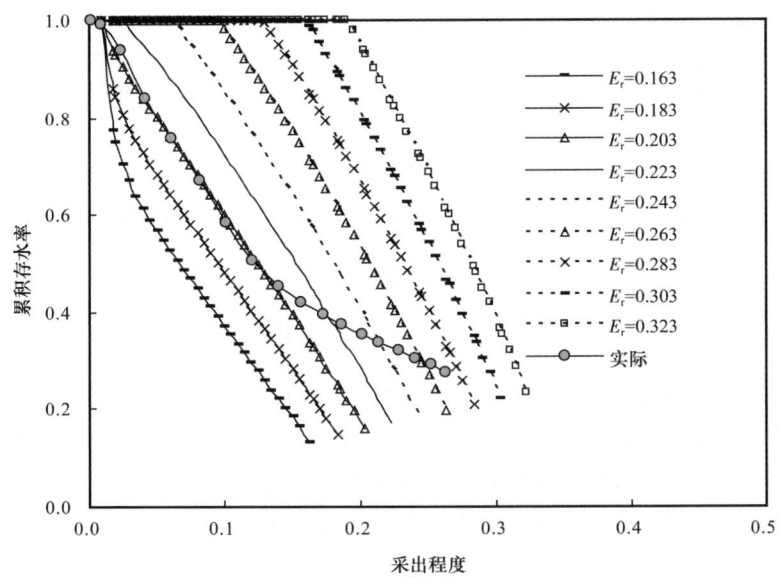

图7-7 埕北油田累积存水率与采出程度关系

4. 丁型累积存水率曲线

温西一区块构造为一个北缓南陡、两翼不对称的短轴背斜。区块主要开发层位为中侏罗统三间房组,平均有效厚度24.3m,构造边部储层物性变差,边底水能量弱。原油具有低密度、低黏度、低凝固点的特点,油层含水上升规律符合丁型。温西一区块1994年投入注水开发,1996—1998年上半年水驱井网保持相对稳定,1998年下半年至1999年放大生产压差提液,2000年开始进行一次井网加密调整和注采结构调整,2009年到目前一直进行剩余油挖潜和扩边建产。

利用1998年6月以前稳定水驱生产数据进行拟合,得到丁型水驱特征曲线为 $N_p = 117.7131 - \dfrac{543.1359}{W_p + 5.8745}$,拟合相关系数0.9962,并绘制温西一区块累积存水率与采出程度关系图版(图7-8)。从图版上可以明显看出1998年以后经综合调整和井网加密,注水效果未得到改变,一直沿采收率为21%的曲线向前变化。而2009年以后,注水效果明显变好,采收率大幅提高,累积存水率下降幅度减缓,注水利用率提高。

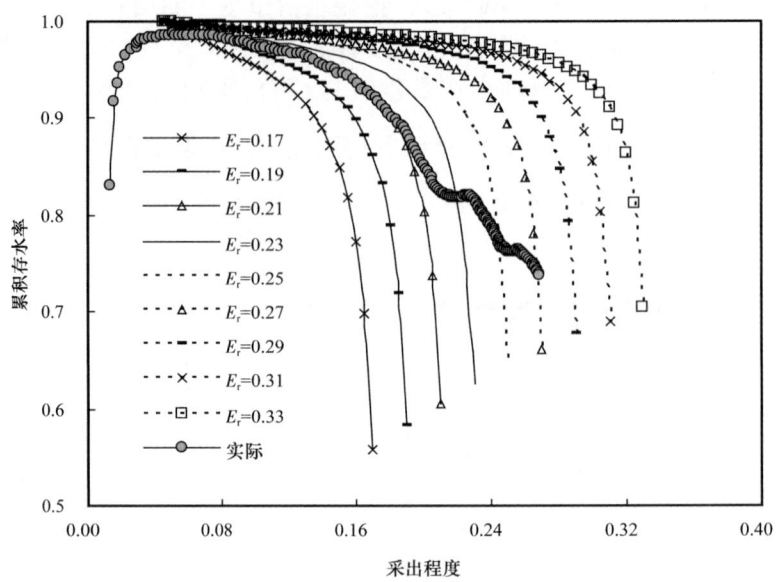

图 7-8　温西一区块累积存水率与采出程度关系

以上 4 个不同含水规律油田累积存水率变化规律存在很大差异,其中甲型与丁型累积存水率变化规律为凸形曲线,表明低含水期含水上升速度小、累积存水率下降慢,高含水期含水上升速度快、累积存水率下降快;而乙型与丙型累积存水率变化规律为凹形曲线,表明低含水期含水上升速度快、累积存水率下降快,高含水期含水上升速度慢、累积存水率下降也慢。

参 考 文 献

[1] 张锐. 应用存水率曲线评价油田注水效果[J]. 石油勘探与开发,1992,19(2):63-68.
[2] 张锐. 评价预测油田注水效果的一种方法[J]. 石油勘探与开发,1985,12(4):36-42.
[3] 国华. 对"评价预测油田注水效果的一种方法"一文的讨论[J]. 石油勘探与开发,1992,19(2):99-103.
[4] 相天章,于涛,温静,等. 累积存水率曲线研究及应用探讨[J]. 断块油气田,2001,8(4):31-32.
[5] 张虎俊. 预测可采储量新模型的推导及应用[J]. 试采技术,1995,16(1):38-42.
[6] 冯其红,吕爱民,于红军,等. 一种用于水驱开发效果评价的新方法[J]. 石油大学学报,2004,28(2):58-60.
[7] 郭印龙,郭恩常,杨永利,等. 一种新的水驱开发效果评价体系[J]. 石油地质与工程,2008,22(5):67-68.
[8] 朱海慧. 大庆长垣外围油田含水与采出程度关系图版的改进[J]. 内蒙古石油化工,2012,22(24):63-64.
[9] 王柏力. 童氏含水与采出程度关系图版的改进与应用[J]. 大庆石油地质与开发,2006,25(4):62-64.
[10] 高文君,徐君. 常用水驱特征曲线理论研究[J]. 石油学报,2007,28(3):89-92.
[11] 戴彩丽,赵福麟,韩力,等. 提高薄层底水油藏注入水存水率室内研究[J]. 石油学报,2005,28(3):85-88.
[12] 邹存友,于立君. 中国水驱砂岩油田含水与采出程度的量化关系[J]. 石油学报,2012,33(2):288-292.

- [13] 张继成,宋考平. 相对渗透率特征曲线及其应用[J]. 石油学报,2007,28(4):104-107.
- [14] 韩德金,张凤莲,周锡生,等. 大庆外围低渗透油藏注水开发调整技术研究[J]. 石油学报,2007,28(1):83-86.
- [15] 陈元千. 水驱曲线关系式的推导[J]. 石油学报,1985,6(2):69-78.
- [16] 陈元千. 一种新型水驱曲线关系式的推导及应用[J]. 石油学报,1993,14(2):65-73.
- [17] 陈元千. 对纳扎洛夫确定可采储量经验公式的理论推导及应用[J]. 石油勘探与开发,1995,22(3):63-68.
- [18] 俞启泰. 使用水驱特征曲线应重视的几个问题[J]. 新疆石油地质,2000,21(1):58-61.
- [19] 高文君,彭长水,李正科. 推导水驱特征曲线的渗流理论基础和通用方法[J]. 石油勘探与开发,2000,27(5):56-60.
- [20] 高文君,刘曰强,王作进,等. 过渡型水驱特征曲线建立及研究[J]. 新疆石油地质,2001,22(3):247-250.
- [21] 王宏伟,桑广森,姜喜庆,等. 油气藏动态预测方法[M]. 北京:石油工业出版社,2001:87-91.
- [22] 黄炳光,刘蜀知. 实用油藏工程与动态分析方法[M]. 北京:石油工业出版社,1998:155-159.
- [23] 庞洪汾. 小集高凝油油藏[M]. 北京:石油工业出版社,1996:39-47.
- [24] 陈元千,王惠芝. 丙型水驱曲线的扩展推导及其在埕北油田的应用[J]. 中国海上油气,2004,16(6):392-394.

第八章 物质平衡方程

自从 1936 年 Schilthuis[1]利用物质守恒原理,首先建立了油藏的物质平衡方程式以来,物质平衡法在油气藏工程中得到了广泛的应用和发展。概括地讲,物质平衡方法可以解决以下四种类型的问题[2]:(1)计算油气藏的原始地质储量;(2)分析判断油气藏的驱动机理;(3)估算油气藏天然水侵量的大小;(4)预测油气藏动态。

第一节 油藏物质平衡方程通式

对于一个统一的水动力学系统的油藏,在建立物质平衡方程式时,所作的基本假设是:
(1)油藏的储层物性(S_{wi},C_f 等)和流体物性(C_o,C_w,PVT 参数等)是均匀且各向同性的;
(2)相同时间内油藏各点的地层压力都处于平衡状态,并且相等;
(3)在整个开发过程中,油藏保持热动力学平衡,即地层温度保持不变;
(4)不考虑油藏内毛细管力和重力的影响;
(5)油藏各部位的采出量保持均衡,即在任一压力下油、气、水均能在瞬间达到平衡,且不考虑可能发生的储层压实作用。

在上面的假设之下,就可把储集烃类的多孔介质系统简化为储集油气的地下容器。在这个地下容器内,随着油藏的开采,油、气、水的体积变化服从物质守恒原理,由此原理即可建立油藏的物质平衡方程式(图 8-1)。

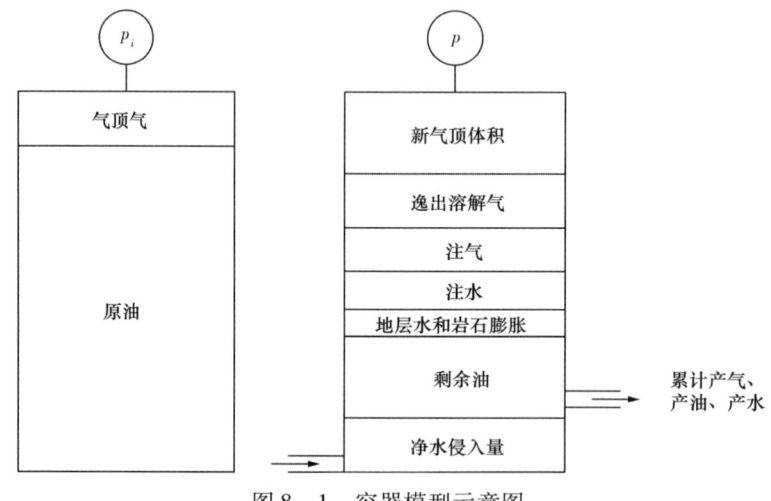

图 8-1 容器模型示意图

为了建立油藏的物质平衡方程通式,考虑一个带气顶和边底水的人工注水的油藏。对于这个油藏,累计采出油和气的地下体积应等于该油藏的压力从原始地层压力 p_i 降到目前地层压力 p 的过程中,油藏中"油和溶解气的膨胀量 + 气顶气的膨胀量 + 束缚水膨胀和孔隙体积减小引起的含油气孔隙体积的减小量 + 边底水和人工注入水"所占据油藏的体积。

$$\text{原油和原油溶解气的膨胀量} = N(R_{si} - R_s)B_g + N(B_o - B_{oi}) \tag{8-1}$$

$$\text{气顶气的膨胀量} = mNB_{oi}\left(\frac{B_g}{B_{gi}} - 1\right) \tag{8-2}$$

$$\text{束缚水膨胀和孔隙体积减小引起的含油气体积的减小量} = (1 + m)NB_{oi}\left(\frac{C_wS_{wi} + C_f}{1 - S_{wi}}\right)\Delta p \tag{8-3}$$

$$\text{边底水和人工注水在油藏中占据的体积} = (W_e + W_i - W_p)B_w \tag{8-4}$$

$$\text{累计采出油气的地下体积} = N_p[B_o + (R_p - R_s)B_g] \tag{8-5}$$

于是根据式(8-1)至式(8-5)可写出下列方程式:

$$N_p[B_o + (R_p - R_s)B_g] = NB_{oi}\left[\frac{(B_o - B_{oi}) + (R_{si} - R_s)B_g}{B_{oi}} + m\left(\frac{B_g}{B_{gi}} - 1\right) + (1 + m)\frac{C_wS_{wi} + C_f}{1 - S_{wi}}\Delta p\right] + (W_e + W_i - W_p)B_w \tag{8-6}$$

由式(8-6)可解出 N:

$$N = \frac{N_p[B_o + (R_p - R_s)B_g] - W_eB_w - (W_i - W_p)B_w}{B_o - B_{oi} + (R_{si} - R_s)B_g + \frac{mB_{oi}}{B_{gi}}(B_g - B_{gi}) + (1 + m)B_{oi}\frac{C_wS_{wi} + C_f}{1 - S_{wi}}\Delta p} \tag{8-7}$$

引入两相体积系数: $B_t = B_o + (R_{si} - R_s)B_g$,并注意 $B_{ti} = B_{oi}$,于是式(8-7)可变为油藏的物质平衡方程通式:

$$N = \frac{N_p[B_t + (R_p - R_{si})B_g] - W_eB_w - (W_i - W_p)B_w}{B_t - B_{ti} + m\frac{B_{ti}}{B_{gi}}(B_g - B_{gi}) + (1 + m)B_{ti}\frac{C_wS_{wi} + C_f}{1 - S_{wi}}\Delta p} \tag{8-8}$$

如果该油藏还实施人工注气,设累计注气量为 G_i,在压力 p 下注入气的体积系数为 B_{ig},则可在方程式(8-6)的右边加上一项 G_iB_{ig},这样就可得到注水和注气情况下带气顶和边底水油藏的物质平衡通式:

$$N = \frac{N_p[B_t + (R_p - R_{si})B_g] - W_eB_w - (W_i - W_p)B_w - G_iB_{ig}}{B_t - B_{ti} + m\frac{B_{ti}}{B_{gi}}(B_g - B_{gi}) + (1 + m)B_{ti}\frac{C_wS_{wi} + C_f}{1 - S_{wi}}\Delta p} \tag{8-9}$$

式中　N——原油的原始地质储量,m^3;

N_p——累计产油量,m^3;

W_p——累计产水量,m^3;

W_i——累计注水量,m^3;

W_e ——累计天然水侵量,m³;

R_p ——累计生产气油比,m³/m³;

G_i ——累计注气量,m³;

B_o ——原油体积系数,m³/m³;

B_{oi} ——原始原油体积系数,m³/m³;

B_t ——原油的两相体积系数,m³/m³;

B_{ti} ——原始原油两相体积系数,m³/m³;

R_s ——溶解气油比,标 m³/m³;

R_{si} ——原始溶解气油比,标 m³/m³;

B_g ——天然气体积系数,m³/m³;

B_{gi} ——原始天然气体积系数,m³/m³;

B_{ig} ——注入气体积系数,m³/m³;

m ——气顶气原始地下体积与原始油地下体积之比,$m = \dfrac{B_{gi}G}{B_{oi}N}$;

S_{oi} ——原始含油饱和度;

S_{wi} ——束缚水饱和度;

C_o ——原油压缩系数,1/MPa;

C_w ——地层水压缩系数,1/MPa;

C_f ——岩石有效压缩系数,1/MPa;

Δp ——总压降,MPa。

根据式(8-9),很容易导出各类饱和油藏(溶解气驱油藏,气顶驱、溶解气驱和弹性驱油藏,气顶驱、溶解气驱、天然水和弹性驱油藏,溶解气驱、人工注水和弹性驱油藏等)和未饱和油藏(封闭性弹性驱油藏,天然弹性水驱油藏,天然水驱和人工注水弹性驱油藏等)[2]的物质平衡方程。

第二节 驱动指数计算

当有两种或两种以上的能量同时用于驱动原油时,那么每种驱动能量在不同开发时期的作用程度,可用驱动指数来度量[3]。根据油藏开发的实际生产动态数据,可以确定各开发阶段驱动指数的大小及其变化情况,由此可分析开发过程中各种驱动能量的利用状况,并通过人为干预,充分发挥有利的驱动能量,改善开发效果和提高原油的最终采收率。

一、未饱和油藏驱动指数的计算

未饱和油藏的天然水驱、人工注水注气的弹性驱动的物质平衡方程式:

$$N_p B_o + W_p B_w = N B_{oi} C_e \Delta p + W_e B_w + W_i B_w + G_i B_{ig} \tag{8-10}$$

式(8-10)变形后,得:

$$\frac{NB_{oi}C_e\Delta p}{W_pB_w + N_pB_o} + \frac{W_eB_w}{W_pB_w + N_pB_o} + \frac{W_iB_w}{W_pB_w + N_pB_o} + \frac{G_iB_{ig}}{W_pB_w + N_pB_o} = 1.0 \qquad (8-11)$$

由式(8-11)知：

$$\text{弹性驱动指数} \quad EDI = \frac{NB_{oi}C_e\Delta p}{W_pB_w + N_pB_o} \qquad (8-12)$$

$$\text{人工注水驱动指数} \quad W_iDI = \frac{W_iB_w}{W_pB_w + N_pB_o} \qquad (8-13)$$

$$\text{天然水驱动指数} \quad W_eDI = \frac{W_eB_w}{W_pB_w + N_pB_o} \qquad (8-14)$$

$$\text{注气驱动指数} \quad G_iDI = \frac{G_iB_{ig}}{W_pB_w + N_pB_o} \qquad (8-15)$$

其中

$$C_e = C_o + \frac{C_wS_{wi} + C_f}{1 - S_{wi}}$$

$$\Delta p = p_i - \bar{p}$$

二、饱和油藏驱动指数的计算

根据原始地层压力下带气顶的饱和油藏的物质平衡方程式可整理出：

$$\frac{N(R_{si} - R_s)B_g}{N_p[B_t + (R_p - R_{si})B_g] + W_pB_w} + \frac{\frac{mNB_{ti}}{B_{gi}}(B_g - B_{gi}) + N(B_o - B_{oi})}{N_p[B_t + (R_p - R_{si})B_g] + W_pB_w} +$$

$$\frac{(1 + m)NB_{ti}\left(\frac{C_wS_{wi} + C_f}{1 - S_{wi}}\right)\Delta p}{N_p[B_t + (R_p - R_{si})B_g] + W_pB_w} + \frac{W_e}{N_p[B_t + (R_p - R_{si})B_g] + W_pB_w} +$$

$$\frac{W_iB_w}{N_p[B_t + (R_p - R_{si})B_g] + W_pB_w} + \frac{G_iB_{ig}}{N_p[B_t + (R_p - R_{si})B_g] + W_pB_w} = 1.0 \qquad (8-16)$$

由式(8-16)知：

$$\text{溶解气驱动指数} \quad DDI = \frac{N(R_{si} - R_s)B_g}{N_p[B_t + (R_p - R_{si})B_g] + W_pB_w} \qquad (8-17)$$

$$\text{气顶驱动指数} \quad CDI = \frac{\frac{mNB_{ti}}{B_{gi}}(B_g - B_{gi})}{N_p[B_t + (R_p - R_{si})B_g] + W_pB_w} \qquad (8-18)$$

$$\text{弹性驱动指数} \quad EDI = \frac{(1 + m)NB_{ti}\left(\frac{C_wS_{wi} + C_f}{1 - S_{wi}}\right)\Delta p + N(B_o - B_{oi})}{N_p[B_t + (R_p - R_{si})B_g] + W_pB_w} \qquad (8-19)$$

天然水驱动指数 $\quad W_e DI = \dfrac{W_e B_w}{N_p[B_t + (R_p - R_{si})B_g] + W_p B_w}$ （8-20）

人工注水驱动指数 $\quad W_i DI = \dfrac{W_i B_w}{N_p[B_t + (R_p - R_{si})B_g] + W_p B_w}$ （8-21）

人工注气驱动指数 $\quad G_i DI = \dfrac{G_i B_{ig}}{N_p[B_t + (R_p - R_{si})B_g] + W_p B_w}$ （8-22）

如果油藏在开发初期为未饱和油藏,开发一段时期后变为饱和油藏,那么计算不同开发时刻的各驱动指数时应作如下判断:当计算时刻的地层压力大于饱和压力时,则应用未饱和油藏的响应公式计算各驱动指数;如果计算时刻的地层压力小于饱和压力,那么应作这样的处理:首先,把饱和压力下的 PVT 参数看作饱和油藏原始压力下的参数(此时总压降 $\Delta p = p_b - \bar{p}$),然后把饱和油藏公式中的 m 取为零,同时 $N_p、W_p、R_p、W_i、W_e、G_i$ 等都应从地层压力等于饱和压力的时刻算起,地质储量 N 也应为饱和压力下油藏的剩余储量。经这一处理后,即可用饱和油藏的公式计算出此时刻的各驱动指数。

第三节 驱动能力判断

通过计算反映油藏天然能量充足程度的指标,判断油藏自身所存在的驱动能力的大小,以便推荐出较高且合理的采油速度。

一、无因次弹性产量比值

这一比值反映了开发初期,油藏中存在的天然能量与弹性能量之间的相对大小关系。比值越大,说明其他能量越大;比值为 1 时说明开发初期油藏中只存在弹性能。

$$N_{pr} = \dfrac{N_p B_o}{N B_{oi} C_t (p_i - \bar{p})} \quad (8-23)$$

式中 N_{pr} ——无因次弹性产量比值;

N_p ——累计产油量,10^4 t;

N ——原始地质储量(或单井控制储量),10^4 t;

p_i ——原始地层压力,MPa;

$\bar{p}$ ——平均地层压力,MPa;

B_o ——压力 $\bar{p}$ 下的原油体积系数,m^3/m^3;

B_{oi} ——原始原油体积系数,m^3/m^3;

C_t ——总压缩系数,1/MPa。

二、采油速度确定

油藏初期天然能量充足的程度表示为:

$$D_{pr} = \frac{p_i - \bar{p}}{\dfrac{N_p}{N} \times 100} = \frac{N(p_i - \bar{p})}{100 N_p} \qquad (8-24)$$

D_{pr} 越小,油藏的天然能量越充足,如果油藏具有边、底水,则说明边、底水越活跃。

根据上面计算出的油藏开发初期的实际产量与理论弹性产量之比值,以及每采出1%地质储量的平均地层压降,就可定性判断油藏初期天然能量的充足程度,为油田推荐出合理的采油速度。大量实际资料计算结果表明:油藏初期驱动能量可分为四个级别,并位于双对数图中的两条直线之间。这两条直线方程式:

上线 $\quad N_{pr} = 10^{1.383683 - 0.96417341 \lg D_{pr}} \qquad (8-25)$

下线 $\quad N_{pr} = 10^{0.188521 - 1.1609641 \lg D_{pr}} \qquad (8-26)$

根据计算出的 D_{pr}、N_{pr} 点在分布图中的位置可以按下述四个界限值,确定油藏初期天然能量的大小,推荐合理的采油速度。

Ⅰ类:如果 $D_{pr} < 0.2$,$N_{pr} > 30$,那么油藏的天然能量充足,初期采油速度 v_0 可以大于2%;

Ⅱ类:如果 $0.2 \leq D_{pr} < 0.8$,$N_{pr} = 10 \sim 30$,那么油藏的天然能量较充足,初期采油速度可以取 $1.5\% < v_0 \leq 2\%$;

Ⅲ类:如果 $0.8 \leq D_{pr} < 2.5$,$N_{pr} = 2 \sim 10$,那么油藏有一定的天然能量,初期采油速度可以取 $1.0\% < v_0 \leq 1.5\%$。

Ⅳ类:如果 $D_{pr} \geq 2.5$,$N_{pr} < 2$,那么油藏天然能量不足,初期采油速度取 $v_0 \leq 1.0\%$。

当计算出的点(D_{pr},N_{pr})不在以上两条直线与直线,即 $D_{pr} = 0.1$;$D_{pr} = 10$;$N_{pr} = 1$;$N_{pr} = 100$ 所组成的区域内时,上面的结论不属于统计范围(图8-2)。

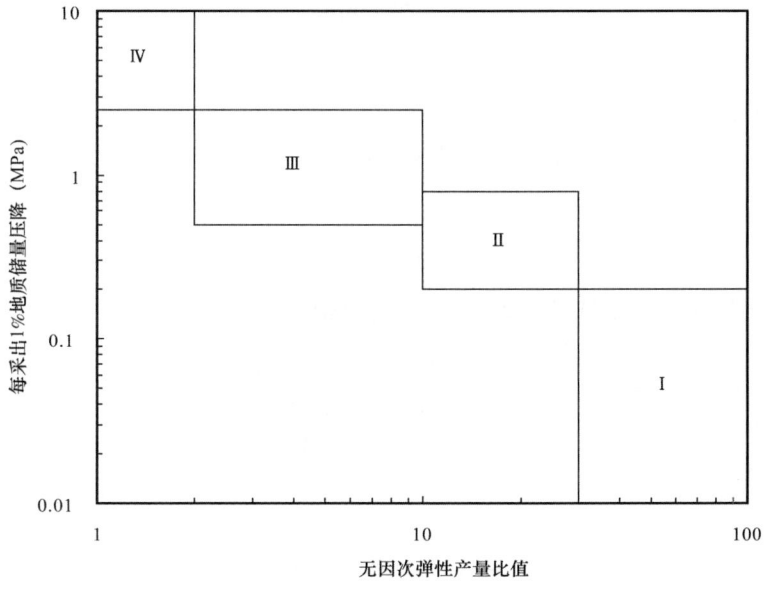

图8-2 天然驱动能力大小分级图

第四节　封闭性油藏的储量计算

所谓封闭性的油藏就是没有边水或底水等天然水体侵入或侵入量很少的油藏，其物质平衡方程的直线关系式为：

$$\frac{N_p[B_t+(R_p-R_{si})B_g]-(W_i-W_p)B_w-G_iB_{ig}}{B_t-B_{ti}+B_{ti}\left(\dfrac{C_wS_{wi}+C_f}{1-S_{wi}}\right)\Delta p}$$

$$= N + \frac{mNB_{ti}\left(\dfrac{B_g-B_{gi}}{B_{gi}}+\dfrac{C_wS_{wi}+C_f}{1-S_{wi}}\Delta p\right)}{B_t-B_{ti}+B_{ti}\left(\dfrac{C_wS_{wi}+C_f}{1-S_{wi}}\right)\Delta p} \tag{8-27}$$

令

$$y = \frac{N_p[B_t+(R_p-R_{si})B_g]-(W_i-W_p)B_w-G_iB_{ig}}{B_t-B_{ti}+B_{ti}\left(\dfrac{C_wS_{wi}+C_f}{1-S_{wi}}\right)\Delta p} \tag{8-28}$$

$$x = \frac{B_{ti}\left(\dfrac{B_g-B_{gi}}{B_{gi}}+\dfrac{C_wS_{wi}+C_f}{1-S_{wi}}\Delta p\right)}{B_t-B_{ti}+B_{ti}\left(\dfrac{C_wS_{wi}+C_f}{1-S_{wi}}\right)\Delta p} \tag{8-29}$$

则式(8-27)化为如下的直线方程：

$$y = N + mNx \tag{8-30}$$

在获得油、气、水的高压物性资料和历年的实际生产动态数据之后，即可用下述方法求得油藏的原始地质储量。

首先判断原始地层压力 p_i 是否大于饱和压力 p_b。如果 $p_i > p_b$，则令式(8-27)中的 $m = 0$。这时式(8-30)变为[5]：

$$y = N \tag{8-31}$$

因此，这种情况下采用如下方法估算原油的原始地质储量：

$$N(i) = \frac{N_p(i)\{B_t(i)+[R_p(i)-R_{si}]B_g(i)\}-[W_i(i)-W_p(i)]B_w(i)-G_i(i)B_{ig}(i)}{B_t(i)-B_{ti}+B_{ti}\dfrac{C_wS_{wi}+C_f}{1-S_{wi}}\Delta p(i)}$$

$$\tag{8-32}$$

$$\Delta p(i) = p_i - p(i) \tag{8-33}$$

上述括号中的 i 代表第 i 个时刻对应的相应量的值。

由式(8-31)求出各生产时刻所对应的 $N(i)$ 后，在直角坐标系中作图，如图 8-3 所示。

对比较稳定的点所对应的 $N(i)$ 做算数平均处理,就得到原始地质储量 N。对于图上所示的那些点,第二点以后的点都是比较可靠的稳定点。

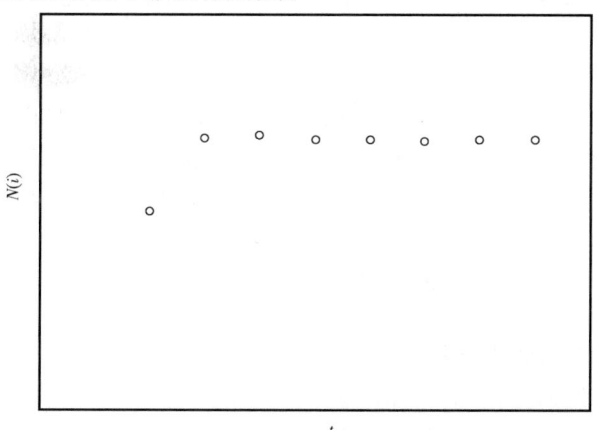

图 8-3 求地质储量图示

如果 $p_i \leqslant p_b$,则用如下方法求地质储量 N 和气顶的原始地质储量 G [7]。

由式(8-28)和式(8-27)计算出不同生产时刻对应的 x_i 和 y_i 值,然后在直角坐标系中作图,得到一条直线段,对该直线作一元线性回归处理,其截距就为原油的地质储量 N,斜率 $D = mN$,气顶气的原始地质储量为:

$$G = \frac{DB_{oi}}{B_{gi}} \tag{8-34}$$

原始条件下气顶气的地下体积与油的地下体积之比:

$$m = \frac{D}{N} \tag{8-35}$$

如果做上述处理时,没有出现较好的直线段,一种可能就是该油藏为不封闭性的;另一可能就是实际生产数据不准确,也可能是 PVT 参数为实验室的测定值,使用前未进行相应的匀整处理。出现这种情况时,可首先用下面的天然水侵油藏的储量计算方法求解,如仍不满意,则应对实际生产动态数据及其他资料进行核实。

第五节 天然水侵油藏的储量计算

天然水侵油藏的物质平衡方程的直线关系式为:

$$\frac{N_p[B_t + (R_p - R_{si})B_g] - (W_i - W_p)B_w - G_i B_{ig}}{B_t - B_{ti} + \frac{mB_{ti}}{B_{gi}}(B_g - B_{gi}) + (1+m)B_{ti}\left(\frac{C_w S_{wi} + C_f}{1 - S_{wi}}\right)\Delta p}$$

$$= N + \frac{B_R \sum_0^t \Delta p_e Q_D(t_D, r_D)}{B_t - B_{ti} + \frac{mB_{ti}}{B_{gi}}(B_g - B_{gi}) + (1+m)B_{ti}\left(\frac{C_w S_{wi} + C_f}{1 - S_{wi}}\right)\Delta p} \tag{8-36}$$

设

$$y = \frac{N_p[B_t + (R_p - R_{si})B_g] - (W_i - W_p)B_w - G_iB_{ig}}{B_t - B_{ti} + \frac{mB_{ti}}{B^{gi}}(B_g - B_{gi}) + (1 + m)B_{ti}\left(\frac{C_wS_{wi} + C_f}{1 - S_{wi}}\right)\Delta p} \quad (8-37)$$

$$x = \frac{B_R \sum_0^t \Delta p_e Q_D(t_D, r_D)}{B_t - B_{ti} + \frac{mB_{ti}}{B^{gi}}(B_g - B_{gi}) + (1 + m)B_{ti}\left(\frac{C_wS_{wi} + C_f}{1 - S_{wi}}\right)\Delta p} \quad (8-38)$$

则式(8-36)变为:

$$y = N + B_R x \quad (8-39)$$

式中 $Q_D(t_D, r_D)$——无因次水侵量;

Δp_e——不同开发时刻的有效地层压降,MPa;

B_R——水侵系统,m³/MPa;其余符号的意义及单位同前。

由式(8-39)知道,要想由实际生产动态数据和油、气、水的高压物性资料通过一元线性回归的方法求出油藏的原始地质储量,必须首先计算出不同开发时刻油藏的天然水侵量。因此,下面就不同的流动方式和天然水域的外边界条件的累计水侵量的计算方法作一介绍。

一、天然水侵量的计算方法

随着油气不断地从油藏中采出,油藏中的地层压力会不断下降。地层压力随开发时间的变化曲线如图8-4所示。在实际计算过程中,则把曲线近似处理成"台阶状"形式。

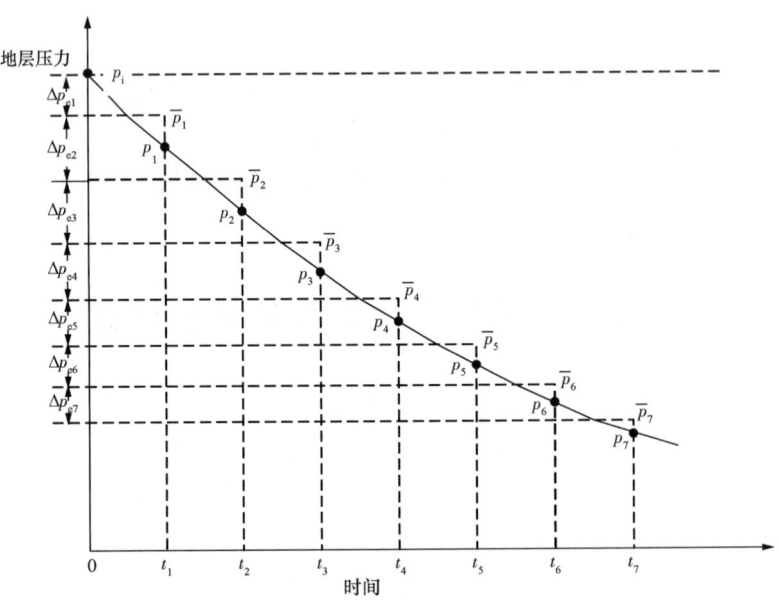

图8-4 不同开发阶段求解有效压力示意图

不同开发时间的有效地层压降,由下列各式确定:

$$\Delta p_{e1} = p_i - \bar{p}_1 = p_i - \frac{p_i + p_1}{2} = \frac{p_i - p_1}{2}$$

$$\Delta p_{e2} = \bar{p}_1 - \bar{p}_2 = \frac{p_i + p_1}{2} - \frac{p_1 + p_2}{2} = \frac{p_i - p_2}{2}$$

$$\Delta p_{e3} = \bar{p}_2 - \bar{p}_3 = \frac{p_1 + p_2}{2} - \frac{p_2 + p_3}{2} = \frac{p_1 - p_3}{2}$$

$$\vdots$$

$$\Delta p_{en} = \bar{p}_{n-1} - \bar{p}_n = \frac{p_{n-2} + p_{n-1}}{2} - \frac{p_{n-1} + p_n}{2} = \frac{p_{n-2} - p_n}{2} \tag{8-40}$$

1. 平面径向流系统的天然累计水侵量

Van Everdingen 和 Hurst 给出了平面径向流系统天然累积水侵量的表达式为:

$$W_e = 2\pi r_{wR}^2 h\phi C_e \sum_0^t \Delta p_e Q_D(t_D, r_D) \tag{8-41}$$

若令:
$$B_R = 2\pi r_{wR}^2 h\phi C_e \tag{8-42}$$

则得:
$$W_e = B_R \sum_0^t \Delta p_e Q_D(t_D, r_D) \tag{8-43}$$

其中
$$t_D = \frac{8.64 \times 10^{-2} k_w t}{\phi \mu_w C_e r_{wR}^2} = \beta_R t \tag{8-44}$$

$$r_D = r_e / r_{wR} \tag{8-45}$$

式中 r_{wR} ——油水接触面半径,m;

h ——天然水域的有效厚度,m;

ϕ ——天然水域的有效孔隙度;

C_e ——天然水域内地层水和岩石的有效压缩系数($C_w + C_f$),1/MPa;

Δp_e ——油藏内边界上(即油藏平均)的有效地层压降,MPa;

$Q_D(t_D, r_D)$ ——无因次水侵量,它是无因次时间和无因次半径的函数;

t_D ——无因次时间;

r_D ——无因次半径;

r_e ——天然水域的外缘外径,m;

t ——开发时间,d;

K_w ——天然水域的有效渗透率,mD;

μ_w ——天然水域内地层水的黏度,mPa·s;

β_R ——平面径向流的综合参数。

因实际问题中,上面各参数很难获得或取准。因此,实际求解水侵量时要用试凑法假设一

系列的 β_R 值,最后用最小标准差来选定最佳的 β_R 值。

在给定 r_D 和 β_R 值之后,根据天然水域的边界条件,对于不同开发阶段的无因次水侵量,可以利用如下的相关经验公式进行计算。

1) 有限封闭的天然水域系统

对于不同的 r_D 值, $Q_D(t_D, r_D)$ 与 t_D 的关系式如下:

(1) $r_D = 1.5$。

当 $t_D \leqslant 0.05$ 时:

$$Q_D(t_D) = \frac{1.1283\sqrt{t_D} + 1.1933 t_D + 0.2699 t_D\sqrt{t_D} + 0.008553 t_D^2}{1 + 0.6166\sqrt{t_D} + 0.0413 t_D} \quad (8-46)$$

当 $0.05 < t_D \leqslant 0.8$ 时:

$$Q_D(t_D) = 0.1319 + 3.4491 t_D - 9.5488 t_D^2 + 11.8813 t_D^3 - 5.4741 t_D^4 \quad (8-47)$$

当 $t_D > 0.8$ 时:

$$Q_D(t_D) = 0.624 \quad (8-48)$$

(2) $r_D = 2.0$。

当 $t_D \leqslant 0.075$ 时, $Q_D(t_D)$ 的关系式为式(8-46)。

当 $0.075 < t_D \leqslant 5.0$ 时:

$$Q_D(t_D) = 0.1976 + 2.2684 t_D - 1.6845 t_D^2 + 0.628 t_D^3 - 0.1134 t_D^4 + 7.8232 \times 10^{-3} t_D^5 \quad (8-49)$$

当 $t_D > 5.0$ 时:

$$Q_D(t_D) = 1.5 \quad (8-50)$$

(3) $r_D = 2.5$。

当 $t_D \leqslant 0.15$ 时, $Q_D(t_D)$ 的关系式为式(8-46)。

当 $0.15 < t_D \leqslant 10$ 时:

$$Q_D(t_D) = 0.286 + 1.7034 t_D - 0.5501 t_D^2 + 9.259 \times 10^{-2} t_D^3 - 7.7672 \times 10^{-3} t_D^4 + 2.5401 \times 10^{-4} t_D^5 \quad (8-51)$$

当 $t_D > 10$ 时:

$$Q_D(t_D) = 2.624 \quad (8-52)$$

(4) $r_D = 3.0$。

当 $t_D \leqslant 0.40$ 时, $Q_D(t_D)$ 的表达式为式(8-46)。

当 $0.4 < t_D \leqslant 24$ 时:

$$Q_D(t_D) = 0.4552 + 1.2588 t_D - 0.187 t_D^2 + 1.3836 \times 10^{-2} t_D^3 - 4.9649 \times$$

$$10^{-4} t_D^4 + 6.8502 \times 10^{-6} t_D^5 \tag{8-53}$$

当 $t_D > 24$ 时：

$$Q_D(t_D) = 4.00 \tag{8-54}$$

(5) $r_D = 3.5$。

当 $t_D \leq 1$ 时，$Q_D(t_D)$ 的表达式为式(8-46)。

当 $1 < t_D \leq 40$ 时：

$$Q_D(t_D) = 0.6686 + 1.0438 t_D - 9.2077 \times 10^{-2} t_D^2 + 4.0633 \times 10^{-3} t_D^3 -$$
$$8.7286 \times 10^{-5} t_D^4 + 7.2211 \times 10^{-7} t_D^5 \tag{8-55}$$

当 $t_D > 40$ 时：

$$Q_D(t_D) = 5.625 \tag{8-56}$$

(6) $r_D = 4.0$。

当 $t_D \leq 2$ 时，$Q_D(t_D)$ 的表达式为式(8-46)。

当 $2 < t_D \leq 50$ 时：

$$Q_D(t_D) = 0.7801 + 0.9569 t_D - 5.8965 \times 10^{-2} t_D^2 + 1.8784 \times 10^{-3} t_D^3 -$$
$$2.9937 \times 10^{-5} t_D^4 + 1.8755 \times 10^{-7} t_D^5 \tag{8-57}$$

当 $t_D > 50$ 时：

$$Q_D(t_D) = 7.497 \tag{8-58}$$

(7) $r_D = 4.5$。

当 $t_D \leq 2.5$ 时，$Q_D(t_D)$ 的表达式为式(8-46)。

当 $2.5 < t_D \leq 100$ 时：

$$Q_D(t_D) = 1.7328 + 0.6301 t_D - 1.7931 \times 10^{-2} t_D^2 + 2.1127 \times 10^{-4} t_D^3 -$$
$$8.7284 \times 10^{-7} t_D^4 \tag{8-59}$$

当 $t_D > 100$ 时：

$$Q_D(t_D) = 9.62 \tag{8-60}$$

(8) $r_D = 5.0$。

当 $t_D \leq 3$ 时，$Q_D(t_D)$ 的表达式为式(8-46)。

当 $3 < t_D \leq 120$ 时：

$$Q_D(t_D) = 1.2405 + 0.758 t_D - 2.21474 \times 10^{-2} t_D^2 + 3.2172 \times 10^{-4} t_D^3 -$$
$$2.2727 \times 10^{-6} t_D^4 + 6.192 \times 10^{-9} t_D^5 \tag{8-61}$$

当 $t_D > 120$ 时：

$$Q_D(t_D) = 12.00 \tag{8-62}$$

(9) $r_D = 6.0$。

当 $t_D \leq 7.5$ 时，$Q_D(t_D)$ 的表达式为式(8-46)。

当 $7.5 < t_D \leq 220$ 时：

$$Q_D(t_D) = 2.6552 + 0.5306 t_D - 6.7399 \times 10^{-3} t_D^2 + 3.5673 \times 10^{-5} t_D^3 -$$

$$6.6564 \times 10^{-8} t_D^4 \tag{8-63}$$

当 $t_D > 220$ 时：

$$Q_D(t_D) = 17.50 \tag{8-64}$$

(10) $r_D = 8.0$。

当 $t_D \leq 9.0$ 时，$Q_D(t_D)$ 的表达式为式(8-46)。

当 $9.0 < t_D \leq 500$ 时：

$$Q_D(t_D) = 2.4268 + 0.562 t_D - 4.4381 \times 10^{-3} t_D^2 + 1.7084 \times 10^{-5} t_D^3 -$$

$$3.1395 \times 10^{-8} t_D^4 + 2.19 \times 10^{-11} t_D^5 \tag{8-65}$$

当 $t_D > 500$ 时：

$$Q_D(t_D) = 31.50 \tag{8-66}$$

(11) $r_D = 10.0$。

当 $t_D \leq 15$ 时，$Q_D(t_D)$ 的表达式为式(8-46)。

当 $15 < t_D \leq 480$ 时：

$$Q_D(t_D) = \exp[0.5105 + 0.3652 \ln t_D + 0.1684 (\ln t_D)^2 - 2.254 \times 10^{-2} (\ln t_D)^3] \tag{8-67}$$

2) 无限大天然水域系统

当 $0 < t_D \leq 0.01$ 时：

$$Q_D(t_D) = 2\sqrt{\frac{t_D}{\pi}} \tag{8-68}$$

当 $0.01 < t_D \leq 200$ 时：

$$Q_D(t_D) = \frac{1.1283\sqrt{t_D} + 1.1933 t_D + 0.2699 t_D \sqrt{t_D} + 0.008553 t_D^2}{1 + 0.6166\sqrt{t_D} + 0.0413 t_D} \tag{8-69}$$

当 $t_D \geq 200$ 时：

$$Q_D(t_D) = \frac{2.02566 t_D - 4.2988}{\ln t_D} \tag{8-70}$$

2. 直线流系统的天然累计水侵量

Nobor 和 Barham 给出了直线流系统天然累计水侵量的表达式为：

$$W_e = bhL_w \phi C_e \sum_0^t \Delta p_e Q_D(t_D) \tag{8-71}$$

若令：

$$B_L = bhL_w \phi C_e \tag{8-72}$$

则得：

$$W_e = B_L \sum_0^t \Delta p_e Q_D(t_D) \tag{8-73}$$

式中　W_e——天然累计水侵量，m^3；
　　　B_L——直线流系统的水侵系数，m^3/MPa；
　　　b——天然水域的宽度，m；
　　　h——天然水域的有效厚度，m；
　　　ϕ——天然水域的有效孔隙度；
　　　L_w——油水接触面到天然水域的外缘的长度，m。

直线流系统的无因次时间表示为：

$$t_D = \frac{8.64 \times 10^{-2} K_w t}{\phi \mu_w C_e L_w^2} = \beta_L t \tag{8-74}$$

在实际计算时，可以利用如下的相关经验公式计算无因次水侵量。

（1）无限大天然水域系统。

$$Q_D(t_D) = 2\sqrt{t_D/\pi} \tag{8-75}$$

（2）有限封闭天然水域系统。

$$Q_D(t_D) = 1 - \frac{8}{\pi^2} \sum_{n=odd}^{\infty} \left(\frac{1}{n^2}\right) \exp\left(-\frac{\pi^2 n^2 t_D}{4}\right) \tag{8-76}$$

式中　n——奇数，即 $1,3,5,\cdots$。

（3）有限敞开外边界定压天然水域系统。

$$Q_D(t_D) = \left(t_D + \frac{1}{3}\right) - \frac{2}{\pi^2} \sum_{n=1}^{\infty} \left(\frac{1}{n^2}\right) \exp(-\pi^2 n^2 t_D) \tag{8-77}$$

当 $t_D \leqslant 0.25$ 时，上述三种天然水域条件的 $Q_D(t_D)$ 均等于 $2\sqrt{t_D/\pi}$。而当 $t_D \geqslant 2.5$ 时，有限敞开外边界定压天然水域系统 $Q_D(t_D)$ 等于 $t_D + \frac{1}{3}$；有限封闭天然水域系统的 $Q_D(t_D)$ 等于 1。

3. 半球形流系统的天然累计水侵量

Chatas 给出了底水油藏开发的半球形流系统的天然累计水侵量的表达式为：

$$W_e = 2\pi r_{ws}^3 \phi C_e \sum_0^t \Delta p_e Q_D(t_D) \tag{8-78}$$

若令：

$$B_s = 2\pi r_{ws}^3 \phi C_e \tag{8-79}$$

则得：

$$W_e = B_s \sum_0^t \Delta p_e Q_D(t_D) \tag{8-80}$$

式中　B_s——半球形流的水侵系统，m^3/MPa；

r_{ws}——半球形流的等效油水接触球面的半径，m。

半球形流系统的无因次时间表示为：

$$t_D = \frac{8.64 \times 10^{-2} K_w t}{\phi \mu_w C e r_{ws}^2} = \beta_s t \tag{8-81}$$

对于半球形流的不同天然水域情况，可采用以下相关经验公式计算无因次水侵量。

1) 无限大天然水域系统

无限大天然水域的 $Q_D(t_D)$ 与 t_D 的相关经验公式为：

$$Q_D(t_D) = t_D + 2\sqrt{\frac{t_D}{\pi}} \tag{8-82}$$

2) 有限封闭天然水域系统

（1）$r_D = 2.0$。

当 $t_D \leq 0.07$ 时，$Q_D(t_D)$ 的表达式为式(8-82)。

当 $0.07 < t_D \leq 10$ 时：

$$\begin{aligned}Q_D(t_D) = \exp[&0.5747 + 0.413\ln t_D - 0.1489(\ln t_D)^2 - 2.0501 \times 10^{-2}(\ln t_D)^3 + \\ &8.8346 \times 10^{-3}(\ln t_D)^4 + 1.8483 \times 10^{-3}(\ln t_D)^5]\end{aligned} \tag{8-83}$$

当 $t_D > 10$ 时：

$$Q_D(t_D) = 2.3333 \tag{8-84}$$

（2）$r_D = 4.0$。

当 $t_D \leq 0.7$ 时，$Q_D(t_D)$ 的表达式为式(8-82)。

当 $0.7 < t_D \leq 9$ 时：

$$\begin{aligned}Q_D(t_D) = \exp[&0.7551 + 0.7346\ln t_D + 3.2545 \times 10^{-2}(\ln t_D)^2 + \\ &3.0433 \times 10^{-5}(\ln t_D)^3 - 5.5053 \times 10^{-3}(\ln t_D)^4]\end{aligned} \tag{8-85}$$

(3) $r_D = 6.0$。

当 $t_D \leqslant 2.0$ 时，$Q_D(t_D)$ 的表达式为式(8-82)。

当 $2 < t_D \leqslant 800$ 时：

$$Q_D(t_D) = \exp[1.015 + 0.1859\ln t_D + 0.3875(\ln t_D)^2 - \\ 8.3585 \times 10^{-2}(\ln t_D)^3 + 4.8319 \times 10^{-3}(\ln t_D)^4] \tag{8-86}$$

当 $t_D > 800$ 时：

$$Q_D(t_D) = 71.667 \tag{8-87}$$

(4) $r_D = 8.0$。

当 $t_D \leqslant 4$ 时，$Q_D(t_D)$ 的表达式为式(8-82)。

当 $4 < t_D \leqslant 2000$ 时：

$$Q_D(t_D) = \exp[0.5507 + 0.8401\ln t_D + 5.5396 \times 10^{-2}(\ln t_D)^2 - \\ 1.1591 \times 10^{-2}(\ln t_D)^3] \tag{8-88}$$

当 $t_D > 2000$ 时：

$$Q_D(t_D) = 170.33 \tag{8-89}$$

(5) $r_D = 10.0$。

当 $t_D \leqslant 6.0$ 时，$Q_D(t_D)$ 的表达式为式(8-82)。

当 $6 < t_D \leqslant 100$ 时：

$$Q_D(t_D) = \exp[0.9169 + 0.5345\ln t_D + 0.114(\ln t_D)^2 - 0.01192(\ln t_D)^3] \tag{8-90}$$

当 $100 < t_D \leqslant 4000$ 时：

$$Q_D(t_D) = \exp[-10.4783 + 5.9859\ln t_D - 0.7286(\ln t_D)^2 + 2.9367 \times 10^{-2}(\ln t_D)^3] \tag{8-91}$$

当 $t_D > 4000$ 时：

$$Q_D(t_D) = 333.0 \tag{8-92}$$

(6) $r_D = 20.0$。

当 $t_D \leqslant 30$ 时，$Q_D(t_D)$ 的表达式为式(8-82)。

当 $30 < t_D \leqslant 20000$ 时：

$$Q_D(t_D) = \exp[2.1236 - 0.1685\ln t_D + 0.2305(\ln t_D)^2 - 1.5646 \times 10^{-2}(\ln t_D)^3] \tag{8-93}$$

当 $t_D > 20000$ 时：

$$Q_D(t_D) = 2666.3 \tag{8-94}$$

(7) $r_D = 30.0$。

当 $t_D \leq 80$ 时，$Q_D(t_D)$ 的表达式为式(8-82)。

当 $80 < t_D \leq 10000$ 时：

$$Q_D(t_D) = \exp[-0.7144 + 1.5492\ln t_D - 0.1008(\ln t_D)^2 - 1.3355 \times 10^{-3}(\ln t_D)^3 +$$
$$1.8321 \times 10^{-3}(\ln t_D)^4 - 1.2685 \times 10^{-4}(\ln t_D)^5] \qquad (8-95)$$

当 $t_D > 100000$ 时：

$$Q_D(t_D) = 8999.6 \qquad (8-96)$$

3) 有限敞开天然水域系统

(1) $r_D = 2.0$。

当 $t_D \leq 0.07$ 时，$Q_D(t_D)$ 的表达式为式(8-82)。

当 $0.07 < t_D \leq 3$ 时：

$$Q_D(t_D) = 0.1868 + 2.7744 t_D - 1.2135 t_D^2 + 0.3023 t_D^3 + 0.6757 t_D^4 -$$
$$0.471 t_D^5 + 0.08272 t_D^6 \qquad (8-97)$$

(2) $r_D = 4.0$。

当 $t_D \leq 0.7$ 时，$Q_D(t_D)$ 的表达式为式(8-82)。

当 $0.7 < t_D \leq 20$ 时：

$$Q_D(t_D) = 0.5795 + 1.5814 t_D - 4.9088 \times 10^{-2} t_D^2 + 3.8356 \times 10^{-3} t_D^3 -$$
$$9.4781 \times 10^{-5} t_D^4 \qquad (8-98)$$

(3) $r_D = 6.0$。

当 $t_D \leq 2$ 时，$Q_D(t_D)$ 的表达式为式(8-82)。

当 $2 < t_D \leq 40$ 时：

$$Q_D(t_D) = 0.7423 + 1.4911 t_D - 3.5375 \times 10^{-2} t_D^2 + 1.9739 \times 10^{-3} t_D^3 -$$
$$5.0251 \times 10^{-5} t_D^4 + 4.7065 \times 10^{-7} t_D^5 \qquad (8-99)$$

(4) $r_D = 8.0$。

当 $t_D \leq 4$ 时，$Q_D(t_D)$ 的表达式为式(8-82)。

当 $4 < t_D \leq 70$ 时：

$$Q_D(t_D) = 1.2085 + 1.2938 t_D - 6.6483 \times 10^{-3} t_D^2 + 8.4128 \times 10^{-5} t_D^3 +$$
$$1.3421 \times 10^{-6} t_D^4 - 4.0782 \times 10^{-8} t_D^5 + 2.601 \times 10^{-10} t_D^6 \qquad (8-100)$$

(5) $r_D = 10.0$。

当 $t_D \leq 6$ 时，$Q_D(t_D)$ 的表达式为式(8-82)。

当 $6 < t_D \leq 90$ 时：

$$Q_D(t_D) = 1.567 + 1.2253t_D - 3.252 \times 10^{-3} t_D^2 + 3.9047 \times 10^{-5} t_D^3 - \\ 1.6731 \times 10^{-7} t_D^4 \tag{8-101}$$

(6) $r_D = 20.0$。

当 $t_D \leq 30$ 时，$Q_D(t_D)$ 的表达式为式(8-82)。

当 $30 < t_D \leq 600$ 时：

$$Q_D(t_D) = \exp[0.6191 + 0.8272\ln t_D + 1.3421 \times 10^{-2} (\ln t_D)^2] \tag{8-102}$$

当 $r_D > 20$ 时，$Q_D(t_D)$ 与 t_D 的关系曲线基本上与无限大天然水域的重合了，此时可用式(8-82)计算不同 t_D 所对应的 $Q_D(t_D)$。

在计算出相应流动方式和外边界条件下各开发时刻的无因次水侵量后，就可根据各开发阶段的有效地层压降 Δp_{ei} 计算出各开发时刻累计水侵量中的 $\sum_0^t \Delta p_e Q_D(t_D)$ 部分。

如

t_1 时刻：

$$\sum_0^{t_1} \Delta p_e Q_D(t_D) = \Delta p_{e1} Q_D(t_{D1}) \tag{8-103}$$

t_2 时刻：

$$\sum_0^{t_2} \Delta p_e Q_D(t_D) = \Delta p_{e1} Q_D(t_{D2}) + \Delta p_{e2} Q_D(t_{D2} - t_{D1}) \tag{8-104}$$

$\vdots$

t_n 时刻：

$$\sum_0^{t_n} \Delta p_e Q_D(t_D) = \Delta p_{e1} Q_D(t_{Dn}) + \Delta p_{e2} Q_D(t_{Dn} - t_{D1}) + \cdots + \Delta p_{en} Q_D(t_{Dn} - t_{Dn-1})$$

$$\tag{8-105}$$

二、储量与水侵系数的计算方法

由式(8-39)可以看出，具有天然水侵的油藏的物质平衡方程的直线关系式的截距就为原油的地质储量，直线的斜率为天然水侵系数。下面就平面径向流系统的求解方法予以说明。

根据油藏的矿场地质和地层流体物性的综合研究资料，事先假定一个无因次半径 r_D 和无因次时间系数 β_R 值，开发时刻 t 对应的无因次时间 $t_D = \beta_R t$。由式(8-37)、式(8-38)和式(8-105)即可计算出不同开发时刻所对应的 x 和 y。当 x 和 y 满足直线关系时，则认为 r_D 一定的条件下所选取的 β_R 值正确；否则如果 x 和 y 是一条向上弯曲的曲线，则应增大 β_R 值进行重复计算；如果 x 和 y 是一条向下弯曲的曲线，则应减少 β_R 值进行重复计算。通过反复调整

β_R 值如能得到一条直线时,则对应的 r_D 值可能为正确的 r_D 值。如无论怎样改变 β_R 的值都不能使 x 和 y 为一条较满意的直线时,则假设 r_D 值一定错了。在实际求解过程中发现,在 r_D 一定的范围内,不同的 r_D 和 β_R 值的组合,都有可能得到不同的 y 与 x 之间的直线关系。因而根据同一油藏的实际开发数据,就会得到若干个数值不同的地质储量和天然水侵系数。在这种情况下,如何判断哪一条直线是具有代表性的最佳结果呢?对于这样一个问题,通常采用最小二乘法中的最小标准差值加以判断,不同直线关系式的标准差值,计算表达式为:

$$\sigma = \sqrt{\frac{\sum_{i=1}^{n}(y_i - y'_i)^2}{n-1}} \quad (8-106)$$

式中　σ ——标准差;

　　　y_i ——由实际生产数据,按照式(8-37)计算的结果;

　　　y'_i ——由不同 β_R 值与 r_D 值组合求解得到的直线关系式计算的结果;

　　　n ——线性回归的数据点数。

在程序设计时,可以采用二重迭代。首先在一系列的 r_D 值下,通过反复调整 β_R 值找出能使 y 与 x 为直线关系的 r_D 值的范围,然后比较不同 r_D 值的直线关系式的标准差。使标准差为最小的 r_D 值和 β_R 的组合即可认为是最佳的结果。而 y 与 x 直线关系式的截距即为地质储量 N,斜率为水侵系数 β_R 值。

半球形流系统的求解方法与平面径向流系统的类似,而直线流系统的求解只需采用一重迭代,即只需假设一系列的 β_L 值,找出 y 与 x 直线相关系数最大的关系式,则可求出地质储量和水侵系数。

在求得某一油藏的水侵系数之后,即可根据式(8-43)、式(8-73)或式(8-80)计算出该油藏在不同开发时刻的累计水侵量或预测未来某一油藏压力下不同时刻的累计水侵量。

第六节　气藏储量计算

一、封闭性气藏的储量计算

这里的封闭性气藏指的是定容封闭性或定容消耗式气藏。该气藏没有水驱作用,其物质平衡方程式和压降方程式分别为:

$$G_p B_g = G(B_g - B_{gi}) \quad (8-107)$$

$$\frac{p}{Z} = \frac{p_i}{Z_i}\left(1 - \frac{G_p}{G}\right) \quad (8-108)$$

式中　G_p ——累计产气量;

　　　B_g ——压力 p 下的气体体积系数;

　　　G ——气藏的地质储量;

　　　B_{gi} ——原始气体体积系数;

p_i ——原始地层压力;
Z_i ——压力 p_i 下的气体偏差因子;
Z ——压力 p 下的气体偏差因子。

若令 $a = \dfrac{p_i}{Z_i}$,$b = \dfrac{p_i}{Z_i G}$,则由式(8-108)得:

$$\frac{p}{Z} = a - bG_p \tag{8-109}$$

$$G = a/b \tag{8-110}$$

由式(8-109)可以看出,定容封闭气藏的视地层压力(p/Z)与累计产气量(G_p)呈直线下降关系。当 $p/Z = 0$ 时,$G_p = G_0$ 因此,可以利用压降图的外推法或线性回归法确定定容封闭气藏的原始地质储量的大小。

二、水驱气藏的储量计算

对于一个具有天然气水驱作用的气藏,随着气藏的开采和气藏压力的下降,必将引起气藏内的天然气、地层束缚水和岩石的弹性膨胀,以及边底水对气藏的侵入。因此,可写出如下的物质平衡关系式:

$$GB_{gi} = (G - G_p)B_g + GB_{gi}\left(\frac{C_w S_{wi} + C_f}{1 - S_{wi}}\right)\Delta p + (W_e - W_p)B_w \tag{8-111}$$

式中 G ——气藏在地面标准条件下的原始地质储量;
G_p ——气藏在地面标准条件下的累计产量;其余符号参见前面有关说明。

由式(8-111)解得水驱气藏的物质平衡方程式为:

$$G = \frac{G_p B_g - (W_e - W_p)B_w}{B_{gi}\left[\left(\dfrac{B_g}{B_{gi}} - 1\right) + \left(\dfrac{C_w S_{wi} + C_f}{1 - S_{wi}}\right)\Delta p\right]} \tag{8-112}$$

对于正常压力系数的气藏,由于式(8-112)分母中的第2项与第1项比较,其数值很小,通常可以忽略不计,因此得到:

$$G = \frac{G_p B_g - (W_e - W_p)B_w}{B_g - B_{gi}} \tag{8-113}$$

将式(8-113)改写为:

$$\frac{G_p B_g + W_p B_w}{B_g - B_{gi}} = G + \frac{W_e B_w}{B_g - B_{gi}} \tag{8-114}$$

若考虑天然水驱为平面径向非稳定流,即 $W_e B_w = B_R \sum\limits_{0}^{t} \Delta p_e Q_D(t_D, r_D)$,则式(8-114)可写为:

$$\frac{G_p B_g + W_p B_w}{B_g - B_{gi}} = G + B_R \frac{\sum_0^t \Delta p_e Q_D(t_D, r_D)}{B_g - B_{gi}} \qquad (8-115)$$

若令：

$$y = \frac{G_p B_g + W_p B_w}{B_g - B_{gi}} \qquad (8-116)$$

$$x = \frac{\sum_0^t \Delta p_e Q_D(t_D, r_D)}{B_g - B_{gi}} \qquad (8-117)$$

则得：

$$y = G + B_R x \qquad (8-118)$$

由式(8-118)可见，与油藏的物质平衡方程相似，水驱气藏的物质平衡方程式，同样可简化为直线关系式。直线的截距即为气藏的原始地质储量；直线的斜率为气藏的天然水侵系数。在计算气藏的原始地质储量的过程中，有关水侵量的计算参见前面第五节。

值得注意的是，在应用式(8-118)求解气藏的地质储量和水侵系数时，同水驱油藏一样，存在着多解性问题，该问题仍可采用最小二乘法中的最小标准差解决。当然，水驱气藏的储量计算方法与水侵油藏的完全一致[10]。

参 考 文 献

[1] Schilthuis R J. Active Oil and Reservoir Energy[J]. Trans. AIME,1936,118(1):33-52.
[2] 秦同洛,李璗,陈元千. 实用油藏工程方法[M]. 北京:石油工业出版社,1989:93-153.
[3] Pirson S J. Elements of Oil Reservoir Engineering[M]. 2nd ed. 1958.
[4] 方宏长,武若霞. 油藏天然驱动能力的早期评价[J]. 石油勘探与开发,1988,15(5):61-63.
[5] 陈元千,李璗. 现代油藏工程[M]. 北京:石油工业出版社,2001:88-121.
[6] Dake L P. 油藏工程原理[M]. 北京:石油工业出版社,1984.
[7] 廖运涛. 计算天然水侵量的回归公式[J]. 石油勘探与开发,1990,17(1):71-75.
[8] [美]F. W. 科尔. 油藏工程方法[M]. 北京:石油工业出版社,1981:135-140.
[9] 卿路,李莉,王吉斌. 升平油田天然能量合理利用研究[J]. 大庆石油地质与开发,1991,10(2):47-52.
[10] 黄炳光,刘蜀知. 实用油藏工程与动态分析方法[M]. 北京:石油工业出版社,1998:103-124.

第九章 注采井网与井网密度

注采井网的选择、确定和调整是注水油田开发设计和研究的中心工作,关系到油田生产的成败和开发效果的好坏。向油层注水,利用人工注水保持油层压力,是油田开发史上的一个重大转折。自20世纪二三十年代注水开采油田在美国获得工业化应用以来,目前已在全世界范围内获得了广泛应用,注水已成为主要的油田开采方式,它承担了当前强化采油和提高原油产量的重任。注水开采之所以能得到广泛应用,主要有4个方面的因素:

(1)一般都有可供利用的水源;
(2)注水是相对容易的,因为在注水井中的水柱本身就具有一定的水压;
(3)水在油层中的波及能力较高;
(4)水在驱油方面是有效的。

在我国,已投入开发的油田基本上都发现于陆相含油气盆地内,其沉积模式以河流—三角洲沉积为主,在这样的沉积环境中,砂体沉积小,侧向延续性差。在这样一个特定的石油地质条件下,不易形成大型天然水压驱动油藏,因为没有渗流条件好、大面积分布储层的前提,同时缺少上百倍于含油储层体积的连通水体做后盾。在已开发油田中,天然能量充足的油田地质储量占不到可开发地质储量的4%,储量占96%左右的油田天然能量不足,需要注水补充能量,以保持高产稳产和较高的采收率,所以注水开采仍然是今后我国大多数油田的主要开采方式。需要指出的是,不但多数油田的天然能量不足,而且天然能量局限性很大,控制较难,除了个别情况(边水有露头),一般只能在一段时间内起作用;其次,天然能量的利用是不均衡的,往往初期大,造成油井初期高产,但是很快就递减,不能实现较长时期的稳产;再就是利用天然能量采油,油田调整与控制有时比较困难(如气顶、底水、边水和气油比的控制),最终表现为一次采油(利用天然能量采油)的采收率比较低。

另外,用注水方式开发油田也存在不足,主要是因为注水开发油田的无水采收率较低,人工注水时的无水采收率一般为地质储量的5%~8%,甚至更低。原油黏度越大,油层非均质性越严重,井网越稀,则无水采收率越低,达到相同采收率所需注水量就越大。大部分储量将在中、高含水期采出,这给油田中、后期的开发带来很多困难[1]。

第一节 井网与注水方式

对于注水开发油田,由于油井与油井之间、注水井与油井之间、注水井与注水井之间存在着强烈的相互影响,因而在注水开发油田上,不能就一口井研究一口井,必须把油田上相互连通的全部油水井作为相互联系又相互制约的一个开采系统来考虑。这样,注水开发油田就必须有一套合理的注采系统,使得油田在此系统的控制下长期生产。因此,井网的确定是油田开发设计中的关键问题。

一、油田注水时机

油田合理的注水时间和压力保持水平是油田开发的基本问题之一。对于不同类型的油田,在油田开发的不同阶段注水,对油田开发过程的影响是不同的,其开发效果也有较大的区别。从注水时间上大致可以分为四种类型:超前注水、早期注水、中期注水、晚期注水。注水时机的选择是一个比较复杂的问题,既要考虑油田开发初期的效果,利用天然能量,减少初期投入;又要考虑油田开发中后期的效果,实现高产稳产和较高采收率。因此,必须在开发方案中进行全面的技术经济论证,做出注水时机的选择。在不影响油田开发效果和完成宏观计划的前提下,适当推迟注水时间,可以减少初期投资,缩短投资回收期,有利于扩大再生产,取得较好的技术经济效益[2]。

注水时机选择主要有三个因素:(1)油田天然能量的大小。油田的天然能量是指弹性能量、溶解气能量、边底水能量、气顶气能量和重力能量等。这些能量都可以作为驱油动力。不同油田,由于各自的地质条件不同,天然能量的类型将不一样,能量的大小也不一样。确定一个油田的注水时机,首先要研究天然能量的大小以及这些能量在开发过程中可能起到的作用。若天然能量较大,能满足开发初期一定补给的需要,并且原始地层压力较高,饱和压力低,地饱压差大,能获得较高的采收率,则可以适当延迟注水。总的一个基本原则就是在满足油田开发有关要求,特别是不出现溶解气驱的前提下,应尽可能利用天然能量,减少人工能量的补充。(2)油田的大小和对油田产量的要求。不同油田由于自然条件和所处地理位置的不同,对油田开发和对产量的要求也是不同的。小油田由于储量小,总产量不高,故一般要求高速开采,不一定追求长期稳产。因此没有必要强调超前注水和早期注水。但是对于大油田,因为必须强调保持较长时间的原油产量的稳定,所以油田开发的方式和对产量的要求不同,对注水时机的选择也不同。(3)油田的开采特点和采油方式。不同油田由于地质特点不同,其开采特点及采油方式的选择对注水时机的确定也是有关系的。自喷开采,就要求注水时间相对早些,压力保持水平相对高一些。有的油田原油黏度高,非均质性严重,自喷很困难,只能采用机械采油方式。地层压力不一定必须保持在原始地层压力附近,也不一定要超前注水和早期注水。就油田开发来讲,低渗透提倡采用超前注水,异常高压油气藏在产量损失可接受时,往往主张晚期注水。

另外,还要考虑油田经营管理者所追求的目标,这些目标可能有:
(1)原油采收率高;
(2)未来的纯收益最高;
(3)投资回收期最短;
(4)油田的稳产期最长。

总之,确定开始注水最佳时机最好的办法是先设计几个可能的注水时间,计算期望达到的采收率、产量和经济效益,然后研究对达到期望目标的影响因素。

20世纪40年代以后,人们大多主张早期注水,即油田经过试采,鉴别了油藏主要驱动机理后便开始注水。他们认为早期注水保持地层压力,可以获得较长时期的高产稳产,从而缩短开采年限。而且主张首先利用天然能量开采,当地层压力降到饱和压力附近时开始注水。并且认为在饱和压力附近原油流动条件最好,而且此时注水投资少,利润高,资金回收快,对地下油层特征认识较为清楚,开发较为主动,且并不影响油田开发的最终采收率。

世界上许多油田都采用了早期注水。中国大庆油田在投入开发的初期,就采用了内部早期切割注水保持地层压力的开采方式。中国低渗透油田一般天然能量小,弹性采收率和溶解气驱采收率也非常低,所以需要采用早期注水保持地层压力的开发方式,才能获得较高的开采速度和最终采收率。对于弹性能量较大和异常高压油田,可适当推迟注水时间,尽量增加无水采油量,以改善油田的总的开发效果。

1. 超前注水

超前注水是指油田投入生产前先注水,使地层压力高于原始地层压力,加大生产压差,从而提高油井产量。其适用条件为低压油藏,油层连片性好,主应力或裂缝方向清楚,一次井网具有较好的适应性,且水源充足,能满足油田最大注水量的需求。

超前注水是提高低渗透油田开发效果的有效方法之一,已在长庆、吉林油田获得了很好的应用效果。2006年投入开发的吐哈三塘湖油田牛圈湖区块西山窑油藏就是采用了超前注水,为有效动用"三低"(低压、低渗透、低孔)油田树立了典范。

超前注水有以下优点:

(1)超前注水提前建立了有效的压力驱替系统,地层能力充足,油井投产后,产量较高,初期递减小,个别井甚至无递减。

(2)注水能够保持较高的地层压力,因而可以减小因压力下降而造成的储层渗透率伤害。室内试验表明,随着地层压力下降,渗透率下降,提高地层压力,渗透率只能得到部分恢复,例如,部分油田其渗透率只恢复到原值的60.5%~87.2%。因此,压力对渗透率的影响是不可逆的。

(3)超前注水保持了地层压力,提高了注入水的波及体积,可以提高最终采收率。

目前,中国各大油田特低渗透、致密性储量丰富,一般均为低压油藏,具备超前注水的基本条件。因此,超前注水具有广阔的应用前景。长庆油田的开发经验表明,超前注水的最佳界限是压力保持水平达到110%~120%,此时,油井投产单井产量增幅大。通过安塞油田王窑区、杏河区,靖安油田五里湾一区等矿场试验,平均单井初产比相邻井区提高了27.6%。

2. 早期注水

早期注水(也称同步注水)就是油田投产的同时进行注水或是在油层压力下降到饱和压力之前就及时注水,使得油层压力始终保持在饱和压力以上或保持在原始油层压力附近。由于油层压力高于饱和压力,油层内不脱气,所以原油性质较好。注水以后,随着含水饱和度增加,油层内只是油水两相流动,其渗流特征可由油水两相相对渗透率曲线所反映。如大庆油田早期注水保持地层压力在原始地层压力的90%以上,油井自喷期长,单井产量高,各种措施效果也好。因此,早期注水可以使油层压力始终在饱和压力以上,油井能够获得较高的产能,且由于生产压差的调整余地大,有利于保持较高的采油速度和实现较长的稳产期。但这种方式使油田投产初期注水工程投资较大,投资回收期较长,所以早期注水方式不是对于所有油田都是合理的,对地饱压差较大的油田更是如此。

3. 中期注水

中期注水介于早期注水与晚期注水之间,即投产初期依靠天然能量开采,当油层压力下降到饱和压力以后,在生产气油比上升到最大值之前进行注水。

在中期注水时,油层要保持的压力可能有两种情形。

(1)使油层压力保持在饱和压力或略低于饱和压力,在油层压力稳定条件下,形成水驱混气油驱动方式。如果保持在饱和压力,此时原油黏度低,对开发有利;如果压力略低于饱和压力(一般认为在15%以内),此时从原油中析出的气体尚未形成连续相,这部分气体有较好的驱油作用。

(2)通过注水逐步将油层压力恢复到地层压力以上,此时脱出的游离气可以重新溶解到原油当中,但原油性质却不可能恢复到原始状态,产能也低于初始值,然而生产压差可以大幅度提高,仍然可以使油井获得较高的产量,从而获得较长的稳产期。

对于中期注水,初期利用天然能量开采,在一定时机即使进行注水将油层压力恢复到一定程度,这种注水开采方式使开发初期投资少,经济效益好,也可以保持较长稳产期,并且不影响最终采收率。对于地饱压差较大,天然能量相对较大的油田,是比较适用的。

4. 晚期注水

晚期注水是指油田利用天然能量开发时,当天然能量枯竭以后进行的注水。这时的天然能量将由弹性驱转化为溶解气驱。所以在溶解气驱之后注水,称为晚期注水,也称二次采油。溶解气驱以后,原油严重脱气,原油黏度增加,采油指数下降,产量下降。注水以后,油层压力回升,但一般只是在低水平保持稳定。由于溶解气已被采出,在压力恢复后,只有少量游离气重新溶解到原油中去,溶解气和原油性质不能恢复到原始值。因此注水以后,采油指数不会有大的提高,而且此时注水会形成油水两相或油气水三相流动,渗流过程变得更加复杂。对于原油黏度和含蜡量较高的油田,还将由于脱气使原油具有结构力学性质,渗流条件更加恶化。但晚期注水方式使初期生产投资少,原油成本低。对原油性质好,面积不大且天然能量比较充足的油田可以考虑采用。

二、油田注水方式

油田注水方式是指注水井在油藏中所处的部位和注水井与生产井之间的排列关系。目前,国内外油田应用的注水方式或注采系统,归纳起来主要有边缘注水、切割注水和面积注水三种。

1. 边缘注水

边缘注水就是把注水井按一定形式部署在油水过渡带附近进行注水。

边缘注水方式的适用条件为:油田面积不大的中小型油田,油藏构造比较完整、油层分布比较稳定,含油边界位置比较清楚,外部和内部连通性好,油层的流动系数较高,特别是注水井的边缘地区要有好的吸水能力,保证压力有效地传播,水线均匀地推进。

根据注水井在油水过渡带附近所处的位置,可将边缘注水分为以下三种:

1)边外注水

注水井按一定方式分布在外含油边界以外,向边水中注水,如图9-1所示,这种注水方式要求含水区与含油区之间的渗透性较好,不存在低渗透带或断层。

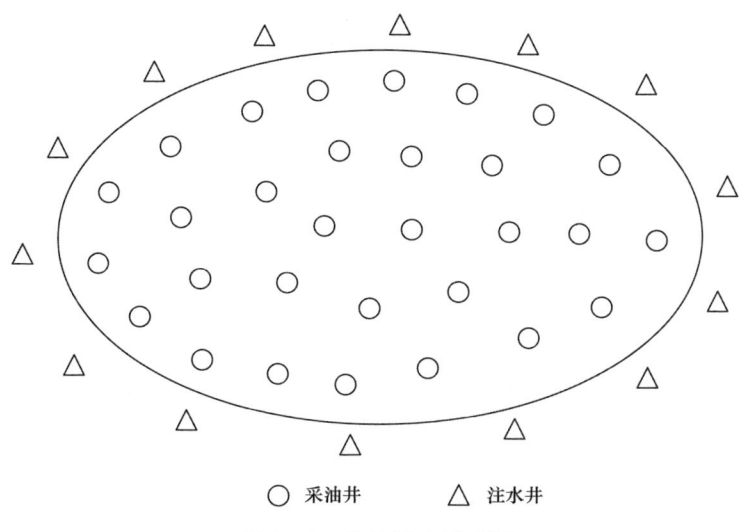

○ 采油井　　△ 注水井

图9-1　边外注水示意图

2）边上注水

由于一些油田的外含油边界以外的地层渗透率显著变差，为了保证注水井的吸水能力和注入水的驱油作用，而将注水井布置在含油边界上或油水过渡带上，如图9-2所示。

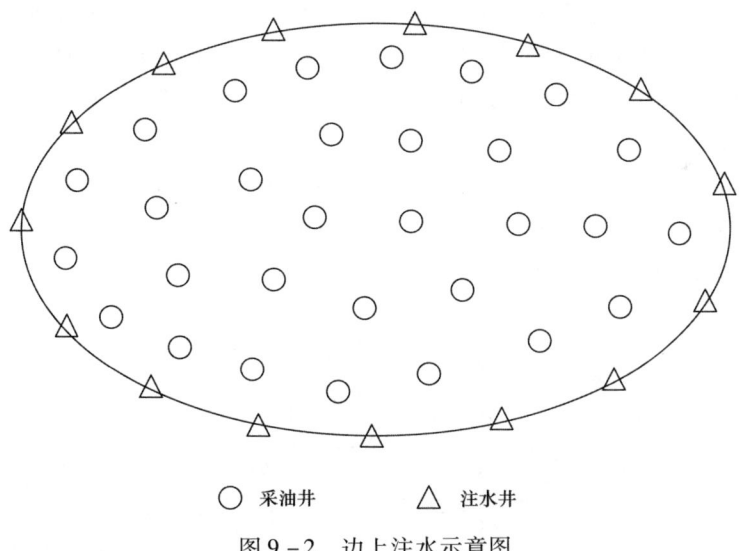

○ 采油井　　△ 注水井

图9-2　边上注水示意图

3）边内注水

如果在油水过渡带处有高黏度稠油带，或这一带出现低渗透的遮挡层，或在过渡带注水不宜，将注水井布置在含油边界以内，以保证油井充分见效和减少注水量外逸，这样的注水方式称为边内注水，如图9-3所示。

采用边缘注水方式时，注水井排布置一般与等高线平行，而且生产井排与注水井排基本上与含油边缘平行，这样有利于油水前缘均匀向前推进，以取得较高采收率。

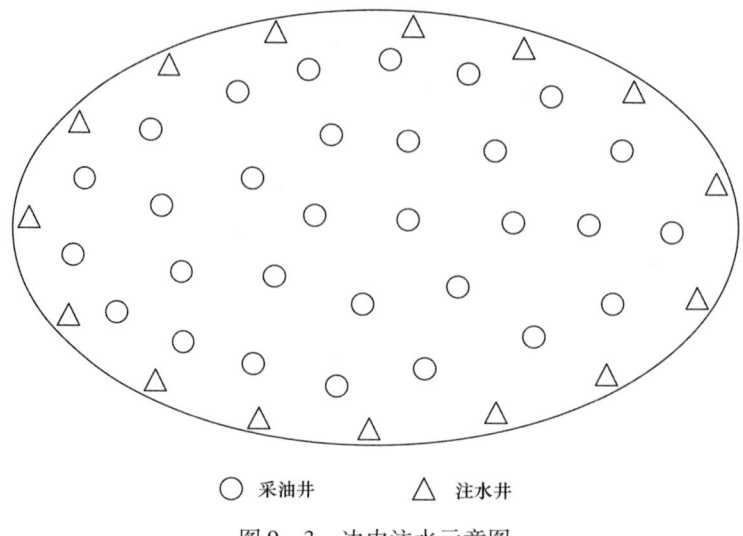

○ 采油井　△ 注水井

图 9-3　边内注水示意图

边缘注水的优点比较明显,这些优点为:油水界面比较完整,水线移动均匀,逐步由外向油藏内部推进,因此控制较容易,无水采收率或低含水采收率较高。

这种方式也存在一定的局限性,如注入水的利用率不高,一部分注入水向边外四周扩散,由于能够受到注水井排有效影响的生产井排一般不多于3排,因此对于较大的油田,其构造顶部的井往往得不到注入水的能量补充,形成低压带,在顶部区域易出现弹性驱或溶解气驱。在这种情况下,仅仅依靠边缘注水就不够了,应该采用边缘注水并辅以顶部点状注水方式开采,或采用环状注水方式。

环状注水的特点是:注水井按照环状布置,把油藏划分为两个不等区域,其中较小的是中央区域,而较大的是环状区域,如图9-4所示。理论研究表明,当注水井按环状布置在相当于油藏半径0.4倍的地方时,能达到最佳效果。

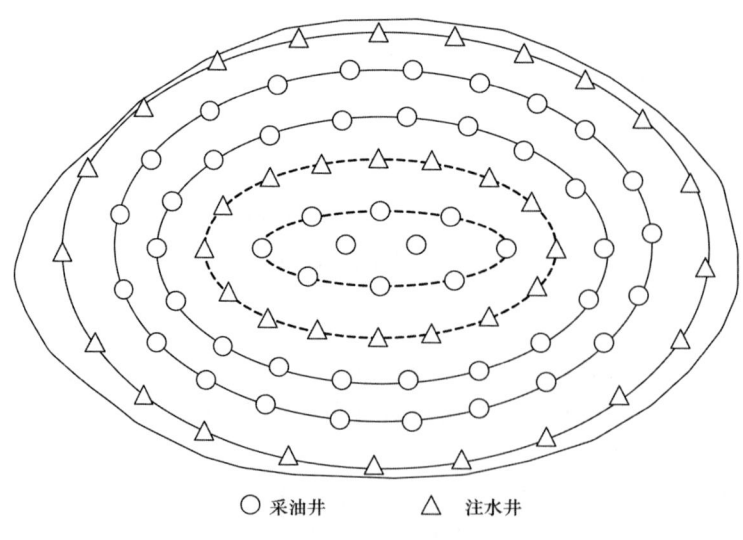

○ 采油井　△ 注水井

图 9-4　环状注水示意图

2. 切割注水

切割注水方式就是利用注水井排将油藏切割成若干区块,每个区块可以看成是独立的开发单元,分区进行开发和调整,这种布井形式称为切割注水或行列切割注水,如图9-5所示,两排注水井之间可以布置3~5排生产井排,两排注水井之间的区域叫切割区。切割区是独立的开发单元,也叫开发区或动态区。两个注水井排之间的距离叫做切割距。切割距的大小取决于油层连通情况,渗透率高低以及对采油速度的要求。注水井排的分布方向称为切割向,一般为横切割、纵切割和斜切割。

切割注水方式适用于油层大面积稳定分布且具有一定的延伸长度;在切割区内,注水井排与生产井排要有好的连通性;油层渗透率较高,具有较高的流动系数。这样,注水的效果能较好地传递到生产井排,以便确保所要求的采油速度。

采用切割注水方式的优点是:可以根据油田的地质特征来选择切割井排的最佳切割方向和切割区的宽度,可以优先开采高产地带,使产量很快达到设计要求;根据对油藏地质特征新的认识,可以便于修改和调整原来的注水方式。另外,切割区内的储量能一次全部动用,提高采油速度,这种注水方式能减少注入水的外逸。

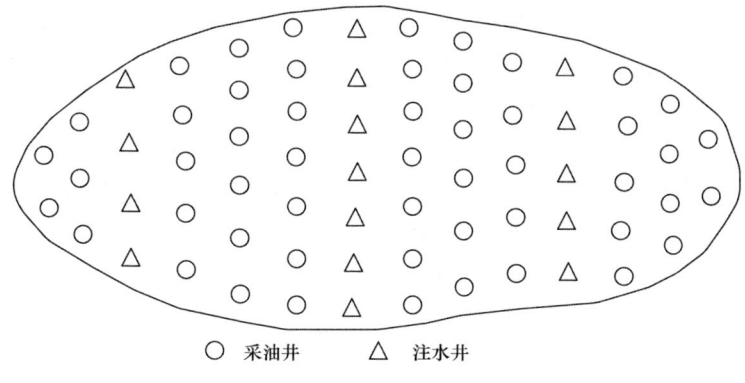

图9-5 切割注水示意图

但这种注水方式也有其局限性,主要是:这种方式不能很好地适应油层的非均质性,对于平面上油层性质变化较大的油田,有相当部分的水井处于低渗透地带,影响注水效率;注水井间的干扰大,井距较小时干扰更大,使吸水能力大幅度降低;行列注水方式是多排开采,中间井排由于受到第一井排的遮挡作用,注水受效程度明显变差;在注水井排两侧的开发区内,油层压力不总是一致,其地质条件也不相同,有可能会出现区间不平衡,增加平面矛盾。

我国大庆油田面积大,延伸性好,对渗透率较高的很大一部分层系采用了行列切割注水方式,如图9-6所示为萨北、萨中主要层系行列注水井网示意图。

3. 面积注水

面积注水是将注水井和采油井按一定的几何形状和密度均匀地布置在整个开发区上的注水和采油的系统。这种注水方式实际上把油田分割成许多更小的单元,一口注水井和几口采油井构成的单元称为注采井组,又称注采单元。

面积注水适用的油层条件为:油层分布不规则,延伸性差;油层渗透率低,流动系数低,油

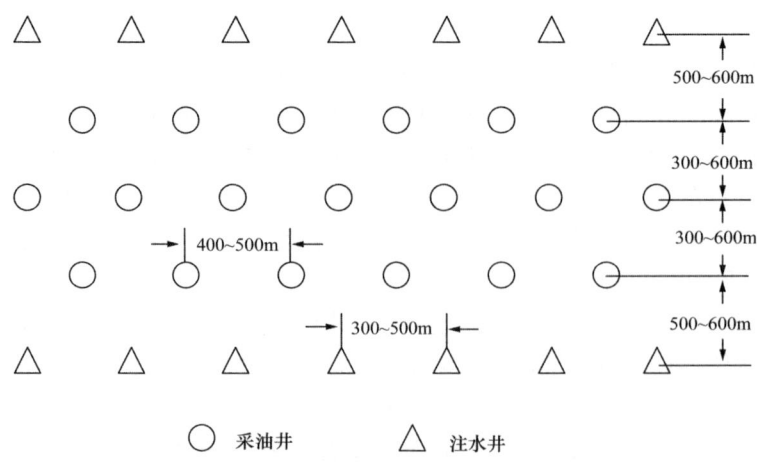

○ 采油井　　△ 注水井

图 9-6　小切割距行列切割注水井网示意图

田面积大但构造不完整,断层分布复杂。面积注水方式亦适用于油田后期强化注采。对于油层具备切割注水或其他注水方式,但要求达到更高的采油速度时,也可以考虑采用面积注水。

在面积注水方式下,所有油井都处于注水井的第一线,有利于油井受效,注水面积大,注水受效快;每口油井有多向供水条件,采油速度高。由于面积注水的特点较显著,目前面积注水方式几乎被所有注水开发油田或进行二次采油油田所采用。

根据油井和注水井相互位置的不同,面积注水可分为四点法面积注水、五点法面积注水、七点法面积注水、九点法面积注水以及直线排状系统等。不同的注水系统(注水井和生产井的布置)都是以三角形和正方形为基础的开发井网。在假定油田具有足够大的线性尺寸前提下,可以用以下参数表示布井方案的主要特征:生产井数与注水井数比 m;每口注水井的控制面积单元为 F;在正方形和三角形井网条件下井网密度 S_c(每口井的控制面积)。

如图 9-7 所示,布井系统是以正方形井网为基础,井间距离为 a。

(1)直线排状系统:注采井的排列关系为一排生产井和一排注水井,相互间隔,生产井与注水井相互对应,井排中井距与排距可以不等。在此系统下 $m=1:1$, $F=2a^2$, $S_c=a^2$。

(2)五点系统:油水井均匀分布,相邻井点位置构成正方形,油井在注水井正方形的中心,构成一个注水单元。此时,$m=1:1$, $F=2a^2$, $S_c=a^2$。这是一种常用的强注强采的注采方式。

(3)反九点系统:每一个注水单元为一个正方形,有一口注水井和八口生产井。注水井位于注水单元中央,四口生产井布置在四个角上,另四口井布置于正方形四个边上。此时,$m=3:1$, $F=4a^2$, $S_c=a^2$。

(4)九点系统:每一个注水单元为一个正方形,其中有一口生产井和八口注水井,生产井布于注水单元中央,八口注水井布于四角和四边。在此方式下,$m=1:3$, $F=\frac{4}{3}a^2$, $S_c=a^2$。

(5)反方七点(歪四点)系统:注水井的井点构成三角形,生产井布于三角形中心,即生产井构成歪六边形,在此系统下 $m=2:1$, $F=3a^2$, $S_c=a^2$。

(6)方七点系统:注水井构成歪六边形,生产井在中心。此时,$m=1:2$, $F=1.5a^2$, $S_c=a^2$。

如图 9-8 所示，布井系统是以三角形井网为基础，其井距为 a，注采系统布置有如下形式：

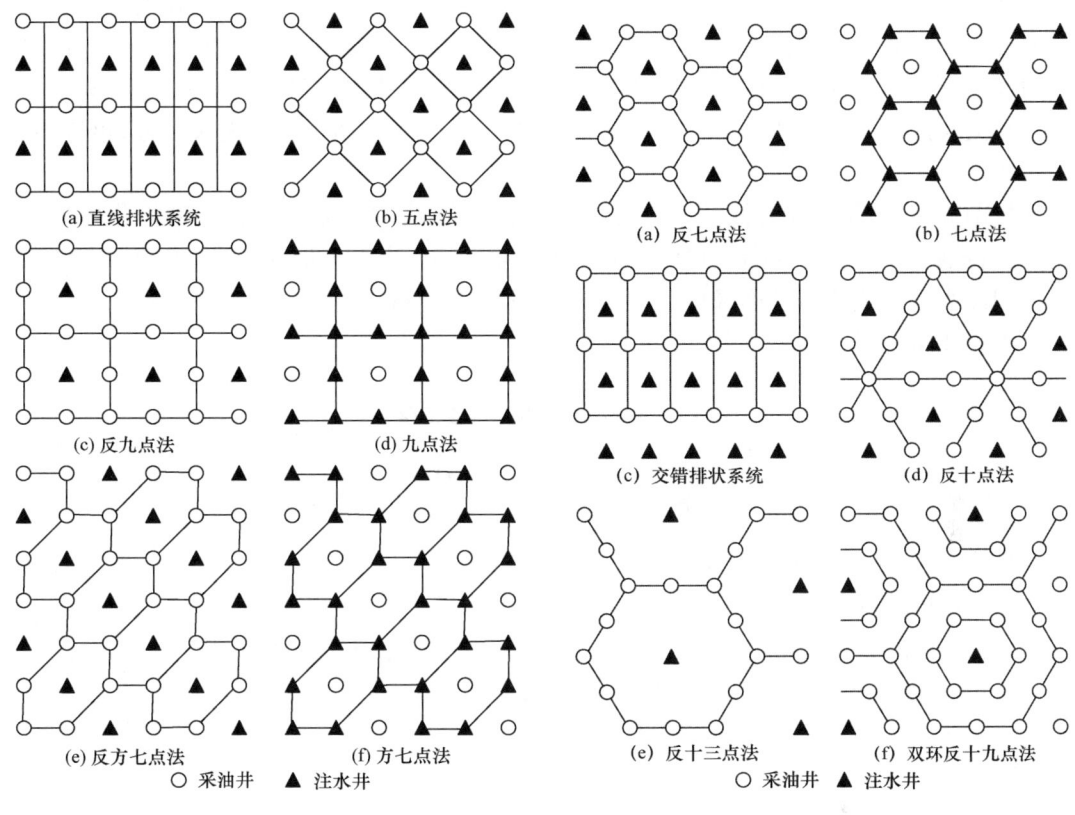

图 9-7 正方形井网下的注采系统　　图 9-8 三角形井网下的注采系统

（1）反七点（正四点）系统：注水井的井点位置构成正三角形，中心为生产井，而生产井构成正六边形，注水井在中心，在此时 $m = 2:1$，$F = 1.5\sqrt{3}a^2$，$S_c = 0.5\sqrt{3}a^2$。

（2）七点系统：每一个注水单元为一个正六边形，注水井布置于正六边形的六个顶点，生产井布于中央。此时，$m = 1:12$，$F = 0.75\sqrt{3}a^2$，$S_c = 0.5\sqrt{3}a^2$。

（3）交错排状系统：在此系统时，注水井排与生产井排相互间隔布置，注水井与生产井呈交错排列状布井。此时，$m = 1:1$，$F = \sqrt{3}a^2$，$S_c = 0.5\sqrt{3}a^2$。

（4）反十点法、反十三点法和反十九点法是各种蜂窝状注采系统，在某些特殊条件下，可采用该方式注水。

另外，有些注采井的井网，例如两点法和三点法，如图 9-9 所示，则是为了某种可能的试注目的而采用的孤立布井方式，其余大部分注采井网属于重复周期布井。要注意的是，布井术语中所说的"反"井网，就是每个单元中只有一口注水井，这是"正"井网与"反"井网之间的区别。

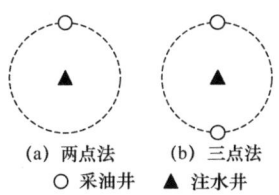

图 9-9 两点法与三点法注采系统

三、注采井网面积波及系数

在均匀井网内,连接注水井和生产井的一条直线,是该两井之间的最短流线,沿该直线上的压力梯度也最大。于是注入水在平面上将沿着这条最短流线先推进到生产井,以后才是沿其他的流线突入。因此,当油井见到水时,在注水井与生产井之间只有一部分储层面积为水所波及。水波及区在井网面积中所占的比值,就是均匀井网见水时的面积波及系数,也称为面积扫及效率。

到目前为止,对于均匀井网的面积波及系数的研究,大多数是根据在各种简化模型下,用理论方法特别是用试验方法所获得的研究结果。根据 B. 丹尼洛夫和 P. M. 卡茨研究结果,得到了面积注水系统流体运动前缘微分方程的解,因而可以确定见水时的波及系数。

对于直线系统,见水时的面积波及系数计算公式为:

$$E_A = \frac{\frac{2\pi d}{a} - 4\exp\left(-\frac{2\pi d}{a}\right) - 2.766}{\frac{2\pi d}{a}\left[1 + 8\exp\left(-\frac{2\pi d}{a}\right)\right]} \sqrt{\frac{1+M}{M}} \qquad (9-1)$$

式中 E_A——注入剂的面积波及系数;
d——井排间距离,m;
a——井排上的井间距离,m;
M——水(驱替剂)与油的流度比,并表示为:

$$M = \frac{\mu_o K_{rw}(\bar{S}_w)}{\mu_w K_{ro}(S_{wi})} \qquad (9-2)$$

式中 μ_o——油的黏度,mPa·s;
μ_w——水的黏度,mPa·s;
$K_{ro}(S_{wi})$——束缚水下油的相对渗透率;
$K_{rw}(\bar{S}_w)$——平均含水饱和度下水的相对渗透率;
$\bar{S}_w$——驱替前缘水的平均饱和度;
S_{wi}——束缚水饱和度。

当 $M \geq 1$ 时,在 $d/a \geq 1$ 的情况下,式(9-1)可表示为:

$$E_A = \left(1 - 0.4413\frac{d}{a}\right)\sqrt{\frac{1+M}{M}} \qquad (9-3)$$

对于五点法、反九点和反七点面积注水系统而言,见水时的面积波及系数可分别确定为:

$$E_{A5} = 0.718\sqrt{\frac{1+M}{M}} \qquad (9-4)$$

$$E_{A9} = 0.525\sqrt{\frac{1+M}{M}} \qquad (9-5)$$

$$E_{A7} = 0.743\sqrt[3]{\frac{1+M}{M}} \quad (9-6)$$

应用上述公式所计算出的不同流度比条件下的各类注采井网的见水时的波及系数列于表 9-1 中。

表 9-1　见水时几种常见井网波及系数

流度比	直线式	五点法	反九点法	反七点法
1	0.553	0.718	0.525	0.743
2	0.479	0.622	0.455	0.675
3	0.452	0.586	0.429	0.649
4	0.437	0.568	0.415	0.635
5	0.428	0.556	0.407	0.627
6	0.422	0.548	0.401	0.621
7	0.418	0.543	0.397	0.617
8	0.415	0.539	0.394	0.613
9	0.412	0.535	0.391	0.611
10	0.410	0.532	0.389	0.609
12	0.407	0.528	0.386	0.606
14	0.405	0.526	0.384	0.603
16	0.403	0.523	0.383	0.602
18	0.402	0.522	0.381	0.600
20	0.401	0.520	0.380	0.599
25	0.399	0.518	0.379	0.597
30	0.397	0.516	0.377	0.596
35	0.397	0.515	0.376	0.595
40	0.396	0.514	0.376	0.595
50	0.395	0.513	0.375	0.594
∞	0.391	0.508	0.371	0.590

根据表 9-1 数据,绘制的不同井网波及系数与流度比关系曲线如图 9-10 所示。从数据或者图形可以看出:

(1) 当流度比增加到很大时,注水波及系数很快趋于一恒定值,即直线系统时为 0.391,五点系统时为 0.508,反九点系统时为 0.371,反七点系统时 0.590。

(2) 在流度比从 1 变到 10 时,注水波及系数降低很快,当流度比进一步增加时,注水波及系数递减速度变缓。如五点系统,当流度比从 1 增加到 10 时,波及系数数值降低了 26%;而当流度比从5变化到10时,波及系数下降了2.7%。由此可见,应用不同的化学剂使水稠化或降低水的相渗透率时,只有在驱替剂与原油的流度比小于5时才有较明显效果。

(3)正方形井网布井系统的波及系数低于三角形布井系统,尤其三角形井网的反七点系统波及系数最高。

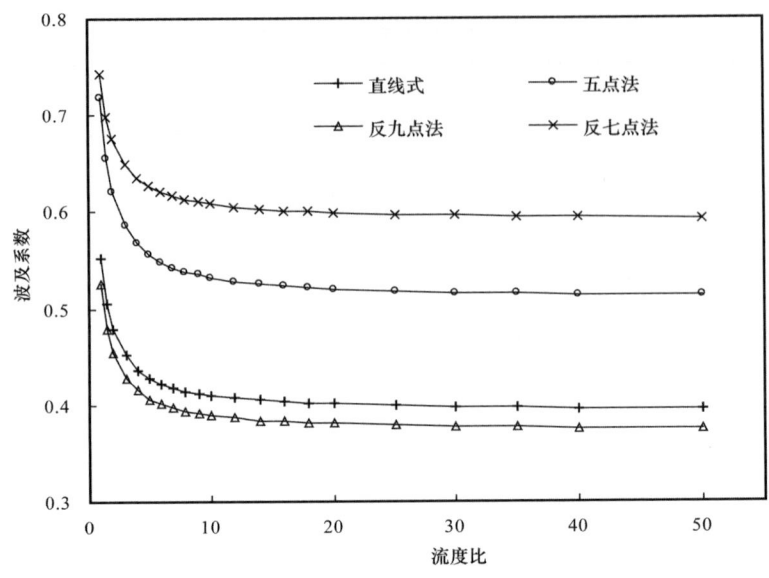

图9-10　不同井网波及系数与流度比关系曲线

第二节　注采井网对水驱采收率的影响

一、历史研究成果回顾

在砂岩油田注水开发设计和调整工作中,采用哪种布井方式和井网(加密)调整将有利于水驱采收率的提高,一直是油藏工程者普遍关心的问题[3]。20世纪80年代初,美国JPT编辑部汇总了有代表性的专家对井网问题的意见,认为密井网可以改善不连续油藏的注水开发,提高水驱波及系数和采收率。并且在此前后,国内外曾就此问题发表了许多有关井网密度对采收率影响的文章,其中代表性的有:

(1)20世纪60年代末,苏联谢尔卡乔夫将油田开发末期采收率的实际数据加以整理,找到了最终采收率与井网密度的关系式[4]:

$$E_r = E_d \exp(-aS_c) \tag{9-7}$$

式中　S_c ——井网密度,km²/口;
　　　E_d ——驱油效率,对某一具体油藏为一常数;
　　　a ——待定系数;
　　　E_r ——最终采收率。

式(9-7)明确给出了当井网密度趋于无穷大时,水驱采收率趋于0;当井网密度趋于0时,水驱采收率趋于E_d,但是该式没有考虑注水方式和注采井数比对采收率的影响。目前,油藏工程理论[5]及现场实践已表明,在井网密度一定的条件下,随着注采井数比的增大,油井受效方向增加,水驱控制程度提高,注水波及系数也将增大;同时由于水驱采收率E_r等于水驱油效率E_d与注水波及系数E_v之积,即:

$$E_r = E_d E_v \tag{9-8}$$

因此,水驱采收率也将随着注采井数比的增大而增大。

(2) 20世纪90年代初,范江等运用概率论和量纲分析方法建立了一种非均质油藏波及系数计算模型[6]:

$$E_v = A_1 \exp\left(\frac{-a\phi S_o h S_c}{A_c K_e^{1.5}}\right) \tag{9-9}$$

式中 K_e——油层有效渗透率,mD,其中 $K_e = \dfrac{K_o}{1 + \dfrac{V^2}{N}}$;

K_o——油层平均绝对渗透率,mD;

A_1——波及系数与流度比之间的关系常数;

a——待定系数;

ϕ——孔隙度;

S_o——含油饱和度;

S_c——井网密度,km²/口;

h——油层有效厚度,m;

A_c——井网完善程度;

V——渗透率变异系数;

N——空间维数。

该表达式不仅考虑了井网密度对水驱波及体积系数的影响,而且也考虑了非均质系数、井网参数对其的影响。但不足之处是:

①没有考虑注采井数比对水驱波及体积系数的影响;

②在确定井网参数时,对于不规则、不均匀面积井网,是很难确定的。

(3) 20世纪90年代末,杨凤波在假设油层厚度分布及注入水波及均匀的条件下,研究了注采井数比对水驱采收率的影响[7],并确定了水驱采收率与井网密度和注采井数比之间的关系为:

$$E_r = E_d \exp\left(\frac{-aS_c}{m^{0.5}}\right) \quad \text{文献[7]推导中有误,1.5应改为0.5} \tag{9-10}$$

式中 m——注采井数比。

该关系式不仅明确反映了井网密度对水驱采收率的影响,而且也明确反映了注采井数比对其的影响,但不足之处就是没有揭示出对于注采井数比一定,井网密度一定,采用何种面积注水方式将有利于提高水驱采收率。如注采井数比均为1∶1的直线正对井网、直线错对井网、五点法面积注水,若井网密度相同,由于注采方向上存在着差异,将会导致其开发效果以及水驱采收率各不相同。因此,针对以上存在的问题,提出一种既能综合反映以上各种因素,又能不失一般性的计算模型,就显得尤为重要。

二、波及体积计算模型建立

对于不同面积注水的井网,在注采最小井距与排(或行)井距均为 d 的情况下,可用注采井数比、平均每口注水井控制含油面积以及井网密度等特征参数表示(表9-2)。借鉴文献[7]的研究思路,将表9-2中注采井数比、平均每口注水井控制含油面积以及井网密度数据进行回归分析有(图9-11):

$$\frac{F}{S_c} = 2.16894 m^{-0.5} \quad 复相关系数为 0.98203 \quad (9-11)$$

式中 F ——平均每口注水井控制含油面积,km^2;

 m ——注采井数比。

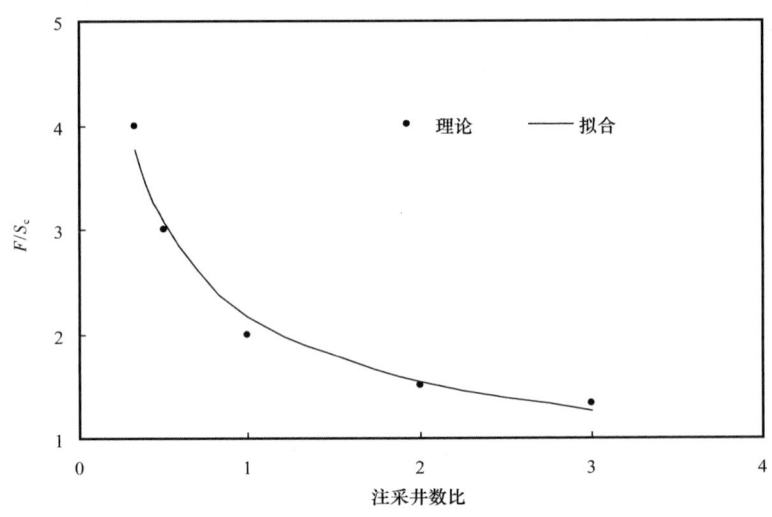

图 9-11 井网特征参数之间关系曲线

表 9-2 不同面积注水井网的特征参数表(均匀布井)

井 网	布井方式	单元几何形状	注采井数比	注水井单井水驱控制面积(km^2)	井网密度(km^2/口)	A_c 平均值
直线正对		正方形	1∶1	$2d^2$	d^2	0.5

续表

井 网	布井方式	单元几何形状	注采井数比	注水井单井水驱控制面积(km^2)	井网密度(km^2/口)	A_c 平均值
直线错对（长五点法）		等边三角形	1:1	$\sqrt{3}d^2$	$\frac{\sqrt{3}}{2}d^2$	$\frac{2}{1+\sqrt{3}}=0.7321$
五点法		正方形	1:1	$2d^2$	d^2	$\frac{\sqrt{2}}{2}=0.7071$
七点法		等边三角形	2:1	$\frac{3\sqrt{3}}{4}d^2$	$\frac{\sqrt{3}}{2}d^2$	$\frac{2}{1+\sqrt{3}}=0.7321$
反七点法（四点法）		等边三角形	1:2	$\frac{3\sqrt{3}}{2}d^2$	$\frac{\sqrt{3}}{2}d^2$	$\frac{2}{1+\sqrt{3}}=0.7321$
方七点法		正方形	2:1	$\frac{3}{2}d^2$	d^2	$\frac{5\sqrt{2}+10}{5\sqrt{2}+7\sqrt{5}}0.7513$
反方七点法（斜四点法）		正方形	1:2	$3d^2$	d^2	$\frac{\sqrt{2}+2}{1+\sqrt{2}+\sqrt{5}}0.7342$
九点法*		正方形	3:1	$\frac{4}{3}d^2$	d^2	$\frac{3(1+\sqrt{2})}{1+2\sqrt{13}}=0.8821$
反九点法		正方形	1:3	$4d^2$	d^2	$\frac{1+\sqrt{2}}{1+\sqrt{5}}=0.7460$

注：●表示注水井；○表示采油井；实线表示井距为 d；虚线封闭范围表示水井单井水驱控制面积（不包括九点法）；*九点法虚线封闭范围表示三个水井的水驱控制面积。

在井网发生改变时，单位注水体积变化率将随注水井含油控制体积 $F\phi S_o h$ 的增大而减小，随井网完善程度 A_c 和油层有效渗透率 K_e 的增大而增大，则：

$$\frac{dV_B}{V_B}=-\frac{b}{K_e^y}d\left[\frac{(F\phi S_o h)^x}{A_c^z}\right] \tag{9-12}$$

式中　V_B——注入水波及体积，m^3；

b——待定系数。

对式(9-12))等式左边分子、分母同除以含油体积,则:

$$\frac{dE_V}{E_V} = -\frac{b}{K_e^y} d\left[\frac{(F\phi S_o h)^x}{A_c^z}\right] \quad (9-13)$$

很明显,$A_c > 0$,当 F 趋于 0 时,即 $\frac{(F\phi S_o h)^x}{A_c^z}$ 趋于 0,E_V 趋于 1,并对式(9-13)定积分,有:

$$\int_{E_V}^{1} \frac{1}{E_V} dE_V = -\int_{\frac{(F\phi S_o h)^x}{A_c^z}}^{0} \frac{b}{K_e^y} d\frac{(F\phi S_o h)^x}{A_c^z} \quad (9-14)$$

整理式(9-14),得:

$$E_V = \exp\left[\frac{-b(F\phi S_o h)^x}{K_e^y A_c^z}\right] \quad (9-15)$$

对式(9-15)右端进行量纲分析,有:

$$y = \frac{3}{2}x \quad (9-16)$$

将式(9-11)、式(9-16)代入式(9-15),得:

$$E_V = \exp\left[\frac{-a(\phi S_o h S_c)^x}{m^{0.5x} K_e^{1.5x} A_c^z}\right] \quad (9-17)$$

式中 $a = 2.16894b$。

截至目前,通过数理统计和理论研究得到的波及体积系数与井网密度关系式中,均以一次方出现,即 $x = 1$;同时从文献[6]的理论研究中可知,$z = 1$,因此,式(9-17)可写为:

$$E_V = \exp\left(\frac{-a\phi S_o h S_c}{m^{0.5} K_e^{1.5} A_c}\right) \quad (9-18)$$

从式(9-18)可以得出:(1)若不考虑注采井数比、井网参数和油层物性等因素的影响,式(9-18)即可转化为谢尔卡乔夫式中的 E_V 式;(2)若只是不考虑注采井数比因素的影响,式(9-18)即可转化为范江等提出计算模型形式;(3)若不考虑井网参数和油层物性等因素的影响,式(9-18)即可转化为杨凤波提出的计算模型;(4)在注采井数比、井网参数一定的条件下,井网密度趋于 0,水驱波及体积趋于 1;井网密度趋于无穷大,水驱波及体积趋于 0;(5)在井网密度、注采井数比一定的条件下,井网完善程度越大,水驱波及体积越大;(6)在井网密度、井网完善程度一定的条件下,注采井数比越大,水驱波及体积越大。

因此,式(9-18)概括了目前有关水驱波及体积系数与井网密度、注采井数比、井网参数、油层物性等因素在内的所有研究成果内容,为该领域的深入研究提供了一种较为全面的解决方法。同时,考虑到确定 A_c 值的不方便,又利用表 9-2 中的数据(若注采比相同,取 A_c 平均值),对 A_c 与 m 进行了回归分析(图 9-12),其关系式为:

$$A_c = \exp(-1.75405m^2 + 4.18612m - 4.73168)^{-1} \quad \text{复相关系数为 } 0.9982 \quad (9-19)$$

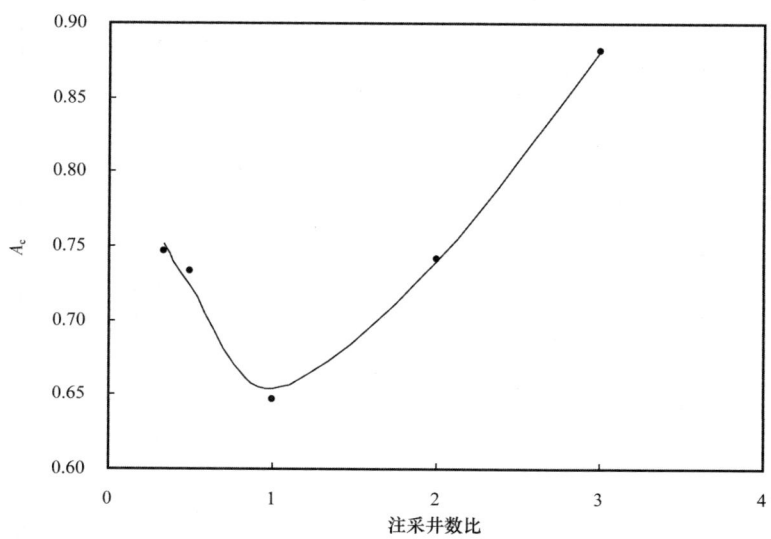

图 9-12 注采井数比与井网参数关系曲线

将式(9-12)、式(9-13)代入式(9-8),得:

$$E_r = E_d \exp\left\{\frac{-a\phi S_o h S_c}{K_e^{1.5} m^{0.5} \exp[(-1.75405 m^2 + 4.18612 m - 4.73168)^{-1}]}\right\} \quad (9-20)$$

(1) 在井网密度保持不变的条件下,E_r 随 m 的增大而增大;但当 m 达到某一值后,随着 m 的增大,E_r 变化不明显(图 9-13,其中 $\beta = \dfrac{a\phi S_o h}{K_e^{1.5}}$);

(2) 在注采井数比一定的条件下,E_r 随井控面积即井网密度的减小而增大,同样当 S_c 达到某一值后,随着 S_c 的增大,E_r 变化也不明显(图 9-14)。

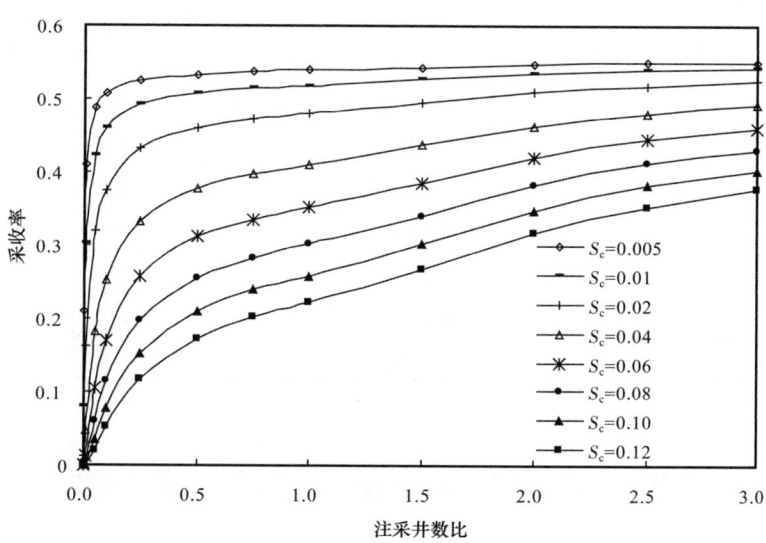

图 9-13 不同井网密度下注采井数比与采收率关系

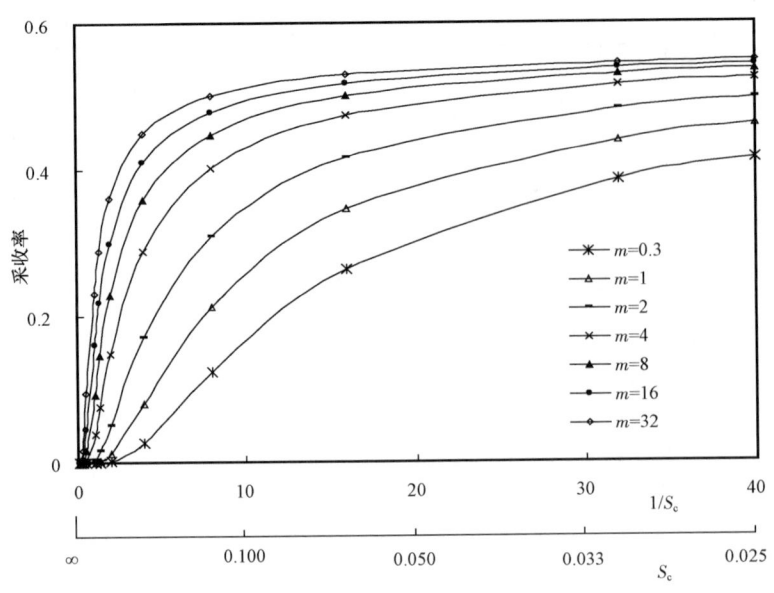

图 9-14　不同注采比下井网密度与采收率关系曲线

三、实例应用

丘陵油田主力区块——陵 2 中、东区于 1995 年 8 月正式投入注水开发,并以 4% 以上的采油速度高产稳产到 1998 年年底。1999 年初到 2000 年 4 月针对主力区块含水上升速度加快和产量递减幅度加大等开发中存在的问题,新钻了一批调整井,借以完善注采关系和提高水驱采收率。调整后,不仅增加井网密度,而且也增大注采井数比,达到了提高水驱最终采收率的目的,预计共增加水驱采收率 2.4%(表 9-3)。

表 9-3　丘陵油田陵 2 中东区采收率预测表

区块	油组	含油面积（km²）	驱油效率（%）	待定系数 β	1995 年 8 月至 1998 年底			1999 年初至 2000 年 4 月		
					井数（口）		采收率（%）	井数（口）		采收率（%）
					油井	水井		油井	水井	
陵 2 东区	上油组	4	0.56	3.5240	25	21	0.34	27	25	0.364
	下油组	5		4.2360	31	25	0.30	32	30	0.326
	合计	5		3.9278	31	26	0.32	32	31	0.344
陵 2 中区	上油组	3.6		4.2608	22	23	0.33	23	26	0.354
	下油组	3.7		4.1450	23	23	0.33	24	26	0.354
	合计	3.7		4.1450	23	23	0.33	24	26	0.354

第三节　合理井网密度和合理注采井数比

在注水开发油田中,井网越密,最终采收率越高,这在理论上和实践中已得到了充分的论证[8],但是随着井网愈密,钻井过多,会使经济效益变差。同时在井网密度保持一定的条件下,适当增大注采井数比,也可以获得较高的采油速度和采收率[9],加之由于注水井与采油井的单井投资、维修以及管理费用的不同,其获得的经济效益也存在一定的差别。因此,在追求经济效益最优和满足油田开发需要的前提下,如何有效地确定合理井网密度和合理注采井数比,一直是油藏工程者普遍关心的问题。为此,在第一节研究成果的基础上,提出了一种新的确定水驱油田合理井网密度和合理注采井数比的方法[10]。

一、井网指数的确定

利用式(9-20),对吐哈油区 7 个水驱砂岩油田和区块的实际数据进行统计得到:

$$a = 0.09966 \left(\frac{K}{\mu_r}\right)^{1.2318} \quad 相关系数 = 0.9733 \tag{9-21}$$

二、合理井网密度与合理注采井数比的确定

从经济角度出发,当油田总产值减去总投资即总利润达到最大值时,经济效益最佳,这时对应的井网密度、注采井数比称为合理井网密度、合理注采井数比;当油田总利润为 0 时,即无经济效益,这时对应的井网密度称为极限井网密度[11]。因此,在原油地质储量 N 和原油价格和吨油生产成本已知的条件下,油田的总产值为:

$$G = NLE_r \tag{9-22}$$

式中 N ——油田地质储量,t;

L ——原油价格 - 吨油生产成本,元/t。

将式(9-20)代入式(9-22),得:

$$G = NLE_d \exp\left(\frac{-a\phi S_o h S_c}{K_e^{1.5} m^{0.5} A_c}\right) \tag{9-23}$$

油井总费用为:

$$H_o = n_o b_o \tag{9-24}$$

式中 n_o ——油井井数,口;

b_o ——平均每口油井总投资额(包括钻井费、地面建设等),元/口。

水井总费用为:

$$H_w = n_w b_w \tag{9-25}$$

式中 n_w ——水井井数,口;

b_w ——平均每口水井总投资额(包括钻井费、地面建设等),元/口。

那么,油田总费用为:

$$H = H_o + H_w = n_o b_o + n_w b_w \tag{9-26}$$

由 $n = n_o + n_w = \dfrac{A}{S_c}$, $m = \dfrac{n_w}{n_o}$ 可得:

$$n_o = \frac{A}{(1+m)S_c} \tag{9-27}$$

$$n_w = \frac{mA}{(1+m)S_c} \tag{9-28}$$

式中 A ——油田开发总面积,km^2。

将式(9-27)、式(9-28)代入式(9-26),得:

$$H = \frac{A}{(1+m)S_c}(b_o + mb_w) \tag{9-29}$$

由式(9-23)减去式(9-29),可得油田的总利润为:

$$Q = G - H = NLE_d \exp\left(\frac{-a\phi S_o h S_c}{K_e^{1.5} m^{0.5} A_c}\right) - \frac{A}{(1+m)S_c}(b_o + mb_w) \tag{9-30}$$

要使总利润 Q 获得最大值,那么按照多元函数求解极值的方法,有以下两个等式成立:

$$\frac{dQ}{dS_c} = \frac{-NLE_d a\phi S_o h}{K_e^{1.5} m^{0.5} A_c} \exp\left(\frac{-a\phi S_o h S_c}{K_e^{1.5} m^{0.5} A_c}\right) + \frac{A(b_o + mb_w)}{(1+m)S_c^2} = 0 \tag{9-31}$$

$$\frac{dQ}{dm} = \frac{-NLE_d a\phi S_o h S_c}{K_e^{1.5}} \exp\left(\frac{-a\phi S_o h S_c}{K_e^{1.5} m^{0.5} A_c}\right)\left(\frac{1}{m^{0.5} A_c}\right)' - \frac{A(b_w - b_o)}{(1+m)^2 S_c} = 0 \tag{9-32}$$

整理式(9-31)、式(9-32),有:

$$\frac{dA_c}{A_c dm} + \frac{1}{2m} - \frac{b_w - b_o}{(1+m)(b_o + mb_w)} = 0 \tag{9-33}$$

令 $x = b_w/b_o$,将 A_c 与 m 的关系式代入式(9-33),得:

$$f(x,m) = \frac{3.50810m - 4.18612}{(-1.75405m^2 + 4.18612m - 4.73168)^2} + \frac{1}{2m} - \frac{x-1}{(1+m)(1+mx)} = 0$$

$$\tag{9-34}$$

取 x 为不同的值,通过对式(9-34)数值分析(图9-15):随水井单井投资额与油井单井投资额比值的增大,合理的注采井数比 m 值越小,且当 x 值比较大时,合理的注采井数比 m 值一般分布在 0.3~1.15 之间,但当 x 值比较小时,合理的注采井数比 m 值相当大,虽然此值能获得很好的经济效益和实现水驱波及体积趋于1的开发效果,但在井网密度一定的条件下,采油速度较低。因此,如何确定合理的注采井数比 m 值,还应考虑油田开发方面的一些技术政策,即:

(1)选择的注采井数比能获得较高的水驱控制程度和水驱采收率;如对砂体规模小,相带变化快的油田,应选择较大的注采井数比来获得较高的水驱控制程度。

(2)选择的注采井数比能使油田(或油藏)获得较高的产液量。

(3)形成的注采井网在油田开发后期调整中有较大的灵活性。

(4)选择的注采井数比能够基本满足注采平衡。

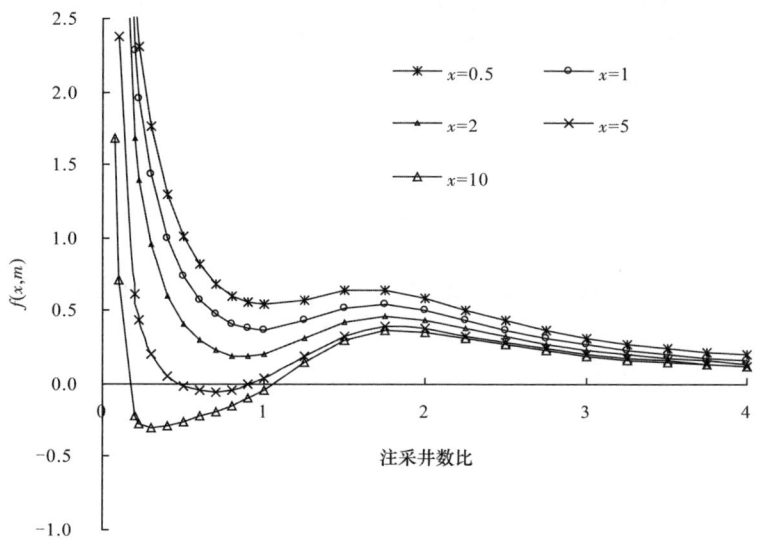

图 9-15 不同 x 值时 $f(x,m)$ 与 m 关系曲线

那么,在油田注采压差一定,开发总井数一定和压力系统在合理界限之内的条件下,依据物质平衡原理,有:

$$n_o J_L (\bar{p} - p_{wfo}) = IPR_0 n_w J_w (p_{wfw} - \bar{p}) \tag{9-35}$$

式中 J_L——地下采液指数,m³/MPa;

J_w——地下吸水指数,m³/MPa;

IPR_0——注采平衡比;

$\bar{p}$——地层平均压力,MPa;

p_{wfo}——油井流动压力,MPa;

p_{wfw}——水井注入压力,MPa。

令式(9-35)等于 q,则:

$$q = \frac{p_{wfw} - p_{wfo}}{\dfrac{1}{IPR_0 n_o J_L} + \dfrac{1}{n_w J_w}} = \frac{p_{wfw} - p_{wfo}}{\dfrac{1}{IPR_0 n_o J_L} + \dfrac{1}{(n - n_w) J_w}} = \frac{p_{wfw} - p_{wfo}}{C} \tag{9-36}$$

其中

$$C = \frac{1}{IPR_0 n_o J_L} + \frac{1}{(n - n_w) J_w} \tag{9-37}$$

因此,要使 q 有最大值,即 C 必须有最小值,那么对式(9-37)求导后有:

$$\frac{dC}{dn_o} = -\frac{1}{IPR_0 J_L n_o^2} + \frac{1}{J_w (n - n_o)^2} = 0 \tag{9-38}$$

整理式(9-38),可得满足注采平衡和获得最大产液能力时的合理注采井数比 m_2 为:

$$m_2 = \frac{n - n_o}{n_o} = \frac{n_w}{n_o} = \sqrt{\frac{IPR_0 J_L}{J_w}} \tag{9-39}$$

将 m_2 与式(9-34)确定的 m 值进行对比,选择既能接近注采平衡又能获得最大经济效益的注采井数比,即可确定为合理注采井数比。将确定的合理注采井数比代入式(9-31),两边取对数,求解下式即可得到合理井网密度 S_c。

$$\alpha S_c - 2\ln S_c + \beta_1 = 0 \tag{9-40}$$

其中,$\alpha = \dfrac{a\phi S_o h}{K_e^{1.5} m^{0.5} A_c}$,$\beta_1 = \ln\left[\dfrac{A(b_o + mb_w)}{\alpha(1+m)NLE_d}\right]$。

若将确定的合理注采井数比 m 代入式(9-30),并令 $Q=0$,两边取对数,求解下式即可得到极限井网密度 S_c。

$$\alpha S_c - \ln S_c + \beta_2 = 0 \tag{9-41}$$

其中

$$\beta_2 = \ln\left[\dfrac{A(b_o + mb_w)}{(1+m)NLE_d}\right]$$

三、实例应用

下面以丘陵油田东块三间房油藏为例,对上述方法进行应用。该油藏的基本数据为:含油面积 22.9km²,含油饱和度 0.68,孔隙度 0.137,油层平均有效厚度 42.3m,原油地质储量 4049×10^4t,原油地下黏度 0.2636mPa·s,地层水黏度 0.3678mPa·s,油层平均渗透率 0.0141D,渗透率变异系数 0.87,驱油效率 0.52,吨油生产成本 680 元,油、水井单井平均投资 630×10^4 元/口,地下采液指数与地下吸水指数之比为 3.126,注采平衡比 1.15。目前油水井总井数 353 口,注采井数比为 0.8。

将地下采液指数与地下吸水指数之比与注采平衡比代入式(9-39),可确定出既能满足注采平衡,又能获得较高的产液量的注采井数比为 1.8960;再根据式(9-34)计算可知,注采井数比趋于无穷大。因此,结合面积注水井网的特点,最终确定的合理注采井数比为 2。油田若采用面积注水,即为七点法面积注水或方七点法,但以后再进行井网调整灵活性较差;若采用行列式注水,水井列上井距为油井列上井距的 1/2。这与目前油田实际注采状况相比,注采井数比明显偏大,因此,丘陵油田通过继续提高注采井数比来获取较高的采收率和采液速度的潜力较大。

将确定的合理注采井数比代入式(9-30)和式(9-31),在不同油价的条件下,可以确定出不同油价下合理的井网密度和极限井网密度(表9-4)。从计算结果分析,在原油价格低于 1200 元/t 时,丘陵油田继续加密在经济上不可行,但随着油价的上涨,继续加密还有一定的潜力。

表9-4 丘陵油田不同油价下合理、极限井网密度计算结果

油价(元/t)	井网密度(km²/口)		加密井数(口)	
	合理	极限	合理	极限
1000	0.08727	0.02352	-91	621

续表

油价(元/t)	井网密度(km²/口)		加密井数(口)	
	合理	极限	合理	极限
1200	0.06557	0.01393	-4	1291
1400	0.05451	0.00990	67	1960
1600	0.04756	0.00768	129	2629

参 考 文 献

[1] 姜汉桥,姚军,姜瑞忠. 油藏工程原理与方法[M]. 山东东营:石油大学出版社,2002:17-29.
[2] 刘宝和. 中国石油勘探开发百科全书[M]. 北京:石油工业出版社,2008:425-427.
[3] 黄炳光,刘蜀知. 实用油藏工程与动态分析方法[M]. 北京:石油工业出版社,1998:67-84.
[4] В. Н. Щедкачев, Влияние на Нефтеотдачу Плотности Сетки Скважин и их Размещения. Нефтяное Хозяйство,1974,No. 6, с. 26-31.
[5] 齐与峰. 砂岩油田注水开发合理井网研究的几个理论问题[J]. 石油学报,1990,11(4):51-60.
[6] 范江,张子香,А. Б. 拉扎杜新. 非均质油层波及系数计算模型[J]. 石油学报,1993,14(1):92-97.
[7] 杨凤波. 注采井数比对水驱采收率的影响[J]. 新疆石油地质,1998,19(5):410-413.
[8] 秦同洛,等. 实用油藏工程方法[M]. 北京:石油工业出版社,1989,250-257.
[9] 方凌云,万新德. 高含水中后期砂岩油田的强化注水[J]. 石油勘探与开发,1993,20(2),45-54.
[10] 彭长水,高文君,等. 注采井网对水驱采收率的影响[J]. 新疆石油地质,2000,21(4),315-317.
[11] 俞启泰. 计算水驱砂岩油藏合理井网密度与极限密度的一种方法[J]. 石油勘探与开发,1986,13(4),51-54.

第十章　油气藏现代动态预报

　　油气藏的动态预报方法目前大致可以归纳为两大类：一类是传统油藏工程方法，另一类是数值模拟方法。前者是根据油气藏（井）的开发数据序列，应用相应油藏工程计算模型，进行油气藏（井）的动态预测，此类方法经过80多年的应用、发展和理论完善，现已趋于成熟，得到了油藏工程师们的普遍青睐，如前面的产量递减规律和含水上升规律等，但由于传统油藏工程模型的应用受建模条件的严格控制，一旦条件发生变化，则不能进行预测，即使预测，预测时间也不能太长，使得传统油藏工程方法的应用受到限制。数值模拟方法是20世纪70年代才从国外引入我国，经过大量的油气田应用，目前已发展成为一套较为成熟的重要方法，在油气藏的开发方案设计中得到广泛应用。数值模拟方法是依据油、气、水在地下多孔介质中的渗流原理，建立油、气、水的渗流微分方程，应用偏微分方程的数值解法，引入边界条件，通过油气藏的储量拟合、动态历史拟合后，找到油气藏的模型结构，达到油气藏动态预测的目的。该方法的最大优点是从油气渗流的机理出发建立模型，可以进行不同工作制度下的动态预测，此外，计算结果可以针对油气藏整体，也可以落实到每一口单井，因此是目前油气藏开发（调整）方案设计的指定方法[1]。从该优越性上看，数模方法优于物质平衡法和传统油藏工程法。然而数值模拟方法却要求使用者熟悉油气的渗流理论、懂得微分方程的数值解法、熟练数值模拟的工作步骤，此外，还要求使用者收集、准备大量的静态参数场数据、PVT数据、相对渗透率和毛细管压力资料，以及全部单井、油气藏的产量压力资料，在经过繁琐的储量拟合、压力拟合、见水拟合计算后，方能进行假设方案的计算。显然，数值模拟方法具有复杂、繁琐、时间长、工作量大的缺点。

　　近20多年来，由于现代控制论方法的研究和系统辨识理论的发展，不少学者将这些方法用于油气藏的动态预报中，取得了大量可供参考借鉴的研究思路和方法。例如，G. L. Chierici等解决了储气库的系统辨识和动态预报问题；韩志刚、邓自立等提出了多层递阶预报和多变量多步自校正递推预报方法。他们认为，目前通用预报方法的主要缺点表现在预报误差较大，随着预报步长的增长，这种误差很快增长。而造成这种现象的重要原因之一是系统的时变性与进行预报的数学模型参数的非时变性之间的差异，即在预报过程中，把一个时变参数系统看作非时变参数系统，用非时变参数模型预报时变参数系统的状态，因而造成预报误差随预报期间的增长而加大。为了克服上述弱点，韩志刚、邓自立提出了多层递阶预报方法，这种方法的基本思想是把时变系统的状态预报分离成为时变参数的预报和在此基础上对系统状态的预报两部分，取得了精度较高的精确预报模型。通过对大庆油田的动态预报和经济规划研究，取得了令人满意的效果[2,3]。后来，韩志刚又研究了一系列动态预报的新方法，这些方法对油气藏的动态预报均有一定的适用性。

　　灰色系统理论是邓聚龙教授1982年提出的，被誉为"未来学的理论基础"，在国内外有较大影响，在石油地质、油气田动态预测方面得到了广泛应用。具有简便、快速、便于推广使用的优点[4]。

　　20世纪80年代后，国际上神经网络理论研究有了新的突破，Hapfield提出了一种新型的神经网络模型,从此,许多学者研究出了较为实用的神经网络模型及学习算法,取得了许多应用成果。目前神经网络方法已在石油地质领域的测井解释、储层识别、地震资料处理和动态预报等方面得到不同程度的应用。

第一节　灰色系统理论及预测

部分信息已知、部分信息未知的系统称为灰色系统。如油气藏(井)开采的动态变化是灰色系统,油气井的产量、压力是已知的,但地下储层中流体分布、井间干扰、边底水的活跃程度等特征,虽然油藏工程师可以从静态、动态方面进行分析、认识,但归根结底,这些认识在没有经过开发实践检验之前,均也看作是未知的,或者说是不一定完全正确的。因此,严格地说,灰色系统是绝对的,而白色与黑色系统是相对的。灰色系统理论以部分信息已知、部分信息未知的小数据、贫信息不确定性系统为研究对象,主要通过对部分已知信息的生成、开发,提取有价值的信息,实现对系统运行行为、演化规律的正确描述,并进而实现对其未来变化的定量预测[5]。

一、灰色预测动态建模基本形式

GM 系列模型是灰色理论预测理论的基本模型,尤其是邓聚龙教授提出的均值 GM(1,1) 模型,应用十分广泛。

设序列 $X^{(0)} = [x^{(0)}(1),x^{(0)}(2),x^{(0)}(3),\cdots,x^{(0)}(n)]$,其中 $x^{(0)}(k) \geqslant 0$,$k = 1,2,3,\cdots,n$;$X^{(1)}$ 为 $X^{(0)}$ 的 1-AGO(Accumulated generating operation)序列:

$$X^{(1)} = [x^{(1)}(1),x^{(1)}(2),x^{(1)}(3),\cdots,x^{(1)}(n)]$$

其中,$x^{(1)}(k) = \sum_{i=1}^{k} x^{(0)}(i)$,那么,一般常用 GM(1,1) 模型为:

$$x^{(0)}(k) + aZ^{(1)}(k) = b \quad (10-1)$$

其中　$Z^{(1)}(k) = 0.5x^{(1)}(k) + 0.5x^{(1)}(k-1)$

式中　a——发展系数,反映原始数据或生成数据的发展态势;
　　　b——灰作用量,反映数据的变化关系。

b 对应微分方程(影子方程)为:

$$\frac{dx^{(1)}}{dt} + ax^{(1)} = b \quad (10-2)$$

上述 GM(1,1) 模型具有如下特点:
(1)性质是灰的:模型具有微分、差分、指数兼容的性质。
(2)参数是灰的:模型参数是可调的、非唯一的。
(3)结构是灰的:模型结构随时间而变。
(4)机理是灰的:模型形似微分方程却不是一般微分方程;形似差分方程却不是一般差分方程;形似指数函数却不完全是指数函数。

(5)参数分布是灰的:模型是常系数性质的,然而却排斥某些系数,因此模型与参数的包含关系是非唯一的。

二、灰色动态预测模型求解过程

1. 计算系数 B 和 Y

$$B = \begin{bmatrix} -0.5[x^{(1)}(1) + x^{(1)}(2)] & 1 \\ -0.5[x^{(1)}(2) + x^{(1)}(3)] & 1 \\ \vdots & \vdots \\ -0.5[x^{(1)}(n-1) + x^{(1)}(n)] & 1 \end{bmatrix} \quad (10-3)$$

$$Y = \begin{bmatrix} x^{(0)}(2) \\ x^{(0)}(3) \\ \vdots \\ x^{(0)}(n) \end{bmatrix} \quad (10-4)$$

2. 计算参数 $\hat{a}$ 和 $\hat{b}$

$$\begin{bmatrix} \hat{a} \\ \hat{b} \end{bmatrix} = (B^T B)^{-1} B^T Y \quad (10-5)$$

即

$$\hat{a} = \frac{\sum_{k=2}^{n} Z^{(1)}(k) \sum_{k=2}^{n} x^{(0)}(k) - (n-1) \sum_{k=2}^{n} Z^{(1)}(k) x^{(0)}(k)}{(n-1) \sum_{k=2}^{n} Z^{(1)}(k)^2 - [\sum_{k=2}^{n} Z^{(1)}(k)]^2} \quad (10-6)$$

$$\hat{b} = \frac{\sum_{k=2}^{n} x^{(0)}(k) \sum_{k=2}^{n} Z^{(1)}(k)^2 - \sum_{k=2}^{n} Z^{(1)}(k) \sum_{k=2}^{n} Z^{(1)}(k) x^{(0)}(k)}{(n-1) \sum_{k=2}^{n} Z^{(1)}(k)^2 - [\sum_{k=2}^{n} Z^{(1)}(k)]^2} \quad (10-7)$$

3. 模型预测及精度检验

对于均值 GM(1,1) 模型的时间响应式为:

$$x^{(1)}(k+1) = \left[x^{(0)}(1) - \frac{b}{a}\right] \exp(-ak) + \frac{b}{a} \quad (10-8)$$

将式(10-6)和式(10-7)确定的参数 $\hat{a}$ 和 $\hat{b}$ 代入式(10-8),则可以进行精度检验和预测。

三、多阶多项灰色模型参数确定

由于油气藏(井)的压力、产量及产水量是相互影响的,因此,灰色模型往往采用多变量乃至多阶模型,这些模型将在今后一个时期得到深度开发和应用。

1. 灰色系统 GM(1,N) 模型

设 $X_1^{(0)} = [x_1^{(0)}(1), x_1^{(0)}(2), x_1^{(0)}(3), \cdots, x_1^{(0)}(n)]$ 为系统特征数据序列,其中 $x_1^{(0)}(k) \geq 0$,$k = 1,2,3,\cdots,n$;而

$$X_2^{(0)} = [x_2^{(0)}(1), x_2^{(0)}(2), x_2^{(0)}(3), \cdots, x_2^{(0)}(n)]$$

$$X_3^{(0)} = [x_3^{(0)}(1), x_3^{(0)}(2), x_3^{(0)}(3), \cdots, x_3^{(0)}(n)]$$

$$\cdots$$

$$X_N^{(0)} = [x_N^{(0)}(1), x_N^{(0)}(2), x_N^{(0)}(3), \cdots, x_N^{(0)}(n)]$$

为相关因素序列,$X_i^{(1)}$ 为 $X_i^{(0)}$ 的 1-AGO 序列($i = 1,2,3,\cdots,N$),$Z_1^{(1)}$ 为 $X_1^{(0)}$ 的紧邻均值生成序列,则称:

$$x_1^{(0)}(k) + aZ_1^{(1)}(k) = \sum_{i=2}^{N} b_i x_i^{(1)}(k)$$

为 GM(1,N) 模型。

式中 a ——系统发展系数;

$b_i x_i^{(1)}(k)$ ——驱动项;

b_i ——驱动系数;

$Z_1^{(1)}(k) = 0.5 x_1^{(1)}(k) + 0.5 x_1^{(1)}(k-1)$。

当 $X_N^{(1)} = (1,1,1,\cdots,1)$ 时,b_N 即为式(10-1)中的截距项。其对应微分方程(或称影子方程)为:

$$\frac{\mathrm{d}x^{(1)}}{\mathrm{d}t} + ax^{(1)} = \sum_{i=2}^{N} b_i x_i^{(1)}(t) \tag{10-9}$$

GM(1,N) 模型求解过程如下:

$$\boldsymbol{B} = \begin{bmatrix} -Z_1^{(1)}(2) & x_2^{(1)}(2) & \cdots & x_N^{(1)}(2) \\ -Z_1^{(1)}(3) & x_2^{(1)}(3) & \cdots & x_N^{(1)}(3) \\ \vdots & \vdots & & \vdots \\ -Z_1^{(1)}(n) & x_2^{(1)}(n) & \cdots & x_N^{(1)}(n) \end{bmatrix} \tag{10-10}$$

$$\boldsymbol{Y} = \begin{bmatrix} x^{(0)}(2) \\ x^{(0)}(3) \\ \vdots \\ x^{(0)}(n) \end{bmatrix} \tag{10-11}$$

那么,参数列 $[a,b_2,b_3,\cdots,b_N]^T$ 的最小二乘估计满足:

$$[a,b_2,b_3,\cdots,b_N]^T = (\boldsymbol{B}^T\boldsymbol{B})^{-1}\boldsymbol{B}^T\boldsymbol{Y} \tag{10-12}$$

对于均值 GM(1,N) 模型的时间响应式为:

$$x^{(1)}(k+1) = \left[x^{(0)}(1) - \frac{1}{a}\sum_{i=2}^{N}b_i x_i^{(1)}(k+1)\right]\exp(-ak) + \frac{1}{a}\sum_{i=2}^{N}b_i x_i^{(1)}(k+1)$$

$$\tag{10-13}$$

2. 灰色系统 GM(r,N) 模型

设 $X_1^{(0)} = (x_1^{(0)}(1), x_1^{(0)}(2), x_1^{(0)}(3), \cdots, x_1^{(0)}(n))$ 为系统特征数据序列,其中 $x_1^{(0)}(k) \geq 0$, $k = 1,2,3,\cdots,n$;而:

$$X_2^{(0)} = [x_2^{(0)}(1), x_2^{(0)}(2), x_2^{(0)}(3), \cdots, x_2^{(0)}(n)]$$
$$X_3^{(0)} = [x_3^{(0)}(1), x_3^{(0)}(2), x_3^{(0)}(3), \cdots, x_3^{(0)}(n)]$$
$$\cdots$$
$$X_N^{(0)} = [x_N^{(0)}(1), x_N^{(0)}(2), x_N^{(0)}(3), \cdots, x_N^{(0)}(n)]$$

为相关因素序列。

$$\alpha^{(1)}x_1^{(1)}(k) = x_1^{(1)}(k) - x_1^{(1)}(k-1) = x_1^{(0)}(k)$$

$$\alpha^{(2)}x_1^{(1)}(k) = \alpha^{(1)}x_1^{(1)}(k) - \alpha^{(1)}x_1^{(1)}(k-1) = x_1^{(0)}(k) - x_1^{(0)}(k-1)$$

$$\cdots$$

$$\alpha^{(r)}x_1^{(1)}(k) = \alpha^{(r-1)}x_1^{(1)}(k) - \alpha^{(r-1)}x_1^{(1)}(k-1) = x_1^{(r-2)}(k) - x_1^{(r-2)}(k-1)$$

$X_i^{(1)}$ 为 $X_i^{(0)}$ 的 1-AGO 序列($i = 1,2,3,\cdots,N$),$Z_1^{(1)}$ 为 $X_1^{(0)}$ 的紧邻均值生成序列,即 $Z_1^{(1)}(k) = 0.5x_1^{(1)}(k) + 0.5x_1^{(1)}(k-1)$,则称:

$$\alpha^{(r)}x_1^{(1)}(k) + \sum_{i=2}^{r-1}a_i\alpha^{(r-i)}x_i^{(1)}(k) + a_r Z_1^{(1)}(k) = \sum_{j=1}^{N-1}b_j x_{j+1}^{(1)}(k) + b_N$$

为 GM(r,N) 模型。

式中 a_i——系统发展系数向量($i = 1,2,3,\cdots,r$);

$b_j x_{j+1}^{(1)}(k)$——驱动项;

b_j——驱动系数($j = 1,2,3,\cdots,N$)。

在 GM(r,N) 模型中,常见的有 GM(2,1) 模型,其对应微分方程(影子方程)为:

$$\frac{d^2x^{(1)}}{dt^2} + a_1\frac{dx^{(1)}}{dt} + a_2 x^{(1)} = b \tag{10-14}$$

GM(r,N) 模型求解过程如下:

$$\boldsymbol{B} = \begin{bmatrix} -\alpha^{(r-1)}x_1^{(1)}(2) & -\alpha^{(r-2)}x_1^{(1)}(2) & \cdots & -\alpha^{(1)}x_1^{(1)}(2) & -Z_1^{(1)}(2) & x_2^{(1)}(2) & \cdots & x_N^{(1)}(2) & 1 \\ -\alpha^{(r-1)}x_1^{(1)}(3) & -\alpha^{(r-2)}x_1^{(1)}(3) & \cdots & -\alpha^{(1)}x_1^{(1)}(3) & -Z_1^{(1)}(3) & x_2^{(1)}(3) & \cdots & x_N^{(1)}(3) & 1 \\ \vdots & \vdots & \vdots & \vdots & \vdots & \vdots & & \vdots & \vdots \\ -\alpha^{(r-1)}x_1^{(1)}(n) & -\alpha^{(r-2)}x_1^{(1)}(n) & \cdots & -\alpha^{(1)}x_1^{(1)}(n) & -Z_1^{(1)}(n) & x_2^{(1)}(n) & \cdots & x_N^{(1)}(n) & 1 \end{bmatrix}$$

(10-15)

$$\boldsymbol{Y} = \begin{bmatrix} \alpha^{(r)}x_1^{(1)}(2) \\ \alpha^{(r)}x_1^{(1)}(3) \\ \vdots \\ \alpha^{(r)}x_1^{(1)}(n) \end{bmatrix} \tag{10-16}$$

那么，参数列 $[a, b_1, b_2, \cdots, b_N]^T$ 的最小二乘估计满足：

$$[a, b_1, b_2, \cdots, b_N]^T = (B^T B)^{-1} B^T Y \tag{10-17}$$

以上两种 GM 模型，适合于动态指标非单调变化、有摆动的数列情况，计算过程较为复杂，模型阶数和变量需要进行极性一致性分析才能确定[1]。

四、实例应用

利用丘陵油田三间房组油藏递减期生产数据(表10-1)，对 GM(1,1)模型进行应用。通过计算，得到：

发展系数：$\hat{a} = 143.73596$；灰作用量：$\hat{b} = 0.19253$；

产量一次累加生成为：$x^{(1)}(t+1) = -624.13089\exp(-143.73596t) + 746.55089$

年产量预测模型为：$x^{(0)}(t+1) = 120.16602\exp(-143.73596t)$

表10-1 丘陵油田三间房组油藏递减期 GM(1,1)模型精度检验

递减时间	实际年产量(10^4t)	预测年产量(10^4t)	精度检验	
			绝对误差	相对误差(%)
0	122.42	122.42		
1	111.95	109.31	-2.64	-2.36
2	85.76	90.16	4.40	5.13
3	73.39	74.37	0.98	1.34
4	66.67	61.35	-5.32	-7.98
5	50.64	50.60	-0.04	-0.07
6	39.74	41.74	2.00	5.04

从结果来看(表10-1),平均绝对误差 -0.1×10^4 t,平均相对误差 0.18%,因此,可以采用 GM(1,1)模型对丘陵油田三间房组油藏递减期生产进行动态预测(图10-1)。同时,也进一步表明,一切正离散函数经过一定阶次的累加生成后必然呈指数规律。因此,对于油气田开发中具有时间序列的产量数据、含水数据、产水量数据、压力数据,均可利用 GM(1,1)模型进行动态预测。

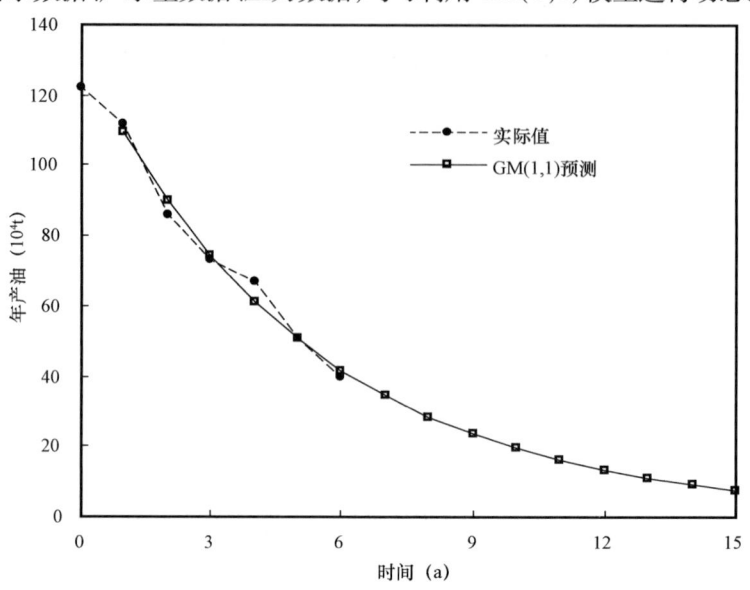

图10-1 丘陵油田三间房组油藏产量递减变化曲线

第二节 BP 神经网络及预报

神经网络系统是 20 世纪 40 年代后出现的,它是由众多的神经元可调的连接权值连接而成,具有大规模并行处理、分布式信息存储、良好的自组织自学习能力等特点,在信息处理、模式识别、智能控制及系统建模等领域得到越来越广泛的应用。尤其误差反向传播算法(Error Back-propagation Training,简称 BP 网络)可以逼近任意连续函数,具有很强的非线性映射能力,而且网络的中间层数、各层的处理单元数及网络的学习系数等参数可根据具体情况设定,灵活性很大,所以它在许多领域得到广泛应用。20 世纪 80 年代,人工神经网络重新引起人们的重视和关注,已被应用在石油工业的各个方面,如地质(包括岩样分析、矿产识别)、地震(过滤地震信号、剖面解释)、油藏工程(试井分析、井层判别、油气预测和产量预估)、炼制和石油化工(诊断与维护、石化厂故障诊断)等,目前这方面的工作还有待进一步深入研究和改进[6]。

一、BP 网络基本变量

BP 算法是一种有监督式的学习算法,其主要思想是:输入学习样本,使用反向传播算法对网络的权值和偏差进行反复的调整训练,使输出的向量与期望向量尽可能地接近,当网络输出层的误差平方和小于指定的误差时训练完成,保存网络的权值和偏差。图10-2 是多层神经网络示意图,第一、第二、第三层分别为输入层、隐层(中间层)和输出层,层中每个节点都与前一层的所有结点连接,都赋予数值作为连接的强度。

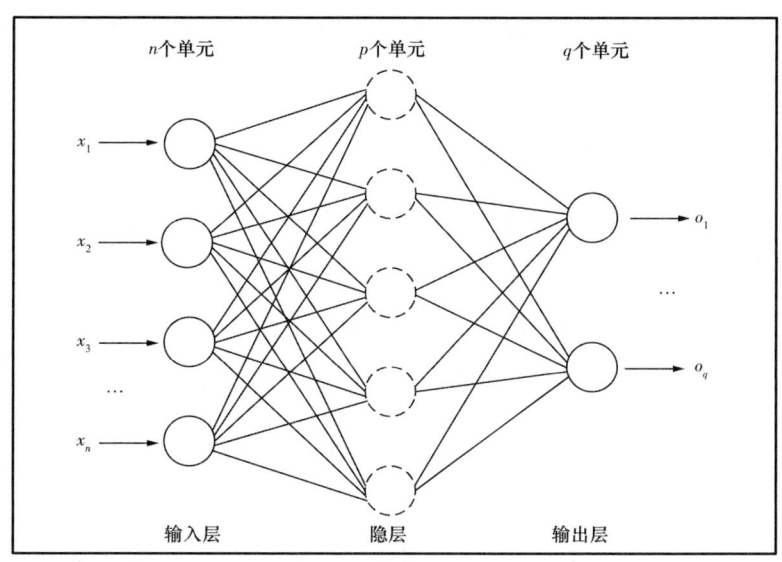

图 10 – 2 BP 网络拓扑结构示意图

设在 BP 网络的输入层有 n 个神经元,输出层有 q 个神经元,中间层有 p 个神经元。为计算方便,首先把网格的变量设置如下:

输入模式向量 $X_k = [x_1^k, x_2^k, \cdots, x_n^k]$;希望输出向量 $Y_k = [y_1^k, y_2^k, \cdots, y_q^k]$;中间层各单元输入激活值向量 $S_k = [s_1^k, s_2^k, \cdots, s_p^k]$;中间层各单元输出向量 $B_k = [b_1^k, b_2^k, \cdots, b_p^k]$;输出层各单元输入激活值向量 $L_k = [l_1^k, l_2^k, \cdots, l_q^k]$;输出实际值向量 $O_k = [o_1^k, o_2^k, \cdots, o_q^k]$;输入层至中间层的连接权 W_{ij};中间层至输出层的连接权 V_{jt};中间层各单元的阈值 θ_j;输出层各单元的阈值 γ_t;其中 $i = 1, 2, 3, \cdots, n$;$j = 1, 2, 3, \cdots, p$;$t = 1, 2, 3, \cdots, q$;$k = 1, 2, 3, \cdots, m$;m 为学习样本数。

激活函数常采用 Logistic 函数或双曲正切函数,即:

$$f(net) = \frac{1}{1 + \exp(net)} \text{ 或 } f(net) = \frac{\exp(net) - \exp(-net)}{\exp(net) + \exp(-net)} \quad (10-18)$$

激活函数的导数为:

$$f'(net) = f(net)[1 - f(net)] \text{ 或 } f'(net) = 1 - f^2(net) \quad (10-19)$$

网络全局误差为:

$$E = \sum_{k=1}^{m} \sum_{t=1}^{q} [0.5(y_t - o_t)^2] \quad (10-20)$$

二、BP 网络计算步骤及方法

BP 网络的整个学习过程及具体步骤如下:

(1)初始化,给各连接权 W_{ij}、V_{jt} 及阈值 θ_j、γ_t 赋予 $[-1, +1]$ 之间的随机数;

(2)选取一组样本 $X_k = [x_1^k, x_2^k, \cdots, x_n^k]$,$Y_k = [y_1^k, y_2^k, \cdots, y_q^k]$ 提供给网络;

(3) 用输入某一学习样本 $X_k = [x_1^k, x_2^k, \cdots, x_n^k]$，连接权 W_{ij} 和阈值 θ_j 计算中间层各神经元的输入激活值 $s_j^k = \sum_{i=1}^{n} W_{ij} x_i^k - \theta_j$，然后用 s_j^k 通过激活函数计算中间层各单元的输出 $b_j^k = f(s_j^k)$；

(4) 用中间层的输出 $B_k = [b_1^k, b_2^k, \cdots, b_p^k]$，连接权 V_{jt} 和阈值 γ_t 计算输出层各神经元的输入激活值 $l_t^k = \sum_{j=1}^{p} V_{jt} b_j^k - \gamma_t$，然后用 l_t^k 通过激活函数计算输出层各单元的响应 $o_t^k = f(l_t^k)$；

(5) 用希望输出模式 $Y_k = [y_1^k, y_2^k, \cdots, y_q^k]$，网络实际输出 $O_k = [o_1^k, o_2^k, \cdots, o_q^k]$ 计算输出层各神经元的校正误差 $d_t^k = (y_t^k - o_t^k) f'(l_t^k)$；

(6) 用 V_{jt}，d_t^k，b_j^k 计算中间层各神经元的校正误差 $e_j^k = \left[\sum_{t=1}^{q} (d_t^k V_{jt}) \right] f'(s_j^k)$；

(7) 用 V_{jt}，d_t^k，b_j^k 和 γ_t 计算下一次的中间层和输出层之间的新连接权和阈值：

$$V_{jt}(N+1) = V_{jt}(N) + v_1 d_t^k b_j \quad (10-21)$$

$$\gamma_t(N+1) = \gamma_t(N) + v_1 d_t^k \quad (10-22)$$

(8) 用 W_{ij}，e_j^k，x_i^k 和 θ_j 计算下一次的输入层和中间层之间的新连接权和阈值：

$$W_{ij}(N+1) = W_{ij}(N) + v_2 e_j^k x_i^k \quad (10-23)$$

$$\theta_j(N+1) = \theta_j(N) + v_2 \cdot e_j^k \quad (10-24)$$

式中 N——学习次数；

v_1，v_2——学习速率，$0 < v_1 < 1$，$0 < v_2 < 1$，一般在 0.1~0.8 之间。

为使整个学习过程加快，又不引起震荡，可采用变学习率的办法，即在学习初期取较大的学习速率，随着学习过程的进行逐渐减小其值。

(9) 学习下一个学习样本给网络，返回到第(3)步，直至 m 个样本训练完。

(10) 更新学习次数，重新学习 m 个样本，返回到第(3)步，直至网络全局误差函数小于预先设定值 ε 或学习次数大于预先设定的数值，学习结束。

(11) 将学习得到的各连接权 W_{ij}，V_{jt} 及阈值 θ_j，γ_t 与新给出的 X_h 值提供给网络，进行 O_h 预测。

三、实例应用

由于 BP 网络算法具备良好的非线性映射能力，快速的并行处理能力，较强的自学习、自组织能力，也被引用到油气藏开发指标预测工作中来。下面以丘陵油田三间房油藏为例，建立了 BP 网络的输入层有 $n = 3$ 个神经元，输出层有 $q = 1$ 个神经元，中间层有 $p = 10$ 个神经元，学习样本个数为 $m = 7$，$v_1 = 0.8$，$v_2 = 0.6$，$\varepsilon < 0.0001$，$N = 8000$，输入层、输出层均采用累计年产油量，为了防止激活函数值出现过小或过大，对年产油量均除以接近可采储量的数值 1250，确保累计年产量在 (0,1) 之间，激活函数采用 Logistics 函数，初始连接权 W_{ij}，V_{jt} 及阈值 θ_j，γ_t 均以随机函数 $[2\text{Rnd}(\tau) - 1]/10$ 给出，τ 依 W_{ij}，V_{jt}，θ_j，γ_t 次序分别取 1,2,3,4，通过 858 次学习，精度达到预设值 0.0001，计算出 W_{ij}，V_{jt}，θ_j，γ_t 参数估值见表 10-2，学习累计误差如图 10-3 所示，并对未来 10 年产量进行预测如图 10-4 所示。

表 10-2 连接权及阈值参数估值结果

j	1	2	3	4	5
$W(1,j)$	-0.43149	0.69635	0.76035	-0.52202	-0.23471
$W(2,j)$	-0.36603	0.63289	0.51066	-0.49707	-0.24755
$W(3,j)$	-0.33054	0.48854	0.38416	-0.46126	-0.07605
$V(j)$	-1.12118	0.93691	0.82508	-1.39684	-0.74334
$\theta(j)$	0.14874	-0.67719	-0.53975	0.23467	-0.05720
$\gamma(1)$	-1.20802				
j	6	7	8	9	10
$W(1,j)$	0.03401	-0.65085	-0.88933	-0.51206	0.29070
$W(2,j)$	0.00109	-0.47051	-0.74217	-0.46582	0.33830
$W(3,j)$	0.07399	-0.35628	-0.49522	-0.44506	0.21231
$V(j)$	-0.28829	-1.41188	-2.02718	-1.34591	0.20351
$\theta(j)$	-0.11487	0.42237	0.63456	0.23506	-0.21262

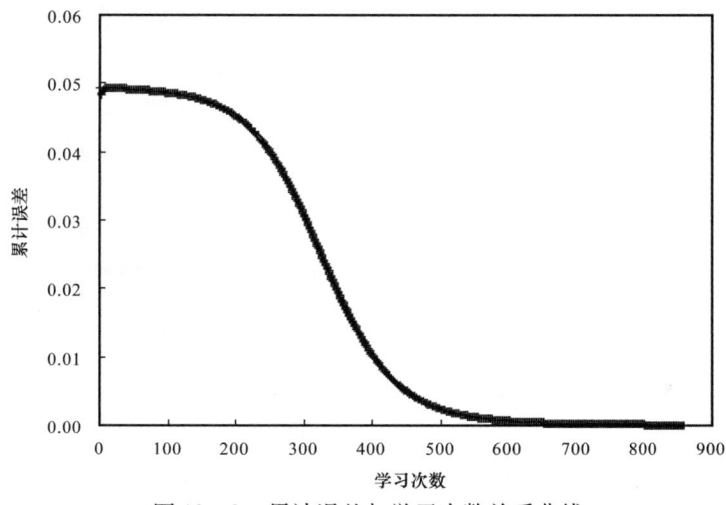

图 10-3 累计误差与学习次数关系曲线

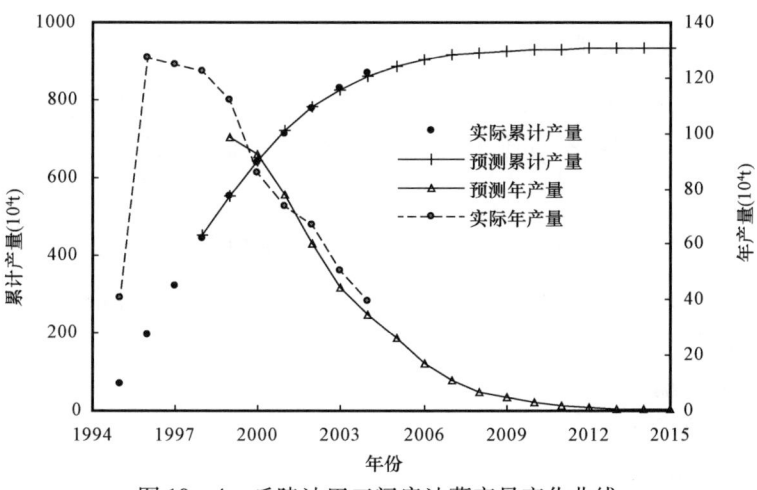

图 10-4 丘陵油田三间房油藏产量变化曲线

第三节 时变结构预测方法

在油田开发中,利用已知的开发数据对油田未来趋势进行预报,一直是引起油藏工程者极大兴趣和设法解决的问题。近三十年来,针对油田的预测问题,从不同的角度和理论出发,建立了许多油田动态预测方法,如水动力学法、数值模拟法、水驱特征曲线法、递减曲线法,产量全过程旋回预测法以及自适应预测法等。在这些方法中,一般认为前两个方法属于渗流机理性的,其余的是属于经验性和数理统计性的,其可靠性受到怀疑。但是从目前应用效果来看,水动力学法和数值模拟法还与实际情况存在着一定程度的差异。导致这种结果的原因主要是:影响和支配油田开发系统的因素太多,而且各因素之间又相互影响、相互制约,人们对其之间的关系和内部结构还不能或难以达到完全认识清楚的程度,再加上油田地质情况的复杂性、某些储层参数的时变性以及在空间分布上的随机性,使得油气田开发过程变得非常复杂、多样。因此,从本质上讲,经验性统计方法仍在油田开发中占有主导地位。

在这些统计方法中,按确定参数的方法可划分为:(1)古典静态参数估计法:该方法是指模型中的参数是非时变的,如通常采用的水驱特征曲线法、递减曲线法和全过程旋回预测法等就属于这一类。这种方法由于忽略了系统中参数的时变性,认为待估参数固定不变,因而预测误差较大。(2)现代动态参数估计法:该方法是指模型中的参数是时变的,如自适应预测法,模型中待估参数随时间的变化而变化。但在向前预报时,由于把预报模型中的参数认为是非时变的,这样,随着预报步数的增加,其误差也将变大。为此,韩志刚教授提出了多层递阶预报方法,克服了自适应预测法中存在的缺点[2],大大地提高了预测结果的精度。该方法的核心是:把时变系统的状态预报问题分成两部分,即对系统时变参数的预报和在此基础上对系统的动态预报。这样,油藏工程们可基于对油藏的认识,利用常规油藏工程方法,建立符合本油藏开发规律的结构模型,并将模型中的待定参数确立为时变参数,从而引用多层递阶预报方法对其参数进行估计和预报,即可弥补经典方法中的不足,又能反映出系统过程中的随机性因素的影响。

一、多层递阶预报方法概述

文献[2]指出,一个 N 维输出系统在一定意义下可以分解成与之等价的 N 个广义单输出系统。因次,对于一个 1 维输出、p 维输入、含 q 维参变量和 1 维噪声的系统,其一般预报误差模型为:

$$y(k) = f[Y_{k-1}, U_k, \theta, k] + V(k) \tag{10-25}$$

式中 $Y_{k-1} = \{y(0), y(1), \cdots, y(k-1)\}$,$U_k = \{u(0), u(1), \cdots, u(k)\}$;

$y(k)$ ——1 维输出;

$u(k)$ ——p 维输入;

θ ——q 维参变量;

$V(k)$ ——1 维随机噪声;

k ——离散时间;

$f[Y_{K-1},U_k,\theta,k]$——系统 k 以前信息函数。

对于上述单输出时变系统,有参数估值的跟踪公式为:

$$\hat{\theta}(k) = \hat{\theta}(k-1) + \delta_k \parallel \nabla f[k,\hat{\theta}(k-1)] \parallel^{-2} \nabla f[k,\hat{\theta}(k-1)]\{y(k) - f[Y_{k-1},U_k,\hat{\theta}(k-1),k]\} \tag{10-26}$$

式中 δ_k ——收敛因子(适当的正的常数,一般常取1), $0 \leq \delta \leq 1$;

$\hat{\theta}(k)$ ——第 k 次参数估值;

$\{y(k) - f[Y_{k-1},U_k,\hat{\theta}_{k-1},k]\}$ ——第 k 次残差;

$\nabla f[k,\hat{\theta}(k-1)] = \dfrac{\partial}{\partial \theta} f[Y_{k-1},U_k,\theta,k]$;

$\parallel \cdot \parallel$ ——欧氏范数。

这样,就可利用上述递推公式,得到 $\{\hat{\theta}(k)\}$ 估值序列。然后对 $\{\hat{\theta}(k)\}$ 的各分量建立如下自回归过程[简称 AR(n)模型]:

$$\hat{\theta}(i,k) = a_{i1}\hat{\theta}(i,k-1) + a_{i2}\hat{\theta}(i,k-2) + \cdots + a_{in}\hat{\theta}(i,k-n) + e(i,k) \quad i=1,2,\cdots,q \tag{10-27}$$

令 $\boldsymbol{A}_i^T = [a_{1i},a_{2i},\cdots,a_{ni}]$, $\boldsymbol{\varphi}(i,\boldsymbol{k})^T = [\hat{\theta}(i,k-1),\hat{\theta}(i,k-2),\cdots,\hat{\theta}(i,k-n)]$,则式(10-27)可写为:

$$\hat{\theta}(i,k) = \boldsymbol{\varphi}(i,\boldsymbol{k})^T \boldsymbol{A}_i + e(i,k) \tag{10-28}$$

对于式(10-28),可选用常用递推算法中的任意一种进行参数估值跟踪,如递推最小二乘法(RLS 法)、递推辅助变量法(RIV 法)、递推广义最小二乘法(RGLS 法)、递推增广最小二乘法(RELS 法)、递推极大似然法(RML 法)等。若参数 $\{\hat{a}_{ik}\}$ 估值序列仍然是时变的,可对 $\{\hat{a}_{ik}\}$ 估值序列重复 $\{\hat{\theta}(k)\}$ 的建模手续进行参数估值跟踪[8]。理论及实践表明,通过建立不同阶数的 AR 模型,总能寻求得到第 r 层 AR 模型的参数是非时变的。这样,通过逐层回代,可得到下一步对 $\{\hat{\theta}(k)\}$ 估值。

从已发表的相关文献[2]可知,在对参数向前 h 步预报时,时变参数 θ 只须建立一层一阶自回归模型,即可达到十分满意的结果,即:

$$\hat{\theta}(k+h) = \hat{\theta}(k) + h^{L_i}\Delta X_i \tag{10-29}$$

式中 h ——预报步长;

ΔX_i ——已辨识部分平均噪声;

L_i ——步长缩放因子($i=1,2,\cdots,q$)。

二、油田开发指标预测中的主要结构模型

在油田开发过程中,产量和含水指标的变化及预测一直是油田动态指标体系中的核心。

目前,在此领域已开发研究出了广义产量预测模型和两类水驱特征曲线[9,10],这些结构模型基本上反映了油田的整个开采历程及变化趋势。如

1. 广义产量预测模型:

$$q = aN_p^d t^b \exp[-c_1 t^{m_1} - n^p(c_2 t^{m_2} + c_3)] \quad (10-30)$$

式(10-30)中,若 a, b, c_1, c_2, c_3, m_1, m_2, n, d, p 取不同的参数值,即可转化成目前已有的各种产量预测模型。因此,式(10-30)产量变化模型很具普遍性和广义性。

2. 两类水驱特征曲线

$$\text{I 类:} \quad N_p = a + b\ln(W_p + nN_p + C) \quad (10-31)$$

$$\text{II 类:} \quad \frac{W_p + nN_p}{N_p} = a + b(W_p + nN_p) \quad (10-32)$$

式(10-31)和式(10-32)中,若 n 分别取 0,1,可依次得到大多数油田时常采用甲型、乙型、丙型、丁型四种水驱特征曲线,因此,也很具普遍性和广义性。

三、油田时变结构预测模型建立

对于式(10-29)、式(10-30)、式(10-31)这些数学模型,油藏工程者常常将其待定参数的估值处理为非时变的,即认为油田动态系统是一个确定的、平稳的系统。实际上,任何一个油田系统都是一个开放的、不可逆的系统,人们可以通过不断地调控,使得油田动态系统的状态发生变化,这些时变性的信息将加载在表征系统输出量上——产油、产水量。因此,人们必须对描述系统的趋势性预测结构模型进行改造,转化成一个时变结构预测模型,即将待定参数处理为时变参数。这样的预测模型不仅能反映系统的变化趋势,而且也能反映出系统的随机性因素的影响。下面就针对产量等指标,分别建立了时变结构预测模型及其参数的跟踪公式。

1. 油广义产量时变结构预测模型

$$q(k) = a(k)N_p(k)^{d(k)} k^{b(k)} \exp\{-c_1(k)k^{m_1(k)} - n(k)\ln^{p(k)}[c_2(k)k^{m_2(k)} + c_3(k)]\} + V(k) \quad (10-33)$$

式中 $a(k)$, $b(k)$, $c_1(k)$, $c_2(k)$, $c_3(k)$, $d(k)$, $m_1(k)$, $m_2(k)$, $n(k)$, $p(k)$——时变参数;

k, $V(k)$ 同式(10-25)。

那么,参数的跟踪公式(10-26)可以写成如下的形式:

$$\hat{\theta}(k) = \hat{\theta}(k-1) + \frac{\delta}{Fan}\frac{\partial q}{\partial \theta}\bigg|_{\theta=\hat{\theta}(k-1)} \varepsilon[k,\hat{\theta}(k-1)] \quad (10-34)$$

其中

$$Fan = a_{k-1}^2 + b_{k-1}^2 + c_{1k-1}^2 + c_{2k-1}^2 + c_{3k-1}^2 + d_{k-1}^2 + m_{1k-1}^2 + m_{2k-1}^2 + n_{k-1}^2 + p_{k-1}^2$$

$$\frac{\partial q}{\partial \theta}\bigg|_{\theta=\hat{\theta}(k-1)} = [a_{k-1}, b_{k-1}, c_{1k-1}, c_{2k-1}, c_{3k-1}, d_{k-1}, m_{1k-1}, m_{2k-1}, n_{k-1}, p_{k-1}]^{\mathrm{T}}$$

$$\hat{\theta}(k) = [\hat{a}(k), \hat{b}(k), \hat{c}_1(k), \hat{c}_2(k), \hat{c}_3(k), \hat{d}(k), \hat{m}_1(k), \hat{m}_2(k), \hat{n}(k), \hat{p}(k)]^{\mathrm{T}}$$

$$\hat{\theta}(k-1) = [\hat{a}(k-1), \hat{b}(k-1), \hat{c}_1(k-1), \hat{c}_2(k-1), \hat{c}_3(k-1), \hat{d}(k-1),$$
$$\hat{m}_1(k-1), \hat{m}_2(k-1), \hat{n}(k-1), \hat{p}(k-1)]^{\mathrm{T}}$$

$$M_{k-1} = \hat{a}(k-1) N_{\mathrm{p}}(k)^{\hat{d}(k-1)} k^{\hat{b}(k-1)} \exp\{-\hat{c}_1(k-1) k^{\hat{m}_1(k-1)} -$$
$$\hat{n}(k-1) \ln^{\hat{p}(k-1)}[\hat{c}_2(k-1) k^{\hat{m}_2(k-1)} + \hat{c}_3(k-1)]\}$$

$$G_{k-1} = \ln^{\hat{p}(k-1)-1}[\hat{c}_2(k-1) k^{\hat{m}_2(k-1)} + \hat{c}_3(k-1)]$$

$$\varepsilon[k, \hat{\theta}(k-1)] = q(k) - M_{k-1}$$

$$a_{k-1} = \frac{\partial q}{\partial a}\bigg|_{\theta=\hat{\theta}(k-1)} = \frac{M_{k-1}}{\hat{a}(k-1)}$$

$$b_{k-1} = \frac{\partial q}{\partial b}\bigg|_{\theta=\hat{\theta}(k-1)} = M_{k-1} \ln k$$

$$c_{1k-1} = \frac{\partial q}{\partial c_1}\bigg|_{\theta=\hat{\theta}(k-1)} = -M_{k-1} k^{\hat{m}_1(k-1)}$$

$$c_{2k-1} = \frac{\partial q}{\partial c_2}\bigg|_{\theta=\hat{\theta}(k-1)} = -M_{k-1} \hat{n}(k-1) \hat{p}(k-1) k^{\hat{m}_2(k-1)} G_{k-1}$$

$$c_{3k-1} = \frac{\partial q}{\partial c_3}\bigg|_{\theta=\hat{\theta}(k-1)} = -M_{k-1} \hat{n}(k-1) \hat{p}(k-1) G_{k-1}$$

$$d_{k-1} = \frac{\partial q}{\partial d}\bigg|_{\theta=\hat{\theta}(k-1)} = M_{k-1} \ln[N_{\mathrm{p}}(k)]$$

$$m_{1k-1} = \frac{\partial q}{\partial m_1}\bigg|_{\theta=\hat{\theta}(k-1)} = -M_{k-1} \hat{c}_1(k-1) k^{\hat{m}_1(k-1)} \ln k$$

$$m_{2k-1} = \frac{\partial q}{\partial m_2}\bigg|_{\theta=\hat{\theta}(k-1)} = -M_{k-1} \hat{c}_2(k-1) \hat{n}(k-1) \hat{p}(k-1) k^{\hat{m}_2(k-1)} G_{k-1} \ln k$$

$$n_{k-1} = \frac{\partial q}{\partial n}\bigg|_{\theta=\hat{\theta}(k-1)} = -M_{k-1} \ln^{\hat{p}(k-1)}[\hat{c}_2(k-1) k^{\hat{m}_2(k-1)} + \hat{c}_3(k-1)]$$

$$p_{k-1} = \frac{\partial q}{\partial p}\bigg|_{\theta=\hat{\theta}(k-1)} = n_{k-1} \hat{n}(k-1) \ln\{\ln[\hat{c}_2(k-1) k^{\hat{m}_2(k-1)} + \hat{c}_3(k-1)]\}$$

当然,在以上参数的选择上,并不是所有的参数都处理为时变参数,也不是所有的参数都必须有,有些参数可依据油藏的驱动类型或水驱特征直接确定(或舍去),相应的式(10-30)也会便得更加简单[10]。

2. 两类广义水驱特征曲线时变结构预测模型

1) Ⅰ类广义水驱特征曲线时变结构预测模型

由式(10-31)整理,并令 $A = \exp(-a/b)$, $B = 1/b$ 可得:

$$W_{\mathrm{p}} = A\exp(BN_{\mathrm{p}}) - nN_{\mathrm{p}} - C \tag{10-35}$$

将式(10-35)中的参数转化为时变参数,则得 I 类广义水驱特征曲线时变结构预测模型为:

$$W_p(k) = A(k)\exp[B(k)N_p(k)] - n(k)N_p(k) - C(k) + V(k) \quad (10-36)$$

式中　$A(k)$,$B(k)$,$C(k)$,$n(k)$——时变参数;
　　　k,$V(k)$ 同式(10-25)。

那么,参数的跟踪公式式(10-26)可以写成如下的形式:

$$\hat{\theta}(k) = \hat{\theta}(k-1) + \frac{\delta}{A_{k-1}^2 + B_{k-1}^2 + C_{k-1}^2 + n_{k-1}^2}\frac{\partial W_p}{\partial \theta}\bigg|_{\theta=\hat{\theta}(k-1)}\varepsilon[k,\hat{\theta}(k-1)] \quad (10-37)$$

其中

$$\frac{\partial W_p}{\partial \theta}\bigg|_{\theta=\hat{\theta}(k-1)} = [A_{k-1},B_{k-1},C_{k-1},n_{k-1}]^T$$

$$\hat{\theta}(k) = [\hat{A}(k),\hat{B}(k),\hat{C}(k),\hat{n}(k)]^T$$

$$\hat{\theta}(k-1) = [\hat{A}(k-1),\hat{B}(k-1),\hat{C}(k-1),\hat{n}(k-1)]^T$$

$$\varepsilon[k,\hat{\theta}(k-1)] = W_p(k) - \hat{A}(k-1)\exp[\hat{B}(k-1)N_p(k)] - \hat{n}(k-1)N_p(k) - \hat{C}(k-1)$$

$$A_{k-1} = \frac{\partial W_p}{\partial A}\bigg|_{\theta=\hat{\theta}(k-1)} = \exp[\hat{B}(k-1)N_p(k)]$$

$$B_{k-1} = \frac{\partial W_p}{\partial B}\bigg|_{\theta=\hat{\theta}(k-1)} = \hat{A}(k-1)N_p(k)\exp[\hat{B}(k-1)N_p(k)]$$

$$C_{k-1} = \frac{\partial W_p}{\partial C}\bigg|_{\theta=\hat{\theta}(k-1)} = -1$$

$$n_{k-1} = \frac{\partial W_p}{\partial n}\bigg|_{\theta=\hat{\theta}(k-1)} = -N_p(k)$$

2) II 类广义水驱特征曲线时变结构预测模型

由式(10-32)整理,可得:

$$W_p = \frac{(a-n)N_p + nbN_p^2}{1-bN_p} \quad (10-38)$$

将式(10-38)中的参数转化为时变参数,则得 II 类广义水驱特征曲线时变结构预测模型为:

$$W_p(k) = \frac{[a(k)-n(k)]N_p(k) + n(k)b(k)N_p(k)^2}{1-b(k)N_p(k)} + V(k) \quad (10-39)$$

式中　$a(k)$,$b(k)$,$n(k)$——时变参数;

k，$V(k)$ 同式(10-25)。

那么，参数的跟踪公式式(10-26)可以写成如下的形式：

$$\hat{\theta}(k) = \hat{\theta}(k-1) + \frac{\delta}{a_{k-1}^2 + b_{k-1}^2 + n_{k-1}^2} \frac{\partial W_p}{\partial \theta}\bigg|_{\theta = \hat{\theta}(k-1)} \varepsilon[k, \hat{\theta}(k-1)] \quad (10-40)$$

其中

$$\frac{\partial W_p}{\partial \theta}\bigg|_{\theta = \hat{\theta}(k-1)} = [a_{k-1}, b_{k-1}, n_{k-1}]^T$$

$$\hat{\theta}(k) = [\hat{a}(k), \hat{b}(k), \hat{n}(k)]^T$$

$$\hat{\theta}(k-1) = [\hat{a}(k-1), \hat{b}(k-1), \hat{n}(k-1)]^T$$

$$\varepsilon[k, \hat{\theta}(k-1)] = W_p(k) - \frac{[\hat{a}(k-1) - \hat{n}(k-1)]N_p(k) + \hat{n}(k-1)\hat{b}(k-1)N_p(k)^2}{1 - \hat{b}(k-1)N_p(k)}$$

$$a_{k-1} = \frac{\partial W_p}{\partial a}\bigg|_{\theta = \hat{\theta}(k-1)} = \frac{N_p(k)}{1 - \hat{b}(k-1)N_p(k)}$$

$$b_{k-1} = \frac{\partial W_p}{\partial b}\bigg|_{\theta = \hat{\theta}(k-1)} = \frac{\hat{a}(k-1)N_p(k)^2}{[1 - \hat{b}(k-1)N_p(k)]^2}$$

$$n_{k-1} = \frac{\partial W_p}{\partial n}\bigg|_{\theta = \hat{\theta}(k-1)} = -N_p(k)$$

四、实例应用

下面以濮城油田沙一段为例，说明本书提出的时变结构预测模型及方法的有效性。

濮城油田沙一段是中原油田开发效果最好的层系，水驱控制储量高达 89.7%，水驱动用储量为 82.5%，原油体积系数 1.4299m³/m³，原油密度 0.8534t/m³。截至 1995 年下半年平均含水达到了 97.12%，其开发数据（每半年一个时间段）见表 10-3。取前 22 组生产数据为辨识（或拟合）数据，后 5 组数据为后验检验数据。

1. 产油量的预报

经初步优选，当 $c_1 = 0$，$p = c_3 = m_1 = m_2 = 1$ 时，式(10-30)经线性试差法可求得 $a = 0.0020112$，$b = 0.6550263$，$c_2 = 0.0852502$，$d = 2.0315456$，$n = 7.1816859$，相关系数为 0.9749。然后将其赋给 $\hat{a}(0)$，$\hat{b}(0)$，$\hat{c}_2(0)$，$\hat{d}(0)$ 和 $\hat{n}(0)$，并取 $\delta = 1$，利用式(10-34)可求得前 22 个离散时间所对应的参数估值，并代入式(10-33)，可依次求得对应离散时间时的阶段产油量。然后，取步长缩放因子均为 1，优化求得 $\Delta a = 0.0000275$，$\Delta b = \Delta d = \Delta c_2 = \Delta n = 0$，并向前进行 1 到 5 个步长的预测（表 10-3）。从预测效果来看，递推算法无论是拟合精度，还是预测精度均好于线性试差法。

表 10-3 濮城油田沙一段开发指标拟合及预报结果

k	时间	开发数据				分项	产油量			式(10-38)参数估值			累计产水量				折算含水	
		W_p (10^{4}m^3)	N_p(地下) (10^{4}m^3)	q(地下) (10^{4}m^3)	含水率		数值 (10^{4}m^3) 试差法	式(10-33)	误差(%) 试差法	式(10-33)	$a(k)$	$b(k)$	$n(k)$	数值 (10^{4}m^3) LS法	式(10-38)	误差(%) 式(10-38)	LS法	数值	误差(%)
1	1982.12	3.8170	141.7060	28.7432	0.0890	拟合(或辨识)	26.2382	26.2382	8.72	8.72	0.1856974	0.0010039	0.1881834	4.0120	4.0120	-5.11	-5.11	0.1053	-18.27
2	1983.06	6.5604	176.6954	34.9893	0.1008		37.5799	34.9894	-7.40	0.00	0.1856972	0.0009951	0.1881836	6.6361	6.5605	0.00	-1.15	0.0943	6.43
3	1984.06	10.7721	210.8491	34.1537	0.1499		42.3588	34.1545	-24.02	0.00	0.1856986	0.0010631	0.1881825	9.9890	10.7887	-0.15	7.27	0.1504	-0.33
4	1984.06	16.7497	249.2292	38.3902	0.1821		44.8230	38.3903	-16.76	0.00	0.1856991	0.0010951	0.1881821	14.8255	16.7572	-0.04	11.49	0.1819	0.13
5	1984.12	23.9172	296.2837	47.0444	0.1789		47.3477	47.0465	-0.64	-0.02	0.1856985	0.0010455	0.1881825	22.5566	23.9550	-0.16	5.69	0.1795	-0.34
6	1985.06	37.6516	360.7666	64.4829	0.2335		52.4603	64.4928	18.64	-0.02	0.1856981	0.0010130	0.1881827	37.1436	37.6889	-0.10	1.35	0.2334	0.01
7	1985.12	60.5178	443.6601	82.8935	0.2829		59.5708	82.9014	28.14	-0.01	0.1856978	0.0009663	0.1881829	65.0592	60.7222	-0.34	-7.50	0.2843	-0.52
8	1986.06	99.7571	525.6002	81.9401	0.4064		63.1429	81.9439	22.94	0.00	0.1856978	0.0009679	0.1881829	107.7227	99.7577	0.00	-7.98	0.4052	0.31
9	1986.12	149.5290	592.5009	66.9007	0.5155		61.0005	66.9183	8.82	-0.03	0.1856979	0.0009765	0.1881828	160.0437	149.5661	-0.02	-7.03	0.5156	-0.02
10	1987.06	201.9928	644.0156	51.5148	0.5929		55.1981	51.5248	-7.15	-0.02	0.1856979	0.0009782	0.1881829	217.1415	201.9957	0.00	-7.50	0.5927	0.03
11	1987.12	291.2710	692.2336	48.2170	0.7258		49.2505	48.2176	-2.14	0.00	0.1856980	0.0010056	0.1881829	291.1014	292.7331	-0.50	0.06	0.7291	-0.44
12	1988.06	374.0350	728.6651	36.4325	0.7646		42.4750	36.4370	-16.59	-0.01	0.1856980	0.0010091	0.1881829	366.8426	374.0820	-0.01	1.92	0.7615	0.41
13	1988.12	461.8994	758.3213	29.6563	0.8090		36.0878	29.6566	-21.69	0.00	0.1856980	0.0010116	0.1881828	447.1825	461.9377	0.00	3.19	0.8090	0.00
14	1989.06	553.8130	784.3310	26.0096	0.8348		30.5182	26.0098	-17.33	0.00	0.1856980	0.0010102	0.1881829	537.4503	553.8315	0.00	2.95	0.8348	0.00
15	1989.12	657.9413	808.0609	23.7299	0.8625		25.7966	23.7308	-8.71	0.00	0.1856980	0.0010083	0.1881829	642.7700	658.0002	-0.01	2.31	0.8626	0.00
16	1990.06	774.4044	829.3291	21.2682	0.8868		21.7916	21.2688	-2.46	0.00	0.1856980	0.0010062	0.1881829	763.7110	774.5047	-0.01	1.38	0.8868	0.00
17	1990.12	904.4449	846.1411	16.8120	0.9171		18.3125	16.8126	-8.93	0.00	0.1856980	0.0010073	0.1881829	884.3891	904.4807	0.00	2.22	0.9170	0.00
18	1991.06	1036.4140	860.6470	14.5059	0.9286		15.3918	14.5060	-6.11	0.00	0.1856980	0.0010070	0.1881829	1013.2173	1036.4186	0.00	2.24	0.9286	0.00
19	1991.12	1181.2260	873.7931	13.1461	0.9403		12.9677	13.1468	1.36	-0.01	0.1856980	0.0010046	0.1881829	1156.9203	1181.2849	0.00	2.06	0.9403	0.00
20	1992.06	1315.6680	885.0855	11.2924	0.9445		10.9372	11.2925	3.15	-0.01	0.1856980	0.0010021	0.1881829	1307.9985	1316.0064	-0.03	0.58	0.9446	-0.01
21	1992.12	1452.8690	895.5636	10.4781	0.9493	预报	10.4792		11.67	-0.01	0.1856980	0.0010046	0.1881829	1478.9606	1453.6382	-0.05	-1.80	0.9494	-0.02
22	1993.06	1574.6710	904.6805	9.1169	0.9503		9.2553	9.1170	13.93	0.00	0.1856980	0.0009990	0.1881829	1659.9595	1576.2499	-0.10	-5.42	0.9506	-0.03
23	1993.12	1688.4040	912.7083	8.0278	0.9530		7.8468	8.0356	17.19	2.39	0.1856980	0.0009966	0.1881829	1852.4077	1703.9101	-0.92	-9.71	0.9588	-0.62
24	1994.06	1800.6440	919.6832	6.9749	0.9584		6.6477	6.7480	19.06	3.25	0.1856980	0.0009942	0.1881829	2052.6936	1821.6596	-1.17	-14.00	0.9615	-0.33
25	1994.12	1908.9110	926.0487	6.3655	0.9605		5.6453	5.8243	24.49	8.50	0.1856980	0.0009918	0.1881829	2270.5108	1935.4529	-1.39	-18.94	0.9654	-0.51
26	1995.06	2007.6070	931.0323	4.9835	0.9659		4.8064	5.0089	17.67	-1.11	0.1856980	0.0009894	0.1881829	2470.9390	2018.7680	-0.56	-23.08	0.9594	0.67
27	1995.12	2111.6256	935.4388	4.4065	0.9712		4.1031	4.3700	20.29	0.83	0.1856980	0.0009870	0.1881829	2675.7134	2089.1140	1.07	-26.71	0.9584	1.32
28				3.5124															

2. 累计产水量的预报

文献[9]曾确定该油田的水驱特征曲线符合式(10-38)。将前22组数据代入式(10-37)，并利用最小二乘法进行拟合，可得：$a = 0.1856974$，$b = 0.0010039$，$n = 0.1881834$。然后将其赋给$\hat{a}(0)$，$\hat{b}(0)$和$\hat{n}(0)$，并取$\delta = 1$，利用式(10-39)可求得前22个离散时间所对应的参数估值，代入式(10-38)，可依次求得对应离散时间的累计产水量。然后，取步长缩放因子均为1，优化求得，$\Delta b = -0.0000024$，$\Delta a = \Delta n = 0$，并向前进行1到5个步长的预测(表10-3)。从效果来看，递推算法无论是拟合精度，还是预测精度均好于最小二乘法，平均误差小于1.5%。

将表中应用递推法拟合及预报的累计产水量折算成阶段产水量，并与表中应用递推法拟合及预报的产油量相结合，折算为含水，并绘制累计产油量与含水的关系曲线，从中可以发现，折算的含水与实际含水基本符合，表明上述通过多层递阶预报方法得到的预报结果是可信、可靠的[11]。

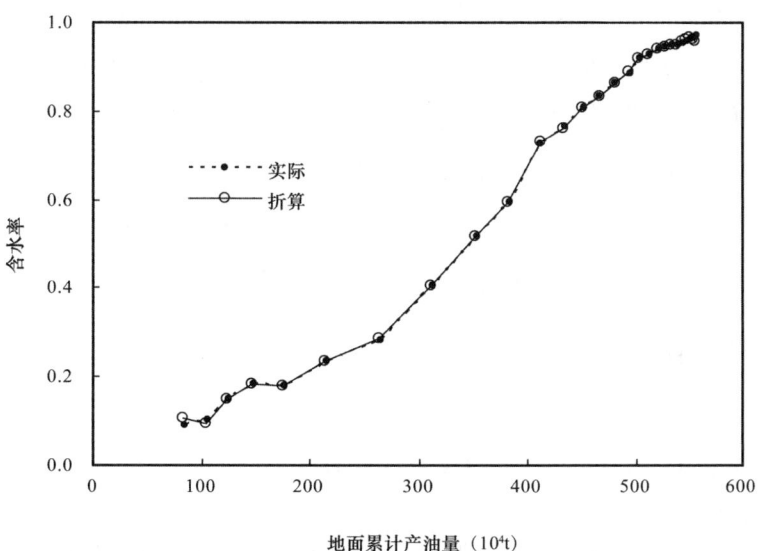

图10-5　濮城油田沙一段累计产油量与含水率关系曲线

第四节　系统辨识及动态预报

油气藏开发是一个非常复杂的系统，人们对于其结构和支配其渗流的机理，往往了解不多，甚至很不了解，对各指标之间的关系很难用理论分析的方法推导出数学模型，有时只能知道特定条件下的数学模型的一般形式和部分参数，大多数甚至连数学模型的一般形式都不知道。系统辨识理论就是利用系统的观测数据(输入、输出信息)来研究系统的内部结构和运动机理，进而达到对系统动态预报的目的[8]。

一、系统辨识基本原理

设 y_k 表示系统 k 时刻的输出量,u_k 表示系统 k 时刻的输入(控制)量,e_k 是零均值白噪声,那么,系统辨识的一般数学模型(n,p,m 阶带控制项的自回归滑动平均模型),记 ARMAX(n,p,m)或 CARMA(n,p,m):

$$A(q^{-1})y_k = B(q^{-1})u_k + C(q^{-1})e_k \tag{10-41}$$

式中 $A(q^{-1}) = 1 - \sum_{i=1}^{n} a_i q^{-i}$,$B(q^{-1}) = \sum_{i=1}^{p} b_i q^{-i}$,$C(q^{-1}) = 1 - \sum_{i=1}^{m} c_i q^{-i}$,$q^{-1}$ 为延迟算子,如 $q^{-1}y_k = y_{k-1}$,$\cdots$,$q^{-n}y_k = y_{k-n}$。将式(10-40)展开书写,即为:

$$y_k = a_1 y_{k-1} + \cdots + a_n y_{k-n} + b_1 u_{k-1} + \cdots + b_p u_{k-p} + e_k - c_1 e_{k-1} - \cdots - c_m e_{k-m} \tag{10-42}$$

或

$$y_k = A(q^{-1})^{-1}B(q^{-1})u_k + A(q^{-1})^{-1}C(q^{-1})e_k \tag{10-43}$$

令 $H_1(q^{-1}) = A(q^{-1})^{-1}B(q^{-1})$,$H_2(q^{-1}) = A(q^{-1})^{-1}C(q^{-1})$,由于 $A(q^{-1}) = 0$ 的根均在单位圆外,所以 $H_1(q^{-1})$ 和 $H_2(q^{-1})$ 是稳定的有理多项式,即式(10-43)可以写成:

$$\begin{aligned}
H_2(q^{-1})^{-1}H_1(q^{-1})u_k + e_k &= H_2(q^{-1})^{-1}y_k \\
&= y_k - [1 - H_2(q^{-1})^{-1}]y_k \\
&= y_k - q[1 - H_2(q^{-1})^{-1}]y_{k-1}
\end{aligned} \tag{10-44}$$

即得到一般预报误差模型为:

$$y_k = L_1(q^{-1})y_{k-1} + L_2(q^{-1})u_k + e_k \tag{10-45}$$

式中 $L_1(q^{-1}) = q[1 - H_2(q^{-1})^{-1}]$,$L_2(q^{-1}) = H_2(q^{-1})^{-1}H_1(q^{-1})$,且 $L_1(q^{-1})$,$L_1(q^{-1})$ 均为稳定的多项式。

在实际应用时,常取 $C(q^{-1}) = 1$,即 $c_i = 0$,($i = 1, 2, \cdots, m$),相应的辨识数学模型则为 CAR 模型:

$$A(q^{-1})y_k = B(q^{-1})u_k + e_k \tag{10-46}$$

二、系统辨识参数估计

1. 非递推最小二乘法

对于式(10-46),参数求解是非常关键。为简便计算,考虑 y_k 是标量的情形。令:

$$\boldsymbol{\theta}^T = (a_1, \cdots, a_n, b_1, \cdots, b_p)$$
$$\boldsymbol{\varphi}_k^T = (y_{k-1}, \cdots, y_{k-n}, u_1, \cdots, u_{k-p})$$

则式(10-42)可写成 LS(Least-Squares)格式:

$$y_k = \boldsymbol{\varphi}_k^{\mathrm{T}} \theta + e_k \quad (10-47)$$

则模型的残差为:

$$e_k = y_k - \boldsymbol{\varphi}_k^{\mathrm{T}} \theta \quad (10-48)$$

进一步设置:

$$\boldsymbol{Z}_k = (y_1, \cdots, y_k)^{\mathrm{T}}$$

$$\boldsymbol{H}_k = (\boldsymbol{\varphi}_1^{\mathrm{T}}, \cdots, \boldsymbol{\varphi}_k^{\mathrm{T}})^{\mathrm{T}}$$

$$\boldsymbol{V}_k = (e_1, \cdots, e_k)^{\mathrm{T}}$$

则 k 个形如式(10-48)的 LS 格式可统一地写为:

$$\boldsymbol{V}_k = \boldsymbol{Z}_k - \boldsymbol{H}_k \theta \quad (10-49)$$

这里 $\boldsymbol{V}_k$ 是模型的残差向量。LS 法是寻求未知参数 θ,它的最小化残差平方和,于是有指标函数 J:

$$\begin{aligned} J(\theta) &= \boldsymbol{V}_k^{\mathrm{T}} \boldsymbol{V}_k = [\boldsymbol{Z}_k - \boldsymbol{H}_k \theta]^{\mathrm{T}} [\boldsymbol{Z}_k - \boldsymbol{H}_k \theta] \\ &= \sum_{i=1}^{k} e_i^2 = \sum_{i=1}^{k} [y_i - \boldsymbol{\varphi}_i^{\mathrm{T}} \theta]^2 \end{aligned} \quad (10-50)$$

周知,可以用求 $J(\theta)$ 关于 θ 的梯度,并令其为零,求得 LS 法的解。这里,我们用另一种方法,因为 $J(\theta)$ 是非负函数,所以最小值为 0,于是由式(10-49)可知,LS 法的解应满足:

$$\boldsymbol{Z}_k = \boldsymbol{H}_k \theta \quad (10-51)$$

如果 $\boldsymbol{H}_k$ 是非奇异方阵,则可直接由式(10-51)求得,但一般情况下,$k \gg (n+p)$,所以式(10-51)是一个矛盾方程,不能直接求解,为此式(10-51)两边同乘 $\boldsymbol{H}_k^{\mathrm{T}}$ 得:

$$\boldsymbol{H}_k^{\mathrm{T}} \boldsymbol{H}_k \theta = \boldsymbol{H}_k^{\mathrm{T}} \boldsymbol{Z}_k \quad (10-52)$$

当方阵 $\boldsymbol{H}_k^{\mathrm{T}} \boldsymbol{H}_k$ 是非奇异方阵时,则存在唯一解:

$$\theta = [\boldsymbol{H}_k^{\mathrm{T}} \boldsymbol{H}_k]^{-1} \boldsymbol{H}_k^{\mathrm{T}} \boldsymbol{Z}_k \quad (10-53)$$

或

$$\theta = \left[\sum_{i=1}^{k} \boldsymbol{\varphi}_i \boldsymbol{\varphi}_i^{\mathrm{T}}\right]^{-1} \sum_{i=1}^{k} \boldsymbol{\varphi}_i y_i \quad (10-54)$$

上述方法仅适用于线性、非时变系统,并且系统的随机干扰是白噪声的情况。

2. 递推最小二乘法

非递推 LS 法主要缺点在于每取得一组新数据后,都需要重新解方程组(包括求矩阵的逆),并且每次都需要用全部数据。由于大量旧数据要重复参加运算,使得存储量和计算量越来越大,为此,递推最小二乘法(Recursive Least-Squares,简记 RLS)应运而生,克服了 LS 法的

缺点,使每一步计算量减小,实现了在线辨识和参数估计。其递推计算方法为:

$$\theta_{k+1} = \theta_k + M_{k+1}[y_{k+1} - \varphi_{k+1}^T \theta_k] \quad (10-55)$$

$$M_{k+1} = P_k \varphi_{k+1} [1 + \varphi_{k+1}^T P_k \varphi_{k+1}]^{-1} \quad (10-56)$$

$$P_{k+1} = P_k - M_{k+1} \varphi_{k+1}^T P_k \quad (10-57)$$

RLS 法与 LS 法在数学上是等价的,只是 RLS 法在递推计算时还要赋初值。在无任何先验信息时,可取 $\theta_0 = (0,0,\cdots,0)$,$P_0 = aI$,其中 I 为单位阵,a 是一个很大的正数,如 $a = 10000$ 等。递推公式(10-54)的意义就是:新的估值 = 旧的估值 + 校正因子 × 预报误差,其递推步数为 m 的程序框图如图 10-6 所示。

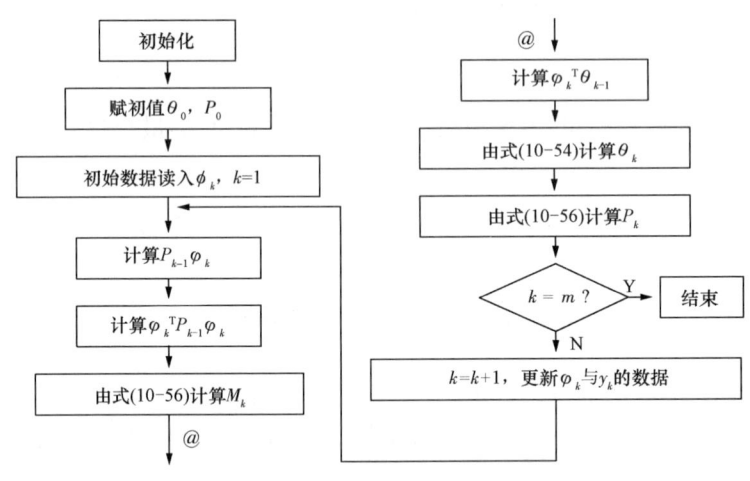

图 10-6 RLS 法程序框图

3. 遗忘因子法(渐消记忆法)

按 RLS 法,随旧的数据增加,新数据的作用必为众多旧数据淹没,并且随着数据的增加,估计的误差越来越大,为了克服此类现象,可以采用遗忘因子法(或渐消记忆法,Forgetting Variable Recursive Least - Squares,简记 FVRLS),来达到降低旧数据的作用,而突出新数据的影响。遗忘因子法递推计算方法与 R LS 法最大的区别只是将式(10-56)改写为:

$$M_{k+1} = P_k \varphi_{k+1} [\beta + \varphi_{k+1}^T P_k \varphi k + 1]^{-1} \quad (10-58)$$

式中 β——遗忘因子,$0 < \beta < 1$,通常 β 取 $0.95 \sim 0.99$。

4. 其他方法

当式(10-47)中随机项 e_k 是相关噪声,则由基本 LS 法得到的估值将不具有无偏性和一致性。为了克服这一困难,需对基本 LS 法提出改进,其主要方法有:辅助变量法(Instrumental Variable,简记 IV)、广义最小二乘法(Generalized Least - Squares,简记 GLS)、增广最小二乘法(Extended Least - Squares,简记 ELS)和极大似然法(Maximum Likelihood,简记 ML),其中,辅助变量法应用较为广泛。

设辅助变量矩阵 $X_k^T = (x_1, x_2, \cdots, x_k)$ 满足如下条件：

(1) $\frac{1}{k} X_k^T H_k \xrightarrow{P_{\text{rob}}} E[x_k \varphi_k^T]$，$\det[E[x_k \varphi_k^T]] \neq 0$

(2) $\frac{1}{k} X_k^T V_k \xrightarrow{P_{\text{rob}}} E[x_k e_k^T] = 0$

那么，递推 IV 法计算方法与 RLS 法最大的区别只是将式(10－56)改写为：

$$M_{k+1} = P_k x_{k+1} [1 + \varphi_{k+1}^T P_k x_{k+1}]^{-1} \quad (10-59)$$

在应用 RIV 递推公式时，利用下式计算 x_k：

$$x_k^T = (y'_{k-1}, \cdots, y'_{k-n}, u_{k-1}, \cdots, u_{k-q}) \quad (10-60)$$

其中 $y'_{k-i} = x_{k-i}^T \theta_{k-i}$，$i = 1, 2, \cdots, n$；递减初始时刻，可先取 $y'_{k-i} = 0$。其递推步数为 m 的程序框图为(图10－7)：

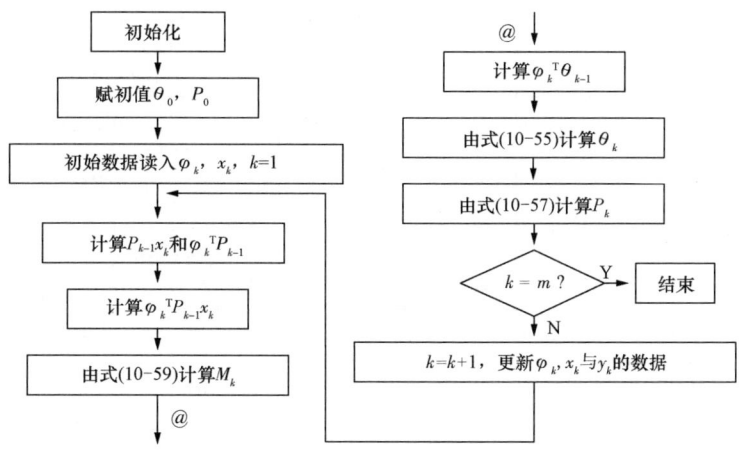

图 10－7　RIV 法程序框图

三、实例应用

利用表(10－3)中含水数据，取自回归项(含水率)阶数为 3，控制项(开发时间)阶数为 2，遗忘因子 0.995，对前 22 组数据进行在线参数辨识，对后 5 组数据进行误差分析，结果显示，精度较高(图 10－8、表 10－4)。

表 10－4　濮城油田沙一段含水率递推与预估

开发时间序列（控制项）	实际含水（自回归项）	$\theta(1)$	$\theta(2)$	$\theta(3)$	$\theta(4)$	$\theta(5)$	递推及预估	误差(%)
1	0.0890	0.0519	0.0131	0.0367	0.2397	－0.2776	0.0000	
2	0.1008	0.0929	0.0439	－0.0854	0.0586	－0.0041	0.0668	33.7156

续表

开发时间序列（控制项）	实际含水（自回归项）	$\theta(1)$	$\theta(2)$	$\theta(3)$	$\theta(4)$	$\theta(5)$	递推及预估	误差(%)
3	0.1499	0.0155	0.0923	-0.0601	0.0679	-0.0164	0.1292	13.8362
4	0.1821	0.3401	0.7430	-0.7630	-0.0303	0.0907	0.1485	18.4684
5	0.1789	0.4270	0.8067	-0.6556	-0.0527	0.1060	0.2395	-33.8877
6	0.2335	0.5746	-0.0588	-1.0262	0.0072	0.0798	0.2936	-25.7829
7	0.2829	1.1406	0.5443	-0.5223	0.1276	-0.1487	0.2904	-2.6555
8	0.4064	0.9667	0.7702	-0.8391	0.1321	-0.1412	0.3805	6.3875
9	0.5155	0.8972	0.4349	-0.7430	0.0792	-0.0611	0.5203	-0.9398
10	0.5929	0.4536	0.1193	-0.6355	-0.0436	0.1245	0.7067	-19.2006
11	0.7258	0.7496	0.2712	-0.6224	0.0371	0.0016	0.7165	1.2935
12	0.7646	0.8111	0.3206	-0.6097	0.0581	-0.0303	0.8004	-4.6862
13	0.8090	0.8440	0.3355	-0.5871	0.0693	-0.0474	0.8507	-5.1530
14	0.8348	0.8789	0.3649	-0.5445	0.0865	-0.0733	0.8392	-0.5306
15	0.8625	0.9178	0.3448	-0.4992	0.0947	-0.0865	0.8651	-0.3019
16	0.8868	0.9280	0.3506	-0.4845	0.0987	-0.0928	0.8825	0.4843
17	0.9171	0.9372	0.3470	-0.4694	0.1010	-0.0966	0.9056	1.2475
18	0.9286	0.9405	0.3482	-0.4587	0.1028	-0.0995	0.9318	-0.3382
19	0.9403	0.9434	0.3459	-0.4498	0.1038	-0.1011	0.9439	-0.3800
20	0.9445	0.9436	0.3459	-0.4472	0.1041	-0.1016	0.9475	-0.3164
21	0.9493	0.9430	0.3456	-0.4393	0.1051	-0.1030	0.9514	-0.2263
22	0.9503	0.9435	0.3435	-0.4342	0.1055	-0.1037	0.9535	-0.3459
23	0.9530	0.9440	0.3416	-0.4298	0.1058	-0.1042	0.9552	-0.2398
24	0.9584	0.9444	0.3401	-0.4260	0.1061	-0.1047	0.9568	0.1625
25	0.9605	0.9448	0.3387	-0.4227	0.1064	-0.1051	0.9629	-0.2530
26	0.9659	0.9451	0.3375	-0.4198	0.1066	-0.1055	0.9660	-0.0164
27	0.9712	0.9454	0.3365	-0.4174	0.1068	-0.1058	0.9699	0.1368

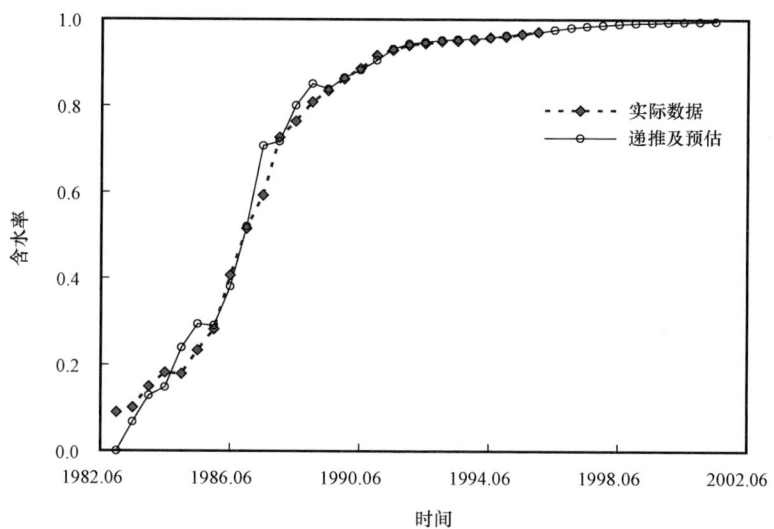

图 10-8 濮城油田沙一段含水率变化曲线

参 考 文 献

[1] 童孝华,匡建超.油气藏工程基础[M].北京:石油工业出版社,1996:194-226.
[2] 韩志刚.动态系统预报的一种新方法[J].自动化学报,1983,9(3):161-168.
[3] 赵永胜,韩志刚,等.大庆油田开发规划经济数学模型的研究[J].石油学报,1983,4(3):15-56.
[4] 易德生,郭萍.灰色理论与方法[M].北京:石油工业出版社,1992:128-300.
[5] 刘思峰,杨英杰,吴利丰,等.灰色系统理论及其应用[M].北京:科学出版社,2014:136-205.
[6] 葛家理,刘月田,姚约东.现代油藏渗流力学原理:下册[M].北京:石油工业出版社,2003:152-167.
[7] 王旭,王宏, 人工神经元网络原理与应用[M].沈阳:东北大学出版社,2000:51-68.
[8]   陈广义,等,时变结构系统的辨识预报和控制[M].黑龙江科学技术出版社,1993:7-20.
[9] 高文君,徐冰涛,王谦,等.利用水驱特征曲线确定活塞式驱程度指数的方法[J].新疆石油地质,2000,21(4):311-314.
[10] 高文君,徐君,王作进,等.对油气田产量预测广义模型的完善与研究[J].石油勘探与开发,2001,28(5):56-59.
[11] 高文君,程兴海,刘瑛,等.油田开发时变结构预测模型的建立及应用[J].新疆石油地质,2002,23(5):415-418.